中 国 科 学 院 年 鉴

（2012）

中国科学院办公厅　编

科 学 出 版 社
北 京

内 容 简 介

《中国科学院年鉴（2012）》全面、系统反映了中国科学院 2011 年各方面工作，分综合情况、学部与院士工作和院直属单位情况三部分。

综合情况主要记录中国科学院领导、机构变更、规划与战略、科研管理、重大科技成果、队伍建设与人才培养、基础设施与支撑条件、科技成果转移转化与院地合作、国际合作与港澳台工作、基本建设、科学传播与科学普及、2011 年大事记等内容；学部与院士工作主要记录学部领导机构、院士名单、院士和外籍院士增选工作、咨询评议工作、科学道德建设、学术工作、陈嘉庚科学奖基金会工作等内容；院直属单位情况全面介绍分院机构、科研机构、学校及公共支撑单位、新闻出版单位、其他机构以及院直接投资的控股企业情况等。

本年鉴各种资料的截止时间为 2011 年 12 月 31 日。

图书在版编目(CIP)数据

中国科学院年鉴. 2012 / 中国科学院办公厅编. —北京：科学出版社，2012

ISBN 978-7-03-035804-2

Ⅰ. ①中… Ⅱ. ①中… Ⅲ. ①中国科学院 – 2012 – 年鉴 Ⅳ. ①G322. 21-54

中国版本图书馆 CIP 数据核字（2012）第 246225 号

责任编辑：王海光 王 好 王 静 / 责任校对：刘小梅
责任印制：钱玉芬 / 封面设计：陈 敬

科学出版社出版
北京东黄城根北街 16 号
邮政编码：100717
http://www.sciencep.com

中国科学院印刷厂 印刷

科学出版社发行 各地新华书店经销

*

2012 年 11 月第 一 版 开本：787 × 1092 1/16
2012 年 11 月第一次印刷 印张：24 1/2
字数：600 000

定价：98.00 元

（如有印装质量问题，我社负责调换）

中国科学院年鉴（2012）编辑委员会

目　　录

综 合 情 况

学部与院士工作

院直属单位情况

综 合 情 况

中国科学院主要领导

（2011 年）

院　　长　路甬祥[①]　白春礼[②]

副 院 长　白春礼[②]　江绵恒[③]　施尔畏　李家洋[④]　李静海　詹文龙　丁仲礼　阴和俊

党组书记　路甬祥[⑤]　白春礼[⑥]

党组副书记　白春礼[⑥]　方　新

中纪委驻院纪检组组长　李志刚

党组成员　江绵恒[⑦]　施尔畏　李家洋[⑧]　李静海　詹文龙　阴和俊　李志刚　何　岩　邓麦村

秘 书 长　邓麦村

副秘书长　何　岩　曹效业　谭铁牛　潘教峰　邓　勇　吴建国[⑨]

---

① 路甬祥 2011 年 3 月免院长

② 白春礼 2011 年 3 月任院长

③ 江绵恒 2011 年 11 月不再担任

④ 李家洋 2011 年 10 月免职

⑤ 路甬祥 2011 年 2 月免职

⑥ 白春礼 2011 年 2 月任党组书记

⑦ 江绵恒 2011 年 10 月免职

⑧ 李家洋 2011 年 10 月免职

⑨ 吴建国 2011 年 6 月任职

中国科学院院部机关机构

办公厅（党组办）

主　任　李　婷

副主任　汪洪岩[①]　廖方宇

处　室：综合处、秘书处（院总值班室）、文书档案处、信息宣传处、安全保卫处、保密处、财务处、信息化工作处（ARP 项目办公室）、机关事务管理处

院士工作局

局　长　周德进

副局长　刘峰松

处　室：综合处（陈嘉庚科学奖办公室）、咨询工作处、学术活动处、数理化学办公室、生命地学办公室、技术信息办公室、科学文化处

基础科学局

局　长　刘鸣华

副局长　黄　敏

处　室：综合规划处、数学物理科学处、化学与交叉科学处、天文力学空间科学处、大科学工程与核科学处

下　设：香山会议办公室

生命科学与生物技术局

局　长　张知彬

副局长　苏荣辉

处　室：综合规划处、生物医学处、工业生物技术处、农业基地办公室（院农业项目办公室）、整合生物学处

下　设：人与生物圈秘书处

---

① 汪洪岩 2011 年 9 月免职

资源环境科学与技术局

局 长 范蔚茗
副局长 冯仁国 常 旭
处 室：综合规划处、固体地球科学处、大气海洋科学处、国土与遥感处、生态与环境处

高技术研究与发展局

局 长 田 静
副局长 王越超[①] 董永初[②] 刘桂菊 孟 丹[③] 于英杰[④]
处 室：综合规划处、综合技术处、信息技术处、光电空间处、材料化工处、能源处

院地合作局

局 长 戚 强
副局长 孙殿义
处 室：综合规划处、东北京津合作处、东部合作处、中南部合作处、西部合作处、科技副职工作办公室

规划战略局

局 长 潘教峰
副局长 张 凤
处 室：综合处、规划处、评估处、战略情报处、政策研究室

计划财务局

局 长 孔 力
副局长 潘 锋 曹 凝
处 室：综合规划处、财务制度处、预算管理处、资产财务处、项目管理处、

---

① 王越超 2011 年 6 月任职
② 董永初 2011 年 5 月免职
③ 孟丹 2011 年 6 月免职
④ 于英杰 2011 年 7 月任职

科研基地处、科技条件处、知识产权管理处

人事教育局

局　长　李和风

副局长　苗　鸿　陈晓峰

处　室：综合处、领导干部处、干部监督处、人力资源规划处、机构与岗位管理处、薪酬与社会保障处、人才处、教育与培训处、机关人事处（机关党委办公室）

基本建设局

局　长　孔繁文

副局长　邢淑英

处　室：财务综合处、投资处、规划与房地产处、计划与工程管理处

国际合作局

局　长　吕永龙

副局长　曹京华　邱华盛

处　室：综合处、国际合作规划处、国际组织处、亚非合作处、美大合作处、欧洲合作处、港澳台办公室

京区党委

书　记　何　岩（兼）

常务副书记　马　扬

副书记　杨建国①　隋红建②　肖建春③　王秀琴④

处　室：见北京分院（筹）内设机构

离退休干部工作局

局　长　孙建国

---

① 杨建国2011年7月免职

② 隋红建2011年12月免职

③ 肖建春2011年7月免职

④ 王秀琴2011年12月任职

副局长 沈宏根 穆中红[①] 李 杰[②]
处 室：综合处、组织调研处、宣传教育处

中央纪律检查委员会驻院纪检组

组 长 李志刚
副组长 李 定

监察审计局

局 长 李 定
副局长 刘冬红 郭建军[③] 孙中和[④]
处 室：综合办公室、纪检监察一室、纪检监察二室、党风建设室、审计监察室

京区纪委

书 记 杨建国
副书记 隋红建[⑤] 肖建春[⑥]

① 穆中红 2011 年 1 月退休
② 李杰 2011 年 1 月任职
③ 郭建军 2011 年 9 月免职，任院巡视办主任
④ 孙中和 2011 年 9 月任职
⑤ 隋红建 2011 年 12 月免职
⑥ 肖建春 2011 年 12 月任职

中国科学院院属机构变更

截至 2011 年 12 月 31 日，中国科学院直属事业单位 118 个，包括：科学研究机构 98 个（含 3 个植物园）；学校及公共支撑机构 5 个（其中学校 2 个、技术支撑机构 1 个、文献情报机构 1 个、新闻出版机构 1 个）；院与分院管理机构 12 个；其他机构 3 个。中国科学院直属事业单位的下属法人单位 26 个。中国科学院直接投资的控股企业 22 家。

综　述

2011年，中国科学院（简称中科院）《知识创新工程2020：科技创新跨越发展方案》（简称“创新2020”）正式全面启动。一年来，全院广大职工坚持以邓小平理论和“三个代表”重要思想为指导，以科学发展观为统领，认真学习贯彻胡锦涛总书记在庆祝建党90周年大会上的讲话精神，贯彻落实十七届五中、六中全会精神，紧紧围绕“创新2020”中心任务，顺利完成了“创新2020”试点启动阶段目标任务，各项事业取得重大进展。

一、规划战略

（一）进一步明晰战略定位

为顺利完成“创新2020”的目标和任务，中国科学院进一步明晰了战略定位，决定实施“民主办院、开放兴院、人才强院”发展战略。民主办院，即深入基层、深入实际调查研究，问政、问需、问计于一线科研与管理人员，广纳贤言，集思广益，建立科学决策、民主决策的体制机制；开放兴院，即开放观念、开阔眼界、开门拓业，加强合作，协同创新，共同发展；人才强院，即加大优秀人才培养吸引的工作力度，以人为本，真诚尊重人、细致关心人、充分信任人、全面发展人，营造平等、宽和、激励创新的环境。新的发展战略在全院上下已形成广泛共识，成为研究制定各项政策、推出改革举措的基点。院2011年度冬季党组扩大会议进一步确立了出成果、出人才、出思想“三位一体”的战略使命，进一步奠定了“创新2020”跨越发展的坚实基础。

（二）制定“一三五”规划

围绕“创新2020”主题主线，抓住关系国家全局与长远发展的关键领域和现代化建设的重大科技问题，把握可能发生革命性变革的重要基础和前沿方向，制定了“一三五”规划，并明确了其内涵。即按照“一个定位、三个重大突破、五个重点培育方向”（简称“一三五”）要求，凝炼目标、明确重点、优化布局，进一步集中全院力量，抓大育小，突出特色、突出不可替代性、突出核心竞争力，避免重复布局和同质化竞争。各研究所制定了可实现、可测度、可检查的“一三五”规划，确定了研究所层面一批“重大突破”和“重点培育方向”，凝炼提出了院层面未来5年重大产出和重要方向。全部院属研究机构顺利启动实施“创新2020”并签署了任务书。

（三）实施重大改革举措

为保障“创新2020”顺利推进，实施了一系列重大改革举措：第一，调整院所资源配比，组合配置人财物资源，取消院重要方向项目，主要根据研究所“一三五”规划，将院级科技创新经费的30%和“百人计划”指标的70%直接配置到研究所，提高基本运行费比例，提高离退休人员经费和研究生培养补助经费保障力度，缓解长期困扰中科院的人员经费和公用经费不足问题，增强研究所宏观调控能力；第二，针对中科院当前亟待解决、科研人员关心关切的问题，实施有针对性的改革举措。第三，开展保障科研人员4/5时间从事科研工作、基于重大产出的资源配置与科技评价、稳定支持试点等政策调研，推进“3H工程”（即着力解决科技工作者在住房（Housing）、子女入学和配偶工作（Home）、就医（Health）等方面的实际困难），制定并实施相关政策举措；第四，改革“百人计划”管理，取消国籍限制，提高资助标准，扩大资助规模；第五，争取企业对中科院人才和教育工作的资助；第六，积极争取地方支持，缓解职工住房和子女上学等方面的困难；第七，积极参加国家科技体制改革调研及文件起草工作，及时提出政策建议和咨询报告。

（四）发布院“十二五”规划纲要

经过前期战略研究、编制起草、咨询论证和审批决策等环节，于2011年底发布实施了《中国科学院“十二五”发展规划纲要》。在研究所“一三五”规划基础上，凝炼提出院层面未来5年重大产出和重要方向。重大产出的重点是未来先进核裂变能、量子通信与量子计算、高温超导与拓扑绝缘体研究、空间科学、载人航天与月球探测工程科技任务、深海科学探测装备关键技术研发与海试、低阶煤清洁高效梯级利用、干细胞与再生医学研究、分子模块育种创新体系与现代农业示范工程、重大新药创制与重大疾病防控新策略、应对气候变化的碳收支认证及相关问题、深部资源探测核心技术研发与应用示范、储能电池、甲醇制烯烃、煤制乙二醇等15项重大科技任务和若干项国防科技创新重大任务。

二、科研工作

（一）基础科学领域重要进展

采用模块设计和动态自组装方法构筑基于螺旋轮烷的分子机器，为设计新型多位点控制的自组装分子机器开辟新途径；发现一种具有高选择性和高活性的细胞自吞噬抑制剂，为人类研制新的癌症治疗药物提供重要信息；实现多分散（20%—30%）无机纳米粒子在溶液中的可控组装；砷化镓（GaAs）化合物半导体太阳电池效率创新高；非线性光学材料结构功能基元设计研究取得突破；典型群无穷维表示论研究重大突破：完全证明重数一猜想；基于等离激元的逻辑运算可扩展性研究取得重要进展，为未来片上集成光信息处理技术开拓新的可能性；发现一类新的基于I-II-V半导体的稀磁体；细菌小RNA介导的基因调控中序列-功能关系的研究获重要发现；研制出指标达国际先进水平的国内首台光频标；量子信息科学前沿研究取得系列进展；国家授时中心时间保持水平达国际先进；与德国马普射电天文研究所合作，历时十年完成对银河系的6厘米波段巡天观测；复现高超声速飞行条件激波风洞研制成功；提出哥白尼原理的背景运动学

SZ效应（Sunyaev Zel'dovich effect）检验，确认宇宙加速膨胀的真实性；研制出国际上毫米波段第一例基于边带分离混频技术的超导成像频谱仪，并投入天文观测；相对论重离子对撞机上发现迄今最重反物质原子核反氦4；精确测量质子滴线核^{65}As质量；北京正负电子对撞机（BEPCII）亮度不断提高；交付国际热核聚变实验堆（ITER）计划首件正式部件产品。

（二）生命科学与生物技术领域重要进展

获得转分化肝脏细胞重建肝脏功能；发现母源因子Tet3卵细胞重编程的重要作用，为提高动物克隆效率提供新的理论依据；揭示基因组DNA去甲基化的新分子机制；发现双向调控社会等级行为的神经环路基础；肝癌基因组突变产生的进化和分子机制取得重要进展；小RNA参与心肌梗死病理过程的调节研究，为心肌梗死的预防和诊断提供新思路；与神经退行性疾病相关的重要蛋白复合体晶体结构研究获得突破；采用新方法对水稻复杂性状进行全基因组关联分析；通过亚洲水稻基因组学进化研究促进水稻分子改良；联合实施生态高值现代农业综合技术集成示范工程；生物灾害防控领域取得系列突破；解析菠菜次要捕光复合物CP29的晶体结构；实现生物丁醇实现产业化生产；构建细胞工厂高效低成本生产L-丙氨酸；耐高温超氧化物歧化酶（SOD）项目实现产业化；中国－喜马拉雅地区生物多样性演变和保护研究取得新进展；大熊猫、中华鳖等动物生态行为及虫菌共生入侵机制研究取得系列进展；植物适应机制及DNA生命条形码研究获多项突破；野生植物药物开发及新品种培育等取得重要进展。

（三）资源环境科学与技术领域重要进展

提出冰期－间冰期印度夏季风动力学理论；蓝田生物群研究——生物早期演化重大进展；地层学研究获得新突破，寒武系江山阶“金钉子”确立；推翻冰期动物起源于北极圈的假说；地史时期最大生物灭绝事件研究取得重大进展；海底地震仪关键技术取得突破；揭示平流层－对流层间波动产生、传播特征及其对平流层环流的影响；突破热带海洋软体动物功能蛋白肽关键利用技术，并成功产业化；黑潮流域长时间序列的环境研究获得重大突破；开发出海岸带水体环境污染物现场快速检测传感器技术；研发出高安全地理空间数据库管理系统；以断代史方式系统分析中国历朝气候变化及其影响；建成国际上监测要素最全的区域冰冻圈监测网，并取得系列研究进展；研发巨灾链型灾害遥感监测与预警一体化关键技术；湖泊富营养化过程监测与水华灾害预警技术研究与系统集成取得新突破；土壤氮素转化的微生物生态功能研究获得重要突破；京津冀大气污染干湿沉降研究为区域污染物协同减排提供科学参考；建造我国首个行业减排二恶英类的技术示范；开发出复极感应电化学水处理技术。

（四）高技术领域重要进展

圆满完成“神舟八号”与“天宫一号”对接相关任务；完成“蛟龙号”声学系统、控制系统研制和保障任务；完成“嫦娥二号”任务及其拓展性试验；工业无线网络技术成为国际电工委员会（IEC）正式国际标准；牵头研究制定的工业无线网络技术标准“工业用无线通信技术”（WIA-PA）提案，成为正式国际电工委员会（IEC）国际标准；高密度三维系统级封装技术取得新突破；研制出我国首款自主8兆比特（Mb）的相变存储器（PCRAM）试验芯片；建成国际上首个“虚拟过程工程”平台；承担研制的世界首座超导变电站在甘肃省白银市正式投入电网运行；建成100吨/天污泥循环流化床一体化焚烧示范工程；建成0.5兆瓦染料敏化太阳电池中试线；研发出“合成气制低碳混合醇新型催化剂及配套工艺技术”，并完成超过1200小时的中试稳定运转；设计开发出液流电池储能型电动汽车充电站应用示范系统；石墨烯的可控制备、物性与应用探索研究取得突破性进展；金属和合金的腐蚀防护技术形成系列国家标准；完成二甲苯氧化制对苯二甲酸工业应用实验；子午工程空间环境探测取得系列重大成果；海洋二号卫星成功发射并通过在轨测试。

（五）大科学装置开放共享取得重要成果

2010运行年度，中国科学院平台型大科学装置为多学科研究提供强大支撑能力，并在开放运行中取得一批重要成果。其中，上海光源为833个课题、3213人次用户提供实验支撑，院外用户占70%；北京同步辐射装置为529个课题、1352人次用户提供实验，院外用户占43%；合肥同步辐射装置为358个课题、665人次用户提供实验，院外用户占41%；兰州重离子加速器为113个课题、413人次用户提供实验，院外用户比例为70%。依托上述平台型大装置，科学家们已在国内外刊物上发表数百篇科研论文，包括多篇 *Science*、*Nature*、*Cell* 等国际顶尖刊物文章，使我国在生命科学、凝聚态物理、化学化工、材料科学、医学等众多领域取得一批卓有影响的重要成果，促进和带动了一大批学科的发展。

（六）获2011年度国家科学技术奖励情况

谢家麟院士获得2011年度国家最高科学技术奖。中国科学院作为第一完成人或完成单位获2011年度国家三大奖31项，其中自然科学奖二等奖13项（占全国获自然科学奖项目的1/3）、技术发明奖二等奖6项、科技进步奖二等奖12项。

三、人力资源管理

（一）加强战略研究与管理创新

根据《国家中长期人才发展规划纲要（2010—2020年）》任务和要求，结合“创新2020”发展目标，制定并正式印发《中国科学院“创新2020”人才发展战略》。制定“十二五”人才队伍建设规划，院属101个单位完成“十二五”人力资源规划的制定，形成了较为完备的人才规划体系。开展国立科研机构人才与发展比较研究，出版《科研事业单位人力资源管理研究与实践探索》和《人才与发展——国立科研机构比较研究》等研究成果。

制定并出台《中国科学院战略性先导科技专项人员管理实施细则（试行）》，研究制定《关于进一步深化收入分配制度改革的意见》和《中国科学院工资总额管理暂行办法》，修订《中国科学院研究所法定代表人年薪制管理办法》。先后修改完善《中国科学院“百人计划”管理办法》、《中国科学院、国家外国专家局“创新团队国际合作伙伴计划”管理办法》，研究制定《中国科学院科技创新“交叉与合作团队”管理办法》和《中国科学院青年创新促进会管理办法（试行）》等相关文件。恢复设立“中国科学院青年科学家奖”。通过组织首届“海外人才走进科学院”活动周，建立与海外人才长期合作联络机制。

（二）加强领导班子与干部队伍建设

认真贯彻执行中央《党政领导干部选拔任用工作条例》以及院《研究所领导干部选拔任用工作实施办法》，加强领导班子与干部队伍建设。完成37个单位的换届（届中）考核，5个新建机构的筹建工作组配备，6个单位的党委换届，42个单位和5个院机关内设部门的干部个别调整；新提任干部73人，交流干部39人，免职干部25人。按照中组部要求，选派4名援疆干部和6名博士服务团成员。通过领导班子的考核与调整，进一步优化了班子结构，提高了整体执行力。

（三）加强科技创新人才培养与引进

在2011年度增选的52位中国科学院院士中，中国科学院所属单位当选18人，另有1人当选中国工程院院士。经中组部批准，引进3位海外科学家作为国家首批“海外高层次人才引进计划”（简称“千人计划”）顶尖人才与创新团队项目入选者；通过“千人计划”长期、短期项目，引进海外高层次人才44人，累计引进“千人计划”创新人才119人，占全国总数的9.9%；通过首批“青年海外高层次人才引进计划”（简称“青年千人计划”）引进海外优秀青年人才39人，占全国总数的27.3%。142人备案成为“百人计划”候选人，其中引进国外杰出人才候选人111人，国内“百人计划”候选人3人，项目“百人计划”候选人13人，自筹“百人计划”候选人15人。

成立“中国科学院青年创新促进会”，共吸纳优秀青年会员690名，并给予专项经费支持；通过“西部之光”项目，资助西部青年人才201人（含地方青年人才25人）；220人获得“王宽诚教育基金会”资助；63人获得院“优博论文、院长奖获得者科研启动专项资金”支持；全年选派302人公派出国留学。

（四）持续推进科教结合和各类教育培训

2011年，中国科学院科教结合工作指导委员会第三次全体会议审议批准院资助科教结合教育创新联合共建项目8项。中国科学院被批准为首批20个国家级专业技术人员继续教育基地之一。全院参加各类继续教育与培训人员累计339 756人次。全年所（局）级领导干部参加国家和院的各类培训项目共计700人次。试点支持5个分院和研究所开展课题组长培训工作，共有232名课题组长参加培训。

2011年，全院共录取研究生16 851人，其中博士生6363人、硕士生10 488人。全院8篇论文入选2011年度全国优秀博士学位论文。

四、对外交流与合作

（一）与地方合作成效显著

2011年，中国科学院与全国31个省、自治区、直辖市建立了合作关系，并开展了实质性合作，形成了院地合作体系。院属单位在技术市场登记的合同数达1774项，合同金额16.7亿元；通过科技成果转移转化，使地方企业新增销售收入达到2628.8亿元，同比增长28.3%，利税413.8亿元，同比增长22.9%。

部分战略性新兴产业项目实现规模产业化，全年实现社会企业销售收入1亿元以上的项目达到400余个，其中3个项目实现销售收入30亿以上。在江苏、广东、浙江、青岛等重点区域分别形成了“两所八中心”、“一园一廊一网络”、“两院两园两中心”、“六所两中心服务蓝色经济创新转化集群”等院地合作框架；新材料、新能源、电子信息、生物技术等一批战略性新兴产业快速发展。西部专项工程和人员培养与交流等工作取得新成绩。

形成一批以若干核心技术组成的成果群和转化联盟。与国务院三峡办、重庆市政府签署协议共建重庆绿色智能先进技术研究院；与中国机械工业集团等大企业签署战略合作框架协议。

（二）深入开展实质化国际合作

通过策划重大国际交流活动，搭建平等合作、互利共赢的平台，推进实质性的国际合作。全年出访11 800余人次，来访17 500余人次，举办多边和双边国际学术会议350多个。新签、续签23个院级国际合作协议，审批通过19个重点对外合作项目。结合院战略先导专项实施和大科学装置建设，安排高层出访42批次，接待重要代表团来访91批次，新签续签院级协议23项，召开院层面国际研讨会20个。首次与外专局联合实施了大科学装置专项引智计划。

深化国际合作人才工作机制，构建国际化创新队伍。新评出“爱因斯坦讲席教授”20名、“外国专家特聘研究员”263名和“外籍青年科学家”100名。其中，46位外籍青年科学家获得国家自然科学基金委员会“外国青年学者研究基金”资助。通过“CAS（中国科学院）-TWAS（发展中国家科学院）奖学金”计划，吸引50名发展中国家的科学家来院工作。通过“新疆周边地区人才引进计划”，吸引8位中亚国家的科学家来院工作。启动实施“发展中国家科技培训班计划”并首年资助7个培训班。设立“中国科学院青年科学家国际合作奖”，首次评选出5组10位中外青年科学家。3位著名外国科学家获中国科学院2011年度“国际科技合作奖”。

正式启动“国际科技组织中国委员会及人才团队支持计划”，首批资助7个中委会。与联合国环境署共同发起成立“国际生态系统管理伙伴计划”。通过“中欧联合培养博士生计划”，派出78名博士生到德国、法国等国家的科研机构进行联合培养。机构层面的合作取得突破，与美国能源部等建立长效合作机制；与芬兰科学院等科研机构和大学合作，共同支持一批双边合作项目。与周边国家和地区战略性合作，资助20项对外合作重点项目。

稳步推进与港澳台的实质性合作。首次设立“台湾青年学者访问计划”，全年共有9名台湾青年学者获得计划支持。在大陆召开系列性两岸会议22个，全年赴台人数突破1000人次。

（三）院、所投资企业稳步发展

2011年，院、所投资企业受全球经济二次探底、欧债危机以及国内资本市场下滑等不利因素的影响，营业收入增速有所回落。全院纳入统计范围的427家院、所投资企业营业收入2432亿元，同比增长8.9%；利润总额105亿元，同比增长4.6%；净资产518亿元，同比增长10.4%；院经营性国有资产权益为192亿元，同比增长14.3%。其中，院直接投资控股企业实现营业收入1946亿元，同比增长25.9%；利润总额58亿元，同比增长26%；国科控股权益202亿元，同比增长24.7%。截至2011年底，研究所投资企业股权社会化整体完成509家，完成率89%；院、所投资企业共有20家上市公司；营业收入超过1亿元的企业有65家。

五、学 部 工 作

2011年1月初，中国科学院院士增选和外籍院士选举工作正式启动，并收集推荐材料。5月11日，第六届学部主席团第十一次会议召开，审议确认了有效院士和外籍院士候选人名单。经过各学部通信评审，共选出初步院士候选人145名。在院士增选评审暨选举会议上，投票产生71名正式院士候选人。经过正式选举，11月11日第六届学部主席团第十三次会议批准新当选院士51名并呈报国务院备案。7月20日，外籍院士通信预选计（监）票工作小组对通信预选选票进行开票工作。8月，各学部常委会召开会议，讨论属于本学部学科领域的外籍院士候选人情况，并对候选人进行排序。9月15日学部主席团六届十二次会议讨论并投票选举产生外籍院士正式候选人11名。在11月7日的全体院士大会上，经无记名投票，9位候选人当选为中国科学院外籍院士。

通过认真报送《中国科学院院士建议》、围绕地方需求开展院士活动、积极加强与国内外有关机构的交流与合作等方式，高质量完成各项咨询评议工作。学部咨询和战略研究课题新立项15项，完成并向国务院报送咨询报告8份，向国务院及相关部门报送院士建议10份。

在学部主席团的领导下，学部科学道德建设委员会注重弘扬科学精神，宣传优秀典范，倡导优良学风，强调院士自律，在科学道德和学风道德建设以及科技伦理软课题研究等方面取得一定进展。

学部学术工作稳步推进。创办“科学与技术前沿论坛”，加强《中国科学》、《科学通报》学术期刊的建设。与国家自然科学基金委员会合作进行的“未来10年学科发展战略研究”，至2011年底完成全部19本专题报告和一部总论的研究和撰稿工作。

继续发挥科普资源的优势，开展大型公益性科学传播活动。发挥科技高端人才智库优势，开展不同层次、针对各种群体的各类科学传播巡讲活动和对青少年群体的科学教育活动。

六、科教基础设施建设

2011 年，中国科学院“十二五”科教基础设施建设实施方案和国家支持 60 亿元总盘的建议通过国务院审定，并得到国家发展改革委员会的正式批复。

实验室建设获得新进展。49 个新建的国家重点实验室获正式批准。其中，院申报的 14 个国家重点实验室全部获得批准。南京土壤研究所申报的土壤养分管理国家工程实验室项目资金申请报告获国家发展和改革委员会（简称国家发改委）批复，全院的国家工程实验室达 10 家。

重大科技基础设施的运行、建设和管理工作取得新进展。截至 2011 年底，中国科学院负责运行的重大科技基础设施达 12 个，在建设施 10 个、拟建设施 1 个。上海光源等多个运行设施获丰硕成果；东半球空间环境地基综合监测子午链（子午工程）等一批在建及拟建设施进展顺利。

推进文献情报系统建设。重点组织开展了《重要国家和国际组织关注的科技与发展重要问题》、《国际科技竞争力研究》、《国家创新体系其他单元发展态势分析》以及《世界主要国家创新集群建设的实践》等研究；完成《国际科学技术前沿报告 2011》并正式出版，显著提高了文献情报工作对科技创新的支撑力度。

推动组建中国科技出版传媒集团有限公司和中国科技出版传媒股份有限公司。中国科技出版传媒集团成为中央批准组建的三大国家级大型出版传媒集团之一。

在《“十二五”中国科学院科技支撑体系建设规划》框架下，组织完成《中国科学院野外科学观测研究体系修缮购置专项工作规划》，为实现院野外观测研究体系观测、分析能力的整体提升打下良好基础。

院科学植物园围绕重点收集、有效保育、科学评价和合理利用，开展特色工作，新增国内外重要植物资源物种 7700 余种次。基于野生植物资源，开发新品种，审定或登录新品种 40 个；优化专类园 33 个，新建专类园 15 个；入园参观人数达 430 余万人次，数字植物园访问量达 420 余万次。

生物标本馆（博物馆）重点开展模式标本的系统整理工作。全年新增标本 29.4 万号（份、件），其中，新增加各类模式标本 5668 号（份、件），新鉴定标本 18.6 万号（份、件），新录入数字化标本信息 25.7 万份（件），数据库访问量达 986 万人次，科普参观达 79 万人次。

全面完成“十一五”信息化建设任务的验收总结，各项目应用服务能力全面提升，形成互联网络、超级计算和数据应用三大基础环境新格局并发挥关键支撑作用。中国科学院网站群连续第三年获得中国政府网站优秀奖。中国科普博览网站获“2011 中国城市信息化服务创新奖”。召开了第二届中国科研信息化发展研讨会，首次发布《中国科研信息化蓝皮书（2011）》。

战略与规划

2011 年，“创新 2020” 正式全面启动。中国科学院坚持以科学发展观为统领，认真学习贯彻胡锦涛总书记在庆祝建党 90 周年大会上的讲话精神，贯彻落实十七届五中、六中全会精神，贯彻落实刘延东国务委员在中国科学院干部大会上的讲话精神，紧紧围绕“创新 2020” 中心任务，凝聚共识，齐心协力，开拓创新，确立了新时期的战略定位、发展战略和战略使命。持续开展战略研究，制定了“一三五” 规划，凝炼形成院所两级重大产出和重要方向，择优支持研究所启动实施“创新 2020”，制定并完善相关政策，进一步明确未来 5—10 年的战略重点和政策保障措施。

一、确立新时期战略定位，明确战略使命与发展战略

院党组深入学习领会党和国家对科技工作提出的新任务新要求，广泛征求院内外意见，客观分析发展面临的新机遇新挑战，深刻认识到，中国科学院的战略定位必须体现不同时期国家科技发展的战略选择，要成为代表我国科技最高水平的“国家队”，引领我国科技创新跨越的“火车头”，推动我国科技体制改革的“先行者”，促进我国实现科学发展的“思想库”，培育我国科技骨干人才的“大学校”。

院党组决定实施“民主办院、开放兴院、人才强院” 的发展战略。民主办院，就是要深入基层、深入实际调查研究，问政、问需、问计于一线科研与管理人员，广纳贤言，集思广益，建立科学决策、民主决策的体制机制。开放兴院，就是要开放观念、开阔眼界、开门拓业，加强合作，协同创新，共同发展。人才强院，就是要加大优秀人才培养吸引的工作力度，以人为本，真诚尊重人、细致关心人、充分信任人、全面发展人，营造平等、宽和、激励创新的环境。新的发展战略在全院上下已形成广泛共识，成为院研究制定各项政策、推出改革举措的基点。

冬季党组扩大会议进一步确立了出成果出人才出思想“三位一体” 的战略使命。出成果出人才出思想产出目标的“三位一体” 和研究机构、教育机构、学部组织架构的“三位一体”，是建设“三个基地” 和“四个一流” 中国科学院的根本要求，是立院之本、兴业之基、发展之源，三者共同构成对国家的重大创新贡献，共同发挥在国家创新体系中的骨干和引领作用，共同体现中国科学院的特色与优势。

二、制定研究所“一三五” 规划

中国科学院瞄准关系国家全局与长远发展的关键领域和现代化建设的重大科技问题，把握可能发生革命性变革的重要基础和前沿方向，按照“一个定位，三个重大突破、五个重点培育方向”，凝炼目标、明确重点、优化布局、进一步集中全院力量，抓大育小，突出特色、突出不可替代性、突出核心竞争力，避免重复布局和同质化竞争。

“一个定位”要求研究所明确主要研究领域、特色与核心竞争力，明确在国内外同类研究工作或机构中要达到的地位，避免与其他研究所的同质化。研究所“重大突破”要结合自身基础和优势，从重大科学问题、开辟新方向、关键核心技术、系统解决方案、重大社会经济效益和重大影响咨询建议等六个方面，以及注重在国际国内具有重要影响的领军人才的引进和培养，促进科教融合等体制机制创新的重大成效，明确未来5年有望做出的基础性、战略性、前瞻性重大科技创新贡献。研究所“重点培育方向”主要是凝练和部署体现研究特色、有望成为未来竞争优势和重大突破的方向。各研究所按照“一三五”要求，制定了既具有跨越性，又可实现、可测度、可检查的“十二五”规划。

结合研究所“一三五”规划，择优支持有较强学术积累和队伍基础、科研方向符合国家战略需求和世界科技前沿发展趋势的研究所，提升核心竞争力，建设一批创新能力强、在国际上有重要影响的一流研究机构。按照“分片遴选、综合协调、规划评议、决策启动”四个工作环节，进一步提高整体择优比例，共有48个研究所进入整体择优，对其他研究所给予部分择优支持，全部院属研究机构顺利启动实施“创新2020”并签署了任务书。

三、发布院“十二五”规划纲要

在研究所“一三五”规划基础上，凝炼提出院层面未来5年重大产出和重要方向。重大产出的重点是未来先进核裂变能、量子通信与量子计算、高温超导与拓扑绝缘体研究、空间科学、载人航天与月球探测工程科技任务、深海科学探测装备关键技术研发与海试、低阶煤清洁高效梯级利用、干细胞与再生医学研究、分子模块育种创新体系与现代农业示范工程、重大新药创制与重大疾病防控新策略、应对气候变化的碳收支认证及相关问题、深部资源探测核心技术研发与应用示范、储能电池、甲醇制烯烃、煤制乙二醇等15项重大科技任务和若干项国防科技创新重大任务。加强与《国民经济和社会发展第十二个五年规划纲要》、《国家“十二五”科学和技术发展规划》等国家规划的互动衔接，广泛听取意见，进一步修改完善了《中国科学院“十二五”发展规划纲要》，并于2011年底正式发布实施，明确了“十二五”期间中国科学院的发展目标、发展思路、战略任务。规划纲要分为总体战略、围绕八大体系建设的战略布局、重大科技创新的组织实施、发展的人才与条件基础、管理体系的改革创新、高水平的国家科学思想库、规划的组织实施等七个部分。

四、开展战略与政策研究

持续推进路线图战略研究。出版了《中国至2050年纳米科技发展路线图》、《中国至2050年重大交叉前沿科技发展路线图》、《中国至2050年国家与公共安全科技发展路线图》。至此，中科院“中国至2050年重要科技领域发展路线图的战略研究”各领域报告已全部出版，已出版包括《科技革命和中国的现代化》路线图战略研究总报告和

18 个重要领域的科技发展路线图研究报告，取得了很好的社会反响。2011 年还开展了人口问题、中德前沿探索圆桌会议等战略研究。

建立重大产出导向的研究所评价体系。发挥评价的导向作用、诊断作用和衡量作用，建立“两个环节一个基础”的重大产出导向的研究所评价体系，包括“一三五”专家诊断评估、“重大突破”目标完成情况验收和关键指标年度监测。组织国内外高水平同行专家和用户专家，对研究所“一三五”进展情况从四个方面进行诊断评估，一是围绕“一个定位”的整体学科布局、特色和核心竞争力，二是“三个重大突破”的进展情况、质量和影响，三是“五个重点培育方向”的发展态势、领域地位、水平和影响，四是投入产出、体制机制、人才队伍、条件平台、创新文化和重要决策民主化规范化等情况。参照“重大突破”的参考标准，结合领军人才引进和培养情况，结合“一三五”专家诊断评估意见和关键指标年度监测，对研究所任务书完成情况进行验收，重点验收“重大突破”目标完成情况，验收结果作为院对研究所资源配置的重要依据，并以适当方式向社会公开。进行关键指标年度监测，包括体现国家科研机构特点的 6—7 个核心指标和创新能力指数，主要关注研究所状态、产出和效益情况，反映研究所的特色和投入产出效率，监测分析院宏观布局和发展态势。

开展科技管理与体制专题研究和政策调研。组织精干力量，深入研究我国科技体制改革的重大问题，调研发达国家有关情况，总结知识创新工程体制机制改革的做法和成效，及时向国家提出政策建议和咨询报告，积极参与国家科技体制改革文件起草工作。组织 200 多名专家分 19 个专题组，开展现代科研管理若干重大问题研究，系统研究决策层、科技界和公众关注的具有现实紧迫性、目标导向性的科研管理问题，为国家和中国科学院科技体制机制改革和管理创新提供决策支撑。开展保障一线科研人员 4/5 科研时间的政策研究，从资源配置、项目管理、评价和激励导向、科研组织方式等方面提出了政策建议和改革举措。开展非法人单元发展政策研究，制定规范发展的指导意见，明确了定位、基本类型和五个管理关键点。

五、启动区域创新集群建设

构建 3 +5 区域创新集群是“创新 2020”规划的一项重大战略举措，通过总结创新集群建设实践，借鉴国际上创新集群建设经验，组织开展调研，进一步明确了区域创新集群建设的战略定位、发展思路与目标、主要任务、体制机制与政策措施等，制定了《关于区域创新集群建设的指导意见》。各创新集群结合区域内相关研究所“一三五”规划，加强顶层设计，突出重点和特色，已着手开展创新集群发展规划和重点任务研究工作，为未来形成集科技创新、管理创新与区域创新为一体的协同创新网络奠定了良好的基础。

科 研 管 理

一、争取和承担国家重大科技任务

（一）国家重点基础研究发展计划（“973”计划）项目

2011 年，国家批准立项农业、能源、信息、资源环境、人口与健康、材料、综合交叉、重要科学前沿、制造与工程科学九个领域 94 个“973”计划项目。其中，中国科学院作为第一承担单位或第一依托部门的项目 21 项，占全国项目的 22. 34%（表 1）。

表 1　中国科学院 2011 年承担“973”计划新立项目

序号	项目名称	首席科学家	第一承担单位	依托部门
1	害虫暴发成灾的遗传与行为机理	康　乐	中国科学院动物研究所	中国科学院
2	海水养殖动物主要病毒性疫病暴发机理与免疫防治的基础研究	宋林生	中国科学院海洋研究所	山东省科学技术厅、中国科学院
3	中国南方古生界页岩气赋存富集机理和资源潜力评价	肖贤明	中国科学院广州地球化学研究所	中国科学院
4	草本能源植物培育及化学催化制备先进液体燃料的基础研究	马隆龙	中国科学院广州能源研究所	中国科学院、广东省科学技术厅
5	基于贵金属替代的新型动力燃料电池关键技术和理论基础研究	孙公权	中国科学院大连化学物理研究所	中国科学院
6	面向服务的未来互联网体系结构与机制研究	刘韵洁	中国科学院计算技术研究所	中国科学院
7	面向公共安全的社会感知数据处理	谭铁牛	中国科学院自动化研究所	中国科学院
8	华北克拉通前寒武纪重大地质事件与成矿	翟明国	中国科学院地质与地球物理研究所	中国科学院
9	我国主要人工林生态系统结构、功能与调控研究	朱教君	中国科学院沈阳应用生态研究所	中国科学院
10	长江中游通江湖泊江湖关系演变及环境生态效应与调控	杨桂山	中国科学院南京地理与湖泊研究所	水利部、中国科学院

续表

序号	项目名称	首席科学家	第一承担单位	依托部门
11	典型流域陆地生态系统－大气碳氮气体交换关键过程、规律与调控原理	郑循华	中国科学院大气物理研究所	中国科学院
12	热带太平洋海洋环流与暖池的结构特征、变异机理和气候效应	王　凡	中国科学院海洋研究所	中国科学院、山东省科学技术厅
13	高性能近红外 InGaAs 探测材料基础研究及其航天应用验证	龚海梅	中国科学院上海技术物理研究所	中国科学院、上海市科学技术委员会
14	城市高层建筑重大火灾防控关键基础问题研究	孙金华	中国科学技术大学	中国科学院、公安部
15	脆弱性硅酸盐质文化遗产保护关键科学与技术基础研究	罗宏杰	中国科学院上海硅酸盐研究所	上海市科学技术委员会、中国科学院、国家文物局
16	新功能人造生物器件的构建与集成	赵国屏	中科院上海生科院	中国科学院、上海市科学技术委员会
17	光频标关键物理问题与技术实现	高克林	中国科学院武汉物理与数学研究所	中国科学院
18	高通量中子散射在凝聚态物质磁相互作用方面的前沿研究	戴鹏程	中国科学院物理研究所	中国科学院
19	高分子非晶液－固转变的基本问题研究	安立佳	中国科学院长春应用化学研究所	中国科学院
20	射电波段的前沿天体物理课题及 FAST 早期科学研究	李　菂	中国科学院国家天文台	中国科学院
21	四亿年以来中国陆地生物群演变及其与环境的关系	周忠和	中国科学院古脊椎动物与古人类研究所	中国科学院

（二）国家重大科学研究计划

2011 年，国家批准立项蛋白质、量子调控、纳米技术、发育与生殖、全球变化、干细胞六个领域70个国家重大科学研究计划项目。其中，中国科学院作为第一承担单位或第一依托部门的项目28项，占全国项目的40%（表2、表3）。

表2 中国科学院2011年承担国家重大科学研究计划新立项目

序号	项目名称	首席科学家	第一承担单位	依托部门
1	蛋白质定量新方法及相关技术研究	张丽华	中国科学院大连化学物理研究所	中国科学院
2	炎症诱导肿瘤的分子调控网络研究	林安宁	中国科学院上海生命科学研究院	上海市科学技术委员会、中国科学院
3	蛋白质的生成、修饰与质量控制	Sarah Perrett	中国科学院生物物理研究所	中国科学院
4	氧化物复合量子功能材料中的多参量过程及效应	陆亚林	中国科学技术大学	中国科学院
5	囚禁单原子（离子）与光耦合体系量子态的操控	詹明生	中国科学院武汉物理与数学研究所	中国科学院
6	纳米金属材料的多级结构制备及优异性能探索研究	卢　柯	中国科学院金属研究所	中国科学院
7	光功能导向的硅纳米结构高效、可控制备及其应用的基础研究	张晓宏	中国科学院理化技术研究所	中国科学院
8	纳米界面生物分子作用机制的基础研究及其在前列腺癌早期检测中的应用	樊春海	中国科学院上海应用物理研究所	上海市科学技术委员会、中国科学院
9	高比能直接甲醇燃料电池关键纳米材料与纳米结构研究	杨　辉	上海中科高等研究院	中国科学院、上海市科学技术委员会
10	纳米结构材料在先进能源器件应用中的表界面问题研究	王春儒	中国科学院化学研究所	中国科学院
11	基于扫描探针技术的纳米表征新方法研究	白雪冬	中国科学院物理研究所	中国科学院
12	高效节能微纳结构材料体系研究	杨振忠	中国科学院化学研究所	中国科学院
13	基于纳米技术的肺癌早期检测研究	赵建龙	中国科学院上海微系统与信息技术研究所	中国科学院、上海市科学技术委员会

续表

序号	项目名称	首席科学家	第一承担单位	依托部门
14	面向高性能计算机超结点的关键微纳光电子器件及其集成技术研究	郑婉华	中国科学院半导体研究所	中国科学院
15	新型铜基化合物薄膜太阳能电池相关材料和器件的关键科学问题研究	肖旭东	中国科学院深圳先进技术研究院	中国科学院、深圳市科技工贸和信息化委员会
16	仿生可控粘附纳米界面材料	张广照	中国科学技术大学	中国科学院
17	基于肿瘤微环境调控的抗肿瘤纳米材料设计和机制研究	聂广军	国家纳米科学中心	中国科学院
18	新型微纳结构硅材料及广谱高效太阳能电池研究	李晋闽	中国科学院半导体研究所	中国科学院
19	基于纳米材料的太阳能光伏转换应用基础研究	戴　宁	中国科学院上海技术物理研究所	上海市科学技术委员会、中国科学院
20	雌性生殖细胞减数分裂的分子基础	孙青原	中国科学院动物研究所	国家人口和计划生育委员会、中国科学院
21	植物胚乳发育及储藏物质累积的分子调控机制研究	薛红卫	中国科学院上海生命科学研究院	上海市科学技术委员会、中国科学院
22	上皮组织的形成、更新及其调节机理	朱学良	中国科学院上海生命科学研究院	中国科学院、上海市科学技术委员会
23	气候变化对社会经济系统的影响与适应策略	黄季焜	中国科学院地理科学与资源研究所	中国科学院
24	气候变化经济过程的复杂性机制、新型集成评估模型簇与政策模拟平台研发	王　铮	中国科学院科技政策与管理科学研究所	中国科学院
25	全球变暖下的海洋响应及其对东亚气候和近海储碳的影响	袁东亮	中国科学院海洋研究所	中国科学院
26	湖泊与湿地生态系统对全球变化的响应及生态恢复对策研究	沈　吉	中国科学院南京地理与湖泊研究所	中国科学院
27	全球典型干旱半干旱地区年代尺度气候变化机理及其影响研究	马柱国	中国科学院大气物理研究所	中国科学院
28	非整合人诱导性多能干细胞（iPS）及相关技术用于β地中海贫血治疗的研究	潘光锦	中国科学院广州生物医药与健康研究院	中国科学院

表 3 中国科学院 2011 年承担国家重大科学研究计划新立项目情况

	蛋白质研究	量子调控研究	纳米研究	发育与生殖研究	全球变化研究	干细胞研究
全国	12	9	22	8	11	8
中国科学院	3	2	14	3	5	1

（三）国家自然科学基金、国家杰出青年科学基金、创新研究群体基金项目

国家自然科学基金项目。2011 年，中国科学院共获得面上项目、青年科学基金项目、重点项目和海外及港澳学者合作研究基金项目 3614 项，共计 195 048. 7 万元，占总资助项目数的 12. 43%、总经费的 14. 37%。

国家杰出青年基金项目。2011 年，中国科学院共有 64 人获得国家杰出青年科学基金，占全部杰出青年科学基金获得者的 32. 32%。

创新研究群体基金项目。2011 年，国家自然科学基金委员会批准立项 30 个创新研究群体。中国科学院共有 7 个群体获准立项，占总数的 23. 33%。截止 2011 年底，国家自然科学基金委员会共支持创新研究群体 284 个，其中中国科学院 119 个，占 41. 90%。

（四）国家高技术产业化项目

2011 年，中国科学院牵头组织国家高技术产业化微生物制造专项项目 3 项，获国家补助资金 1800 万元，带动投资共计 2. 7 亿元（表 4）。

表 4 中国科学院 2011 年获得国家发改委批复的国家高技术产业化项目

序号	项目名称	承担单位	批准文号
1	固定化酶法年产 4000 吨 D-对羟基苯甘氨酸	中科鸿安、上海生命科学研究院等	发改办高技〔2011〕1158 号
2	年产 300 吨 S-烯丙醇酮中间体及相关菊酯项目	常州康美、天津工业生物技术研究所等	
3	万吨级 L－天门冬氨酸全生物技术示范项目	宜兴前成、天津工业生物技术研究所	

（五）国家科技基础性工作专项项目

2011 年，中国科学院牵头组织国家科技基础性工作专项重点项目 3 项，获专项经费 2400 万元（表 5）。

表 5　中国科学院 2011 年获得科技部批复的国家科技基础性工作专项项目

序号	项目名称	承担单位	批准文号
1	格网化资源环境综合科学调查规范	地理研究所	国科发基〔2011〕139 号
2	重要生物 DNA 条形码系统构建	动物研究所	
3	2000 年古气候资料整编	地理研究所	

二、战略性先导科技专项项目管理

抓好战略性先导科技专项的组织策划与管理。按照“战略规划、科学论证、精心组织，成熟一项启动一项”的原则，制定先导专项管理办法和若干管理细则，建立策划立项、过程管理、评估、经费和人员管理等制度体系。进一步明晰 A 类和 B 类先导专项各自的定位与重点，建立健全适合各自特点的组织管理模式。积极推动干细胞与再生医学研究、未来先进核裂变能、空间科学应对气候变化的碳收支认证及相关问题等 4 个已经立项的 A 类先导专项的组织实施，这些专项已取得重要的阶段性进展；B 类先导专项国家数学与交叉科学中心，已形成跨所、跨部门的研究队伍，在多学科交叉研究取得进展；面向感知中国的新一代信息技术研究、低阶煤清洁高效梯级利用关键技术与示范、深部资源探测核心技术研发与应用示范等 3 个预研的 A 类先导专项已完成实施方案制定和经费预算评审。2011 年底，组织策划了 11 个候选 B 类先导专项：量子科学与技术前沿交叉研究、物质调控科学与前沿技术研究、多层次分子体系研究、脑科学前沿与交叉研究、系统生物学与健康医学、农业生物灾害防控与绿色农业技术研究、青藏高原多层圈相互作用及其资源环境效应、大气灰霾追因与控制、超导电子学器件与应用技术研究、与人共融机器人技术研究、未来智能电网技术研究。组织开展了国家层面的咨询论证，确定了一批候选专项，为 B 类先导专项的立项和组织实施奠定了基础。

重大科技成果

一、2011 年度国家科学技术奖

根据《国务院关于2011 年度国家科学技术奖励的决定》（国发〔2012〕7 号），中国科学院2011 年度获国家最高科学技术奖1 人；获国家科学技术奖励共31 项。其中，中国科学院作为第一完成单位或第一完成人获国家自然科学奖二等奖13 项，获国家技术发明奖二等奖6 项，获国家科技进步奖二等奖12 项（含专用项目3 项）。4 名与中国科学院合作的外籍专家获中华人民共和国国际科学技术合作奖。

（一）国家最高科学技术奖获得者

谢家麟　男，1920 年8 月出生于哈尔滨市。1943 年毕业于燕京大学物理系。1951 年在美国斯坦福大学获博士学位，回国途中受阻。1955 年冲破重重阻力回国，先后在中国科学院原子能研究所和高能物理研究所工作。曾任高能物理研究所副所长、“八七工程”加速器总设计师、北京正负电子对撞机工程经理等职。1980 年当选为中国科学院院士，先后获国家科学技术进步奖特等奖等11 项奖励。

谢家麟院士是国际著名物理学家，我国粒子加速器事业的开拓者和奠基人。

1955 年在芝加哥医学中心，他担任首席物理学家，研制成功世界上第一台以高能电子治疗深度肿瘤的加速器，开拓了电子束治疗癌症的新领域。

1955 年回国开展加速器研究，他带领团队从研制基本关键部件做起，奋斗8 年，建成我国第一台高能量电子直线加速器，跨越式地赶上国际先进水平。该加速器建成即投入国防建设使用，为两弹研制做出了重要贡献；同时发展了大功率速调管、加速管和微波管等一系列先进技术，带动了我国加速器事业的发展。

20 世纪80 年代，他领导北京正负电子对撞机的设计和建设。他组织数十次研讨，反复权衡比较质子打静止靶和正负电子对撞，最终确定2. 2GeV（GeV 表示十亿电子伏特）的正负电子对撞机和“一机两用”的方案，既为高能物理提供实验装置，也为同步辐射提供了应用平台。在方案设计过程中，他提出六条原则成功指导了对撞机设计，指导完成速调管、加速管、能量倍增器、正电子源和高频腔等加速器关键核心技术的创新性研制。谢家麟和工程指挥部带领工程团队精心设计、精心建设，于1988 年高质量完成了建设任务，创造了国际加速器建设史上的奇迹，我国从此在τ-粲物理研究领域占据了国际领先地位。

20 世纪90 年代，他提出开展自由电子激光研究的“863”计划项目建议。他科学决策，选用经过考验的先进技术，制定热阴极微波电子枪注入器、波荡器和光学谐振腔等核心设备的技术方案，提出采用“前馈控制”，提高直线加速器的束流稳定性，带领团队突破性地解决了一系列关键技术问题。北京自由电子激光装置成为亚洲第一台产生激光并实现饱和振荡的装置，使中国成为继美国及西欧后实现红外自由电子激光饱和振荡的国家，奠定了我国自由电子激光发展的基础。

2000 年，谢家麟院士提出速调管同时作为微波源和电子源的紧凑型电子直线加速器的创新性构想，将电子直线加速器几十年沿用的三大系统精简为两个系统。经过 4 年努力，研制成功世界上第一台紧凑型新型加速器样机，验证了设计的可行性，并申请了国家专利。

他十分重视和关注我国加速器发展战略，多次就中长期发展规划提出重要建议和指导意见，对促进我国加速器领域的发展发挥了重大作用。

谢家麟院士爱国敬业，求实创新，学风严谨，淡泊名利，毕生奉献于粒子加速器研究，培养了一大批加速器技术专业人才，为我国粒子加速器从无到有并跻身世界前沿发挥了至关重要的作用。目前他仍活跃在加速器科学技术研究的前沿，为我国高能物理和加速器事业的持续发展做贡献。

（二）国家自然科学奖二等奖（13 项）

流体力学与量子力学方程组的若干研究

主要完成单位：中国科学院数学与系统科学研究院、北京应用物理与计算数学研究所

主要完成人员：张平、江松

在 Navier-Stokes 方程与流体力学交叉研究中，关于三维不可压缩 Navier-Stokes 方程具有紧支集光滑初值整体光滑解的存在性或局部光滑解在有限时间内爆破是美国 Clay 研究所公布的 7 大千禧年问题之一。围绕此问题，交叉中心数学与物理\工程交叉研究部张平研究员和合作者取得重要进展：和法国波尔多（Bordeaux）大学 M. Paicu 合作提出了新的函数空间框架并应用此工具改进了张平与 Chemin 早期有关三维各向异性不可压缩 Navier-Stokes 方程整体适定性的结果。特别地，推进了该方程整体解存在的初值小条件，从而对于更多的初值，三维各向异性的 Navier-Stokes 方程存在整体唯一解；与桂贵龙合作，证明了三维经典的不可压缩 Navier-Stokes 方程整体解的各向异性稳定性；与 Chemin 和 Gallagher 合作，证明了通过三维不可压 Navier-Stokes 方程存在整体光滑解的初值集合中的任意一点，存在无穷多条任意长的直线段使得在该线段上的任一点，三维 Navier-Stokes 方程仍存在唯一整体解；与 Abidi 及桂贵龙合作，证明三维非齐次不可压缩 Navier-Stokes 方程整体光滑解的稳定性及大时间衰减行为；与明梅及章志飞合作，证明了在自由曲面表面张力系数不为零时的长波极限。

薄膜/纳米结构的控制生长和量子操纵

主要完成单位：中国科学院物理研究所、清华大学

主要完成人员：贾金锋、马旭村、陈曦、赵忠贤、薛其坤

量子薄膜与纳米结构具有奇特的物理与化学性质，在信息的处理、储存、显示与通信等领域有着重要的应用。量子薄膜与纳米结构的控制生长和在此基础上对一个结构形态完全确定的薄膜与纳米结构性质的表征是整个领域发展的瓶颈和关键问题。

本项目取得了以下国际领先的研究成果：①纳米结构和量子薄膜的可控制备。通过

深入研究生长动力学和热力学过程，发展了多种在原子级尺度上可控生长纳米结构的有效方法，实现了全同有序纳米团簇（零维）阵列、纳米线（一维）阵列的可控制备。特别是发明了低温生长方法，成功在硅（Si）衬底上制备出了原子级平整且在宏观范围内均匀的铅薄膜（二维），并实现了薄膜厚度单个原子层精度的精确控制。②量子效应对物性的调控。本项目在国际上首次在原子层次上建立了“量子尺寸效应”与薄膜物性的精确对应关系。在Pb薄膜系统中观察到了当薄膜厚度每变化一个原子层时量子效应引起的超导转变温度的振荡现象，证实了四十多年前的理论预言，开辟了研究量子效应与物性关系的新方向。

轻元素新纳米结构的构筑、调控及其物理特性研究

主要完成单位：中国科学院物理研究所

主要完成人员：王恩哥、白雪冬、于杰、马旭村、刘双

本项目取得了如下主要成果。

构筑了五种新的轻元素纳米材料；采用自行研发的热丝和微波等离子化学气相沉积技术首次制备出：①CN聚合纳米钟（Nanobell）；②单壁BCN纳米管；③BCN薄膜；④高定向BCN纳米纤维阵列；⑤C双螺旋纳米纤维阵列。

对满足特殊需求的纳米材料进行结构调控：①分离出大量十几至几十纳米大小的单个纳米钟；②采用分步生长方法获得了界面清晰的CN纳米钟/C纳米管异质结和BCN/C纳米管异质结；③提出一种低温掺氮化学气相沉积生长技术，获得了具有单一螺旋角的多壁碳纳米管。

发现了一些具有重要应用前景的新奇物理特性：①通过硼、氮共掺杂实现了单壁碳纳米管从金属性向半导体性的转变，使样品中半导体导电性的单壁纳米管比例由67%提升到大于97%；②发现了单个BCN/C纳米管异质结的非线性整流特性；③在BCN纳米纤维中发现波长可调的强蓝荧光；④获得了优异的CN纳米钟电化学储锂性能；⑤系统研究了一维轻元素纳米管的电子场发射机理，发现了CN纳米管的“顶－边”电子发射机制。

引力体系动力学和热力学性质及其内在联系的研究

主要完成单位：中国科学院理论物理研究所、复旦大学

主要完成人员：蔡荣根、王斌、张元仲

该项目属于相对论和引力论领域。引力相互作用是自然界四种基本相互作用之一，它关系着宇宙的起源、演化和它的命运。该项目在引力基本性质，特别是在引力体系动力学和热力学性质及其内在联系等方面开展了系统研究。主要成果为：①发现了Gauss-Bonnet拓扑黑洞解，该解被称为Boulware-Deser-Cai黑洞解，成为许多后续研究的出发点。②建立了（反）德西特时空中黑洞热力学和共形场论的Cardy-Verlinde公式的联系。③在国际上首次证明宇宙表观视界具有霍金辐射，建立了宇宙表观视界热力学。该项目在高影响因子的国际主流杂志上发表260余篇论文，被国际同行引用8300余次。研究成果得到了包括诺贝尔物理奖获得者Smoot在内的国际同行的高度重视和好评。该项目得到了中国科学院、科学技术部、教育部和国家自然科学基金委员会等相关项目的资助。

超临界流体、离子液体及其混合体系相行为与分子间相互作用研究

主要完成单位：中国科学院化学研究所

主要完成人员：韩布兴、刘志敏、张建玲、姜涛、闫海科

超临界流体、离子液体及其混合体系是具有许多特性的新型绿色溶剂。在国家自然科学基金委员会、科学技术部、中国科学院等部门的支持下，中国科学院化学研究所科研人员在研制多台装置基础上，将化学热力学的原理、方法与光谱技术、计算机模拟等相结合，对一系列超临界流体/溶质/共溶剂、超临界 CO_2/离子液体/共溶剂复杂体系进行了系统研究，在这些绿色溶剂体系的相行为、分子间相互作用以及相行为与分子间相互作用内在联系方面取得新的认识。研究了超临界 CO_2/离子液体/表面活性剂、离子液体/表面活性剂/溶剂体系的相行为、分子间相互作用和微观结构，发现离子液体可以形成微乳液这一重要现象，创制了一系列基于离子液体、超临界流体/离子液体的新型微乳液体系，揭示了其形成规律和机理。发现超临界流体、超临界 CO_2/离子液体中多个化学反应性质可用反应体系的相行为和分子间相互作用进行调控，实现了多个高效反应与分离。

催化材料的紫外拉曼光谱研究

主要完成单位：中国科学院大连化学物理研究所

主要完成人员：李灿、冯兆池、张静、范峰滔、杨启华

催化科学对国民经济可持续发展起着极其重要的作用，催化的核心内容之一是催化材料。在催化新材料发展中，表征技术起着重要的作用。拉曼光谱是一项重要的现代分子光谱技术，然而，催化剂的强荧光干扰严重制约了拉曼光谱在催化研究中的应用。李灿等人采用紫外拉曼光谱有效避开了荧光干扰，并利用激光波长减短和共振原理大幅度提高了检测灵敏度，在国际上最早将紫外拉曼光谱应用于催化研究，取得了重要进展。利用紫外共振拉曼光谱首次获得钛硅分子筛中骨架钛物种存在的直接证据，建立了国际公认的鉴定微孔和中孔分子筛骨架中过渡金属杂原子的拉曼光谱研究方法。在国际上首次对分子筛的合成过程实现了原位紫外共振拉曼光谱研究，发现了催化材料合成的重要转化过程和活性中心中间物种，提出了催化材料合成的机理。发现许多氧化物的表面与体相结构不同。尤其在重要的光催化剂氧化钛体系中，基于紫外拉曼光谱的研究，提出“表面异相结增强光催化活性”的新概念。

研究工作被邀在国际催化大会上做 1 小时的大会特邀报告，获得国际催化奖，被国际分子筛大会评述为分子筛研究的重要进展，在国际催化学术界产生了重要影响，成为我国在国际催化界的标志性成果之一。

中国东部燕山期花岗岩成因与地球动力学

主要完成单位：中国科学院地质与地球物理研究所、吉林大学、中国科学院广州地球化学研究所

主要完成人员：吴福元、李献华、杨进辉

本项目对中国东部大面积燕山期花岗岩进行了全面而细致的研究，取得如下主要学术成果：①准确厘定了东北地区 30 余万平方千米原被认为的古生代花岗岩主体形成于

燕山期，发现东北、华北和华南地区的燕山期花岗岩在年代学格架上完全可以对比。②揭示了我国东部燕山期花岗岩明显区别于世界其他经典地区花岗岩，以I-分异型和A型为主，岩浆结晶分异和混合作用是造成花岗岩成分变异的重要原因。③详细论证了花岗岩的形成与区域构造体制的关系，东北和华北燕山早期花岗岩形成于板块俯冲的挤压构造背景，华南燕山早期花岗岩则与岩石圈伸展有关；而整个中国东部燕山晚期花岗岩的形成与俯冲带后撤、早期加厚岩石圈的减薄等伸展构造体制有关。这些认识不仅修正了传统认为的我国东部燕山期岩浆作用主要发生在晚侏罗－早白垩世的观点，揭示了其形成的独特地球动力学过程，而且极大地丰富了花岗岩的科学内涵，并在花岗岩及相关领域极大地提升了中国科学家的国际地位与影响。

华北及邻区深部岩石圈的减薄与增生

主要完成单位：中国科学院广州地球化学研究所、中国地质大学

主要完成人员：徐义刚、郑建平、范蔚茗、许继峰、郭锋

本项目属地球科学领域的基础研究。近二十年来深部动力学研究最重要的进展之一是发现陆下岩石圈不是一成不变的。岩石圈的不稳定性与其结构、组成和流变学性质巨大变化有关，其起因和作用机制是理解板块内部的岩浆活动、成矿作用、地震活动乃至构造演化的关键，可为丰富板内构造理论框架、完善和发展板块构造学说提供重要的科学依据。本项目通过对华北陆块及邻区发育的不同时代（古生代、中生代、新生代）火成岩及其携带的壳、幔捕虏体的矿物学、岩石学、地球化学和年代学的综合研究，在大陆岩石圈地幔组成、结构和演化及大陆地幔动力学研究领域取得了一系列在国际学术界产生重要影响的开创性成果，为该领域的进展做出了实质性贡献。这些成果为理解大陆深部岩石圈演化的本质，揭示深部过程与浅部地质响应的耦合关系提供了关键的科学依据，为发展板块构造学说，使之能涵盖大陆板内地质提供了重要的学术思想。

典型持久性有毒污染物的分析方法与生成转化机制研究

主要完成单位：中国科学院生态环境研究中心、香港浸会大学

主要完成人员：江桂斌、郑明辉、刘景富、蔡亚岐、蔡宗苇

本项目围绕持久性有毒污染物的分析方法、生成与转化和毒性效应等方面的关键科学问题进行了系统的研究，取得了如下创新成果：①发展了基于新材料和新原理的环境样品前处理和持久性有毒污染物检测新技术，引发了国内外的大量后续跟踪研究；研制成的土壤中多氯联苯国家一级标准物质，在我国环境监测质量控制中发挥了重要作用。②发现了二恶英生成与转化的新机制，提出的造纸和氯苯类生产过程二恶英排放因子被联合国环境规划署编入《全球二恶英调查指南》，用6种语言出版并在全球发布用于指导评估各国非木纤维造纸和生产氯苯类化学品二恶英环境释放量。④提出了中国二恶英排放清单，该清单得到国家13个相关部委的认可并由我国政府正式提交给联合国，成为国家履行斯德哥尔摩公约行动计划中实施二恶英污染控制行动的依据；负责编写的我国第一个针对二恶英的《生活垃圾焚烧污染控制标准》对我国垃

圾焚烧行业健康发展发挥了重要作用。本项目的研究成果标志我国持久性有毒污染物检测技术已跃居世界领先水平，而在二恶英类污染源甄别方面的原创性工作奠定了我国二恶英污染控制的基础。

多倍体银鲫独特的单性和有性双重生殖方式的遗传基础研究

主要完成单位：中国科学院水生生物研究所

主要完成人员：桂建芳、周莉、杨林、刘静霞、朱华平

本项目在揭示银鲫既可进行单性雌核生殖又存在少量雄性的前提下，通过探究雄性个体对种群有什么贡献和其贡献是否与其克隆多样性有关这两个关键问题，建立了适于区分银鲫克隆系的遗传标记，首次发现多倍体银鲫具有独特的单性生殖和有性生殖双重生殖方式，为解答单性动物面临的进化遗传学难题提供了一个独特事例；揭示银鲫存在基因组、染色体或染色体片段渗入现象，鉴定出具有不同染色体数、核型和 DNA 含量的克隆系；创建了筛选银鲫生殖相关基因的研究体系。项目共发表论文 65 篇，其中 SCI 刊源论文 37 篇，论著 1 部。

主要发现点被国际权威在 10 部专著、16 篇学科年鉴和综述中引用和评述，引导出 30 多个国家学者的跟踪研究，解答了单性动物遗传多样性和长期存在的生殖机制，获得了对单性生殖动物进化遗传学研究的新见解；同时还解决了我国银鲫大规模养殖实践中出现的问题，依据发现提出的苗种生产方案，已被国家水产技术主管部门采纳和推广，取得了重大的社会经济效益。

《中华人民共和国植被图（1∶100 万）》的编研及其数字化

主要完成单位：中国科学院植物研究所、内蒙古大学

主要完成人员：侯学煜、张新时、李博、孙世洲、何妙光

本成果是侯学煜院士等 200 余位科学家 30 年的研究成果。含中国植被图（1∶100 万）60 幅、中国植被区划图（1∶600 万）1 幅，图件说明书即《中国植被及其地理格局》两卷，图件数据库、植被信息系统和中国植被图电子版。表示了中国 11 个植被类型组、55 个植被型、960 个植被群系和亚群系以及 2000 多个群落优势种、主要农作物的分布，并将全国划分为 8 个植被区域、124 个植被区和 494 个植被小区。图件说明书介绍了中国植被的地理分布格局、植被分类和区划原则，分类、分区系统及各植被单位的主要植物种类、群落特征、生境条件、生态地理分布和经济评价，利用及改良建议。图件植被信息系统和数据库可对图幅任意拼接、裁剪、叠加变色、标识，可对图中要素检索、提取、测算，可用数学模型计算并生成有关专题图件，或与自然和社会对应地理要素作相关多元分析及模型演示，并可对图件内容做快速修改和地图更新。本图件是反映中国自然资源和生态地理环境的重要基础图件，是研究全球变化、生物多样性、环保监测和全国农林牧业区划与规划，县级以上行政单元和大中流域规划、地域性工程建设、军事、检验检疫、科研和公众教育等的必备资料。已在水利部、环境保护部等 20 多个国家单位 44 项重大研究项目中深入应用。

近红外光激发下高阶多光子上转换过程及其强紫外上转换光发射的研究

主要完成单位：中国科学院长春光学精密机械与物理研究所、吉林大学

主要完成人员：秦伟平、宋宏伟、秦冠仕、赵丹、吕少哲

本项目研究了高阶多光子光频上转换过程，首次实现了弱红外光激发下的强紫外上转换发光，为光频上转换技术在绿色能源、环保、医疗和军事等领域中的应用开拓了新的空间、提供了新的手段。围绕着光频上转换中光与物质相互作用这一基本科学问题，本项目从稳态光谱到荧光动力学过程、从电子跃迁与晶格弛豫到能量传递、从多光子上转换发光到其中的物理机制、从简单材料到复合型功能材料制备，展开了多层次、多角度深入系统的研究，并获得了重要突破。项目以“高阶多光子过程的实现”为科学目标，围绕“固体发光理论—材料的设计合成—材料结构、形貌调控—高阶多光子过程实现”研究主线，在新的物理机制、新材料的设计中强调对客观规律的发现及其实现方法的研究，强调自主创新与突破，强调引领研究领域的新方向。

1998 年 1 月—2008 年 2 月，本项目共发表 SCI 论文 256 篇，影响因子 3.0 以上论文 53 篇；SCI 他引 2879 次；8 篇代表性论文 SCI 他引 314 次，单篇最高 SCI 他引 94 次；获得国家发明专利授权 5 项。

介孔基复合材料设计合成、非均相催化性能与应用探索

主要完成单位：中国科学院上海硅酸盐研究所

主要完成人员：施剑林、陈航榕、高秋明、张文华、严东生

本项目研究了新型介孔主客体复合材料的微化学反应器法的合成与优异的非均相催化性能。提出介孔主客体复合思路：将介孔孔道作为“微反应器”，通过孔道内原位化学反应实现客体材料在孔道内以不同方式的装载，获得新型介孔基主客体复合材料；将功能性组分作为内核，介孔作为外壳，制备得到均一可控的功能化内核/介孔外壳的复合结构。通过硅烷偶联剂的表面改性方法，实现金属氧化物、硫化物或磷化物以及有机分子在介孔孔道内的装载；发展出孔道的选择性改性 - 室温原位还原以及枝状化合物修饰方法，实现贵金属以极薄涂层形式的高效装载，并对如碳碳偶联反应具有优异的催化性能，贵金属催化剂用量极低；用新的反应物共引入方法，成功在介孔氧化锆孔道内装载贵金属纳米微粒。装载了 Pt/Pd/Rh 微粒、具有晶化骨架的介孔铈锆氧化物复合材料展示出优异的汽车尾气三效催化性能（国 IV、V 标准），产业化推广取得初步成功。

本项目发表相关论文 120 篇，他引总计 2992 次，8 篇代表论文他引 720 次，单篇最高他引 190 次。项目研究成果对设计发展纳米尺度复合材料以及性能，材料在催化等领域中应用等具有重要的理论和实际意义。

（三）国家技术发明奖二等奖（6 项）

高可靠性氮化镓基半导体发光二极管材料技术及应用

主要完成单位：中国科学院上海技术物理研究所、上海蓝宝光电材料有限公司

主要完成人员：陆卫、张涛、张波、陈效双、王少伟、冯雅清

本项成果重点应对我国氮化镓基半导体照明技术在重大工程应用中的高可靠性要

求，与日、美等发达国家同步研究解决应用中的非良好散热环境应用以及静电击穿失效等造成的可靠性问题，实现了氮化镓基半导体材料高可靠性的核心工艺与技术，提出了高发光效率的量子结构工艺优化途径，实现在特殊图形衬底上低缺陷外延材料制备工艺，建立了量子点结构模型并实施了对量子结构的改性工艺，突破了工艺评价的高精度材料特性检测方法，获得了高可靠性的氮化镓基发光二极管半导体材料，并先于日、美获得空天应用。在我国某卫星照明仪器上的成功应用，被评价为“在可靠性上满足了航天应用需求，在国际上先行了一步”；在东海大桥景观照明四年以上应用中，被评价为“该材料已经在可靠性上满足了恶劣环境中建筑照明工程应用需求”；提出的材料可靠性模型被 Crosslight 公司采纳后“在美国、欧洲、日本、中国等国家和地区获得了广泛应用”。高可靠性材料还成功应用于世博会新闻发布中心 LED 大屏和国家十城万盏计划 LED 路灯示范等多个工程。

高密度集成、高光束质量激光合束高功率半导体激光关键技术及应用

主要完成单位：中国科学院长春光学精密机械与物理研究所

主要完成人员：王立军、刘云、单肖楠、宁永强、秦莉、彭航宇

半导体激光器存在单元器件功率小、功率密度低、光束质量差等缺点，只能作为泵浦光源间接应用。中国科学院长春光学精密机械与物理研究所攻克了高光束质量、高效散热和高密度集成等 3 方面系列瓶颈技术，开发出高光束质量高功率密度大功率直接光源并获重大应用，共获 13 项授权发明专利，填补了国内多项空白。①攻克了偏振合束等系列关键技术，实现 1000 个激光束合为一束，使光功率密度提高至少 100 倍。研制出双路远程控制点火系统用于总装某重大预研项目，达到航天专项元器件标准要求，并实现了激光点火在我国 ×× 重大国防型号任务中的应用。②发明了微通道、复合材料等 3 种结构激光器热沉，使散热能力提高 1—2 倍，解决了连续输出 3000W、准连续输出 6700W 半导体激光器散热难题。研制出 42 层激光叠阵模块，应用于“863”计划核能源重大专项中，并应用于加工、医疗、显示等领域。③发明了串并联混合垂直腔面发射激光列阵封装结构，有效解决了输出功率千瓦至万瓦级激光单片集成面阵低电压（3—5V）大电流（1000—5000A）驱动难的重大瓶颈问题。实现了 900 个单元单片半导体激光器高密度集成面阵。

基于力传感的人体运动信息在线获取方法与现场训练指导系统

主要完成单位：中国科学院合肥物质科学研究院

主要完成人员：孙怡宁、马祖长、杨先军、吴仲城、周旭、姚志明

基于 20 余年的力敏传感技术研究积累，面向国家队备战奥运的科技需求，针对人体运动力学信息在线获取和现场训练指导这两个技术瓶颈问题，深入开展了基于力传感的人体运动信息在线获取方法研究，完成了多个竞技体育项目现场训练指导系统的研制，提升了竞技体育科学化训练水平。首先，发明运动力学信息在线获取技术方法，如低成本大面积柔性力敏技术、快速设计的多维力敏技术、运动学信息在线获取技术，以及多源信息的同步获取与集成分析方法等，解决了长期以来制约运动力学科研

进展的瓶颈问题。其次，对大样本实时训练信息进行融合分析，解析技术动作的运动力学规律，建立专项竞技能力评价指标体系，为运动员选材、训练控制、技术诊断与优化等提供科学依据。最后，发明了皮划艇/赛艇训练指导系统、数字跑道、数字场地、数字跑鞋、跆拳道步法敏捷度训练仪等 12 种现场训练指导系统，全面应用于国家级运动队，克服了感官式经验训练的局限性，为我国赛艇、皮划艇等项目在北京奥运会获得优异成绩做出了重要贡献，受到国家体育总局科教司和相关运动管理中心的多次嘉奖。

室温催化氧化甲醛和催化杀菌技术及其室内空气净化设备

主要完成单位：中国科学院生态环境研究中心、中国科学院过程工程研究所、北京亚都空气污染治理技术有限公司

主要完成人员：贺泓、陈运法、张长斌、何鲁敏、刘东方、姜风

本项目属于室内空气污染防治工程、通风与空调工程的交叉科学技术领域。室内空气污染已成为各国关注的热点问题。甲醛是我国室内空气中最典型、最严重的污染物之一，室内空气中还存在一些致病微生物，这些污染物对人体健康构成严重危害。因此，研发高效、安全、长寿命且无二次污染的室内空气净化技术及其产品，已成为改善人民生活质量的迫切需求。

本项目发明了室温催化氧化甲醛的负载型贵金属催化剂和室温催化杀菌的系列载银无机催化材料及其规模化制备技术，并实现了本发明技术的产业化应用。采用本发明技术，建立了批量生产甲醛净化、催化杀菌功能组件和新型室内空气净化设备的制造工艺和生产线，生产的新型空气净化器产品具有高效、耗能低、安全、寿命长以及没有二次污染等技术优势，因而具有强大的市场竞争力，取得了良好的经济效益和社会效益。本发明的材料和技术除应用于独立空气净化设备外，还可应用于室内空调设备以及装饰装修材料，因此还具有更广阔的应用前景。如果未来能够实现上述技术延伸，将会产生更大的经济和社会效益。

全高程、全天时大气探测激光雷达

主要完成单位：中国科学院武汉物理与数学研究所

主要完成人员：龚顺生、程学武、李发泉、杨国韬、宋娟、戴阳

本发明旨在突破目前激光雷达空间连续性和时间连续性的限制，通过运用自主的专利技术，发明了一种新型激光雷达，实现了从近地面直到约 110 千米的全高程探测，并同时实现了对部分低中层和全部高层的全天时（昼夜连续）探测。从而大大地提高了单台激光雷达的探测能力和应用范围，为大气、空间的探测科学研究和监测工程应用提供了一种技术创新、功能强大的技术手段。本发明已用于我国大气和空间的探测研究，发表相关研究论文 40 余篇。不少结果系首次发现，得到国内外同行专家好评。被选为国家重大科学工程——“子午工程”北京、合肥、海南三个激光雷达台站的共同技术方案，并承担完成了此三个台站激光雷达的建设和升级，为我国大气与空间的研究和预报提供东经 120°沿线的探测数据。本激光雷达成为中国科学院和国家气象局两级空间环

境监测与预报中心的子台站，负责对我国中高层大气环境的监测，并已在“神舟飞船”的发射和回收、北京奥运期间卫星的通信安全等活动中执行了空间环境保障任务。本激光雷达的发明，大大提高了我国激光雷达的技术水平和国际地位，推动和引领了我国激光雷达大气与空间探测研究工作的发展。

丹参多酚酸盐及其粉针剂

主要完成单位：中国科学院上海药物研究所、上海绿谷制药有限公司

主要完成人员：宣利江、王逸平、徐亚明、丁愉、王唯、顾云龙

该项目针对传统丹参注射剂普遍存在的有效成分不明确、质量难以控制等问题，通过历时十多年的研究，阐明了以丹参乙酸镁为主要成分的多酚酸盐是丹参保护心脑血管的重要成分。提出了：①以丹参乙酸镁作为丹参新药质量控制核心，确保质量充分反映疗效。②建立提取精制工艺，富集有效成分，减少药材质量对成品质量的制约，提高药材利用率。③以指纹图谱技术全面控制质量。④以冻干粉针技术确保稳定性等一系列创新思路。由此发明了丹参多酚酸盐及其粉针剂的制备工艺，建立了明确有效成分、充分反映药效作用和安全性的质量标准。在质量上实现了“成分明确、质量可控”。在此基础上，完成了对丹参多酚酸盐作用机制和多成分药代动力学的研究，为“疗效确切、使用安全”现代化中药提供了科学保证。

该项目相关技术已获得中国和美国专利的授权，是一项拥有自主知识产权的现代化中药新药，对中药现代化研究具有显著的促进和示范作用。

（四）国家科学技术进步奖二等奖（9项，专用项目略）

高质量晶体元器件和模块与全固态激光技术

主要完成单位：中国科学院福建物质结构研究所、福建福晶科技股份有限公司

主要完成人员：林文雄、洪茂椿、吴少凡、兰国政、谢发利、庄健、黄见洪、陈伟、郑晖、吴先云

本成果基于物质结构设计与调控理论，在材料科学和激光物理研究基础上，将晶体生长、组件制备与激光系统设计等相对独立学科的技术协调起来，通过“晶体结构设计—缺陷研究—晶体生长—模块设计—激光系统开发与应用—工程开发”实时互动的研发模式，开展涉及高质量晶体元器件和模块与全固态激光技术上下游技术环节的多学科综合研究，完善了“敏感微缺陷吸收中心的控制与消除”、“异质晶体微观复合界面层结构控制”等技术，突破激光和非线性晶体生长与器件加工、模块设计与制备、激光系统集成等产业化关键共性技术，同时制定了相关国家标准，构筑了完整的知识产权体系。相关技术已经转移到福晶科技股份有限公司等多家相关企业，实现了高质量晶体元器件和模块与全固态激光系统的规模化生产，在激光显示、先进制造、信息通信、国家安全等领域发挥了基础性、关键性作用，为培育和发展战略性新兴产业及经济增长方式的转变提供了重要技术支撑，取得了显著的社会和经济效益。

智能语音交互关键技术及应用开发平台

主要完成单位：中国科学技术大学、安徽科大讯飞信息科技股份有限公司

主要完成人员：刘庆峰、王仁华、胡郁、吴晓如、戴礼荣、胡国平、王智国、吴及、凌震华、魏思

该项目针对语音合成、语音识别、口语评测等关键技术进行研发，在高自然度语音合成技术、高鲁棒性连续语音识别技术、高置信度语音评测技术、分布式语音交互应用开放平台等方面取得了一系列重要突破，并完成了实用化的多语种、多音色语音合成系统构建，自主设计实现了国内首个超海量声学和语言数据模型训练系统和国内首个支持超大规模语言模型的实时语音识别解码系统，建立了全新的语音评测整体框架，在国内外首次实现了满足大规模应用的达到实用需求的口语自动评测系统，以及普通话水平测试自动化系统和英文口语考试自动化系统，被国家语言文字工作委员会评价为“普通话推广历史上的一次重大的技术创新”。在核心技术取得突破的基础上，该项目进一步研发并完善了应用开发平台，在日益激烈的国际竞争中获得了中文语音产业最高市场份额，推动了中文语音技术在当前移动互联网信息产业浪潮中抢占先机，获得了技术与产业主导权。

面向安全监控的视频内容理解技术与应用

主要完成单位：中国科学院自动化研究所、中国电子系统工程总公司

主要完成人员：谭铁牛、黄凯奇、王宏志、王亮生、李尚明

本项目突破了面向安全的视频内容理解重大关键技术难题，在核心关键技术上，通过多特征融合和上下文信息结合来检测并处理最相关的信息，实现了海量图像中的目标定位；通过引入生物视觉机制，实现了全天候的目标检测和跟踪；通过基于语义的内容分析，实现了基于目标识别和异常行为的报警。核心技术在2010年及2011年的国际著名视觉识别竞赛（PASCAL-VOC）中，击败卡内基美隆大学（CMU）、斯坦福大学和微软等国际顶级研究团队，一举夺冠，显示出国际先进水平。

本项目发表学术论文100余篇，申请国家发明专利21项（其中授权10项），获得计算机软件著作登记权16项，获得中国发明专利优秀奖和北京市发明专利二等奖。本项目成果已在全国十余个城市广泛应用，涉及工业控制、城市交通、外事领馆、奥运安保等多个重要领域。在2008年北京奥运会及残奥会期间本项目成果被奥林匹克公共区指挥中心采用，对安全隐患最多的奥林匹克公园公共区全天候监控和智能分析，为实现“平安奥运”的理念，确保奥运的成功主办发挥了十分重要的作用。

网络软件基础架构平台（网驰ONCE）技术和系统

主要完成单位：中国科学院软件研究所、中科软科技股份有限公司

主要完成人员：黄涛、冯玉琳、魏峻、左春、钟华、金蓓弘、张文博、叶丹、杨燕、王伟

针对网络化软件面临的重要技术挑战，成果以中间件平台为切入点，①针对性能瓶颈问题，提出资源敏感的自适应性能优化方法，提高大规模并发用户下网络化软件的可

用性，关键性能指标提高30%左右，有效防止系统失效与崩溃。②针对网络应用的高可靠性保障问题，提出面向应用语义的可靠性保障方法，解决网络化软件运行时的隐式干扰，保障系统运行的正确性和一致性。③面向网络应用环境多样性和高质量集成需求，提出基于语义的多层次模型驱动集成框架，有效提高集成的深度、自动化和准确性，提高集成效率和质量。④针对平台柔性可定制的需求，提出基于微内核总线和组件容器框架的柔性中间件平台体系结构，可有效重用中间件功能组件，快速响应网络化应用需求。在此基础上研制了面向大型网络化软件的网络软件基础架构平台——网驰(ONCE)，实现了开发、运行、集成等平台的融合，构建了“网络环境下的操作系统”。相关研究已形成授权/实审发明专利18项，在国内外重要期刊与会议上发表论文220余篇，出版专著2部，软件著作权75项。该成果已应用到航天、航空、核电、北京奥运等国家重点领域和重点工程，取得了重大经济效益。

陆地生态系统变化观测的关键技术及其系统应用

主要完成单位：中国科学院地理科学与资源研究所、中国环境科学研究院、中国科学院大气物理研究所、中国科学院南京土壤研究所、环境保护部南京环境科学研究所、中国科学院计算机网络信息中心

主要完成人员：于贵瑞、孟伟、王跃思、孙波、何洪林、高吉喜、孙晓敏、岳燕珍、黎建辉、牛栋

本研究通过生态要素观测技术的自主研发、先进技术的引进改造和系统集成，生态网络观测技术的标准和规范化，多源数据融合技术与方法研究，生态数据－模型协同共享信息系统研发，设计并建成了我国生态系统变化科学数据－生态模型资源协同共享信息系统。共获得8项国家发明专利，10项软件版权，1项国家标准；出版专著2部，发表论文212篇；整编了我国唯一的长期生态定位观测数据库和19个具有特色的专项定位观测和空间化专题科学数据集产品，累计科学数据资源达7TB；建立7个信息系统，年访问量20余万人次。成果系统应用于国家野外台站和行业部门监测网络的业务运行、重大科技任务开展，以及长江上游等典型示范区的生态环境监测、预警和建设工程效益评价，推动了我国生态系统变化监测事业的发展，为生态系统变化科学研究提供了观测技术、多源数据融合技术以及科学数据资源，全面支撑了我国重要区域和全国生态系统监测评估，以及生态系统与全球变化的科学研究。

大气环境综合立体监测技术研发、系统应用及设备产业化

主要完成单位：中国科学院合肥物质科学研究院、中国科学院遥感应用研究所、中国科学院大气物理研究所、淮北师范大学、安徽蓝盾光电子股份有限公司、合肥金星机电科技发展有限公司

主要完成人员：刘文清、王跃思、刘建国、陈良富、谢品华、司福祺、赵南京、张天舒、徐亮、孙扬

准确全面地掌握大气环境污染状况，认识其发展和演变规律是制定大气防治措施的基础。项目组通过近10年的努力，研发了大气污染成分与颗粒物时空分布探测技术，

创建了重要大气污染物光谱特征数据库，提出了相应污染物浓度反演算法和数值解析模型，利用自主研发的系列环境光学监测设备，构建了城市大气污染时空分布监测技术系统，开展了典型城市大气环境综合外场观测实验示范，并在北京奥运会、上海世博会和广州亚运会空气质量保障中得到应用，弥补和扩充了例行业务监测网络在监测手段、监测内容和监测范围的不足，为揭示大气污染的形成、来源和输送等提供了强有力的技术支持。项目已获得10项发明专利、9项实用新型专利，7项软件著作权登记，自主创新研制了一批地基、车载和机载大气环境污染时空分布监测设备，通过技术转化实施了大气污染时空分布监测设备的产业化，促进了我国环境监测仪器新兴产业的发展。项目成果将为我国城市大气复合污染治理和环境空气质量改善提供科技支撑。

干旱荒漠区土地生产力培植与生态安全保障技术

主要完成单位：中国科学院新疆生态与地理研究所、新疆农业大学、新疆农业科学院、新疆维吾尔自治区畜牧科学院草业研究所

主要完成人员：陈亚宁、潘存德、钟新才、李卫红、田长彦、陈亚鹏、马兴旺、黄湘、李学森、叶朝霞

本项成果结合对干旱荒漠区自然环境和生态条件的认识，提出了干旱荒漠区人与自然和谐共存问题。即：天然绿洲与人工绿洲的共存、荒漠植被与人工植被的生态融合、绿洲边缘荒漠林与人工防护林体系的生态整合；结合对地下水位高低与绿洲土壤次生盐渍化的发生、绿洲外围荒漠生态系统的健康关系的监测研究，提出绿洲内部防止土壤次生盐渍化的合理地下水位为2—4米；维系绿洲外围荒漠生态系统健康的合理地下水位为4—6米；结合新垦荒漠区土地盐碱重、土壤瘠薄的特点，研发提出了中低产田改良和盐土脱盐等的瘠薄土地的改良培肥技术与模式；结合新垦荒漠区土地生产力低下、防风蚀能力弱的特点，对建设初期缺失防护林网的新垦区，提出了以高秆作物为生物防风障的农林复合模式和高密度种植条件下间作技术以及多熟种植、草田轮作为一体的新垦绿洲土地生产力培植技术；结合对干旱荒漠区生境的分析，研发提出了绿洲－荒漠过渡带植被建植微咸水利用与荒漠植被逆境恢复等为主要内容的荒漠植被营建技术。

有机固体废弃物资源化与能源化综合利用系列技术及应用

主要完成单位：中国科学院广州能源研究所、中国农业大学、中国科学院成都生物研究所、广东省生态环境与土壤研究所、广东省昆虫研究所、华南农业大学、广东温氏食品集团有限公司

主要完成人员：陈勇、李国学、刘晓风、李海滨、周顺桂、韩日畴、廖银章、吴珍芳、王德汉、袁浩然

本项目属循环经济和节能减排领域的新技术新工艺，旨在实现有机固体废弃物最大限度资源化与能源化综合利用。项目建立了“基于降解差异性的有机固体废弃物转化利用模式”，发现了热解燃烧过程抑制二恶英生成的新机制，发明了重金属原位钝化技术，研发了生活垃圾自动化组合分选、污泥深度脱水技术及物料快速分解技术，解决了“前端”预处理和“后端”二次污染控制问题；研发了生物肥、生物气、生物电系列技术，

开发了热解制气、热解燃烧、气化发电等技术，形成了具有自主知识产权的生物转化和热转化组合技术与成套装备及高值化绿色产品。项目共出版专著 2 部，发表论文 107 篇，获得授权发明专利 21 项、实用新型专利 7 项，获省部级二等奖以上奖励 2 项。

深部盐矿采卤溶腔大型地下储气库建设关键技术及应用

主要完成单位：中国科学院武汉岩土力学研究所、重庆大学、四川大学、中国石油天然气股份有限公司西气东输管道分公司、中国石油大学（北京）、中国石化江汉油田分公司勘探开发研究院、中国人民解放军理工大学

主要完成人员：杨春和、李银平、黄泽俊、施锡林、魏东吼、杨海军、屈丹安、刘建锋、邓金根、姜德义

项目针对层状盐岩地层中建造大型储气库水溶造腔溶腔形态可控性差、夹层对溶腔稳定性和密闭性的影响机理不清等重大科技难题，系统开展了层状盐岩盐矿水溶造腔、地下储气库运行参数设计及运营关键技术的研究，首次提出了层状盐岩具有“强界面”工程地质特征的观点，打破了盐岩与夹层交界面均为弱面的传统观念；建立了反映夹层效应的新型复合本构模型；提出了测定含夹层盐岩渗透性的试验方法，并自主研发了相应的测试设备，突破了国内外仅能测定单一岩性岩石试件渗透性的技术瓶颈，并提出了层状盐岩地下溶腔密闭性的评估方法及标准。研究成果为我国在层状盐岩地层实施油气地下储备的选址、溶腔参数设计、水溶造腔施工及储气库运营提供了科学技术支撑，已在众多国家重点工程中得到推广和应用。

（五）国际科学技术合作奖

德乐思　德国籍，男，1938 年 8 月出生，国际著名数学家，中国科学院 - 马普学会计算生物学伙伴研究所首任执行所长、德国比勒菲尔德大学顾问。由上海市推荐。

德乐思教授 2005 年全职来华工作，组建中国科学院和德国马普学会合作共建的计算生物学伙伴研究所，他与其他所领导一道，带领全所人员勇于探索，大胆实践，构建了一个国际化研究所的组织架构，为研究所后续健康、快速发展奠定了坚实基础。研究所成立以来，组织了大量的国际学术活动，已与近 30 个国外研究机构建立了长期合作项目和研究生联合培养项目，在计算生物学研究领域获得了国际同行认可的学术地位。

斯蒂芬·波特　美国籍，男，1934 年 4 月出生，国际第四纪联合会主席，国际著名的地质学家，中国科学院院聘客座教授。由中国科学院推荐。

自 1985 年始，波特教授通过与中国科学家开展合作研究、共同筹办国际研讨会、举办学术讲座、担任客座教授等多种形式，为中国第四纪科学研究事业做出了突出的贡献。20 多年来，他对中国青年科学家与国际同行的交流合作与成长起到重要推动作用，他多次在国际学术大会上宣传中国青年科学家的成长及对第四纪科学发展的贡献。同时，他对中国科学院地球环境研究所的发展以及学科方向的制定都投入了大量的精力，为地球环境研究所乃至中国第四纪研究走向国际做出了重要贡献。

岩本爱吉　日本籍，男，1950 年 2 月出生，传染性疾病与病毒学专家，东京大学

医科学研究所亚洲传染病研究中心主任。由中国科学院推荐。

岩本教授为促成2005年中国科学院与日本东京大学签署合作协议做出了重要贡献，并在此基础上成功申请了2005年日本文部科学省资助的“新发、再发传染性疾病研究基地建设项目”，联合中国科学院微生物研究所、生物物理研究所分别建立了“分子免疫学与分子微生物学联合实验室”和“结构病毒学与免疫学联合实验室”。2006年，上述两个实验室被正式批准作为中日两国政府间合作项目。此外，岩本教授一直致力于与中国医院、国家及地方疾病控制中心在新发突发传染病方面开展合作研究，增进了中日两国分子医学研究领域的协同发展。

逯高清 澳大利亚籍，男，1963年11月出生，纳米材料专家，澳大利亚工程院院士、昆士兰大学副校长。由中国科学院推荐。

逯高清教授与中国科学院金属研究所等多家单位建立了长久的合作关系，特别是2003年他成为中国科学院海外创新团队——沈阳界面材料研究中心的核心成员并任中国科学院金属研究所特聘研究员以来，与金属研究所在清洁能源用材料等领域进行密切合作，共同完成了多项国际合作项目，促进了中国科学院在太阳能光催化、储能、储氢等清洁能源用材料领域的快速发展。逯教授还致力于中国新能源材料领域青年人才的培养，并积极推动澳大利亚科学院、澳大利亚工程院与中国的交流合作。

二、2011年度重大科技成果

2011年，中国科学院在基础科学、生命科学与生物技术、资源环境科学与技术、高技术等领域取得了一系列重要科技创新成果。

（一）基础科学领域

基于螺旋组装的分子机器 分子机器是由有序功能分子按照特定要求组装成的超分子体系，能将能量转化为运动可控的分子器件，在纳米科学和超分子化学等学科具有重要作用。轮烷是一种非常重要的分子机器组装结构，但合成这类分子机器面临很大挑战。化学研究所江华与相关研究机构合作，采用模块设计和动态自组装方法构筑基于螺旋轮烷的分子机器，并实现了对其运动的调控。该研究建立的组装方法避免了传统轮烷分子机器合成所必需的封端或闭环反应，为设计新型多位点控制的自组装分子机器开辟了新途径。论文在*Science*杂志上发表。

细胞自吞噬抑制剂及作用机制 高效、特异、低毒的细胞自吞噬抑制剂，对于研究细胞自吞噬的机理非常重要。上海有机化学研究所马大为研究组和哈佛大学医学院袁钧瑛研究组合作，发现了一种具有高选择性和高活性的细胞自吞噬抑制剂。利用这个小分子探针，他们第一次揭示了两种重要的抑癌蛋白p53和Beclin1的内在联系。这些结果不仅为细胞自吞噬研究提供了重要研究工具，也为人类研制新的癌症治疗药物提供了重要信息。论文在*Cell*杂志上发表。

可控自组装——从多分散纳米粒子到单分散超级纳米粒子 无机纳米粒子的可控自组装是实现其在宏观尺度实际应用的最有效途径。国家纳米科学中心唐智勇研究组与相关研究机构合作，实现了多分散（20%—30%）无机纳米粒子在溶液中的可控组装。实验和理论模拟发现，纳米粒子能利用自身的库仑排斥与范德华吸引力的平衡进行自限制组装，形成具有独特的内松外紧类“核－壳”结构且具有高单分散性（7%—9%）的超级纳米粒子。该自限制组装策略适用于多种半导体材料在溶液中的可控组装，研究结果对理解单分散性病毒等生物体系和聚合物等有机大分子超结构的形成具有指导意义。论文在 *Nature Nanotechnology* 杂志上发表。

GaAs 化合物半导体太阳电池效率创新高 多结太阳电池结构中光电流匹配和材料生长晶格匹配的共同要求，限制了三结以上电池效率的提高。苏州纳米技术与纳米仿生研究所在基于光学集成的多结太阳电池系统的基础上，设计并实现了 InP 衬底上光电流匹配的 InGaAs/InGaAsP（0.74/1.05 电子伏特）双端双结电池以满足低能段太阳光谱吸收，高能端则采用 GaAs/GaInP 双结电池，在 200 倍聚光下实现了 43.1% 的光电转换效率。基于前期研究基础，和日本索尼公司成立了联合实验室，合作开展高效太阳电池的研发，短期内分子束外延生长的 GaAs 单结电池的光电转换效率超过 26%。论文在 *Nanoscale Research Letters* 杂志上发表。

非线性光学材料结构功能基元设计研究取得突破 非线性光学材料以提高阴离子基团非线性极化率为主要结构设计思路。福建物质结构研究所郭国聪研究小组率先提出共同提高阳离子和阴离子基团非线性极化率的创新思路，制备了两例中远红外区可实现相位匹配的金属磷卤超分子非线性光学材料（Hg_6P_3）（In_2Cl_9）和（Hg_8As_4）（Bi_3Cl_{13}），其二阶非线性光学效应与典型的红外材料 $AgGaS_2$ 相当，阴、阳离子基团对材料非线性效应都有较大的贡献。该研究工作为非线性光学材料的结构功能基元设计开辟了新方向，论文在 *Journal of the American Chemical Society* 杂志上发表。

典型群无穷维表示论研究重大突破：完全证明重数一猜想 Langlands 纲领预言数论、代数几何等数学领域之间存在深刻联系，是 21 世纪最大的数学难题之一。L-函数是其核心研究对象，而重数一定理是 L-函数研究中的基本问题之一。数学与系统科学研究院孙斌勇在重数一猜想研究中取得重大突破：他与合作者完全证明了重数一猜想，为进一步研究典型群表示及其 L-函数算术性质奠定了基础。主要结果在国际顶级刊物《数学年刊》、国际权威杂志《数学发明》等发表。美国《数学评论》认为这是“本领域的基本定理之一”并已被很多著名数学家引用。

基于等离激元的逻辑运算可扩展性研究取得重要进展 纳米尺度实现光操控对于基础科学研究和实际应用都具有重要作用。金属纳米结构的等离激元共振为实现纳米尺度上的光操控提供了一种可能，正逐步显示出其应用潜力。物理研究所徐红星研究组在原有工作基础上对等离激元逻辑运算的可扩展性进行了研究。他们利用等离激元在金属纳米线网络中的干涉效应，通过或门（OR）和非门（NOT）的级联实现了或非（NOR）运算。同时，利用量子点成像手段揭示了该器件的工作机制。该工作首次证实了等离激元逻辑的可扩展性，为未来片上集成光信息处理技术开拓了新的可能性。论文在 *Nature Communications* 杂志上发表。

发现一类基于 I-I I-V 族半导体的新型稀磁体 半导体科学和技术构成现代信息社会的基础，随着信息存储密度迅猛增长，为突破摩尔定律瓶颈，需要发展新的信息存储载体。在制作和研发工艺成熟的半导体中注入自旋，形成兼具电荷属性和自旋特性的稀磁半导体，成为解决这个关键问题最可能的突破口。物理研究所靳常青研究组在自旋极化的稀磁半导体研究中取得重要进展，通过实验发现了一类新的基于 I-II-V 半导体的稀磁体 Li（Zn，Mn）As，在稀磁材料上成功实现自旋和电荷的分别注入和调控，为设计基于磁性、半导体和超导体的异质结，探索新的物理效应和应用特性提供了重要可能。论文在 *Nature Communications* 杂志上发表。

细菌小 RNA 介导的基因调控中序列－功能关系的研究 细菌小 RNA 介导的基因调控是一种转录后调控，研究小 RNA 的功能及作用机制成为最近十年分子生物学的热门课题。理论物理研究所通过引入统计物理的概念，理论与实验紧密结合，定量研究了小 RNA 的调控机制。通过对大肠杆菌小 RNA 基因 *ryhB* 和他靶基因关键位点的突变实验和理论分析，发现了小 RNA 序列、结构和功能的关系；发现去掉 *RyhB* 的 Hfq 结合区的突变体仍对各目标基因有强烈的抑制作用，即使没有 Hfq 蛋白，这种抑制作用仍存在。该发现将使人们重新思考涉及 Hfq 的基因沉默模型，并提出为什么自然存在的小 RNA 的调控功能依赖 Hfq 蛋白。论文在 *PNAS* 杂志上发表。

指标达国际先进水平的国内首台光频标 冷原子光频标是国际上高精度时频技术的制高点，在不远的将来有望被国际度量衡委员会推荐为时间（秒）的二级标准。武汉物理与数学研究所高克林研究组研制出我国首台基于单个囚禁钙离子的光频标，经过 15 天连续测量，光频跃迁为 411 042 129 776 393. 3（1. 9）赫兹，相对不确定度为 5×10^{-15}，系统误差进入 10^{-16}，达到国际先进水平。国际度量衡委员会 2009 年推荐的基于 $40Ca^{+}$ 跃迁谱线的光频标作为秒的二级标准的值为 411 042 129 776 393 赫兹，不确定度为 4×10^{-14}。

量子信息科学前沿研究系列进展 中国科学技术大学在量子信息科学前沿取得多项成果：首次实验验证新形式的海森堡不确定原理；首次实验实现开放量子系统动力学行为的调控，开创非马尔科夫过程定量研究的先河；利用特殊切割的非线性晶体制备出高亮度的双光子纠缠源，成功制备出八光子纠缠态；在实验上将动力学解耦方法扩展到两比特量子纠缠态；实验演示量子态的概率克隆过程，实现化学反应动力学的量子模拟，解决两比特 Heisenberg 系统的基态能级问题；实验实现频率无关联的光子纠缠的制备和存储。多篇论文在 *Nature Physics* 等杂志上发表。

国家授时中心时间保持水平达国际先进 2011 年度，国家授时中心的时间保持（守时）工作取得重大进步，完成的各项技术指标均排在全球守时实验室前列。国家授时中心保持的 UTC（NTSC）与国际标准时间 UTC 的差控制在 ±30 纳秒以内，远远优于国际电信联盟（ITU）要求的 ±100 纳秒；独立原子时 TA（NTSC）的中、长期稳定度指标排在全球第 3—4 位；为国际原子时 TAI 的归算贡献了 7. 4% 的权重，排在全球前 3 位，为国际时间的维护和保持做出重大贡献。国家授时中心已成为全球最重要的时间单位之一，引领我国的时间工作跻身世界前列。

中德十年合作完成银道面偏振巡天 国家天文台利用所属新疆天文台的 25 米射电望远镜，和德国马普射电天文研究所合作，历时 10 年完成了对银河系的 6 厘米波段巡天观测。该项目共观测约 4500 小时，覆盖 2200 平方度的天区，测量了银河系弥漫的偏振辐射和一大批天体的物理性质，成为迄今为止世界上利用陆基望远镜开展的银道面偏振巡天中观测频率最高的大范围巡天项目。利用巡天观测数据，发现了两个新超新星遗迹 G178. 2 -4. 2 和 G25. 1 -2. 3。这是中国人首次利用国内望远镜和自己的数据发现超新星遗迹。该合作研究共发表 24 篇论文，大部分于 2011 年在 *Astronomy & Astronphysics* 杂志上发表。

复现高超声速飞行条件激波风洞研制成功 力学研究所高温气体动力学国家重点实验室依据我国独创的激波风洞爆轰驱动方法，发展了系列的具有创新性的长实验时间激波风洞技术，成功研制“复现高超声速飞行条件激波风洞”并完成系统性能调试。该激波风洞总长 268 米，喷管直径 2. 5 米，试验时间 100 毫秒，可复现 30—40 千米高空，马赫数 5—9 的高超声速飞行条件。具有利用洁净空气开展全尺寸高超声速飞行器一体化气动试验的能力，可满足高超声速和高温气体科技领域的高端气动试验需求。

哥白尼原理的背景运动学 SZ 效应检验 哥白尼原理断言人类不处于宇宙中的特殊区域，它是现代宇宙学的基石之一，也是宇宙加速膨胀这一当代宇宙学主要发现的主要逻辑前提之一。但是，哥白尼原理，尤其是其在径向的适用性，并没有得到严格证实。上海天文台发现，违反哥白尼原理将造成可观的背景运动学 SZ 效应（the Sunyaev Zel´dovich effect），并由此提出了哥白尼原理的背景运动学 SZ 效应检验；通过该方法证实了哥白尼原理在径向尺度 30 亿光年以上成立，否定了空洞模型取代宇宙加速膨胀的可能，并确认了宇宙加速膨胀的真实性。论文在 *Physical Review Letters* 杂志上发表。

超导成像频谱仪完成研制并投入天文观测 大天区、高分辨率、高灵敏度观测是毫米波射电天文发展的重要前沿方向。紫金山天文台发挥超导接收技术优势，突破毫米波多波束接收机的关键技术，研发出具有自主知识产权的超导成像频谱仪。该设备是国际上毫米波段第一例基于边带分离混频技术的超导 SIS 成像频谱仪，也是我国射电天文的首台多波束接收机。该设备已安装到青海德令哈 13. 7 米望远镜，成为该望远镜的换代接收机。研究人员使用该设备已开展了超新星遗迹、星际分子云、恒星形成区等若干课题观测。应用对比显示，与以往的单波束接收机相比，超导成像频谱仪使望远镜的综合观测效能提高了 20 倍以上。

相对论重离子对撞机上发现迄今最重反物质原子核反氦 4 国际螺旋管径迹探测器（STAR）协作组为探寻宇宙起源的早期物质状态，在美国布鲁克海文实验室的相对论重离子对撞机（RHIC）上开展了实验研究。中科院上海应用物理研究所、近代物理研究所与其他中外科学家密切合作，在十亿次金原子核高能“对对碰”的海量数据中俘获到迄今为止最重的反物质原子核——反氦 4。STAR 合作组利用中国科学家主持研制的先进大型飞行时间探测器探测到 18 个反氦 4 原子核的信号。该成果对安装在国际空间站上的阿尔法磁谱仪的反氦 4 的探测提供了一个定量背景估计值。论文在 *Nature* 杂志上发表。

快质子俘获过程（简称 rp-过程）研究 rp-过程是宇宙中产生重元素的主要核合成过程之一。为准确模拟 rp-过程，需要精确测量一些关键短寿命核素的质量、寿命及核反应率等。^{65}As 正是处于 rp-过程核合成路径上的一个关键核素。近代物理研究所利用兰州重离子加速器冷却储存环（HIRFL-CSR）首次直接测定^{65}As 等 4 个短寿命原子核的精确质量，相对精度达到 10^{-6}。^{65}As 核素的高精度实验数据解决了核天体物理学中一个重要科学问题，即：对于第一类 X 射线爆，^{64}Ge 并不是一个 rp-过程中的“等待点”核。来自中、法、德、日、美的40位科研人员参加了此项研究，论文在 *Physical Review Letters* 杂志上发表，这也是我国核物理实验研究迄今为止在该杂志发表的第二篇论文。

北京正负电子对撞机（BEPCII）亮度不断提高　重大改造后的北京正负电子对撞机（BEPCII）的对撞亮度和积分亮度屡创新高。2011 年 4 月 8 日凌晨，对撞亮度突破 $6\times10^{32}cm^{-2}s^{-1}$，最高达到 $6.492\times10^{32}cm^{-2}s^{-1}$，约为改造前的65 倍。此外，由于加速器各硬件系统稳定运行，北京谱仪（BESIII）积分亮度也创造了 $14.95pb^{-1}$ 的班最新纪录和 $29.35pb^{-1}$ 的日最高纪录，运行效率达新高。BEPCII 的高效运行，显示了机器良好的总体性能，也为进一步提高对撞亮度、提高运行取数效率和力争重大科研成果打下坚实基础。

ITER 计划首件正式部件产品交付　2011 年 12 月 2 日，由合肥物质科学研究院等离子体物理研究所承担的国际热核聚变实验堆（ITER）计划采购包产品“ITER 环向场（TF）超导导体”正式交付启运。该部件全长 780 米，是中国 ITER 采购包的首件正式产品，也是中国领先 ITER 计划七方率先完成的首件产品。中国的 ITER 导体生产实现了 100% 国产化，这在 ITER 七方中也仅中国和日本能达到。在承担 ITER 导体任务的六方中，中国是唯一做到所有试验样品全部一次性通过国际验证的参加方，且产品性能优异。ITER 计划总干事本岛修（Osamu Motojima）认为“中国已处于引领地位”。

大科学装置开放共享取得重要成果　2011 运行年度，中国科学院平台型大科学装置为多学科研究提供强大支撑能力，在开放运行中取得一批重要成果。其中，上海光源为 1036 个课题、3909 人次用户提供实验支撑，其中院外用户比例约为 68%；北京同步辐射装置为 597 个课题、1532 人次用户提供实验（专用光模式运行期间），其中院外用户比例约为 70%；兰州重离子加速器为 120 个课题、361 人次用户提供实验，其中院外用户比例约为 69%。依托上述平台型大装置，科学家们已在国内外刊物上发表数百篇科研论文，包括多篇 *Science*、*Nature*、*Cell* 等国际顶尖刊物文章，使我国在生命科学、凝聚态物理、化学化工、材料科学、医学等众多领域取得一批卓有影响的重要成果，促进和带动了一大批学科的发展。

（二）生命科学与生物技术领域

获得转分化肝脏细胞重建肝脏功能　上海生命科学研究院生物化学与细胞生物学研究所惠利健研究组首次将小鼠成纤维细胞转分化成为肝脏细胞（iHep）。iHep 具有和体内肝脏细胞类似的上皮细胞形态、基因表达谱，且获得了肝脏细胞的功能，如肝糖原积累、低密度脂蛋白转运等。将 iHep 移植入模拟人类酪氨酸代谢缺陷疾病的小鼠后，iHep 可像正常肝细胞一样增殖，重建受体小鼠的肝脏。小鼠的肝功能指标均出现明显好转，濒临死亡的小鼠得以存活。该项成果在再生医学研究和临床应用中具有广阔前景，同时转化型肝脏细胞在药物代谢和毒理研究、肝脏疾病机理研究等领域也具有广泛的应用前景。论文在 *Nature* 杂志上发表。

发现母源因子 Tet3 卵细胞重编程的重要作用　上海生命科学研究院生物化学与细

胞生物学研究所徐国良研究组与李劲松研究组合作发现来源于卵细胞的母源因子 Tet3 加氧酶负责父本基因组 DNA 胞嘧啶甲基的氧化修饰，从而启动 DNA 去甲基化，进一步激活 *Oct4* 和 *Nanog* 等全能性基因的表达。本项研究证明母源因子 Tet3 加氧酶参与了父本基因组的主动去甲基化，在体细胞克隆时参与供体细胞 DNA 去甲基化，这表明去甲基化对胚胎发育至关重要。该研究成果使人们对早期胚胎发育中的重编程过程有了更深入的认识，为提高动物克隆效率提供了新的理论依据。论文在 *Nature* 杂志上发表。

揭示基因组 DNA 去甲基化的新分子机制 上海生命科学研究院生物化学与细胞生物学研究所徐国良研究组揭示了基因组 DNA 去甲基化的新分子机制。DNA 中的 5 甲基胞嘧啶（5mC）和 5 羟甲基胞嘧啶（5hmC）都可以被 Tet 家族的双加氧酶进一步氧化为 5-羧基胞嘧啶（5caC），此碱基被称作基因组 DNA 中的第七种碱基；随后，胸腺嘧啶 DNA 糖基化酶（TDG）特异性地识别这一新的碱基修饰形式，并将其从基因组中切除，再加上没有修饰的胞嘧啶。本研究发阐明了一条 DNA 主动去甲基化的途径，锁定了去甲基化的关键酶，为 DNA 去甲基化机制研究奠定了重要基础。论文在 *Science* 杂志上发表。

发现双向调控社会等级行为的神经环路基础 上海生命科学研究院神经科学研究所胡海岚研究组发现大脑内侧前额叶可参与社会等级地位的调控，同时也提示了社会等级是可塑的。研究发现小鼠的内侧前额叶神经元的突触（即神经元之间相互通讯连接的节点）强度越强，它的社会等级越高。增强低等级的小鼠内侧前额叶突触的强度，可提升小鼠的社会等级；反之，减弱高等级小鼠中内侧前额叶突触的强度，则会导致它们社会地位的下降。这项工作为研究社会等级建立起了简单而可靠的行为学范式，将引领对社会等级神经环路机理的进一步研究。论文在 *Science* 杂志上发表。

肝癌基因组突变产生的进化和分子机制 北京基因组研究所吴仲义研究组利用细胞群体演化分析理念，结合大规模肿瘤基因组和系统生物学分析，通过追踪一例肝癌病人肿瘤细胞 DNA 改变的过程，对原位以及肝内转移肿瘤进行了全基因组测序，进而研究肿瘤发生发展过程中突变产生的进化和分子机制，鉴别出 3 个导致肿瘤细胞增殖和转移的关键基因。该研究发现在原位癌获得快速生长能力之前，肿瘤细胞已发生了转移。这将为发展控制肿瘤生长新技术、寻找适当药物靶点以用于肿瘤个体化医疗奠定了基础。论文在 *PNAS* 杂志上发表。

小 RNA 参与调节心肌梗死病理过程的调节 动物研究所李培峰研究组发现 miRNA-499 通过抑制心肌细胞凋亡从而抑制心肌梗死，具有心肌保护功能，并揭示了其相关的分子机制。该研究结果对于阐明心肌梗死发病机制，并为心肌梗死的预防和诊断提供了新思路，尤其是在开发微小 RNA 作为治疗凋亡心脏疾病的药物中具有重要指导意义。论文在 *Nature Medicine* 杂志上发表。

与神经退行性疾病相关的重要蛋白复合体晶体结构研究 生物物理研究所王大成研究组和江涛研究组解析了 Hnt3 蛋白，及其与缺口 DNA、反应产物 AMP 复合物的三维结构及其功能作用的结构机理。该三元复合物结构组建了一个 Hnt3 与 DNA 辨识、作用和反应的独特分子平台，反映了 Hnt3 在反应前和反应后与产物结合状态的结构基础和分子细节，及在生理状态下 DNA 腺苷酸化的组装模式，揭示了 Hnt3/Aprataxin 突变导致神经疾病的主要分子机制和结构基础。该研究对神经退行性疾病的发生机制提供了精确、定量的新原理，从而成为针对该类疾病创新生物医药研发的重要基础。论文在 *Nature Structural & Molecular Biology* 杂志上发表。

发现植物组蛋白 H3K27me3 去甲基化酶　遗传与发育生物学研究所曹晓风通过植物细胞内组蛋白去甲基化酶活性检测体系，发现拟南芥 REF6 可以特异性地去除组蛋白 H3K27 双甲基化和三甲基化修饰。过表达 REF6 的植物与 H3K27me3 功能异常突变体具有相似的表型。遗传学研究证明 REF6 和 H3K27me3 甲基转移酶起着相互拮抗的作用。REF6 是在植物中首次发现的 H3K27me3 去甲基化酶。这一研究工作填补了植物 H3K27me3 调控机制的一个重要空白，并表明该机制在高等动植物中是保守的，为进一步研究 H3K27me3 在植物生长发育及对环境响应过程中的作用奠定了基础。

采用新方法对水稻复杂性状进行全基因组关联分析　上海生命科学研究院植物生理生态研究所/国家基因研究中心、北京基因组研究所韩斌对 950 份代表性中国水稻地方品种和国际水稻品种材料进行了基因组重测序，并对样本水稻的抽穗期和产量相关性状进行了系统考察。利用构建的水稻高密度基因型图，在粳稻群体、籼稻群体和整个水稻群体中进行了全基因组关联分析，鉴定到多个新关联位点。开发了一种基于单体型分析的局部基因组序列组装算法，并整合水稻基因注释、芯片表达谱信息和序列变异信息直接鉴定部分候选基因。该成果开创了基因组关联分析的新技术和新方法，可用于对候选基因进行更精确的筛选和鉴定。

通过亚洲水稻基因组学进化研究促进水稻分子改良　昆明动物研究所王文通过对一批代表性亚洲野生稻和栽培稻的基因组进行深度测序，找到了近 1500 万个单核苷酸多态位点（SNP，其中 650 万为高可靠度的 SNP），以及一大批基因组结构变异。根据这些变异信息深度分析了亚洲栽培稻的起源历史，研究结果支持粳稻和籼稻有独立的起源，而且粳稻很可能驯化于我国长江中下游的多年生野生稻。还在两种栽培稻基因组中分别鉴定出 700 多个可能受到强烈人工选择的区域，各自包含 1000 多个基因。上述结果为揭示两种栽培稻的起源驯化历史提供了迄今最大数据量的基因组学证据，大量 SNP 和结构变异为水稻育种提供了高密度的分子标记，鉴定出的人工选择基因为快速挖掘农艺性状基因提供了重要基础数据。

联合实施生态高值现代农业综合技术集成示范工程　为配合国家区域发展计划，保障粮食安全，推动传统农业向现代农业转型，中科院在黄淮海平原开展以大面积科技增粮为目标的“河南省高产高效现代农业示范工程”，在东北地区组织以重型现代农机设备和土地连片集中为特点的“院军现代农业示范工程”。2011 年河南省高产高效现代农业示范工程完成中低产田改造和高标准农田建设共 5 万亩①，封丘示范区小麦产量达 580 千克/亩（对照田为 521 千克/亩）。2011 年院军合作老莱基地采取中科院集成技术的高光效玉米种植模式，玉米每亩增产 145 千克，共增收 40 余万元；脱毒种薯比种植普通种薯增产 20%，农场年纯收益增加 200 万元；通过对进口犁铧进行分析，仅用半年研制出高硬度和高柔韧性的替代材料。

---

①　1 亩≈667m^2，下同。

发现蝗灾、鼠疫等生物灾害成灾规律及防控机理研究 动物研究所和上海生命科学研究院植物生理生态研究所通过分析我国长达1910年蝗灾时间序列及8000多份历史资料发现，寒冷气候更有利蝗灾暴发，蝗灾发生与降水量和温度有高度相关性。根据1850—1964年中国鼠疫发生数据，发现鼠疫的发生密度与降水量呈非线性关系，阐明了调节飞蝗两型型变的重要功能基因CSP和Takeout的调节机制，并发现了儿茶酚胺代谢通路对飞蝗行为的调节作用。绿僵菌比较基因组学研究发现真菌寄主专化性的形成与细胞表面信号蛋白及其介导的信号通路有关，为新一代生物农药的研发奠定了理论基础。

解析菠菜次要捕光复合物CP29的晶体结构 生物物理研究所常文瑞研究组解析了来源于菠菜的CP29晶体结构。研究发现CP29的晶体结构与以前广泛应用的预测模型存在很大差异：CP29单体共结合13个叶绿素分子及3个类胡萝卜素分子。根据晶体结构，构建了CP29中完整精确的色素网络。此外，还发现两个重要色素簇，它们可能是能量传递途径的进出口和潜在的能量淬灭中心。论文在*Nature Structural & Molecular Biology*杂志上发表。

生物丁醇实现产业化生产 上海生命科学研究院植物生理生态研究所采用不同于以往敲除调控基因的遗传改造策略，通过对丙酮丁醇梭菌（*Clostridium acetobutylicum*）葡萄糖磷酸转移酶体系（PTS）的弱化，并结合五碳糖代谢途径限速步骤的鉴定及疏通，实现了代谢工程菌株对葡萄糖、木糖和阿拉伯糖的同步高效利用，从而解决了利用木质纤维素为原料发酵生产丁醇中的一个关键技术难点。研究成果已申请中国发明专利（申请号：201110136290.9），有望用于玉米秸秆、蔗渣、甜高粱茎秆渣和玉米芯等农业废弃物水解糖液的工业发酵领域。

构建细胞工厂高效低成本生产L-丙氨酸 天津工业生物技术研究所采用系统代谢工程技术，构建了将葡萄糖高效转化为L-丙氨酸的大肠杆菌细胞工厂，解决了L-丙氨酸传统生产技术对不可再生石油基原料的依赖问题。L-丙氨酸产量达115克/升，糖酸转化率达95%，生产速度达2.4克/(升·小时)，达到目前国际报道的最高水平。生产过程实现二氧化碳零排放，生产成本比传统酶催化技术降低40%。技术已转让给安徽华恒生物工程有限公司，并成功完成中试，已建立7000吨/年的L-丙氨酸生产线，预计新增产值1.6亿元/年。

耐高温SOD酶项目实现产业化 微生物研究所通过构建云南腾冲高温热泉微生物元基因组文库，筛选出耐高温SOD酶基因，获得高效表达耐高温SOD酶。该酶可耐受100℃高温，可在pH4.0—11.0的范围内保持稳定，比活2000U/毫克以上，工程菌蛋白表达量5克/升以上，发酵活力10 000U/毫升以上，两项指标均达国际先进水平。耐高温SOD酶避免了动物来源SOD酶的潜在危害，在常温、常态下可保存两年以上，且具有高度稳定性，为未来SOD酶产业的高速发展奠定了重要基础。通过与中科国发控股有限公司合作，完成耐热SOD酶中试并实现产业化生产，年产能可达1吨，年产值可达2亿元。

中国－喜马拉雅地区生物多样性演变和保护研究 通过对适应高原环境的典型动物藏羚羊和高原鼠兔等17种哺乳动物的比较基因组学分析，研究发现它们在抗低氧、高寒及强紫外辐射等基因通路上的多个正选择基因的趋同进化，这些基因可能在高原适应上起着关键作用，研究还揭示了高山流石滩植物适应昼夜温度急剧变化、干旱和营养贫瘠等环境胁迫的生态适应机制。首次在基因组层面揭示动物能量代谢系统的适应性进化机制，发现动物觅食和食物消化吸收过程中适应性进化新的分子机制。系统性研究成果揭示了该地区生物多样性维持机制，不仅具有明显的区域特色，也有较大的普遍意义，在生物多样性基因资源的挖掘和可持续利用中具有重要的理论意义和应用价值。论文在 *Science*、*PNAS*、*Genome Research Molecular Biology and Evolution*、*PLoS Genetics* 等杂志上发表。

大熊猫、中华鳖等动物生态行为及虫菌共生入侵机制研究进展 通过对健康大熊猫肠道菌群基因序列研究，揭示了大熊猫如何借助肠道微生物消化竹子中纤维素与半纤维素的机制；中华鳖胚胎阶段热调节能力研究表明，动物在胚胎阶段就能通过行为来主动掌握自己的命运。两项成果均在 *PNAS* 杂志上发表。线粒体基因在分子钟运用中的研究，指出有尾两栖动物小鲵科的 mtDNA 基因在分子钟运用中的局限性。虫菌共生入侵新机制和返入侵假说研究，证明真菌长梗细帚霉是由红脂大小蠹携带从美国入侵到中国，并且在中国形成了独特单倍型，论文在 *Ecology* 杂志上发表。

植物适应机制及 DNA 生命条形码研究进展 通过对主要来自中国西南野生生物种质资源库已收集保存野生植物的约 6286 个种子样本（75 科 141 属 1757 种）的四个 DNA 候选条形码片段（rbcL、matK、trnH-psbA 和 ITS）引物通用性、序列质量和物种分辨率等的综合分析，发现三个质体 DNA 候选条形码片段具有较高的通用性，ITS 具有最高的物种分辨率，论文在 *PNAS* 杂志上发表。结合植物专类园的研究平台，发现保守的水分传导、利用及抗旱性是半附生榕在热带雨林生态系统中得以繁荣的重要机制，主要内容在 *Ecology* 杂志上发表。揭示了一种新的欺骗性传粉机制，这种拟态方式可能在兰科植物的食物拟态和真菌拟态中架起一座桥梁，研究成果在 *PNAS* 杂志上发表。

野生植物药物开发及新品种培育等取得重要进展 仙茅资源开发抗抑郁症 1 类新药、糖胶树资源开发治疗呼吸道疾病药物、健康食用油料植物星油藤新品种通过鉴定、重要观赏花卉兰花新品种国际登录、保健资源枸杞新品种通过国家审定、云南特色杜鹃花种质资源利用及产业化关键技术与应用均获云南省科技进步奖一等奖。中科 1 号铁皮石斛、红观音姜荷花先后通过广东省审定。生物柴油植物——小桐子产业化关键技术取得重大突破。

（三）资源环境科学与技术领域

提出冰期－间冰期印度夏季风动力学理论 地球环境研究所安芷生院士研究团队运用中国大陆环境科学钻探工程在鹤庆盆地获取的 666 米湖泊沉积岩心，通过长达 10 年的多学科的交叉研究，从新的视角提出了“冰期－间冰期印度夏季风动力学”理论，揭示了南北半球冰量和气温通过控制越赤道气压梯度变化，驱动冰期－间冰期印度夏季风的变迁。研究成果于 2011 年 8 月 5 日以研究文章（Research Article）的形式发表在 *Science*杂志上。*Science* 杂志同期发表了专题评论，认为“（鹤庆）古湖沉积物的分析对印度季风动力学机制的传统观点提出了挑战”。

蓝田生物群研究——生物早期演化重大进展 南京地质古生物研究所袁训来研究团队通过对产自安徽省休宁县埃迪卡拉纪早期蓝田组黑色页岩中的“蓝田生物群”的研

究，认为是迄今最古老的宏体真核生物群，时代限定在距今6.35亿—5.8亿年，早于以往报道的所有埃迪卡拉生物群。该研究不仅为多细胞生物的起源提供了更古老的化石证据，也指示着这个时期大气圈和浅海中的氧气含量足以支持多细胞生物的生存和发展。该成果发表在*Nature*杂志上，同期评述文章指出：“蓝田生物群为早期复杂宏体生命的研究打开了一个新窗口”。

中国的第十枚“金钉子”——寒武系江山阶“金钉子”正式确立　国际地科联执委会于2011年7月9日表决通过了国际地层委员会提交的建立寒武系第九阶即江山阶底界“金钉子”的提案，经国际地科联主席Alberto C. Riccardi教授日前签署批准，该“金钉子”正式在我国浙江省江山县确立。它是在我国确立的第十枚“金钉子”，使我国成为全球获得“金钉子”最多的国家，标志我国地层学研究走在世界前列。

走出西藏——最原始的披毛犀揭示冰期动物群的高原起源　古脊椎动物与古人类研究所邓涛研究小组在*Science*杂志上报道了西藏札达盆地发现的已知最原始的披毛犀，从而推翻了冰期动物起源于北极圈的假说，证明青藏高原才是它们最初的演化中心。以《纽约时报》和BBC为代表的众多世界著名媒体都进行了专题报道，将中国的西藏称为“冰期动物群的摇篮”。

地史时期最大的生物灭绝事件研究取得重大进展　南京地质古生物研究所沈树忠研究团队对华南和西藏等地数十条二叠—三叠系界线剖面进行了精细研究，通过高分辨率的生物地层、火山灰高精度年龄测定和同位素地球化学等多学科交叉手段，揭示了二叠纪末生物大灭绝发生在2.52亿年前，并在20万年这样极其短暂的地质时间以内，快速地造成了地球海、陆生态系统的全面崩溃。该成果以研究文章的形式发表在*Science*杂志上，是迄今为止有关二叠纪末生物大灭绝事件研究时间精度最高、研究手段最为综合的一项原创性成果。对二叠纪末生物大灭绝事件精确时间的卡定使得过去关于二叠纪末生物大灭绝模式的许多观点亟待重新认识。这项研究还表明，地球生态系统对地表环境恶化的反应可以是长期的。但是，一旦环境压力超出生态系统的承受能力，地表生态系统会在短时间内快速崩溃。

海底地震仪关键技术取得突破　海底地震仪是研究海底地质构造与油气资源的重要地球物理探测装备，其核心技术长期为发达国家所垄断。地质与地球物理研究所郝天珧研究团队通过十多年的攻关研究，成功研制了具有自主知识产权的40套单舱球七通道宽带海底地震仪（OBS），自主成功研发了“声学应答模块、低功耗采集系统和姿控常平装置”等核心器件。共申请五项国内发明专利，两项国外专利，其中“七通道宽频带多功能海底地震仪”专利已获授权。台阵仪器经历了154台次海上试验性示范应用，并在渤海和南海开展了海陆联合地震观测，仪器回收率超过98%，数据完整性超过90%，仪器的性能指标已经达到国际先进水平，2012年上半年将首先在浅海地区（胜利油田）开展200套对比性测试，这标志着我国自主研发的海底地震勘探装备将进入油气勘探领域。

平流层大气基本过程及其在东亚气候与天气变化中的作用　大气物理研究所依托国家“973”计划项目，首次实现了东亚地区两个重要典型天气系统（东北低涡和青藏高原）平流层-对流层物质交换过程比较完整的现场观测，获得了一些过去未知的关于大气成分和物理结构的重要事实。揭示了南亚高压控制区是对流层源成分的高浓度区和平流层源成分的低浓度区；并从观测事实澄清了青藏高原夏季臭氧低谷的形成原因，即南亚高压控制区域低臭氧浓度以及青藏高原高大地形造成空气柱的缺失。揭示了平流层－对流层间波动产生、传播特征及其对平流层环流的影响，指出了平流层环流重大异常信号对于对流层极端天气气候时间具有明显的先兆性。

热带海洋软体动物功能蛋白肽的关键利用技术及其产业化 针对软体动物蛋白质安全降解与资源高效利用中存在的关键科技问题，南海海洋研究所研究发明蛋白质酶促水解新技术；发明热带海洋软体动物功能蛋白肽的新型制备技术；构建热带海洋软体动物功能蛋白肽的生物评价体系；研发蛋白肽的新型高值产品及其生产技术。项目申报发明专利 24 项，含 PCT4 项，获授权 14 项；获生产许可证 7 个，制订企业标准 6 个。实现新增产值 21 亿元，新增利税和增收节支 2. 48 亿元，社会效益 4. 46 亿元。成果解决了软体动物蛋白质高效利用多项关键技术难题，大幅提升了行业技术水平，促进了水产业的节能减排。

黑潮流域长时间序列的环境记录及其主体流系的演化 揭示黑潮的变化特征及规律，对认识西北太平洋及其边缘海乃至全球变化的气候环境问题起关键作用。海洋研究所在长时间序列古环境研究近为空白的西菲律宾海，依据微体古生物演化事件及浮游有孔虫氧同位素记录建立了近 236 万年以来的年代模式；在该序列中发现了中更新世转型（MPT）及碳储库长周期变化的记录。系统重建了末次冰消期（距今约 1. 6 万年）以来由黑潮暖流、对马暖流和黄海暖流组成的东黄海暖流体系的演化模式。以上成果为深入认识西太平洋及其边缘海的一些关键气候和环境演化问题奠定了基础，且有助于理解低纬海区在全球气候变化中的作用；同时对分析我国陆地居住和生态环境的变化规律及受控因素和认识东亚地区环境的长期发展趋势具有重要意义。

突破了海岸带水体环境污染物现场快速检测传感器技术 首次研发出海水重金属检测高灵敏高选择性聚合物膜离子选择性电极，发展了海水污染物现场快速检测的化学传感器关键技术，建立了基于贵金属纳米材料的新型光学检测方法，突破了适用于复杂基质的超痕量重金属污染物检测技术，研制了集样品预处理和检测功能于一体的重金属检测系统样机，实现了对水体中重金属污染物的现场快速检测。相关成果发表在 *Chemical Society Reviews*、*Angewandte Chemie*、*Journal of the American Chemical Society* 等影响因子较高的 SCI 杂志（单篇最高影响因子 26. 58），随后被著名的 *Nature Materials* 杂志作为研究亮点进行了报道，得到了国内外同行广泛认可，获“国际电分析化学年会”的“Top-Ten Excellent Poster Presentation”奖。

高安全地理空间数据库管理系统及其应用 当前国内 GIS 品牌软件均构筑于 Oracle 等国外数据库管理系统软件基础上，缺乏空间数据管理的自主核心技术，难以保障数据安全。以地理科学与资源研究所为主的研究团队成功研发了国内首款具有自主知识产权、跨平台、分布式、高安全的空间数据库管理系统平台软件 BeyonDB，已通过空间信息系统软件测评中心的权威评测，并获得国家公安部国标第三级安全体系认证。BeyonDB 既具备通用关系数据库功能，更专业于高安全、高效能海量空间数据管理、查询与分析，其空间内核性能整体上已优于国际顶级的数据库软件品牌。BeyonDB 数据库系统已和 MapGIS 合作实现了 GIS 软件的全国产化，并与 ArcGIS、SuperMap 等实现了对接，产业化市场前景广阔，已在国家级测绘部门得到实际应用。

中国历朝气候变化 地理科学与资源研究所研究团队首次以断代史方式系统分析了中国历朝气候变化及其影响，发现中国东中部地区 20 世纪不是过去 2000 年间的最暖世纪，秦汉、隋唐和南宋后半叶气候显著温暖；中国东中部地区 12—15 世纪干湿格局曾发生重大变化，20 世纪降水变率并未超过过去 1500 年自然变率范围；20 世纪暖期最可能的历史相似型为隋唐暖期；历史上“大治”之年几乎都发生在温暖时期，自然经济形态下冷抑暖扬的文明韵律十分清晰；极端气候事件（如旱涝）对社会发展有明显的推动作用，但气候因素高度依附于政治、文化等其他因素。出版了专著《中国历朝气候变化》，叶笃正院士在《科学时报》上予以专文评述，并给予了高度评价，相关学术观点得到国内学术界的广泛认可。

中国西部冰冻圈变化及其影响 中国西部冰冻圈是对全球变暖响应最敏感的区域之一。寒区旱区环境与工程研究所研究团队通过大量野外考察、定点监测和遥感监测，建成了国际上监测要素和内容最全面的区域冰冻圈监测网，完成了我国第二次冰川编目，发现近 50 年来中国西部大部分地区冰川面积总体呈缩小变化，冰川厚度亦呈减薄趋势；首次获得了青藏高原多年冻土区多年冻土的温度、厚度、地下冰储量等全面的本底信息，查明了多年冻土特征与气候、海拔高度、地形、地表覆被等的关系；通过对乌鲁木齐“河源 1 号”冰川近 50 年观测资料的系统分析，揭示了大陆型冰川对气候变化的响应机理，构建了冰川动力学模式，分析了变化环境下冰川变化及其对水文、水资源的影响。相关研究将为国家应对气候变化、地方经济社会发展提供重要科技支撑。

巨灾链型灾害遥感监测与预警一体化关键技术 研发巨灾链型灾害遥感监测与预警一体化关键技术，可为保障国家安全和经济社会可持续发展提供重要技术支撑。遥感应用研究所研究团队研发了暴雨－洪涝－滑坡泥石流巨灾链的重要致灾参数的遥感定量反演技术，其中强对流云团的遥感识别精度优于 85%，降水估计精度优于 80%，洪涝水体面积提取精度优于 85%，滑坡、泥石流的类型识别精度优于 95%；研发了相应灾害链的综合灾损评估技术，可快速评估灾区城镇居民用地、农田、道路、人口的灾害损失，精度优于 70%；集成开发了巨灾链灾害遥感一体化快速处理与分析原型系统，实现了监测、预警与灾情分析的一体化集成。相关成果在中国气象局、国土资源部、水利部的灾害监测业务中发挥了重要作用。

湖泊富营养化过程监测与水华灾害预警技术研究与系统集成 构建蓝藻水华预测预警体系是避免水危机事件发生，保障富营养化湖泊饮用水及生态安全的优选方案。南京地理与湖泊研究所提出了蓝藻水华越冬、复苏、早期暴发和引发湖泊生态灾害的敏感性指标，制定了表征蓝藻水华从发生到致灾全过程的监测指标体系，建成了包括 18 座自动监测站的覆盖北太湖的水质在线监测平台；研发了基于卫星遥感影像监测、地面在线监测和人工辅助监测三位一体的蓝藻水华发生预警模型和预报系统。该系统已在太湖区域进行了近 3 年的示范运行，发布预测预警报告 140 多期，预测精度达 80% 以上。相关工作为保障太湖供水安全提供了有力的科技支撑，提升了我国湖泊水质监测的技术水平和自主创新能力。

土壤氮素转化的微生物生态功能 微生物生态系统功能具有高度复杂性，深刻认知土壤氮素转化的微生物过程，了解不同微生物如何在土壤氨氧化过程中发挥作用是调控农田氮素循环的关键。传统认为生态系统中的硝化作用是氨氧化细菌（AOB）来完成的，由于氨氧化古菌（AOA）的发现，硝化作用过程和硝化微生物的贡献需要进行重新评估。本成果研究发现土壤类型、土壤 pH 和营养水平是影响 AOA 和 AOB 功能群的重要因素。在氮素含量较高、pH >8 的碱性土壤中，AOB 对氨氧化起主导作用，贡献率 >77%，AOA 的贡献不明显；在氮素水平低、pH <4.5 的酸性土壤（如红壤）中，AOA 能够固定 $^{13}C-CO_2$ 进行自养生长，是该土壤中硝化作用的主要驱动者。首次为古菌参与土壤硝化作用提供了直接证据。进一步研究阐明了不同土地利用模式和施肥条件影响了 AOA、AOB 的组成和数量，揭示了通过环境条件的改变调控微生物生态功能的可能性。主要研究成果发表在 *PNAS* 等国际著名期刊上。

京津冀大气污染干湿沉降研究 针对京津冀城市群大气污染和京津塘地区环境污染呈现出的区域性、复合性特点，开展区域环境复合污染的点、线、面综合立体观测技术和设备研究，研发了地基多轴差分吸收光谱仪（MAX-DOAS）等用于大气污染在线监测的具有自主知识产权的技术和设备，实现了污染物多参数连续自动在线监测。集成近地面雷达观测、遥感数据监测以及地面实测等大气环境监测设备和技术，建立了北京、天津等 10 个观测点的京津冀大气干湿沉降通量观测网络，覆盖京津冀地区 25 万平方千米，涵盖多种生态类型，已经联网运行 3 年，首次实现京津冀区域污染气体、多环芳烃、重金属等干/湿沉降化学同步观测。本成果系统估算了京津塘地区大气污染物 N、S、PAH、重金属干湿沉降通量及化学组成的时空变化，提出了京津冀区域大气污染建议控制方向，为区域污染物协同减排提供科学参考。

二恶英控制技术与示范 金属冶炼和废弃物焚烧是最主要的二恶英排放源。针对金属冶炼最大的钢铁行业，研发采用焚烧阻滞、活性炭吸附和高效除尘的联合控制技术，将烟气中二恶英类浓度降低 80% 以上，同时不增加含二恶英固体废弃物的排放，每吨烧结矿增加的运行成本远低于国外相关技术，依托上海宝山钢铁集团 132 平方米烧结机，建造了烧结烟气二恶英类减排示范装置，是我国首个行业减排二恶英类的技术示范。针对我国垃圾焚烧，制定了第一个国家标准，根据垃圾焚烧过程产生二恶英机理研究，开发了通过向焚烧烟气中引入金属氧化物阻滞剂，从根本上抑制二恶英类生成的新技术，依托山东泰安 800 吨/天生活垃圾焚烧发电厂建设了二恶英类阻滞示范工程并稳定运行，尾气排放稳定低于国际上最严格的欧盟焚烧烟气排放限值 0.1ng TEQ/Nm^3。本成果开发的焚烧设施二恶英类污染控制技术将有助于缓解垃圾无害化处理的压力，具有显著的社会效益。

复极感应电化学水处理技术 本成果依据电化学特有的氧化、絮凝、气浮及还原过程，研究了复极感应电产自由基和电产絮体技术原理，建立水中污染物赋存形态相匹配的电化学水处理模块化及集成技术，开发出系列电极材料和电化学反应器，实现了批量化制造和生产，针对不同水质特点及技术需求，形成高效低运行成本的电化学特色工艺。该电化学净水技术及工艺已在车载式污水处理及回用、饮用水直接净化、工业废水处理等方面的众多移动式和固定式水处理设施建设中成功应用；本成果应用转化近 3 年实现减排重金属1260吨，减排COD 2800吨，节约用水1500万吨，用户节约开支1600余万元。在抗震救灾、扶贫等公益性事业中做出贡献，取得重要社会经济效益和环境效益。

（四）高技术领域

圆满完成“神舟八号”与“天宫一号”对接任务 中国科学院是应用系统的牵头单位，主要任务是利用“天宫一号”目标飞行器和“神舟八号”飞船空间实验支持能力开展相关科学实验和应用研究。在“天宫一号”目标飞行器上，空间应用系统安排了地球环境监测、空间材料科学实验和空间环境探测等领域的应用任务。利用我国光谱和空间分辨率综合指标最高的空间高光谱成像仪，开展地质调查、资源勘查、土地荒漠化评估、水文生态监测，以及环境污染成分和污染源头的监测分析等方面工作；还开展了复合胶体晶体生长实验，这是我国首次开展的以“遥影像”方式，直接获取科学实验信息、数据。在“神舟八号”飞船上，利用返回舱资源开展了17项中德合作空间生命科学实验。同时，中国科学院还承担了照明、光学成像、激光导引等近30项关键部件的配套任务。12月16日，中共中央、国务院和中央军委在人民大会堂举行了庆祝“天宫一号”与“神舟八号”交会对接圆满成功大会，中国科学院共有4个单位和14名个人获得表彰。

“蛟龙号”成功完成5000米级海试，创造我国载人深潜新纪录 “蛟龙号”载人潜水器在2011年7月完成了5000米级海试，最大下潜深度5188米，创造我国载人深潜新纪录，是我国载人深潜技术与装备取得的重大技术跨越，是我国海洋科技领域具有里程碑意义的事件，标志着我国成为少数掌握大深度载人深潜关键技术的国家之一。中国科学院是“蛟龙号”载人潜水器主要研制单位之一，承担了“蛟龙号”声学系统和控制系统的研制和技术保障任务。声学系统为“蛟龙号”载人潜水器完成了深海水声通信、地形地貌探测等任务。其中，水声通信机实现了对载人潜水器状态的远程实时监控和水下作业图片传输，在国际同类潜水器中功能和性能居领先水平；高分辨率测深侧扫声纳可同时获得高分辨海底地形图和侧扫图，达到国际先进水平。控制系统实现了精确悬停定位和长距离全自动航行的功能。精确悬停定位功能在国外载人潜水器上还未见实现。中国科学院研制的设备和系统工作可靠、保障有力，为海试成功发挥了重要作用。

“嫦娥二号”任务及其拓展性试验圆满完成，7米分辨率全月球影像图达到国际领先水平 2011年6月，圆满完成对月球的探测任务；8月25日，准确受控进入日地拉格朗日L2点环绕轨道开展拓展性试验任务和空间环境科学探测任务；9月15日，成功获取从172万千米外深空传回的第一批科学探测数据。11月中旬，制作完成的“嫦娥二号”7米分辨率全月球影像图。影像图在数据处理和制图过程中得到了严格、有效的质量控制，影像图在空间分辨率、影像质量、数据一致性和完整性、镶嵌精度等方面优于国际同类全月球数字产品，达到了目前全月球数字影像图的国际最高水平。中国科学院在“嫦娥二号”的科学探测及其拓展性试验任务、科学探测数据的接收处理、VLBI测定轨任务以及制作高分辨率月球影像图等标志性科学成果等方面发挥了重要作用，做出了突出贡献。

工业无线网络技术标准成为IEC正式国际标准 2011年10月14日，经国际电工委员会（IEC）成员国投票，由沈阳自动化研究所牵头研究制定的工业无线网络技术标准 WIA-PA 提案，成为正式 IEC 国际标准。2006 年起，沈阳自动化研究所牵头联合产学研用领域的近二十家单位成立了工业无线联盟，攻克了一系列技术难点，形成了具有自主知识产权的核心技术，构建了由 50 余项专利构成的核心自主技术系统，并成功进行了示范应用。在此基础上，起草形成的“工业用无线通信技术”（WIA-PA）国家标准已于2011 年7 月29 日正式发布。同时积极将该标准推向国际，最终成为正式的国际标准。这标志着在工业无线领域，中国已经成为技术领先的国家之一。这将有助于降低企业相关产品生产和使用的风险，保障产业安全，扩大我国相关领域自动化产品所占据的市场份额，为工业化和信息化的融合提供高端解决方案，促进我国工业节能减排目标的实现。

高密度三维系统级封装技术取得新突破 微电子研究所首次成功实现了“龙芯”CPU 国产化封装产品。该 CPU 封装体为 500 I/O 的 WB-BGA 结构，其中芯片时钟频率为 800 兆赫兹，压焊点 819 个，超出公认打线数量极限 50% 以上，焊盘间距仅 60 微米。该技术有效填补了国内空白，达到了国际领先水平。目前，微电子研究所已联合南通富士通微电子股份有限公司，成功实现了“龙芯”系列 CPU 百万量级批量生产。

成功研制出我国首款自主 8Mb 的 PCRAM 试验芯片 上海微系统研究所成功研制出我国首款自主 8 兆比特（Mb）的 PCRAM 试验芯片，存储单元成品率达 99% 以上，经语音演示，证实该芯片可实现读、写、擦等存储器全部功能。在集成电路进入 32 纳米技术节点后，目前主流的 DRAM 和 FLASH 存储器的发展都将因量子效应面临严重的技术挑战与壁垒，相变存储器不仅综合了目前市场上主流存储器的优良特性，而且还具有微缩性能优越、循环寿命长、数据稳定性强、功耗低等诸多优势，被认为是下一代非挥发存储技术的最佳解决方案之一。上海微系统所通过该款存储器研制，已成功建立了与国际同步的45 纳米 PCRAM 技术平台，目前拥有 300 多项（其中授权 80 项）相关核心专利，涵盖从材料、结构工艺、设计到测试的芯片生产全部流程，标志着我国在非易失性存储器领域的研究跨入了国际领先行列。

建成国际上首个“虚拟过程工程”平台 2011 年 10 月，国际上首个“虚拟过程工程”平台（VPE 1.0）在中国科学院过程工程研究所初步建成。该平台基于先整体、后局部的“EMMS”计算模式，采用耦合 CPU + GPU 的多尺度高性能计算设备，致力于对典型工业装置内的复杂多相流动与传递过程的三维快速高精度模拟，并通过对装置的高精度测量与数字化定量控制以及对测量数据的高性能处理，实现数值模拟与实验系统的实时数据交互及其相关结果的三维动态显示，以缩短工业装置的设计周期，并为装置运行的在线优化、事故预警与分析以及操作人员的培训等提供前所未有的手段。

世界首座全超导变电站在甘肃白银并网运行 电工研究所承担研制的世界首座超导变电站在甘肃省白银市正式投入电网运行。变电站位于白银市国家高新技术产业开发区内，运行电压等级为 10.5 千伏，集成了 1MJ/0.5MVA 高温超导储能系统、1.5kA 三相高温超导限流器、630kVA 高温超导变压器和 75 米长 1.5kA 三相交流高温超导电缆等多种新型超导电力装置，可大幅提高电网供电可靠性和安全性、改善电网供电质量，并有效降低系统损耗、减少占地面积。这是目前世界上唯一的配电级全超导变电站，创造了多项世界和中国第一，在核心、关键技术上获得了近 70 项完全自主知识产权，集成了我国超导电力技术近10年来最新、最先进的研究开发成果。它的运行标志着我国超导电力技术取得重大突破。

100吨/天污泥循环流化床一体化焚烧示范工程通过试运行考核 由工程热物理研究所研发的100吨/天污泥循环流化床一体化焚烧示范工程在杭州七格污水处理厂顺利通过72小时试运行考核，标志着我国城市下水污泥的焚烧处置技术自主研发能力和技术水平的一次重大提升。该示范工程是我国首台在单一装置内成功实现城市下水湿污泥焚烧放热与干化完全耦合的焚烧工艺系统装置，与目前先干化再焚烧炉的分体污泥焚烧技术相比，不仅系统简单、设备紧凑、投资成本低，而且运行能耗大幅降低，可将污泥处置费用降低到适合在国内推广的水平，为我国城市下水污泥的减量化、稳定化、无害化处置提供切实可行的解决方案。

0.5兆瓦染料敏化太阳电池中试线建成 合肥物质科学研究院等离子体研究所联合铜陵中科聚鑫太阳能有限公司，在安徽铜陵市"铜陵科技创业园"建设的0.5兆瓦染料敏化太阳电池中试线完成整体调试和贯通。该中试线生产的太阳电池面积大于300平方厘米，最高效率6%，并实现了产品成品率不低于90%。这是国内第一条全部自主创新的染料敏化太阳电池中试线建设。它的建成标志着我国染料敏化太阳电池的研发和产业化进程开始步入新的阶段。

合成气制低碳混合醇新型催化剂及配套工艺技术 山西煤炭化学研究所研发的"合成气制低碳混合醇新型催化剂及配套工艺技术"完成超过1200小时的中试稳定运转，获得突破性进展。本技术采用新型铜铁基催化剂，在温度200—260℃，压力4.0—6.0兆帕，空速2000—4000h^{-1}的温和反应条件下，CO转化率大于80%，C^{2+}高级醇选择性大于50%，低碳混合醇时空产率大于0.23kg/(kgcat·h)，各项工艺性能指标居国内领先水平。研发团队联合河南煤业化工集团和荷兰壳牌石油公司，摒弃传统高温、高压的苛刻合成反应条件和使用贵金属高成本工艺过程，定向开发由合成气制高附加值化工混合醇和燃料添加剂的技术路线，在较低的反应压力和温度下，获得较高的醇收率和C^{2+}醇选择性，成功实现合成气的低碳高效转化，具有替代目前合成气制甲醇工艺技术的应用前景。

液流电池储能型电动汽车充电站应用示范 由大连化学物理研究所和大连融科储能公司联合设计开发的50千瓦太阳能发电和60千瓦/600千瓦时全钒液流电池储能联合供电系统已成功应用于大连市友谊街电动车充电站中。这种全新的"太阳能-储能型"电动车换电站引入了太阳能绿色清洁电力，降低了电动车充电站对电网的依赖，实现能源多样化。全钒液流储能电池系统一方面避免了电动车大电流充电对电网的直接冲击，另一方面也可以实现了谷电峰用，降低了换电站的运营成本。在非常时期，充电站可以作为临时电站为重要部门和设备供电。"太阳能-储能型"电动车充电站为未来电动汽车充电站的发展提供了新模式。

石墨烯的可控制备、物性与应用探索 金属研究所、微系统研究所、上海硅酸盐研究所等7个研究所在石墨烯的可控制备、理论研究和物性表征以及在电池、柔性显示、太赫兹探测、气体传感器、复合材料方面的应用取得了突破性进展。发展了多种石墨烯制备方法，制备出高质量石墨烯三维网络体材料——石墨烯泡沫、毫米级石墨烯单晶、单批次公斤级高质量石墨烯及在六方氮化硼基体上制备出高质量的石墨烯，并发明了石墨烯的无损转移方法。研制出一系列高性能动力锂离子电池石墨烯复合电极材料，显著提高了其循环和倍率性能，实现了复合正极材料的百公斤级中试生产；石墨烯作为太阳能电池透明电极在 CdTe 电池上电池效率达到 12.1%；石墨烯 - 环氧树脂复合材料用于船轴用绝缘传扭材料，显著提高了复合材料的力学性能。有力推动了石墨烯领域的发展和实用化。

金属和合金的腐蚀防护技术形成系列国家标准 金属研究所负责制定的国家标准《GB/T 25834—2010 金属和合金的腐蚀钢铁户外大气加速腐蚀试验》和《GB/T 24513.2—2010 金属和合金的腐蚀室内大气低腐蚀性分类第 2 部分：室内大气腐蚀性的测定》日前已获国家标准化管理委员会批准，并正式发布实施（2011 年 9 月 1 日）。该标准可表征对金属和金属覆盖层在存储、运输、安装或操作使用期间有影响的低腐蚀性的室内大气环境，根据标准试样受到的腐蚀作用来确定室内大气腐蚀性分类，并规定了适合作为室内大气腐蚀性评价基础的重要参数。该标准实施后，可广泛应用于钢铁户外耐蚀性快速评价，尤其可为新钢种的耐蚀性提供规范性评价方法。进一步推动该领域的试验方法向规范化和标准化迈进。

二甲苯氧化制对苯二甲酸成功完成工业应用实验 大连化学物理研究所与大连天翼公司合作，研制的新型催化剂在中石油乌鲁木齐石化公司进行工业应用实验，规模为 10 万吨/年。建立了催化剂连续进料撬装装置。连续开车运行结果表明，研制的催化剂可使氧化反应体系中的溴用量降低 40%，催化剂中钴、锰金属离子用量降低 14%，醋酸溶剂消耗减少 4 千克/吨。通过对下游产品的跟踪，产品质量得到提高。该技术可显著降低催化剂中钴、锰、溴等消耗，对于减轻溴的腐蚀和污染排放，降低生产成本，具有重要的意义。该技术的应用已生产精对苯二甲酸产品 15 万吨。预计 3 年内，将完成 150 万吨/年规模的自主产权的技术工艺包，完成 150 万吨/年装置规模的工业应用技术，为化纤产业的技术升级和节能减排，提供技术支撑。

子午工程空间环境探测取得系列重大成果 由空间中心牵头的子午工程已完成全部建设任务，建成 93 台套监测设备，2011 年 5 月 7 日成功发射探空火箭；通过试运行，子午工程已成功获取我国空间环境监测的第一手探测数据，数据文件已超过 350 万份，总计 1.2TB；空间天气探测已初见成效，3 月 11 日子午工程监测到日本大地震后的电离层强烈扰动；多次观测到我国上空空间环境对太阳风暴的响应，并于 8 月 6 日监测到自 2007 年以来最强烈的磁暴事件；利用子午工程探测数据开展了“天宫一号”和“神舟八号”发射期间的空间天气预报、现报或警报，为其成功发射保驾护航，得到了用户好评；美国著名刊物 *Space Weather* 以封面文章专题报道中国子午工程，并且给予了高度评价，认为子午工程是一个雄心勃勃、影响深远、非常震撼的项目。

“海洋二号”卫星成功发射并通过在轨测试 2011 年 8 月 16 日，“海洋二号”卫星于太原卫星发射中心发射升空。“海洋二号”卫星是我国第一颗海洋动力环境卫星。中国科学院空间科学与应用研究中心在“海洋二号”任务中承担了星上主要有效载荷雷达高度计和校正辐射计的研制任务。雷达高度计和校正辐射计于 9 月 1 日开机，设备工作正常。经用户在轨测试，雷达高度计测量海面高度、有效波高和风速产品各项指标和校正辐射计测量数据的各项指标满足要求，得到了用户好评。2012 年 1 月 18 日，“海洋二号”卫星在轨测试评审通过，与会专家和领导对“海洋二号”卫星在轨工作状态和取得数据的反演工作给予了高度评价。

双语教学为新疆民族地区长治久安发挥作用 声学研究所和新疆理化技术研究所开发的双语教学软件已在和田地区、阿克苏地区的69所双语小学的90多个班级进行“双语教学软件”的试点应用。该系统在教育部组织的“双语教育工作交流会”上获得一致好评。该工作已列入自治区22个重点民生工程，并获得自治区“十二五”重大专项支持。科大讯飞与新疆大学将维语合成系统和维语手写识别系统集成到双语教具系统中。该系统在喀什地区进行试点成功后，分别配备到了南疆三地州24个县市小学一至三年级双语班级，并与安徽省援疆工作相结合在皮山县等地推广，目前共使用9600余套，取得了良好效果。

三、中国科学院杰出科技成就奖

2011年，共评出中国科学院杰出科技成就奖10项（1项个人，9项集体），其中3项为专用项目。

张润志

所在单位：中国科学院动物研究所

主要科技贡献：张润志与张广学院士共同提出植物应当并且可以作为生物防治因素加以利用的“相生植保”害虫防治思路，发展和丰富了植物保护理论；主持创制利用棉田边缘苜蓿带作为害虫天敌自然繁殖库控制棉蚜的生态治理模式，大幅度减少了农药污染；研究并参与实施了入侵害虫马铃薯甲虫综合控制技术，为保护全国马铃薯等安全生产提供了技术支撑。他独立或与他人合作发表萧氏松茎象 *Hylobitelus xiaoi* Zhang 等新物种120种；获国家科学技术进步奖二等奖2项（均为第一完成人）；建议并参与制定《重大植物疫情阻截带建设》等国家规划；发表论文230篇（其中SCI收录30篇），出版专著、译著等10部；发明和实用新型专利各1项。

拓扑绝缘体研究集体

研究集体所在单位：中国科学院物理研究所

研究集体主要科技贡献：该研究集体通过计算、理论、实验的紧密结合，在拓扑绝缘体的研究方面取得了一系列重大突破与创新：①发现了 Bi_2Te_3、Bi_2Se_3 系列拓扑绝缘体材料，使得广泛的实验研究成为可能，这也是目前国际公认的标准拓扑绝缘体材料；②突破单晶制备的难题，在国际上率先制备出了原子级平整的 Bi_2Se_3、Bi_2Te_3 单晶绝缘薄膜；③实验验证了拓扑绝缘体所特有的拓扑物性；④发现了拓扑绝缘体 Bi_2Te_3 在压力下的超导态；⑤提出了磁性拓扑绝缘体中的量子化反常霍尔效应、具有电荷共轭－时间反演不变性的拓扑绝缘体等新概念。

研究集体突出贡献者及主要科技贡献：

方　忠 领导并组织实施了主要研究工作。预言了 Bi_2Se_3、Bi_2Te_3 系列拓扑绝缘体材料，提出了磁性拓扑绝缘体中的量子化反常霍尔效应。

戴　希　作为主要成员参与了主要的研究工作。预言了 Bi_2Se_3、Bi_2Te_3系列拓扑绝缘体材料，提出了磁性拓扑绝缘体中的量子化反常霍尔效应。

吴克辉　通过 MBE 制备出了高质量的 Bi_2Se_3，Bi_2Te_3单晶薄膜。

研究集体主要完成者：马旭村、何珂、李永庆、吕力、靳常青、孙力玲、孙庆丰、谢心澄、姚裕贵、张海军

北京正负电子对撞机重大改造工程（BEPCII）团队

研究集体所在单位：中国科学院高能物理研究所

研究集体主要科技贡献：2004—2009 年，完成 BEPCII 的设计、建造、调试和试运行并通过国家验收。验收报告指出："BEPCII 工程按指标、按计划、按预算、高质量地完成各项建设任务，是我国大科学工程建设的一个成功范例。"工程采用双环大交叉角对撞和国际首创的"内外桥"连接两个外半环形成同步辐射环的"三环方案"，设计亮度是 BEPC 的 30—100 倍。工程建设取得一系列自主创新和集成创新的技术突破，推动我国高技术发展。BEPCII 实现高能物理和同步辐射"一机两用"，加速器和探测器性能达到国际先进水平，建成后即投入高性能、高效率运行取数，最高对撞亮度达 $6.49\times10^{32}cm^{-2}s^{-1}$，为改造前的65 倍，是此前世界纪录的 9 倍以上；获取的 J/ψ、ψ 和 ψ''数据超过此前国际上最大样本的 3—4 倍，并为多学科研究提供平台，取得一批重要成果，保持和发展我国在粲物理研究的国际领先地位。

研究集体突出贡献者及主要科技贡献：

陈和生　工程经理，首先提出 BEPCII 的方案，领导 BEPCII 的设计、预研和工程立项，制定双环方案，主持工程建设和调试。

张　闯　工程副经理，负责加速器设计和建设，采用一机两用、三环结构的创新方案，确定高亮度的技术路线并组织实施。

李卫国　工程副经理，负责北京谱仪设计、研制和工程建设，直接领导和参与超导磁铁和量能器的研制，解决关键技术问题。

研究集体主要完成者：马力、王贻芳、黄开席、王九庆、刘培泉、徐中雄、裴国玺、林国平、秦庆、吕军光、徐　刚、陈元柏、朱科军、屈化民、盛华义、吴英志、朱自安

神经发育与可塑性研究集体

研究集体所在单位：中国科学院上海生命科学研究院神经科学研究所

研究集体主要科技贡献：在脑发育过程中神经元产生极性，即生长出接收信息的树突和输出信号的轴突，数以亿计的神经元之间通过轴突与树突之间形成的突触结构进行连接，形成众多的功能特异性神经环路。这些神经元及其环路在发育和成熟大脑中均可产生分子、结构和功能的可塑性改变或修饰，是产生学习记忆等脑功能的基础。过去十多年来，该研究集体成员围绕神经元极性的产生、突触连接的形成、突触传递效率可塑性变化、学习记忆与抉择的机制等神经科学领域的重要问题开展研究，取得了一系列重要发现，揭示了神经元极化、细胞迁移和轴突导向、突触形成和可塑性以及学习记忆与抉择行为等机理。近五年来，他们在轴突发育和生长导向的分子细胞生物学调控机制、

神经元中蛋白质的极性转运机制、发育中突触连接的功能活化和可塑性调控机制、神经元与胶质细胞之间的信息传递、学习记忆与抉择的神经环路机制等研究中取得了突破性进展，形成了一些具有重要学术价值的新概念和新理论，促进了人们对脑发育和脑功能调控机理的深入了解，同时也积极地推动了我国相关学科的快速发展，奠定了在相关领域的国际前沿地位。

研究集体突出贡献者及主要科技贡献：

蒲慕明 在神经可塑性、神经元极性建立和维持的机制等研究中取得了一系列突破性进展。

袁小兵 在轴突生长导向的钙离子信号机制、神经元迁移的基本动力原理及导向机制等研究中获得了重要发现。

罗振革 在神经元轴突发育的胞内外信号机制以及突触形成与重构的机理等方面获得了重要发现。

研究集体主要完成者：郭爱克、王以政、段树民

沙尘暴发生发展机理及监测预测和灾害评估研究集体

研究集体所在单位：中国科学院大气物理研究所

研究集体主要科技贡献：研究集体由中国科学院与中国气象局专家共同组成，针对沙尘暴发生发展机制和规律，作了系统、全面和深入的研究，涵盖了监测方法、机理研究、天气预报和气候预测、灾害评估及沙尘洲际传输和气候效应等方面。在起沙扬尘机理、边界层和阵风等方面有重要发现和理论创新；研制和建立了集地基遥感监测、大气动力学和风沙动力学、数值预报和模拟及地理信息系统于一体的中国沙尘暴监测、预测预警和灾害评估集成业务系统，在相关关键理论和技术以及系统集成上有重大创新；该集成系统在国家级业务单位得到广泛应用，对推动沙尘暴监测预测和气象防灾、减灾的科技进步产生了巨大作用，形成了广泛和深远的学术和社会影响。

研究集体突出贡献者及主要科技贡献：

曾庆存 集体的组织者和领导者，负责总体框架设计，指导该业务系统的研究、建成、应用和推广；在各主要方面都做出创新贡献。

赵思雄 研究方案的制定和组织实施核心专家，特别是深入研究和组织了沙尘天气集成数值预报系统的建立和业务应用。

王自发 组织实施核心专家，特别是建立我国沙尘资料同化和集合预报的理论和方法，自主研制了全球输送和区域空气质量预告模式。

研究集体主要完成者：林朝晖、孙建华、胡非、朱江、赵翼俊、程雪玲、陈红、罗卫东、彭公炳、张时煌、董超华、矫梅燕、张鹏、杨忠东、方宗义、胡秀清、赵琳娜

甲醇制烯烃技术研究集体

研究集体所在单位：中国科学院大连化学物理研究所

研究集体主要科技贡献：烯烃是现代化学工业的基石，传统生产技术强烈地依赖于

石油资源。甲醇制烯烃是实现煤或天然气资源生产烯烃的关键技术环节。2006 年 6 月完成了世界首次万吨级甲醇制烯烃技术（工艺名称：DMTO）工业性试验，2010 年 5 月完成新一代技术（DMTO-II）工业性试验。2010 年 8 月，采用 DMTO 技术的世界首套神华包头 180 万吨/年甲醇制烯烃生产装置投料试车一次成功，2011 年 1 月正式进入商业化运营。DMTO 工业化进程、装置规模、技术指标等均达到国际领先水平。“煤代油制烯烃技术迈向产业化”被评为 2010 年“中国十大科技进展新闻”。完成了多套工业化装置建设的技术实施许可。对于促进我国甲醇制烯烃新兴战略产业的快速形成及煤代油战略的实施具有重大意义。

研究集体突出贡献者及主要科技贡献：

刘中民 研制了甲醇制烯烃催化剂，作为 DMTO 技术总负责人，负责制定技术路线、试验方案，带领团队完成 DMTO 技术小试、中试研究，合作完成万吨级工业性试验和工业化。

许　磊 DMTO 技术专用催化剂负责人之一。催化剂分子筛工业化生产技术负责人，编制催化剂工业化生产装置工艺包。

吕志辉 DMTO 工业性试验项目现场技术负责人，负责具体实施工作。DMTO 技术商业化推广主要负责人。

研究集体主要完成者：田鹏、齐越、张今令、何长青、叶茂、洪学伦、王贤高、袁翠峪、魏迎旭、李冰、杨越、杨虹熠、李铭芝、孟霜鹤、孙新德、李世英、王坤院

上海光源团队

研究集体所在单位：中国科学院上海应用物理研究所

研究集体主要科技贡献：上海光源是我国迄今建成的规模最大的大科学装置和多学科研究平台。在近十年的方案优化和技术预研基础上，上海光源团队在 52 个月内完成了设备研制、工程建设和调试运行。国家验收报告结论为：“上海光源以世界同类装置最少的投资和最快的建设速度，实现了优异的性能，成为国际上性能指标领先的第三代同步辐射光源之一，是我国大科学装置建设的一个成功范例”。“上海光源建成”被评为 2009 年“中国十大科技进展新闻”。上海光源 70% 的设备为国内研制，工程建设取得了一系列的技术创新和突破，推动了我国相关领域的高技术发展。上海光源在世界首次实现了软土地基上超大规模亚微米束流振幅控制，成功地完成了世界第三代同步辐射光源众多先进技术的高度集成，表明我国在先进同步辐射装置这类超大规模、超高精度和超高稳定光机电设备的研发能力上有了大幅度提升。

上海光源建成后立即对用户全面开放，两年多来，已有来自 217 个单位的 3000 多位用户在十多个学科领域开展了实验研究，取得了一大批高水平研究成果（已发表 SCI-1 区论文 72 篇，包括 *Nature*、*Science*、*Cell* 杂志论文 8 篇及其子刊论文 13 篇），推动了相关学科的发展。上海光源已经成为我国提升原始创新能力和培养凝聚优秀人才的重要多学科研究平台。

研究集体突出贡献者及主要科技贡献：

徐洪杰 工程经理，全面负责工程建设和装置研制工作，并直接负责上海光源科学

目标的确定和光束线站工程建设。

赵振堂 工程副经理，主持完成了上海光源三台加速器的初步设计和预制研究、工程设计与设备制造、安装调试和总体调束。

陈森玉 工程总顾问，主持完成了上海光源的可行性研究、初步设计和预制研究工作。

研究集体主要完成者：丁浩、汤杰、刘德康、张福余、殷立新、戴志敏、李德明、何建华、肖体乔、方国平

四、科技论文与著作

（一）科技论文、专利与成果情况

科技论文数量和质量不断提升。利用国际三大检索工具，于2011年对2010年度科技论文进行检索，中国科学院科技人员作为第一作者被国际三大检索系统收录的论文30 586篇，比2009年增加4482篇。其中，被SCI（扩展版）收录论文15 655篇，比2009年增加1453篇；被EI收录论文10 467篇，比2009年增加1200篇；被ISTP收录论文4464篇，比2009年增加1829篇。

SCI（光盘版）被引论文25 604篇，比2009年增加609篇，被引次数达81 489次（2005—2009年SCI收录中国科学院论文在2010年被引用情况）。中国科学院被引用论文平均被引证次数为3. 18次。

中国科学院科技人员被1999种国内科技期刊收录论文12 846篇，比2009年减少549篇。

专利申请量持续增长。2011年度，中国科学院专利申请9487件（含国外专利申请528件），专利申请总量比上年增长26. 04%。其中，国内发明专利申请8178件，比上年增长23. 76%，实用新型专利申请729件，外观设计专利申请52件。

专利授权4522件（含国外专利授权73件），专利授权总量比上年增长32. 76%。其中，国内发明专利授权3744件，实用新型专利授权659件，外观设计专利授权46件。

（二）专著情况

2011年，科研机构出版科技专著358种，达14 862万字，其中译成外文36种，达931万字。出版大专院校教科书5种，达293万字。出版科普著作31种，达614万字。

队伍建设与人才培养

2011 年，中国科学院进一步贯彻落实《国家中长期人才发展规划纲要（2010—2020 年）》精神，按照“创新 2020”发展目标，继续加强创新人才队伍建设，制定实施《中国科学院“创新 2020”人才发展战略》，进一步解放思想，创新工作机制，构建和谐发展环境，“十二五”人事教育工作开局良好。

一、战略规划与管理研究

（一）制定院人才发展战略和人力资源规划

2011 年，根据《国家中长期人才发展规划纲要（2010—2020 年）》的任务和要求，结合中国科学院“创新 2020”发展目标，中国科学院制定并正式印发了《中国科学院“创新 2020”人才发展战略》。人才发展战略从改革创新管理体制和机制、大力实施“人才培养引进系统工程”、加强领导干部队伍建设、促进中国科学院教育事业大发展等 4 个方面，提出了 20 项重大举措。围绕人才战略的实施，中国科学院制定了“十二五”人才队伍建设规划，院属 101 个单位完成了“十二五”人力资源规划的制定，形成了较为完备的人才规划体系。

（二）加强人力资源管理研究

为了适应人才工作形势的发展变化，积极开展人才理论和政策研究，探索新时期科研院所人力资源管理与开发的规律和方法，研究人才培养开发、评价发现、选拔任用、流动配置、激励保障等方面的管理机制。开展了国立科研机构人才与发展比较研究，为科研机构的创新发展和人才队伍建设提出了一系列新思路和政策建议。相关研究成果汇编为《科研事业单位人力资源管理研究与实践探索》和《人才与发展——国立科研机构比较研究》，于 2011 年 6 月出版发行。

二、领导班子与干部队伍建设

认真贯彻执行中央《党政领导干部选拔任用工作条例》以及中国科学院制定的《研究所领导干部选拔任用工作实施办法》，坚持德才兼备、以德为先、群众公认、注重实绩等干部选任原则，严格按照干部选任条件和工作程序，加强流程管理，做好院属单位领导班子的考核工作。2011 年，完成了 37 个单位的换届（届中）考核以及 5 个新建机构的筹建工作组配备，6 个单位进行了党委换届，完成了 42 个单位和 5 个院机关内设部门的干部个别调整。新提任干部 73 人，交流干部 39 人，免职干部 25 人。按照中组部的要求，选派了 4 名援疆干部和 6 名博士服务团成员。通过领导班子的考核与调整，进一步优化了班子结构，提高了班子的整体执行力。

继续推进干部人事制度改革，按照院“创新2020”的总体部署，制定了《中国科学院面向2020年领导班子和干部队伍建设规划纲要》，围绕院“创新2020”的各项发展目标，提出了领导班子和干部队伍建设的指导思想、基本目标、主要任务和重要举措，为中国科学院中长期发展提供强有力的组织保障。为了推进落实该规划纲要，研究出台了《关于规范竞争性选拔干部工作的实施办法》、《关于加强研究所所长任期目标管理的实施办法（试行）》、《中国科学院干部挂职与兼职工作实施办法》等3个管理文件。此外，为加强对院属单位党建工作的领导和统筹协调，提升中国科学院党建工作的整体影响力，研究制订了《关于规范分院直属单位党委管理的实施意见》。

坚持和进一步完善党委（党组）中心组学习制度；规范和严格执行民主生活会制度，加强对分院民主生活会的参与和指导；加强干部日常管理和监督工作，加强对有关意见反映的调查处理，严格执行领导干部个人有关事项报告制度，所局级领导干部个人有关事项报告率达100%；学习宣传、贯彻实施“四项监督制度”，在全院范围内开展“一报告两评议”工作，共对59个院属单位进行了“一报告两评议”，评议中层领导干部752人。认真落实干部选拔任用工作有关事项报告制度，制定了相关工作流程和标准，按规定对有关选人用人报告事项进行严格审批。结合换届考核对6个院属单位进行了“所长履行干部选拔任用工作职责离任检查”；完善干部监督程序，实行提任干部廉洁自律鉴定意见制度，在研究所实施干部选拔任用工作全程纪实制度；坚持领导班子巡视制度，2011年完成了23个院属单位领导班子的巡视工作，同时注重对巡视结果的分析应用。

三、人事制度改革与管理政策

2011年，结合中国科学院“创新2020”人才发展战略的实施，进一步完善了收入分配等一系列人事制度政策，加强院宏观管理和监督，同时积极推动落实国家相关政策，稳步推进薪酬福利工作。

（一）规范承担战略性先导科技专项的人员管理

为保障战略性先导科技专项的顺利实施，培养和凝聚一批高水平科技创新人才，全面提升相关领域科技创新能力，制定并出台了《中国科学院战略性先导科技专项人员管理实施细则（试行）》，明确了战略性先导科技专项机构设立与岗位管理、人员聘用与管理、考核与待遇、负责人管理等方面的具体要求。

（二）深化收入分配制度改革

深入落实中国科学院“创新2020”人才发展战略，研究制定了《关于进一步深化收入分配制度改革的意见》和《中国科学院工资总额管理暂行办法》，修订了《中国科学院研究所法定代表人年薪制管理办法》，进一步完善了中国科学院以“三元”结构工资制为主体，其他分配形式并存的收入分配制度体系。坚持正确的收入分配激励导向，建立健全宏观调控和监督检查机制，规范研究所内部分配决策机制，理顺职工收入分配秩序。

（三）推动院属单位进入社会保障体系

按照国家和地方政府社会保障体系的建设进程，推动院属单位遵照《在中国境内就业的外国人参加社会保险暂行办法》的相关规定，为中国科学院引进的外籍人才加入基本养老、基本医疗、工伤、失业和生育等社会保险。推动中国科学院在京事业单位参加职工工伤保险。

四、科技创新人才培养与引进

（一）启动实施“创新 2020”人才发展战略相关举措

为推进“创新 2020”人才发展战略相关举措的落实、进一步加强中国科学院人才队伍建设，不断提高各类人才的创新能力。2011 年，中国科学院先后修改完善了《中国科学院“百人计划”管理办法》、《中国科学院　国家外国专家局“创新团队国际合作伙伴计划”管理办法》，研究制定了《中国科学院科技创新“交叉与合作团队”管理办法》和《中国科学院青年创新促进会管理办法（试行）》等相关文件，恢复设立了“中国科学院青年科学家奖”。此外，还通过组织首届“海外人才走进科学院”活动周，建立与海外人才长期合作联络机制。

（二）两院院士增选情况

2011 年度增选的 52 位中国科学院院士中，中国科学院所属单位当选 18 人，占当选总人数的 35.3%；另有 1 人当选中国工程院院士。

截至 2011 年底，中国科学院共有中国科学院院士 293 人，占全国总数的 40.3%；中国工程院院士 60 人，占全国总数的 7.7%。

（三）高层次人才培养引进工作

1. 稳步推进“千人计划”

2011 年，中组部批准中国科学院引进 3 位海外科学家作为国家首批“千人计划”顶尖人才与创新团队项目入选者；中国科学院通过“千人计划”长期、短期项目引进海外高层次人才 44 人，累计引进“千人计划”创新人才 119 人，占全国总数的 9.9%。中国科学院还通过首批“青年千人计划”引进了海外优秀青年人才 39 人，占全国总数的 27.3%。

2. 大力实施“百人计划”

2011 年，中国科学院共有 142 人备案成为“百人计划”候选人，其中“引进国外杰出人才”候选人 111 人，国内“百人计划”候选人 3 人，项目“百人计划”候选人 13 人，自筹“百人计划”候选人 15 人。203 位各类“百人计划”入选者获得择优支持，对22位“国家杰出青年科学基金”获得者给予“百人计划”经费支持。对95位计划执行完毕的入选者进行终期评估，其中25人被评估为优秀。组织了第九届“百人计划”入选者国情、院情学习研讨班，共有163位入选者参加了研讨班学习。

截至2011年底，中国科学院共有2237人入选“百人计划”，其中“引进国外杰出人才”入选者1554人，国内“百人计划”入选者258人，项目“百人计划”入选者141人，自筹“百人计划”入选者15人，另有269位“国家杰出青年科学基金”获得者获得“百人计划”经费支持。

（四）青年人才培养与支持

1. 成立“中国科学院青年创新促进会”

为全面提升35岁及以下青年科技人才的创新能力、科研组织能力和交流合作能力等，2011年中国科学院成立了“中国科学院青年创新促进会”，共吸纳优秀青年会员690名，并给予了专项经费支持，为他们加强国内外学术交流与合作、开阔视野、提高能力创造了条件和机会。

2. “西部之光”人才培养工作

2011年8月，中组部、中国科学院共同主办了“西部之光”工作研讨会，李源潮同志接见与会代表并发表了重要讲话，对“西部之光”人才培养计划给予了高度肯定，强调了人才工作对西部大开发的重要作用，并就落实国家人才发展规划纲要和推动西部人才工作提出了新的要求。

2011年，中国科学院通过“西部之光”项目资助西部青年人才共201人（含地方青年人才25人），并对终期评估为优秀的9位2007年度“西部之光”入选者给予了后续支持，接收西部有关省区的“西部之光”访问学者35人。

3. 王宽诚教育基金项目资助情况

2011年，中国科学院获得王宽诚教育基金会资助共计220人。其中资助了50名科技骨干出国参加重要国际会议或访问进修；资助了15名从事科技成果转化的管理人员、企业高层管理人员和研究员赴美国进行科技成果转化培训；资助了37名海外优秀人才来中国科学院短期工作和交流；18名西部学者获得西部学者突出贡献奖，50名优秀青年人才获得卢嘉锡青年人才奖，50名到中国科学院从事博士后研究工作的优秀博士获得博士后工作奖励基金。

4. 优博论文、院长奖获得者科研启动经费支持情况

2011年，中国科学院“优博论文、院长奖获得者科研启动专项资金”共支持63人，其中全国优秀博士论文获得者3人，院优秀博士学位论文获得者5人，院长特别奖3人，院长优秀奖52人。

（五）系统加强对外宣传和交流

2011年6月19日，举办了中国科学院首届“人才发展主题活动日”活动。活动日上召开了中国科学院“创新2020人才发展战略”专题新闻发布会，系统解读了中国科学院未来10年的人才发展战略；举办了首届“海外人才走进科学院”活动周系列活动，

邀请了31位海外优秀青年学者来中国科学院交流访问。

（六）留学与海外人才工作

2011年，院公派出国留学选派302人，包括高级研究学者85人，普通访问学者196人，成组配套项目5组共计21人。其中，个人类项目支持35岁以下青年科研和管理骨干176人，占支持总人数的62.6%。

2011年邀请20位“爱因斯坦讲席教授”来中国科学院进行学术交流与短期工作访问；聘用263位优秀高级外籍科学家作为“中国科学院外国专家特聘研究员”；100位来自不同国家的青年博士获得“外籍青年访问学者奖学金计划”的资助。

五、科教结合与研究生教育

2011年，召开了中国科学院科教结合工作指导委员会第三次全体会议，审议批准了院资助科教结合教育创新联合共建项目8项。积极推动中国科学技术大学与合肥物质科学研究院联合组建了“合肥物质科学技术中心”，标志着中国科学院科教结合工作迈入集成优质资源建设协同创新平台的崭新阶段。

2011年，全院共录取研究生16 851人，其中博士生6363人，硕士生10 488人。截至2011年底，全院共有119个研究生培养单位，在学研究生48 971人，其中博士生21 429人，硕士生27 542人。全院在站博士后3394人，其中外籍博士后75人。

在教育部、国务院学位委员会组织的2011年度全国优秀博士学位论文评选中，中国科学院共有8篇论文入选。

2011年共评选出100篇中国科学院优秀博士学位论文和97位院优秀研究生指导教师。评选出中国科学院院长特别奖50名、院长优秀奖300名，中国科学院优秀导师奖50名。评选出朱李月华优秀博士生奖、宝洁优秀研究生奖学金、地奥奖学金和超导奖学金获奖学生共482名，评选出中国科学院朱李月华优秀教师奖、宝洁优秀导师奖获得者共108名。

2011年，中国科学院继续实施“中欧联合培养博士研究生计划”，向德国、法国共派出博士研究生80人。

六、继续教育与培训

紧密围绕中国科学院“创新2020”人才队伍建设的需要，完善继续教育与培训体系，创新体制机制，建立继续教育与培训质量评估制度，充分利用继续教育与培训网络平台等多种方式开展科研、技术技能及管理理论知识培训。2011年，全院参加各类继续教育与培训人员累计339 756人次。

继续组织实施所（局）级领导干部培训，针对以往培训中存在的问题，调整各培训项目的教学计划，改进教学方式，优化课程设置，提高培训实效。全年所（局）级领导干部参加国家和院的各类培训项目共计700人次。

采取“培训计划先行，经费支持加大，适时跟踪进展，及时评估反馈”等方式，试点支持5个分院和研究所开展课题组长培训工作，共有232名课题组长参加了培训。

抓住国家启动实施“专业技术人才知识更新工程”的契机，积极参与该工程实施方案的制定工作，组织承担相关培训任务，中国科学院被批准为首批20个国家级专业技术人员继续教育基地之一。

基础设施与支撑条件

一、实验室、工程中心建设与管理

（一）实验室建设

1. 新建国家重点实验室

2011 年 10 月 13 日，科技部下发《关于批准建设心血管疾病等 49 个国家重点实验室的通知》（国科发基〔2011〕517 号），正式批准了 49 个新建的国家重点实验室。其中中国科学院申报的 14 个国家重点实验室全部获得了批准，这 14 个国家重点实验室是：

（1）同位素地球化学国家重点实验室（广州地球化学研究所）

（2）大地测量与地球动力学国家重点实验室（测量与地球物理研究所）

（3）荒漠与绿洲生态国家重点实验室（新疆生态与地理研究所）

（4）热带海洋环境国家重点实验室（南海海洋研究）

（5）森林与土壤生态国家重点实验室（沈阳应用生态研究所）

（6）计算机体系结构国家重点实验室（计算技术研究所）

（7）复杂系统管理与控制国家重点实验室（自动化研究所）

（8）理论物理国家重点实验室（理论物理研究所）

（9）发光学及应用国家重点实验室（长春光学精密机械与物理研究所）

（10）核探测与核电子学国家重点实验室（高能物理研究所、中国科学技术大学）

（11）高温气体动力学国家重点实验室（力学研究所）

（12）细胞生物学国家重点实验室（上海生命科学研究院）

（13）分子发育生物学国家重点实验室（遗传与发育生物学研究所）

（14）真菌学国家重点实验室（微生物研究所）

2. 国家重点实验室评估

2011 年 7 月 13 日，科技部公布了 2011 年生命、医学 2 个领域国家重点实验室评估成绩。

生命领域　全国 32 个生命领域国家重点实验室参加了评估，其中中国科学院 15 个。获得优秀的国家重点实验室共 9 个，其中中国科学院 7 个；良好国家重点实验室 20 个，其中中国科学院 7 个；整改后确定评估结果的国家重点实验室 3 个，其中中国科学院 1 个。

医学领域　全国 26 个医学领域国家重点实验室参加了评估，其中中国科学院 3 个。获得优秀的国家重点实验室共 6 个，其中中国科学院 2 个；良好国家重点实验室 18 个，其中中国科学院 1 个。

3. 院重点实验室评估

2011 年是信息领域院重点实验室的评估年，15 个院重点实验室参加了评估，评出

A 类实验室 3 个、B 类实验室 9 个、C 类实验室 3 个（表 6）。

表 6　2011 年信息领域院重点实验室评估结果

序号	院重点实验室	依托单位	评估结果
1	量子信息	中国科学技术大学	A
2	光学系统先进制造技术	长春光学精密机械与物理研究所	A
3	智能信息处理	计算技术研究所	A
4	语言声学与内容理解	声学研究所	B
5	空间信息处理与应用系统技术	电子学研究所	B
6	光谱成像技术	西安光学精密机械研究所	B
7	数字地球	对地观测与数字地球科学中心	B
8	无线传感网与通信	上海微系统与信息技术研究所	B
9	环境光学与技术	合肥物质科学院	B
10	噪声与振动	声学研究所	B
11	高功率微波与电磁辐射	电子学研究所	B
12	原子频标	武汉物理与数学研究所	B
13	微电子器件与集成技术	微电子研究所	C
14	精密导航定位与定时技术	国家授时中心	C
15	微波遥感技术	空间科学与应用研究中心	C

（二）工程中心与工程实验室建设

1. 国家工程实验室

2011 年 8 月，中国科学院南京土壤研究所申报的土壤养分管理国家工程实验室项目资金申请报告获国家发改委批复，目前中国科学院国家工程实验室已达到 10 家。

2011 年 9 月，受国家发改委委托，中国科学院组织专家对山西煤化所承担的煤炭间接液化国家工程实验室进行了验收。

2011 年 12 月，中国科学院组织召开全院国家工程实验室验收准备暨交流研讨会，积极推进 10 个国家工程实验室建设和验收工作（表 7）。

表 7　2011 年中国科学院国家工程实验室名单

国家工程实验室名称	项目法人单位名称	批准时间
甲醇制烯烃	大连化学物理研究所	2008. 6. 6
中药标准化技术	上海药物研究所	2008. 6. 13
工业酶	微生物研究所	2008. 6. 13

续表

国家工程实验室名称	项目法人单位名称	批准时间
煤炭间接液化	山西煤炭化学研究所	2008. 7. 4
湿法冶金清洁生产技术	过程工程研究所	2008. 11. 28
遥感卫星应用	遥感应用研究所	2008. 11. 28
信息内容安全技术	计算技术研究所	2008. 11. 28
真空技术装备	沈阳科学仪器研制中心有限公司	2008. 11. 29
碳纤维制备技术	山西煤炭化学研究所	2009. 2. 26
土壤养分管理	南京土壤研究所	2011. 8. 17

2. 国家工程中心建设

2011 年 9 月，中国科学院大连化学物理研究所申报的国家能源低碳催化与工程研发中心获国家发改委批复。

2011 年 10 月，中国科学院“国家环境光学监测仪器工程技术中心”和“国家光栅制造与应用工程技术研究中心”两个国家工程技术研究中心顺利通过科技部验收（表 8）。

表 8　2011 年中国科学院国家工程中心名单

序号	依托单位	工程中心名称	批准部门
1	理化技术研究所	工程塑料国家工程研究中心	国家发改委
2	软件研究所	基础软件国家工程研究中心	国家发改委
3	软件研究所	信息安全共性技术国家工程研究中心	国家发改委
4	半导体研究所	光电子器件国家工程研究中心	国家发改委
5	上海光机所、上海微系统所	光盘及其应用国家工程研究中心	国家发改委
6	金属研究所	高性能均质合金国家工程研究中心	国家发改委
7	沈阳自动化研究所	机器人技术国家工程研究中心	国家发改委
8	沈阳计算技术研究所	高档数控国家工程研究中心	国家发改委
9	大连化学物理研究所	膜技术国家工程研究中心	国家发改委
10	兰州化学物理研究所	精细石油化工中间体国家工程研究中心	国家发改委
11	成都有机化学有限公司	手性药物国家工程研究中心	国家发改委
12	大连化学物理研究所	燃料电池及氢源技术国家工程研究中心	国家发改委
13	声学研究所	国家网络新媒体工程技术研究中心	科技部
14	过程工程研究所	国家生化工程技术研究中心	科技部
15	遥感应用研究所	国家遥感应用工程技术研究中心	科技部
16	计算技术研究所	国家并行机工程技术研究中心	科技部

续表

序号	依托单位	工程中心名称	批准部门
17	计算技术研究所	国家高性能计算机工程技术研究中心	科技部
18	自动化研究所	国家专用集成电路设计工程技术研究中心	科技部
19	武汉岩土力学研究所	中国岩土工程研究中心	科技部
20	测量与地球物理研究所	国家卫星定位系统工程技术研究中心	科技部
21	水生生物研究所	国家淡水渔业工程技术研究中心	科技部
22	金属研究所	国家金属腐蚀控制工程技术研究中心	科技部
23	沈阳科学仪器中心	国家真空仪器装置工程技术研究中心	科技部
24	大连化学物理研究所	国家催化工程技术研究中心	科技部
25	长春光学精密机械与物理研究所	国家光栅制造与应用工程技术研究中心	科技部
26	水土保持与生态环境研究中心	国家节水灌溉工程技术研究中心	科技部
27	成都生物研究所	国家天然药物工程技术研究中心	科技部
28	福建物质结构研究所	国家光电子晶体材料工程研究中心	科技部
29	合肥物质院安光所	国家环境光学监测仪器中心	科技部
30	新疆生态与地理研究所	国家荒漠－绿洲生态建设工程技术研究中心	科技部

二、重大科技基础设施建设与管理

2011 年，中国科学院重大科技基础设施的运行、建设和管理工作均取得了可喜进展，获得了较高的显示度。3 月 8—14 日，上海光源、兰州重离子研究装置、郭守敬望远镜等重大科技基础设施以展板、模型等多种方式在“十一五”国家重大科技成就展展出，得到了广泛关注。7 月 26 日上午，高能物理研究所所长陈和生院士等做客人民网科技频道在线访谈栏目，分别就北京正负电子对撞机、郭守敬望远镜、上海光源、中国遥感卫星地面站、遥感飞机等国家重大科技基础设施发展情况接受访谈，并与广大网友进行在线视频交流。依托神光Ⅱ装置进行的“利用强激光成功模拟太阳耀斑中的环顶 X 射线源和重联喷流”开放实验研究结果入选 2011 年度中国科学十大进展；北京正负电子对撞机重大改造工程研究集体和上海光源团队均荣获“2011 年中国科学院杰出科技成就奖”。

（一）重大科技基础设施基本情况

截至 2011 年年底，中国科学院负责运行的设施有 12 个，在建设施 10 个、拟建设施 1 个（表 9）。

表 9　中国科学院重大科技基础设施

运行	在建	拟建
北京正负电子对撞机	东半球空间环境地基综合监测子午链（子午工程）	软 X 射线自由电子激光试验装置
兰州重离子研究装置	500 米口径球面射电望远镜	
郭守敬望远镜（LAMOST）	稳态强磁场实验装置（部分运行）	
合肥同步辐射装置	陆地观测卫星数据全国接收站网	
超导托卡马克核聚变实验装置 HT-7、EAST	海洋科学综合考察船	
遥感飞机	武汉生物安全实验室	
中国遥感卫星地面站	航空遥感系统	
长短波授时系统	国家蛋白质科学研究（上海）设施	
神光高功率激光实验装置	散裂中子源	
中国西南野生生物种质资源库	EAST 辅助加热系统	
上海光源		
“实验 1”科学考察船		

（二）运行设施获丰硕成果

上海光源 2011 年成果产出丰富，特别是依托其生物大分子晶体学光束线站的三项研究成果分别发表在 *Science*、*Nature* 等国际顶级刊物。

北京正负电子对撞机稳定运行，2011 年，北京谱仪合作组在本领域一流期刊发表了 12 篇文章。北京同步辐射装置（BSRF）开展的多学科研究取得多项成果，解析了高等植物次要捕光蛋白 CP29 的结构，这是第一次获得的高等植物次要捕光蛋白结构。

依托兰州重离子研究装置首次在实验环 CSRe 上直接测量了^{63}Ge、^{65}As、^{67}Se 和^{71}Kr 核素的质量，其质量的相对精度达到了 10^{-6}，该成果对研究 X 射线爆及中子星具有十分重要的意义。

合肥同步辐射装置在谱学研究、环境科学等领域取得多项成果，尤其是在 VO_2 金属 - 绝缘体相变机制及其电子关联作用调控方面取得重要进展。

神光Ⅱ装置运行稳定高效，在多年开展束匀滑技术（SSD）研究的基础上，首次利用第九路进行了大能量联机物理实验，获得了较好的实验结果，标志着我国高功率激光装置在焦斑控制上有了突破性的进展，为 SSD 技术实现常态化打靶奠定了坚实的基础。

LAMOST 测试光谱用于研究 M31 的星族和运动学特征，这是首次利用光学波段光谱，在一个平方度的大范围内得到 M31 整体的视向速度、速度弥散、恒星年龄、金属丰度和红化的二维分布；也是首次利用 LAMOST 观测数据开展对近邻星系的观测研究，为利用 LAMOST 光谱开展星系物理研究奠定重要基础。

超导托卡马克核聚变实验装置（EAST）等离子体自发旋转的实验研究获得重要进展，第一次在 EAST 上同时观察到了芯部和边界等离子体环，由此验证了在低杂波电流驱动下，环向流的变化起源于等离子体边界，芯部的旋转变化是由边界环向流通过动量输运造成的这一猜想。

国家授时中心 BPL、BPM 长短波授时系统时间基准继续保持国际先进水平。时间频率基准实验室所保持的地方原子时 TA（NTSC）中，长期稳定度综合指标排在全球授时实验室的第 3—4 位。

中国遥感卫星地面站不断拓展接收卫星数量，为国家重大需求提供基础数据服务，积极开展渤海溢油、巴基斯坦洪水、日本特大地震灾害监测服务。2011 年 3 月，正式发布了“对地观测数据共享计划”，通过网络免费下载和面向国家重大项目的专项共享服务协议两种形式，首批向全国开放共享的数据达到 2. 3 万景。

遥感飞机 2011 年承担了 4 项航空遥感试验与应用项目，安全任务飞行 69 个架次，飞行面积超过 15 万平方千米，在满足国家重大需求、遥感设备研制、重大自然灾害监测等方面发挥着重要作用。并完成了高效能 SAR 系统遥感飞行试验，成功获取机载干涉 SAR 三维地形测图数据。

中国西南野生生物种质资源库微生物库系统开展了特有微生物生物活性和次生代谢产物多样性研究，完成特有微生物 80 个属 1600 株微生物菌株的生物活性筛选和高活性菌株次生代谢产物研究，成果荣获 2011 年云南省自然科学奖一等奖。

“实验 1”科学考察船 2011 年共承担了 5 个航次的院内海上科研实验任务，作业时间 85 天；2 个院外海上综合调查实验任务，作业时间 39 天；并参与了国家 973 南海水声试验以及国家 530 南海水声试验。

（三）在建及拟建设施进展顺利

东半球空间环境地基综合监测子午链（子午工程）总体建设进展顺利，运行情况良好。9 月 1 日—10 月 31 日开展系统联试，验证了初步设计指标，实现了联合测试目标，并为项目预验收和国家验收做了充足的准备工作。

500 米口径球面射电望远镜（FAST）的开工报告于 2011 年 3 月 25 日正式得到中国科学院、贵州省人民政府联合发文批复同意，这标志着 FAST 工程正式进入施工建设阶段。

稳态强磁场实验装置（SHMFF）按计划稳步推进，混合磁体的外超导磁体完成了导体测试和试验磁体测试，已开始加工；水冷磁体 WM4、WM3 和超导磁体 SM4 将于 2012 年陆续投入运行，氦低温系统和高功率高稳定度电源、去离子水冷却系统、中央控制系统也将先后投入运行。

陆地观测卫星数据全国接收站网的数据接收系统第二阶段建设任务基本完成，三亚站完成 2#天线接收设备的现场初步验收，进入试运行阶段。

海洋科学综合考察船于 2011 年 11 月 30 日在武汉武昌船舶重工有限责任公司顺利下水，标志着我国新一代海洋科学综合考察船即将建成。

航空遥感系统工程建设全面开展，2011 年 3 月 26 日和 7 月 28 日，航空遥感系统工程经理部针对飞机采购和改装两次召开了专题研讨会，讨论飞机购买及改装方案，明确下一步工作计划；12 月 27 日，遥感综合楼工程竣工验收。

国家蛋白质科学研究（上海）设施于 2011 年正式进入建设实施阶段，4 月 8 日，经理部组织召开实施阶段动员与工作布置会，明确 2011 年度工作目标及推进要求；9 月 21 日，第二次领导小组会议审议同意工程设计及设计优化与变更。

托卡马克核聚变实验装置辅助加热系统的初步设计方案及概算于 2011 年 8 月 3 日得到国家发改委正式发文批复。11 月 29 日，项目开工典礼暨第一次科技委员会会议成功举行。

散裂中子源（CSNS）可行性研究报告于 2011 年 2 月 24 日得到国家发改委正式批复；工程奠基仪式于 10 月 20 日在广东省东莞市举行，中共中央政治局委员、国务委员刘延东，中共中央政治局委员、广东省委书记汪洋，中国科学院院长白春礼等出席。

软 X 射线自由电子激光试验装置（简称 SXFEL）项目建议书于 2011 年 2 月 1 日获得国家发改委批复，正式进入可行性研究阶段。

大亚湾反应堆中微子实验站的建设已接近尾声，三个实验厅中，1 号实验厅已经于 2011 年 8 月 15 日开始取数试运行，数据初步分析结果表明设备运转正常，指标达标；2 号和 3 号实验厅探测器也将于 2012 年夏天全部投入运行。

（四）管理工作再上新台阶

为提高在建重大科技基础设施的管理水平，做到不超预算、保质保量按时完成工程建设，4 月 22 日，召开了中国科学院重大科技基础设施建设进展汇报会，加强各设施间交流，检查工程进展，进一步推动重大科技基础设施工程的建设进程。

为了检验重大科技基础设施维修改造项目取得的成效，规范管理，继续开展维修改造项目的验收工作。1 月 24 日—3 月 21 日，计划财务局组织专家对 6 个运行设施的 41 个维修改造项目进行验收；8 月 16—17 日，计划财务局组织专家对 2012 年度设施申报的 17 个维修改造项目进行立项初评。

4 月 19 日—6 月 1 日，计划财务局会同专业局组织专家对 9 个运行设施进行基本运行经费实地审核，在本次经费审核中，还邀请同行专家对设施 2010 年运行情况及 2011 年运行计划给予评价和建议；

7 月 12 日，由中国科学院和国家自然科学基金委员会共同设立的大科学装置科学研究联合基金Ⅱ期协议正式签署生效，协议执行期为 2012—2014 年。基金总量由Ⅰ期的 4000 万元/年增至 6000 万元/年，Ⅱ期还增加了稳态强磁场实验装置，进一步扩大了所依托的设施范围。

8 月 25 日，由中国科学院主办的第一届全国高能加速器（重大科技基础设施）战略研讨会暨用户年会在北京开幕。此次会议是第一次举办多设施参加的全国性学术交流和战略研讨会，涉及北京正负电子对撞机/北京同步辐射装置、合肥同步辐射装置、上海光源和兰州重离子研究装置。中国科学院院长白春礼、国家发改委副主任张晓强、国家自然科学基金委副主任沈文庆出席开幕式并讲话。

9 月 7—9 日，召开了 2011 年度中国科学院重大科技基础设施运行年会，评选出本年度综合运行奖获奖设施 6 个，并对维修改造项目进行了终评投票。

9 月 20—23 日，兰州重离子加速器冷却储存环（HIRFL-CSR）工程通过由国家发改委委托、上海投资咨询公司组织的后评价。

中国科学院重大科技基础设施网页内容丰富、信息及时，起到了很好的宣传作用。中国科学院重大科技基础设施网络管理平台于 12 月份投入试运行。大科学装置办公室积极组织各类培训，如信息员培训、管理平台、财务培训等；发布了《中国科学院重大科技基础设施建设手册》、编印了《中国科学院大科学装置 2010 年度报告》（中英文版）、《中国科学院大科学装置成果汇编（2009—2010）》、《两次创造跨越奇迹的北京正负电子对撞机》（科普）；编译了《大科学装置研究文集 6》，主要介绍美国能源部的相关工程管理文件；编制形成了《中国科学院重大科技基础设施运行手册》（初稿）。

三、科技基础设施

（一）信息化基础建设

2011 年是“十二五”信息化各项工作的开局之年，紧密结合“创新 2020”的实施，以“全面总结提升，重点谋好布局”为原则，全面完成了“十一五”信息化建设任务的验收总结；中科院信息化各个项目应用服务能力得到全面提升，成效已逐步显现；完成“十二五”信息化发展规划制定。2011 年中科院研究所信息化评估整体得分比 2010 年略有提升，98 家研究所平均得分为 68.33 分，A 类、B 类研究所数量较 2010 年有显著增加，其中 A 类研究所有 41 名（70 分以上），B 类研究所有 47 名（60—70 分），院属各单位对信息化工作的重视程度大幅提升。

1. 形成中国科学院互联网络、超级计算和数据应用三大基础环境新格局并发挥关键支撑作用

整合超算软件和硬件资源形成整体环境，并建立了支撑服务体系，科研应用国内领先。中国科学院超算整体环境发生了质的变化，形成了全院学科地域分布合理的三层架构环境。超算提供的通用（CPU）加专用（GPU）聚合计算能力达到6200 万亿次以上，处于国内领先水平；建成科技数据基础设施，科学数据资源集成服务能力持续提升，整体应用服务成效日益突出。数据资源中心存储环境容量超过 6PB，成为中国科学院新的科研基础设施，已经通过中国科技网向全院提供了海量数据的存储、分析、处理等应用服务，中国科学院科技数据累计为 210 余项科研项目提供了支持和服务；中国科学院 48 个大科学装置和野外台站接入院网，与印度、新加坡、越南和埃及等国家科研网络互联，大幅提升了中国与美国以及北欧地区的网络带宽。

2. 形成中科院特色的管理信息化和教育信息化系统

形成特色鲜明的 ARP 系统，完成了院所两级系统运行支撑平台，建立了运维服务平台和监控平台，提升了监控和服务能力，各类系统应用不断深化。ARP 系统也已在 8 个新建研究所投入使用。中科院网站群 2009—2011 年连续三年获得中国政府网站优秀奖，成为科研机构网站建设的领航者，站点数量达到350多个。网络化科学传播平台在网络科普、普及科学知识方面作用明显，中国科普博览荣获“2011中国城市信息化服务创新奖”。

研究生教育业务管理平台实现了制度、流程、网络管理一体化建设。协同学习服务平台建立了网络化学习以及视频服务，服务总人数达11万人。

3. 院长办公会原则审议通过《中国科学院“十二五”信息化发展规划》

2011年6月3日，院长办公会原则审议通过《中国科学院“十二五”信息化发展规划》。中国科学院“十二五”期间信息化工作主要可以概括为“围绕一个目标、抓住二条主线、形成三类云集、提升四种能力、实现五大转变和实施六项工程”。面向“创新2020”发展战略，建设开放共享、功效一流、安全可靠的信息化环境，促进信息化与科技和管理创新活动的深入融合，引领我国科研信息化发展，逐步建成信息化中国科学院，为中国科学院实现创新跨越提供有力支撑。

4. 域名治理专项行动取得预期目标

配合国家及国家主管部门有关域名治理的部署，积极采取各种必要措施并建立长效机制。截至2011年12月31日，中国科学院域名治理取得预期目标，实名率达99.08%，CN域名的不良应用呈现出显著的下降趋势。

5. 网络信息安全保障能力再上新台阶

2011年中国科学院安全监控系统发现并处理安全事件共计920起，组织扫描评估中国科学院主机5万余台次，发现并通知处理存在漏洞主机4千余台次，发现并通知处理高危主机33台；组织对院属2700个网站进行了扫描，发现存在漏洞的网站364个，及时整改存在高危漏洞的网站120个；对院邮件系统中存在的弱口令账户集中进行了整治工作，共屏蔽1.8万用户账户，有效遏制利用弱口令发送垃圾邮件问题，并形成定期扫描和人工监测等长效机制。

6. 召开第二届中国科研信息化发展研讨会，首次发布《中国科研信息化蓝皮书(2011)》

2011年12月，中科院联合教育部、科技部、中国工程院和国家自然科学基金委共同主办了“第二届中国科研信息化发展研讨会”，并在会上联合教育部和基金委共同发布了首部科研信息化领域专著《中国科研信息化蓝皮书（2011）》。

7. 积极拓展国内外交流与合作

关注产业界的相关进展，与知名企业保持持续交流和合作，先后和微软、IBM和云基地等公司交流；与中国互联网协会、中国计算机学会、国际互联网域名地址分配组织及国外相关科研机构保持了密切交流。

（二）野外台站网络

野外台站建设的目标是将野外台站建设成为科研基地型野外基础条件平台并形成网络，成为人才集聚、成果产出、项目争取、国际合作的野外科研设施，推进相关领域的科技创新工作，为中国科学院“出成果，出人才，出思想”提供支持。

在《“十二五”中国科学院科技支撑体系建设规划》框架下，组织完成了《中国科学院野外科学观测研究体系修缮购置专项工作规划》。该工作规划坚持“科学规划、统一布局、整合资源、突出效益”的原则，兼顾轻、重、缓、急，优先解决常规监测的仪器需求和兼顾学科长远发展的方向，拓展监测内容、布局仪器设备，为实现中国科学院野外观测研究体系观测、分析能力的整体提升打下了良好基础。

野外站作为科技创新的重要平台，得到国家科技管理部门的重视和支持。国家生态系统研究网络的建设方案，获得科技部、财政部批准并正式运行（国科发计〔2011〕572 号）。中国科学院生态站在国家生态系统研究网络中占有重要地位，发挥了骨干引领作用。同时，积极参与国家野外科学观测研究基地发展总体规划。

中国科学院战略性先导科技专项“应对气候变化的碳收支认证及相关问题”于 2011 年正式启动，中国科学院野外台站承担了其中的重要工作，完成了野外观测与考察、样品采集与分析、数据观测和研究等工作。同时，配合碳专项的执行，在新疆召开了生态系统固碳机制、速率、潜力研讨会议。

（三）植物园、标本馆（博物馆）

2011 年，围绕重点收集、有效保育、科学评价和合理利用的原则，中国科学院科学植物园开展了特色工作。以经济植物、特有植物和珍稀濒危植物为重点，开展国内外重要植物资源的收集，新增物种 7700 余种次（表 10）。加强现有园区物种的管理，年度定植一年以上成活率 90%。对迁地保育的野生植物资源进行了科学评价，如能源植物黄连木含油量和脂肪酸含量分析，龙脑香科、棕榈科、珍稀濒危植物引种栽培科学适应性评价，水生植物资源在治理污染水体富营养化作用的评价等。基于野生植物资源，开发新品种，审定或登录新品种 40 个。优化专类园 33 个，新建专类园 15 个。入园参观人数达 430 余万人次，数字植物园访问量达 420 余万次。

表 10 中国科学院植物园（树木园）基本情况表

序号	名称	所在地区和单位	2011 年引进物种数（种次）
1	武汉植物园	湖北、中国科学院	107
2	华南植物园	广东、中国科学院	2000
3	西双版纳热带植物园	云南、中国科学院	591
4	北京植物园	北京、中国科学院植物研究所	454
5	昆明植物园	云南、中国科学院昆明植物研究所	860
6	吐鲁番沙漠植物园	新疆、中国科学院新疆生态与地理研究所	31
7	沈阳树木园	辽宁、中国科学院沈阳应用生态研究所	38
8	秦岭国家植物园	陕西、陕西省人民政府、中国科学院	100
9	深圳仙湖植物园	广东、深圳市人民政府、中国科学院	750

续表

序号	名称	所在地区和单位	2011 年引进物种数（种次）
10	庐山植物园	江西、江西省人民政府、中国科学院	230
11	南京中山植物园	江苏、江苏省人民政府、中国科学院	867
12	桂林植物园	广西、广西壮族自治区人民政府、中国科学院	612
13	上海辰山植物园	上海、上海市人民政府、中国科学院	2021

2011 年度中国科学院生物标本馆（博物馆）重点开展了模式标本的系统整理工作，规范化整理标本数字化信息，有计划地开展野外标本采集，加大标本鉴定力度，加强与周边国家的合作，开展标本交换和学术交流活动，加强生物学知识的科学普及，不断提高科普宣传工作水平。2011 年度新增标本 29.4 万号（份、件），其中，新增加各类模式标本 5668 号（份、件），新鉴定标本 18.6 万号（份、件），标本数字化新录入标本信息 25.7 万份（件），数据库访问量达 986 万人次，科普参观达 79 万人次。

表 11　中国科学院生物标本馆（博物馆）基本情况表

序号	名称	所在地区和单位	2011 年新增标本数	2011 年新鉴定标本数
1	动物研究所国家动物博物馆	北京、中国科学院动物研究所	150 000 号	180 000 号
2	植物研究所植物标本馆	北京、中国科学院植物研究所	8603 号 25 000 份	5492 份
3	昆明植物研究所标本馆	云南、中国科学院昆明植物研究所	3026 号 42 567 份	32 140 份
4	上海昆虫博物馆	上海、中国科学院上海生命科学研究院植物生理生态研究所	35 000 号	13 400 号
5	华南植物园标本馆	广东、中国科学院华南植物园	9851 号 31 900 份	5050 号 16 300 份
6	海洋研究所海洋生物标本馆	山东、中国科学院海洋研究所	9900 号	5600 号
7	昆明动物研究所标本馆	云南、中国科学院昆明动物研究所	15 897 号	15 382 号

续表

序号	名称	所在地区和单位	2011 年新增标本数	2011 年新鉴定标本数
8	沈阳应用生态研究所东北生物标本馆	辽宁、中国科学院沈阳应用生态研究所	4659 号 7150 份	5949 份
9	微生物研究所菌物标本馆	北京、中国科学院微生物研究所	10 152 号 10 152 份	10 152 号 10 152 份
10	西北高原生物研究所青藏高原生物标本馆	青海、中国科学院西北高原生物研究所	4800 号 9700 份	11 500 份
11	水生生物研究所水生生物博物馆	湖北、中国科学院水生生物研究所	8000 号	7000 号
12	成都生物研究所两栖爬行动物、植物标本馆	四川、中国科学院成都生物研究所	两栖爬行类 1012 号 植物 14 000 份	两栖爬行类 120 号 植物 3000 份
13	武汉植物园标本馆	湖北、中国科学院武汉植物园	2005 份	1000 份
14	古脊椎动物与古人类研究所标本馆	北京、中国科学院古脊椎动物与古人类研究所	4791 号 11 136 份	3166 号 5139 份
15	南海海洋研究所南海海洋生物标本馆	广东、中国科学院南海海洋研究所	2530 号	2130 号
16	西双版纳热带植物园热带植物标本馆	云南、中国科学院西双版纳热带植物园	4700 号 13 000 份	1485 号 1485 份
17	新疆生态与地理研究所标本馆	新疆、中国科学院新疆生态与地理研究所	890 号 2600 份	2000 号 4000 份
18	南京地质古生物研究所南京古生物博物馆	江苏、中国科学院南京地质古生物研究所	3802 号 62 796 份	1768 号 1776 份

（四）文献情报与出版

1. 文献情报

2011 年，面向科学研究一线，面向科技决策一线，面向国家科技信息服务战略发展，全面启动“十二五”重点建设任务，持续推动建设嵌入科研活动和科技决策活动的知识化服务模式，加强数字资源保障与服务平台建设，推进院所协同服务机制，显著提高了文献情报工作对科技创新的支撑力度。

加大对国家、院党组的科技战略决策服务和支撑院重大科技任务的战略研究服务，重点组织开展《重要国家和国际组织关注的科技与发展重要问题》、《国际科技竞争力研究》、《国家创新体系其他单元发展态势分析》以及《世界主要国家创新集群建设的实践》等研究；完成《国际科学技术前沿报告2011》并正式出版；编发跟踪报道领域重大动态和重要战略计划的《科学研究动态监测快报》（13个专辑）275期，完成《国际重要科技信息专报》57期，报送院、局领导参阅，若干重要特刊专门呈报国家和有关部门，为中国科学院“创新2020”战略的实施和宏观战略决策提供支撑服务。

积极开展情报分析方法、工具与平台的建设。“战略研究信息服务平台”一期建成并启动二期建设，开展“影响经济社会重大体系的战略性科技问题分析”和“面向未来科技竞争力的情报分析方法”等方法和工具的研究。

新增数据库6种，其中全文数据库5种，涉及外文电子期刊现刊378种，过刊54种，外文行业报告1 472 160篇；事实与数值/指标数据库1种。截至2011年12月31日，全院相关研究所可共享的外文期刊15 190种（包含集成开放获取期刊7293种），外文图书34 416卷/册，外文工具书3560卷/册，外文会议录29 385卷/册，外文学位论文329 718篇，外文行业报告1 477 239篇，中文图书400 420种/415 471册，中文期刊11 582种，中文学位论文1 510 238篇。2011年全院全文数据库和文摘数据库的使用量分别为3386万次和1007万次。

组织召开全院文献情报工作会议，明确新形势下院文献情报系统实现服务模式全面转型、建设新型知识服务体系和提升保障能力的目标任务，组织修订《中国科学院文献情报工作条例》，制定《中国科学院科技文献资源保障规范》、《中国科学院文献情报专业技术岗位任职能力认证方案》等。

2. 科技期刊与图书出版

2011年，出版体制改革取得重大进展，推动组建了中国科技出版传媒集团有限公司和中国科技出版传媒股份有限公司。中国科技出版传媒集团有限公司是中央批准组建的三大国家级大型出版传媒集团之一。该集团以中国科学出版集团有限责任公司为主体，人民邮电出版社、电子工业出版社等单位参股设立。

在第二届中国出版政府奖中成绩显著。科学出版社出版的《中国可持续发展总纲》（共20卷）、《“天”生与“人”生：生殖与克隆》、《清宫医案集成》（上、下），中国科学技术大学出版社出版的《非线性科学若干前沿问题》、《北京频谱Ⅱ：正负电子物理》等5种图书荣获图书奖，占全部科技类图书奖数量的24%；《科学通报》、《中国国家地理》、《物理学报》等3种期刊荣获期刊奖，占全部科技类期刊奖数量的30%；科学出版社出版的《科学文库》荣获网络出版物奖。此外，中国科学院《细胞研究（英文版）》、《化学学报》、《中国科学：数学（英文版）》等3种期刊荣获期刊奖提名奖。北京希望电子出版社出版的《图形图像处理（Photoshop平台）Photoshop CS3中文版职业技能培训教程（图像制作员级）》荣获电子出版物奖提名奖。同时，科学出版社荣获先进出版单位奖；中国科学技术大学出版社郝诗仙同志、力学研究所中国力学学会期刊社杨亚政同志、《中国科学》杂志社任胜利同志荣获优秀出版人物奖。

2011年，新创办《集成技术》、《光（英）》、《阿阿熊》等3种科技期刊。4种刊物成为 SCI 源刊，使中国科学院 SCI 源刊总数达 69 种，约占我国的 51%。

四、科技装备与技术监督

（一）科研装备建设工作

1. 积极落实修缮购置专项

2011 年推动修缮购置专项工作具体实施，依据《中央级科学事业单位修缮购置专项资金管理办法》，结合中国科学院科研工作任务和管理的特点，编制了《中国科学院修缮购置专项资金管理实施细则》、《中国科学院修缮购置专款设备项目验收规定》等文件，成立了修缮购置专项管理办公室，负责项目批准后实施方案编制，项目执行进度检测，项目验收以及绩效考核等。

依据中国科学院对修购项目的组织管理要求，各研究所成立了由主管所长牵头的修购工作组，负责组织本单位修购规划编制，计划申报和执行工作。同时，修购工作组设有专门的联系人与院机关随时沟通，交流和解决修购工作中遇到的各种问题，保证全院修购工作统一步骤。

在修购专项规划指导下，经院所两级共同努力，精心组织，完成了 2012 年修缮购置专项资金的申报及争取工作，财政部下达修购专项 15 亿元。其中，仪器购置和仪器改造经费 12.1 亿元。大型仪器区域中心共申报 5.7 亿元，获得支持 4.5 亿元，占申报的 79%。

2011 年，是中国科学院“创新 2020”正式全面启动之年，结合全院修购专项工作进展，组织部署了修缮购置专项 2013—2015 规划调整，推动各研究所紧密结合本单位“十二五”发展规划，尤其是“一三五”发展需求，统筹规划、合理布局，按照整合、共享、完善、提高的要求，激活存量资源，最大限度地发挥存量资源的使用效益，建立完善的科研条件保障体系，为研究所持续稳定发展提供有效支撑。

2. 深入推进技术支撑系统建设

组织召开了中国科学院 2011 年技术支撑系统建设工作会议。会议旨在落实中国科学院“十二五”科技支撑系统建设规划和修缮购置专项相关工作，进一步推进中国科学院技术支撑系统体制机制创新，推进技术支撑人才队伍建设，提升中国科学院科技自主创新能力，为中国科学院“创新 2020”的顺利实施提供有效的支撑。

继续推进所级公共技术服务中心的建设工作。2011 年，按照“成熟一批启动一批”的原则，组织专家对 18 个所级中心进行了现场评估，择优支持了 11 个所级公共技术服务中心，使中国科学院所级中心的数量达到了 55 个。

北京机加工服务平台与北京中科科仪仪器研制服务平台的建设工作基本完成，为中国科学院仪器设备研制、功能开发、技术改造提供重要支撑。

推进全院大型仪器共享网的建设，与研究所管理紧密结合，加强智能卡系统的推广工作，进一步完善和发展共享服务网络，顺利完成共享网与 ARP 系统之间的衔接。结合院所两级中心建设，加强培训，及时总结开放情况，推动上网仪器的开放共享工作，使国内最大实验室仪器设备管理和服务系统建设取得长足进展。

根据《中国科学院技术支撑系统建设实施方案》的有关要求，为推动仪器设备新功能、新方法的研究，提高中国科学院大型仪器区域中心和所级公共技术服务中心技术人员的水平，2011 年共支持院仪器设备功能开发技术创新项目 99 个，院资助经费为 2953 万元。

3. 推进重大科研装备自主研制

积极组织策划，争取财政部重大科研装备研制项目。2011 年，组织完成了“超分辨光刻装备研制”和“高性能条纹相机”实施方案编制及立项评审等工作，并获得财政部支持，项目总经费 3.595 亿元，全部由财政部专项经费支持。加强国家重大研制项目过程管理，促进成果产出，组织完成“海底流动地震台阵”、“中能重离子微束辐照装置”、“深紫外拉曼光谱仪研制”、“深紫外激光光发射电子显微镜（PEEM）的研制”等项目的验收工作。

2011 年，国家自然科学基金委、科技部先后启动重大仪器设备研制工作，分别用于支持原创性科研仪器的研制和科学仪器设备的产业化工作。在院重大科研装备研制专项领导小组的领导下，经过全院上下共同努力，中国科学院 7 个项目获得基金委支持，获专项经费 4.77 亿元；10 个项目获科技部支持，获专项经费 4.34 亿元。

加强院级研制项目的组织工作。继续推进生命科学、资源环境科学领域的科研装备研制工作。继续鼓励合作研制。2011 年，全院共受理院级研制项目 253 个，项目总经费约 11.09 亿元，申请院资助约 7.66 亿元；批准 64 个项目，涉及 45 个院属单位，项目总经费 23 305 万元，院资助经费 15 200 万元。

（二）技术监督工作

由中国科学院分管承担的国际、全国专业技术标准化技术委员会（ISO/TC202，微束、声学、超导、纳米、空间、遥感、光电测量）秘书处，根据国家标准化管理委员会的工作部署，继续开展相关领域的标准化工作。

“国家计量认证中国科学院评审组”依据国家认证认可监督管理委员会的年度计划，于 2011 年对中国科学院 1 个检测实验室进行了单一计量认证的“首次评审”，对 5 个检测实验室进行了单一计量认证的复查评审，对 6 个检测实验室进行了“持证期内监督评审”，对 4 个检测实验室进行了二合一（实验室认可/计量认证）复查评审。

“中国质量协会科学技术分会”秘书处在 2011 年期间共举办培训班 13 期（专题技术短期培训班 10 期，质量管理研讨交流会 3 期），参加人数 570 人次。中国质量协会科学技术分会获得中国质量协会 2010 年度“先进质量方法推广年”活动先进单位。光电研究院质量处处长李燕同志获得中国质量协会颁发的“2011 年度质量技术突出贡献奖”。

科技成果转移转化与院地合作

一、院地合作与科技成果转移转化

2011 年，中国科学院院地合作工作继续以“企业满意、地方政府满意、老百姓满意”为检验标准，以“改革创新、服务国家、造福人民”为目标，充分发挥研究所的主体作用，发挥分院的区域统筹协调作用，扎实推进共建研究所建设，扎实推进共建技术转移转化平台建设，扎实推进创新创业人才培育，扎实推进科技副职工作，实施中国科学院服务支撑国家战略性新兴产业科技行动计划，全院上下共同努力，院地合作工作取得了显著成绩。

（一）院地合作成效显著

2011 年，中国科学院与宁夏签订了全面战略合作协议，以此为标志，中国科学院与全国 31 个省、自治区、直辖市建立了合作关系并开展了实质性合作，形成了院地合作体系。基本形成了以共建研究所、产业技术创新与育成中心、所级转化机构为核心的科技成果转化基地框架。中国科学院从事科技成果转移转化队伍已达 12 000 余人，其中院内专职人员 2000 余人，承担转化任务的科技人员 10 000 余人。

2011 年，中国科学院院属单位在技术市场登记的合同数达 1774 项，合同金额 16. 7 亿元；通过科技成果转移转化，使地方企业新增销售收入达到 2628. 8 亿元，同比增长 28. 3%，利税 413. 8 亿元，同比增长 22. 9%（图 1）。

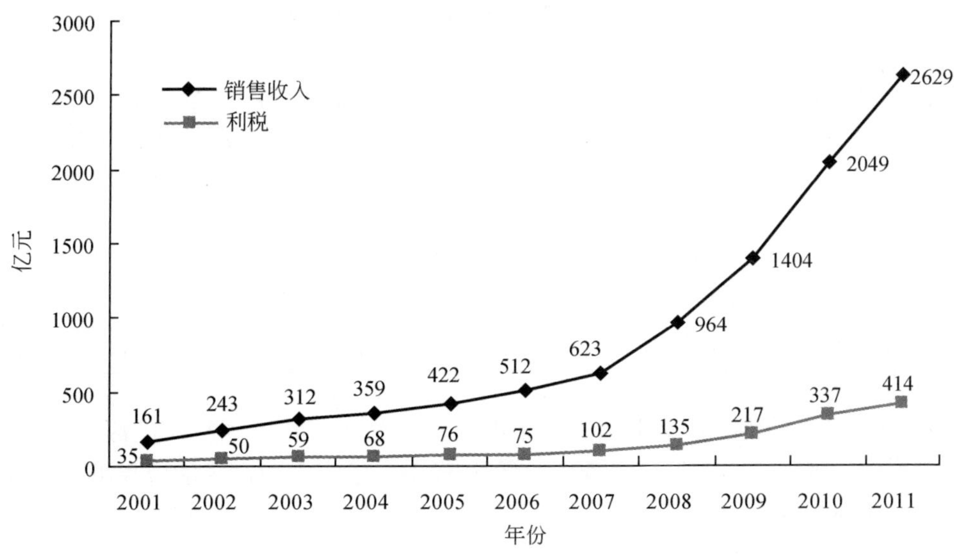

图 1　中国科学院 2001—2011 年科技成果转移转化使社会企业增加销售收入情况

院地合作工作得到国家和地方政府的高度关注和支持。胡锦涛、温家宝、贾庆林、习近平、李克强、贺国强、周永康、王兆国、刘云山、刘延东、李源潮、张德江、路甬祥、桑国卫等14位党和国家领导人先后42次视察院地合作相关工作。4个省、27个重点城市分别在其政府工作报告中对院地合作给予了肯定；江苏、湖北、贵州等10余个省区发来感谢信。

（二）三方面工作取得重大进展

部分战略性新兴产业项目实现了规模产业化。在不同区域，选择一批重点项目，与政府、企业一起共同支持，使其快速发展，实现规模产业化。2011年实现社会企业销售收入1亿元以上的项目不断增加，达到400余个，其中3个项目实现销售收入30亿元以上。

促进区域院地合作工作快速发展，为创新集群建设奠定坚实基础。江苏、广东、浙江、青岛等重点区域分别形成了“两所八中心”、“一园一廊一网络”、“两院两园两中心”、“六所两中心服务蓝色经济创新转化集群”等院地合作框架；新材料、新能源、电子信息、生物技术等一批战略性新兴产业快速发展。西部专项工程和人员培养与交流等工作取得新成绩。

院地合作工作为国家重点战略的实施做出了贡献。通过院地合作的形式，中国科学院为国家实施培育发展战略性新兴产业计划、国家东北等老工业基地改造升级战略以及主体功能区规划等重点战略做出积极贡献。

（三）夯实五个工作基础

培育一批战略性新兴产业重点项目。启动实施了支撑服务国家战略性新兴产业科技行动计划，按照“发挥优势、突出重点、效益优先、共同投入”的思路，部署了两批新一轮战略性新兴产业培育项目。

建设一批专业化、设施完善、服务环节配套、高质量、高效率成果转化平台。目前，29个育成中心专业化特色、队伍结构、设施设备、服务功能等建设工作均取得显著进展。

表12　中科院与地方政府新建的育成中心

序号	中心名称	所在地址
1	云计算产业技术创新与育成中心	广东省东莞市松山湖科技产业园区科苑10号楼

形成一批以若干核心技术组成的成果群和转化联盟。将中国科学院成果按照行业、领域进行分类。集成各研究所某一领域的科技成果，组成产业需求的成果群，形成转化联盟，服务产业转型升级。已形成的成果群和转化联盟，多次在相关区域开展推广活动，产生了显著经济和社会效益。

建设一支专业化、转化能力强的转移转化队伍。转移转化队伍中科研、工程技术、新市场开拓、管理与经营等人员比例有较大改善，队伍结构趋于合理。

不断完善院地合作的工作机制。进一步深入探索和解决共建转化机构的运行模式、队伍建设、人事管理、资产管理、知识产权等核心问题，促进共建转化机构健康、稳定发展。

（四）继续推进与地方共建研究所工作

建立健全共建所实施理事会制度，推进共建所二期建设工作，制定实施共建所“一三五”规划。上海高等研究院、苏州生物医学工程技术研究所、天津工业生物技术研究所各项筹建任务基本完成，并在科研和为国家经济建设服务等方面做出了贡献。其中天津工业生物技术研究所已经成为天津市科学发展、转变方式的重要科技力量，得到胡锦涛等5位政治局常委的关注和鼓励。海西研究院、重庆绿色智能技术研究院的队伍和条件建设等筹建工作取得了新进展。中国科学院与国务院三峡办、重庆市政府签署协议共建重庆绿色智能先进技术研究院（表13）。

表13　中科院与地方政府新建的研究所

序号	研究所名称	所在地址
1	重庆绿色智能技术研究院（筹）	重庆市渝北区金渝大道85号汉国中心B座9层

（五）加强与大企业合作

2011年，中国科学院与中国机械工业集团等大企业签署战略合作框架协议，将进一步密切双方战略合作关系，推动双方在先进制造、新材料、新能源技术与装备等国家战略性新兴产业领域开展务实合作，全面提升合作层次和水平。

二、经营性国有资产管理及成效

2011年，院、所投资企业受全球经济二次探底、欧债危机以及国内资本市场下滑等不利因素的影响，营业收入增速有所回落。全院纳入统计范围的427家院、所投资企业营业收入2432亿元，同比增长8.9%；利润总额105亿元，同比增长4.6%；净资产518亿元，同比增长10.4%；院经营性国有资产权益为192亿元，同比增长14.3%。其中，中国科学院国有资产经营有限责任公司（国科控股）21家控股企业共实现营业收入1946亿元，同比增长25.9%；利润总额58亿元，同比增长26%；国科控股权益202亿元，同比增长24.7%。截至2011年年底，研究所投资企业股权社会化整体完成509家，完成率89%；院、所投资企业共有20家上市公司，比上年新增2家；营业收入超过1亿元的企业有65家。

国科控股遵循“苦练内功，夯实基础；抓住机遇，重点突破”的工作思路，积极推动中国科学院经营性国有资产经营管理。2011年7月，经国务院批准，以中国科学出版集团为主体，联合人民邮电出版社、电子工业出版社，组建成立了中国科技出版传媒集团和中国科技出版传媒股份有限公司，进一步加强了核心能力、公司治理和内控体系建设，为上市融资、做强做大奠定了基础。北京科仪、沈阳科仪也先后于年底整体改制设立为股份有限公司。

以战略管控为核心的控股企业动态监管工作成果显著。两批 14 家企业战略规划全面实施，企业核心能力得到有效提升，企业间战略协同成效显现；实施了涵盖经济增加值（EVA）指标的控股企业高管经营业绩考核办法，取得积极成效；实施了《国科控股控股企业人才引进基金管理暂行办法》，支持了 4 家控股企业 8 名经营管理骨干的引进工作。

根据国科控股“五年规划纲要”，2011 年发起和参与投资私募股权投资基金 4 支，基金投资累计已达 13 支；相关基金已投资 72 个项目，有 5 个已成功上市；成功召开国科控股投资基金管理人研讨会，发布了首期“中科院所属企业投资项目信息”，在积极助推中国科学院成果转移转化和规模产业化的同时，加强了对投资基金的增值服务，有效提升了国科控股作为国有机构投资人在私募股权投资界的知名度和影响力。

按照“巩固阵地、扩大战果、攻克堡垒”的方针，继续开展不良企业清理，当年完成清理和正在清理的不良企业共 89 家，不良企业清理累计完成率达到 84.7%；通过调研，积极探索新形势下中国科学院经营性国有资产监管体系建设模式。完成了院所投资国有及国有控股企业“小金库”专项治理的督导抽查工作。积极解决转制企业历史遗留问题，为企业发展解除了后顾之忧。

中国科学院联想学院顺利举办了特训班、实训班、研修班等共 12 个班次及 2 期创业大讲堂，累计培训 3550 人次。深化开放联合的办学模式，江苏分院顺利落户常州，与天津市合作举办创业导师班，在安徽、新疆等地组织研修班培训，有效助推院地合作；结合国有资产监管现实需求，开展了研究所资产管理公司监管队伍专项培训，取得了良好效果；联想之星班办学模式日渐成熟，天使投资累计支持了 21 个项目，投资额达 1.5 亿元，与高新技术产业开发区的结合日益密切。

国际合作与港澳台工作

2011年，在院党组的正确领导下，中国科学院的国际合作工作深入贯彻“民主办院、开放兴院、人才强院”的方针，围绕“创新2020”中心任务，凝炼国际合作“一三五”战略，策划重大国际交流活动，搭建平等合作、互利共赢的平台，推进实质性的科技合作。全院国际合作工作进展顺利，成效显著。

全年出访11 800余人次，来访17 500余人次，举办多边和双边国际学术会议350多个。新签、续签23个院级国际合作协议（表14），审批通过19个重点对外合作项目。

表14　2011年新签续签国际合作协议

序号	协议名称	签署时间	签署地点
1	中国科学院与美国能源部能源科学合作议定书	2011. 1. 18	华盛顿
2	中国科学院与巴西科学技术部科技合作谅解备忘录	2011. 3. 14	巴西利亚
3	中国科学院与丹麦诺和诺德公司科技合作第二次补充协议	2011. 3. 25	丹麦
4	中国科学院与巴西农业研究院关于建立虚拟联合实验室和促进农业研究与创新合作的谅解备忘录	2011. 4. 12	北京
5	中国科学院与美国加州大学董事会（代表加州洛杉矶大学）合作谅解备忘录	2011. 4. 21	北京
6	中国科学院与美国俄勒冈大学关于建立长期战略合作谅解备忘录	2011. 4. 25	北京
7	中国科学院与美国宾夕法尼亚大学理事会谅解备忘录	2011. 5. 27	北京
8	中华人民共和国政府与联合国教科文组织关于在中国北京建立由教科文组织支持的国际自然与文化遗产空间技术（第2类）中心的协定	2011. 6. 2	函签
9	中国科学院与英国科学与技术设施理事会谅解备忘录	2011. 6. 7	北京
10	中国科学院与英国约翰英纳斯中心谅解备忘录	2011. 6. 7	北京
11	中国科学院与德国慕尼黑工业大学科技合作与交流总体协议	2011. 8. 2	函签
12	中国科学院与美国芝加哥大学在生命科学领域科技合作谅解备忘录	2011. 8. 4	芝加哥
13	中国科学院与意大利核物理研究院总体框架协议	2011. 8. 6	罗马
14	中国科学院与阿根廷科研理事会、圣胡安大学及圣胡安州政府共同签署中阿射电望远镜科技合作备忘录	2011. 8. 8	圣胡安

续表

序号	协议名称	签署时间	签署地点
15	中国科学院与澳大利亚联邦科工组织第二届联合指导委员会联合公报	2011. 8. 19	悉尼
16	中国科学院与德国亥姆霍兹联合会伙伴团队合作协议	2011. 8. 23	北京
17	中国科学院与荷兰教科文部科技合作与交流谅解备忘录	2011. 8. 31	北京
18	中国科学院和德国拜耳集团科技合作补充协议	2011. 9. 5	函签
19	中国科学院与美国保洁公司科技创新战略联盟	2011. 9. 30	北京
20	中国科学院与英国联合利华公司合作谅解备忘录	2011. 10. 17	伦敦
21	中国科学院与英国爱丁堡大学合作谅解备忘录	2011. 11. 8	北京
22	中国科学院与加拿大自然资源部关于自然资源可持续发展合作的意向声明	2011. 11. 8	北京
23	中国科学院与美国能源部关于核能科学与技术合作备忘录	2011. 12. 29	函签

一、发挥国际合作战略引导作用，服务科技中心任务

按照院党组统一部署，进一步加强总体、领域和国别战略研究，凝炼国际合作“一三五”目标、重点突破和培育方向。提交《关于加强国际科技合作的思考与建议》、《国外著名科研机构体制机制》等重要报告，制定和发布《2011 年国际合作工作要点》和《2010 年度国际合作工作述评》，加强国际合作指导和未来工作谋划。

2011 年，结合中国科学院战略先导专项实施和大科学装置建设，全年安排高层出访 42 批次，接待重要代表团来访 91 批次，新签续签院级协议 23 项，召开院层面国际研讨会 20 个，支持一批先导专项和大科学装置相关的合作项目。紧密结合中国科学院的外籍科学家计划，首次与外专局联合实施了大科学装置专项引智计划。

主动参与了中组部、外专局牵头的我国高端外籍人才引进政策调研和办法制定等工作，首批推荐中国科学院 25 位外国专家。与马普学会探讨合作建立中国科学院高端人才引进和培育的长效机制。

二、深化国际合作人才工作机制，构建国际化创新队伍

2011 年，新评出“爱因斯坦讲席教授”20 名、“外国专家特聘研究员”263 名和“外籍青年科学家”100 名。其中，46 位外籍青年科学家获得国家自然科学基金委“外国青年学者研究基金”资助。通过中国科学院 - 发展中国家科学院（CAS-TWAS）奖学金计划，吸引 50 名发展中国家的科学家来院工作。通过“新疆周边地区人才引进计划”，8 位中亚国家的科学家来院工作。启动实施“发展中国家科技培训班计划”并首

年资助7个培训班。

为表彰和鼓励青年科学家开展长期有效的国际科技合作，设立了“中国科学院青年科学家国际合作奖”，首次评选出5组10位中外青年科学家。3位著名外国科学家获中国科学院2011年度“国际科技合作奖”。中国科学院推荐的科学家全部获得国家“国际科技合作奖”和国家“友谊奖”。

举办第二届“国际组织任职及后备人员高级培训班”。正式启动“国际科技组织中国委员会及人才团队支持计划”，首批资助了7个中委会。中国科学院发起的“第三极环境”等国际计划深入实施。与联合国环境署共同发起成立了“国际生态系统管理伙伴计划”，计划得到我国环保部和国家发改委的大力支持。

通过“中欧联合培养博士生计划”，派出80名中国科学院博士生到德国、法国等国家的科研机构进行联合培养。

三、加强合作项目组织，推进双边实质合作

2011年，中国科学院与美国能源部、德国亥姆霍兹联合会、澳大利亚联邦科工组织等建立了长效合作机制，机构层面的合作取得突破。与芬兰科学院、荷兰皇家科学院、瑞士苏黎世高工、挪威研究理事会等科研机构合作，共同支持一批双边合作项目，加强了与中小发达国家的项目合作。

围绕新学科新生长点新交叉点的合作、高层战略论坛和前沿研讨会、与周边国家和地区战略性合作，资助20项对外合作重点项目（表15），一些项目获得科技部、基金委后续支持，形成国家层面的重大合作项目。

表15　2011年资助的对外科技合作项目

序号	项目名称	承担单位
1	水稻印记基因调控种子发育的分子机理研究	遗传与发育生物学研究所
2	陆地植被碳计量模型与应用研究	对地观测与数字地球科学中心
3	新型邮寄太阳能电池给体和受体材料设计及合成	化学研究所
4	采用掺稀土发光层提高光伏电池能量效率	福建物质结构研究所
5	大面积高效聚合物太阳能电池及老化行为研究	长春应用化学研究所
6	低成本高性能直接醇类碱性阴离子交换膜燃料电池电催化剂的研究	大连化学物理研究所
7	半导体纳米材料的形状、尺寸和界面对太阳能电池性能的调控	半导体研究所
8	抗甲醇的氧气还原用新型介孔钯基电催化剂的研发	上海高等研究院
9	中以高功率激光若干前沿技术合作研究	上海光学精密机械研究所
10	中国－非洲国际生态系统管理评估研究	地理研究所

续表

序号	项目名称	承担单位
11	泛喜马拉雅植物志预研	植物研究所
12	钢结构重腐蚀区长效防腐蚀材料的研究	海洋研究所
13	稳态高性能等离子体诊断的关键技术	等离子体物理研究所
14	中法莱曼轨道望远镜样机关键技术合作研究	紫金山天文台
15	全氟化合物：点源排放是造成中国和挪威食品污染的原因	生态环境研究中心
16	中国流域富营养化所带来的压力、影响以及缓解措施的管理过程模拟研究	生态环境研究中心
17	气候变化与中国农业：对粮食生产的影响评估和适应性对策研究	大气物理研究所
18	中国南方森林作为活性氮汇合氧化亚氮区域排放源的研究	生态环境研究中心
19	人工纳米材料的吸附及其对化石燃料源碳氢化合物的水生物有效性、毒性的影响	生态环境研究中心
20	卫星遥感大气－地球表面耦合系统的新反演方法、地基验证及应用	大气物理研究所

四、加强政策引导和对外宣传工作，提升国际合作管理水平

组织开展院属单位国际合作态势定量分析，对各单位国际合作工作进行初次“体检”，帮助研究所了解自身存在的差距。联合开展“国际合作知识产权问题研究”，组织制定指导工作意见和模板。充分利用 ARP 国际合作系统，规范和方便全院因公出国的报送与审批。

制作“中国科学院宣传活页”英文宣传品，协调 *Science* 杂志刊登相关报道，及时更新英文年报和英文宣传片，积极宣传中国科学院科技创新和创新人才。协调《科学时报》刊登 15 篇文章，从不同侧面深度报道了中国科学院国际科技合作。举办了英文网站信息员培训班。

五、推动与港澳台地区的科技合作

进一步发挥香港地区的区域特色作用，稳步推进与香港的实质性合作；加强高层往来，拓展两岸学术交流渠道；首次设立“台湾青年学者访问计划”，2011 年共有 9 名台湾青年学者获得计划支持。在大陆召开系列性两岸会议 22 个，全年赴台人数已突破 1000 人次。

六、2011年度中国科学院国际科技合作奖获得者

弗莱明·贝森巴赫　丹麦奥胡斯大学交叉学科纳米科学研究中心主任，丹麦皇家科学院、技术科学院、自然科学院院士，研究领域涉及表面科学、分子电子学、纳米线的量子效应、扫描隧道显微学、纳米生物传感等领域。

自1990年与中国科学院合作以来，他在推动中丹联合培养研究生及纳米科技合作研究方面做出重要贡献，并于2009年获中科院爱因斯坦讲席教授荣誉称号。他倡导并推动丹麦大学联合会与中科院研究生院建立了中丹科教中心，该中心已启动清洁能源、气候与环境、纳米科技、材料科学等领域的相关科研项目，同时在研究生教育培养方面形成双方的互动互补。他还是基金委中丹纳米科技国际合作重大项目的主要发起人，有效促进了双边高水平研究机构间的实质性科研合作。

朗尼·汤姆森　美国俄亥俄州立大学伯德极地研究中心教授，青藏高原研究所学术副所长，美国国家科学院院士、中国科学院外籍院士。他是世界著名的冰川环境学家，致力于热带高寒地区冰芯古气候的重建和研究。

他与中国冰川界的合作始于1984年，2007年获得中科院爱因斯坦讲席教授荣誉称号。作为青藏高原研究所学术副所长，他直接参与了研究所学术方向的确定和野外台站的建设，为研究所的战略发展出谋划策。他还是我国科学家倡导的“第三极环境计划”的积极参与者、支持者和领导者。他还积极推动研究所的国际合作，通过野外考察、远程视频等多种手段，为中国的冰芯古环境研究领域培养了多名杰出的科研工作者，为中国冰川和环境领域科研队伍的发展壮大做出了贡献。

黑川真一　日本高能加速器研究机构加速部主任，曾任亚洲未来加速器委员会主席、国际直线对撞机协调委员会主席等职，2011年获粒子加速器领域的最高奖——诺尔夫·维德奥奖。

他曾先后50多次访问中国，积极推进中日双边加速器界的合作。他是日本学术振兴会与中国科学院合作项目的日方协调人。自2000年起积极倡导双边数十个科研院所展开合作，包括800余人次互访、举办数十次双边学术会议及发表一批高水平的合作论文。他还主持组建了以电子储存环物理和超导技术为主要培训内容的亚洲加速器学校，组织了实验物理与工业控制系统讲习班，在人才培养方面做出了重要贡献。

基 本 建 设

一、基本建设项目审批

2011 年，全院批复项目建议书 39 项，总建筑面积 112 万平方米，总投资 47.5 亿元，投资均由研究所多渠道筹措资金。

2011 年，全院批复建设项目可行性研究报告 69 项，总建筑面积 45 万平方米，其中新建面积 31 万平方米，改造面积 14 万平方米；总投资 21.8 亿元，其中国家及院投资 4.1 亿元，研究所多渠道筹措资金 17.7 亿元。

2011 年，全院批复建设项目初步设计及概算 45 项，总建筑面积 35.22 万平方米，其中新建面积 10.10 万平方米，改造面积 25.12 万平方米；总投资 7.43 亿元，其中国家及院投资 3.38 亿元，研究所多渠道筹措资金 4.05 亿元。

二、落实“十二五”建设投资及财政部修购专项工作

2011 年，全院“十二五”科教基础设施建设实施方案和国家支持 60 亿元总盘的建议已通过国务院的审定，并得到国家发改委的正式批复。

2011 年，编报完成 2012 年修购项目的申报计划，上报的 2012 年 40 个项目中，35 项得到了财政修购专项的支持，财政部安排的预算经费额度为 2.87 亿元。

三、基本建设投资计划

编制年度基本建设投资计划 3 批，涉及建设单位 91 个，建设项目 202 项。共计安排资金 20.4 亿元，其中：大科学工程 6.89 亿元，修购专项 2.94 亿元，院投资 1.79 亿元，其他专项 6.78 亿元，自筹 2 亿元。

四、基本建设投资完成

2011 年，基本建设完成投资 44.42 亿元。其中，国家拨款资金 23.31 亿元，院投资 5.70 亿元，自筹资金 15.41 亿元。

完成的国家拨款资金中，包括科教基础设施改造建设项目投资 10.60 亿元，大科学工程专项投资 4.37 亿元，引进人才项目投资 0.74 亿元，其他专项投资 7.60 亿元。

完成的院投资中，包括科教基础设施改造建设项目投资 1.92 亿元，修购专项投资 2.55 亿元，其他专项投资 1.23 亿元。

五、工程建设及完成情况

2011 年，新开工项目 41 项，总建筑面积 5.78 万平方米，全部为改造面积，总投资 3.76 亿元，国家投资 2.94 亿元，院所自筹 0.82 亿元。

2011 年，新竣工项目 21 项，总建筑面积 41.42 万平方米，其中：新建面积 35.41 万平方米，改造面积 6.01 万平方米。总投资 17.74 亿元，国家投资 7.95 亿元，院所自筹 9.79 亿元。

六、工程验收情况

2011 年，组织并完成了北京、合肥、兰州、西安、新疆 5 个地区的 14 个建设单位，24 个基本建设项目验收工作。其中，创新三期 5 项，三期衔接 3 项，创新二期 3 项，院投资等其他项目 13 项。

科学传播与科学普及

2011 年，中国科学院科学传播工作以提高公民科学素质和实现人、社会与自然和谐发展为使命，普及科学知识，传播科学方法、科学思想、科学精神，使公众理解科学技术与社会的相互作用，具备参与有关科技公共事务的能力。中国科学院科学传播工作努力做到充分发挥科技部门职能优势，构筑大科普工作格局，夯实科学传播工作基础，加强科学传播能力建设，搭建共享平台，策划组织重点科学传播活动，积极营造社会创新氛围，推动科技事业又好又快地发展。

为加强科学传播体系建设，2011 年，召开了中国科学院科学传播领导小组会议和科学传播研讨会，研讨并审议确定了《中国科学院十二五科学传播发展规划》，提出中国科学院科学传播的工作思路和重点，表彰了“十一五”期间科学传播工作 10 个先进集体和 30 名先进工作者。

继续发挥中国科学院科普资源的优势，开展大型公益性科学传播活动。5 月 14—15 日举办了中国科学院第七届公众科学日，共有 91 个科研院所参加了活动。分布在全国各地的研究所、实验室、植物园、博物馆（标本馆）、天文台、大型科学装置等向社会开放，开展了内容丰富、形式多样的科学传播活动，参加活动的公众达到 31 万余人次。结合“国际化学年”活动，尝试了学部与学会有效联动的工作模式，成功组织了“全国趣味化学实验设计大赛”、化学百年回顾与展望——“国际化学年在中国”报告会、“科学与中国——国际化学年大学校长巡讲团”院士专家巡讲活动、“化学创造美好生活——国际化学年专题展览等一系列活动”，设立了“国际化学年在中国”英文网站，出版了《中国科学院院刊》中英文版纪念专辑和《化学进展》“放射化学”纪念专辑。为纪念钱学森诞辰 100 周年，成功举办了“钱学森与中国科学”主题展等一系列活动。

继续发挥中国科学院科技高端人才智库优势，开展不同层次针对各种群体的科学巡讲活动。2011 年，“科学与中国”院士专家巡讲团共组织巡讲报告会 112 场，院士专家作报告 125 人次，会场听众人数近 4 万余人，深受各方面的积极响应和热烈欢迎。中国科学院老科学家科普活动蓬勃开展，2011 年院“老科学家科普演讲团”、“科普论坛”报告团等共举办科普讲座 1827 场，听众多达 131 万余人次。科普活动遍及北京、山西、四川、宁夏、云南、新疆、天津等 21 个省、区、市，科普活动得到广大受众高度评价。面向公众，持续开展与中国科协、中国科技馆合作创办每周六固定举行的“科学讲坛”。为提升广大领导干部群体的科学素养，与湖北省委党校合作启动了面向公务员课程教学的“科学思维与决策”讲坛。为积极推进农村地区的科学普及，中宣部、科技部和中国科学院联合组织开展了“院士专家科技东北行”活动，十余名院士专家赴吉林省临江革命老区和辽宁省丹东开展了送科技活动；承担了“农民科学素质试点村”工作，帮助建设了文化活动室和文化广场，安装了网络系统，组织专家进行科技指导，为农业发展提供科技支持。

大力开展对青少年群体的科学教育，培养创新人才。2011 年，来自北京市 22 所高中22名“翱翔计划”学员，在10所基地学校组织引领下，走进中科院10个院所的16家实验室，在科研人员的指导下开展科研实践。中国科学院有5个院所参与了“雏鹰计划”的科技资源转化工作，引导广大中小学教师在课程与教学体系内，对中小学生进行科技创新教育，小学、初中、高中的近百名教师、近千名学生从中受益。与北京市青少年科技基金会共同举办的北京市青少年科技俱乐部青少年科技实践活动连续开展了12年，2011年开展各项主题活动59次，中国科学院有131位科技工作者参加，科普活动受众人数达12 200余人。中国科学院近50位专家辅导了29位学生参加2011年科研实践评议活动，其中有11位同学的论文被评为水平“突出”。为了调动和发挥院士在科学教育中的作用，激励青少年学科学爱科学的热情，积极开展“院士与中学生面对面”活动，还与北京市第二中学共同建立了郭慕孙院士“几何动艺实验室”。11月30日—12月8日举办了第二届“中国西部青少年科学营”青少年科学体验活动，来自北京和四川、云南和内蒙古的70多名品学兼优的学生来中国科学院科研院所参加了“科研见习”活动。12月3日，举办了“中国科学院（北京）青少年科学日”活动。

中国科学院 2011 年大事记

一　月

1. 2　　中国科学院资深院士，分析化学、半导体化学家，上海交通大学微纳科学技术研究院研究员沈天慧因病在上海逝世，享年 88 岁。

1. 4—7 \ 1. 10　　中共中国科学院党组在京召开 2010 年冬季党组扩大会议。会议深入学习了十七届五中全会和中央经济工作会议精神，审议并原则通过了院“十二五”发展规划纲要等工作安排、2011 年院工作会议主报告和择优支持研究所启动实施“创新 2020”工作方案，明确了 2011 年工作总体要求。

1. 14　　在国家科学技术奖励大会上，中国科学院院士师昌绪获 2010 年度国家最高科学技术奖。作为第一完成人或完成单位，中科院获 2010 年国家科技奖 22 项，其中自然科学 10 项，占全国颁奖总数的三分之一；国家技术发明奖 2 项；科技进步奖 10 项，含科普奖 1 项。

1. 16　　中国科学院资深院士、北京邮电大学名誉校长、中国通信科技界泰斗、著名微波通信与光纤通信专家、杰出教育家叶培大先生因病在京逝世，享年 96 岁。

1. 19　　由中国科学院院士工作局、中国工程院学部工作局和科学时报社共同主办，557 名中国科学院院士和中国工程院院士，投票评选的“2010 年中国十大科技进展新闻和世界十大科技进展新闻”在京揭晓。中国科学院常务副院长白春礼和中国工程院常务副院长潘云鹤院士宣布结果。

1. 21　　中共中央政治局常委、中央书记处书记、国家副主席习近平在吉林调研期间视察了中国科学院长春光学精密机械与物理研究所。

1. 25—27　　2011 年度工作会议在京召开。会议主题是：以邓小平理论和“三个代表”重要思想为指导，全面贯彻落实科学发展观，认真学习贯彻十七大、十七届五中全会精神和中央经济工作会议精神，深入学习贯彻中央领导同志在两院院士大会上的重要讲话精神，深入贯彻落实国务院第 105 次常务会议精神。回顾总结知识创新工程，动员和组织全院深入实施“创新 2020”，部署 2011 年重点工作。会议期间颁发了 2010 年度“中国科学院国际科技合作奖”，对院先进集体、先进工作者和 2006—2010 年院安全保卫保密先进单位、先进工作者进行了表彰。

1. 28　　印发《择优支持研究所启动实施“创新 2020”工作方案》（科发规字〔2011〕14 号）。

二　月

2.3 中共中央政治局委员、中央书记处书记、中组部部长李源潮视察中国科学院能源动力研究中心。

2.13 中国科学院资深院士、我国杰出地理学家、冰川学家、中国现代冰川科学开拓者和奠基人施雅风先生因病在南京逝世，享年93岁。

2.21 中国科学院资深院士、国际著名力学家、“胡－鹫津”原理创建者、中国空间技术研究院技术顾问胡海昌先生因病在京逝世，享年82岁。

2.26 中国科学院、中国工程院资深院士，我国核科学事业的主要开拓者之一，中国科学技术协会名誉主席、主席，中国工程院院长、党组书记，中国人民政治协商会议第八届、九届全国委员会副主席朱光亚先生因病在京逝世，享年87岁。

2.28 在京召开干部大会，中共中央政治局委员、国务委员刘延东出席会议并发表重要讲话。中共中央组织部常务副部长沈跃跃受中央领导同志委托，宣布了中央关于中国科学院主要领导调整的决定，任命白春礼同志任中国科学院院长、党组书记。全国人大常委会副委员长路甬祥主持会议。刘延东对中国科学院提出六点希望：第一，围绕国家重大战略需求，大力开展科技攻关；第二，瞄准世界科学发展前沿，加快提升我国基础研究和前沿科技研究水平；第三，加大科技体制机制改革力度，增强科技发展的活力；第四，加强科技人才队伍建设和创新文化建设，为事业发展提供坚实支撑；第五，建设国家高端思想库和智囊团，为党和政府决策提供高质量咨询服务；第六，提高机关建设的科学化水平，在推动科学发展中“创先争优”。

三　月

3.2 中国科学院、中国工程院资深院士，著名医学科学家、医学教育家、泌尿外科专家，中国医学科学院名誉院长吴阶平先生因病在京逝世，享年94岁。

3.2 中国科学院与江苏省全面战略合作协议签约仪式在京举行。中国科学院院长、党组书记白春礼，江苏省委书记罗志军、省长李学勇分别代表院省双方签署了全面战略合作协议并举行座谈，会议由中国科学院副院长施尔畏主持。

3.18 中国科学院与北京市科技合作座谈会暨科技合作项目协议签字仪式在京举行。中共中央政治局委员、北京市委书记刘淇，中国科学院院长、党组书记白春礼出席会议并讲话。北京市委副书记、市长郭金龙主持会议。中科院副院长施尔畏、北京市副市长苟仲文代表院市双方签署了《中国科学院、北京市人民政府共建北京超级云计算中心战略合作协议》；中科院副院长詹文龙和北京市委常委、常务副市长吉林代表院市双方签署了《中国科学院、北京市人民政府共建北京综合研究中心合作框架协议书》。

3.19 中国科学院资深院士、国际著名古生物学和地质学家、中国科学院南京地质古生物研究所研究员顾知微先生因病在南京逝世，享年93岁。

3.21 中共中央政治局常委、中央政法委书记周永康在天津考察期间视察了天津工业生物技术研究所，听取了有关利用工业生物技术研发可再生能源的情况介绍。中国科学院院长、党组书记白春礼陪同考察。

3.25 在京召开第六届中国科学院学部主席团第十次会议，白春礼同志接任中国科学院学部主席团执行主席。经白春礼提议，会议同意路甬祥同志担任中国科学院学部主席团名誉主席。会议通报了2010年院党组冬季扩大会议关于学部工作的精神；讨论了《中国科学院学部主席团关于做好2011年院士增选工作的意见》；审议了关于推进成立医学学部有关情况的报告和关于“科学与技术前沿论坛”组织方案的报告；还听取了《中国科学院院士队伍情况分析》和《关于学部2010年经费执行和2011年经费预算情况的报告》的汇报。

3.27 “宝钢-LanzaTech-中科院三方钢厂尾气制乙醇示范工程”开工仪式在上海举行。中国科学院院长、党组书记白春礼，英国前首相、Khosla Ventures公司顾问托尼·布莱尔，上海市副市长艾宝俊，宝钢集团总经理何文波等出席仪式。

3.28 西安光学精密机械研究所“嫦娥二号”CCD立体相机研制团队被中华全国总工会授予“全国工人先锋号”荣誉称号。

四　月

4.8 中国科学院院长白春礼会见英国剑桥大学校长Leszek Borysiewicz爵士。

4.9 中共中央政治局常委、中央书记处书记、国家副主席习近平到中科院合肥物质科学研究院等离子体物理研究所调研科技创新与核聚变能源研究发展工作，视察了由该所自主创新建成的世界上首个全超导托卡马克装置“东方超环”（EAST）。

4.9 “国际化学年在中国”启动大会在人民大会堂小礼堂隆重举行。中共中央政治局委员、国务委员刘延东出席大会并发表重要讲话。全国人大常委会原副委员长顾秀莲，中国科学院院长、党组书记白春礼，中国科协常务副主席、书记处第一书记邓楠，中国科学院副院长李静海等出席大会。

4.11 中国科学院院长白春礼会见来访的巴西科技部部长Aloizio Mercadante博士一行。

4.14 中共中央政治局常委、全国政协主席贾庆林在深圳调研期间视察了中国科学院深圳先进技术研究院。

4.17 中国科学院、中国工程院资深院士，著名电子学与信息学家，信息产业部高级工程师罗沛霖先生因病在京逝世，享年98岁。

4.19 由中国科学院电工研究所研制的世界首座超导变电站在甘肃白银正式投入电网运行。这是目前世界上唯一配电级全超导变电站，在核心、关键技术上获得近70项完全自主知识产权，集成了我国超导电力技术近10年来最新、最先进的研究开发成果。它的运行标志着我国超导电力技术取得重大突破。

4.20—21 在京召开中国科学院离退休干部工作会议。会议总结了四年来的工作，分析了离退休干部工作面临的新情况、新任务，交流经验，表彰先进，研究和部署了今后一个时期中国科学院离退休干部工作。

4.21—22 中国科学院院长白春礼分别会见来访的芝加哥大学校长Robert J. Zimmer和加利福尼亚州立大学圣芭芭拉分校校长Henry Yang。

4.25—5.1 中国科学院院长白春礼应美国能源部等机构的邀请，率团访问美国，就双方在能源科学各领域包括高能物理、核物理（包括核聚变和先进核裂变）、基础能源科学、生物能源与环境管理等领域的合作进展和未来合作重点交换了意见和信息，探讨了可能的联合行动方案。白春礼与美国科学院院长和工程院院长进行了会谈，与美国科学基金会主任Subra Suresh博士举行会谈。代表团还访问了位于纽约州北部的康宁公司和位于明尼苏达州的TSI、3M等纳米高技术企业。

五　月

5.2 中国科学院资深院士、微电子技术专家、清华大学微电子学研究所教授李志坚先生因病在北京逝世，享年83岁。

5.3 中国科学院副院长、中国科学院院士、遗传与发育生物学研究所研究员李家洋当选美国科学院外籍院士。

5.4 “国家的科学院，人民的科学家——我心中的中国科学院”征文活动启动仪式在北京举行。中国科学院院长、党组书记白春礼，人民日报社社长张研农，新华社副社长、常务副总编辑周锡生，光明日报社总编辑胡占凡，经济日报社社长徐如俊，科技部党组成员、科技日报社社长王志学等共同启动征文活动网站。启动仪式由中科院党组副书记方新主持。

5.6 中国科学院院士、晶体材料科学家、山东大学教授蒋民华先生因病在山东济南逝世，享年76岁。

5. 7 国家重大科技基础设施项目——东半球空间环境地基综合监测子午链（简称“子午工程”）首枚探空火箭在中国科学院海南探空部发射场成功发射。探空火箭试验任务除运载部分外，包括“鲲鹏一号”探空仪、发射场、遥测、地面及科学应用系统等，均由空间中心研制。这一试验的成功将为我国自主监测空间环境、保障空间活动安全发挥重要作用。

5. 11 中共中央政治局委员、国务委员刘延东视察中科院上海高等研究院和上海药物所海科路园区。教育部部长袁贵仁，科技部党组副书记、副部长王志刚，国研室党组副书记、副主任江小涓、中国科学院副院长施尔畏等随行视察。上海市委副书记、市长韩正，市委副书记殷一璀等陪同视察。

5. 11 陈嘉庚科学奖基金会第二届理事会第五次会议在北京召开，中国科学院院长、陈嘉庚科学奖基金会理事长白春礼主持会议。会议审议修订了《陈嘉庚科学奖奖励条例》、《陈嘉庚青年科学奖奖励条例》与《陈嘉庚科学奖奖励条例实施细则》。

5. 12 《自然》（*Nature*）杂志在线发表中国科学院上海生命科学研究院生物化学与细胞生物学研究所惠利健课题组关于转化型肝脏细胞的研究成果，在国际上首次证明肝脏以外的体细胞可以被诱导直接转化为肝脏细胞，为将来从病人自身体细胞诱导获得肝脏细胞进行移植的应用奠定了基础。

5. 15 中国科学院院士、计算机科学家、北京科技大学教授高庆狮先生因病在京逝世，享年 77 岁。

5. 17 中国科学院与山东省在山东省禹城市联合召开“现代农业发展与国家粮食安全暨渤海粮仓与资源节约型高效农业战略高峰论坛”，中国科学院院长白春礼、副院长李家洋、李振声院士、山东省孙伟副省长等出席论坛。

5. 19 中共中央政治局委员、国务委员刘延东在江苏考察期间视察了中国物联网研究发展中心，肯定了中科院与江苏省在院省合作物联网研究方面取得的成绩，并要求中科院、江苏省、无锡市三方在物联网的合作发展中发挥顶层设计、资源整合、政策支持的优势，充分利用好政、产、学、研、用这一体系，做好研究院、高校、人才的整合工作，培养出更多的优秀创新团队。中科院要积极参与进来，在物联网研究过程中形成优良体制和机制，推动研究成果的产业化。

5. 18 中国科学院上海药物研究所整体通过美国动物福利（AAALAC）认证检查，中科院药物安全性评价与国际规范接轨取得实质跨越。

5. 29 中国科学院院士、地震工程专家、中国建筑科学研究院总工程师、北京工业大学教授周锡元先生因病在京逝世，享年 73 岁。

六　月

6.2　中国科学院院长白春礼代表中国政府与联合国教科文组织（UNESCO）签署建立“国际自然与文化遗产空间技术中心”（简称“WHIST”）的协议。这是UNESCO在全球设立的第一个世界遗产空间机构，也是中国科学院建立的第一个UNESCO机构。

6.5　《自然·遗传学》（*Nature Genetics*）杂志第43卷发表了中国科学院遗传与发育生物学研究所曹晓风研究组通过植物细胞内组蛋白去甲基化酶活性检测体系，首次发现植物组蛋白H3K27me3去甲基化酶这一创新性成果，填补了植物H3K27me3调控机制的一个重要空白，为进一步研究H3K27me3在植物生长发育及对环境响应过程中的作用奠定了基础。

6.5　中国科学院资深院士、地球物理学家、同济大学教授马在田先生，因病在上海逝世，享年81岁。

6.17　印发《中国科学院青年科学家国际合作奖管理办法》（科发际字〔2011〕77号）。

6.20　中国科学院资深院士、物理学家、中国科学院高能物理研究所研究员何泽慧先生因病在京逝世，享年97岁。

6.24　在京隆重举行庆祝中国共产党成立90周年暨创先争优活动表彰大会，对52个先进基层党组织、100名优秀共产党员和50名优秀党务工作者进行了表彰。

6.26　中央政治局委员、国务委员刘延东视察中国科学院天津工业生物技术研究所（筹），并就科技创新和科技体制改革发表重要讲话。

6.27—29　在京召开2011年中国科学院高层战略研讨会，对研究所“一三五”目标进行了认真的讨论，就研究所定位的特色和不可替代性、重大突破的挑战性和可行性、重点培育方向的前瞻性和开拓性、跨所交叉合作、避免同质化与重复、院层面的有效组织与布局等重要问题，提出了意见和建议。

6.30　中国科学院与卫生部在武汉签署全面战略合作框架协议，中国科学院院长白春礼和卫生部部长陈竺出席签字仪式并代表合作双方在协议上签字。双方将依托各自优势机构和资源，通过多种形式和渠道开展全面战略合作，共同构建由政府部门、研究院所、医疗卫生机构等组成的开放联合、协调互动、机制创新、成果共享的新型国家生命科学与医学科技创新合作体系，实现生物医药基础研究与临床转化和应用开发的紧密结合，在重大和新发、突发传染病防控和应急科技协作、临床转化型研究、推动干细胞重大基础研究与再生医学研究的结合与发展、共同推动重大新药创制科技重大专项实施、共建联合研究中心、共同推进生物医学与健康工程研发和产业化等 6 个方面展开合作。

6. 30　中国科学院和卫生部共建、共管的高等级生物安全实验室在武汉郑店举行了奠基仪式。

6. 30　中国科学院资深院士、物理学家、中国科学院声学研究所研究员应崇福先生因病在京逝世，享年 93 岁。

七　月

7. 3　中共中央政治局常委、国务院总理温家宝在辽宁考察期间视察了中国科学院沈阳科学仪器研制中心有限公司，辽宁省委书记、省人大常委会主任王珉，辽宁省委副书记、省长陈政高等陪同视察。

7. 4　印发《关于认真学习贯彻胡锦涛总书记在庆祝中国共产党成立 90 周年大会上重要讲话精神的通知》（科发党字〔2011〕36 号），就认真学习贯彻讲话精神作出部署。

7. 12　中国科学院院士、中国科学院副院长李静海，中国科学院院士、上海交通大学校长张杰当选为英国皇家工程院外籍院士。

7. 15　研究生院举行 2011 年学位授予仪式，包括 11 位港台学生和 21 位外国来华留学生在内共 8730 名学子，分别获得博士、硕士学位，其中博士研究生 4832 人、硕士研究生 3898 人。中国科学院院长兼研究生院院长白春礼参加学位授予仪式并致辞。

7. 19　中国科技出版传媒集团有限公司暨中国科技出版传媒股份有限公司成立大会在京举行，中共中央政治局委员、国务委员刘延东到会祝贺并讲话。

7. 21　中国科学院院长白春礼、沈阳军区司令员张又侠、副司令员王晓军、农业部副部长张桃林、中国科学院副院长李家洋、黑龙江省省委常委张孝廉等领导共同视察了中科院与沈阳军区合作共建的老莱、双山现代农业示范基地，观摩了院军合作成果，并明确中国科学院将进一步加强与沈阳军区的联合与合作，在农业部和黑龙江省的支持下，深化东北粮食主产区现代农业示范区样板建设，推动东北农业形态的转型，为加快我国现代化农业发展步伐和东北安全稳定做出贡献。

7. 21　中国科学院、中国工程院院士，光学家，“两弹一星功勋奖章”获得者，中国科学院高技术研究与发展局研究员王大珩先生因病在京逝世，享年 96 岁。

7. 25—29　中共中国科学院党组在京召开 2011 年夏季党组扩大会议。会议学习贯彻了党的十七届五中全会、中央经济工作会议和全国“两会”精神，深化了对院发展新机遇新挑战和使命定位的认识，确立了“民主办院、开放兴院、人才强院”的发展战略，进一步凝练了未来 5—10 年重大突破和重要方向。

7.26　“蛟龙号”载人潜水器完成了 5000 米级海试，最大下潜深度达到 5188 米，创造了我国载人深潜的新纪录。中国科学院声学研究所和沈阳自动化研究所分别承担了声学系统和控制系统的研制和技术保障任务，是“蛟龙号”载人潜水器的关键组成部分。研制的设备和系统工作可靠、保障有力，为海试成功发挥了重要作用。

八　月

8.1—9　中国科学院院长白春礼率中科院代表团对巴西和阿根廷进行访问。在巴西期间，代表团出席了第四届巴西创新大会，就双方下一步将着力推动的合作领域和形式达成了广泛共识。

8.2　中国科学院外籍院士、材料科学与工程学家、美国威斯康星大学麦迪逊分校材料科学与工程系教授张永山先生在美国纽约逝世，享年 78 岁。

8.4　《科学》（*Science*）杂志在线发表中国科学院上海生命科学研究院生物化学与细胞生物学研究所徐国良课题组关于 DNA 去甲基化机制的研究成果，初步阐明了一条 DNA 主动去甲基化的途径，为研究 DNA 去甲基化作用及生理功能指明了方向。

8.15　中共中央政治局常委、全国政协主席贾庆林在中共陕西省委书记赵乐际和陕西省委副书记、省长赵正永等陪同下视察了中国科学院西安光机所。

8.18　中共中央政治局常委、国务院副总理李克强和香港特首曾荫权为中国科学院广州生物医药与健康研究院和香港大学共建的“粤港干细胞及再生医学研究中心”揭牌。

8.23　中国科学院院长白春礼会见了来访的德国亥姆霍兹联合会主席 Mlynek 教授等一行并共同签署了《中国科学院 - 亥姆霍兹联合会关于共建伙伴研究团队的合作协议》。

8.27　由中组部、中国科学院共同主办的“西部之光”人才培养计划实施 15 周年暨“西部之光”访问学者培养工作 7 周年工作研讨会于 8 月 27 日在新疆乌鲁木齐举行。中共中央政治局委员、中央书记处书记、中央组织部部长、中央人才工作协调小组组长李源潮亲切接见了与会代表。李源潮同志对“西部之光”人才计划给予了高度肯定，强调了人才工作对西部大开发的重要作用，并就落实国家人才发展规划纲要，推动西部人才工作提出了要求。

8.28　中共中央政治局常委李长春在吉林省调研期间考察了中国科学院长春光学精密机械与物理研究所投资企业长春希达电子技术有限公司。李长春指出，科研院所要将如何成为国家产业进步、技术更新换代的源头作为重要的研究课题。他强调，要加快建立以企业为主体、市场为导向、产学研相结合的技术创新体系，引导创新要素向企业集聚。

九 月

9. 1 中国科学院研究生院 2011 级新生开学典礼在玉泉路园区举行，中国科学院院长兼研究生院院长白春礼出席并致辞。2011 年，研究生院招收研究生 12 792 名，其中博士研究生 5520 名、硕士研究生 7272 名。

9. 4 中共中央政治局常委、国务院总理温家宝利用周末时间，登门看望了三位著名的科学家、国家最高科学技术奖获得者叶笃正、师昌绪和王忠诚，和他们共同探讨我国科技事业发展，并致以亲切的问候和良好的祝愿。

9. 5 《自然》（*Nature*）杂志在线发表中国科学院上海生命科学研究院生物化学与细胞生物学研究所徐国良、李劲松课题组及其他合作单位关于卵细胞重编程的最新研究成果。该研究成果使人们对早期胚胎发育中的重编程过程有了更清晰的认识，也为提高动物克隆效率带来了新的理论依据，有可能在分子机制上为不孕不育症提供新的诠释。

9. 15 第六届中国科学院学部主席团第十二次会议在北京举行，中国科学院院长、学部主席团执行主席白春礼主持会议。会议审议通过了 2011 年中国科学院院士增选评审暨选举会议安排，还听取并审议了《关于我国科技体制改革的若干意见和建议》的报告。

9. 22 中华全国供销合作总社与中国科学院在北京签署了战略合作协议，中华全国供销合作总社党组书记杨传堂、理事会副主任顾国新，中国科学院副院长阴和俊出席。根据协议，双方将携手共建农资现代经营服务网络体系，并在农资物联网整体技术解决方案、商品质量追溯技术标准、科技一体化服务系统以及化肥商业淡储监测与管理系统建设等 7 大领域展开重点合作。

9. 28—30 由中国科学院、国务院发展研究中心和北京市人民政府联合组织的“2011 年诺贝尔奖获得者论坛”在北京举行。在“人类的和谐与发展”的永久主题下，“2011 诺奖论坛”以“创新与发展”为年度主题，结合全球金融危机之后经济发展的形势，邀请了 10 位物理、化学、生物医药、经济学诺贝尔奖获得者和 1 位国外著名科研机构负责人以及若干国内相关领域的专家学者，共同探讨了国家和城市的创新与发展问题。

9. 30 中国科学院院长白春礼会见中国科学院外籍院士、1988 年诺贝尔奖化学奖获得者、德国马普学会生物物理研究所哈特穆特·米歇尔（Hartmut Michel），中国科学院外籍院士、1998 年诺贝尔生理或医学奖获得者、美国得克萨斯州立大学休斯敦医学院弗里德·穆拉德（Ferid Mu-

rad）教授和医师。会见中，白春礼向穆拉德教授颁发了中国科学院外籍院士证书。

十 月

10.6 中国科学院院长白春礼在蒙古乌兰巴托举行的蒙古科学院全院大会上当选为蒙古科学院外籍院士。

10.12 由中国科学院与中国工程院共同主办的第二届中英美三国六个科学院与工程院合成生物学研讨会在上海开幕，本届研讨会的主题为合成生物学的使能技术。李静海副院长等出席开幕式并致辞。共有来自中国、英国、美国、日本、荷兰等多个国家的200余位代表参会。

10.18 中国科学院院长白春礼当选为德意志国家工程院院士。

10.18 在全国首届老年大学教育工作会议上，中国老年大学协会授予中国科学院老年大学“全国老年教育宣传工作先进单位”称号。

10.20 散裂中子源在广东省东莞市开工建设。中共中央政治局委员、国务委员刘延东，中共中央政治局委员、广东省委书记汪洋出席开工奠基仪式。中科院院长、党组书记白春礼，国家发改委副主任张晓强，广东省委常委、常务副省长朱小丹出席奠基仪式并讲话。

10.20 中央政治局委员、国务委员刘延东视察了城市环境研究所。

10.20 中共中国科学院党组召开京区党员领导干部会议，学习传达党的十七届六中全会精神。

10.27 中国科学院院长白春礼会见了巴西科学院院长、发展中国家科学院（TWAS）院长帕里斯（Jacob Palis）教授，与其就中巴两院在推动两国科技教育合作事宜、两院合作和与TWAS合作事宜广泛交换了意见。

10.30 第17届国际生物物理大会在北京召开，这是该会议自1961年设立以来首次在中国举办。本次大会以生物物理学研究促进人类健康为主题。中国科学院院长白春礼、副院长李家洋等出席开幕式，白春礼在大会上致辞，来自41个国家和地区2400余名代表出席大会。

十一月

11.1 “我心中的中国科学院”征文活动颁奖仪式在北京中国科学院研究生院举行。征文活动自5月4日启动以来，共收到投稿1381篇，经初步筛选发布1086篇文章，其中建言类文章约占40%。投稿作者来自社会各阶层，包括著名的院士、科技专家，著名媒体、高科技企业负责人，地方政府领导，青年学生等；海外作者撰文27篇。8月下旬，征文活动评选委员会经过充分讨论、慎重投票，从投稿作者中评选出10位特别奖获得者、2位积极参与奖获得者，从投稿文章中评选出60篇入围文章。9月上、中旬举行的网络评选中，近8万名网友对入围文章进行投票，从中评选出一等奖文章5篇、二等奖文章10篇、三等奖文章20篇、优秀奖文章25篇。

11.1 中国科学院院长白春礼会见了来访的美国科学院院长 Ralph Cicerone 博士一行，就中美两院在推动两国科技教育合作等共同关心的事宜广泛交换了意见。

11.2 《中国科学》、《科学通报》创刊60周年纪念大会在北京举行。

11.3 凌晨1时36分，“天宫一号”目标飞行器与“神舟八号”飞船成功实现首次交会对接，我国在突破和掌握空间交会对接技术上迈出了重要一步。中国科学院是应用系统的牵头单位，主要任务是利用“天宫一号”目标飞行器和“神舟八号”飞船空间实验支持能力开展相关科学实验和应用研究。

11.3 中共中央政治局委员、国务院副总理张德江在广东考察期间视察了中国科学院深圳先进技术研究院，对先进院“科研+产业+资本”的办院模式给予了肯定。

11.5 中国科学院院长白春礼在上海会见率团出席第八届中澳科技研讨会的澳大利亚科学院院长 Suzanne Cory 教授、澳大利亚技术科学与工程院院长 Robin Batterham 教授等人。

11.7—11 在京召开2011年中国科学院院士增选评审暨选举会议。

11.8 中国科学院院长白春礼在京会见了来访的加拿大自然资源部部长乔·奥利弗（Joe Oliver）一行，并共同签署关于自然资源可持续发展合作的意向声明。

11.8 香港何梁何利基金2011年度颁奖大会在北京举行，本年获奖者共51人，中国科学院有8名科技工作者获得何梁何利基金“科学与技术进步奖”，2人获“科学与技术创新奖”。

11.10 搭载有我国第一颗火星探测器“萤火一号”（YH-1）的俄罗斯火星探测器 Phobos-Grunt 在哈萨克斯坦拜科努尔发射场成功发射。但是入轨后没有实现变轨，致使整个探测器在两个多月后坠入太平洋。

11.11 中国科学院学部主席团六届十三次会议在北京召开。会议审议并批准2011年中国科学院院士增选选举结果、《中国科学院新当选院士承诺书》和《中国科学院新当选外籍院士承诺书》，会议还研究了其他相关工作。

11.11 以“钱学森与中国科学”为主题的纪念钱学森诞辰100周年展揭幕仪式在中国科学院国家科学图书馆隆重举行。中国科学院院长、党组书记白春礼，总装备部科技委主任兼总装备部副部长李安东上将，中国工程院副院长旭日干，以及钱学森先生的家属钱永刚先生共同为展览揭幕。

11. 15—16 由中国科学院和日本文部科学省共同主办的第八届“日中科技战略与政策研讨会”在日本北海道带广市举行。

11. 17—18 应德国马普学会主席Peter Gruss教授邀请，中国科学院院长白春礼率团访问德国马普学会，并与马普学会主席进行了会谈。白春礼表示将推动双方相关研究所在成熟的基础上成立“中科院－马普伙伴中心”。

11. 20 “创新一号”03星由“长征二号丁”运载火箭在中国酒泉卫星发射中心发射升空，这是上海微小卫星工程中心继“创新一号”01和02星、“神舟七号”伴星后成功发射的第四颗小卫星。

11. 20—23 发展中国家科学院（TWAS）第22届院士大会20日至23日在意大利的里雅斯特举行。中国科学院院长、TWAS副院长白春礼院士率中国TWAS院士代表团出席大会，并主持召开东亚与东南亚及太平洋地区（ROESEAP）院士和青年通讯院士座谈会。出席本次大会的TWAS院士、获奖科学家、特邀代表近300人，来自全世界50多个国家和地区。在23日大会闭幕式上，白春礼宣布了TWAS第23届院士大会将于2012年9月在天津举行。

11. 23 中国科学院院士，国际宇航科学院院士，火箭与导弹控制技术专家，中国航天科工集团公司和中国航天科技集团公司高级技术顾问黄纬禄先生因病在京逝世，享年95岁。

11. 29 中国科学院院士，有机化学家、化学教育家，北京大学化学与分子工程学院教授张滂先生因病在京逝世，享年94岁。

11. 29 国际摩擦学理事会授予兰州化学物理研究所学术委员会主任、中国工程院院士薛群基研究员摩擦学领域国际最高奖——2011年摩擦学金奖，这是该奖自1972年设立以来首次授予中国科学家。

十二月

12. 1 中共中央政治局常委、国务院副总理李克强在天津考察期间视察了中国科学院天津工业生物技术研究所，调研科技研发和自主创新进展情况。中共中央政治局委员、天津市委书记张高丽陪同视察。

12. 1 陈嘉庚科学奖基金会第二届理事会第六次会议在北京召开，会议审议并投票产生了陈嘉庚科学奖正式获奖项目及陈嘉庚青年科学奖正式获奖人。

12. 4 《自然·遗传学》（*Nature Genetics*）杂志发表中国科学院上海生命科学研究院植物生理生态研究所/国家基因研究中心韩斌研究组在水稻复杂性状全基因组关联分析和栽培稻遗传多样性研究中取得的新突破。该研究成果开创了基因组关联分析的新技术和新方法，可用于更精确地对功能基因进行筛选和鉴定。

12.5 中共中央政治局常委、中央纪委书记贺国强在天津调研期间视察了中科院天津工业生物技术研究所。中共中央政治局委员、天津市委书记张高丽陪同视察。

12.9 中国科学院2011年当选院士证书颁发仪式暨座谈会在北京召开。51名中国科学家当选为中国科学院院士，9名外国科学家当选为中国科学院外籍院士，新当选院士现场签署了承诺书。

12.10 中国科学院第二次战略性先导科技专项咨询评议会在北京召开，全国人大常委会副委员长路甬祥主持会议，全国政协副主席、科技部部长万钢，中国科学院院长白春礼，财政部副部长张少春，国务院发展研究中心原党组书记陈清泰，总装备部科技委副主任卢锡城，中国科协原副主席胡启恒院士等咨评委委员出席会议。咨询评议委员会听取了中国科学院战略性先导科技专项整体进展情况的汇报，充分肯定了中国科学院组织实施战略性先导科技专项的战略意义和必要性，同时提出了许多中肯的意见和建议。

12.11 《自然·生物技术》（*Nature Biotechnology*）杂志发表中国科学院昆明动物研究所王文研究组关于水稻基因组进化研究的成果，为揭示两种栽培稻的起源驯化历史提供了迄今最大数据量的基因组学证据，同时大量SNP和结构变异为水稻育种提供了高密度的分子标记，鉴定出的人工选择基因为快速挖掘重要农艺性状基因提供了重要基础数据。

12.16 在京召开会议学习传达2011年中央经济工作会议精神。

12.19 中共中央政治局常委、国务院总理温家宝在江苏考察期间视察了中科院苏州纳米研究所，详细了解我国纳米技术产业及未来发展前景，并与青年科技工作者亲切交流。

12.19 中共中央政治局委员、上海市委书记俞正声视察上海硅酸盐研究所。

12.26 印发《中国科学院“十二五”发展规划纲要》（科发规字〔2011〕173号）。

12.26—29 中共中国科学院党组在京召开2011年冬季扩大会议。会议主题是：以邓小平理论和“三个代表”重要思想为指导，深入贯彻落实科学发展观，认真学习贯彻十七大、十七届六中全会精神和中央经济工作会议精神，深入学习贯彻中央领导同志关于我国我院科技创新发展的重要指示精神和国家科技体制改革精神。推进实施“创新2020”，组织落实“民主办院、开放兴院、人才强院”战略和“一三五”规划，总结2011年工作，研究部署2012年重点工作和配套措施。

12.27 《中国科学报》复名仪式在京举行。中国科学院院长、党组书记白春礼，中国工程院副院长谢克昌共同为中国科学报社揭牌。《中国科学报》无线终端版当日也正式上线。

12.29 印发《关于区域创新集群建设的指导意见》（科发规字〔2011〕174号）。

学部与院士工作

中国科学院学部领导机构

第六届学部主席团

名誉主席　周光召　路甬祥①

执行主席　路甬祥②

　　　　　白春礼③

成　　员　（按姓氏笔画排列）

王志珍（女）		叶恒强	白以龙	刘盛纲	孙　枢
朱作言	朱道本	佟振合	张礼和	李衍达	李家洋
李静海	杨　卫	杨国桢	沈文庆	陈宜瑜	周兴铭
林其谁	徐冠华	秦大河	顾秉林		

第六届学部主席团执行委员会

执行主席　路甬祥④

　　　　　白春礼⑤

成　　员　（按姓氏笔画排列）

朱作言	朱道本	李衍达	李静海	杨　卫	沈文庆
陈宜瑜	林其谁	秦大河			

秘 书 长　曹效业

第六届中国科学院学部主席团顾问

万　钢	朱之鑫	张玉台	李安东	陈求发	陈宜瑜
陈奎元	赵沁平	徐匡迪	谢伏瞻	韩启德	廖晓军

中国科学院学部第四届咨询评议工作委员会

主　　任　朱道本

副 主 任　潘云鹤　马志明　陈　颙

委　　员　（按姓氏笔画排列）

马志明	方荣祥	方精云	王占国	刘嘉麒	安芷生
朱道本	杨玉良	李家春	吴培亨	吴硕贤	沈　岩
陈　颙	周兴铭	周孝信	祝世宁	费维扬	欧阳钟灿

---

① 2011 年 3 月 25 日起

② 至 2011 年 3 月 24 日

③ 2011 年 3 月 25 日起

④ 至 2011 年 3 月 24 日

⑤ 2011 年 3 月 25 日起

中国科学院学部第四届科学道德建设委员会

主　　任　陈宜瑜
副 主 任　苏肇冰　周　远
委　　员　（按姓氏笔画排列）
方荣祥　孙义燧　苏肇冰　李德仁　吴宏鑫　陈宜瑜
林惠民　周　远　周其凤　郑　度　程津培　薛其坤

中国科学院学部第二届科普和出版工作委员会

主　　任　朱作言
副 主 任　白以龙　吴国雄
委　　员　（按姓氏笔画排列）
王志珍（女）　王鼎盛　叶恒强　白以龙　冯守华
戎嘉余　朱作言　李　未　吴国雄　吴常信　陈运泰
陈祖煜　林国强　郑厚植　洪茂椿　夏建白　顾逸东
郭光灿

中国科学院数学物理学部第十四届常务委员会

主　　任　沈文庆
副 主 任　马志明　孙义燧　郑厚植
委　　员　（按姓氏笔画排列）
马志明　孙义燧　张　杰　李家春　杨　乐　沈文庆
陈木法　陈建生　郑厚植　姜伯驹　洪家兴　徐至展
彭实戈　葛墨林　詹文龙　欧阳钟灿

中国科学院化学部第十四届常务委员会

主　　任　白春礼
副 主 任　何鸣元　洪茂椿　杨玉良　周其凤
委　　员　（按姓氏笔画排列）
万惠霖　冯守华　白春礼　何鸣元　张玉奎　李　灿
杨玉良　陈凯先　周其凤　林国强　郑兰荪　侯建国
洪茂椿　费维扬　赵玉芬（女）　高　松　程津培

中国科学院生命科学和医学学部第十四届常务委员会

主　　任　林其谁
副 主 任　方荣祥　王志珍（女）　曾益新　张亚平
委　　员　（按姓氏笔画排列）
王志珍（女）　方荣祥　方精云　邓子新　叶玉如（女）

朱作言　许智宏　李家洋　沈　岩　张亚平　张启发
陈　竺　陈晓亚　林其谁　施蕴渝（女）　郭爱克
曾益新

中国科学院地学部第十四届常务委员会

主　任　秦大河
副主任　安芷生　戎嘉余　李德仁　陈运泰　黄荣辉
委　员　（按姓氏笔画排列）
丁仲礼　王　水　石耀霖　刘嘉麒　安芷生　戎嘉余
朱日祥　张国伟　李德仁　李曙光　陆大道　陈　颙
陈运泰　姚檀栋　涂传诒　秦大河　符淙斌　黄荣辉
程国栋

中国科学院信息技术科学部第十四届常务委员会

主　任　李衍达
副主任　王占国　林惠民　吴培亨　郭光灿
委　员　（按姓氏笔画排列）
王占国　王家骐　包为民　何积丰　吴培亨　李　未
李启虎　李衍达　林尊琪　林惠民　夏建白　郭　雷
郭光灿　黄民强　褚君浩

中国科学院技术科学部第十四届常务委员会

主　任　杨　卫
副主任　叶恒强　薛其坤　叶培建　周孝信　吴硕贤
委　员　（按姓氏笔画排列）
叶恒强　叶培建　吴硕贤　李　天　李济生　杨　卫
陈祖煜　周　远　周孝信　范守善　祝世宁　胡海岩
徐建中　顾秉林　顾逸东　薛其坤

2011 年中国科学院院士名单

（2011 年 12 月 31 日统计，727 人。分学部按姓氏笔画排序）

数学物理学部（139 人）

丁伟岳　丁夏畦　于　敏　于　渌　万哲先　马大猷　马志明
王乃彦　王广厚　王　元　王世绩　王业宁（女）　王　迅
王诗宬　王恩哥　王梓坤　王绶琯　王鼎盛　文　兰　方　成
方守贤　甘子钊　艾国祥　石钟慈　龙以明　叶叔华（女）
叶朝辉　田　刚　白以龙　邝宇平　冯　端　邢定钰　曲钦岳
吕　敏　朱邦芬　刘应明　汤定元　孙义燧　孙昌璞　严加安
苏定强　苏肇冰　李大潜　李方华（女）　李正武　李邦河
李安民　李荫远　李家明　李家春　李惕碚　李德平　杨　乐
杨应昌　杨国桢　杨福家　吴文俊　吴岳良　何祚庥　谷超豪
邹广田　闵乃本　汪承灏　沈文庆　沈学础　张仁和　张伟平
张　杰　张宗烨（女）　张恭庆　张家铝　张焕乔　张淑仪（女）
张涵信　张维岩　张裕恒　张殿琳　张肇西　陆启铿　陆　埮
陈木法　陈永川　陈式刚　陈和生　陈佳洱　陈建生　陈难先
陈　彪　武向平　范海福　林　群　欧阳钟灿　罗　俊　周又元
周光召　周　恒　周毓麟　冼鼎昌　郑厚植　郑晓静（女）
经福谦　赵光达　赵忠贤　郝柏林　胡仁宇　胡和生（女）
俞昌旋　姜伯驹　洪家兴　洪朝生　贺贤土　袁亚湘　夏道行
徐至展　徐叙瑢　高鸿钧　郭尚平　郭柏灵　席南华　唐孝威
陶瑞宝　黄祖洽　黄润乾　龚昌德　鄂维南　崔向群（女）
章　综　彭实戈　葛墨林　程开甲　童秉纲　谢家麟　詹文龙
解思深　熊大闰　潘建伟　霍裕平　戴元本　魏宝文

化学部（126 人）

万立骏　万惠霖　王方定　王佛松　王　夔　支志明　计亮年
卢佩章　申泮文　田中群　田　禾　田昭武　白春礼　包信和
冯守华　朱起鹤　朱清时　朱道本　任詠华（女）　刘元方
刘有成　刘若庄　刘忠范　江元生　江　龙　江　明　江桂斌
江　雷　孙家钟　麦松威　严东生　严纯华　苏　锵　李亚栋
李　灿　李洪钟　李静海　杨玉良　杨学明　吴云东　吴　奇

吴养洁 吴新涛 何国钟 何鸣元 佟振合 余国琮 闵恩泽
汪尔康 沙国河 沈之荃（女） 沈家骢 宋礼成 张玉奎
张礼和 张存浩 张 希 张俐娜 张乾二 陆婉珍（女）
陆熙炎 陈小明 陈庆云 陈凯先 陈茹玉（女） 陈俊武
陈洪渊 陈家镛 陈新滋 陈 懿 林励吾 林国强 卓仁禧
周同惠 周其凤 周其林 周维善 郑兰荪 赵玉芬（女）
赵东元 赵进才 胡宏纹 胡 英 查全性 段 雪 侯建国
俞汝勤 洪茂椿 费维扬 姚守拙 姚建年 袁 权 袁承业
柴之芳 钱逸泰 倪嘉缵 徐光宪 徐如人 徐晓白（女）
徐 僖 高 松 高 鸿 郭景坤 郭慕孙 唐本忠 唐有祺
涂永强 黄乃正 黄本立 黄志镗 黄春辉（女） 黄维垣
黄 量（女） 曹 镛 麻生明 梁敬魁 彭少逸 蒋锡夔
程津培 程镕时 游效曾 谢毓元 蔡启瑞 黎乐民 颜德岳
戴立信

生命科学和医学学部（128 人）

王大成 王文采 王正敏 王世真 王志珍（女） 王志新
王恩多（女） 毛江森 方荣祥 方精云 尹文英（女）
孔祥复 邓子新 石元春 卢永根 叶玉如（女） 田 波
印象初 匡廷云（女） 朱玉贤 朱兆良 朱作言 庄文颖（女）
庄巧生 刘以训 刘允怡 刘建康 刘瑞玉 刘新垣 许智宏
孙大业 孙汉董 孙曼霁 孙儒泳 苏国辉 李 林 李季伦
李振声 李家洋 李朝义 杨焕明 杨雄里 杨福愉 吴 旻
吴征镒 吴建屏 吴孟超 吴祖泽 吴常信 汪忠镐 沈允钢
沈自尹 沈 岩 沈善炯 张友尚 张永莲（女） 张亚平
张启发 张明杰 张学敏 张春霆 张树政（女） 张新时
陆士新 陈子元 陈文新（女） 陈可冀 陈 竺 陈宜张
陈宜瑜 陈晓亚 陈润生 陈 霖 武维华 林其谁 林鸿宣
尚永丰 金国章 周 俊 郑光美 郑守仪（女） 郑国锠
郑儒永（女） 孟安明 赵玉沛 赵尔宓 赵进东 赵国屏
段树民 侯凡凡（女） 饶子和 施教耐 施蕴渝（女）
洪国藩 洪孟民 洪德元 姚开泰 贺 林 贺福初 郭爱克
唐守正 唐崇惕（女） 黄路生 曹文宣 戚正武 龚岳亭
常文瑞 康 乐 梁栋材 梁智仁 隋森芳 葛均波 蒋有绪
韩启德 韩济生 舒红兵 童坦君 曾益新 曾 毅 谢华安
谢联辉 强伯勤 裴 钢 翟中和 薛社普 鞠 躬 魏于全
魏江春

地学部（119人）

丁仲礼　丁国瑜　万卫星　马宗晋　马　瑾（女）　王　水
王铁冠　王　颖（女）　王德滋　文圣常　丑纪范　邓起东
石广玉　石耀霖　叶大年　叶　笃　叶嘉安　田在艺　冯士筰
戎嘉余　吕达仁　朱日祥　朱显谟　伍荣生　任纪舜　刘丛强
刘光鼎　刘昌明　刘宝珺　刘振兴　刘嘉麒　安芷生　许志琴（女）
许厚泽　孙　枢　孙鸿烈　苏纪兰　李小文　李吉均　李廷栋
李崇银　李德仁　李德生　李曙光　杨元喜　杨文采　肖序常
吴国雄　吴新智　邱占祥　汪品先　汪集旸　沈其韩　张本仁
张国伟　张宗祜　张弥曼（女）　张　经　张彭熹　陆大道
陈　旭　陈运泰　陈俊勇　陈梦熊　陈　颙　林学钰（女）
欧阳自远　金振民　周卫健（女）　周志炎　周秀骥　周忠和
於崇文　郑永飞　郑　度　赵其国　赵柏林　赵鹏大　胡敦欣
钟大赉　侯仁之　姚振兴　姚檀栋　秦大河　秦蕴珊　袁道先
莫宣学　贾承造　徐世浙　徐冠华　殷鸿福　高　山　高　俊
郭令智　郭华东　涂传诒　陶诗言　陶　澍　黄荣辉　龚键雅
常印佛　符淙斌　巢纪平　程国栋　傅伯杰　傅家谟　焦念志
舒德干　童庆禧　曾庆存　曾融生　谢学锦　翟明国　翟裕生
滕吉文　薛禹群　穆　穆　戴金星　魏奉思

信息技术科学部（83人）

干福熹　王之江　王占国　王　圩　王守武　王守觉　王阳元
王启明　王育竹　王家骐　王　越　包为民　母国光　匡定波
朱中梁　刘永坦　刘国治　刘颂豪　刘盛纲　许宁生　孙钟秀
李　未　李启虎　李树深　李衍达　杨芙清（女）　杨学军
吴一戎　吴宏鑫　吴培亨　吴德馨（女）　何积丰　沈绪榜
怀进鹏　宋　健　张　钹　张效祥　张景中　张　煦　张嗣瀛
陆元九　陆汝钤　陈国良　陈定昌　陈星旦　陈星弼　陈俊亮
陈桂林　陈翰馥　林为干　林惠民　林尊琪　金亚秋　周兴铭
周炳琨　周巢尘　郑有炓　郑建华　郑耀宗　保　铮　侯　洵
侯朝焕　姚建铨　秦国刚　夏建白　夏培肃（女）　徐宗本
郭光灿　郭　雷　黄民强　黄宏嘉　黄　维　黄　琳　梅　宏
梁思礼　彭堃墀　董韫美　雷啸霖　简水生　阙端麟　褚君浩
薛永祺　戴汝为

技术科学部（132 人）

于起峰　王大中　王立鼎　王光谦　王自强　王克明　王希季
王补宣　王崇愚　王淀佐　王锡凡　王　曦　卢　柯　卢　强
叶恒强　叶培建　申长雨　邢球痕　过增元　师昌绪　朱位秋
朱　荻　朱森元　朱　静（女）　伍小平（女）　任新民
任露泉　庄逢辰　刘广均　刘竹生　刘宝镛　齐　康　许学彦
孙　钧　孙家栋　严陆光　李　天　李述汤　李依依（女）
李济生　李敏华（女）　杨　卫　杨叔子　杨　槱　肖纪美
吴良镛　吴承康　吴硕贤　邱大洪　余梦伦　邹世昌　闵桂荣
汪　耕　沈志云　沈保根　宋玉泉　宋振骐　宋家树　张光斗
张兴钤　张佑启　张　泽　张统一　张楚汉　陈　达　陈创天
陈学俊　陈祖煜　陈能宽　邵象华　范守善　林秉南　林　皋
欧阳予　金展鹏　周干峙　周尧和　周　远　周孝信　周国治
郑　平　郑时龄　郑哲敏　赵淳生　胡文瑞　胡聿贤　胡海岩
南策文　柯　俊　柳百新　钟万勰　钟香崇　俞鸿儒　闻邦椿
姜中宏　祝世宁　姚　熹　都有为　顾秉林　顾诵芬　顾逸东
徐采栋　徐性初　徐建中　徐祖耀　高镇同　唐叔贤　陶文铨
黄克智　曹春晓　曹楚南　屠守锷　彭一刚　葛昌纯　韩祯祥
程时杰　程耿东　温诗铸　谢光选　赖远明　路甬祥　蔡其巩
蔡睿贤　雒建斌　翟婉明　熊有伦　颜鸣皋　潘际銮　潘家铮
薛其坤　魏寿昆　魏炳波

2011 年中国科学院外籍院士名单

（2011 年 12 月 31 日统计，64 人。按当选年份及英文姓氏排序）

序号	姓名	当选年份	国籍	专业	工作单位
1	冯元桢 Yuan-Cheng Fung	1994	美国	一般力学和力学基础	美国加州大学圣地亚哥分校
2	李政道 Tsung-Dao Lee	1994	美国	粒子物理	美国哥伦比亚大学物理系
3	林家翘 Chia-Chiao Lin	1994	美国	流体力学、应用数学	美国麻省理工学院
4	雷文 Peter H. Raven	1994	美国	植物学	美国密苏里植物园，华盛顿大学圣路易斯分校
5	丁肇中 Samuel C. C. Ting	1994	美国	高能物理	欧洲核子研究中心
6	杨振宁 Chen Ning Yang	1994	美国	理论物理	清华大学高等研究中心，香港中文大学
7	丘成桐 Shing-Tung Yau	1994	美国	数学	中国科学院晨兴数学中心，美国哈佛大学数学系
8	卓以和 Alfred Y. Cho	1996	美国	分子束外延及人工结构	美国 AT&T 公司 Bell 实验室半导体研究所
9	朱经武 Paul Ching-Wu Chu	1996	美国	超导，高压物理	美国休斯敦大学
10	简悦威 Yuet Wai Kan	1996	美国	医学分子生物学	美国旧金山加州大学医学院
11	高锟 Charles K. Kao	1996	美国	电子科学与技术	香港中文大学
12	毛河光 Ho-kwang David Mao	1996	美国	地球物理，高压物理	美国卡耐基研究所地球物理实验室和高压研究中心

续表

序号	姓名	当选年份	国籍	专业	工作单位
13	沈元壤 Yuen-Ron Shen	1996	澳大利亚	激光科学、凝聚态物理	美国加州大学伯克利分校
14	威利 Peter J. Wyllie	1996	英国	实验岩石学	美国加州理工学院地质与行星科学系
15	伯奇费尔 Burrell Clark Burchfiel	1998	美国	构造地质学	美国麻省理工学院
16	朱棣文 Steven Chu	1998	美国	原子物理、生物物理	美国能源部
17	葛守仁 Ernest Shiu-Jen Kuh	1998	美国	电子科学与技术	美国加州大学伯克利分校
18	黎念之 Norman N. Li	1998	美国	膜科学、表面化学	美国恩理化学技术公司
19	马库斯 Rudolph A. Marcus	1998	美国	理论化学	美国加州理工学院
20	莫里茨 Helmut Moritz	1998	奥地利	大地测量、地球物理	奥地利格拉茨技术大学
21	何毓琦 Yu-Chi Ho	2000	美国	控制理论	美国哈佛大学，清华大学自动化系
22	霍克弗尔特 Tomas Hökfelt	2000	瑞典	神经生物学、化学神经解剖学	瑞典卡罗琳学院
23	井口洋夫 Hiroo Inokuchi	2000	日本	物理化学、固体化学	日本航空航天探测局
24	米歇尔 Hartmut Michiel	2000	德国	生物化学	德国马普学会生物物理研究所
25	萨支唐 Chih-Tang Sah	2000	美国	半导体微电子学	美国佛罗里达大学
26	崔琦 Daniel Chee Tsui	2000	美国	凝聚态物理	美国普林斯顿大学电子工程系
27	傅睿思（女） Else Marie Friis	2002	丹麦	古植物学	瑞典自然历史博物馆

续表

序号	姓名	当选年份	国籍	专业	工作单位
28	霍西金斯 Brian John Hoskins	2002	英国	大气科学	英国里丁大学气象学系
29	黄煦涛 Thomas S. Huang	2002	美国	信息和信号处理	美国伊利诺斯大学
30	库什 Gurdev S. Khush	2002	印度	植物遗传育种	美国加州大学戴维斯分校
31	吴耀祖 Theodore Yao-Tsu WU	2002	美国	流体力学和流体物理	美国加州理工学院
32	盖伊・德泰 Guy Blaudin de Thé	2004	法国	病毒学肿瘤学	法国巴黎巴斯德研究所
33	杰马里・莱恩 Jean-Marie Lehn	2004	法国	膜科学表面化学	法国路易斯－巴斯德大学
34	肖荫堂 Yum-Tong Siu	2004	美国	数学	美国哈佛大学数学系
35	托斯登・威塞尔 Torsten N. Wiesel	2004	美国	神经科学	美国洛克菲勒大学
36	姚期智 Andrew Chi-Chih Yao	2004	美国	计算机科学	清华大学
37	理查德・杰尔 Richard N. Zare	2004	美国	物理化学及化学物理	美国斯坦福大学
38	若列斯・阿尔费罗夫 Zhores I. Alferov	2006	俄罗斯	半导体物理	俄罗斯科学院
39	钱煦 Shu Chien	2006	美国	生物工程及生理学	美国加州大学圣地亚戈分校生物工程系
40	蔡南海 Nam-Hai Chua	2006	新加坡	植物分子生物学	美国洛克菲洛大学植物分子生物学实验室
41	罗伯特・迪金森 Robert E. Dickinson	2006	美国	气候学	美国得克萨斯大学奥斯汀分校
42	萨姆韦尔・格里戈良 Samvel S. Grigorian	2006	俄罗斯	力学	俄罗斯国立莫斯科罗蒙洛索夫大学

续表

序号	姓名	当选年份	国籍	专业	工作单位
43	克劳斯·冯·克利钦 Klaus Von Klitzing	2006	德国	物理凝聚态物理	德国马普学会固体问题研究所
44	彼得·史唐 Peter J. Stang	2006	美国	有机化学	美国犹他大学
45	法捷耶夫 Ludwig D. Faddeev	2007	俄罗斯	数学物理	俄罗斯斯捷科洛夫数学所圣彼得格勒分所
46	艾伦·黑格 Alan J. Heeger	2007	美国	物理、化学、材料学	美国加州大学圣巴巴拉分校物理系，化学系，材料系
47	弗里德·穆拉德 Ferid Murad	2007	美国	分子和临床药理学、信使和分子细胞信号转导、新药发明	美国得克萨斯州立大学休斯敦医学院
48	万森·库尔提欧 Vincent Courtillot	2007	法国	地球物理	法国巴黎地球物理研究所
49	胡正明 Chenming Calvin Hu	2007	美国	微电子器件物理与集成电路	美国加州大学伯克利分校
50	菲立普·希阿雷 Philippe G. Ciarlet	2009	法国	应用数学	香港城市大学
51	哈迈德·泽维尔 Ahmed H. Zewail	2009	美国	化学	美国加州理工学院
52	徐立之 Lap-Chee Tsui	2009	加拿大	高等教育及基因研究	香港大学
53	郎尼·汤姆森 Lonnie Thompson	2009	美国	地学	美国俄亥俄州立大学
54	马佐平 Tso-Ping Ma	2009	美国	微纳电子科学	美国耶鲁大学
55	王中林 Zhong Lin Wang	2009	美国	材料科学和纳米技术	美国佐治亚理工学院
56	戴维·格罗斯 David Gross	2011	美国	理论物理	美国加州大学圣巴巴拉分校

续表

序号	姓名	当选年份	国籍	专业	工作单位
57	弗朗斯瓦·马蒂 Francois Mathey	2011	法国	化学	郑州大学、新加坡南洋理工大学
58	野依良治 Ryoji Noyori	2011	日本	有机化学	日本独立行政法人理化学研究所
59	阿夫拉姆·赫什科 Avram Hershko	2011	以色列	生物化学	以色列理工学院
60	蒲慕明 Muming Poo	2011	美国	神经生物学	中国科学院神经科学研究所、美国加州大学伯克利分校
61	罗伯塔·鲁德尼克 Roberta L. Rudnick	2011	美国	地质学－地球化学	美国马里兰大学
62	刘必治 Bede Liu	2011	美国	信息处理	美国普林斯顿大学
63	饭岛澄男 Sumio Iijima	2011	日本	纳米科学	日本名古屋名城大学
64	罗格·欧文 D. Roger J. Owen	2011	英国	计算力学与工程	英国斯旺西大学

2011 年逝世的中国科学院院士名单

姓名	学部	去世时间
沈天慧	化学部	2011. 1. 2
叶培大	信息技术科学部	2011. 1. 16
施雅风	地学部	2011. 2. 13
朱光亚	数学物理学部	2011. 2. 26
胡海昌	技术科学部	2011. 2. 27
吴阶平	生命科学和医学学部	2011. 3. 2
顾知微	地学部	2011. 3. 19
罗沛霖	信息技术科学部	2011. 4. 17
李志坚	信息技术科学部	2011. 5. 2
蒋民华	技术科学部	2011. 5. 6
高庆狮	信息技术科学部	2011. 5. 16
周锡元	技术科学部	2011. 5. 29
马在田	地学部	2011. 6. 5
何泽慧	数学物理学部	2011. 6. 20
应崇福	数学物理学部	2011. 6. 30
王大珩	信息技术科学部	2011. 7. 21
黄纬禄	信息技术科学部	2011. 11. 23
张　滂	化学部	2011. 11. 29

2011 年逝世的中国科学院外籍院士名单

姓名	国籍	工作单位	去世时间
Y. Austin Chang 张永山	美国	美国威斯康星大学麦迪逊分校	2011. 8. 2

院士增选和外籍院士增选工作

院士增选是院士队伍建设的重要环节，是学部的核心工作之一。高标准、高质量地做好院士增选工作，保持院士群体的活力，对推动院士队伍建设，促进我国科技事业的发展具有十分重要的意义。

2011 年中国科学院院士增选工作于 1 月初正式启动。截至 4 月 30 日，共收到院士和归口部门推荐的 318 人的推荐材料；经 5 月 11 日第六届学部主席团第十一次会议审议，确认有效候选人为 314 名。经过各学部通信评审，共选出初步候选人 145 名。

在院士增选评审暨选举会议上，在充分讨论评议的基础上，进行无记名投票，按得票数产生了 71 名正式候选人，其中：数学物理学部 12 名，化学部 12 名，生命科学和医学学部 14 名，地学部 12 名，信息技术科学部 8 名，技术科学部 13 名。

经过正式选举，11 月 11 日第六届学部主席团第十三次会议批准新当选院士 51 名并呈报国务院备案，其中：数学物理学部 9 人，化学部 7 人，生命科学和医学学部 9 人，地学部 10 人，信息技术科学部 7 人，技术科学部 9 人。

2011 年中国科学院外籍院士选举工作从 1 月初正式启动。截至 4 月 30 日，共收到 248 位院士推荐的 25 位外籍院士候选人的推荐书。经第六届学部主席团第十一次会议审议，确认 25 位候选人均为有效候选人。

外籍院士选举通信预选工作于 6 月 5 日—7 月 5 日进行。院士工作局向有关院士寄送了外籍院士有效候选人通信评审材料和通信预选选票，共收到各学部院士寄回的选票 398 份，投票率 83.8%。7 月 20 日，由学部主席团成员张礼和院士担任组长的外籍院士通信预选计（监）票工作小组对通信预选选票进行了开票工作。

根据《外籍院士选举办法》的有关规定，院士工作局汇总院士通信预选选票统计结果，提请各学部常委会讨论。8 月各学部常委会召开会议，讨论了属于本学部学科领域的外籍院士候选人情况，并对候选人进行排序。

根据各学部的讨论和排序结果，9 月 15 日学部主席团六届十二次会议讨论并投票选举产生外籍院士正式候选人 11 名。

在 11 月 7 日全体院士大会上，各学部常委会指定的介绍人分别对这 11 名正式候选人的情况进行了介绍。经无记名投票，9 位候选人得票数超过 2/3，当选为中国科学院外籍院士。

2011 年中国科学院院士增选当选院士名单

（共 51 人，分学部按姓氏笔画排序）

数学物理学部（9 人）

序号	姓名	年龄	专业	工作单位
1	王广厚	71	原子分子与团簇物理	南京大学
2	张维岩	55	激光聚变与等离子体物理、理论物理	中国工程物理研究院
3	张肇西	70	粒子物理理论	中国科学院理论物理研究所
4	陈永川	47	应用数学	南开大学
5	武向平	50	天体物理	中国科学院国家天文台
6	袁亚湘	51	运筹学	中国科学院数学与系统科学研究院
7	高鸿钧	47	凝聚态物理	中国科学院物理研究所
8	鄂维南	47	数学	北京大学 普林斯顿大学
9	潘建伟	41	量子信息、原子分子与光物理	中国科学技术大学

化学部（7 人）

序号	姓名	年龄	专业	工作单位
1	田　禾	48	精细化工	华东理工大学
2	刘忠范	48	物理化学	北京大学
3	严纯华	50	无机化学	北京大学
4	张俐娜（女）	70	天然高分子与高分子物理	武汉大学
5	李亚栋	46	无机化学	清华大学
6	杨学明	48	物理化学	中国科学院大连化学物理研究所
7	赵进才	50	环境化学	中国科学院化学研究所

生命科学和医学学部（9 人）

序号	姓名	年龄	专业	工作单位
1	朱玉贤	55	植物生理学	北京大学
2	张学敏	47	医学	军事医学科学院
3	张明杰	44	结构生物学	香港科技大学
4	李　林	50	生物化学与分子生物学	中国科学院上海生命科学研究院
5	赵玉沛	56	外科学（普通外科）	北京协和医院
6	康　乐	52	昆虫学	中国科学院动物研究所
7	黄路生	46	动物遗传育种与繁殖	江西农业大学
8	舒红兵	44	细胞生物学	武汉大学
9	葛均波	48	心血管内科	复旦大学

地学部（10 人）

序号	姓名	年龄	专业	单位
1	万卫星	52	空间物理	中国科学院地质与地球物理研究所
2	石广玉	68	大气物理	中国科学院大气物理研究所
3	刘丛强	55	地表地球化学	中国科学院地球化学研究所
4	周忠和	46	古生物学	中国科学院古脊椎动物与古人类研究所
5	郭华东	60	遥感科学与应用	中国科学院对地观测与数字地球科学中心
6	高　山	49	地球化学	中国地质大学（武汉）
7	龚健雅	54	测绘科学与技术	武汉大学
8	傅伯杰	53	自然地理学、景观生态学	中国科学院生态环境研究中心
9	焦念志	48	生物海洋学	厦门大学
10	舒德干	65	古生物学及进化生物学	西北大学

信息技术科学部（7 人）

序号	姓名	年龄	专业	工作单位
1	李树深	48	半导体器件物理	中国科学院半导体研究所
2	杨学军	48	计算机体系结构与系统软件	国防科学技术大学
3	郑建华	54	密码学	中国人民解放军保密委员会技术安全研究所
4	金亚秋	64	电磁散射与空间遥感信息	复旦大学
5	徐宗本	56	智能信息处理	西安交通大学
6	梅　宏	48	计算机软件	北京大学
7	黄　维	48	有机光电子学	南京邮电大学

技术科学部（9 人）

序号	姓名	年龄	专业	工作单位
1	朱　荻	57	机械制造及其自动化	南京航空航天大学
2	张统一	61	力学	香港科技大学
3	沈保根	58	磁性材料	中国科学院物理研究所
4	郑　平	75	工程热物理	上海交通大学
5	南策文	48	复合材料	清华大学
6	赖远明	48	土木工程（寒区工程）	中国科学院寒区旱区环境与工程研究所
7	翟婉明	47	载运工具运用工程	西南交通大学
8	雒建斌	49	机械设计及理论	清华大学
9	魏炳波	47	材料科学与工程	西北工业大学

2011 年当选中国科学院外籍院士名单

（共 9 人，分学科领域按姓氏音序排序）

序号	姓名	年龄	国籍	专业	工作单位
1	戴维·格罗斯 David Gross	70	美国	理论物理	美国加州大学圣巴巴拉分校
2	弗朗斯瓦·马蒂 Francois Mathey	70	法国	化学	中国郑州大学新加坡南洋理工大学
3	野依良治 Ryoji Noyori	73	日本	有机化学	日本独立行政法人理化学研究所
4	阿夫拉姆·赫什科 Avram Hershko	74	以色列	生物化学	以色列理工学院
5	蒲慕明 Muming Poo	63	美国	神经生物学	中国科学院神经科学研究所 美国加州大学伯克利分校
6	罗伯塔·鲁德尼克（女） Roberta L. Rudnick	53	美国	地质学－地球化学	美国马里兰大学
7	刘必治 Bede Liu	77	美国	信息处理	美国普林斯顿大学
8	饭岛澄男 Sumio Iijima	72	日本	纳米科学	日本名古屋名城大学
9	罗格·欧文 D. Roger J. Owen	69	英国	计算力学与工程	英国斯旺西大学

咨询评议工作

2011 年中国科学院学部咨询和战略研究课题新立项 15 项，完成和向国务院报送咨询报告 8 份；报送国务院及相关部门院士建议 10 份，咨询报告和院士建议得到党中央、国务院和国家相关部委的高度重视。

一、加强组织策划，提升咨询质量

2011 年，中国科学院学部加强对咨询项目的组织策划，努力提高咨询质量，取得了很好的成绩。如“航空发动机和燃气轮机”重大咨询课题在立项之时即得到胡锦涛总书记的高度重视，专门作出重要批示，咨询报告完成后得到了党中央、国务院及中央军委领导的多份批示，设立相关重大专项的建议等也已被采纳；“科技体制改革”重大咨询研究项目在研究过程中报送了关于科技资源配置机制改革等的阶段性成果，即受到刘延东国务委员的高度肯定，并转呈胡锦涛总书记和温家宝总理圈阅，完成的咨询报告也被中央领导同志批转有关部门参阅并要求吸纳到有关文件中。另外，由中国科学院和中国工程院联合开展的“新材料产业体系建设”重大咨询项目，已顺利启动并按照课题计划开展相关研究。学部咨询工作的规范化、系统化进一步推进，学部研究支撑体系作用进一步发挥，咨询项目谋划、过程管理和支撑服务进一步加强，咨询报告和有关活动的质量和影响力进一步提升。

二、围绕地方需求，开展院士活动

2011 年 8 月 8—14 日，组织 30 多位院士、专家紧紧围绕新疆“资源开发可持续、生态环境可持续”的重大科技问题，开展“天山南北院士行”主题科技活动，分成三组展开调研和相关活动。其中，“新疆洪水调控利用与地下水储备战略”组前往阿克苏及玛纳斯地区调研地表蓄水工程、地下水资源开发利用和健康饮水工程，“新疆矿业发展战略与科技路线图”组赴可可托海稀有金属矿、喀拉通克铜镍矿、蒙库铁矿开展调研，“北疆出境大通道建设咨询”组赴克拉玛依市和塔城进行考察。各组专家均在实地考察、科学分析的基础上分别与相关地市和自治区有关部门进行了座谈交流，提出了一系列有针对性的意见和建议。期间，新疆维吾尔自治区主席努尔·白克力同志主持了座谈会，自治区党委书记张春贤同志在会上再次充分肯定“院士行”的成效和作用，明确指出参加“天上南北院士行”的各位专家在实地调研、科学分析的基础上，围绕新疆“两个可持续”（资源开发可持续、生态环境可持续）和“三化”（新型工业化、农牧业现代化、新型城镇化）重大科技问题提出了许多实实在在、针对性强、有利于新疆经济社会发展的建议，他表示要坚持开展好“天山南北院士行”主题科技活动，不断借鉴吸纳院士专家对新疆工作的最新研究成果，使新疆的大建设、大开放、大发展真正做到高起点、高水准，实现科学发展、后发赶超。李静海副院长表示，要进一步深化丰富“天山南北院士行”活动内涵，通过“院士行”在决策咨询、科技合作和人才培养等方面为新疆提供更多的智力支持。其后，为推动新疆阿勒泰农牧业的发展，2011年10月27—30日，朱作言院士率来自中国科学院和有关高校牧草、动物遗传育种、牲畜疾病防治、草原生态等多个领域院士专家赴阿勒泰考察农牧业发展情况。考察团走访了多家企业，了解阿勒泰地区不同地州在牧草培育、牲畜患病与改良、水产品饲养以及牧民安居工程等方面的实际情况和进展，并与地区有关人员开展了座谈，有关专家还将根据实际情况与有关地州开展具体的合作。

三、认真报送《中国科学院院士建议》

《中国科学院院士建议》是院士自主为国家建言献策的重要途径。广大院士针对青年千人计划、墨脱公路环境保护、三峡水利工程、南水北调等等问题，撰写了《对现行“青年千人计划”的建议》、《关于墨脱公路通车后生态环境保护的建议》、《关于“建设以三峡水利枢纽为中心，由水、火、核、日、风能组成，抽水蓄能电站群为有效调节，智能电网连接的超巨型能源体”的建议》、《中科院院士关于加强南水北调中线水源区水资源保护与管理研究的建议》、《关于在我国基层设立10万特聘全科医师的建议》等10份院士建议，多份被中办、国办采用并得到国家领导人的重要批示。

四、积极加强与国内外有关机构的交流与合作

与工程院联合开展了“航空发动机与燃气轮机”、“新材料产业体系建设”、“转基因产业发展战略”等多项咨询研究，均取得了很好的效果。与美国工程院、美国科学院、中国工程院联合完成中美两国四院“大规模可再生能源发电”报告，并启动了“智能电网”咨询。与驻意大利使馆合作开展的“中国西部山区公路灾害”咨询、与英国皇家工程院合作开展的“储能技术”研究等报告即将发布。中美英“合成生物学”合作研究也取得了实质性进展。

科学道德建设

在学部主席团的领导下，学部科学道德建设委员会注重弘扬科学精神，宣传优秀典范，倡导优良学风，强调院士自律，在科学道德和学风建设以及科技伦理软课题研究等方面取得了一定进展。

一、部署开展科技伦理问题的研究

立项开展了转基因技术伦理问题研究和纳米技术伦理问题研究，从学部角度，以规范科学家进行科学研究的社会责任为主线，防范可能出现的伦理风险，以此解除社会公众对相关科学研究的疑惑。课题组积极开展调查研究、组织学术活动，研究工作取得了较好的进展，已基本形成分报告。

组织召开“2011’科技伦理研讨会”，深入研讨了纳米技术和转基因技术发展中存在的潜在风险和可能出现的伦理、法律、社会问题。研讨会还就科学家应遵循的行为准则和应履行的社会责任，以及如何构建科学与社会沟通平台，推进规范化负责任的科学研究，促进纳米技术和转基因技术研究及应用等问题进行了深入探讨。

二、宣传弘扬科学精神和道德学风典范

重点结合“钱学森与中国科学”——纪念钱学森诞辰100周年展、“钱学森先生诞辰100周年纪念会”和“钱学森科学和教育思想研讨会”等钱学森先生诞辰100周年纪念活动，向社会宣传钱学森先生作为一位杰出科学家的重大成就、科学思想和大师风范；宣传他对中国科学技术事业和中国科学院发展做出的卓越贡献；宣传他无私奉献的爱国精神，勇于创新的科学风范和淡泊名利的高尚品质。

三、参与和促进我国科研诚信体系建设

组织撰写科研诚信规范读本《如何开展负责任的科学研究》。该书以科研诚信为主线，辅之以开展科学研究的方法阐述，揭示科研诚信问题的复杂性，内容涉及科研人生的全过程，科研和学术活动的各个环节。2012年将出版发行。

配合国家自然科学基金委员会监督委员会，翻译出版了《科研诚信：负责任的科研行为教程与案例》（第3版）并推荐宣传，推动和加强科研诚信教育工作。

四、启动我国近现代科学技术学科发展史料抢救和研究工作

启动了我国近现代力学史、地学史、化学史的史料抢救挖掘和整理研究工作，从科学文化建设的角度，以人物为主体，采用访谈的形式，抢救性地记录、整理、保存和研究我国近现代学科发展的史料。同时开展了我国近现代科学学科的建立研究。

学 术 工 作

一、开展学科发展战略研究

中国科学院学部与国家自然科学基金委员会自 2009 年 4 月合作启动的“未来 10 年学科发展战略研究”，在 2011 年底已全部完成 19 本专题报告和一部总论的研究和撰稿工作，并于 2012 年年初成套出版发行。这是中国科学院学部与国家自然科学基金委员会历时两年多合作取得的重要成果，凝聚着包括 196 位院士在内的 600 多位专家学者的智慧和汗水。“总论”中学科发展研究总报告在上报国务院后，得到了国务院领导同志的高度重视和充分肯定，19 本专题报告也分别对相关学科领域的研究现状、发展规律和态势、科学问题及前沿方向等提出了重要意见。

2010 年学部自主部署的学科发展战略专题研究项目初见成效，由陈颙院士负责的“在减轻地震灾害方面地震学的巨大挑战”项目顺利结题，并出版了《我国地震减灾中地震学面临的巨大挑战》一书。这是第一本纳入“国家科学思想库——学术引领系列”的“学科发展战略研究丛书”分册。中国科学院院长白春礼为丛书撰写了总序。

2010 年学部启动的其余 14 个项目也在按照计划有条不紊地进行中。同时，2011 年，学部另启动了 14 项学科发展战略专题研究项目（表 16）。

表 16　中国科学院学部 2011 年启动的学科发展战略专题研究项目

所属学部	项目名称	负责院士	依托单位
数学物理学部（2 项）	应用数学	马志明	中科院数学研究所
	基础数学	文　兰	北京大学
化学部（2 项）	化学生物学科发展战略	张礼和	北京大学
	化学工程学科发展战略	何鸣远 段　雪	北京化工大学
生命科学和医学学部（3 项）	再生医学	吴祖泽	军事医学科学院
	生命组学	贺福初	军事医学科学院
	遗传发育与进化	张亚平	中科院昆明动物研究所
地学部（3 项）	大气科学与全球气候变化的重大科学问题	黄荣辉 吴国雄	中科院大气研究所
	海、陆交互作用	王　颖	南京大学
	地球生物学与行星生物学学科发展战略研究	殷洪福	中国地质大学

续表

所属学部	项目名称	负责院士	依托单位
信息技术科学部（2 项）	激光科学与技术学科发展战略	林尊琪	中科院上海光学精密机械研究所
	控制科学学科发展战略	黄　琳	北京大学
技术科学部（2 项）	工程热物理与能源利用	徐建中	中科院工程热物理研究所
	多铁性磁电材料	朱　静	清华大学

二、组织学术交流活动

（一）创办“科学与技术前沿论坛”

“科学与技术前沿论坛”是中国科学院学部于2011 年设立的一个高端系列学术活动，着眼于科学技术前沿探索、系统评述和前瞻预测，旨在推动前沿科学理论和技术探索，促进学科发展战略研究系统深入开展，促进学科交叉融合及国际学术交流，发现和培养优秀人才，倡导科学民主，鼓励学术争鸣，充分发挥学部对我国科学技术前沿和未来创新发展的引领作用。为此，学部主席团制订了《“科学与技术前沿论坛”组织方案（试行）》，为开展和不断完善论坛组织工作奠定了基础。

9 月 8—9 日，“科学与技术前沿论坛”启动仪式和首场论坛学术研讨会在中国科学院学术会堂举行。首场论坛的主题为“促进可持续发展的催化科学与技术”，此次论坛由中国科学院化学部、学部科普和出版工作委员会共同承办，论坛执行主席为包信和院士。在论坛开幕式上，中国科学院院长、学部主席团执行主席白春礼发表了讲话，他指出，学术发展离不开良好的学术环境，作为由中国科学院学部组织的高层次学术活动，“科学与技术前沿论坛”将为我国科研一线的优秀学者提供一个评述国内外最新学术成果、提出创新思想的学术平台；希望论坛能够成为弘扬科学精神和促进学术交流的“大舞台”，成为中国科技发展的“指南针”，成为促进人才成长的“助推器”，成为国家科学思想库建设的“播种机”。

首次论坛后，9 月 26—27 日和 11 月 21—22 日分别召开了以“量子信息”、“对地观测与导航”为主题的第二次和第三次“科学与技术前沿论坛”。郭光灿院士和李德仁院士分别作为论坛召集人主持了两次论坛活动。

（二）举办“学术沙龙”

2011 年，两院资深院士联谊会结合国家社会经济发展和国计民生热点的重大问题，组织了“稀土与环境问题研讨会”、“核能发展问题研讨会”、“我国微电子发展研讨会”3 次学术性研讨会，宣传了科学观点，提出了相关建议，为相关咨询工作提供了调研平台和有价值的参考。

（三）举办“技术科学论坛”

根据信息技术科学部、技术科学部常委会的决议和地方、部门的需求，2011 年组织了 6 场技术科学论坛活动（表 17），邀请 11 位中科院院士、3 位中国工程院院士和 56 位有关领域的科研专家作报告。

表 17　2011 年“技术科学论坛”一览表

时间	地点	主题
2011 年 2 月	北京	新材料与战略新兴产业
2011 年 2 月	北京	工程与装备技术重要进展
2011 年 4 月	北京	应用力学前沿
2011 年 5 月	常州	工程科学与技术新进展
2011 年 8 月	西宁	青海能源和盐湖资源综合利用
2011 年 10 月	苏州	深海高技术发展中的水声学问题

三、加强《中国科学》、《科学通报》学术期刊建设

2011 年，《中国科学》、《科学通报》（以下简称“两刊”）共出版中英文系列期刊 16 种，正刊 236 期，增刊 4 期，共计 15.7 万册。网络版下载数量继续保持快速增长态势，截至 2011 年 10 月底，英文版 SpringerLink 的下载量达到 61 万次，同比增长 25%。

“两刊”稿源问题有所改善。在当年出版的文章中，约稿占 35% 以上，发表了 70 余个热点领域或重大项目的专刊和专题。国际化的组稿和宣传工作初见成效，英文版逐步引起国际同行的关注，国际来稿的数量和质量有了较大提升。《中国科学》杂志社作为“科学与技术前沿论坛”的常设协办单位，为促进“两刊”优秀稿源的组织工作，拟设立“论坛”专栏，刊登论坛活动的相关论文。

“两刊”学术指标持续上升。根据 JCR 统计数据，《中国科学》系列英文版期刊的影响因子取得重大突破，8 种期刊中 7 种影响因子上升，其中 5 种期刊影响因子超过 1。

2011 年，“两刊”继续加强学术推介活动，分别在长春和香港举办了两场“科学与中国——‘两刊’走进科研院校”活动，活动期间共举办了 11 场学术报告会和 16 场期刊交流座谈会。同时，“两刊”也进行境外的推介和交流活动。8 月，由《中国科学：化学》主编黎乐民院士亲自带队的“两刊”代表团一行 5 人赴美进行了考察。代表团访问了多家美国出版机构，召开了《中国科学：化学》境外编委会议，并与美国化学会（ACS）出版社等同行进行了座谈。

陈嘉庚科学奖基金会工作

2011 年，基金会办公室在理事会的领导下，以评奖工作为主线，以树立和提高陈嘉庚科学奖与陈嘉庚青年科学奖的声誉为核心，积极推进各项工作；同时贯彻执行民政部以及国家奖励办的各项要求，努力促进基金会稳步健康发展。

一、陈嘉庚科学奖评奖工作

2011 年 12 月 1 日，陈嘉庚科学奖基金会第二届理事会第六次会议投票产生了 2012 年度陈嘉庚科学奖正式获奖项目及陈嘉庚青年科学奖正式获奖人，全年度评奖工作圆满完成。此次评奖工作在首次增加陈嘉庚青年科学奖评选、工作量增加一倍的情况下，较上届提前 4 个月完成全部评奖任务，推荐、评审与管理系统在其中发挥了重要作用。

（一）推荐阶段

截至 2011 年 3 月 31 日，基金会办公室共收到陈嘉庚科学奖及陈嘉庚青年科学奖推荐材料情况如表 18 所示。

表 18　2012 年度陈嘉庚科学奖推荐情况一览

奖项	推荐总数	涉及项目（人）数
陈嘉庚科学奖	66	55
陈嘉庚青年科学奖	100	85

其中陈嘉庚科学奖的推荐数量较往年有一定增加，特别是陈嘉庚青年科学奖首次推荐就得到了广大科技工作者的积极参与，推荐数量超过预期。从推荐人与被推荐人的单位分布情况看，国内大学及中科院院属单位集中了绝大多数，这也基本反映了我国目前的科研状况（图 2，图 3）。

（二）评审阶段

4—9 月，先后组织召开了第四届评奖委员会主任联席会议和第二届理事会第五次会议、各评奖委员会有效候选奖项评审会议，并完成了同行专家通信评审工作。

4 月 28 日，召开第四届评奖委员会主任联席会议，确定了形式审查的原则要点，确定陈嘉庚科学奖有效推荐 42 项，陈嘉庚青年科学奖有效推荐 38 项。

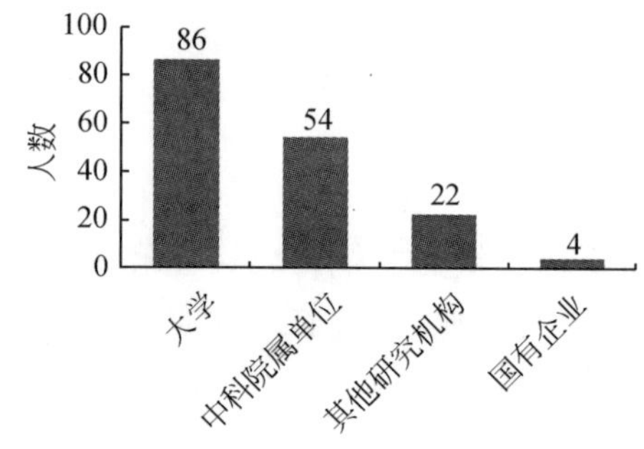

图 2　陈嘉庚科学奖推荐人单位分布情况

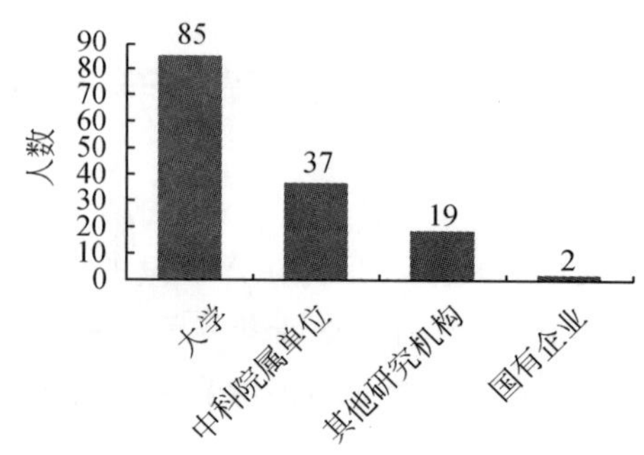

图 3　陈嘉庚科学奖被推荐人单位分布情况

5 月 11 日，召开基金会第二届理事会第五次会议，审议通过了主任联席会议确定的形式审查原则及形式审查结果，进一步明确了两个奖项的定位标准以及对推荐环节的具体要求，并对《陈嘉庚科学奖奖励条例》和《陈嘉庚青年科学奖奖励条例》进行了修订。

6 月 13 日—6 月 24 日，各评奖委员会有效候选奖项评审会议陆续召开，最终产生陈嘉庚科学奖有效候选奖项 12 项、陈嘉庚青年科学奖有效候选人 14 人。

7 月至 9 月，进行了有效候选奖项及有效候选人同行专家通信评审。基金会办公室根据各评奖委员会提供的同行专家评审名单，先后两轮发送了中、英文评审邀请并接收评审意见。总计发送中、英文评审邀请信 467 份，收到反馈意见 298 份，所有候选项目及候选人的评审数量均达到了《陈嘉庚科学奖奖励条例实施细则》的要求，避免了候选项目或候选人因评审意见不够而不能进入下一轮评审问题的产生。同行专家通信评审最终产生陈嘉庚科学奖初步候选奖项 11 项、陈嘉庚青年科学奖初步候选人 13 人。

10 月 28 日—11 月 16 日，召开各评奖委员会正式候选奖项评审会议，最终产生 5 个陈嘉庚科学奖正式候选奖项（其中陈嘉庚地球科学奖空缺）和 7 个陈嘉庚青年科学奖正式候选人，提交理事会审议。

（三）产生正式获奖项目及正式获奖人

12 月 1 日陈嘉庚科学奖基金会第二届理事会第六次会议投票产生了陈嘉庚科学奖正式获奖项目 4 项及陈嘉庚青年科学奖正式获奖人 6 人，其中陈嘉庚地球科学奖及技术科学奖空缺。全年评奖工作圆满结束。最终获奖情况如表 19 所示。

表 19　2012 年度陈嘉庚科学奖与陈嘉庚青年科学奖获奖情况

	陈嘉庚科学奖	陈嘉庚青年科学奖
数理科学奖	高质量拓扑绝缘体薄膜的外延生长和量子现象研究	彭承志
化学科学奖	基于派－共轭分子的有机功能材料的研究	胡金波
生命科学奖	肝癌早期诊断、早期治疗与转移的研究	宋保亮
地球科学奖	空缺	汪毓明
信息技术科学奖	可扩展并行计算机技术	高会军
技术科学奖	空缺	成永军

二、陈嘉庚科学奖基金会日常管理工作

（一）信息化建设

今年的评奖工作首次采用网上推荐和评审的方式进行，取得了很好的效果。在推荐和评审工作启动前，基金会办公室分别以推荐专家和评审专家的角色先后对推荐系统和评审系统进行了多次测试，并邀请专家对英文评审系统中的表述进行把关，力求对每一个页面精雕细琢，体现“以人为本”的理念。推荐评审系统在今年的评奖工作中发挥了重要作用，使全年的评奖工作进度较往年大幅提前，提高了工作效率和工作质量；方便了解推荐和评审的实时情况，掌握了工作的主动权；同时管理系统也为在线了解每个候选奖项的相关情况，导出会议材料提供了方便。推荐、评审与管理系统的建设与使用不仅推进了基金会工作的信息化，也大大促进了基金会的规范化建设。

建设基金会门户网站是加强陈嘉庚科学奖宣传工作的需要，同时也是民政部对基金会工作公开、透明的要求。基金会办公室围绕基金会重点工作，及时通过门户网站发布重要信息和最新动态，更新理事会和基金会相关信息，积极宣传陈嘉庚科学奖与陈嘉庚科学奖基金会。截至 2011 年 12 月门户网站页面访问量超过 47 万次，访问源地址覆盖亚太、欧洲、美洲等地，其中“历届获奖情况”、“基金会动态”两个栏目访问量最大，宣传效果显著。

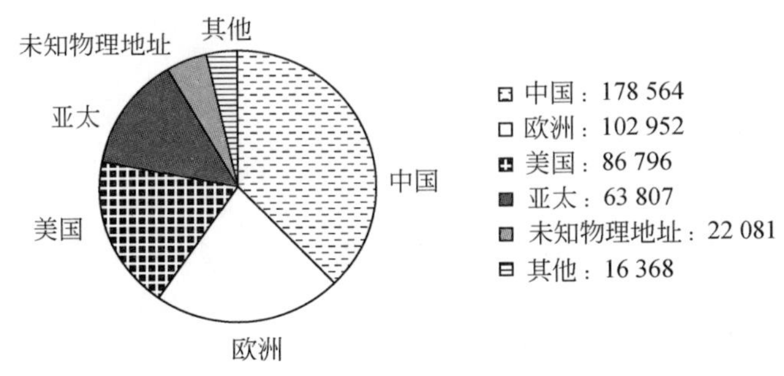

图 4　国家来源页面访问量统计图

（二）陈嘉庚科学奖报告会

陈嘉庚科学奖报告会自 2009 年启动，旨在传播科学知识、弘扬科学精神，同时提升陈嘉庚科学奖的影响力，推进陈嘉庚科学奖的品牌建设。2011 年 4 月 6 日，恰逢陈嘉庚先生亲自创办的厦门大学 90 周年校庆，基金会办公室于校庆期间在厦门大学举办专场报告会，与厦门大学师生共同纪念陈嘉庚先生，宣扬陈嘉庚精神。11 月 1 日，基金会办公室在南开大学举办了专场报告会。两场报告会中共 6 位陈嘉庚科学奖获奖者做了学术讲座，来自当地高校的 1000 余名师生参加了报告会。具体情况如表 20 所示。

表 20　2011 年度陈嘉庚科学奖报告会情况一览

	报告人	报告题目
第五场报告会（厦门大学）	侯建国	分子尺度的量子调控
	饶子和	蛋白质结构与药物
	涂传诒	太阳爆发对人类活动的影响——空间天气
	王小云	浅谈密码数学问题
第六场报告会（南开大学）	白以龙	灾变破坏和力学
	陈创天	KBBF 族晶体的发现和应用

（三）年检工作

基金会认真按照国家奖励办对社会力量颁奖的要求做好年检工作。在民政部 9 月份的年检结果公示中，陈嘉庚科学奖基金会年度检查结果为“合格”，取得了重要突破，为基金会日后申请公益性捐赠税前扣除资格以及非营利性组织企业所得税免税资格创造了条件。

院直属单位情况

分　院　机　构

北京分院（筹）

院　　长：丁仲礼（兼）
地　　址：北京市海淀区中关村南四街18号紫金数码园1号楼
邮政编码：100190
电　　话：010－62661266
传　　真：010－62661245
电子信箱：bjb@cashq.ac.cn
网　　址：http://www.bjb.cas.cn

中国科学院北京分院筹建于2005年3月1日，与中国科学院京区党委采用“同一机构、两块牌子”的形式合署办公。

北京分院是中国科学院机关的派出机构，负责联系和管理中国科学院在北京、天津、山西地区的43个研究机构，1个教育机构，2个公共支撑单位和1个新闻单位。

截至2011年底，北京分院系统共有在职职工22 995人。其中科技人员19 067人，包括中国科学院院士167人，中国工程院院士26人。京区党委所属基层党组织60个，党员总数36 427人。

2011年，北京分院全力贯彻“民主办院、开放兴院、人才强院”的发展战略，围绕出成果、出人才、出思想目标，认真履行分院职能，发挥组织优势，按照“指导、服务、管理、协调”的工作原则，较好地完成了各项工作任务，有力保证了“创新2020”和“一三五”规划的顺利实施。

一、全面加强领导班子建设，保障“创新2020”顺利实施

1. 加强教育培训。组织北京分院系统所级领导干部研究班，邀请中国科学院院长、党组书记白春礼作《理解、思考与实践》专题报告。加强对京区领导干部党性修养教育，组织中共党史、建党90周年、辛亥革命100周年领导干部专题求是论坛。

2. 组织建设。按照院党组统一部署，组织完成京区领导班子建设的基础工作，包括7个单位届中考核、2个单位换届考核、9个单位增补副职和个别提任考核、18个单位干部选拔任用“一报告两评议”工作、6个单位后备干部推荐考察工作。落实中组部《关于领导干部报告个人有关事项的规定》的新要求，督促完成分院所级领导干部报告共计224份。

3. 后备干部队伍建设。加大对研究所后备干部队伍考察培训力度，组织8个单位后备干部推荐考察工作。加强对中层干部队伍的管理指导，完成近40个研究所中层干部队伍现状调查。

4. 干部监督、管理和教育。继续抓好党风廉政建设责任制的贯彻落实，完成责任制实施细则修订。加强对基层领导班子中心组学习指导，推动京区30多个研究所开展主题为“坚持以人为本执政为民理念、发扬密切联系群众优良作风”的民主生活会。

二、以纪念建党90周年为契机，进一步提升京区党建工作水平

1. 深入开展创先争优活动，制定《深入开展创先争优活动2011年工作要点》，以“迎接建党90周年”为主题，以开展“一保证、两服务”为活动载体，引导基层党组织和广大党员积极开展“立足岗位建功业”和“我为创新作贡献”活动，为科学组织实施“创新2020”注入动力。召开“中国科学院庆祝中国共产党成立90周年暨创先争优活动表彰大会”，表彰全院创先争优先进基层党组织52个，优秀共产党员、优秀党务工作者150名。组织院党组纪念建党90周年座谈会，院“两优一先”先进事迹宣传展览；举办红歌会活动。组织京区先进代表座谈会、非中共代表人士座谈会和青年知识竞赛等活

动。加强基层党组织建设，认真抓好《关于加强基层组织建设指导意见》的贯彻落实，完成对软件中心等5个基层党委的考评工作。积极组织开展党建工作交流和评选“党建工作创新奖”，进一步提升“党建工作创新奖”的水平。与院党校联合举办京区单位科研一线党支部书记培训班。加强对基层协作片工作的指导。

2. 认真做好全国党建研究会科研院所专委会工作。《以先进性引领科技创新——关于在科研骨干中发展党员工作的调研报告》获全国党建研究会科研院所专委会优秀论文一等奖，并获中央国家机关2011年度课题调研成果一等奖。《做好信访工作与密切党群关系调研报告》获全国党建研究会2011年度课题调研成果一等奖。完成出版《党的制度建设科学化研究》。承担全院政研会工作，多项课题获奖。

3. 精心组织，加大监督检查力度。完成对分院系统43个事业单位反腐倡廉量化考核，有效推动惩防体系建设。做好信访案件核查处理，受理核查信访案件40件。不断强化审计监督与服务效能，完成9个经济责任审计项目，累计审计资产总额74.03亿元。

4. 指导推动全院创新文化建设工作。根据院《2010—2020年创新文化建设纲要》部署，组织全院第五届创新文化建设先进团队和个人评选，评选出先进团队10个、先进个人20名。完成《创新文化之歌》等课题研究。指导北京分院创新文化广场建设，发挥其学习平台作用和文化建设阵地示范作用。

5. 推进京区学习型组织建设。深入学习和贯彻落实十七届六中全会精神。组织京区单位领导干部“学习贯彻六中全会精神”座谈会、学习胡锦涛同志“七一”讲话座谈会等。

6. 深化党群共建创先争优活动，规范群众组织工作流程，发挥群众组织作用。全面推进工会工作规范化建设，形成“合格职工之家”、“先进职工之家”和“模范职工之家”三级创建模式；成立院政研会妇女分会，组织“女科学家进片区”活动；承办全国“挑战杯”分赛场比赛，举办青年科普创意大赛。

7. 积极与中央统战部和九三学社中央推荐研究生院教授、九三学社社员杨佳为全国统战系统典型宣传人物，荣获“全面建设小康社会作贡献先进个人”。8月，中央组织部、宣传部、统战部联合宣传杨佳同志先进事迹。

三、以北京创新集群建设为中心，全方位推进院地合作工作

1. 着眼院地合作发展的新形势新要求，组织院及分院与北京、天津、河北等3个省、5个市签署9项科技合作战略规划及重大项目共建协议。

2. 积极参与并支持中关村国家自主创新示范区建设。召开5次示范区政策宣讲会，引导研究所充分利用优惠政策，积极推动研究所股权激励试点工作。制定针对在京实施转化项目科研团队及管理团队的奖励方案；与北京市有关部门签署共建中科院北京国家技术转移中心协议；积极推动重大产业化项目在京落地转化14项。

3. 贯彻院党组决策精神，有序推动怀柔园区建设。已有13家科研单位、7家所持股企业进入或即将入驻科研与转化基地，预计总投资近50亿元。另外5家单位项目已完成初步设计。中科合成油公司、北京纳米材料绿色打印技术产业化基地1期工程相继竣工，同时推动4个产业化项目与怀柔开发区达成初步落户意向。

4. 推动唐山高新技术研究与转化中心较好地完成三年建设期任务。共有6个研究所在唐山中心设立事业部，24个研究所在唐开展转移转化工作。全年孵化科技型企业4个，与企业共建研发中心或产业基地6个（三年累计10个），转移转化项目33个（三年累计50多个），新增经济效益约30亿。

5. 加强天津电子信息产业园的建设，凸显聚集效应。园区建设取得新进展，争取滨海高新区为入驻项目提供1.5万m^2用房，并联合高新区管委会共同制定入园优惠政策。

6. 支持内蒙古生态建设，推动恩格贝生态示范区、草业中心建设。不断推动恩格贝示范区全面建设，建立植物所研究与示范基地；引入新的示范项目。草业中心建设取得长足发展，中心1700平方米办公场地已投入使用，建成三个实验室和博士后工作站。

7. 整合资源，积极培育廊坊战略性新兴产

业孵化基地建设。与河北省科技厅和廊坊市政府签署共建“廊坊战略性新兴产业孵化基地”协议，整合北京分院在廊坊科技谷落户的5家单位，以研发、中试和培育高新企业为目标，推进廊坊孵化基地建设。

8. 积极支持其他分院做好区域外合作及相关工作。开展科技合作状况调研，征集优秀成果150余项，积极向地方政府和企业推荐；认真组织储备项目和战略性新兴产业项目的评审和上报工作，50个项目获得2820万元经费支持；做好区域外合作，组织京区36家研究所、83人次参加江苏省7次科技专题对接活动；组织天津专项验收工作，39个项目全部通过审查；首都科技条件平台，完成服务合同3.3亿元。

9. 探索激励机制和合作模式，加强科技合作队伍培训。完成10位科技副职的选派、考核等管理工作。2011年，预计责任区域内实现销售收入280亿元，较上年增加33%。

四、以服务基层为目标，扎实做好相关重要工作

1. 认真贯彻院领导“3H”工作理念，从关心职工健康入手，进一步加强对全民健身活动指导，组织开展丰富多彩的群众体育文化活动。组织召开全院第五届暨京区第十三届职工田径运动会，中国科学院院长白春礼、国家体育总局刘鹏局长、国家机关纪工委杜学芳副书记、北京市委常委赵凤桐等领导出席。4000余名运动员参加46个项目比赛，是规模最大、参与人员最多的一次运动会。认真组织京区广播体操教员培训，职工保龄球比赛、职工男子篮球赛等。

2. 发挥群众组织作用，为创新人才队伍身心健康作出切实有效的服务。组织5批次共计220人次的科研骨干和特殊岗位职工休养；办理女职工特殊保险2537份，投保金额为12万余元。

3. 不断优化院房地产管理信息系统功能，编制完成《2011年中国科学院房地产数据年报》，第一次全面、准确、翔实地统计了全院房地产信息数据。建成京区住房资金管理信息系统，加强资金管理。

4. 认真做好各类人员服务工作，推动研究所人才队伍建设。积极协调人事部在原有计划基础上争取追加毕业生接收指标，今年共接收毕业生2271人，同比增长23%。完成毕业生落户、京外调干、解决干部夫妻两地分居、接收留学人员到京工作、领导干部因私出国审批、办理高干医疗待遇手续、建立因私出境人员信息报备和接收军转干部手续等4000余人次。

（撰稿：欧　云　石亦菲　审稿：王敬泽）

沈阳分院

院　　长：包信和
地　　址：辽宁省沈阳市和平区三好街24号
邮政编码：110004
电　　话：024－23983015；024－23983356
传　　真：024－23983343
电子信箱：syb@mail.syb.ac.cn
网　　址：http://www.syb.cas.cn

中国科学院沈阳分院的前身是1951年成立的中国科学院东北分院，负责管理中国科学院驻东北的工业化学研究所等8个科研单位。1954年8月东北分院撤销，所属研究所归中国科学院直接领导。1958年12月，成立中国科学院辽宁分院，负责管理中国科学院在辽宁地区和地方的科研机构。1961年8月辽宁分院撤销，所属科研机构划归辽宁省科委领导。1962年10月恢复中国科学院东北分院，负责管理中国科学院在东北的科研单位。1970年8月东北分院撤销，所属单位归地方领导。1978年5月中央批准恢复成立中国科学院沈阳分院。

沈阳分院是中国科学院机关的派出机构，负责联络和协调中国科学院在辽宁地区的大连化学物理研究所、金属研究所、沈阳应用生态研究所、沈阳自动化研究所，驻山东省的海洋研究所、青岛生物能源与过程研究所、烟台海岸带研究所。

截至2011年底，沈阳分院系统共有在职职工4960人。其中高级研究人员1676人，包括中国科学院院士18人，中国工程院院士9人。

一、领导班子建设

完成沈阳自动化研究所、海洋研究所领导班子换届；完成大连化学物理研究所、青岛生物能源研究所、烟台海岸带研究所领导班子个别调整；配合院人教局组织面向社会公开招聘沈阳应用生态研究所副所长工作，完成面向院内公开招聘分院机关1名副院长工作；完成沈阳自动化研究所党委换届；组织金属研究所、沈阳应用生态研究所和海洋研究所所级后备干部的选拔推荐工作，完成分院系统所级后备干部选拔推荐工作。

举办沈阳分院第25期所级领导干部培训班，邀请院副秘书长潘教峰、院监审局局长李定介绍“创新2020”组织实施方案的相关情况及当前沈阳分院反腐倡廉的形势、任务和举措，研讨了分院系统领导干部队伍建设工作；举办党委书记会议，专题研讨加强领导班子及后备干部队伍建设等问题。

2011年是分院党组、纪检组与研究所党风廉政建设互动的第三年，与大连化学物理研究所、金属研究所互动交流廉政文化宣传与制度体系建设、课题经费管理监督与工程建设领域监督等工作；与两个新建所领导班子交流讨论群众意见的整改落实情况；采取以会代训的方式，在专题互动中对纪委书记和基层纪监审工作人员进行业务培训。

分院党组参加各单位领导班子民主生活会，了解领导班子工作状况，就影响单位发展的重大问题和群众反映的热点问题，与领导班子交换意见，并督促整改、落实。加强分院班子自身建设，认真抓好分院领导班子理论中心组学习，组织学习胡锦涛总书记在纪念建党九十周年大会上的重要讲话精神、十七届六中全会精神和中纪委六次全会精神等，开好分院班子民主生活会。

二、院地合作工作

1. 分头探索多点共建，推进东北创新集群建设。以与沈阳军区的合作为切入点，推进现代农业区域创新集群建设；通过在沈阳浑南新城集中征地形成集聚效应，以分院系统单位搬迁新址、金属所与中科大共建材料学院、沈阳材料科学国家（联合）实验室扩建、参控股高技术企业入驻“国家大学科技城”等为依托，推动先进材料和绿色智能制造创新集群建设，已初步落实土地面积1800亩；沈阳分院与东北大学、辽宁省教育厅签订全面合作协议，进一步加强科教结合，共建东北区域创新集群。目前金属研究所等4家单位与东北大学联合培养研究生97名试点合作已经开始。

2. 积极创新合作模式，继续拓展院地合作领域。在辽宁，依托与地方共建沈阳国家技术转移中心鞍山、丹东、营口、本溪4个分中心；通过“分中心平台 + 科技副职”的工作模式，实现院地无缝融合。特别是丹东中心自2011年4月挂牌成立以来，组织了“院士专家联谊会”、对接研讨会等活动，落实合作项目9个，正在洽谈23个。

在山东，按照“1 + N + M”的合作模式有序推进，成效显著；不断完善“威高计划”，提出了“两头放开”（企业放开到山东省，研究机构放开到院外）的开放式项目组织运行模式；继续推进荣城市城乡一体化建设探索。

与丹东市、铁岭市、省教育厅、省援疆办等8家地市厅局签署了全面科技合作协议，构建十二五合作框架；不断拓展和深化与山东省科学院、辽宁省经信委、工商联等地方产业及行业主管部门的合作，促进院地科技合作取得实效。

3. 扎实推进平台建设，精心组织科技对接活动。在辽宁，针对特色产业基地与丹东、本溪等共建了5个研发与检测平台；在山东，青岛、济南、烟台等地的研究所分部建设进展顺利。全年共建产业技术创新战略联盟17个，共建研发平台和产业基地17个，承办大型科技对接活动15个，组织、参与科技对接洽谈49次，主办2次专项产业技术论坛和对接，促成落实一批合作项目。

4. 认真推动合作项目，提升院地合作的影响力。集中精力推动一批重大项目的产业化工作。纳米绿色印刷项目、DMTO技术的转移转化、旋翼无人机产业化、炼焦污水处理技术转化、甘油催化转化制丙二醇、超高效陷光晶体硅电池、紫外相机、环氧氯丙烷技术转化等一大批重大项目在辽宁、山东进展顺利；在山东组织开展战略性新兴产业调研，深入两省700家单位，收集需求1500多项；与国家发改委东北振兴司联合开展与铁岭的合作，针对辽宁丹东、铁岭，山东泰安、垦利、济南等地区重点开展合作，成效良好；直接组织推动签订技术合同67项，达成合作意向62项，沈阳分院761项技术在区域内转化，分院系统单位共签订合同1122项，合同金额10.62亿元，一些重大项目的实施得到两省高层领导的关注和批示。获沈阳市产学研先进集体和产学研示范基地称号，分院机关争取地方院地合作经费157万元。

三、党建工作与创新文化建设

深入开展“创先争优”活动，把创建学习型党支部与创建基层党建示范点结合起来；召开基层党建工作会议；开展学习国家最高科技奖获得者师昌绪同志活动；宣传先进人物，5个基层党组织、4名党务工作者、10名党员获院党组、地方党委表彰；选派8名党员干部参加省直工委党校学习培训；开展系统（沈阳地区）征文评选、主题演讲比赛、红歌演唱会、团员青年党史知识竞赛等纪念建党90周年系列活动；完成党务干部队伍状况分析报告；抓好重点领域和专项治理监督检查工作；抓好领导干部的反腐倡廉警示教育；建立并完善生活相对困难党员的帮扶机制；继续做好离退休党支部工作。

加强创新文化建设，组织政研会四片区年度研讨会；完成院政研会重点课题研究；开展“廉政文化讲坛”、“读书倡廉”等活动；积极组织指导各单位开展全民健身体育活动，并在院运动会上取得优异成绩。

（撰稿：寇　洋　周　峰　审稿：马　思）

长春分院

院　　长：王利祥
地　　址：吉林省长春市人民大街7520号
邮　　编：130022
电　　话：0431－85380224
传　　真：0431－85384068
电子信箱：ccb@ms.ccb.ac.cn
网　　址：http://www.ccb.ac.cn/

长春分院是中国科学院的派出机构，成立于1978年5月。分院系统现有4个院属单位：长春光学精密机械与物理研究所、长春应用化学研究所、东北地理与农业生态研究所及国家天文台长春人造卫星观测站。

长春分院系统现有在职职工3358人，其中科技人员1684人；现有中国科学院院士7人，中国工程院院士1人，发展中国家科学院院士3人，设有博士点16个，硕士点23个，博士后流动站5个，现有在学研究生1681人。

一、领导班子建设

1. 举办分院第20期所长书记研讨会。会议以“深入学习胡锦涛总书记在庆祝建党九十周年大会上的重要讲话精神，贯彻落实中科院2011年夏季党组扩大会议精神”为主题，围绕实施“创新2020”和“一三五”规划，对领导班子建设、院地合作及创新集群建设进行了交流研讨。

2. 举办分院所级领导干部和中层管理干部专题学习讲座，学习《胡锦涛总书记在庆祝建党90周年大会上的重要讲话》、《中共党史》。召开分院及各所领导班子民主生活会，开展批评与自我批评。

3. 协助完成长春应用化学研究所领导班子届中考核和补充领导班子成员考核及所级后备干部调整工作。协助完成长春人造卫星观测站领导班子届中考核。

4. 开展领导干部监督工作。制定分院“一报告两评议”工作办法，开展2010年度干部选拔任用“一报告两评议”，对122名中层干部进行评议并反馈了评议结果。

二、院地合作

1. 协调院省院高层会晤。“两会”期间，在北京召开中科院与吉林省科技合作座谈会，推动落实了长吉图专项经费，本年度支持经费额度700万元。中科院院长白春礼与黑龙江省省长王宪魁在哈尔滨签署新一轮“黑龙江省人民政府与中国科学院科技合作协议书”。白春礼在长春调研期间与吉林省、长春市主要领导进行会谈，就加强院省合作、东北区域创新集群建设等问题深入交换了意见。

2. 大力推进哈尔滨产业技术创新与育成中心建设。举行哈尔滨育成中心揭牌及首批入驻项目签约仪式。中科院副院长施尔畏与哈尔滨市市长林铎共同签署了《中科院哈尔滨市政府共建中科院哈尔滨产业技术创新与育成中心协议书》。首批启动的12个项目共获得支持经费4616万元；孵化了9家公司，另有2家正在注册中；调研了企业需求，有目标地与研究所接洽，遴选了第二批项目15个；组织新材料等领域的专场对接会。目前，哈尔滨育成中心吸纳了来自科研机构和大学的开发团队14个，人数近400人。与大型企业建立创新合作战略联盟2个。

3. 积极筹建中科院长春科技创新中心。按照建设“政府、科研院所、战略投资者和开发区”四位一体创新驱动联盟的指导思想，积极推进在长春高新区北区建设中科院长春院地合作创新集群，筹建中科院长春科技创新中心，形成建设方案。重点推动项目15项，储备项目100余项，与中科院计算机网络信息中心、广州生物医药与健康研究院、北京基因组研究所、微电子研究所、兰州化学物理研究所等9家研究所达成合作意向。

4. 加强与大企业的实质性合作。与长客公司在高速动车领域进行合作，双方达成共建“中科院－长客工程技术研发中心”的共识，软件所就“基础软件解码”与企业开展合作，得到企业充分认可。围绕固体润滑材料等技术，与一汽集团技术研发中心开展深入合作。生物物理研究所与哈药集团就胰岛素口服制剂关键技术进行合作研发。

5. 组织实施省院合作资金项目。完成26个省院合作资金项目的结题验收工作。吉林省政府将原省院合作资金改为“吉林省与中科院合作长吉图专项资金”，用于支持长春分院各所及其高新技术企业、中科院域外研究所在吉林省实施的高技术产业化项目。共征集项目40余项，确立支持项目20项。

6. 积极推进长春中俄科技园建设。长春中俄科技园已孵化高新技术企业55家，孵化项目42项；组建3家外方驻园代表处、5个中俄联合实验室及中俄合作工程中心；已签订中俄科技合作协议40余项，申报国家、省、市等项目33项，申请项目验收8项；注册资本增为4000万元人民币。2011年，被国家科技部认定为国家级技术转移示范机构。

7. 拓展院地合作领域。围绕人参产业发展涉及的“测序、育种、种植、加工、开发”的组织链条，开展与通化地区相关企业的科技合作。面向吉林省松原农业高新技术开发区成为国家级农业开发区的建设目标，积极推进“现代农业技术集成示范基地”建设，共有5个项目在开发区示范并取得良好进展。与辽源市政府、延边州政府分别签署《科技合作协议》。组织召开哈尔滨市生物产业技术项目对接会，促成12个项目合作签约。协助吉林省科技厅组建镁、人参、动漫等三个产业技术创新战略联盟。

三、党的建设与创新文化建设

1. 扎实开展“创先争优”活动，分院党组对各所站“创先争优”活动进行点评并提出下步工作要求。开展建设学习型党组织活动，制定考评办法。开展庆祝建党90周年系列纪念活动：举办党的知识竞赛；组织“党在我心中”大型红歌演唱会；组织“创先争优评选表彰”，长春光机所党委荣获“全国先进基层党组织”称号。

2. 落实党风廉政建设责任制并进行量化考评和检查。严格执行领导干部廉洁从政的各项规定。开展系列反腐倡廉宣传教育：邀请专家、领导作反腐倡廉专题报告；组织领导干部参观预防职务犯罪大型图片展、旁听受贿案开庭审理。开展科研课题经费监管，对长春应用化学研究所及东北地理与农业生态研究所进行专项检查。完成对长春应用化学研究所、长春人造卫星观测站领导班子届中经济责任审计及对东北地理与农业生态研究所科研课题经费审计。开展科研课题经费风险评估研究。成立监察审计处和监察审计工作组。

3. 深入推进创新文化建设。用创新文化的核心价值理念引领科研、管理工作，形成了科研、管理与文化创新互动发展的良好局面。召开民主党派、无党派人士座谈会。组织全民健身活动，在院第五届职工田径运动会上取得竞赛好成绩，并荣获体育道德风尚奖和优秀组织奖。组织先进人物评选推荐，1 人荣获“全国五一劳动奖章”，1 人荣获“吉林省五一劳动奖章”。切实落实离退休干部的政治和生活待遇。加强和改进离退休党支部建设工作。兑现了退休人员的各项津补贴。

四、分院机关建设

1. 分院领导班子认真谋划发展，加强工作研究，狠抓工作落实。认真制定 2011 年度工作计划，开展半年工作总结和年度工作考核。分院领导经常与中层干部研究工作，充分发挥他们的作用；关心年轻人成长，给他们压担子。通过举办培训、开展管理课题研究等活动，提升了人员整体素质和综合能力。

2. 分院机关认真完成院党组及院机关各部门交办的各项工作。通过组织专题研讨会等活动，加强分院与研究所的有效沟通，推动了相关工作，增强了分院的凝聚力。组织接待地方政府、企业到院属研究所考察、调研和项目洽谈。

（撰稿：赵　军　李佰慧　审稿：甘建国）

上 海 分 院

院　　长：江绵恒
地　　址：上海市徐汇区岳阳路 319 号
邮政编码：200031
电　　话：021－64310242
传　　真：021－64374915
电子信箱：yangzh@shb.ac.cn
网　　址：http://www.shb.ac.cn

一、分院简介

中国科学院上海分院的前身是 1950 年 3 月经政务院批准成立的中国科学院华东办事处。1958 年 11 月，华东办事处在接管并改造原中央研究院和北平研究院在上海、南京的研究机构的基础上，正式成立了中国科学院上海分院。1961 年，上海分院改为华东分院。1970 年，中国科学院撤销分院建制。1977 年 11 月，恢复成立中科院上海分院。

上海分院是中国科学院机关的派出机构，负责联系和管理中国科学院驻上海、浙江、福建地区的研究院（所）。上海分院现有 14 个法人研究机构，包括上海微系统与信息技术研究所、上海硅酸盐研究所、上海光学精密机械研究所、上海应用物理研究所、上海技术物理研究所、上海有机化学研究所、上海生命科学研究院、上海天文台、上海药物研究所、上海巴斯德研究所、福建物质结构研究所、宁波材料技术与工程研究所、城市环境研究所，以及筹建中的上海高等研究院。截至 2011 年底，上海分院系统共有在职员工 9425 人。其中高级研究人员 2629 人，包括中国科学院院士 56 人，中国工程院院士 15 人。

二、领导班子建设

1. 制定规划。调研各单位干部队伍状况，缜密分析，积极谋划未来 3—5 年系统领导班子建设，制定了《中科院上海分院领导班子规划（2011—2015）》，确保有序稳妥地推进研究所领导班子建设。

2. 届中考核。在院党组的领导下，配合人教局，顺利完成了硅酸盐研究所等 7 家研究所领导班子届中考核工作。重视考核反馈，督促所领导班子调整改进工作，推进院所发展。

3. 优化结构。完成了福建物质结构研究所等 4 家研究所的干部调整或增补。推动成立上海生命科学研究院院务委员会，增强研究所领导力量。2011 年共完成 8 名所领导班子成员增补或调整。

4. 指导党委换届。指导上海微系统与信息技术研究所党委换届选举，指导上海巴斯德研究所组建党委班子，建立和完善基层党组织领导班子，提高党委班子整体合力。

5. 后备队伍建设。完成了 13 位所长助理、人事处长、党办主任提任考察，充实研究所的管理力量。同时组织推荐中青年骨干参加研修班，加强对后备干部的培训培育。

6. 干部规范化管理。完成了 2011 年系统所有在职局级领导个人有关事项的申报工作，做好 68 位局级干部的年度考核和重大事项申报工作。

分院领导全程参加了所有研究所的民主生活会，督促所领导干部发扬优良作风，提升廉洁自律意识。

三、党建与创新文化

1. 着眼理念先行，推动“一三五”战略实施。结合中国科学院院长、党组书记白春礼访沪期间召开的上海分院研究所启动实施“创新2020”座谈会和调研活动、年度工作会议暨系统领导干部学习班、院所长联席会、沪区党委中心组学习扩大会、系统党委书记会议等系列活动，明确使命定位、突破方向和重点研究领域，推动院所突出特色优势，谋划前瞻布局和明确发展重点。并且相互促进、狠抓落实，深入推进“一三五”规划的实施。

2. 发挥政治核心作用。召开了4次沪区党委扩大会议，部署党委重大工作，深入研讨创先争优活动、人才队伍建设、创新文化建设、基层党组织建设等方面工作，着力推动研究所新一轮的科技创新和跨越发展。

2. 加强基层党组织建设。建立健全党内先进评比、党员教育管理等相关制度，推动党组织建设工作的规范化、制度化。举办了专题学习培训班，加强党组织对中青年骨干群体的影响力。年内有11名中青年骨干递交了入党志愿书。

3. 推进创先争优活动。围绕纪念建党90周年，精心设计了“八个一”系列活动，组织开展评选表彰先进、歌咏大赛、专题报告会、主题座谈会、主题征文书画摄影和演讲比赛等活动。选树典型，弘扬先进，出版了《闪光的基石》，为“创新2020”营造良好的氛围。

4. 完善组织架构，健全工作体系。组织召开了中科院沪区第一次党代会，选举产生了中科院沪区第一届党委、纪委成员，完善了沪区党的工作体系，明确工作职能和定位，建立了沪区党委会议制度，为更好地履行好院党组赋予的职责，发挥沪区党组织的整体效应提供组织保障。

5. 做好群众和统战工作。加强对各民主党派基层组织的政治领导，重视发挥其作用，协助民盟、九三学社上海分院委员会完成换届工作；民建支部、农工党支部换届工作顺利推进。

6. 加强对工青妇组织领导。开展主题论坛、文明岗位评选等各具特色的活动，推进“创新2020”。成功举办上海分院首届职工运动会，展现了积极进取、顽强拼搏的精神风貌，推动科研工作有效推进。

四、院地合作

1. 完成上海区域创新与转化集群建设方案。围绕院《知识创新工程2020：科技创新跨越方案》及上海区域创新与转化集群建设要求，编撰完成《上海区域创新与转化集群方案》。

2. 建设区域综合创新平台，服务经济转型发展。积极配合院机关，推进上海高等研究院、宁波工业技术研究院和海西研究院筹建。已建成科研及配套设施15万平方米，并已形成1275人的专业团队，逐步确立区域创新和新兴产业发展的“火车头”地位。

持续做好研究转化中心和育成中心建设发展，完善体制机制，做实做强。上海分院与浙江省合作共建的中科院嘉兴中心成功升格为浙江中科院应用技术研究院，已发展建成18家机构平台，34条中试生产线，人才队伍增长到539人，二期园区孵化基地全面使用。

按院统一部署，组织《人民日报》、新华社等10多家中央及地方媒体，分别采访了嘉兴中心和湖州中心，集中展示并重点宣传了中科院的科技创新能力。

杭州科技园、上海嘉定高新技术产业化基地初显雏形，已有11家研究所、234产业化项目入驻。

2011年上海分院院地合作项目1061项，比2010年增加27.5%。

3. 围绕战略新兴产业发展，强化所企合作交流。组织协调院所与大型行业龙头企业的互动交流，推动新兴产业孵化发展。参与“宝钢－朗泽－中科院尾气制乙醇示范工程”，尝试开展院企国际化合作；组织与宝钢集团就碳纤维及复合材料项目深入探讨，共同推进碳纤维及相关技术新兴产业发展；会同上海市发改委、上海市经信委，组织研究所同中国商飞商讨碳纤维复合材料相关技术、装备、信息化应用的合作模式；拓展与上海电气在智能电网等领域的战略合作，促成钠硫电池产业化合资项目签约落地。

4. 重视专业技术对接，扶持企业转型升级。受院委托，精心策划，协调各方，高水平成功承办了中国国际工业博览会、中国·海峡项目成果交易会。

5. 聚焦地方经济产业结构调整。开展专业性技术对接和行业性需求对接活动，将对接活动从省地市逐步拓展到了县市。主办了中国浙江网上技术市场活动周等专题活动，促进政产学研金用合作。

五、纪检、监察和审计

成立了监察审计处和监察审计工作组，推动各所建立健全工作机构，配备纪监审干部，着力发挥有效监督、防范风险、改善管理、提高绩效的作用。

邀请院监审局领导分别为7家研究所、500名关键岗位人员作专题辅导报告，提高廉政教育的针对性，筑牢拒腐防变的思想道德防线。

围绕反腐倡廉“八个重点监督领域”，重点做好基建领域、科研经费及学术道德方面的监督和预防，开展专项调研，发挥分院在反腐倡廉中的中坚作用。组织开展了“党风廉政建设量化评价体系”考核，进一步规范体系建设。

围绕所班子届中考核，加强经济责任审计，有效实施监督。

六、院士联系工作

承办了中德前沿圆桌会议——量子信息科学专题，邀请中外18位量子信息领域最顶尖专家，研讨完成了具有重要参考价值的《量子信息科学发展建议》。此外，吸纳上海地区的院士专家资源，组织举办了11期交叉学科论坛及24期东方科技论坛，推动跨学科交流和前瞻性研究。

借助“科技活动周”、“公众科学日”、“科普大讲坛”等科普平台，举办了2期主题讲座、17期上海科普大讲坛讲座。上海分院荣获全国科技活动周上海科技节先进集体称号。

关心院士的工作和生活情况，帮助部分院士解决住院、医疗方面的实际需求。

七、公共事务管理协调

1. 统筹协调推进浦东科技园建设。基本完成总建筑面积5万平方米的“交叉前沿项目”5幢主体建筑；完成了“新技术基地项目”6个实验楼单体及总体工程，通过验收并交付高研院使用；顺利推进国家蛋白质科学设施（南方）项目。

2. 启动上海高等研究大学筹建工作。重点研讨了办学理念、办学机制等内容；起草撰写了大学部门职能及岗位设置、规章制度等，为大学启动做好预案；与上海市共同研究形成了申办报告及大学章程，呈报教育部相关部门，并接受了教育部专家组的实地考察。启动上海高等研究大学（暂名）园区规划调整设计，完成了浦东科技园园区市政通行道路调整方案。

3. 落实“3H”，牵头嘉定人才公寓建设。牵头并协调上海光学精密机械研究所等6个研究所，与嘉定区签订了人才公寓项目建设协议，落实了建设用地并启动方案设计，项目总建筑面积约10万平方米，总投资约4亿元。

4. 为研究所代建基建项目。继续为上海生命科学研究院代建生命科学实验楼等基建项目；完成了细胞实验楼改造，通过验收交付生科院使用；完成投资额约3.2亿元。

5. 切实做好综合治理、安全生产、保卫保密、基本建设、财务审计、人事、外事、信息宣传与网络ARP等各项工作，为研究院所提供服务和支撑。

6. 协调各方、组织力量，对上海地区7家军工武器装备保密资格认定单位进行现场指导，100%通过资格认证。

7. 与所党政负责人签订《安全稳定工作责任书》，逐级分解落实任务。厉行现场督导和检查，切实做好安全稳定各项工作。

八、研究生教育基地建设

1. 招生工作。2011年实际录取硕士生1082名，博士生794名。从上海市获得新增硕士招生名额91名。获全国博士生百篇优秀论文获1篇；继续获上海市研究生学位论文免检单位。

2. 就业指导。2011年毕业硕士生305名，博士生668名。就业率基本达到100%。

3. 思想政治建设。重视学生党团建设，发挥党员和学生骨干的带头作用；丰富教育载体和渠道，创办了《科浦青春》学生刊物，创建传播先进文化的重要思想阵地。

（撰稿：朱泰来　杨振华　审稿：王建宇）

南京分院

院　　长：周健民
地　　址：南京市北京东路39号
邮政编码：210008
电　　话：025－83376846
传　　真：025－83362239
电子信箱：ffzhu@njbas.ac.cn
网　　址：http://www.njb.cas.cn

中国科学院南京分院的前身是中国科学院华东办事处。1950年，中国科学院接管原中央研究院在南京的科研单位，成立了中国科学院华东办事处。1969年，华东办事处撤销，全部业务交由江苏省科技主管部门管理。1978年11月，经国务院批准恢复成立中国科学院南京分院。

南京分院是中国科学院机关的派出机构，负责联络和协调中国科学院在江苏地区的中科院紫金山天文台、南京地质古生物研究所、南京土壤研究所、南京地理与湖泊研究所、南京中科天文仪器有限公司、国家天文台南京天文光学技术研究所、中国科学院苏州纳米技术与纳米仿生研究所、中国科学院苏州生物医学工程技术研究所和江苏省中国科学院植物研究所（双重领导）等单位。截至2011年底，南京分院共有在职职工2071人。其中科技人员1666人，包括中国科学院院士9人，研究员及正高级工程技术人员306人，副研究员及高级工程技术人员357人。

一、强化领导班子建设，提升领导能力水平

研究所领导班子建设是分院党组的首要任务之一，是研究所做好当前和今后工作的基本保证，因而，加强领导班子的组织建设、能力建设，培养、选拔优秀年轻后备干部具有十分重要的意义。

1. 组织建设。完成紫金山天文台、南京地理与湖泊研究所领导班子届中考核；对紫金山天文台、南京土壤研究所、苏州生物医学工程技术研究所和苏州工业园区的6名同志进行提任考核；完成南京分院、南京地质古生物研究所和南京天文光学技术研究所巡视工作。根据院人教局要求，完成了有关研究所干部选拔任用“一报告两评议”工作。

2. 能力建设。贯彻落实院“一三五”规划方案，在系统内统一思想，达成共识，组织检查交流，中国科学院院长、党组书记白春礼亲临指导；加强领导干部的培训与学习工作。协助院人教局组织了中青年领导干部国情考察班学习；组织召开分院院长书记联席会议；组织南京分院各单位领导参加中科院苏皖地区所级领导干部学习研讨班，围绕“十二五”规划和“创新2020”开展讨论交流，互相学习借鉴。

3. 后备干部队伍建设。南京分院认真抓好领导干部后备队伍的建设，协助完成了苏州纳米技术与纳米仿生研究所、南京中科天文仪器有限公司后备干部的选拔考核。按照院里的要求和规划结构，基本建立起了一支德才兼备、结构合理的后备干部队伍。

二、加强党建工作，保障研究所的稳定快速发展

分院党组围绕中心工作，把党的建设、思想政治工作和纪监审工作放在首位，为全面推进“创新2020”打下了坚实基础。

1. 组织开展党建系列活动，加强基层党组织建设。深入开展创先争优活动，年初中国科学院院长、党组书记白春礼视察南京分院，对分院系统创先争优活动进行点评；主办“跨越时空的对话”系列主题活动；围绕建党九十周年，开展“六个一”活动；加强统战工作，与北京分院联合举办民主党派工作交流研讨会；南京分院“党群共建共育科研人才”工作获江苏省委组织部省部属企业科研院所十大特色工作。

2. 思想政治工作常抓不懈。开展党建研究，承担了《科研院所党建带群团组织建设研究》课题；加强政研会工作，组织分院系统各单位撰写有关青年职工人文关怀和心理疏导方面的论

文，进行专题研讨；开展分院系统党务工作相关调查，撰写论文，获得院人教局优秀论文奖；作为中国科协10个优秀调查站点，受到中国科协表彰。

3. 加强纪监审工作。全面签订《党风廉政建设责任书》；通过教育、制度、监督三位一体惩防体系建设，持续加强党风廉政建设，有序推进反腐倡廉量化评价各项工作，加强审计监督，协助开展巡视工作，强化风险点防范控制，继续保持自实施知识创新工程以来全系统重大违纪违法案件“零发案、低举报”。

三、扎实开展院地合作，出成效出经验

为推进院地合作工作向更高层次发展，南京分院积极发挥桥梁纽带作用，协调安排院省市高层领导会谈，集成和综合院内有关研究所的科技力量，进一步加强与江苏、江西两省的合作，为地方经济建设和区域经济发展作出了一定贡献。

1. 加强顶层设计，形成院地领导共同推进的合力。协调安排了中科院领导与江西、江苏两省及部分市级领导的高层会谈。江苏省人民政府与中科院签署了新一轮“全面战略合作协议”，确定了“十二五”期间院省合作目标。苏州市人民政府与中科院签署了《中国科学院苏州市人民政府深化院市合作备忘录》。此外，南京分院分别与盐城市、南通市、徐州市和宿迁市签署了全面合作协议，确立了合作架构和工作重点，实现了科学院研究所和江苏各省辖市合作的全覆盖。

2. 举办各种对接活动，推动成果有效转化。承办“中国江苏第三届产学研展洽会”；参与举办“2011年中科院半导体照明产业科技成果对接会”，达成初步合作意向28个；参与主办“2011中科院－徐州成果对接会”，现场达成合作意向60多项，签约10项。南京分院还主办或协办了中国常州先进制造技术成果展示洽谈会、中国无锡民营企业高新技术洽谈会、中国淮安科技洽谈会、宿迁生态科技博览会暨产学研合作洽谈会、凹土应用研讨会等各类院地科技对接活动20余场次。

3. 已建平台成果显现，新建平台稳步发展。2011年，南京、常州、泰州、扬州等中心共获得研发经费1.16亿元，转化项目17个，成果技术转让获得收入353.5万元。孵化出高新技术企业38个，实现销售收入33.86亿元，利税5.38亿元。物联网中心孵化出高新技术企业10个(其中2011年5个)，本年度实现销售收入5808万元，利税377万元。一批新的创新载体落户江苏，6个院地共建平台获江苏科技厅重大创新载体项目300万—800万元的支持；中国科学院南京分院东台滩涂研究院、中国科学院微电子研究所昆山分所、中国科学院吴中生物医药研发中心揭牌并正式投入使用；中科院微生物研究所与建湖县共建建湖生物技术联合研发中心等项目正式签约。

4. 充分发挥院士在院省合作和科普中的独特作用。召开了在苏中科院院士咨询委员会四届一次全会，承办全国中国科学院院士联络处工作研讨会；积极组织开展院士决策咨询、考察调研及与当地青年人才结队培养等工作；深入开展科普工作，组织在苏院士专家为全国各地作科技报告160多场，听众达6万多人次。

5. 加强科技副职管理与人才培养工作。2011年，15名院派江苏科技副职共引进院内项目40项，院外项目31项，引进资金35.4亿元。牵头组织科技扶贫、科技支农、科普宣传等活动76次，举办院地科技对接活动72次，为地方政府撰写调研报告及建言献策41篇，得到地方政府的高度评价和认可。南京分院与江苏省联合成立了“中科院联想学院江苏分院”，为江苏乃至长三角地区的创新创业人才培养和科技成果转移转化发挥了积极作用。

6. 组织研究所积极争取地方科技资源。举办“江苏省各类科技项目立项程序培训研讨班”，有力促进了中科院系统研究所获得江苏省科技经费的支持。2011年中科院承担或参与的项目共有169个获得江苏省科技厅各类科技计划支持，总金额达2.82亿元。其中获得省科技成果转化基金17项，获得省拨款1.5亿元；获得省重大创新载体建设基金6项，获得省经费拨款2700万元。江苏省专门针对中科院设立了前瞻性联合研究项目，共有34个项目获得立项支持，获得研发经费1360万元。

7. 积极编制院省合作“十二五”规划。编

制完成“中国科学院与江苏省全面战略合作“十二五”规划”，确定了“巩固发展苏南，发展提升苏中，辐射带动苏北”的增长战略。积极响应院“创新2020”实施的要求，编制完成南京分院院地合作“一三五”规划草案，确定南京分院院地合作的定位是落实中科院新时期发展战略，加强中科院与江苏和江西省经济社会发展的结合，积极引导中科院科技资源和科技成果向江苏和江西省经济发展的重点领域和社会民生领域聚集，加快人才交流和培养的不可替代的领导和服务机构。

四、不断强化机关管理与服务

针对分院机关的自身建设问题，分院机关积极推进管理创新，完善制度和行为规范准则。合理规范各岗位人员职责，对不胜任岗位的人员进行清理和向下流动；加强国有资产使用管理，对分院固定资产开展彻底清查，进一步完善科研经费管理制度，年度获得省教科工会组织的在宁部属科研院所财务决算评比优胜奖，并连续几年被南京市政府评为先进管理单位；广泛开展分院系统安全保卫保密大检查，没有出现责任事故，被南京市公安局评为安全保卫工作先进单位。

加强对研究所的服务与协调，组织筹划建设“中国科学院高新技术创新园”工作，强化研究所与地方的沟通机制，有效推动相关工作；遴选推荐分院系统科研人员参加江苏省“333工程”考核工作，并组织入选人员申报江苏省科研项目；组织了在本系统推荐江苏省先进工作者工作，分院系统1人获得该称号；积极组织南京分院系统博士后开展各项学术、科研、文体等活动；对部分新建所的公共事务管理和财务管理制度建设等方面进行了交流和指导，开展了对苏州纳米所和苏州医工所的科研课题经费管理审计工作。

（撰稿：王京明　朱飞飞　审稿：谷孝鸿）

武汉分院

院　　长：朱耀仲

地　　址：湖北省武汉市武昌区小洪山

邮政编码：430071

电　　话：027－87197170

传　　真：027－87199480

电子信箱：whb@ms.whb.ac.cn

网　　址：http://www.whb.ac.cn

中国科学院武汉分院于1956年开始筹建，1958年7月正式成立。1961年与广州分院合并成立中国科学院中南分院，武汉分院调整为中国科学院中南分院武汉办事处。1969年中南分院撤销，1970年中南分院武汉办事处撤销。1978年经国务院批准恢复中国科学院武汉分院建制。

武汉分院是中国科学院机关的派出机构，负责联络和协调中国科学院在武汉地区的武汉岩土力学研究所、武汉物理与数学研究所、武汉病毒研究所、测量与地球物理研究所、水生生物研究所、武汉植物园和中国科学院国家科学图书馆武汉分馆。

截至2011年底，武汉分院系统共有在职职工2095人。其中科技人员1659人，包括中国科学院院士7人、中国工程院院士1人。

一、着力建设高素质领导干部队伍，为“一三五”规划实施提供组织保障

1. 进一步完善领导班子建设工作格局。结合年度工作重点，进一步运用领导干部中心组学习、理论辅导报告会、廉政教育月、民主生活会、考核结果反馈、岗前谈话、廉政谈话、干部选拔任用制度执行检查、反腐倡廉量化评价、述职述廉和年度考核等各种方式，深化领导班子建设的工作格局。积极配合院党组和院人教局，完成武汉病毒研究所、测量与地球物理研究所和武汉岩土力学研究所届中考核，开展干部选拔“一报告两评议”工作，完成武汉分馆后备干部推荐，努力建设一支高素质、有能力、群众信赖，能够带领研究所顺利实施“一三五”目标的领导班子。

2. 进一步提升领导干部战略思维能力。从拓展视野、提升理念入手，通过邀请院领导作专题报告，组织各单位处以上干部参加中心组（扩大）学习会，举办推进“创新2020”专题学

习研讨班等方式，促进各级领导干部深刻领会“一三五”规划制定的时代背景、重要意义、主要内容和重大举措，加快观念转变、加强战略谋划、抓好前瞻布局、调整发展思路。通过组织对研究所发展规划的交流研讨，指导和推动研究所找准战略突破口，明确未来十年的先导科技方向。

3. 进一步转变领导干部的工作作风。强力推进以“治庸提能、治懒提效、治散提神、治软提劲”为主要内容的治庸问责工作，突出“责任、能力、作风、环境”四个重点，围绕严格落实各单位领导班子民主生活会、支部组织生活会两大环节，深入开展“我为创新 2020 作贡献”活动，增强各级领导干部“慢不得”、“等不起”、“坐不住”的危机感和紧迫感，强化党员干部的能力席位意识、责任意识、服务意识和奋发有为意识。

二、着力推动研究所创新发展，为“一三五”规划实施提供条件保障

1. 积极推动省院高层会商，创造条件支持研究所发展。策划推动中科院院长、党组书记白春礼和湖北省委书记李鸿忠、省长王国生的高层会谈，形成湖北省支持院属在武汉研究所科技创新发展的会议纪要。推动武汉市政府启动水生所梁子湖现代渔业基地建设用地的置换工作；协助武汉病毒研究所郑店实验室建设经费概算从 1.2 亿调整到 2.7 亿，争取武汉市政府召开专题协调会解决病毒所整体搬迁的建设用地和经费支持问题；协助武汉植物园扩充发展用地规划得到东湖高新区批复立项。

2. 积极推动研究所参与长江中上游生态环境保护及产业升级创新集群建设。联合成都分院及区域内院属单位，组建领导小组和专家工作组，通过多次会议研讨，明确了集群建设的战略定位、思路与目标、主要任务和管理机制体制，形成以“水”为主线的生态环境保护和以“信息技术”为支撑的产业升级两个子集群建设方案。

3. 积极推动研究所融入“武汉东湖国家自主创新示范区”建设。一是组织研究所参与武汉国家生物产业基地科技支撑平台建设，遴选入驻团队，重点在磁共振分析方法、新发传染病防治、水环境修复技术等方面开展集成研发。二是组织产业化目标明确的项目入驻“武汉未来科技城”，重点抓好光机电、岩土工程、生物工程等领域产业化项目的入驻工作。

三、着力拓展院地合作新领域，为“一三五”规划实施提供平台保障

1. 深化与三峡集团的合作。在双方形成良好合作关系的基础上，进一步建立规范有效的合作机制。深入推进百万千瓦蒸发冷却水轮发电机、水库温室气体排放监测与评估等一批项目的实施。以香溪河生态站、褐煤洁净利用工程中心等为平台，与企业共同争取和承担国家科技支撑计划、筹办和争取国家工程实验室，有效发挥中科院在大坝生态环保和安全运营等方面的科技支撑作用。

2. 拓展与武船重工的合作。以项目为切入点，积极推进船用新材料、深海装备研制、船舶建造信息化平台等 11 个项目合作，其中“船舶制造企业精细化管控平台应用示范项目”得到了科技部立项支持。以合作共建的方式筹建“高技术船舶研制工程中心”，搭建研发平台，组织引导有关研究所围绕船舶建造过程中的重大、关键技术问题开展集成研发和成果转化。

3. 抓实湖北育成中心建设。一是完善体制机制。建立健全人员管理、项目管理、资金管理等各项规章制度。二是落实各项经费。中心每年运行经费 200 万元已列入省级财政预算，省院合作专项资金 5400 万元已落实到位。三是搭建产业孵化平台。光机电一体化中心和生物技术工程化中心两个平台挂牌运行，一批研发项目顺利展开。四是部署重点项目。启动院地合作、战略性新兴产业及省院合作专项等研发项目 23 项，争取省院经费 6190 万元。五是加强项目跟踪管理。“三维超声波探伤仪产业化”项目获国家发改委 2011 年装备制造业产业结构调整专项支持，“碳纳米管改性的铝合金材料及其在电力输运相关部件的应用”项目入选 2011 年中科院第一批战略新兴产业项目，“激光供能系统及 GaAs 光电池核心器件研制”项目获国科控股基金支持，为企业融资 2500 万元。

4. 推进湖南中心发展。一是争取地方支持，为中心的工作条件、运行经费、项目申请、团队建设及人才引进优惠政策等提供支撑和帮助。二是部署合作项目，推进“面向业务的网络服务监控系统”、“25 MW 级燃生物质循环流化床发电锅炉”等一批项目启动实施。三是创新投融资平台，促成中心与深圳市红十三投资管理有限公司签订合作协议，募集资金30亿元。

在2010年合作成效快速增长基础上，2011年中科院与鄂湘两省企业合作新增销售收入142亿元，利税18.2亿元，社会效益203.7亿元。

四、着力形成“争先”、“气正”的氛围，为“一三五”规划实施提供文化保障

1. 指导推进创先争优活动。通过建立创先争优活动的研究部署机制、指导推进机制和督办落实机制，引导创先争优活动不断深入。以“迎接建党90周年”为主题，广泛开展树典型、学先进、作表率活动，开展以创建“五个好”先进基层党组织、争当“五带头”优秀共产党员为主要内容的多层面的点评和表彰活动。召开胡锦涛总书记“七一”讲话精神学习交流会、专题报告会，将学习活动与落实“一三五”发展规划结合起来，进一步形成学习先进、争当先进、赶超先进、奉献科研的浓厚氛围。

2. 大力弘扬“科学院精神”。把创新文化建设作为新时期党建工作的重要抓手，通过组织创办“管理创新高级研修班”、党支部工作培训班、党的知识培训班、系列人文讲座、文化教育讲坛、纪念教育活动和构建学习型党支部平台等多种方式，开展以创新文化建设推动新时期党建工作的探索与实践。围绕培育正确的科技价值观，把一批优秀科学家的精神理念、价值观念、道德风貌和人格魅力，归结为创新文化的精髓，总结创新案例，编印事迹汇编册，着力发挥榜样的导向、牵引作用，营造勇于争先、甘于奉献、团结协作、宽松和谐、安心致研的创新文化氛围环境。

3. 扎实开展反腐倡廉工作。一是以综合治理为抓手，认真抓好科研经费监管工作。坚持抓廉政教育，深入各研究所宣讲，着力提高拥有科研经费签字权的科研骨干和项目负责人的廉政意识；坚持抓制度建设，研究印发《关于加快推进研究所惩治和预防腐败体系建设，进一步健全相关制度的指导意见》、《科研经费管理风险识别与控制指南》，指导研究所开展科研经费管理风险防范；坚持抓审计监督，以收支真实性、合法性审计监督为重点，着重抓好对重要科学家和重大科研项目的监督。二是以部署检查为手段，指导推进研究所纪委工作。注重发挥分院纪检组的组织引领作用，通过年初抓工作部署、年中抓阶段总结交流、年底抓综合检查和考核测评，整体推动地区反腐倡廉工作，保证研究所发展的健康有序、风清气正。注重抓好队伍建设和机制建设，分院和研究所先后引进6名专职审计人员，组建监审工作组，形成分院纪检组与研究所纪委、监审部门有效联动的工作机制。

五、着力帮助研究所解决实际困难，为“一三五”规划实施提供服务保障

1. 构建“大后勤”工作模式。充分发挥小洪山各成员单位主管领导参加的“园区管委会”的作用，努力形成园区“共建共管”的工作格局和工作机制，实现了园区水、电、气、暖等基础设施建设、维护的集体决策、共同投资和集中管理；实现了园区安全保卫、环境美化、和谐稳定等工作的联防联动和同步推进。

2. 解决科技人员“所需、所忧”。一是积极寻求地方政府的帮助，努力解决科技骨干、引进人才的子女入学问题。以协议方式保证副研以上人员的子女入读省属最好的学校或插班入读市属最好的学校。二是积极搭建平台、沟通信息，帮助研究所之间建立协商机制，交叉解决引进人才的配偶工作安排问题。三是修建社区医务室、活动室、羽毛球馆，为科技人员就近看病、锻炼身体提供场所和方便。

3. “筑巢引凤”，打造“宜居”环境。一是保证20 000平方米职工集资建房高质量完工，并通过竣工验收和分配到户。二是争取地方政策，寻求人才住房的绿色通道，积极向政府有关部门申请面向年轻科技人才的公租房和周转房。

（撰稿：何长才　徐　伟　审稿：陈平平）

广州分院

院　　长：陈　勇
地　　址：广州市先烈中路100号
邮政编码：510070
电　　话：020－87685256
传　　真：020－87685791
电子信箱：bgs@gzb.ac.cn
网　　址：http://www.gzb.ac.cn

中国科学院广州分院于1956年筹建，1958年成立。1961年广州分院与武汉分院合并成立中南分院。1969年中南分院撤销。1978年5月恢复成立广州分院。

广州分院是中国科学院机关的派出机构，联系南海海洋研究所、华南植物园、广州能源研究所、广州地球化学研究所、亚热带农业生态研究所、广州生物医药与健康研究院、深圳先进技术研究院、三亚深海科学与工程研究所（筹）、中科院广州化学有限公司、中科院广州电子技术有限公司共10个单位。

截至2011年底，广州分院职工总数3438人。其中科技人员3097人，包括中国科学院院士1人、俄罗斯科学院外籍院士1人、国际欧亚科学院院士4人。

一、领导班子建设

1. 完成领导班子换届考核工作。2011年，分院完成了南海海洋研究所、广州电子技术有限公司领导班子考核换届，华南植物园领导班子届中考核工作；完成了广州化学有限公司党委换届工作；此外，协助中科院人教局完成了南海海洋研究所2位拟任所局级领导干部的提任考察、广州生物医药与健康研究院招聘副院长及广州化学有限公司后备干部推荐工作。副院长任命、广州化学有限公司总经理提任考核工作。

2. 完善领导班子管理制度。干部选拔任用落实全程纪实工作制度，完善所长任期目标管理制度和领导干部竞争上岗、考核评价制度。认真组织开展院（所）党员领导干部民主生活会，分院班子成员分头参加并给予指导。组织召开分院思想政治工作理论研讨会、所长书记联席会议，围绕中心工作推进院所发展。

3. 加强班子自身建设。会同上海分院领导班子成员认真学习胡锦涛总书记“七一”重要讲话精神，结合“创新2020”等实际工作进行交流研讨。召开了分院党组中心组学习扩大会议，围绕国务委员刘延东的重要讲话精神展开学习讨论。召开党组会、院长办公会，集体研讨决策重大事项。认真开好分院党组民主生活会，深入开展批评与自我批评。密切联系群众，班子成员坚持每月一次院领导接待群众日。

4. 深入开展创先争优活动。一是结合启动实施“创新2020”、院省合作和“十二五”规划，立足本职开展创先争优活动。二是注重建立创先争优长效机制，进一步加强基层党组织建设。三是大力弘扬先进，树立典型，举行了分院庆祝中国共产党成立90周年大型文艺汇演暨创先争优活动表彰大会。四是积极推进基层党组织党务公开工作，对院属各单位开展党务公开工作进行全面检查。

5. 推进党风廉政建设。举办了分院反腐倡廉教育学习报告会。修订了《分院党风廉政建设责任制实施细则》，完成了分院机关及所属各单位的反腐倡廉量化评价工作。开展了以“以人为本，执政为民”为主题的纪律教育学习月活动。完成了2011年分院机关党风廉政建设和惩防体系建设42项分解工作任务。落实“三谈两述”制度，纪委负责人同下级党政主要负责人谈话21人次，对新任领导干部任前廉政谈话33人，诫勉谈话2人，领导干部述职述廉22人次。

6. 深入推进创新文化建设。进一步贯彻《中国科学院2010—2020年创新文化建设纲要》，加强科研道德、职业道德建设、和谐院所建设。组织编写10多篇创新案例，推选1个团队、2名个人申报中科院创新文化建设先进团队和先进个人。

二、院地合作工作

1. 院省合作成效显著。据统计，2011年中科院广东省合作项目新增148项，实施项目797项；通过科技成果转移转化，使地方社会企业新增销售收入355.9亿元，利税近60亿元，同比增长15%，新增销售收入占2011年广东地区新增生产总值的6.4%。

2. 中国散裂中子源项目开工建设。2011年10月，我国迄今最大的国家重大科技基础设施——中国散裂中子源在东莞开工建设。该项目由中科院和广东省共同建设，选址于广东省东莞市大朗镇，总投资16.7亿元，预计2018年完成建设。

3. 广州工研院二期建设进展良好。2011年3月在北京签署了“加快推进广州中国科学院工业技术研究院建设合作协议”。4月启动广州工研院“一院三所”二期建设。5月成立广州工研院第一届理事会。广州中科院软件应用技术研究所、广州中科院沈阳自动化研究所分所、广州中科院先进技术研究所正式成立，并实行理事会领导下的所长负责制的管理体制。7月3个新所获广州市编委批复分别注册为事业法人。

4. 东莞云计算中心成立。2011年3月在北京签署了“共建中国科学院东莞云计算产业技术创新与育成中心意向书”。4月商定共建云计算平台的建设目标、建设内容、管理架构、双方投入安排等内容。10月签订了《中国科学院东莞云计算产业技术创新与育成中心协议书》。12月22日，中科院批准成立“中国科学院云计算产业技术创新与育成中心”。

5. 南海海洋研究所主体搬迁正式确定。2011年10月在广州签署《推进中国科学院南海海洋研究所主体迁驻广州市南沙区合作协议》。2015年南海所将完成用地面积为85亩的研究所主体园区、科考基地和科普基地建设。同时，协助南沙区打造国际一流的现代化海洋水族馆。

6. 产业技术创新与育成中心渐成规模。佛山育成中心实施所企合作项目450多项，形成中试产品近50项，育成企业26家，实现社会新增产值超过100亿元。广州育成中心组织30个产业化项目进驻南海生物医药产业园，育成企业近20家。深圳育成中心孵化成立了52家科技企业，资产规模超过15亿元。

7. 广州分院代表中科院参与承办第十三届深圳高交会。中科院展馆面积5000平方米，组织29家研究所和共建机构的240多个项目参展。展出主题为“感知中国”，直观呈现物联网发展的现状及未来。中科院展团被高交会组委会授予“优秀组织奖”和“优秀展示奖”。

三、科技创新工作

1. 抓好研究院所启动实施“创新2020”工作。2011年初，路甬祥院长调研广东，广州分院专题汇报了区域创新集群建设情况，所属研究所认真交流了实施“创新2020”的初步设想。年中，组织研究院所党政主要领导深入学习中科院夏季党组扩大会精神，引导研究所认真梳理自身的定位、特色和不可替代性。年末，白春礼院长调研广州分院，专题汇报了广州分院构建广东华南创新高地的战略布局和思路，以及组织实施“一三五”规划战略情况，以及体制、机制、文化等保障措施。

2. 承担项目和获奖成果保持良好趋势。2011年，分院组织院属单位联合申报广东省科技计划重大项目、联合基金项目，全年共执行科研课题2777项，课题总经费23.3亿元，到位科研经费8.2亿元；获新批准或新合同科研项目1295项，新增合同经费13.5亿元。全年取得科技成果81项，发表论文1874篇、SCI收录论文909篇；获2011年国家自然科学奖二等奖、国家科技进步奖二等奖各1项、广东省科学技术奖一等奖1项；全年专利申请受理量603件（发明专利520件）、专利申请授权量336件（发明专利197件）。

3. 加快广州教育基地建设。2011年，广州教育基地培养单位共招收研究生601人（博士生247人、硕士生354人）；毕业研究生473人（博士生218人、硕士生255人），毕业生就业率98%；在学研究生1925人（博士生888人、硕士生1037人）。新增博士培养点4个、硕士培养点3个。此外，分院协助广州市政府成功举办第十四届中国留学人员广州科技交流会。

（撰稿：郭　震　审稿：黄宁生）

成都分院

院　　长：张雨东
地　　址：四川省成都市人民南路四段9号
邮政编码：610041
电　　话：028－85223696
传　　真：028－85223719
电子信箱：bgs@cdb.ac.cn
网　　址：http://www.cdb.cas.cn

中国科学院成都分院前身是1958年3月成立的中国科学院四川分院，1962年机构调整更名为西南分院，1970年下放四川省管理，1978年1月恢复重建后使用现名。

成都分院是中国科学院派出机构，负责联络和协调中国科学院驻四川省、重庆市的研究所和公司，包括中国科学院光电技术研究所（以下简称“光电技术所”）、中国科学院成都生物研究所（以下简称“成都生物所”）、中国科学院水利部成都山地灾害与环境研究所、中国科学院成都有机化学有限公司、中国科学院成都信息技术有限公司、成都中科唯实仪器有限责任公司、中国科学院成都文献情报中心、中国科学院重庆绿色智能技术研究院（以下简称“重庆研究院”）（筹）。

截至2011年底，成都分院系统共有在职职工3200多人，其中科技人员2000多人，包括中国科学院院士2人、中国工程院院士2人，研究员200多人、副研究员600多人。

一、领导班子和后备队伍建设

1. 领导班子建设。以选好配强班子为重点，着力抓好班子成员理想信念教育，全面突出凝聚力和创新能力，形成了老中青结合、科研与管理配合、党政协力的格局。配合院党组完成光电所、成都山地所、成都生物所班子成员调整、成都文献情报中心班子换届以及重庆研究院（筹）班子配备。其中，研究所班子成员24名，转制单位班子成员14名。

2. 后备干部队伍建设。坚持与领导班子建设的整体规划相结合，坚持与青年科技人才培养相结合，坚持近期使用与中长期培养相结合，集中完成了成都山地所、成都文献情报中心和三家公司后备干部调整，建立了一支近40人的后备干部队伍，为领导班子调整和换届打下了良好基础。

3. 人才队伍建设。成都分院积极利用“千人计划”、院人才专项、四川省人才计划，以优势学科和主要方向为重点，开展人才引进和智力引进工作。2011年新增各类高层次人才25人，其中，获中科院青年科学家称号1人，到位中科院“百人计划”4人，王宽城西部学者突出贡献奖3人，四川省学术和技术带头人4人、突出贡献专家2人、学术和技术带头人后备人选11人。

二、党建与创新文化建设

1. 加强学习型党组织建设。组织学习传达党的十七大以及十七届五中、六中全会精神，“七一”讲话精神，院2011年度工作会议精神；加强对各单位党委民主生活会的指导，把整改工作落到实处；加强中心组学习，规范和落实学习制度，突出理论学习重点。

2. 深入开展“创先争优”活动。以建党90周年为契机，举办了“党建带群建，创新跨越”主题活动；开展了分院系统表彰暨红歌会，积极参与四川省科技系统文艺汇演等多种活动，体现了凝心聚力、激发斗志、创新发展的良好局面。

3. 参与并开展形式多样的体育活动。成都分院代表院参加全国保龄球锦标赛，获得团体第五名、个人队际赛第三名；开展“我运动、我快乐、我健康”全民健身活动；举办成都分院职工田径运动会。

4. 规范离退休津补贴工作。深入调研、统一部署、统一标准、统一思想，稳妥做好老同志思想工作。

5. 强化支撑服务，保障创新发展。基本完成灾后恢复重建项目；初步完成了综合楼和基础设施改造项目的验收；加强综合治理，园区各类案件逐年下降；加强与园区各单位、社区、业委会沟通协调，完成环境改造和整治等多项工作。

三、院地合作

2011年，中科院与川渝藏开展科技合作项目663项，实现销售收入96.3亿元、利税18.4亿元、社会效益166亿元。以地奥集团、成都信息公司等为代表的一批高新技术企业实现销售收入超24亿元。

1. 院省市区高度重视院地合作工作。中科院与四川省、重庆市分别签署第三轮科技合作协议；中科院院地合作局、成都分院联合绵阳市召开支持绵阳科技城建设成果对接会，签署8项协议，达成20余项合作意向，有力地支持了科技城建设；中科院、重庆市和三峡办签署共建重庆研究院的协议，重庆研究院（筹）的各项工作正在积极有序的推进；中科院与西藏自治区领导举行座谈，确定“十二五”合作重点集中在西藏生态屏障建设、盐湖资源绿色开发和新能源利用等方面。

2. 深入企业，调研需求，促进结合。成都分院积极组织相关院所调研长虹电子集团有限公司、攀钢集团有限公司、中国第二重型机械集团公司、东方汽轮机有限公司、四川九洲电器集团有限责任公司等上百家企业技术需求，促成中科院的技术成果在企业的转移转化。

3. 加强与政府交流，发挥其助推作用。围绕区域经济发展需求，与川渝藏相关政府部门，组织项目对接和成果发布会30余次，促进了科技与经济结合，取得了一定的成效。

4. 加强与高校合作，促进协同发展。积极开展与四川大学、西南科技大学、成都理工大学等高校的合作；促成西南科技大学与沈阳自动化研究所、光电技术所联合共建省级“特种环境机器人重点实验室”；支持中国科学技术大学与西南科技大学联合开展人才培养的合作；促成成都文献情报中心与西南科技大学、绵阳师院共建信息咨询平台。

四、纪检、监察和审计

把党风廉政建设纳入分院的任期目标，开展党风廉政宣传教育，完成了党政主要领导与分管领导、各研究所及分院机关各职能部门负责人签订任期内党风廉政建设责任书的工作；完成了光电技术所、成都生物所、成都山地所和成都文献情报中心分馆反腐倡廉工作量化考评；完成了“一报告、两评议”和领导干部个人有关事项报告工作；完成了山地所届中审计，光电技术所部分课题经费使用情况的检查等；抓好专项和重点领域的监督督察，加强监督管理和廉政风险防控。

五、院士联系工作

成都分院和四川省科技厅共同承办院士咨询会，11位两院院士把脉四川省“十二五”科技发展规划；组织院士专家出席“科学与中国·成都院士讲坛”，发挥院士群体的社会影响力，服务区域发展。

六、公共事务管理和协调

成都分院与武汉分院以生态环境保护和产业升级为主线，积极策划长江中上游创新集群方案，初步明确了成都分院生态环境保护重点关注青藏高原和三峡库区，产业升级重点关注成渝经济区和攀西经济区。目前创新集群取得积极进展，获院专项经费支持。

七、研究生教育基地建设

从抓教育管理、素质教育、社会实践和文化建设着手，积极开展研究生培养工作。完成了“天地人大讲堂”、特色英语教育等工作，启动并完成了研究生社会实践项目12个。

（撰稿：陈　锋　彭　丽　审稿：王学定）

昆明分院

院　　长： 王庆礼
地　　址： 云南省昆明市茨坝青松路19号
邮政编码： 650204
电　　话： 0871－5223106
传　　真： 0871－5223217
电子信箱： office@mail.kmb.ac.cn
网　　址： http://www.kmb.ac.cn

中国科学院昆明分院的前身是1957年成立的中国科学院昆明办事处，1958年扩建为中国科学院云南分院。1962年，中国科学院云南分院与四川分院、贵州分院合并，共同在成都成立中国科学院西南分院。1978年10月，经国务院批准，西南分院撤销，成立中国科学院昆明分院。

昆明分院是中国科学院机关的派出机构，负责联络和协调中国科学院驻云南、贵州地区的科研机构，包括昆明植物研究所、昆明动物研究所、西双版纳热带植物园、地球化学研究所和云南天文台共5个科研机构。截至2011年底，昆明分院系统共有在职职工1714人，其中科技人员1051人，包括中国科学院院士7人，第三世界科学院院士2人，研究员187人。

一、领导班子和后备干部队伍建设

1. 领导班子调整考核。完成地球化学研究所领导班子个别调整，新增2名年轻副所级干部，班子整体功能得到进一步完善；顺利完成昆明动物研究所届中考核。

2. 加强了领导干部监督与培训工作。对研究所中层干部的选拔聘用进行“一报告两评议”；严格执行领导干部个人有关事项报告制度、述职述廉制度；组织安排所级领导年度考核表、正职报告和个人有关事项报告等工作；参加了4所（园、台）的民主生活会；进一步加强领导干部培训，组织“领导力”讲座等。

二、党建与创新文化建设

组织机关开展庆祝“建党90周年”系列活动。组织唱红歌活动、书画摄影大赛活动、参观云南陆军讲武堂、观看《建党伟业》影片、“读红色经典”活动。深入开展“创先争优”活动。完成了省直机关党建工作责任制检查。完善支部学习制度，组织机关党员干部参加反腐倡廉知识竞赛活动。组织分院各单位领导、机关干部认真学习十七届六中全会精神。

三、院地合作

1. 推动院省高层会商。昆明分院积极推动中科院与贵州省人民政府科技合作座谈会在北京举行。中科院院长白春礼、副院长施尔畏，贵州省省长赵克志、常务副省长王晓东出席座谈会。白春礼做了重要讲话，会议确定了院、省“十二五”科技合作战略思路，形成了“院省科技合作会谈纪要”，为“十二五”中科院与贵州省的科技合作打下了坚实基础。

2. 谋划组建“中科院贵阳科技创新园”。昆明分院积极与贵州省科技厅、贵州科学院等单位合作，积极谋划在贵阳组建中科院贵阳科技创新园，其中建设单元包括：昆明植物研究所贵阳分所、中科院贵州矿产资源综合洁净利用工程技术中心、中科院－贵州产业育成与转化中心、中科院－贵州复合材料联合技术中心等创新单元。

3. 积极做好“区域创新集群”建设准备工作。昆明分院会同院生物局联合滇川黔桂4省区8单位形成并向中科院上报了“西南资源与生物多样性可持续利用创新集群建设方案”，并分别向中科院院长白春礼和副院长李家洋进行了专题汇报。

4. 谋划组建“西南资源与生命科学技术研究院”。根据“创新2020”战略部署，昆明分院正积极谋划在昆明组建“西南资源与生命科学技术研究院”，初步方案已经形成，所需160亩用地已经得到落实。

5. 切实推进重点区域合作。继续推进分院与昆明市的合作。“建设面向西南开放的昆明科技桥头堡”项目通过验收，签订了“共建生物产业科技信息资源共享平台协议”和“呈贡苗木基地建设合作框架协议”，“昆明国家生物产业基地公共实验中心”和“昆明国家生物产业基地实验动物中心”正式授牌。

深入推进与毕节地区的合作。昆明分院联合贵州省科技厅于2011年3月与毕节地区行署签署了新一轮合作协议，将每年50万元的合作引导资金提高到150万元，同时从征集的18个项目中筛选确定了2011年三方合作的8个项目。

6. 扎实组织实施西部专项计划项目。①科技支滇工程。在院地局的支持下，2011年度8个科技支滇工程项目开始实施。②项目评审及申报。组织全院37个单位的59个项目评审，向科学院申报院地合作储备项目17项和战略性新兴产业项目4项。③科技支黔工程。对“十一五”

的21个项目进行了实施效果调查和绩效评估，并向科学院上报了“中科院西部专项工程计划——科技支黔‘十一五’实施总结报告”，得到了中科院院长白春礼和副院长施尔畏的高度评价。

7. 积极推进科技扶贫工作。昆明分院与昆明市东川区签署科技扶贫协议，在东川举办了科普讲座和科技培训，向东川乌龙中学捐赠《新华汉语词典》，为学校师生饮水工程捐赠资金。云南“兴边富民”工程得到科学院党组的重视，获得专项支持经费100万元，实质工作正在推进中。

8. 加强科技成果推介。组团参加贵州省科学技术大会，院属15个研究所的40项科技成果参展，签署了9000万元的项目合作协议。组织32项成果参加了杨凌农高会、新疆科洽会、泰州科洽会和深圳高交会，其中与新疆企业签订了6项合作协议，协议金额超亿元。

9. 院地合作成效明显。2011年度调查统计中科院与云贵两省合作项目155个，为地方企业新增经济效益86.3亿元，新增利税41.2亿元，新增社会效益33.9亿元。

四、纪检、监察和审计

1. 加强纪监审队伍建设。昆明分院成立了监察审计处，设处长1名，监察员、审计员各1名；成立了纪监审工作组，特邀审计员1名，监察员6名，审计员11名。

2. 以强化责任为根本，提高认识，狠抓落实，完成反腐倡廉量化评价工作。在昆明植物研究所进行了量化试点工作。

3. 举办反腐倡廉量化考评工作的细化培训班；组织评价组对各单位进行了评价。分院机关接受了院监审局的评价。以审计工作为抓手，加强对科研课题经费的使用管理。

五、院士联系工作

圆满完成“学部第四届咨询评议工作委员会第十三次会议”会务组织工作；做好欧阳自远院士为分院系统、昆明市各级领导干部所做的两场《嫦娥工程——中国人的探月梦想》报告的组织工作；协助昆明市委领导走访院士；做好分院领导在春节、教师节等重要节日慰问院士工作；慰问生病、住院院士及院士的疗养和祝寿工作。

六、公共事务管理和协调

1. 信息宣传工作，结合开展“建党九十周年”活动和“纪念蔡希陶诞辰100周年”宣传活动，在昆明分院的网页上开辟专栏，加大对外宣传；做好信息宣传发布工作，全年共编发机关各部门信息共168条、编发昆明分院各单位信息共664条。接待《人民日报》记者深入一线采访昆明分院相关单位。

2. 安全保卫工作。根据国务院及中科院对安全工作的要求，分院领导带队到昆明分院各单位开展科研生产安全大检查和安全隐患排查工作。参加了中国科学院西部地区第十届安全工作研讨会，提交8篇论文参加交流。

（撰稿：解继武　陈嘉琪　审稿：沈　华）

西安分院

院　　长：周　杰
地　　址：西安市咸宁中路125号
邮政编码：710043
电　　话：029－82160921
传　　真：029－82160911
电子信箱：baihua@ms.xab.ac.cn
网　　址：http://www.xab.ac.cn

一、基本情况介绍

中国科学院西安分院前身是1954年7月成立的中国科学院西北分院，负责管理中国科学院在陕西的西北农业生物土壤研究所、考古研究所西安考古室、兰州中兽医研究室、北京地质研究所兰州地质研究室、兰州图书馆、地球物理研究所兰州观象台、兰州物理研究所、大连石油研究所兰州分所等8个研究单位。1956年4月，中国科学院西北分院迁到兰州，同时在西安建立了中国科学院西北分院西安办事处。1958年4月，中国科学院西北分院西安办事处更名为中国科学院陕西分院。1962 年 9 月，在中国科学院兰州分院和陕西分院的基础上，建立中国科学院西北分院，负责管理中国科学院在西北地区的研究单位。1970 年，中国科学院西北分院撤销，所属科研机构划归陕西省科技局领导。1978 年 11 月经国务院批准中国科学院西安分院恢复成立。

西安分院是中科院机关的派出机构，与陕西省科学院合署办公。西安分院负责联络和协调中国科学院驻陕西地区的西安光学精密机械研究所、国家授时中心、地球环境研究所、中国科学院教育部水土保持与生态环境研究中心、秦岭国家植物园。

截至 2011 年底，分院系统共有在职职工 1602 人。其中，专业技术人员 1298 人，包括中国科学院院士 4 人，中国工程院院士 1 人。

2011 年，西安分院遵照院党组“民主办院、开放兴院、人才强院”的战略要求和院长办公会调整分院机关职能的指示精神，以服务研究所、服务地方经济社会发展为主题，围绕促进“创新 2020”和“一三五”规划中区域创新集群建设等重点工作，加强党的建设、强化分省两院研究所协同发展，抢抓机遇，开拓创新，各项工作取得了显著的进展。

发挥分院与省院密切结合的特色和优势，把省科学院作为区域创新体系的重要组成部分。按照院领导指示，探索建立与省科学院的战略伙伴关系，聚集筹措多方资源，加大对陕西省科学院事业发展的关注与支持。

二、领导班子和后备干部队伍建设

加强干部队伍建设，规范选拔管理程序。严格按照规定，先后完成省属研究所班子换届和届中考核工作，拟定了后备干部选拔与培养计划，制定了《中国科学院西安分院所级后备干部选拔培养实施细则》。

在分院班子调整充实的基础上，根据考核和巡视的反馈意见，多次召开专题会议，确定未来建设目标。以建设学习型组织为目标，加强目标考核，促进分院机关建设，工作效率有所提高。

三、党建与创新文化建设

结合建党 90 周年庆祝活动，继续深入开展创先争优活动，组织开展了分省院所属 8 个基层党组织创先争优工作点评活动。分院党组分别召开系统民主党派、无党派人士、中青年骨干代表和机关老党员等座谈会。隆重召开“分省院庆祝中国共产党成立九十周年大会”，回顾成绩，表彰先进。同时，举行大型文艺汇演活动和职工田径运动会，加大对科研成果和优秀科技工作者的宣传力度，促进创新文化建设。

进一步探索新方法和新途径，发挥基层党组织政治核心与战斗堡垒作用，创新党员教育管理，党组成员深入各研究所开展党建工作调研，邀请专家做党史学习辅导报告，组织系统内所级领导、中层干部和基层党支部书记到贵州、陕北等地开展实践锻炼活动。这些系列党建活动有力地保障促进了科技创新的开展。

四、院地合作

为了进一步推动西安地区研究所“创新 2020”工作，围绕“一三五”规划和各项保障措施的落实，组织各所班子成员深刻学习领会院夏季党组扩大会精神，加强学习和交流，探索解决发展共性问题和困难。

与兰州、新疆分院密切协作，认真组织参与“西北生态环境治理与资源可持续发展利用创新集群”建设，经过调研分析，确定“能源基地生态环境恢复与修复技术集成及示范应用、能源高效清洁利用技术的集成与应用示范、秦岭生态环境保护与区域经济社会的可持续发展”3 项内容为西安分院区域创新集群建设的重点内容。

编制西安分院院地合作“十二五”规划，完成陕西、宁夏两省区产业科技需求的调研和文本编制工作。据不完全统计，西安分院负责地区成效统计情况为，新增销售额 69 500 万元、新增利税 19 700 万元、新增社会效益 65 800 万元。

中国科学院院长、党组书记白春礼在陕调研期间与中共陕西省委省政府领导会谈，有力推动了院地合作工作。与陕西省发改委共同组织召开了“院省合作领导小组工作会议”，共同举办科技与经济合作项目推介会，强化研究所与企业和政府部门的沟通。此外，还分别与商洛市政府、西安经济开发区、杨凌示范区等建立了联系，确定了合作内容与形式等。目前，已与陕西省建立了深入合作的有效工作机制。

促成中国科学院与宁夏回族自治区人民政府签署了科技合作协议，完成了全国最后一个与中科院签订科技合作省区的任务，从而为西安分院院地合作工作形成了新起点和新内容。2011 年 11 月中国科学院与银川市政府签署共同推进银川科技园建设合作协议。

五、纪检、监察和审计

坚持廉政为要，狠抓作风建设。多次组织分省院系统领导干部认真学习胡锦涛同志在中央纪委六次全会重要讲话，进一步深入推进党风廉政建设责任制和惩防体系建设，完成了对分省院党风廉政建设责任制实施细则的修订与完善。

成立分省院各专项治理工作领导小组和办公室，制定了工作措施，认真组织开展专项治理工作；组织各单位制定重要部门、重点岗位廉政风险点防范措施，切实加强重点领域的预防和监督。以研究项目和科研课题审计为重点，加强审计监督工作。

继续开展党风廉政建设宣传教育月活动。组织干部职工参观学习全国检察机关惩治和预防渎职侵权犯罪展览陕西巡展和“党的十七大以来陕西省反腐倡廉建设成果展”，完成所属研究所反腐倡廉量化评价工作。

六、公共事务管理和协调

为进一步提高分院机关的服务和管理水平，提出了“规范内部管理，改变工作作风，提高管理水平”的建设目标，并采取了相应的措施。

在完成机关定编定岗规划的基础上，重新调整岗位设置，公开招聘 5 位新同志，优化人员结构。

注重制度建设。在规范决策程序、完善会议制度、明确部门责任、强化绩效管理等方面作了明确的规定。检查和清理了相关规定和制度。

着重工作实效性。利用西安分院网络中心的条件，为研究所提供信息化建设相关技术支撑；发挥分院的协调作用，组织研究所认真研究离退休干部管理中的各种问题，保证区域内离退休干部各项待遇基本平衡；促进水保中心管理体制与机制的进一步理顺；完成研究所安全保卫保密体系建设验收，为“创新 2020”保驾护航；与北京分院共同召开“中科院北京－西安民主党派工作交流研讨会”，等等。

（撰稿：张行勇　审稿：周　杰）

兰州分院

院　　长：王　涛
地　　址：甘肃省兰州市天水中路 6 号
邮政编码：730000
电　　话：0931－2198855
传　　真：0931－8279855
电子信箱：lzb@lzb.ac.cn
网　　址：http://www.lzb.cas.cn

一、基本情况

中国科学院兰州分院的前身是 1954 年经政务院批准成立的中国科学院西北分院筹委会，1958 年经中国科学院决定撤销西北分院筹委会，成立中国科学院兰州分院。1962 年，中共中央西北局与中国科学院商定撤销陕、甘、宁、青四省（区）分院，成立中国科学院西北分院。1970 年，中国科学院西北分院撤销。1978 年重新恢复中国科学院兰州分院。

兰州分院是中国科学院派出机构，其主要职能是，配合做好所在地区院属 7 个单位的领导班子和后备干部队伍建设，组织开展干部监督、管理和教育工作；组织指导所在地区院属单位的党建和创新文化建设工作；开展院地合作，加强与地方政府部门的联系，推动科技转移转化平台建设，汇集全院力量为区域经济社会发展服务；配合院有关部门，负责所在地区院属单位的纪检、监察、审计工作，并指导和监督财务管理工作；联系和服务所在地区的中国科学院院士；承担院赋予的其他公共事务管理和协调工作，为所在地区院属单位提供必要的公共服务；承担区域创新集群的协调与支撑；承担研究生教育基地建设和研究生管理等 8 项职能。兰州分院负责联络和协调中国科学院驻甘肃、青海两省的研究所，包括：近代物理研究所、兰州化学物理研究所、寒区旱区环境与工程研究所、青海盐湖研究所、西北高原生物研究所、兰州油气资源研究中心和国家科学图书馆兰州分馆 7 个单位。截至 2011 年底，兰州分院系统共有在职职工 2804 人，其中专业技术人员 2136 人，包括中国科学院院士 7 人，中国工程院院士 1 人。

2011 年，兰州分院全力贯彻“民主办院、开放兴院、人才强院”的发展战略，围绕出成果、出人才、出思想目标，认真履行分院八项职能，不断推进“创新 2020”各项工作。

二、领导班子和后备干部队伍建设

1. 圆满完成了兰州分院领导班子换届和西北高原生物研究所领导班子届中考核。

2. 调整补充且形成了数量充足、结构合理、素质优良的兰州、西宁地区各单位的后备干部队伍。分院党组还协助和指导各单位加强中层干部队伍建设。

三、党建与创新文化建设

1. 深入开展创先争优活动。开展了“一诺三评三公开”、配发党员纪念卡、“红歌赛”、表彰“一先两优”、慰问老党员和困难党员、赴井冈山、延安等地参观学习以及党史、党性、党纪教育和主题党日等系列活动。

2. 加强学习型组织建设。通过举行党组中心组学习会议、所长书记联席会议、述职述廉工作会议等，加强党性修养、战略思维、决策能力和创新管理等内容的学习和业务交流。

3. 积极开展多种活动。隆重召开纪念建党 90 周年活动，树立典型、表彰选进；开展了组织人事干部“讲党性、重品行、作表率”活动；举办了第 6 期入党积极分子培训班；成立了兰州分院“党外知识分子联谊会”和“留学人员联谊会”，为广泛联系无党派人士和留学归国人员搭建桥梁。

四、院地合作

据不完全统计，2012 年科技合作项目形成销售收入 45 亿元、利税 6 亿元、社会效益 8 亿元。

1. 为国家重大生态工程立项和建设提供科学依据。在寒区旱区环境与工程研究所、西北高原生物研究所等单位参与和协作下，投资 47.22 亿元的《敦煌水资源合理利用与生态保护综合规划》项目启动实施；建议的“十二五”国家科技支撑计划项目“祁连山地区生态治理技术研究及示范”通过了可行性论证；受省政府委托，寒区旱区环境与工程研究所开展了甘肃省不同类型地区生态恢复与建设专项研究，为编制《甘肃省生态保护与建设“十二五”规划》提供了科学依据。

2. 为青藏直流联网工程建成和投运提供了强有力的科技支撑。该工程是 2010 年确定的西部大开发 23 项重点工程之一，总投资 162.86 亿元，其中冻土区线路超过 900 千米。寒区旱区环境与工程研究所、西北高原生物研究所、国家科学图书馆兰州分馆分别在冻土稳定性关键技术、植被恢复、国际冻土区电网建设运行情报研究等方面提供了重要的科技支撑。

3. 联建研发转化平台促成青海省实现国家高新区零的突破。在“科技支青”工程等项目带动下，共建的“青藏高原特色生物资源工程技术研究中心”在新产品开发、质量标准制定和人才培训等方面为入园企业提供支持，培育了一批生物技术、中藏药等高新技术产业；成立了青海省生态经济林浆果资源深度开发利用产学研战略联盟等；促成青海生物科技产业园于 2011 年 10 月升格为国家级高新区。

4. 为培育和发展战略性新兴产业助力。由近代物理研究所承担的“重离子治疗肿瘤专用装置产业化”项目，被列入省市战略性新兴产业重点项目，临床试验、设备加工正在进行，兰州重离子医学研究中心及测试调试中心取得划拨建设用地 50 亩。由电工研究所建设的“世界首座超导变电站”在甘肃白银入网运行；青海盐湖研究所在西宁国家经济开发区征地 43 亩，用于建设镁合金、氢氧化镁、新型菱镁建材等中试基地。

5. 服务于国家“柴达木循环经济试验区”和“甘肃循环经济试验区”建设。协调过程工程研究所、青海盐湖研究所、理化技术研究所等重点开展了以盐湖镁为主的综合利用技术研究；协调兰州化学物理研究所、西北高原生物研究所、金属研究所、理化技术研究所等参与甘青两省有色金属矿产资源和生物资源综合利用研究。

6. 与地方政府、院校密切联系。与天水市签署科技合作协议，与西北师范大学签订全面科教协议。将在技术转化推广、科技人才培养、资源开发、项目与平台建设等方面深化合作。

7. 推进创新集群建设。围绕“西北生态环境治理与能源资源可持续利用创新集群”建设，结合甘青两省区域发展战略和“十二五”规划，通过学习交流和战略研讨与各研究所达成共识，推动各单位制订方案，协同整合各方面建议初步形成了片区规划，并已着手与相关其他片区方案对接融合。

五、纪检、监察和审计

兰州分院以加强反腐倡廉重点领域预防和监督为重点，以反腐倡廉工作量化评价为有力抓手，以健全机构配齐队伍为契机增强工作合力，以宣传教育为引导筑牢思想防线，努力发挥分院纪检组的中坚作用，确保党风廉政建设各项工作落到实处。全年没有发现违法违纪问题和媒体曝光事件。

六、院士联系工作

协助举办中科院院士青海行活动，郑绵平等10位院士专家作了青海盐湖资源开发等10个专题的讲座；联合主办了第二届“绿洲论坛”，孙鸿烈等6位专家作了专题报告；受甘肃省政府委托完成了《东乡灾后重建资源环境承载能力评价报告》；就建设陇东煤电化工基地，与甘肃省科技厅共同策划组织了煤的清洁利用与转化调研活动；联办了全省教育单位“科学道德和学风建设宣讲教育”活动。

七、公共事务管理和协调

1. 协助做好人才工作。一是2011年度“西部之光”人才培养计划项目评审及2007年度入选项目终期评估工作顺利完成。二是全力通过各种途径推优荐贤。程国栋院士被评为甘肃省科技功臣，薛群基院士荣获中国机械工程学会科技成就奖等。三是统一组织群众性文化活动、部分培训；协调一致执行地方津补贴，应对相关问题；协助解决历史遗留问题等。

2. 着力解决科技工作者的“3H”相关问题。积极推动1422万m^2/1000余套棚户区危旧房改造工作；办好品牌中小学和幼儿园，切实解决了职工子女上学入园难问题；协调开辟了院士专家医疗体检绿色通道。卫生所转为社区医疗站，为职工和离退休人员提供便利服务。

3. 依托“虚拟养老院”创新离退休人员管理服务。兰州市政府投资并主导在全国率先创办虚拟养老院，旨在解决居家养老问题。分院联合研究所抓住机遇组织离退休人员集体入院，依托地方政府和社会资源解决养老服务“四就近”难题，得到了广大老同志的积极响应。

4. 拓展区域信息化应用。为建立符合学科和地域特色的信息化基础环境，探索和发展基于野外台站、大科学工程、重点实验室等的e-Science植入做好协调服务，促进信息化与科研科普活动密切结合。兰州分院系统信息化评估蝉联全院第一，分院机关信息化工作同样再次名列参加评估的11个分院首位。

八、研究生教育基地建设

重视研究生思想工作和心理健康以及就业创业教育；开设了研究生信息素质公开课；完成了兰州分院研究生会换届。不断加强研究生社团和文化建设，营造良好校园氛围。《科兰学子》编辑部入选2011年度中国科学院研究生院优秀学生社团。

（撰稿：宋华龙　王　晶　审稿：谢　铭）

新疆分院

院　　长：张小雷

地　　址：新疆乌鲁木齐市新市区北京南路科学一街341号

邮政编码：830011

联系电话：0991－3835430

传　　真：0991－3835229

电子信箱：zhangxl@ms.xjb.ac.cn

网　　址：http://www.xjb.cas.cn

一、基本情况

新疆分院成立于1957年7月30日。设水土生物土壤资源综合研究所、物理研究所、化学研究所、地质地理研究所、民族历史研究所。“文革”期间下放地方，后与新疆维吾尔自治区科委、科协合署办公。1977年11月27日，经党中央、国务院批准恢复中国科学院新疆分院。

新疆分院负责联系新疆生态与地理研究所、新疆理化技术研究所、新疆天文台。新疆分院今后10年的主要任务和目标是：作为科技援疆和向西开放的“桥头堡”，集结全院人力、装备、资金、政策等资源，构建科技创新与科技成果转移转化的基地，建设自主创新发展和支撑新疆区域发展相结合的国家远西部地区科技创新体系；突破一批资源与环境领域重大科技问题和关键技术，全面提高对区域发展、新疆及周边资源与环境监测与决策能力，实现干旱区资源、生态、环境基础理论突破，建成亚洲中部国际水平的资源与生态环境研究基地；紧密围绕自治区新兴工业化、农牧业现代化和新型城镇化战略需求，在新能源、新材料、电子信息、生物制药、环境工程、普惠健康、现代服务业等领域发挥科技支撑和引领作用；建设国际水平的大科学工程和公共科技服务平台，抢占国际科技和未来产业制高点；建设高素质人才队伍，队伍数量争取增加1倍以上，为新疆培养一大批高级人才。截至2011年底，新疆分院共有在职职工873人。

二、领导班子和后备干部队伍建设

完成新疆生态与地理研究所班子换届考核工作，院从京区研究所调配了1名优秀科技人员任新疆分院副院长、党组成员。成立新疆分院监察审计处，并招聘处长、干事各1名。同时，面向社会招聘分院科技合作处处长、办公室副主任、人事处干事各1名。分院及各所台后备干部按要求配备齐全。

三、党建与创新文化建设

定期召开中心组会议和党组民主生活会，学习党和国家及中科院重大会议精神，征集分院系统职工的意见和建议，并及时研究解决。举办53名入党积极分子培训班。举办职工运动会、离退休职工趣味运动会和研究生田径运动会。参加中科院田径运动会，取得好成绩。支持社区建设。开展第10个公民道德建设月和第29个民族团结教育月活动和“热爱伟大祖国，建设美好家园”主题教育活动。创建无邪教单位。

四、院地合作

举行新疆维吾尔自治区、新疆生产建设兵团与中科院科技合作座谈会，签署新一轮《科技合作协议》。组织10家分院近40个研究所和各级各类科研机构、高等院校参加第六届科洽会，签署合作协议及意向549个，签约金额83.2亿元。其中，中科院系统与各方签约22项，签约金额达14.3亿元，实现历史突破。参与组织“天山南北院士行”活动，30多位院士、专家就新疆洪水调控利用与地下水储备战略、新疆矿业发展战略与科技路线图、北疆出境大通道建设咨询等开展调研。参与完成科技部“科技支撑引领新疆跨越式发展的战略研究”，并召开成果汇报会，得到了自治区领导和社会各界的高度评价。

干旱区种质资源库与生物科技中心项目进行了专家论证，编写出项目建议书，提出了“一库一园一区”的设想，计划投资36亿元。110米射电天文望远镜项目自治区先期支持5000万经费，已完成台址的地质地形、环境、通讯等勘察，规划设计工作正在进行，项目已申报国务院和国家发改委争取支持。“中科院少数民族高层次骨干人才计划新疆博士研究生班”完成招生入学工作，15名新疆维吾尔自治区管理干部攻读“管理科学与工程”博士学位，未来5年继续为新疆培养75名在职博士计划获教育部批准。投入108万，为新疆生产建设兵团培养30名“工程硕士”。中科院系统25个研究所申报的47个项目进入了“科技支新工程”项目储备库。“中国科学院支撑服务国家战略性新兴产业科技行动计划”启动，由中科院6个研究所联合新疆地区11家地方政府和企业共同申报的4个项目获得立项，支持经费600万元，吸引地方匹配资金3.1亿元。启动了西北生态环境治理与能源资源可持续利用创新集群——新疆区域创新集群建设规划工作。中科院35个科研院所的重要科技成果在疆得以实施转化，中科院与社会其他的经费投入比例超过1∶23，年度销售收入273 682.21万元，年度利税20 562.8万元，社会效益94 092.11万元，其中，有4个项目年度销售收入超过亿元。中科院选派4名科技援疆干部、16名科技副职、科技特派员和博士服务团员到新疆工作。支持对口扶贫县——墨玉县建设农业科技示范基地，从项目和人员上给予支持。向社会公众开放实验室、科普基地以及野外台站，并完成98场科普讲座，听众近三万人，开展了“情系苍穹”青少年天文冬夏令营、天文科技辅导员培训班、重大天象的报道和观测等活动。

五、纪检、监察和审计

分院机关所属部门与分院签订治理小金库“承诺书”，并对治理工作进行公示。召开中国科学院西北片区纪检监察审计工作研讨会。根据《中国科学院分院纪检监察审计工作暂行办法》精神，成立监察审计处。完成对新疆分院纪检监察审计工作的民主测评和量化考核工作。完成对新疆生地所纪检监察审计工作的民主测评、调查问卷和量化考核工作。完成对新疆生地所所长任期经济责任审计工作和2个重点课题经费的财务收支专项审计工作。根据《中国科学院党风廉政建设责任制实施办法》，结合新疆分院实际，制定了《中国科学院新疆分院党风廉政建设责任制实施细则》。

六、公共事务管理和协调

完成“西部之光”联合学者项目、一般及重点项目和“西部博士资助”立项评审工作和2007年度项目终期评估。开展保密专项排查，保密工作顺利通过了自治区保密局的专项检查。部署ARP所级系统V2.0版，对主管领导、ARP协调负责人、关键用户、ARP系统管理员进行学习培训。召开了新疆分院系统与新闻媒体记者座谈会，通报全年宣传报道重要内容，组织协调中央媒体赴基层采访，组织媒体稿件28篇。启动分院系统204套职工集资建房及人才楼工程，前期基建项目通过院基建局验收。为离退休职工举办500人次的各种活动，增发离退休人员津补贴，为10名未到退休年龄的“五七”工办理了养老保险。分院子女学校移交乌鲁木齐市，新疆维吾尔自治区支持980万元用于分院子女学校基本建设。

（撰稿：杨海燕　高　峰　审稿：张小雷）

科　研　机　构

数学与系统科学研究院

院　　长：郭　雷
地　　址：北京市海淀区中关村东路 55 号
邮政编码：100190
电　　话：010－62553063
传　　真：010－62626870
电子信箱：contact@amss.ac.cn
网　　址：http://www.amss.cas.cn

中国科学院数学与系统科学研究院（以下简称“数学院”）成立于 1998 年 12 月 28 日，由中国科学院所属的数学研究所、应用数学研究所、系统科学研究所、计算数学与科学工程计算研究所整合而成，是中国科学院知识创新工程的首批试点单位之一。

数学院是综合性国立学术研究机构，覆盖了数学与系统科学的主要研究方向。数学院的办院方针是：在数学与系统科学领域，面向国际发展前沿，面向国家战略需求，作出原创性、突破性和关键性的重大理论成果与应用成果，造就具有国际重要影响的学术带头人和一批杰出人才。数学院的发展目标是：在数学与系统科学领域内，成为国际上有重要影响的研究中心、培养和造就高级研究人才的著名中心、国民经济和国防建设有关问题研究和咨询的重要中心。数学院的优势研究领域有：分析数学与数学物理，数论、代数、几何与拓扑，运筹与管理科学，系统与控制科学，概率统计，科学计算，计算机数学。新兴交叉学科有：金融数学，生物信息学，复杂系统科学，不确定性决策，复杂网络理论，计算材料科学，知识科学理论等。应用研究领域有：工程技术，经济金融，生命科学，生态与环境等。

数学院共有 4 个研究所：

数学研究所　成立于 1952 年 7 月，著名数学家华罗庚为首任所长。数学研究所主要从事核心数学及理论计算机科学方面的研究。

应用数学研究所　成立于 1979 年 10 月，著名数学家华罗庚为首任所长。应用数学研究所以具有实际背景的应用数学基础理论研究为主，发展和创造在自然科学、高新技术、经济金融和管理决策等领域中有普遍意义的数学分支和方法，为国民经济建设服务。

系统科学研究所　成立于 1979 年 10 月，主要创始人包括关肇直、吴文俊、许国志等著名科学家。系统科学研究所是以多学科交叉为特点的基础型研究所，主要从事系统科学和与之有关的数学及交叉学科的研究。

计算数学与科学工程计算研究所　成立于 1995 年 3 月，其前身是冯康院士于 1978 年创立的中国科学院计算中心。该所的主要任务和发展定位是面向科学与工程中的重大应用问题，着眼于代表国际水准的基础性和关键性计算方法的理论创新和技术创新；伴随计算机技术的进步，进行反映国际科学计算最新研究成果的高性能计算程序和软件的研究与开发；同时培养和造就大批适应当代需求的科学与工程计算的高素质人才。

中国科学院国家数学与交叉科学中心（以下简称“交叉中心”）以数学院为依托单位，2010 年 12 月 2 日作为中国科学院实施“创新 2020”试点启动阶段第一个启动的战略性先导科技专项（B 类）成立。该中心的定位是：搭建国家层面的数学与其他学科交叉合作的稳定规范的高水平研究平台；通过体制机制创新，有效组织中国科学院数学及相关学科的力量，联合国内外有关单位，协同攻关；引领全国数学与交叉应用研究，建设国际一流的科学研究基地。主要任务是：针对自然科学、工程技术与社会经济中重大任务与需求，提炼关键科学和数学问题，开辟能够引领科学发展的新方向；研究解决瓶颈性技术难题，为我国战略性新兴产业发展和经济发展方式转变、提升我国科学技术水平作出基础性、战略性、前瞻性贡献。

此外，数学院还设有科学与工程计算国家重点实验室，中国科学院管理决策与信息系统重点实验室、系统控制重点实验室、数学机械化重点实验室、华罗庚数学重点实验室、随机复杂结构与数据科学重点实验室，中国科学院晨兴数学中心、预测科学研究中心。数学院拥有全国馆藏最为丰富的数学专业图书馆，订有大量国外期刊，藏书逾 21 万册。数学院有先进的计算机及网络系统，包括 24 万亿次机群和多个超级计算服务器，并拥有多种大型数学软件包。

截至 2011 年底，数学院共有在职职工 358 人。其中科技人员 253 人，科技支撑人员 26 人，包括中国科学院院士 17 人、中国工程院院士 2 人、第三世界科学院院士 6 人、研究员和正研级高工 117 人、副研究员及副研级高工 59 人；进入创新岗位人员共有 272 人。

数学院目前共有中国科学院“百人计划”入选者 22 人；国家杰出青年科学基金获得者 56 人（其中 A 类 37 人，B 类 18 人，C 类 1 人）（新增 2 人），国家“千人计划”（国家海外高层次人才引进计划）入选者 2 人（新增 1 人），国家“青年千人计划”入选者 2 人。

数学院下属 4 个研究所是我国首批具有硕士、博士学位授予权的单位之一，并均为国内首批博士后流动站。数学院现有数学、系统科学、管理科学与工程、统计、计算机科学 5 个专业一级学科博士研究生培养点；具有基础数学、计算数学、概率论与数理统计、应用数学、运筹学与控制论、系统建模与控制理论、优化决策、系统理论、复杂系统与控制、计算机软件与理论、管理科学与工程、管理运筹学 12 个专业二级学科博士及硕士研究生培养点，并设有数学、系统科学、管理科学与工程 3 个专业一级学科博士后流动站，共有在学研究生 521 人（硕士生 242 人、博士生 279 人）、在站博士后 67 人。

2011 年，数学院各项工作均取得了优异的成绩，顺利通过中科院创新工程三期评估，被评为优秀；并通过中科院“创新 2020”研究所整体择优评议，成为基础片首批进入实施“创新 2020”的研究所之一。历经多次战略研讨会的深入讨论和凝练，数学院明确了“十二五”规划的战略重点、发展目标和体制机制创新，细化、完善了“一三五”规划。2011 年，数学院设立海外“讲席研究员团组”，充分吸收海外智力资源，完善“三元”薪酬工资体系，完善人才队伍建设体系，同时注重以更合理的评估方法、资源配置方式加强引导，促进了机制体制、科研布局、开放交流、人才培养的四大转变，形成良好发展态势，成功启动实施“创新 2020”。

2011 年，数学院取得了一批原创性、突破性和关键性重大理论与应用成果。如幂零轨道的双有理几何、非线性变分理论若干前沿问题研究、Navier-Stokes 方程的真空问题和大时间行为、响应变量缺失时溶合 - 精炼降维方法、微分 Chow 形式与微分结式、水利与国民经济协调发展研究、有限集上的动态系统的控制与优化、复杂非线性系统中的畸形波研究、BB 类型新方法与理论、生物分子模拟的连续模型与计算方法。全年累计获得各类重要科研成果奖励 20 余项。其中，袁亚湘研究员被评为中国科学院院士并获第十三届陈省身数学奖；汪寿阳研究员被评为第三世界科学院院士；张平研究员的研究成果“分析方法在流体力学和量子力学方程组中的若干应用”获得国家自然科学奖二等奖；陈锡康研究员等人的研究成果“水利与国民经济耦合系统的模拟调控技术及应用”获得国家科技进步奖二等奖；刘源张院士获得 2011 年度石川馨—狩野奖和费根堡终身荣誉奖；程代展研究员和齐洪胜助理研究员获得 IFAC《自动化》刊物最佳论文奖；田野研究员、余乐安副研究员获得第十二届中国青年科技奖。全年数学院人员共发表论文 680 篇，其中 520 篇论文在国际重要刊物上发表；出版专著 18 本；专利授权 1 项。

2011 年，数学院共有在研项目 270 项（新增 69 项）。其中，主持（或承担）国家重点基础研究发展计划（“973”计划）项目 3 项（新增 3 项）、承担课题 10 项（新增 6 项），主持中国高技术研究发展计划（“863”计划）课题 1 项，主持国家 ITER 计划课题 1 项（新增 1 项）；主持国家自然科学基金创新研究群体 5 项（新增 1 项）；主持国家杰出青年科学基金项目 7 项（新增 2 项），重大项目 1 项，重大国际合作项目 1 项，重大研究计划 4 项，重点项目 12 项（新增 1 项），面上项目 42 项（新增 15 项），青年基金23项（新增10项）；承担中国科学院战略性先导科技专项课题1项，联合主持知识创新工程重大项目1项、承担重要方向项目8项（新增1项），承担国际合作项目15项（新增15项），承担院地合作项目12项（新增7项）。

2011年，数学院国际学术交流活动非常活跃，共获得中科院“特聘研究员计划”资助共3项，“爱因斯坦讲席教授计划”1项。由数学院张纪峰研究员主持，联合新加坡南洋理工大学、美国佐治亚理工学院和瑞典皇家理工学院三所大学共同申请的国家自然科学基金委员会重大国际合作研究项目获得批准，资助强度260万元。数学院接待国外（境外）科学家共计220人次，应邀出国（境）参加国际会议或进行学术交流有238人次，主办国际会议19次。有200人在国际学术组织担任领导职务。2011年，数学院与法国巴黎狄德罗大学联合签署了协议，并联合北京国际数学研究中心、陈省身数学研究所和西班牙Ciencias数学研究所签订了四方协议。

中国数学会（CMS）、中国运筹学会（ORSC）和中国系统工程学会（SESC）三个国家一级学会挂靠在数学院。数学院主办的学术刊物有：《数学学报》（中、英文版）、《应用数学学报》（中、英文版）、《系统科学与数学》、《系统科学与复杂性学报》（英文版）、《计算数学》（中、英文版）、《数学译林》、《代数集刊》（英文版）、《系统工程理论与实践》、《数学的实践与认识》、《数值计算与计算机应用》等15种，其中5种英文刊物被SCIE收录。

（撰稿：魏应培　丁晓蕾　审稿：王跃飞）

物理研究所

所　　长：王玉鹏
地　　址：北京市海淀区中关村南三街8号
邮政编码：100190
电　　话：010－82649258
传　　真：010－82649533
电子信箱：zhc@iphy.ac.cn
网　　址：http://www.iop.cas.cn

中国科学院物理研究所（以下简称“物理所”）成立于1950年8月15日，其前身是成立于1928年的国立中央研究院物理研究所和成立于1929年的北平研究院物理研究所，1950年在两所合并的基础上成立了中国科学院应用物理研究所，1958年10月8日启用现名。

物理所是以物理学基础研究与应用基础研究为主的多学科、综合性研究机构，研究方向以凝聚态物理为主，包括凝聚态物理、光学物理、原子分子物理、等离子体物理、软物质物理、凝聚态理论和计算物理等。物理所的战略定位是“面向国家战略需求，面向世界科技前沿”，发展目标是“建成国际一流物质科学研究基地”。2011年，物理所制订“一三五”规划。一个定位为：坚持基础研究与应用基础研究为主，面向世界科技前沿，引领国际相关领域科学研究，凝聚国际顶尖人才；面向国家战略需求，促进信息、能源及特殊功能材料等相关领域的持续技术创新；建成世界一流的物质科学研究机构和尖端前沿技术的孕育基地。三个重大突破为：凝聚态物质科学若干前沿问题、特殊结构的新型功能材料、若干清洁能源技术示范。五个重点培育方向为：关联电子体系材料及物理、可控可集成低维量子结构、分子层次的生物与物理交叉、光与凝聚态物质相互作用、物质科学尖端实验技术。围绕“一三五”规划，物理所在体制机制、人才队伍和平台建设方面制订并实施了一系列保障措施和重大改革举措。

物理所是北京凝聚态物理国家实验室（筹）的依托单位，中关村物质科学大型仪器区域中心筹建的牵头单位和北京纳米科学大型仪器区域中心的成员单位。现有超导、磁学、表面物理3个国家重点实验室，光学物理、先进材料与结构分析、纳米物理与器件、极端条件物理、软物质物理、清洁能源前沿研究6个院重点实验室，凝聚态理论与材料计算、固态量子信息与计算、微加工实验室3个所级实验室，它们与国际量子结构中心、量子模拟科学中心、北京散裂中子源靶站谱仪工程中心、清洁能源中心、超导技术应用中心、功能晶体研究与应用中心等6个研究中心共同构成物理所的研究体系；技术部及各实验室、各研究组的公共技术岗位共同构成全所的技术支撑体系。

截至2011年底，物理所共有在职职工475人。其中科研人员239人、技术支撑人员107人，包括中国科学院院士14人、中国工程院院士1人、第三世界科学院院士6人、研究员及其他正高级专业技术人员126人、副研究员及其他副高级专业技术人员137人；全所进入创新岗位336人。

共有中国科学院“百人计划”入选者43人（新增2人）；国家杰出青年科学基金获得者34人（新增1人），国家“千人计划”（国家海外高层次人才引进计划）入选者5人（新增1人）。

物理所是1998年国务院学位委员会批准的首批博士、硕士学位授予单位之一。现设有物理学一级学科博士、硕士研究生培养点；凝聚态物理、理论物理、光学、等离子体物理4个二级学科博士研究生培养点；凝聚态物理、理论物理、光学、等离子体物理、无线电物理5个二级学科硕士研究生培养点；材料工程、光学工程、集成电路工程3个专业学位硕士研究生培养点；设有物理学一级学科博士后流动站。截至2011年底，物理所共有在学研究生701人（硕士生248人、博士生453人）、在站博士后28人。

2011年，物理所共有在研项目492项（新增138项）。其中，主持国家重点基础研究发展计划（“973”计划）和重大科学研究计划项目11项（新增2项）、承担课题50项（新增13项），主持国家高技术研究发展计划（“863”计划）项目2项（含创新群体重点1项），主持国家自然科学基金重点项目19项（新增3项）、国家杰出青年科学基金8项（新增1项）、创新研究群体2项、重大研究计划重点项目2项；主持中国科学院知识创新工程重要方向项目23项（新增3项），创新平台专项3项、院创新仪器研制专项5项（新增2项）；在研重点国际合作项目9项，在研国际合作团队4个。

2011年，物理所基础研究取得重大突破。在金属纳米线网络中利用等离激元的干涉效应，通过或门和非门的级联实现或非运算，利用量子点成像手段揭示该器件的工作机制。该工作首次证实等离激元逻辑的可级联性，为未来片上集成光信息处理技术开拓新的可能性。在拓扑绝缘体研究中，发现了一种特殊拓扑半金属态材料$HgCr_2Se_4$，实现对Sb_2Te_3薄膜的费米面在整个体能隙范围内的有效调节。预言了黄铜矿三元化合物家族拓扑绝缘体材料。在铁基超导研究中首次在STM/STS测量中证实多个无节点能隙，首次在多带高温超导体中发现处于量子极限下的磁通束缚态。直接证明FeSe超导体配对函数中存在能隙零线，确定性地证明了FeSe铁基超导体中的电子配对函数具有两重对称性。发现一类新的基于I—II—V半导体的稀磁体Li（Zn，Mn）As，在稀磁材料上成功实现自旋和电荷分别注入和调控。

2010年，物理所国际论文被引用篇数1053篇，被引用次数3521次。2001—2010年，物理所SCI收录论文累计被引用篇数4188篇，被引用次数49 289次。物理所发表第一署名单位的SCI收录论文数498篇。在中国科学技术信息研究所公布的“2010年度表现不俗”论文中（即被引用次数高于学科均线的论文），物理所153篇文章入选，占总数的30.72%；作为第一作者的国际合著论文129篇，在全国研究机构中名列第一。中国科学技术信息研究所发布的“2010中国百篇最具影响国际学术论文”，物理所3篇文章入选。

在应用基础研究与高技术研究方面，4英寸碳化硅晶片质量得到进一步提高，实现批量生产；苏州星恒成为国内最大电动自行车锂电池供应商，市场占有率达60%；40安时磷酸铁锂汽车电池进入欧洲纯电动汽车市场。物理所和天津中环新光科技有限公司共同研发全系列四元LED产品，产能扩大至原来三倍，形成20万片/年生产能力；我国载人航天天宫一号目标飞行器发射成功，物理所负责的“空间复合胶体晶体生长实验”是其中唯一一项空间科学实验。

物理所现有控股、参股公司10个，其中以知识产权入股的5个。技术转移与成果辐射的省（市、自治区）有北京、上海、天津、新疆、江苏、浙江等。

2011年，物理所接待来访人员325人次，其中诺贝尔奖获得者、国外科学院专家、部委级高层等重要外宾40余位。出访人数达到468人次；参加国际会议250人次，其中157人次应邀作学术报告；主持召开国际学术会议12次，承办“2011年诺贝尔奖获得者北京论坛”学术分论坛1次，举办院级讲座“爱因斯坦讲习教授讲座”1次。

物理所是中国物理学会的挂靠单位；承办的科技期刊有《物理学报》、*Chinese Physics Letters*、*Chinese Physics B* 和《物理》。

（撰稿：赵 岩 陈 伟 审稿：孙 牧）

理论物理研究所

所　　长：吴岳良

地　　址：北京市海淀区中关村东路55号

邮政编码：100190

电　　话：010－62554447

传　　真：010－62562587

电子信箱：anhm@itp. ac. cn

网　　址：http://www. itp. ac. cn

中国科学院理论物理研究所（以下简称“理论物理所”）成立于1978年6月9日，是在理论物理学领域各主要方向上从事基础研究的专业研究所。1985年，理论物理所成为中国科学院向国内外首批开放的研究所；1993年被第三世界科学院选为首批参加协联计划的优秀中心；1998年8月被列为中国科学院知识创新工程首批试点单位之一；2004年12月被批准为中国科学院与第三世界科学院奖学金学者培训基地；2006年成立中国科学院卡弗里理论物理研究所；2008年成立理论物理前沿院重点实验室；2011年11月经科技部批准，开始正式筹建理论物理国家重点实验室。

理论物理所面向国家战略需求、面向世界科技前沿，以在探索自然界物质结构及基本运动规律方面作出具有国际影响的重大创新成果为目标，形成了粒子理论/量子场论与物质微观结构理论、场论/统一理论与宇观结构理论、引力理论与天体宇宙学、凝聚态理论、统计物理与理论生物物理兼生物信息学、量子物理与量子信息6大研究方向。

理论物理所设有两个研究室，以理论物理所为依托单位 的“中国科学院卡弗里理论物理研究所”（非法人研究单元）和“中国科学院理论物理研究所理论物理国家重点实验室”。

截至2011年底，理论物理所共有在职职工60人。其中科研人员31人、科技支撑人员10人，包括中国科学院院士8人（新增1人）、第三世界科学院院士4人（新增1人）、研究员28人、副研究员及高级工程技术人员6人；中国科学院“百人计划”15人，国家杰出青年科学基金获得者12人。

理论物理所是国务院学位委员会批准的首批博士学位授予单位之一。现有理论物理专业硕士、博士研究生培养点，并设有理论物理专业博士后流动站。在学研究生121人，（博士生80人、硕士生41人），在站博士后14人。

2011年，根据中国科学院“创新2020”的工作部署，研究所制订了“十二五”发展规划，在创新三期凝练的6大优势学科的基础上，整合形成4个研究领域和两大支撑平台。每个研究领域各设置2个专题研究组，针对理论物理学科的前沿问题开展研究。积极争取在暗物质和暗能量本质及新物理理论的研究，生命过程启发的信息处理和能量转换的物理问题研究，新奇物态相关的量子场论问题研究方面能取得重要突破，同时在粒子天体宇宙学与早期宇宙演化，统计物理及其交叉学科和计算物理学和数值实验模拟等方面能积极培育青年人才，进一步形成学科引领。该科研规划得到了中科院的充分肯定，批准理论物理研究所首批整体启动“创新2020”工作。

中国科学院卡弗里理论物理研究所（KIT-PC）作为理论物理所开放所的进一步拓展和重要组成部分，2011年度运行了8个各具特色的项目。中国科学院理论物理前沿重点实验室以“问题驱动”模式运行，针对8大问题，积极开展前沿交叉问题研究。

针对建设“国家理论物理中心”的目标，继2010年10月上报理论物理国家重点实验室申请书以来，2011年3月收到实验室立项通知，重点实验室建设计划通过了专家组论证，依托于理论物理所的“理论物理国家重点实验室”自2011年11月正式进入筹建期。

2011年，理论物理所共有在研项目69项。

其中国家重点基础研究发展计划（“973”计划）项目（课题）7 项；国家自然科学基金创新群体项目 1 项、重点项目 6 项，国家杰出青年科学基金项目 2 项、面上项目 21 项，其他基金项目 7 项；财政部修缮购置项目 1 项；博士后科学基金项目 5 项；中国科学院知识创新工程重要方向项目 5 项（含参加 3 项），“百人计划”项目 4 项（含国家杰出青年科学基金项目匹配 1 项），国际合作项目 4 项。

2011 年，理论物理所积极争取国家任务，新立项项目 28 项，其中国家自然科学基金创新群体项目 1 项，创新群体延续项目 1 项，面上基金项目 4 项；科技部“973”计划项目课题 1 项。

2011 年，理论物理所科研人员共发表期刊论文 164 篇，其中 SCI 论文 150 篇，影响因子 4 以上的 64 篇。参加卡弗里理论物理研究所项目成员提交论文 68 篇。作为第一完成单位的“引力体系动力学和热力学性质及其内在联系的研究”项目获国家自然科学奖二等奖。

2011 年，理论物理所开展了一系列国际合作与交流。中国科学院卡弗里理论物理研究所运用“项目驱动”模式运行，吸引了 679 名（其中境外 270 名）活跃在前沿领域的研究学者和国内约 200 名研究生参与到这些研究项目中，为促进世界范围内前沿交叉及新兴学科的基础研究、加强人才培养作出了重要贡献。

2011 年，理论物理所共举办国际会议 2 次，其中宇宙暗组分国际会议是以暗物质、暗能量和超高能天体物理为主要议题的国际知名系列会议。

2011 年，理论物理所因公出访 48 人次，超过一个月的有 7 人次；共接待来访参加学术研究的学者 164 人次（不含国际会议的参会外宾），其中境外 95 人次，超过一个月的访问有 27 人次；参加 KITPC 项目的境外来访 270 人次。1 名研究员当选美国物理学会会士，1 名研究员当选发展中国家科学院院士。

2011 年，理论物理所共举办交叉论坛 11 次，专题学术报告 81 次，在卡弗里理论物理研究所开展的研究项目中，共做专题学术报告 418 次，研讨会 200 余次。这些活动为营造活跃的研究所氛围发挥了重要作用。

为适应理论物理学科发展的态势，理论物理研究所计划在“十二五”期间，结合研究所已有的良好基础，建设对极端条件下物质性质及基本规律展开研究的“计算模拟和数值实验及其应用平台”。2011 年完成了该平台 I 期的建设工作，包含曙光计算机群节点 47 个，CPU 核心 1500 个，计算速度达 9.9 万亿次。

由理论物理所主办和承办的英文期刊《理论物理通讯》（*Communications in Theoretical Physics*）受到国内外理论物理界的广泛关注，自 1984 年至今连续被世界著名的 SCI 检索系统收录。2008 年 1 月起，由英国物理学会代理该刊的纸版和网络版在海外的发行工作。该刊在英国物理学会网站的全文下载量一直不断上升。

（撰稿：安慧敏　审稿：吴岳良）

高能物理研究所

所　　长：王贻芳
地　　址：北京市石景山区玉泉路 19 号乙院
邮政编码：100049
电　　话：010 - 88233092
传　　真：010 - 88233105
电子信箱：ihep@ihep. ac. cn
网　　址：http://www. ihep. cas. cn

高能物理研究所（以下简称“高能所”）成立于 1973 年，其前身是 1950 年成立的中国科学院近代物理研究所，1953 年改称物理所，1958 年改称原子能研究所。1973 年 2 月，根据周恩来总理的指示，在原子能研究所一部的基础上组建了高能所。

高能所是以基础研究和应用基础研究为主的多学科综合性研究所，中长期发展目标是成为有显著影响力的国际粒子物理研究中心，具有世界先进水平的、多学科、综合性大型研究基地。主要学科方向是粒子物理研究、加速器物理及技术研究和射线技术及应用研究，并兼顾核分析技术及多学科交叉研究；优势研究领域包括粒子物理、粒子天体物理、同步辐射技术及其应用、加速器物理及技术、核分析技术。

高能所建有北京正负电子对撞机国家实验室、核探测器与核电子学国家重点实验室（与中国科学技术大学共建），3个院级重点实验室：核分析技术重点实验室（与上海应用物理研究所共建）、粒子天体物理重点实验室、纳米生物效应与安全性重点实验室（与国家纳米中心共建）；2个北京市重点实验室：北京市射线成像技术与装备工程中心、网络安全防护技术北京市重点实验室；1个非法人研究单位：中国科学院大科学装置理论物理研究中心（挂靠高能所）。高能所下设实验物理中心、粒子天体物理中心、理论物理室、计算中心、加速器中心、多学科研究中心、核技术应用研究中心等7个研究单位；拥有北京正负电子对撞机、北京谱仪、北京同步辐射装置、西藏羊八井国际宇宙线观测站、大亚湾中微子实验装置等大型科研装置。

截至2011年底，高能所共有在职职工1283人。其中科技人员1005人、科技支撑人员391人，包括中国科学院院士7人、中国工程院院士2人、第三世界科学院院士1人、研究员及正高级工程技术人员160人、副研究员及高级工程技术人员269人。有中国科学院“百人计划”入选者40人（新增3人）、“西部之光”人才入选者1人、国家杰出青年科学基金获得者17人（新增1人）、国家“千人计划”（国家海外高层次人才引进计划）入选者3人。

高能所是1981年国务院学位委员会批准的首批博士、硕士学位授予权单位之一，1996年物理学被首批列为一级学科培养点，2011年增列核科学与技术、化学两个一级学科培养点。现设有理论物理、粒子物理与原子核物理、凝聚态物理、光学、无机化学、生物无机化学6个理学二级学科（即专业）博士、硕士培养点；设有核技术及应用、计算机应用技术2个工学二级学科博士、硕士培养点；设有材料工程、动力工程、机械工程、电子与通讯工程、核能与核技术工程、计算机技术、化学工程7个全日制工程硕士培养点。2011年物理学（一级学科）和核技术及应用被中科院评为重点学科。高能所于1985年被首批批准建立博士后流动站，现有物理学、核科学与技术2个博士后流动站。截至2011年底，共有在学研究生460人（硕士生171人、博士生244人、全日制工程硕士生45人），在站博士后49人。

2011年，高能所编制完成并启动实施“十二五”发展规划，明确“一三五”的战略目标，即一个研究所定位：国际高能物理中心之一，世界先进水平的大型综合性多学科研究基地；三项重大突破：粒子物理研究取得重要成果，完成国家重大科学装置建设，在基础研究应用与成果转化方面取得重要进展；五个重点培育方向：粒子物理和粒子天体物理的持续发展，先进加速器物理与技术研究，核探测技术与核电子学研究，射线源及核技术的应用研究，放射化学与核相关材料的研究。组织进行多次高能物理实验未来发展的讨论，涉及空间/地下暗物质实验、大亚湾中微子实验二期、BEPCⅡ改进、未来加速器物理实验、探测器和ASIC的应用与发展等。

2011年，北京正负电子对撞机（BEPCⅡ）保持高质量稳定运行，对撞亮度比BEPC提高65倍，积分亮度提高88倍，运行效率大幅提高。北京谱仪（BESⅢ）超额完成取数计划，共获取Ψ（3770）约1900 pb^{-1}［Ψ（3770）的数据总量达到2800 pb^{-1}，是CLEOc的3.5倍］，Ψ（4040）约500 pb^{-1}，数据质量达到国际先进水平，已发表12篇文章（PRL 4，PRD 8）。北京同步辐射装置专用光、兼用光运行支持了近600个课题实验，取得一批高质量成果，基于北京同步辐射装置实验发表的论文共166篇。BEPCⅡ备用超导腔成功完成研制，成为国内首台完全自主研制和系统集成的超导高频腔，实现了超导高频腔的自主研制、组装及测试的跨越式发展，达到世界先进水平。大亚湾反应堆中微子实验装置初步建成，2011年12月正式开始取数。散裂中子源预研进展顺利，2011年10月正式开工建设。先导专项加速器驱动次临界系统（ADS）项目全面启动。北京先进光源预研立项在积极推进中。探月工程嫦娥二号X射线谱仪顺利完成绕月探测并获得铬元素等重要成果。硬X射线调制望远镜（HXMT）工程正式立项，成为我国第一个空间天文卫星项目。羊八井宇宙线观测站继续取得重要成果，LHASSO计划在顺利推动中。

多学科交叉研究取得重要进展，纳米生物效应与安全性、核成像、环境健康与蛋白质结构功能等研究中心发展迅速等等。

2011 年，高能所共有在研项目（课题）573 项（包括新增项目（课题）189 项）。其中主持（或承担）国家重点基础研究发展计划（“973”计划）项目 5 项（新增 1 项）、承担（或参加）课题 40 项（新增 7 项），主持（或承担）中国高技术研究发展计划（“863”计划）项目（课题）3 项（新增 2 项）；承担国家重大科学仪器设备开发专项 1 项；主持（或承担）国家自然科学基金重大项目 4 项、重点项目 16 项、主任基金项目 4 项（新增 2 项）、面上项目 111 项（新增 37 项），承担国家自然科学基金创新群体 1 项，国家杰出青年科学基金项目 4 项；承担中国科学院战略性先导科技专项课题 26 项，主持（或承担）院重大项目 1 项、重要方向项目 12 项（新增 5 项），承担国际合作项目 1 项，承担重大仪器研制项目 1 项，人才引进 12 项，承担修购项目 3 项；承担院地合作项目 2 项。

据《科学引文索引扩展版》（SCIE）数据统计，2010 年高能所 SCI 收录论文被引用 372 篇、1282 次，居全国研究机构第 17 位。2001—2010 年 SCI 收录论文累积被引用 1405 篇、15 497 次，居全国研究机构第 16 位。2010 年高能所发表 SCI 论文 244 篇，其中表现不俗的论文 43 篇，占总论文数的 20.28%，高于全国平均水平，居全国研究机构第 24 位。2010 年，SCI 收录中国天文领域科技论文数量机构排名中，高能所排名第 6。2011 年高能所申请专利 46 件，获得专利授权 28 件，软件著作权 7 件，参与制定国家标准 2 件。

2011 年，谢家麟院士获得国家最高科学技术奖。高能所获得科研类奖项 19 项，其中“北京谱仪Ⅲ超导磁体研制”、“中微子质量起源与轻子味混合的理论研究”和“北京谱仪Ⅱ实验发现新粒子”3 项成果获 2010 年北京市科学技术奖二等奖；“低温超导技术在除铁器上的应用”获 2010 年山东省科技进步奖一等奖；“北京正负电子对撞机重大改造工程研究集体”获 2011 年中国科学院杰出科技成就奖；“北京谱仪Ⅲ离线软件系统”、“探月工程空间高分辨 X 射线谱仪”和“粲偶素产生和衰变机制的实验研究”3 项成果获 2011 年度北京市科学技术奖二等奖；“极紫外与软 X 射线偏振测量技术”获 2011 年度上海市技术发明奖二等奖；“对撞机探测器——CsI 晶体电磁量能器机械装备研制”获 2011 年度中国机械工业科学技术奖二等奖；“危险废物焚烧处置设施运行和管理技术研究”获 2011 年度环境保护科学技术奖二等奖；“低温超导强磁除铁器”获山东省专利奖。

2011 年，高能所遵循面向国家需求、面向社会需求、创造社会经济效益的原则，构建各类科技成果转移转化平台，以多种形式加强与企业的合作，共同推进技术创新和科技成果转化应用，在项目开发、产学研合作、平台建设和人才培养等方面均取得较大进展。主要工作包括推进了应用加速器、核医学成像技术、超导技术、精密测量与安全检查、网络安全及高性能加速器部件等大科学装置衍生的科研成果技术的研发和成果的转移转化，在多个领域已形成系列化布局，填补了国内空白，为我国科研、军工、国民健康及行业发展提供服务。全所有 100 人左右从事科技开发工作。现有参股公司 8 家，参股公司产值 3056 万。

2011 年，高能所共签署 6 项国际科技合作协议，包括中美高能物理合作协议、高能所与欧洲核子研究中心项目管理协议、高能所与土耳其安卡拉大学关于加速器技术与相关应用科学合作谅解备忘录、高能所与欧洲 X 射线自由电子激光设施合作协议、高能所与美国托马斯杰弗逊国家加速器实验室合作谅解备忘录、高能所与意大利国家核物理研究院合作谅解备忘录等。国外（境外）科学家来访共计约 1134 人次，高能所应邀参加国外（境外）国际会议，进行学术交流访问或参加培训班等 430 余人次，在高能物理学科领域共主办国际会议 19 次。高能所参加了欧洲自由电子激光装置（EXFEL）、欧洲核子研究中心的大型强子对撞机 LHC 上的 ATLAS 和 CMS 实验、丁肇中教授领导的 AMS 实验、国际直线对撞机（ILC）、BELLE & BELLE Ⅱ、PANDA 等国际合作项目，并不断取得进展。

高能所是高能物理学会、粒子加速器学会、同步辐射专业委员会、核电子学与探测技术学会、引力与相对论专业委员会的挂靠单位；主办的刊物有《中国物理C》（月刊）、《现代物理知识》（科普双月刊）。

（撰稿：蒙　巍　审稿人：王贻芳）

力学研究所

所　　长：樊　菁
地　　址：北京市海淀区北四环西路15号
邮政编码：100190
电　　话：010－62560914
传　　真：010－62561284
电子信箱：imech@imech.ac.cn
网　　址：http://www.imech.cas.cn

中国科学院力学研究所（以下简称“力学所”）成立于1956年，是以工程科学思想建所的综合性国家级力学研究基地，在国际力学界享有盛誉。钱学森、钱伟长为第一任正、副所长；郭永怀副所长曾长期主持工作；继任所长为郑哲敏、薛明伦、洪友士，现任所长樊菁。

力学所加强空天、海洋、环境、能源与交通等重要领域的科学创新和高新技术集成，以微尺度力学与跨尺度关联，高温气体动力学与跨大气层飞行，微重力科学与应用，海洋与环境、能源与交通中的重大力学问题，先进制造工艺力学，生物力学与生物工程等为主攻方向。

2011年，力学所根据国家战略需求和世界科学前沿，结合《国家中长期科学和技术发展纲要》以及国家自然科学基金委员会、中国科学院“十二五”规划的思路和方向，进一步凝练科技目标，理清发展思路，组织开展研究所和实验室发展战略规划研讨，通过对当前研究动态、学科前沿、国家重大需求的分析和把握，编制了力学所创新三期规划方案，积极开展研究所“一三五”论证部署工作。通过战略规划研讨，力求不断提高战略思维能力，不断提升把握全局能力、科学前瞻能力、战略谋划能力和组织实施能力，根据国家经济社会发展需求和世界科技前沿，适时、自主地调整科技布局，促进力学相关基础研究的发展，力争在国家重大科研任务中发挥更大作用。

力学所现设有6个实验室和1个中心，它们分别是：非线性力学国家重点实验室、高温气体动力学国家重点实验室、中国科学院微重力重点实验室、水动力学与海洋工程重点实验室、环境力学重点实验室、先进制造工艺力学重点实验室及等离子体与燃烧中心。根据国家重大科技任务与学科交叉融合的需求，力学所部署了若干跨学科跨部门的科技中心：中国科学院高超声速科技中心、中国科学院海洋工程科学技术研究中心、北京国际力学中心、生物力学与生物工程研究中心、材料与力学研究中心。为加强研究所与产业部门的合作与发展，力学所还成立了若干联合研究中心：国家经贸委、中国科学院产学研激光毛化技术开发推广中心、发动机科学与工程联合实验室、中国科学院先进轨道交通力学研究中心等。

力学所以自主创新为主，建设了多尺度力学实验研究系统、高温气体动力学实验技术系统、微重力科技实验技术系统、工程科学实验技术系统以及先进制造工艺力学实验技术系统，建成所级信息与网络共享平台，构建了全所的公共技术支撑体系。

截至2011年底，力学所共有在职职工420人。其中科研人员357人，科技支撑人员64人，包括中国科学院院士8人、中国工程院院士1人、研究员及正高级工程技术人员66人、副研究员及高级工程技术人员137人；中国科学院“百人计划”入选者21人（新增1人）、国家杰出青年科学基金获得者11人（新增1人）。

力学所是国务院学位委员会批准的首批博士、硕士学位授予单位。1997年，国务院学位委员会批准力学所按一级学科行使博士学位授予权，按力学一级学科所覆盖的领域培养博士生和硕士生，包括培养力学领域相关的二级、三级学科，以及交叉学科的研究生。现有一级学科博士培养点1个，硕士培养点1个；材料学硕士培养点1个。力学一级学科下设4个二级学科：一般力学与力学基础、固体力学、流体力学、工程力学，并设有博士后流动站。截至2011年底，力学所共有在学研究生330人（博士生117人、硕士生213人），在站博士后21人。

2011年，力学所共有在研项目200余项

（新增101项）。其中国家重点基础研究发展计划（“973”计划）项目3项、课题4项、子课题10项，中国高技术研究发展计划（“863”计划）课题9项（新增4项）、子课题1项，国家科技支撑计划课题1项、子课题2项，新增国家重大科学仪器开发专项项目1项，新增国家重大专项7项，新增国家重大专项子课题2项；国家自然科学基金创新研究群体项目2项、重点项目8项，国家杰出青年科学基金项目4项（新增1项），青年基金项目35项（新增12项）、面上项目53项（新增11项）、重大研究计划课题13项（新增5项），国际合作项目6项（新增2项），国际合作基金4项，优秀实验室研究项目1项，重大项目子课题1项、主任基金3项、新增专项基金3项，其他基金项目7项；中国科学院重大项目1项，方向项目10项，新增干细胞先导专项课题1项，新增空间预研先导专项子课题8项，修购专项项目4项（新增3项），仪器设备功能开发技术项目4项（新增2项），力学规划项目1项，装备项目5项（新增2项），中国科学院“百人计划”项目4项（新增1项）、其他项目6项（新增3项）。来自于科协、国土资源部等其他科研项目4项。新增国家重大科研装备研制项目1项；新增总装备部预研基金项目2项，总装备部预研项目7项（新增5项），国防基础科研项目1项，创新基金项目5项（新增3项），其他项目20余项（新增17项）。

2011年，力学所作为第一署名单位共发表论文269篇，其中被SCI收录论文123篇，EI收录165篇，出版专著3本，提交科技报告36篇，CPCI-S收录国际会议论文25篇。2011年，申请专利54项，授权专利25项，另有软件登记8项。

2011年，力学所共有141人次出访到22个国家和地区进行各种形式的交流与合作，其中国际会议87人次（10个大会报告），合作研究34人次，科学访问与技术考察14人次，院公派出国留学5人，国家公派1人；有98名境外学者来力学所进行学术访问；签署2个国际合作协议；举办国际会议1个；在研国际合作项目15项（新增2项重大国际合作项目）；有29位科学家在60多个国际学术组织及学术期刊编委会任职。

力学所是中国力学学会的挂靠单位。主办或联合主办的学术期刊有《力学学报》（中、英文版）、《力学进展》、《力学与实践》和《力学快报》（英文版）。

（撰稿：朱　涛　武佳丽　审稿：樊　菁）

声学研究所

所　　长：王小民
地　　址：北京市海淀区北四环西路21号
邮政编码：100190
电　　话：010－82547853
传　　真：010－82547890
电子信箱：chengyang@mail. ioa. ac. cn
网　　址：http://www. ioa. ac. cn

中国科学院声学研究所（以下简称“声学所”）成立于1964年，其前身是中国科学院电子学研究所的水声学研究室、空气声学研究室、超声学研究室和位于海南、上海、青岛的3个研究站。声学所是从事声学和信号与信息处理研究的综合性研究所，总部位于北京市海淀区中关村。

声学所在北京现建有声场声信息国家重点实验室、国家网络新媒体工程技术研究中心、中国科学院噪声与振动重点实验室、中国科学院水声环境特性重点实验室、中国科学院语言声学与内容理解重点实验室等研究单元；在青岛建有北海研究站，在上海建有东海研究站，在海南建有南海研究站，在嘉兴市与地方政府共建了声学技术转移中心。声学所特色研究方向包括：水声物理与水声探测技术、环境声学与噪声控制技术、超声学与声学微机电技术、通信声学和语言语音信息处理技术、声学与数字系统集成技术、高性能网络与网络新媒体技术。声学所拥有包括5位中国科学院院士在内的优秀科技和管理人才队伍，其中多人在国际组织和国家级专家委员会任职。声学所是国务院学位委员会批准的首批博士、硕士学位授予单位。

声学研究所定位是：主要致力于声学和信息

处理技术学科的应用基础和高技术发展研究，围绕未来5到10年我国在海洋、安全、能源、生命健康和信息网络等领域的战略急需，着力破解与声学和信息处理技术相关的前瞻性重大科技难题与系统集成瓶颈，着力提升自主创新与竞争能力，取得创新性重大成果，引领学科发展方向，保持特色鲜明和不可替代研究所的地位，把声学所打造成声学和信息处理技术领域国内外一流的国立专业研究机构。

2011年，声学所按照院党组和中科院院长、党组书记白春礼关于“一三五”规划的新要求，多次召开院士、学科组长、学术委员会成员、科研骨干参加的会议，明确了声学所战略定位和目标，凝练了“一三五”战略重点，提出保障机制和改革举措，形成了《声学所“十二五”发展战略规划》。6月，声学所参加了院战略高技术领域研究所“十二五”规划交流评议大会，并根据反馈结果对规划进行了修改，经所务会议讨论通过，上报院党组。7月29日，院长办公会讨论通过了声学所《“十二五”发展战略规划》，批准声学所首批整体择优进入院“创新2020”。随后，院党组与声学所签订了《“十二五”任务书》。

2011年，声学所专注“一三五”规划的落实和推进，扎实工作，举措有力。在优化资源配置方面，对全所18个研究单元进行了评估、分档奖励项目经费，以评估结果和“一三五”布局为导向，完成所级科研项目的部署；在人力资源配置方面，完成了全所“创新2020”首批专业技术岗位竞聘上岗；落实了“一三五”各战略重点的项目群、经费和科研团队；强化管理体系和制度建设，倾力打造过硬的保密体系和质量管理体系，并对规章制度进行清理完善；在平台条件建设方面，中关村新园区和唐家岭声学分部已投入使用，极大地改善了科研办公条件。为拓展未来发展空间，声学所还在青岛、陵水、嘉定、新安江等地筹建新园区或研发基地，同时声学所加强了对唐家岭实验水池和调试工房，“实验1”号和“实验2”号科考船的管理和利用，初步形成了“池+湖+海”完整的实验体系。通过这些稳健务实的措施，声学所“一三五”工作进展顺利。

截至2011年底，声学所共有在职职工755人。其中科技人员663人、科技支撑人员145人，包括中国科学院院士5人、研究员及正高级工程技术人员104人、副研究员及高级工程技术人员239人；进入创新岗位365人。共有中国科学院“百人计划”入选者13人（新增2人）；国家杰出青年科学基金获得者2人（新增1人）。

声学所是1981年国务院学位委员会批准的博士、硕士学位授予权单位之一。现设有物理学、信息与通信工程等2个专业一级学科博士研究生培养点，物理学、信息与通信工程等2个专业一级学科硕士研究生培养点；声学、信号与信息处理等2个二级学科硕士研究生培养点；电子与通信工程、地质工程等2个领域的工程硕士培养点；设有物理学、信息与通信工程等2个专业一级学科博士后流动站。在学研究生424人（硕士生233人、博士生191人）、在站博士后27人。

2011年，声学所共有在研项目519项（新增282项）。其中，承担（或参加）国家重点基础研究发展计划（“973”计划）课题12项（新增3项），主持（或承担）国家高技术研究发展计划（“863”计划）项目28项（新增14项）；主持或承担国家科技支撑计划项目（课题）8项（新增7项），主持或承担国家科技重大专项课题（任务）14项（新增9项）；主持或承担国家自然科学基金重点项目6项（新增2项）、国家杰出青年科学基金项目2项（新增1项）、面上项目50项（新增13项）、青年科学基金项目19项（新增10项）；主持或承担中国科学院战略性先导科技专项课题1项（新增1项），主持或承担中国科学院知识创新工程重大项目4项（新增1项）、重要方向项目23项（新增3项）、院装备研制项目6项（新增2项）；承担国际合作项目28项（新增15项），承担院地合作（含企事业单位横向委托）项目135项（新增98项）等。

声学所是中国科学院大科学装置“实验1”号科学考察船的法人单位，该科考船在2011年完成了7个科学考察航次任务，在航124天，安全航行15 638海里。

2011年，声学所围绕“一三五”战略布局，在科研工作方面取得重要进展，完成多项重大、重点项目研制任务并取得有显示度的成果。自主完成了7000米载人潜水器声学系统研制与改进，在技术上和工程实现上取得重大突破，使其主要性能指标达到世界先进水平，并为“蛟龙”号载人潜水器在东太平洋进行的5000米级海上试验取得圆满成功作出了突出贡献，使我国成为世界上五个掌握5000米以上载人深潜技术的国家之一。“新一代高可信网络技术”在技术上取得重大突破，完成了研发与全国范围内的示范运行，并开始在全国新一代广播电视网和国家数字媒体系统推广应用。“多语种语音搜索与理解”突破了口音、多语种、说话人语音识别等应用技术难题，实现了针对电信网、互联网海量音频流的自动搜索，并在百度、腾讯等公司得到成功应用。具有自主知识产权的“慧眼2000”声波成像测井仪打破了国外技术垄断和贸易封锁，有力地推动了国产声波测井仪的技术升级。“深水多波束测深系统研制”重点项目取得重要进展，完成配装“实验3”号船及海上试验。在国家“863”计划重点项目支持下，自行研制了“合成孔径声呐工程样机”，并通过验收，各项性能指标均达到或超过任务要求，处于国际领先水平。国家“863”计划资源环境技术领域“过流式共振声谱法气液两相流分层计量技术探索研究”课题、先进制造技术领域重点项目“超声相控阵管材探伤设备”课题、信息技术领域“一种面向用户服务质量的适应动态频谱资源共享的传输层与应用层新技术研究”课题、国家科技支撑计划“听觉语言康复训练及其矫治系统系列产品研发”课题圆满完成研究任务，顺利通过验收。

2011年，声学所共发表论文442篇，其中被SCI、EI收录123篇。出版专著1部，译著3部。申请专利172件，其中发明专利160件；获得专利授权110件，其中发明专利101件。申请计算机软件登记41项，获软件著作权24项。主持和参与制定国家标准6项、国际标准1项，行业标准1项。

2011年，声学所积极加强与地方政府及国家大型企业的联合与合作，通过实施产业化项目、组建新企业、建立公共平台、共建工程中心和研发中心等多种形式，加快技术转移和科技成果转化的步伐。一批产业化项目走向了市场，产业化项目“指向性声源系统”多次参加大型产品推荐会，中科院院地合作局采购40套成功服务于2011上海国际工业博览会和2011深圳高交会大型展会；研制出6款助听器系列产品，取得产品注册证书，并进入市场销售阶段；长基线、短基线、超短基线定位系统已累计销售近千万元。声相仪项目组建企业，落户天津滨海新区，并获得滨海新区科技小巨人成长计划资金支持。浙江中科电声研发中心2011年挂牌为“浙江省嘉善电声产业技术创新服务平台”，成为浙江省省级重大科技创新服务公共平台，有效服务地方企业，推动当地电声产业升级。中国科学院声学研究所青岛研发及产业化基地共建协议书在青岛签署；建立了东莞云计算网络新媒体工程中心；与南车青岛四方机车车辆股份有限公司签署“高速动车组减振降噪技术及产品研发合作框架协议”，组建中科四方高速动车组声学技术研发中心。

2011年，声学所共承担国际合作项目28项，院特聘外籍研究员计划项目4项。培养人才11人，引进海外人才5人。由国家自然科学基金资助的中日韩A3（亚洲三国）前瞻计划国际合作重点项目——“面向下一代互联网的超临场感声通信应用研究”在网络通信、语言识别、声表面波等方面取得阶段性进展。与法国、德国、瑞典、英国等，在复杂结构的声振动问题计算、建筑声学、结构声的诊断和检测方面的应用等方面开展合作研究项目，并签订合作协议。与意大利、澳大利亚、挪威科技大学在声传播与探测、沉积地层声学探测开展合作研究。与美国、加拿大、俄罗斯、乌克兰在声参数反演、海洋声学等方面开展合作研究。国际学术交流涉及21个国家和地区，出访241人次，接待来访102人次，并成功举办了“中日韩A3前瞻计划项目”多边研讨会和“2011年测井新技术与储层声学”国际研讨会。

2011年，声学所共有公司15家，其中声学所直接投资的公司9家，声学所管理公司投资6家。从事研发、生产的人员约350人，主要从事声表面波器件、电子声学、多媒体网络终端和多媒体通讯、语音识别、海洋探测等领域的技术开发和相关产品的生产和销售，持有股权的股东权益较上一年度增加30%左右。

声学所是中国声学学会、全国声学标准化技术委员会、中国环境科学学会环境物理委员会等学术机构或组织的挂靠单位。主办的专业期刊有《声学学报》（中、英文版）、《应用声学》、《网络新媒体技术》、《声学技术》、《中国医学影像技术》和《中国介入影像与治疗学》等。

（撰稿：程　洋　张　涵　审稿：张春华）

理化技术研究所

所　　长：张丽萍
地　　址：北京市海淀区中关村东路29号
邮政编码：100190
电　　话：010－82543770
传　　真：010－62554670
电子信箱：zhc@mail.ipc.ac.cn.
网　　址：http://www.ipc.cas.cn

中国科学院理化技术研究所（以下简称“理化所”）组建于1999年6月，是以原中国科学院感光化学研究所、低温技术实验中心为主体，联合北京人工晶体研究发展中心和工程塑料国家工程研究中心及中科院化学研究所的相关部分整合而成。

理化所是以物理、化学和工程技术为学科背景，以高科技创新和成果转移转化研究为职责使命的研究机构。重点开展光化学转换和光电功能材料应用基础研究及成果转移转化，为我国新一代信息技术、新能源及新材料等战略性新兴产业发展持续提供源头创新；着力突破非线性光学晶体和全固态激光器件核心关键技术，保持和扩大非线性光学晶体及其应用的国际领先地位，推动全固态激光技术的发展，持续提供保证国家需求的战略性手段；致力推进低温工程与技术的发展和应用，提升我国在制冷领域的核心竞争力，为我国大科学工程等重要领域的跨越性发展提供战略性支撑。将理化技术研究所建设成在国际上有重要影响的高水平研究机构。

理化所现有1个国家级工程中心：工程塑料国家工程研究中心；3个中国科学院重点实验室：光化学转换与功能材料重点实验室、功能晶体与激光技术重点实验室、低温工程学重点实验室；1个所级重点实验室：空间功热转换技术重点实验室。技术支撑机构有国家级的低温计量站和抗菌检测中心、院级的机加工中心、所级的公共技术服务中心和信息中心等。

2011年，理化所圆满完成“十二五”暨“创新2020”发展战略规划制订，作为首批“整体择优”单位进入“创新2020”，编制完成“一三五”规划实施方案，明确了一个定位、三个重大突破、五个重点培育方向和相应的重大改革举措，确立了未来十年的发展目标。质量管理、保密工作和许可证工作三大保障体系顺利通过再认证，“廊坊园区”建设全面推进并取得阶段性进展，学科建设取得积极进展，科技论文与专利保持良好发展势头，国际合作成效明显，人才队伍建设与研究生培养稳步推进，取得了一批有代表性的科技成果，实现了“十二五”的良好开局。

截至2011年底，理化所共有在职职工454人。其中科技人员330人、科技支撑人员27人，包括中国科学院院士4人、中国工程院院士2人、第三世界科学院院士1人、研究员及正高级工程技术人员72人、副研究员及高级工程技术人员120人。共有中国科学院“百人计划”入选者19人、国家杰出青年科学基金获得者6人。

理化所现设有物理学、化学、动力工程及工程热物理等3个一级学科博士研究生培养点；化学工程与技术等1个一级学科硕士研究生培养点；并设有化学、物理学、动力工程及工程热物理等3个一级学科博士后流动站。共有在学研究生416人（硕士生226人、博士生190人），在站博士后25人。

2011年，理化所共有在研项目462项（新增283项）。其中，国家重点基础研究发展计划（“973”计划）项目13项（新增1项），中国高技术研究发展计划（“863”计划）项目12项（新增5项），科技支撑计划3项（新增2项），重大科技专项4项（新增4项），ITER项目4项（新增1项）；国家自然科学基金重大项目1项、重点项目8项（新增5项）、主任基金项目1项（新增1项）、面上项目及青年基金项目75项（新增45项）、国际合作项目3项（新增2项）；中国科学院重大项目1项、重要方向性项目16项（新增4项），重大仪器研制和功能开发项目13项（新增6项），修购项目6项（新增4项），国际合作项目4项（新增3项）；北京市科学技术委员会重大预研项目1项（新增1项），北京市自然基金项目8项（新增3项），承担院地合作项目145项（新增129项），其他项目144项（新增67项）。

2011年，理化所在科研工作中取得一系列重要成果。以理化所为依托单位的项目工程总体部承担的“深紫外固态激光源前沿装备研制”国家财政专项进展顺利，研制出8类8台国际首创DUV-DPL光源，8台装备全部通过技术验收。大型低温制冷设备研制项目进展顺利，2千瓦@20开大型低温制冷系统研制取得突破，透平膨胀机转速达到12万转/分钟，氦制冷机达到18K液氢温区；10千瓦@20开大型低温制冷系统完成七个子系统的工程设计和方案论证。承担的国家“煤层气开采与利用”重大专项子项目“煤层气气田低压集输工艺技术”取得重要进展，研制出1万立方米/天规格的煤层气撬装液化成套装置，“日处理万方级可移动式煤层气液化装置技术”通过中国科学院科技成果鉴定。空间冷光学低温关键技术取得突破，研制成功演示样机，填补了国内空白。高功率大能量固体激光系统关键技术获突破，提出并采用可实现高亮度固体激光的创新性方案，光束质量达同类激光国际最高。大尺寸LBO晶体生长技术又取得重大关键性技术突破，研制出新一代大型五段熔盐生长装置，发明了新的高温熔盐传输技术，解决了大尺寸LBO晶体生长的关键科学技术问题，成功地生长出220×160×110立方毫米的LBO单晶，重达3835克，其中完整尺寸为170×160×110立方毫米、重量2327克的LBO单晶，晶体尺寸及重量均创新的世界纪录。完成世界首条经纬双向纳米纤维锂离子电池隔膜生产示范线（30万立方米/年）的建设工作，“纳米纤维锂离子电池隔膜中试技术及示范生产线”被评为2011年中关村十大创新成果之一。

2011年，理化所全年共发表科技论文566篇，其中被SCI核心刊物收录论文349篇，EI收录84篇，ISTP收录14篇。发表论著3部。新申请专利168项，其中发明专利163项（包括PCT 4项），实用新型专利5项；获授权专利84项，其中发明专利78项，实用新型专利6项。

洪朝生获美国2011年Collins奖（奖励低温领域的杰出贡献者，中国科学家首获此奖）；“基于新型制冷技术的环境试验设备”获2011年度中国国际博览会创新奖。

2011年，理化所横向立项继续保持良好的增长势头，成果技术转化工作稳步发展，重大重点项目新立项超过15项，合同现金总额超过1亿元。继续深化和北京市的合作，在推动落实已签约的隔膜和散热技术两个项目的基础上，重点推介低温环境设备、煤层气液化分离技术、全固态激光、医疗设备项目在京的落地转化。PBS、DHEA、明胶新工艺、热声技术产业化工作取得重大进展。“纳米纤维动力锂离子电池隔膜项目团队”获得北京市中关村科技成果转化奖一等奖；“液态金属散热器项目团队”获中关村科技成果转化二等奖；产业策划部获得技术转移工作组织奖一等奖。

2011年，理化所积极推进国际合作与交流，分别同日本大阪大学及美国VELGENE公司签订了国际合作协议。承担中国科学院“外国专家特聘研究员计划”2项，新争取ITER组织国际合作项目1项，院“外国专家特聘研究员计划”2项，“外籍青年科学家计划”1项，俄乌白专项资助1项，国际合作组织任职人员参加国际会议资助1项。承担的1项科技部国际科技合作项目通过验收。联合举办了“第25届国际光化学会议”，举办“第十八届光电智能材料及分子电子学中日双边国际会议”。全年学术交流出访人数127人次，来访110人次。

理化所是中国感光学会、中国化学会光化学委员会、中国制冷学会低温专业委员会和中国化工学会化工新材料委员会光催化材料及应用分会的挂靠单位。负责编辑出版《影像科学与光化学》学术期刊。

（撰稿：张　方　朱世慧　审稿：张丽萍）

化学研究所

所　　长：万立骏
地　　址：北京市海淀区中关村北一街2号
邮政编码：100190
电　　话：010－62554626
传　　真：010－62569564
电子信箱：huaxs@iccas.ac.cn
网　　址：http://www.ic.cas.cn

中国科学院化学研究所（以下简称“化学所”）始建于1956年。多年来，中国科学院以化学所某些学科方向为主先后组建了青海盐湖研究所（1958年）、感光化学研究所（1975年）和生态环境研究中心（1975年）；成都有机化学研究所成立时吸纳了化学所的十几位业务骨干；化学所有机氟工作于1963年并入上海有机化学研究所；1999年工程塑料国家工程中心并入新成立的理化技术研究所。化学所1994年成为国家科技部和中国科学院基础性研究改革试点单位，1998年首批进入中国科学院知识创新工程试点，1999年3月成立中国科学院分子科学中心，2003年11月科技部批准化学所与北京大学共同筹建北京分子科学国家实验室。

化学所是以基础研究为主，有重点地开展国家急需的、有重大战略目标的高新技术创新研究，并与高新技术应用和转化工作相协调发展的多学科、综合性研究所。主要学科方向为高分子科学、物理化学、有机化学、分析化学。化学所坚持科学技术的原始创新，不断加强高技术创新和集成，高度重视化学与生命、材料、环境、能源等领域的交叉，在分子与纳米科学前沿、有机/高分子材料、化学生物学、能源与绿色化学领域已取得新的突破，并建设和完善面向国家重大战略需求的先进高分子材料基地。2011年，化学所深入开展战略规划研究，相继制订化学所“创新2020”战略发展规划、“十二五”战略规划以及“一三五”规划，从而确立了化学所在未来5至10年的发展目标和发展方向。

化学所现有1个北京分子科学国家实验室（筹）、3个国家重点实验室、7个院重点实验室、2个所级实验室、2个研究中心、1个分析测试中心。国家重点实验室包括分子反应动力学国家重点实验室、分子动态与稳态结构国家重点实验室、高分子物理与化学国家重点实验室；院重点实验室包括有机固体院重点实验室，光化学院重点实验室，分子纳米结构与纳米技术院重点实验室，胶体、界面与化学热力学院重点实验室，工程塑料院重点实验室，分子识别与功能院重点实验室，活体分析化学院重点实验室；所级实验室包括高技术材料实验室、新材料实验室；研究中心包括化学生物学研究中心、能源与绿色化学研究中心。

截至2011年底，化学所共有在职职工586人。其中科技人员451人、科技支撑人员62人，包括中国科学院院士10人、第三世界科学院院士3人、研究员及正高级工程技术人员95人、副研究员及高级工程技术人员187人；全所进入创新岗位475人。共有中国科学院“百人计划”入选者51人（新增1人）、接收“西部之光”人才入选者17人（新增2人）、国家杰出青年科学基金获得者54人（新增3人）、国家“千人计划”（国家海外高层次人才引进计划）入选者1人、国家“青年千人计划”入选者1人。

化学所是1996年国务院学位委员会批准的博士、硕士学位授予权单位之一。现设有化学一级学科硕士、博士研究生培养点；材料学二级学科硕士、博士研究生培养点；并设有化学一级学科博士后科研流动站。共有在学研究生931人，（博士生648人、硕士生283人），在站博士后71人。

2011年，化学所有在研项目共284项（新增239）项。其中国家重点基础研究发展计划（“973”计划）项目9项（新增2项），中国高技术研究发展计划（“863”计划）项目14项（新增2项），国家科技支撑计划课题6项，国际科技合作项目1项；国家重大专项课题8项；国家自然科学基金重大、重点项目26项（新增6项）、面上项目157项（新增39项）、国家杰出青年基金项目13项（新增3项）、创新研究群体4项（新增1项）；中国科学院知识创新工程重大项目 1 项、重要方向项目 14 项（新增 5 项），仪器平台及专项 11 项（新增 4 项）；中科院“百人计划”项目 11 项（新增 1 项），“青年千人计划”1 项，国际合作项目 22 项（新增 17 项），战略性新兴产业院地合作项目 3 项。

根据科技部科技信息中心发布的全国科研机构发表科技论文情况统计：2010 年度化学所发表论文被 SCI 收录 651 篇，2001—2010 年发表的 SCI 收录论文篇均被引用次数 16.75 次，2010 年“表现不俗”的论文 227 篇，几项统计均居全国科研机构第 1 名；2010 年国际专利授权数量居全国科研机构第一名。2011 年，化学所共发表发表 SCI 收录论文 835 篇（包括合作 117 篇），论文质量不断提高。通过动态组装构建了基于螺旋与线型分子主客体相互作用的分子机器，分子水平上实现了对其运动的调控，研究结果发表在 *Science* 杂志上。2011 年 1 月，国际著名刊物《物理化学化学物理学》出版专刊报道化学所系列研究成果，这是该学术期刊首次为中国科研机构出版学术专刊。《中国科学：化学》于 2011 年 8 月为化学所出版学术专刊，以此专刊庆祝化学所建所五十五周年。

2011 年，“超临界流体、离子液体及其混合体系相行为与分子间相互作用研究”项目获得国家自然科学奖二等奖，“‘无模板法’自组装导电聚合物微/纳米结构及其多功能化”项目获得北京市科学技术奖一等奖，“仿生功能生物界面材料的合成与应用”项目获得湖北省科学技术奖一等奖。2011 年，化学所申请专利 252 项（包括 PCT 10 项，进入韩国 1 项），获专利授权 133 项。

2011 年，化学所继续实施“卓越人才战略”，人才队伍建设成绩显著。光化学实验室获得“中国科学院先进集体”荣誉称号；人事教育处获得中国科学院“组织人事系统先进集体”荣誉称号；纳米材料绿色制版项目团队获得“中央国家机关青年文明号”荣誉称号；赵进才研究员当选中国科学院院士；新增国家自然科学基金委创新群体 1 个、杰出青年基金获得者 3 人，中科院“百人计划”1 人，“青年千人计划”1 人、化学所“引进国外杰出青年人才计划”2 人，1 人荣获第十二届中国青年科技奖。

2011 年，化学所继续推进北京分子科学国家实验室建设；继续加强党建与创新文化建设；围绕建党 90 周年，结合化学所建所 55 周年，继续深入开展“创先争优”活动，基层组织建设成效明显；化学所有机固体党支部获得中央国家机关和中国科学院先进基层党组织荣誉称号。化学所创新三期基建项目进展顺利。中科院先进高分子材料工程中心顺利通过竣工验收，正式投入使用。

2011 年，化学所在国际学术组织任职 37 人次，国际期刊任职 106 人次。参加境外国际会议、学术交流、合作研究 300 人次，接待来所参加学术交流及合作项目的外宾近 320 人次，组织和主办国际会议 6 次，组织“分子科学论坛”报告会 10 次，邀请日本东京大学 Eiichi Nakamura 教授作“爱因斯坦讲座”；新聘外籍专家特聘研究员 5 人，外籍青年科学家 2 人。截至 2011 年底，化学所共与 30 多个国家和地区建立了科技合作与交流关系。

由科技部、中科院、教育部共建的“北京质谱中心”设在化学所，与中科院共建的核磁共振实验室挂靠在化学所；拥有 X 射线单晶面探仪、X 射线粉末衍射仪、高分辨透射电镜、场发射扫描电镜、600 兆与 500 兆核磁共振谱仪和 400 兆固体核磁共振波谱仪、X 射线光电子能谱仪、傅立叶变换离子回旋共振质谱等高性能大型共用仪器。

化学所是中国化学会的依托单位，并与中国化学会共同主办《化学通报》、《高分子学报》、《高分子通报》、《高分子科学》（英文版）等学术期刊。

（撰稿：李　丹　石永军　审稿：万立骏）

国家纳米科学中心

主　　任：王　琛
地　　址：北京市海淀区中关村北一条 11 号
邮政编码：100190
电　　话：010－62652116

传　　真：010－62656765
电子信箱：webmaster@nanoctr.cn
网　　址：http://www.nanoctr.cn

国家纳米科学中心（以下简称“纳米中心”）是中国科学院与教育部共同建设，于2003年12月31日正式成立的具有独立事业法人资格的全额拨款直属事业单位。纳米中心采取理事会领导下的主任负责制，理事会由国家发展和改革委员会、教育部、科学技术部、财政部、卫生部、北京市人民政府、中国科学院、中国工程院、国家自然科学基金委员会、北京大学、清华大学等单位选派代表组成。纳米中心设立学术委员会，协助理事会确定中心的重要研究领域和发展方向。

纳米中心是我国纳米科技领域的国家级综合性研究中心，其战略定位是纳米科学的基础研究和应用研究，重点在具有前瞻性和重要应用前景的纳米科学与技术基础研究；发展目标是建成具有国际先进水平的、面向国内外开放的纳米科学研究公共技术平台和研究基地，成为中国纳米科技领域国际交流的窗口和人才培养基地；主要学科方向是围绕科学前沿、国家重大需求和重大支撑技术开展的多学科交叉研究，包括纳米结构的系统和集成技术、纳米技术标准化和纳米标准物质的研制、纳米结构的生物学效应和安全性研究、纳米制造的相关基础研究、具有重大意义的纳米结构制备和关键分析技术。

纳米中心现有6个研究室、2个实验室和1个发展研究中心。纳米器件研究室主要从事功能纳米结构的制备和集成技术；纳米材料研究室主要从事新型纳米材料的制备和组装，以及功能纳米材料在环境科学和新能源中应用的相关研究；纳米生物效应与安全研究室主要研究纳米结构和生物体之间相互作用、利用纳米科学和技术探索生命科学的基本问题；纳米表征研究室主要从事对低维材料体系的结构与性能关系的研究，探索分子材料的组装规律和相关物性，不断完善和发展对纳米尺度结构和性能的表征方法和研究设备；纳米标准研究室主要从事纳米技术标准化的研究，如纳米检测技术标准化、纳米标准物质与样品的研制、纳米计量溯源等工作；纳米制造与应用基础研究室主要以设计、制备、修饰、操纵和集成纳米尺度单元为手段，开展集纳米材料和结构的量化制备及经济性、可靠性为一体，体现“纳米效应”的产品和系统的应用基础研究；纳米检测实验室主要从事纳米检测技术服务，并开展与纳米检测技术相关的培训和研发工作；纳米加工技术实验室主要从事纳米结构加工、器件制备及系统技术研究，并作为公共开放平台为我国纳米科学与技术基础及应用基础研究提供先进加工技术。发展研究中心主要开展纳米科技政策和发展战略研究，跟踪分析国际发展动态，定期发布纳米科技动态信息和政策研究报告，为纳米中心、中国科学院及政府有关部门的决策提供支撑。纳米中心与北京大学等单位共建协作实验室19个。

2011年，国家纳米科学中心二期建设规划顺利通过院里的批复，为纳米中心进一步战略发展奠定了基础；按照院里的工作部署，积极组织中心“一三五”规划制订及“创新2020”的实施，加强战略研究与管理工作。

截至2011年底，纳米中心共有在职职工202人。其中科技人员149人、科技支撑人员53人，包括研究员29人、副研究员及高级工程技术人员31人，全中心进入创新岗位人员共有140人。中国科学院“百人计划”入选者17人（新增1人）、国家杰出青年科学基金获得者5人（新增1人）。

纳米中心现有凝聚态物理、物理化学、材料学专业3个博士研究生培养点；生物物理学硕士培养点，材料工程和生物工程2个专业硕士培养点；设有博士后流动站。共有在学研究生181人（硕士生69人、博士生101人，留学生11人），在站博士后22人。

2011年，纳米中心共有在研项目（课题）101项（新增30项）。其中，纳米重大科学研究计划项目6项，课题21项（新增5项）；中国高技术研究发展计划（“863”计划）课题2项；国家自然科学基金杰出青年基金项目3项（新增1项），面上项目28项（新增6项）；中国科学院知识创新工程重大项目课题1项、重要方向项目2项；国际合作项目22项（新增11项），院地合作项目16项（新增7项）。

2011年，纳米中心科研工作取得了一系列重要进展。构建了系列基于功能化金纳米颗粒的可视化检测方法，为HIV和阿尔茨海默病等重大疾病的诊断提供了新方法；实现了多分散（20%—30%）无机纳米粒子在溶液中的可控自组装，对理解单分散性的病毒等生物体系和聚合物等有机大分子超结构的形成具有指导意义；利用扫描隧道显微技术（STM）对2型糖尿病相关的淀粉样蛋白——胰淀素的组装和聚集结构进行研究，确定了淀粉样蛋白组装和聚集的核心片段及折叠位点；纳米安全性方面的研究发现，血液蛋白吸附降低碳纳米管的细胞毒性，对理解碳纳米管以及其他纳米颗粒的体内细胞毒性以及设计安全的纳米材料具有重要意义；单壁碳管薄膜应力传感器研究取得新进展；首次在对称破缺的银纳米圆盘结构中观测到可见光波段的法诺共振现象，为法诺共振的实际应用提供了全新思路；细胞器靶向的抗肿瘤研究取得新进展，实现了人工设计细胞器靶向的抗肿瘤纳米载体和药物；主持的ISO TS 13278“碳纳米管杂质含量ICP-MS测定”国际标准正式颁布；获得了5个系列纳米台阶高度国家一级标准物质证书及计量器具许可证。此外，纳米中心还成立了“国纳科技发展有限公司”，积极进行科研成果的应用和转化工作。

2011年，纳米中心科研人员共发表SCI论文240篇，其中纳米中心作为第一作者的论文133篇；出版专著：主编4部，参编4部；共申请专利80件（1件实用新型专利，其他均为发明专利），比2010年增长42.9%，其中PCT专利6件，国外专利3件；授权专利23件；颁布国际标准1项。

2011年，纳米中心查连芳同志获得“中国科学院优秀党务工作者”荣誉称号；陈春英研究员荣获“中国标准化杰出人物——创新人物”奖，宫建茹副研究员获得中国科学院卢嘉锡青年人才奖。

2011年，纳米中心在国际交流与合作方面取得了重要进展。全年来访的国外（境外）学者37人次，中心研究人员出访67人次；主办或承办国际会议3次，包括ChinaNANO2011国际会议等；与德国马普胶体与界面研究所建立了“纳米结构碳能源材料国际联合实验室”。

纳米中心是全国纳米技术标准化技术委员会纳米材料分技术委员会（SAC/TC279/SC1）、中国合格评定国家认可委员会（CNAS）实验室技术委员会纳米专业委员会、中国微米纳米技术学会纳米科学技术分会的挂靠单位。纳米中心与英国皇家化学会联合主办的英文期刊*Nanoscale*受到国内外学界的广泛关注。

（撰稿：吴树仙　刘卫卫　审稿：王　琛）

生态环境研究中心

主　　任：曲久辉
地　　址：北京市海淀区双清路18号
邮政编码：100085
电　　话：010－62923549
传　　真：010－62923549
电子信箱：zhb@rcees.ac.cn
网　　址：http://www.rcees.ac.cn

中国科学院生态环境研究中心（以下简称“生态环境中心”）始建于1975年，前身为经国务院批准在原中国科学院化学研究所二部基础上成立的中国科学院环境化学研究所，1986年与中国科学院生态学研究中心（筹）合并，改为现名。

生态环境中心以“国家生态环境安全与可持续发展”为战略主题，充分发挥环境科学、环境工程和生态学三大学科的综合优势，将国际环境科学与生态学研究前沿与国家环境保护与生态建设的重大需求紧密结合，不断突破关系到国家生态安全、环境健康和可持续发展的重大科学理论和关键技术，为我国生态文明建设、实现人与自然的协调发展作出基础性、战略性、前瞻性科技创新贡献，将生态环境中心建设成为我国生态环境科学应用基础研究和技术创新基地、高级专门人才培养基地，成为国内一流、国际上有重要影响的生态环境综合性研究机构。

2011年，生态环境中心制订了《生态环境研究中心“十二五”科技发展规划》，明确了三个重大突破：环境污染的健康效应与调控、饮用水复合污染过程与控制和全国生态系统评估与国家生态安全屏障；五个重点培育方向：新型污染物的环境过程与控制、流域水生态完整性保护与重建、大气灰霾成因与调控、城市生态格局、过程与调控和环境功能材料与废物资源化。

生态环境中心现有8个研究室，其中有3个国家重点实验室，即环境化学与生态毒理学国家重点实验室、环境水质学国家重点实验室、城市与区域生态国家重点实验室，筹建1个院重点实验室，即中国科学院环境生物技术重点实验室（筹），以及大气环境研究室、水污染控制技术研究室、中澳联合土壤环境研究室、环境纳米材料研究室等5个研究室。设有文献信息中心、大型分析仪器实验室、二恶英实验室、水质分析实验室、环境评价部和北京城市生态系统研究站。先后有“景观格局与生态过程”、“持久性有毒污染物形态、环境过程与毒理效应”和“环境微界面过程与污染控制”3个国家自然科学基金创新研究群体和2个中国科学院创新研究团队。二恶英实验室通过了国家实验室认可和计量认证、水质分析实验室通过计量认证；联合国环境规划署持久性有机污染物分析示范实验室落户生态环境中心；住房和城乡建设部农村污水处理技术北方研究中心依托在生态环境中心；生态环境中心与南澳大利亚水务公司共建国际水科学技术中心；与挪威共建中－挪环境综合研究中心；与横滨国立大学联合共建亚洲国际生态环境安全管理中国联合研究中心；与中国节能投资公司共建中环水务－生态环境中心联合研发基地。生态环境中心是农业部批准的农药登记残留试验认证单位之一。

截至2011年底，生态环境中心共有在职职工377人。其中科技人员346人，含科技支撑人员86人；包括中国科学院院士3人、中国工程院院士4人、研究员及正高级人员56人、副研究员及高工80人。共有中国科学院“百人计划”入选者23人，国家杰出青年科学基金获得者16人。

生态环境中心是国务院学位委员会批准的博士（1986年）、硕士学位（1980年）授予权单位之一，是中国科学院博士生重点培养基地。设有环境科学、环境工程、生态学、环境经济与环境管理等4个学科博士研究生培养点；设有环境科学、环境工程、生态学、环境经济与环境管理、分析化学、人口资源与环境经济学、有机化学等7个学科硕士研究生培养点；设有环境科学与工程、生物学等2个一级学科博士后流动站。共有在学研究生618人，（硕士生246人、博士生372人），在站博士后107人。

2011年，生态环境中心共有在研项目404项（新增133项）。其中，主持国家重点基础研究发展计划（“973”计划）项目3项、承担课题23项（新增2项），承担中国高技术研究发展计划（“863”计划）项目（课题）28项（新增5项），国家重大科技专项2项，国家科技支撑计划项目13项（新增3项），国家公益性环保项目12项（新增5项）；承担国家自然科学基金重大项目1项、重点项目17项（新增4项）、国家杰出青年科学基金项目8项（新增2项）、面上项目104项（新增37项）；承担中国科学院知识创新工程重大项目1项、重要方向项目39项（新增12项）、战略性先导科技专项3项（新增3项），承担国际合作项目5项（新增1项），院地合作项目2项（新增2项），与地方政府合作项目11项；参加了北极及西藏科学考察。

2011年，获2项国家科技奖，其中“典型持久性有毒污染物的分析方法与生成转化机制研究”获2011年度国家自然科学奖二等奖，“室温催化氧化甲醛和催化杀菌技术及其室内空气净化设备”获国家技术发明奖二等奖；“高效聚合铝絮凝剂的工艺优化与产业化”项目获第十三届北京技术市场金桥奖项目二等奖；“浊点萃取和膜萃取技术在超痕量分离和测定中的应用研究”获2011年中国分析测试协会科学技术奖一等奖。

2011年，生态环境中心主持的一批重大项目取得重要进展，并通过验收，包括生态环境中心科研人员负责协调的“十一五”国家科技支撑计划“典型脆弱生态系统重建技术开发”、中科院重大项目“京津塘区域环境污染调控技术与示范”、“环境雌激素检测用化学发光免疫分析仪的研制”等。生态环境中心在病原微生物健康风险评价方法领域、核酸适配体研究方面、城市供水管网漏损监测、预警与控制研究及应用、石墨烯富集材料及其性能研究、垃圾焚烧二恶英控制技术、DNA 损伤研究、有机污染物自由基反应机理研究、我国生态脆弱区区划与恢复策略、城市生态规划方法和生态修复、土壤微生物生态等多方面研究工作中取得了一系列的重要突破。

2011 年，生态环境中心在国内外期刊发表论文 542 篇，其中 SCI 收录论文 351 篇，中文核心 191 篇；申请发明专利 114 件；获授权发明专利 42 件；出版专著 1 部。

2011 年，生态中心国际科技交流与合作继续持续发展，来访规格和层次提高，全年共派出 238 人次（包括中国港澳台），出访国家和地区 20 多个，接待外宾专访 76 人次、顺访 344 人次；主办或承办了第 8 届国际景观生态学大会、第 8 届持久性有毒化学污染物国际研讨会、SCOPE-ZHONGYU 环境论坛（2011）暨环境科学与可持续发展国际会议、第 7 届海峡两岸饮用水安全控制技术及管理研讨会、生态系统服务功能评估及其政策应用研讨会等多次国际会议。

生态环境中心是国际环境问题科学委员会中国委员会、中国生态学学会的挂靠单位。负责编辑出版 *Journal of Environmental Sciences*（SCI 和 EI 收录）、《生态学报》、《环境科学》、《环境科学学报》、《环境工程学报》、《环境化学》和《生态毒理学报》等 7 种自然科学学术期刊，国际刊物 *Environmental Science & Technology* 亚洲办公室设在生态环境中心。

（撰稿：陈劲憬　杨克武　审稿：欧阳志云）

过程工程研究所

名誉所长：郭慕孙
所　　长：张锁江
地　　址：北京市海淀区中关村北二街 1 号
邮政编码：100190
电　　话：010－62554241
传　　真：010－62561822
电子信箱：office@home. ipe. ac. cn
网　　址：http://www. ipe. cas. cn

中国科学院过程工程研究所（以下简称“过程工程所”）前身是 1958 年成立的中国科学院化工冶金研究所。50 多年来，研究范围逐步扩展到能源化工、生化工程、材料化工、资源/环境工程等领域，学科方向由“化工冶金”发展为“过程工程”。2001 年更为现名。

在国家“十二五”时期和中国科学院“创新 2020”实施过程中，过程工程所进一步明确了“引领过程工程科学前沿，支撑过程工业技术创新”的发展目标，瞄准国家战略需求和世界科技前沿，针对当前制约过程工程跨越发展的突出问题，提出了一个定位（定位于大规模资源转化利用及替代的绿色过程的基础与应用研究，突破过程工程的共性理论、关键技术、关键装备及系统集成，建立资源高效转化或替代的过程工程研究平台，为国家过程工业发展提供强有力的科技支撑）、着力实现三项突破（多尺度放大调控及其重大应用；矿产资源高效清洁生产技术；生物过程关键技术与装备）以及重点部署五大方向（煤热解及油气综合利用、生物过程强化与集成、绿色化工及污染控制技术、非常规介质催化与过程节能、功能材料化工及太阳能利用）的科技布局；围绕三项突破，探索适应过程工程跨越发展的体制机制，提出了创新科研组织模式和完善成果转化链两项重大改革举措，形成符合过程工程学科发展规律的科研创新体系。

过程工程所现有生化工程国家重点实验室和国家生化工程技术研究中心（北京）、多相复杂系统国家重点实验室、湿法冶金清洁生产技术国家工程实验室、中国科学院绿色过程与工程重点实验室、离子液体清洁过程北京市重点实验室以及过程工程研发中心、生物质研究中心、循环经济技术研究中心、过程污染控制环境工程研究中心、太阳能研究中心、过程工程中关村开放实验室等科研机构。

截至 2011 年底，过程工程所共有在职职工 709 人。其中科技人员 550 人、科技支撑人员 70 人，包括中国科学院院士 4 人、中国工程院院士 1 人、研究员及正高级工程技术人员 45 人、副研究员及高级工程技术人员 124 人。国家海外高层次人才培养计划（“千人计划”）入选者 2 人、中国科学院“百人计划”入选者 20 人、所级“百人计划”入选者7人。过程工程所现设有化学工程与技术一级学科和材料学、环境工程两个二级学科博士/硕士研究生培养点；并设有1个一级学科博士后流动站。共有在学研究生440人（硕士生225人、博士生215人），在站博士后29人。

2011年，过程工程所在研项目共计1004项（新增303项）。其中，主持国家重点基础研究计划（“973”计划）项目1项、承担或参加课题20项（新增9项），主持国家高技术研究发展计划（“863”计划）主题项目1项、承担或参加课题22项（新增7项）；承担或参加国家科技支撑计划课题13项（新增7项），主持国家重大科学仪器开发项目1项，承担或参加国家科技重大专项课题2项，承担环保部公益项目等部委项目10项（新增7项）；主持国家自然科学基金重大项目课题2项，重点项目3项（新增1项），国家杰出青年科学基金2项（新增1项）、仪器专项2项（新增1项）、重大国际合作项目2项（新增1项）、重大研究计划课题新增1项、联合基金项目新增2项、青年基金87项（新增41项）、面上项目47项（新增17项）；承担或参加中科院知识创新工程重要方向项目、装备类项目、仪器功能开发类等项目46项（新增9项）；承担院地合作项目740项（新增199项）。

2011年，过程工程所共有67项课题完成结题验收。其中，主持通过国家验收的两项重大项目：国家重点基础研究发展计划（“973”计划）项目“两性金属/黑色金属紧缺矿产资源高效清洁综合利用的基础研究”面向紧缺战略金属（铬、铝、钛、铁、镍、钴、铜等）资源高效清洁利用的国家紧迫需求，针对我国资源特点，开展了选冶分离提取基础创新研究，推进了金属原材料产业绿色化升级，全面完成了计划任务，达到了预期研究目标；国家科技支撑计划项目“流程工业多尺度模拟放大技术及其在石化行业的应用”高性能计算在我国石化行业的应用技术领域取得了重大突破，提出了问题、模型、软件和硬件结构相匹配的技术思路，以及多层次并行的超级计算模式，建立了拥有核心自主知识产权的高效高精度多尺度过程模拟与放大软硬件平台，实际应用效能显著提高。

2011年，过程工程所共取得24项科研成果，其中“室温催化氧化甲醛和催化杀菌技术及其室内空气净化设备”获国家技术发明奖二等奖，省部级及全国行业协会成果奖16项。有7项成果通过鉴定，主要包括：“离子液体催化乙二醇清洁高效水解新工艺”自主设计并建立的工业侧线装置运行稳定，工艺简单、水比低、节能效果明显、原料适应性强，离子液体固载化固定床水解工艺较其他国际先进水解工艺更具技术经济和环保优势，专家组鉴定意见认为具有国际领先水平；“氰化尾渣硫铁资源高效利用产业化技术”实现了工业化应用，建成了年处理20万吨的示范生产线，全流程“三废”排放达标，已安全稳定运行一年，经济、社会和环境效益显著，形成了具有自主知识产权的氰化尾渣硫铁资源高效利用技术体系，达到国际领先水平；“膜过滤－汲取集成技术及其在生物大分子浓缩与海水淡化中的应用”创新性地提出利用浓差极化实现溶质高效浓缩的新型膜分离技术——膜过滤－汲取集成技术，该技术是对传统膜浓缩原理和实施方式的变革，具有显著的原创性和自主的知识产权，吨水电耗显著低于现行海水淡化系统的能耗，为海水资源的经济利用提供了重要基础，处于国际领先水平；“内外双循环流化床烟气净化技术与示范”项目中内外双循环流化床脱硫技术（IOCFB）脱硫除尘独立，更适合中国原有工业锅炉/炉窑脱硫改造项目，同时脱硫剂与副产品均为干态，脱硫产物易于处理和贮存，工艺操作便捷，另外在投资及运行成本等方面该技术与国外技术相比更具有竞争优势，处于国际先进水平。此外，过程工程所开发出有自主知识产权的聚乙二醇修饰技术，与天津派格生物技术有限公司、天津药物研究所共同研发的“聚乙二醇重组人粒细胞集落刺激因子注射液”获得国家食品药品监督管理局颁发的药物临床试验批件，目前正积极启动该新药的I期临床研究。与国外同类产品相比，该新药具有明显的药代动力学及药效学优势，投入临床后将大大降低临床用量，显著降低新药成本和价格，从而摆脱对进口药物的依赖，造福广大国内患者，同时对我国长效蛋白药物的研发起到推动作用。

过程工程所科技开发工作以提升科技创新活动的核心价值为目标，持续深化机制体制创新，

2011年共签订有效合同199份，服务企业320余家，合同金额较2010年度增长了35.9%，超过历史最好水平；全年举办3期“行业需求与过程工业科技创新高层论坛”，开展行业领域发展动态、战略方向、最新政策、市场需求及重大共性技术等研讨；与政企新建平台13个，提升企业自主创新能力的同时，为实现核心技术的快速孵化推广奠定基础；新加入芦笋产业等5大技术创新联盟，研究所加入的产业联盟总数达到27个，实现企业、大学和科研机构等在战略层面有效结合，共同突破产业发展的瓶颈，以促进行业领域进行共性关键技术开发及转移转化；新增发明专利申请332项，实用新型专利申请7项，PCT申请8项；新增发明专利授权97项，实用新型专利授权3项，国际专利授权3项，软件著作权登记5项，进一步丰富和保障了原始创新成果；2011年研究所被科技部确定为“国家技术转移示范机构”。

2011年，过程工程所先后举办3次大型国际会议，包括“第六届亚太化学反应工程研讨会”、“第二届全国离子液体与绿色过程学术会议”（与华东理工大学等共同组织承办）、“第二届中日韩‘IPE-TITECH-KIMM’学术研讨会”。受院国际合作局委托，5月承办的“第二届中英储能技术与政策研讨会”以储能科技为主线，为中英双方高层次科学家和企业界人士建立了交流平台，促进了两国在储能和新能源领域的合作。过程工程所全年接待来访外宾230余人次，出访85个团组，146人次。聘任外国专家特聘研究员5人，外籍青年科学家1人，执行爱因斯坦讲席教授计划1项，共同发表国际合作论文30余篇，新签订国际合作协议2项。

中国颗粒学会挂靠过程工程所，所内主办《过程工程学报》、《颗粒学报》（*PARTICUOLOGY*）和《计算机与应用化学》三个学术期刊。

（撰稿：刘　伟　张　辉　审稿：张锁江）

地理科学与资源研究所

所　　长：刘　毅

地　　址：北京市朝阳区大屯路甲11号

邮政编码：100101

电　　话：010－64889276，010－64854841

传　　真：010－64854230

电子信箱：office@igsnrr.ac.cn

网　　址：http://www.igsnrr.ac.cn

中国科学院地理科学与资源研究所（以下简称“地理资源所”）于1999年9月经中国科学院批准，由中国科学院地理研究所（前身是1940年成立的中国地理研究所）和中国科学院自然资源综合考察委员会（1956年成立）整合而成。

地理资源所的定位是：以解决关系国家全局和制约长远发展的资源环境领域的重大公益性科技问题为着力点，以持续提升研究所自主创新能力和可持续发展能力为主线，建设成为服务、引领和支撑我国区域可持续发展的资源环境研究战略科技力量。

发展目标是：成为我国陆地表层过程与生态系统、区域可持续发展、资源环境安全及地理信息系统核心科学与技术研究中起引领作用的综合研究机构，成为国家区域发展、资源利用、环境整治和生态建设重要的思想库与人才库，通过实施国际化战略，开展亚洲、非洲和美洲等地区生态环境国际合作研究，提升国际竞争力，建设成为国际地理科学、资源科学和生态建设领域的著名综合性研究机构。

2011年，地理资源所获中科院首批整体择优支持，在资源环境领域率先启动实施“创新2020”。所领导班子团结带领全所职工，紧紧围绕“创新2020”，制订并启动实施“一三五”规划，扎实工作、开拓创新，各项事业稳步发展，实现了“十二五”的良好开局。

地理资源所现有7大研究领域，下设28个学科团队（研究室、中心、站）。7个研究领域由3个研究部、3个重点实验室和1个研究中心组成，即自然地理与全球变化研究部、人文地理与区域发展研究部、自然资源与环境安全研究部、资源与环境信息系统国家重点实验室、陆地水循环及地表过程院重点实验室、生态系统研究网络观测与模拟院重点实验室、农业政策研究中心。

地理资源所拥有1个国家重点实验室、3个中国科学院重点实验室，设有理化分析中心和5个专业实验室构成的所级公共技术服务中心；拥有禹城综合实验站、拉萨高原生态试验站2个国家野外科学观测研究站，禹城站、拉萨站、千烟洲红壤丘陵综合开发试验站3个中国科学院生态系统研究网络（CERN）野外站；建成中国物候观测网、中国陆地生态系统通量观测研究网络（ChinaFLUX）和同位素观测网3个全国性观测研究网络，共同构成了研究所野外观测研究平台。建成完整的数据共享平台，国家地球系统科学数据中心和共享服务网、“973”计划资源环境领域数据汇交中心、中国生态系统研究网络综合中心、中国科学院资源环境科学数据中心、国家电子政务工程资源环境科学数据分中心设在该所。此外，还设有地理科学与资源科学专业图书馆。

截至2011年底，地理资源所在职职工595人。其中科研人员386人、科技支撑人员96人，包括中国科学院院士4人、中国工程院院士3人、第三世界科学院院士1人、研究员及正高级工程技术人员128人、副研究员及高级工程技术人员115人；全所进入创新岗位435人。共有中国科学院“百人计划”入选者27人（新增3人）、“西部之光”人才入选者18人（新增1人）、国家杰出青年科学基金获得者14人（新增1人）、“新世纪百千万人才工程”国家级人选5人。

地理资源所是国务院学位委员会批准的首批博士、硕士学位授予单位之一。现设有3个一级学科博士研究生培养点：地理学（含自然地理学、人文地理学、地图学与地理信息系统、自然资源学专业4个二级学科）、生态学、农林经济管理；设有环境科学1个二级学科博士研究生培养点；设有自然地理学、人文地理学、地图学与地理信息系统、自然资源学、气象学、生态学、环境科学、农业经济管理8个二级学科硕士研究生培养点；农村与区域发展（农业推广）、农业信息化（农业推广）、环境工程（专业学位）硕士培养点；设有地理学、生态学2个一级学科博士后科研流动站。共有在学研究生663人（硕士生237人、博士生423人、外国留学生3人），在站博士后156人。

2011年，地理资源所共有在研项目627项（新增303项）。其中，主持国家重点基础研究发展计划（“973”计划）项目5项（新增1项）、承担课题31项（新增7项），主持中国高技术研究发展计划（“863”计划）课题1项，主持国家科技支撑计划课题11项（新增2项），国家科技基础性工作专项项目4项（新增2项），国家科技重大专项课题2项（新增1项）、国家科技基础条件平台项目2项；承担国家自然科学基金重大项目1项、重点项目11项（新增2项）、面上项目137项（新增47项），青年科学基金项目94项（新增37项），国家杰出青年科学基金项目4项（新增1项）；承担中国科学院战略性先导科技专项项目2项、课题6项，重要方向项目32项（新增10项），中国科学院科研装备研制项目2项；承担国家发展和改革委员会高技术产业化专项项目1项，科学技术部农业科技成果转化资金项目1项、科学技术部国际合作项目2项，国家自然科学基金委员会对外交流重大国际合作项目2项（新增1项），国家社会科学基金重大项目1项；承担经费在100万以上国家部委委托项目12项（新增4项），与地方政府合作项目32项（新增20项）。

2011年，地理资源所有8项成果获得国家及省部级科技奖励。其中于贵瑞主持完成的“陆地生态系统变化观测的关键技术及其系统应用”获国家科技进步奖二等奖，该研究率先构建了陆地生态系统变化观测技术体系及数据-模型资源协同共享信息系统，自主开发了生态系统变化动态监测数据系列产品，为开展生态系统变化监测、评估以及生态系统综合研究提供了分析方法和数据资源。

2011年，地理资源所共发表论文1218篇，其中SCI和SSCI刊物收录论文380篇、EI及ISTP论文95篇；出版学术著作（地图集）52部；获得受理和授权专利52项（其中获授权发明专利28项）；获得计算机软件著作权45项。与张家界市武陵区人民政府等14个单位建立了合作关系。《中科院专家建议高度关注我国泥石流高易发地区人口布局问题》等12份咨询报告得到党和国家领导人批示或被中办、国办刊物采用。

2011年，地理资源所荣获全国教科文卫体系统“模范职工之家”称号、“2006—2010 年国家自然科学基金管理先进单位”称号；“地理学”优秀博士后科研流动站，农业政策研究中心获“全国扶贫开发先进集体”称号；《中国国家地理》获第二届“中国出版政府奖期刊奖”；樊杰荣获“国家汶川地震灾后恢复重建先进个人”称号，金凤君获“中国科学院优秀共产党员”称号，刘红辉获“中国科学院优秀党务工作者”称号。

2011 年，地理资源所新争取各类国际合作项目 25 项。与日本金泽大学和俄罗斯科学院等国际科技机构签署科研合作协议、备忘录及合作框架共计 8 项；主办了 9 个国际学术会议和 1 个两岸会议；全年出访人员 405 人次，接待来访人员 426 人次；引进中国科学院外国专家特聘研究员 7 名、外籍青年科学家 1 名；毛汉英当选国际欧亚科学院院士，夏军获 2011 年度“国际水资源管理杰出贡献奖”，为我国学者首获该奖。

中国地理学会、中国自然资源学会和中国青藏高原研究会挂靠在地理资源所。国际地圈生物圈计划中国全国委员会秘书处、国际全球环境变化人文因素计划中国国家委员会秘书处、全球碳计划亚洲区域办公室和全球土地计划北京节点办公室等 12 个国际组织或科学计划的相关分支机构设在该所。主办的刊物有《地理学报》（中、英文版）、《地理研究》、《地理科学进展》、《自然资源学报》、《资源科学》、《地球信息科学》、《资源与生态学报》（英文版）、《中国国家地理》、《中国生态旅游》等。

（撰稿：张国义　刘红辉　审稿：刘　毅）

国家天文台

台　　长：严　俊
地　　址：北京市朝阳区大屯路甲 20 号
邮政编码：100012
电　　话：010－64888708
传　　真：010－64888708
电子信箱：goffice@nao.cas.cn
网　　址：http://www.bao.ac.cn

中国科学院国家天文台（以下简称“国家天文台”）成立于 2001 年 4 月，系由中国科学院天文领域原四台三站一中心撤并整合而成。包括总部及 4 个直属单位，总部设在北京，直属单位分别是：云南天文台、南京天文光学技术研究所、新疆天文台和长春人造卫星观测站。紫金山天文台、上海天文台继续保留院直属事业单位的法人资格，为国家天文台的组成单位。

国家天文台总部成立于 2001 年，由成立于 1958 年的北京天文台和成立于 1999 年的国家天文观测中心合并组成；云南天文台成立于 1972 年，其前身是抗战胜利后原中央研究院天文研究所迁回南京时留在昆明的工作站；南京天文光学技术研究所成立于 2001 年，其前身是成立于 1958 年的南京天文仪器研制中心的科研部分及高技术镜面实验室；新疆天文台成立于 2010 年，其前身是成立于 1957 年的乌鲁木齐人造卫星观测站；长春人造卫星观测站成立于 1957 年。

国家天文台坚持“两个面向”，即面向国家战略需求和世界科学前沿，主要从事天文观测与理论以及天文高技术研究，并统筹我国天文学科发展布局、大中型观测设备运行和承担国家大科学工程建设项目，负责中国科学院天文口科研工作的宏观协调、资源优化和人才配置。国家天文台的主要研究领域为星系宇宙学、恒星和致密天体、太阳磁活动和日地空间环境、应用天文、空间科学和深空探测、天文新技术和新方法。总体发展战略目标是：在面向国家战略需求方面，成为国家深空探测和空天安全等领域不可替代的重要“方面军”；在面向世界科技前沿方面，形成若干国际著名的学术研究集团，将国家天文台建设成为世界一流的综合性国立天文研究机构。三个重大突破为：①银河系结构和化学－动力学演化历史；②太阳和太阳系研究；③建设重大科学设施，开展前沿射电天文和应用研究。五个重点培育方向为：①宇宙大尺度结构的形成和演化；②银河系、恒星和致密天体研究；③黑洞等剧烈活动天体研究；④世界先进水平极大口径光学/红外望远镜关键技术；⑤面向国家深空探测和空天安全的应用天文研究和体系建设。2011 年，国家天文台首批入选院“创新 2020”整体择优研究所。

国家天文台建有光学天文、太阳活动、天文光学技术、天体结构与演化四个中国科学院重点实验室。在北京密云、怀柔，河北兴隆，云南丽江高美谷、澄江抚仙湖，新疆乌鲁木齐南山、喀什、乌拉斯台，西藏阿里、羊八井，内蒙古明安图，吉林长春净月潭等地建有野外观测台站。此外，国家天文台与阿根廷圣胡安大学合作建有南美观测站，并参与南极天文台的建设。中国科学院月球与深空探测总体部依托在国家天文台。

2011 年，“大天区面积多目标光纤光谱天文望远镜（LAMOST）”先导巡天正式启动；“500 米口径球面射电望远镜（FAST）”工程开工报告获得中国科学院和贵州省人民政府正式批复，台址开挖工程过半；“全月球 7 米分辨率数字影像图”分别通过中国科学院院级评审和工程总体评审，在国际上处于领先水平；深空太阳天文台（DSO）完成立项论证工作和中咨公司评估；建成国内首个低频射电高能宇宙射线和中微子探测望远镜 TREND；新一代中国射电频谱日象仪已完成由 40 面天线组成的低频阵列系统安装调试，逐步开始试观测；首台南极巡天望远镜完成研制，成功安装在冰穹 A；建成国内最大口径的光学镜面垂直检验设施——30 米垂直检验塔；超高速星搜寻工作显著增加了国际候选体的样本数量，第一次尝试用多种非银心或银盘上的动力学机制解释了超高速星的起源问题，并对解决银心质量函数分布等问题提供重要信息；完成中德 6 厘米银道面偏振巡天，为世界上利用陆基望远镜开展的观测频率最高的银道面偏振巡天，并首次利用国内设备发现超新星遗迹。

截至 2011 年底，国家天文台共有在职职工 1076 人。其中科技人员 951 人、科技支撑人员 376 人，包括中国科学院院士 8 人、中国工程院院士 1 人、第三世界科学院院士 2 人、研究员及正高级工程技术人员 138 人、副研究员及高级工程技术人员 223 人；全所进入创新岗位 546 人。共有中国科学院“百人计划”入选者 31 人（新增 1 人）、“西部之光”人才入选者 54 人（新增 9 人）、国家杰出青年科学基金获得者 10 人（新增 1 人）、国家海外高层次人才引进计划（“千人计划”）入选者 1 人。

国家天文台现设有天文学一级学科博士、硕士研究生培养点和光学工程专业硕士培养点；并设有天文学一级学科博士后流动站。共有在学研究生 420 人（硕士生 230 人、博士生 190 人），在站博士后 45 人。

2011 年，国家天文台共有在研项目 595 项（新增 207 项）。其中，主持（或承担）国家重点基础研究发展计划（“973”计划）课题/子课题 30 项（新增 3 项），主持（或承担）中国高技术研究发展计划（“863”计划）课题/子课题 27 项（新增 9 项）；主持科技部国际合作项目 2 项；主持重大科研装备研制项目 1 项；主持国家自然科学基金创新群体 3 项（新增 1 项）、国家杰出青年基金项目 2 项（新增 1 项）、参与重大项目 1 项、主持（或承担）重点项目 18 项（新增 1 项）、面上项目 98 项（新增 27 项）、青年科学基金项目 63 项（新增 42 项）、联合资助基金项目 19 项（新增 9 项）；承担中国科学院战略性先导科技专项课题 6 项（新增 4 项），主持（或承担）院重要方向项目/课题 20 项（新增 7 项），承担院级国际合作项目 5 项（新增 1 项）、院级科研装备研制项目 1 项、院地合作项目 24 项（新增 14 项）。

国家天文台承担的探月工程二期嫦娥二号任务荣获国防科技进步奖特等奖；“双星演化与特殊恒星形成”荣获云南省自然科学奖一等奖；“高精度大口径非圆形超薄镜面研制技术”荣获江苏省科学技术奖二等奖；“近邻星系的多波段观测性质”、“太阳活动区磁场研究”、“我国第一个海外高精度人卫激光测距站成功建立”三项成果荣获北京市科学技术奖三等奖；“高美古 2.4 米望远镜光机检测”荣获云南省科技进步奖三等奖。

武向平研究员荣获 2011 年度何梁何利基金“科学与技术进步奖”天文学奖。国家天文台、物理研究所与上海交通大学联合研究成果“利用强激光成功模拟太阳耀斑中的环顶 X 射线源和重联喷流”入选 2011 年度“中国科学十大进展”。

国家天文台全年共发表学术论文 503 篇（含会议论文），其中 SCI 论文 288 篇，被引用 1947 篇次；出版学术著作 3 部。全年新增专利受理 26 件，专利授权 21 件。

国家天文台高度重视与地方、高校、科研机

构的合作与交流。2011 年，“西藏自治区 - 中国科学院联合天体物理重点实验室”暨“国家天文台 - 西藏大学联合天体物理中心”揭牌，南京天文光学技术研究所与南京理工大学共建“天文光学超分辨探测联合实验室”。

2011 年，国家天文台组织召开多边和双边学术会议 16 次。获院“外国专家特聘研究员”批准 8 人、“外籍青年专家”批准 6 人，全年出访人员 480 人，国际来访人员 378 人。国际合作项目取得显著进展：中国参与 TMT&SKA 方案通过专家论证；中德马普青年伙伴小组成立；中英合作——“赫歇尔空间红外天文台”成果显著；云台与波兰哥白尼天文研究中心的“AGB 恒星研究”合作项目顺利完成前面两期中国波兰政府级协议合作交流项目；云台与捷克马萨里克大学合作进行的“双星样本测光研究”政府级交流项目已经获得国家科技部批准。

云南省天文学会、新疆维吾尔自治区天文学会分别挂靠云南天文台和新疆天文台。国家天文台创办了拥有自主知识产权的国际核心英文学术期刊 *Chinese Journal of Astronomy and Astrophysics*（ChJAA，2005 年被收录于 SCI）。2009 年，ChJAA 改版为更加国际化的 *Research in Astronomy and Astrophysics*（RAA）。国家天文台还办有中文核心期刊《国家天文台台刊》、《天文研究与技术》和现代科普刊物《中国国家天文》。

（撰稿：陆　烨　朱　兰　审稿：刘晓群）

遥感应用研究所

所　　长：顾行发

地　　址：北京市朝阳区大屯路甲 20 号北

邮政编码：100101

电　　话：010 - 64879268

传　　真：010 - 64889570

电子信箱：administrator@irsa.ac.cn

网　　址：http://www.irsa.ac.cn

中国科学院遥感应用研究所（以下简称“遥感所”）成立于 1979 年 12 月，其前身是 1978 年成立的地理所二部。

遥感所是我国遥感科学基础研究与综合应用技术的国家级、开放型研究机构。其战略定位是以遥感科学与技术创新为基础，以天空地一体化遥感系统论证、综合国情遥感监测与预警系统为支撑，以遥感科学与试验、遥感技术前沿与信息挖掘、遥感综合应用、遥感信息工程为主要科研方向，全面提升自主创新能力，引领我国遥感科技发展，为国家安全、经济发展、资源开发、防灾减灾、环境保护以及社会可持续发展提供科学决策依据，为国防现代化、信息化建设提供遥感应用技术支撑，为地方政府、重大工程、企业和公众用户提供空间信息服务。

2011 年，遥感所根据国家“十二五”规划和中科院“创新 2020”总体思路，研究制订了所“十二五”规划和“创新 2020”实施方案，凝练出遥感所未来 5—10 年的一个战略定位、三个重大突破、五个重点培育方向。一个战略定位是：面向“创新 2020”，全面把握高分应用系统建设的契机，建设国家级实验室、中心和平台，搭建国家级遥感对地观测技术体系，不断加强对国家农业、环境、资源、灾害等重点领域的科技支撑能力，把眼光更多地由单一转向综合，形成全面覆盖科学 - 技术 - 工程 - 应用 - 产业的遥感科技创新主线及其人才梯队，进一步提升遥感所在国家遥感科学与技术发展中的引领地位，由中国走向全球，推动我国遥感事业的跨越式发展；三个重大突破是：全谱段遥感信息机理与实验方法突破、高分辨率遥感信息产品生成与服务平台突破、综合国情遥感监测与预警应用系统突破；五个重点培育方向是：重点培育地球系统模拟与全球变化遥感、先进遥感信息获取装备与探测技术、新型遥感数据处理软件产品、空间信息软件集成开发环境与服务、遥感驱动的全球资源与环境监测及评价。

遥感所拥有遥感科学国家重点实验室、国家航天局航天遥感论证中心、国家遥感应用工程技术研究中心、遥感卫星应用国家工程实验室 4 个国家级科研机构，同时是国家遥感中心研究发展部；设有 18 个研究室作为基本创新单元：遥感辐射传输研究室、环境遥感前沿研究室、高光谱遥感研究室、微波遥感研究室、遥感定标与真实性检验研究室、遥感图像处理研究室、农业与生态遥感研究室、减灾与应急遥感监测研究室、遥感空间信息系统研究室、数字地球与导航定位研究室、国土资源遥感研究室、环境遥感应用技术研究室、非再生资源遥感研究室、遥感与地球系统模拟研究室、海洋遥感研究室（筹）、大气遥感研究室（筹）、全球变化遥感研究室（筹）、行星制图与遥感研究室（筹）；建有遥感卫星数据接收站、遥感综合试验场、遥感数据网络中心等科研支撑体系；与国家环境保护部、国家海洋局、国务院三峡工程建设委员会办公室水库管理司、国家禁毒委员会办公室、国家文物局、军事医学科学院、二十一世纪空间科技有限公司建立了国家环境保护卫星遥感重点实验室、遥感卫星应用国家工程实验室海洋遥感部、三峡工程生态与环境监测系统信息管理中心、毒品原植物遥感监测研究中心等数个联合研究中心。

截至2011年底，遥感所共有在职职工333人。其中科技人员232人、科技支撑人员22人，包括中国科学院院士3人、国际宇航科学院院士2人、欧亚科学院院士2人、研究员及正高级工程技术人员40人、副研究员及高级工程技术人员75人。共有中国科学院“百人计划”入选者7人、国家海外高层次人才引进计划（“千人计划”）入选者1人、“新世纪百千万人才工程”国家级人选3人。

遥感所设有地图学与地理信息系统、信号与信息处理2个二级学科博士研究生培养点；地图学与地理信息系统、信号与信息处理、电子与通信工程、农业推广等4个二级学科硕士研究生培养点；并设有地图学与地理信息系统专业博士后流动站。共有在学研究生355人（硕士生189人、博士生166人），在站博士后39人。2011年有2名研究生获中科院院长优秀奖，1人获中科院优秀博士学位论文奖，1位导师获优秀研究生指导教师奖，1人获全国优秀博士学位论文提名。

2011年，遥感所共有在研项目600余项（新增142项）。其中，主持国家重点基础研究发展计划（“973”计划）项目2项、承担（参加）课题21项（新增6项），承担（参加）中国高技术研究发展计划（“863”计划）课题38项（新增3项），主持科技支撑计划课题4项；主持国家自然科学基金重点项目2项、面上项目61项（新增21项），承担国家自然科学基金重大研究计划重点项目1项（新增1项）、培育项目1项（新增1项），专项基金4项；承担中国科学院战略性先导科技专项课题2项，主持院重要方向项目6项（新增4项），承担国际合作项目7项，承担重大仪器研制项目1项；承担院地合作项目7项（新增4项）。

2011年，遥感所共发表论文532篇，其中SCI论文126篇，EI论文115篇；完成软件著作权登记42项；申请专利22项，授权专利6项，其中发明专利4项、实用新型2项。

2011年，遥感所作为完成单位之一，荣获国家科技进步奖二等奖3项，获省部级科技进步奖2项。其中“大气环境综合立体监测技术研发、系统应用”及“设备产业化、环境一号卫星环境应用系统工程、专用项目”均荣获国家科技进步奖二等奖；“基于全球导航卫星信号源的海洋环境遥感技术”荣获军队科技进步奖一等奖；“真三维道路智能设计方法及系统研究”荣获公路学会奖特等奖。

2011年，遥感所与东莞市政府签约成立“中科院云计算产业技术创新与育成分中心——遥感云服务研究中心”；与重庆市房屋管理局成立“国家遥感应用工程技术研究中心重庆研究中心”；与西南交通大学联合成立“轨道交通工程遥感联合研究中心”；与浙江嘉善县人民政府联合组建的浙江中科空间信息技术应用研发中心，通过遥感卫星应用国家工程实验室与航天飞行动力学技术国家级重点实验室（依托北京航天飞行控制中心）共建“深空探测遥操作联合研究中心”；对参股、控股企业进行股权优化，其中正在清退的企业有2家；天津中科遥感信息技术有限公司完成事业部制改制，并以天津作为总部基地，拓展新的业务领域；在北京与广东设立分支机构，承担各类项目合同共计66项。

2011年，遥感所国际交流与合作进展良好。因公出访项目67项，共计113人次，接待外宾约54人；主办和承办各类国际会议3次，包括国际宇航科学院全球环境影响合作国际研讨会、第32届亚洲遥感会议、第五届海峡两岸遥感/遥测会议；特聘外籍专家研究员2名，国家外国专家局“引智项目”1名，根据中科院和外国专家局“创新团队国际合作伙伴计划”计划，组建“水循环遥感的机理与应用研究创新团队”，举办联合国亚太经济与社会理事会（UN ESCAP）遥感应用培训班，培养朝鲜学员12名；与比利时布鲁塞尔自由大学签署合作备忘录，同澳大利亚、法国、德国、匈牙利、俄罗斯等国的科研机构联合开展遥感定标和真实性检验研究和重要地表参数反演研究并取得重要进展。

遥感所是中国遥感委员会、中国地理学会环境遥感分会、中国环境科学学会环境信息系统与遥感专业委员会的挂靠单位，是中国遥感应用协会的依托单位。遥感所负责主办《遥感学报》和《中国图像图形学报》2部科技核心期刊，2011年，《遥感学报》入选“中国百种杰出学术期刊”和“中国精品科技期刊”，《中国图像图形学报》入选“中国精品科技期刊”。

（撰稿：发　强　王莹珞　审稿：顾行发）

地质与地球物理研究所

所　　长：朱日祥
地　　址：北京朝阳区北土城西路19号
邮政编码：100029
电　　话：010－82998001
传　　真：010－62010846
电子信箱：suoban@mail. iggcas. ac. cn
网　　址：http://www. iggcas. ac. cn

中国科学院地质与地球物理研究所（以下简称“地质地球所”）于1999年6月由原中国科学院地质研究所和中国科学院地球物理研究所两所整合而成。整合前的两个研究所都有长达50余年的历史文化和丰厚的科研成果，在国内外学术界具有很高的地位。2004年将中国科学院武汉数学物理研究所的电离层研究室整体调整到所。2004年整合原中国科学院兰州地质所，建立了中国科学院地质与地球物理研究所兰州油气资源研究中心。地质地球所是目前国内最大的地球科学综合研究机构。

截至2011年底，地质与地球物理研究所共有在职职工596人（不含兰州油气资源中心），其中科技人员318人、科技支撑人员71人，包括中国科学院院士13人、中国工程院院士1人、第三世界科学院院士4人、研究员及正高级工程技术人员111人、副研究员及高级工程技术人员122人。有中国科学院“百人计划”入选者18人、“西部之光”访问学者2人、国家杰出青年科学基金获得者34人（新增3人）。2009年获中组部授予“海外高层次人才创新创业基地”，有国家“千人计划”入选者4人（新增1人）。

地质与地球物理研究所是1981年国务院学位委员会首批批准的博士、硕士学位授予单位及博士后流动站单位。现设有地质学、地球物理学、地质资源与地质工程等3个一级学科博士研究生培养点，海洋地质学二级学科博士研究生培养点；有地质学、地球物理学、地质资源与地质工程等3个一级学科博士后流动站。2011年在学研究生530人（硕士生199人、博士生328人，留学生3人），在站博士后156人。

地质与地球物理研究所是从事固体地球科学研究与教育的综合性学术机构，以固体地球各圈层相互作用及其资源、环境、工程地质问题作为主攻方向。整合以来，研究所在科研布局上基本形成了地球动力学、环境与灾害、矿产资源“三足鼎立”的研究格局。

根据中国科学院“创新2020”战略部署，地质地球所的“一三五”发展目标是，打造固体地球科学领域具有研发能力、可持续发展的基础研究与高新产业相结合的国际化研究中心，力争在特提斯造山带演化、资源探测装备研发、油气勘探先导技术等三个领域获得突破；重点培育地球内部界面结构与动力学、比较行星学、气候系统古增温与深部碳循环、西太平洋边缘海地质与地球物理和生物地球物理等五个新的学科方向。在基础研究的某些领域作出引领学科发展的原创性成果，在高新技术产业研发上作为催化剂，为解决资源能源作出贡献。积极实施中法意

“特提斯造山带演化”研究计划，建立国际水准的“地球物理装备研发中心”，成立多学科交叉的“深空探测科学研究中心”和“西太平洋边缘海地质与地球物理研究中心”。

2011年，地质地球所现设有地球深部结构与过程、岩石圈演化、青藏高原、工程地质与水资源、油气资源、固体矿产资源、新生代地质与环境、地磁与空间物理等8个研究室；同时建有岩石圈演化国家重点实验室、空间环境野外科学观测研究站以及工程地质力学、矿产资源研究、地球深部研究、油气资源研究、新生代地质与环境5个中国科学院重点实验室以及中－法生物矿化与纳米结构联合实验室。另外在干旱区环境演化与全球变化、地球磁场与地球外核动力学、俯冲碰撞造山的岩石学过程、青藏高原东部隆升的深部结构与地表过程响应等研究方向上建成4个国家自然科学基金委创新研究群体。

2011年，地质地球所在电离层与太阳活动的变化特点、天然气水合物成核、地震多次波成像、孢粉学和单体氢同位素方法、东天山—北山岩浆铜镍矿床形成环境、南海大陆边缘演化与动力学机制、华北北缘及北方造山带晚古生代的壳幔相互作用、典型盆山相互作用区的壳幔结构及深部动力过程、高精度超微量离子探针同位素分析新方法及应用、城市对称分布与中国城市化趋势等10个研究方面获得重要进展。主持的“中国东部燕山期花岗岩成因与地球动力学研究”，荣获2011年国家自然科学奖二等奖。该研究揭示了我国东部燕山期花岗岩明显区别于世界其他经典地区花岗岩，得出整个中国东部燕山晚期花岗岩的形成与俯冲带后撤、早期加厚岩石圈的减薄等伸展构造体制有关的新认识。不仅修正了传统认为的我国东部燕山期岩浆作用主要发生在晚侏罗－早白垩世的观点，揭示了其形成的独特地球动力学过程，而且极大地丰富了花岗岩的科学内涵，并在花岗岩及相关领域极大地提升了中国科学家的国际地位与影响力。

截至2011年底，主持各类在研科技项目600多项。其中国家重要科研项目120多项。2011年新增国家科技计划、重大专项12项，国家自然科学基金项目91项，其中重点以上项目9项、杰出青年科学基金项目3人项、面上项目78项，“百人计划”项目1项。全年以第一署名单位发表科技论文约426篇，其中被SCI收录282篇。拥有授权发明专利24项，新申请53项。

2011年，美国、法国、英国、韩国、俄罗斯、加拿大、德国、澳大利亚、乌克兰、越南、日本等近20个国家的200多位科学家来所进行学术交流与合作研究。在华举办大型国际会议2次。80多人次在国际学术组织或国际学术刊物中担任职务。

研究所配置了开展固体地球科学研究的大型观测和测试分析仪器，形成了地球物质成分与物质性质分析、地球深部结构观测、地质年代学测定、空间环境探测、古环境数据分析、数据处理计算等6大观测、实验、分析系统。此外，兰州油气资源研究中心还拥有固体组成分析、气体组成分析、有机组成分析、元素和同位素组成分析、古地磁和物相分析、样品前处理系列等高水平大型仪器设备8台（套），为地球科学测试、观测和实验提供了必要条件。目前，研究所已建成了由纳米探针、离子探针、电子探针组成的全球最好的高精度微区微量原位分析系统，分析能力位居国际前沿，成为我国登月和深空探测计划实施的重要平台和技术储备。研究所在漠河、北京、三亚的地磁台，以及南极台，共同构成了国际上最长的地磁台子午链的重要组成部分。

地质地球所图书馆目前藏书约35 000余册，中外文学术期刊现刊350种，电子数据库26个，电子期刊及其他网络资源数十种，与国际著名大学和研究机构保持长期的交流。

地质地球所主办的国家一级学术刊物有：《地球物理学报》（SCI收录）、《岩石学报》（SCI收录）、《第四纪研究》、《地质科学》、《工程地质学报》、《地球物理学进展》、《沉积学报》和《天然气地球科学》。研究所是3个国家一级学会：中国地球物理学会、中国岩石力学与工程学会、中国第四纪研究会的挂靠单位。此外，甘肃省一级学会矿物岩石地球化学学会挂靠在兰州油气资源研究中心。

（撰稿：何　京　国连杰　审稿：钟　华）

青藏高原研究所

所　　长：姚檀栋
地　　址：北京市朝阳区大屯路甲4号
邮政编码：100101
电　　话：010－84097100，010－84097101
传　　真：010－84097079
电子信箱：itpcas@itpcas.ac.cn
网　　址：http://www.itpcas.cas.cn

中国科学院青藏高原研究所（以下简称“青藏高原所”）于2003年成立，实行“一所三部”的特殊运行方式，三个部分别设在北京、拉萨和昆明。北京部的主要功能是科学实验基地、学术交流基地、国际交流基地和综合协调基地；拉萨部的主要功能是科学观测研究的野外基地、国际合作研究的野外基地、西藏高水平科学实验基地、西藏社会经济发展的服务基地和西藏科学普及和爱国主义教育基地；昆明部的主要功能是青藏高原种质资源保存基地和极端环境下生物的生态适应性及遗传资源研究基地。

青藏高原所新时期的发展定位是：站在国家青藏高原研究的高度，协调组织全国青藏高原优势研究力量，推动国际青藏高原科学研究发展。以提升我国青藏高原研究原始创新能力为主线，以解决关系国家和区域长远发展的关键科学问题为着力点，发挥青藏高原所的组织引领作用。在科学研究方面，围绕青藏高原隆升过程及其对亚洲和北半球气候环境影响这一核心科学问题，研究青藏高原地球动力、地表过程与环境变化和极端环境下生物的生态适应性等国际前沿科学问题，作出独创性的、有重大国际影响的新成果，为东亚、中亚、南亚地区人类生存环境服务；在支撑平台方面，建设开放的、国际一流水平的野外观测研究平台和有特色、高水平的实验室，建设国内外共享的数据平台；在协调发展方面，站在国家青藏高原研究的高度，调动国内外积极因素，充分利用现有资源，提升我国青藏高原科学研究的整体水平。同时，青藏高原所在原来“高水平、国际化”的基础上，增加了“重服务”目标，即重视为西藏经济社会发展服务。

青藏高原所围绕中科院“创新2020”，组织推动“一三五”规划实施，启动了青藏高原专项（B）、青藏高原资料匮乏区综合科学考察、第三极环境（TPE）国际计划等重大科技活动的预研究论证工作，落实了重大科技活动实施的人才队伍、支撑平台和管理机制等条件。在现有青藏高原环境变化与地表过程、大陆碰撞与高原隆升和青藏高原高寒生态系统与生物多样性3大战略研究领域基础上，开拓了1个新的青藏高原环境危机事件的风险评估与应急对策战略研究领域。

青藏高原所现有院重点实验室2个：青藏高原环境变化与地表过程重点实验室和大陆碰撞与高原隆升重点实验室，在此基础上，2011年启动了“高寒生态与生物多样性实验室”的建设；现有院重点野外台站3个：纳木错多圈层综合观测研究站、珠穆朗玛大气与环境综合观测研究站和藏东南高山环境综合观测研究站；所重点野外台站2个：阿里荒漠环境综合观测研究站和慕士塔格西风带环境综合观测研究站。在此基础上，启动了羌塘（双湖）高原站和墨脱低地站的建设工作。

截至2011年底，青藏高原所全体在职职工210人。其中科技人员101人、科技支撑人员54人，包括中国科学院院士1人、中国科学院外籍院士1人（美籍学术副所长）、研究员及正高级工程技术人员30人、副研究员及副高级工程技术人员24人；进入创新岗位173人。有中国科学院“百人计划”入选者15人（新增1人）、国家杰出青年科学基金获得者6人（新增1人）、国家基金委创新研究群体带头人1人（新增1人）。

青藏高原所现有自然地理学、构造地质学等2个二级学科博士研究生培养点；自然地理学、构造地质学、大气物理学与大气环境和固体地球物理学等4个专业二级学科硕士研究生培养点；并设有地理学和地质学等2个一级学科博士后流动站。共有在学研究生138人（硕士生69人、博士生69人），在站博士后23人。

2011年，青藏高原所共有在研项目130余项（新增53项）。其中，主持全球变化重大专项1项、承担“973”计划课题9项（新增2项）；主持国家自然科学基金重大项目1项（新增1项）、重点项目6项（新增1项）、面上项目36项（新增19项）、青年基金23项（新增13项），承担国家杰出青年科学基金项目4项（新增1项）、创新研究群体基金1项、重大国际合作项目3项；主持中国科学院知识创新工程重要方向项目群1项、方向项目7项（新增2项）、先导性专项课题或专题10项（新增10项）、院青年人才项目4项（新增1项），承担国际合作项目3项，院士咨询项目1项，承担院地合作项目2项；承担中国科学院与国家外国专家局创新团队伙伴计划项目1项；承担国外来源国际合作项目4项。

2011年，青藏高原所共计发表SCI论文150余篇。发表文章引用率再次提升，2011年共计被引用1689次。2011年12月1日，*Science* 第334期专题报道了第三极冰川研究的最新成果。

2011年，青藏高原所国际合作取得了实质进展，全年出访118人次，接待外宾来访140人次。姚檀栋院士当选国际科学联合会（ICSU）筹划委员会委员，外籍学术副所长朗尼·汤姆森（Lonnie Thompson）教授获2011年度中国科学院国际科技合作奖，由我所科学家主导的“第三极环境”（简称“TPE国际计划”）国际计划被列入联合国教科文组织（UNESCO）计划，同时获环境问题科学委员会（SCOPE）和联合国环境署（UNEP）共同支持。

2011年，TPE国际计划取得了重要进展。7月16日，冰岛共和国总统奥拉维尔·拉格纳·格里姆松（Olafur Ragnar Grimsson）在总统官邸会见了丁仲礼院士、姚檀栋院士一行，双方重点围绕TPE国际计划和相关科学问题展开了讨论并达成了广泛共识；8月30日至9月1日，第三届“第三极环境”国际资深专家研讨会在冰岛大学成功召开；10月31日至11月14日，首届“第三极环境”青年人才培训与第二届中德青藏高原研究（TiP）暑期班在尼泊尔顺利举办；12月4日至9日，美国地球物理年会（AGU）举办了“TPE国际计划”分会，由我国科学家发起的以“第三极古环境研究的发展：过去、现在与未来”和“第三极地区湖泊沉积与季风变化”为专题的学术报告吸引了国际同行的共同关注。2011年，青藏高原所共有2名外籍特聘研究员、3名外籍青年访问学者来华工作，4名尼泊尔籍、2名巴基斯坦籍、1名意大利籍留学生在所攻读博士学位。

青藏高原所是国家一级学会中国青藏高原研究会的挂靠单位之一。

（撰稿：安宝晟　田新苗　审稿：姚檀栋）

古脊椎动物与古人类研究所

所　　长：周忠和
地　　址：北京市西直门外大街142号
邮政编码：100044
电　　话：010－68351363
传　　真：010－68337001
电子信箱：bgs@ivpp. ac. cn
网　　址：http://www. ivpp. ac. cn

中国科学院古脊椎动物与古人类研究所（以下简称“古脊椎所”）的前身是创建于1929年的原中国农商部地质调查所新生代研究室。1951年并入位于南京的中国科学院古生物研究所，改称新生代及古脊椎动物组。1953年从古生物研究所分出，在北京成立了中国科学院古脊椎动物研究室。1957年改名古脊椎动物研究所，1960年更名为中国科学院古脊椎动物与古人类研究所至今。

作为我国古脊椎动物与古人类两门基础学科的专门研究机构，古脊椎所坚持面向国家战略需求和国际学术前沿，围绕院所两级战略部署，通过培养造就一个在本学科领域具有全球战略视野的科学家群体、着力打造一支高水平的技术支撑和科技管理队伍，努力获取一批在国际学术界影响重大的基础研究成果，继续完善符合国际规范的研究所体制与机制，最终希望将研究所建设成为国家古脊椎动物与古人类学基础研究领域的“四个中心”：科研和学术思想中心、科技人才培养中心、化石标本和现代骨骼标本收藏中心以及科学普及中心，为保持我国古脊椎动物与古人类学基础研究在国际上的领先地位、提高人类对生命与地球演化规律认识作出应有的积极贡献。

古脊椎所设有3个研究室、1个研究中心和2个实验室。即古低等脊椎动物研究室、古哺乳动物研究室、古人类—旧石器研究室和周口店古人类研究中心，主要开展脊椎动物各类群起源、演化和分类，中国古人类体质演化、行为模式、适应生存过程、现代中国人起源、旧石器文化特点以及周口店遗址综合研究等相关工作；脊椎动物进化系统学重点实验室，着重研究脊椎动物的系统发育关系、重要类群的起源、演化、灭绝与复苏的生物学机制与环境制约因素；人类演化实验室通过与中国科学院研究生院、德国马普学会进化人类研究所联合共建、共享实验平台和设备技术，开展从化石形态和古DNA角度分析人类演化过程、石器技术与功能发展和农业起源、文明起源等重大课题研究。

2011年，古脊椎所承担科研项目77项（新增28项）。其中，承担国家重点基础研究发展计划（“973”计划）项目1项，国家科技基础性工作专项2项，重大国际合作项目2项；主持国家自然科学基金杰出青年基金2项（新增1项）、重点项目3项、面上项目23项（新增8项）；承担中国科学院战略先导型性项目1项，创新重要方向项目10项（新增2项）、化石发掘和修理专项经费项目1项、创新团队国际合作伙伴计划专项1项；承担修购专项1项。

2011年，古脊椎所取得了一系列重要的基础研究成果，在国际古生物界产生了重要影响。如徐星研究员等在恐龙研究方向取得两项重要研究成果，引发了国际学术界和媒体的广泛关注。2月发表于《美国科学院院刊》（PNAS）上的有关临河爪龙的研究文章促进了我们对于恐龙手指退化现象的理解。7月发表于英国*Nature*上的论文“郑氏晓廷龙”，通过研究得出了始祖鸟属于虚骨龙类中的恐爪龙类，而不是公认的最原始鸟类这一结论，相关评论文章称该研究工作“撼动了恐龙家族演化树，并改变了我们对于这一偶像性物种（始祖鸟）的认识”。此外，邓涛研究员领导的中外科学家研究小组于9月在美国*Science*杂志上报道了在我国西藏札达盆地发现的已知最原始的披毛犀及其共生的其他寒冷适应性动物化石，研究证明青藏高原是冰期动物最初的演化中心，推翻了冰期动物起源于北极圈的假说。本年度古脊椎所在*Nature*杂志发表论文2篇，在*Science*杂志上发表论文1篇，在*PNAS*上发表论文7篇。

2011年，古脊椎所承担的科学技术部国际合作项目“中国与南非更新世晚期人类化石及生存模式对比”项目各项工作如期施行，获得国家自然科学基金委员会国际合作重点项目资助1项；新聘2位外籍研究人员，从事相关领域的合作研究；张福成研究员和Corwin Sullivan博士获得“中国科学院青年科学家国际合作奖”；出访86人次，接待来访外宾200余人次，在国际学术组织任职11人。

古脊椎所标本馆作为亚洲规模最大的古脊椎动物、古人类及旧石器标本收藏单位，馆藏标本历史悠久、数量丰富、门类齐全。2011年一批具有重大学术意义、刊发于*Nature*、*Science*和*PNAS*等权威期刊的珍贵标本典藏入库，如辽西矢部龙、胡氏辽尖齿兽、西藏披毛犀和广西崇左智人下颌骨等；一件流失海外半个多世纪的巴克龙下颌标本顺利回归；若干曾在国际引起巨大轰动的化石发现，如德国的始祖鸟、肯尼亚的古人类（能人和早期直立人）和南非的南方古猿源泉种等，其珍贵化石模型140余件已为标本馆所收藏。截至目前，标本馆收藏了各类标本逾21万件，模式标本达2200件。

2011年，在中国科学院领导的关心和支持下，与高能物理所、自动化研究所共同研发的高精度工业CT于7月在古脊椎所脊椎动物进化系统学重点实验室安装就位并正式启用，主要面向国内外的科研和应用单位工作，运行以来共扫描了各类样品已经达100多个。

截至2011年底，古脊椎所现有在职职工141人。其中科技人员118人，包括中国科学院院士4人、美国国家科学院外籍院士1人、瑞典皇家科学院外籍院士1人；正高级专业技术人员33人（含研究员30人）、副高级专业技术人员46人（含副研究员24人）。共有中国科学院“百人计划”入选者7人（新增1人）、国家杰出青年科学基金获得者5人（新增1人）、“西部之光”人才入选者1人（新增1人）。

古脊椎所现设有古生物学与地层学、地球生物学、科技考古专业的博士、硕士研究生培养点和博士后科研流动站。共有在学研究生 94 人（硕士生 55 人、博士生 39 人），在站博士后 10 人。

古脊椎所负责主办《中国古生物志》（丙、丁种）、《古脊椎动物学报》、《人类学学报》、《中国科学院古脊椎动物与古人类研究所集刊》等专业杂志和《化石》、《恐龙》科普杂志。古脊椎所是古脊椎动物学分会、中国第四纪科学研究会古人类－旧石器专业委员会以及中国第四纪科学研究会地层专业委员会挂靠单位。

（撰稿：马行超　魏涌澎　审稿：董军社）

大气物理研究所

名誉所长： 叶笃正
所　　长： 王会军
地　　址： 北京市朝阳区德胜门外祁家豁子华严里 40 号楼
邮政编码： 100029
电　　话： 010－82995275
传　　真： 010－62028604
电子信箱： iap@mail.iap.ac.cn
网　　址： http://www.iap.cas.cn

中国科学院大气物理研究所（以下简称“大气所”）的前身是 1928 年成立的原国立中央研究院气象研究所。1950 年 1 月，中国科学院将气象、地磁和地震等部分科研机构合并组建成立中国科学院地球物理研究所。1966 年 1 月，根据我国气象事业发展的需要，中国科学院决定将气象研究室从地球物理研究所分出，正式成立中国科学院大气物理研究所。大气所是中国现代史上第一个研究气象科学的最高学术机构，目前已发展成为涵盖大气科学领域各分支学科的大气科学综合研究机构。

大气所主要研究大气中各种运动和物理化学过程的基本规律及其与周围环境的相互作用，特别是研究在青藏高原、热带太平洋和我国复杂陆面作用下东亚天气气候和环境的变化机理、预测理论及其探测方法，以建立“东亚气候系统”和“季风环境系统”理论体系及遥感观测体系，发展新的探测和试验手段，为天气、气候和环境的监测、预测和控制提供理论和方法。

大气所现设有 2 个国家重点实验室，2 个中国科学院重点实验室，5 个所级实验室和研究中心。国家重点实验室包括：大气科学和地球流体力学数值模拟国家重点实验室、大气边界层物理与大气化学国家重点实验室；院重点实验室包括：中国科学院东亚区域气候－环境重点实验室（全球变化东亚区域研究中心）、中国科学院中层大气和全球环境探测重点实验室；所级实验室和研究中心包括：国际气候与环境科学中心、竺可桢－南森国际研究中心、云降水物理与强风暴实验室、季风系统研究中心、中国生态系统研究网络大气分中心。另外还设有信息科学中心，在河北香河、兴隆和吉林通榆设有野外综合观测站。中国科学院气候变化研究中心和中国科学院减灾中心挂靠在大气所。目前，大气所拥有 SGI F4000 超级计算机集群服务器系统、一座用于研究城市大气污染和大气边界层物理的高 325 米的气象观测铁塔以及边界层遥感探测系统和中层大气探测系统等设备。

2011 年，大气所进一步凝练学科目标，制订出包括一个定位、三个重大突破、五个重点培育的“一三五”规划，并获中国科学院“创新 2020”首批整体择优支持，各项启动实施工作有序进行。为推进“一三五”规划的组织与实施，研究所有计划、有步骤地对“一三五”规划进行了研讨和部署，制订出可操作的组织和实施方案。

截至 2011 年底，大气所共有在职职工 446 人（项目聘用 117 人）。其中，科研人员 337 人、科技支撑人员 29 人，包括中国科学院院士 8 人、第三世界科学院院士 1 人、欧亚科学院院士 3 人、研究员及正高级工程技术人员 74 人、副研究员及高级专业技术人员 105 人。共有中国科学院“百人计划”入选者 21 人（新增 3 人）、国家杰出青年科学基金获得者 13 人（新增 1 人）、国家“千人计划”入选者 1 人。

大气所是国务院学位委员会批准的首批博

士、硕士学位授予单位之一。现设有一级学科硕士、博士研究生培养点；并设有一级学科博士后流动站。截至 2011 年底，共有在学研究生 404 人，（博士生 286 人、硕士生 118 人），有在站博士后 22 人。

2011 年，大气所在研科研项目及课题共计 534 项（新增 102 项），其中，主持中国科学院首批战略性先导专项“应对气候变化的碳收支认证及相关问题”；主持国家“973”计划项目和全球变化研究重大科学研究计划项目 4 项（新增 2 项），承担其他“973”计划课题和全球变化研究重大科学研究计划项目课题 33 项（新增 9 项）；国家“863”计划项目 1 项，课题 5 项，其他专题 12 项（新增 2 项）；科技支撑课题及专题 24 项（新增 2 项）；国家自然科学基金项目 128 项（新增 58 项），其中创新研究群体项目 2 项、重点项目 10 项、杰青 4 项，重大国际合作 4 项、两岸合作项目 1 项、重大研究计划 1 项、基金重大项目课题 1 项、面上及其他项目 110 项；主持公益行业气象专项项目 12 项，参与项目 34 项（新增 5 项）；主持中国科学院项目及课题 50 项，其他子课题 125 项，包括战略性先导专项“应对气候变化的碳收支认证及相关问题”中的 4 个项目（占 26% 以上）、11 个课题（占 13% 以上）、41 个子课题（占 17% 以上），院创新项目群 1 项，院知识创新工程重大项目 1 项，重大项目课题 1 项，方向性项目 22 项等；此外，还承担了其他军工、部委及地方委托等课题 64 项（新增 24 项）。

2011 年，大气所科研工作取得多项重要成果，“沙尘暴发生发展机理及监测预测和灾害评估研究集体”荣获 2011 年中国科学院杰出科技成就奖；获得国家科技进步奖二等奖 2 项：“大气环境综合立体监测技术研发、系统应用及设备产业化”，排名第三、“陆地生态系统变化观测的关键技术及其系统应用”，排名第三；获得中国人民解放军科学与技术进步奖一等奖 1 项，排名第二；获得省部级奖 2 项：“气候变化对中国台湾海峡及其邻近海域海洋生态系统的作用”获国家海洋创新成果奖一等奖，排名第二、“涡旋自组织动力学的研究及应用”获江苏省自然科学奖二等奖，排名第七。获国家发明专利授权 4 项，登记软件著作权 7 项，转让专利使用权 1 项。全年共发表科技论文 638 篇，其中 SCI（E）收录论文 367 篇，EI 收录论文 9 篇，国内核心期刊收录论文 231 篇。出版专著 4 部。叶笃正院士获首届创新方法研究会创新方法成就奖，王斌研究员获“何梁何利基金科学与技术进步奖”；周天军研究员获国家杰出青年科学基金，吴波博士获全国百篇优秀博士论文。

2011 年，大气所与安徽省淮南市政府签订科技战略合作协议，并成立中国科学院大气物理研究所淮南研究院（淮南大气科学研究院），在开展观测研究、基础研究、应用发展研究和成果转移转化方面寻找对接点，着重于成果的转移转化；与吉林省气象局签订《科技合作协议》，确立了四个重点合作方向，继续推进研究所科技成果在业务部门的转化；研究所科技成果在企业的转化取得了实质性的进展，将“红外云天仪”专利使用权独家转让给江苏省无线电科学研究所有限公司，用于面向中国气象局业务系统云自动化观测仪器开发，有望支持中国气象系统云自动观测的高水平观测仪器应用和相关新规范制定，具有良好的商业和业务应用前景。鉴于大气所“十一五”期间院地合作工作取得的优异成绩，2011 年 6 月，大气所荣获中国科学院院地合作先进集体二等奖，是院资环口唯一获此殊荣的公益性基础科学研究所。

2011 年，大气所与国外机构新签署 5 个合作协议；与日本亚洲空气污染研究中心合作成立了国际空气质量模式研究中心（JICAM）；共举办了 20 个国际会议，3 个海峡两岸会议；在研的国际合作项目共有 30 多项，如季风亚洲全球变化区域集成研究计划国际项目（MAIRS）、东亚地区气候变化的云、气溶胶、辐射地基观测研究、大气组成变化及其影响与对策研究等，均进展顺利。全年共执行 161 项出访任务，出访 450 人次，来访 575 人次。从国外引进“百人计划”3 人，引进国外博士 1 人，新增外籍客座教授 5 人，招收外国留学生 4 人，新增与国外联合培养研究生 21 人，目前共 41 名。吴国雄院士当选国际科联执行局执委（ICSU），吕达仁院士当选 IAMAS 执行局委员，目前全所共有 37 个国际任职。

大气所是中国科学探险协会、太平洋科学协会中国委员会、中国气象学会动力气象学委员会、大气环境学委员会、统计气象学委员会的挂靠单位；主办的刊物有：《大气科学》（中文版）、《大气科学进展》（英文版）（SCI 收录）、《气候与环境研究》（中文版）、《大气和海洋科学快报》（英文版）。

（撰稿：任 丽 肖淑芬 审稿：李 军）

植物研究所

所 长：方精云

地 址：北京市海淀区香山南辛村 20 号

邮政编码：100093

电 话：010－62590835

传 真：010－62590835

电子信箱：suoban@ibcas. ac. cn

网 址：http://www. ib. cas. ac. cn

中国科学院植物研究所（以下简称“植物所”）是我国建立最早的植物基础科学综合性研究机构，前身为 1928 年创建的静生生物调查所和 1929 年成立的国立北平研究院植物研究所，1950 年合并为中国科学院植物分类研究所，1953 年改名为中国科学院植物研究所。

2011 年，植物所制订了“一三五”规划及落实方案。植物所以整合植物学为学科定位，力争在战略植物资源的研究和产业化示范、全球变化背景下的生物多样性及其生态系统碳汇功能、光合作用光能转化机理 3 个方面实现重大突破；重点培育植物细胞分化与器官发生、物种形成及适应性进化机制、新一代能源作物快速驯化培育的科学基础、特殊生境资源植物的耐逆机制、生态草业发展范式 5 个重点学科领域。

2011 年，植物所实施了多项改革措施，包括科研组织体制改革；明确实验室的研究实体与管理主体地位；调整岗位晋升晋级标准；建立科研成果个人奖励机制；建立适用于基础研究、应用基础与研发、科技基础性工作“一所三制”的科研评估体系；加强规范化管理，全面梳理规章制度，建立了 100 多项工作流程。

植物所有 7 个研究单元，分别为系统与进化植物学国家重点实验室、植被与环境变化国家重点实验室、中科院植物分子生理学重点实验室、中科院光生物学重点实验室、植物所资源植物研发重点实验室、植物标本馆（含数字化植物标本馆、植物图像库）、北京植物园（含华西亚高山植物园）。另外，还设有文献与信息管理中心、公共技术服务中心、中国科学院生态系统研究网络（CERN）生物分中心、10 个野外台站和中国科学院内蒙古草业研究中心、中国科学院太阳能光－生物转化研究中心 2 个中科院非法人研究单元。野外台站包括内蒙古锡林郭勒草原生态系统国家野外科学观测研究站、内蒙古鄂尔多斯草地生态系统国家野外科学观测研究站、湖北神农架森林生态系统国家野外科学观测研究站、中科院北京森林生态系统定位研究站、中科院植物所正蓝旗浑善达克防沙治沙生态研究试验站、中科院植物所多伦恢复生态学试验示范研究站、中科院植物所中国北方林生态系统定位研究站、中科院植物所内蒙古东乌珠穆沁草原生态系统管理研究站、中科院植物所古田山森林生物多样性与气候变化研究站、中科院植物所内蒙古农牧业科学院乌兰察布草地生态研究站。

截至 2011 年底，植物标本馆共收藏标本 263 万份；数字化植物标本馆收录标本信息 184 万份，图像信息 164 万张；植物图像库收录图片 100 万幅。植物所拥有价值 10 万元以上的专用仪器设备 320 台（套），2011 年新增基质辅助激光解离－飞行时间串联质谱仪、电感耦合等离子体质谱仪、土壤碳通量测量系统等大型设备。

2011 年，植物所进一步重视优秀青年人才的培养和选拔，人才引进 7 名，创历史最高纪录。截至 2011 年底，植物所共有在职职工 672 人。其中科技人员 344 人、科技支撑人员 163 人，包括中国科学院院士 5 人、第三世界科学院院士 2 人、研究员及正高级工程技术人员 76 人、副研究员及高级工程技术人员 109 人。中国科学院“百人计划”入选者 42 人（执行中 17 人，2011 年新增 5 人）、国家杰出青年科学基金获得者 16 人（新增 2 人）、国家“千人计划”入选者1人、国家“青年千人计划”入选者2人（新增2人）。

植物所设有植物学、发育生物学、生态学、细胞生物学等4个二级学科博士研究生培养点；植物学、发育生物学、生态学、细胞生物学、生物工程等5个二级硕士研究生培养点；并设有生物学一级学科博士后流动站。共有在学研究生612人（硕士生312人、博士生300人），在站博士后47人。

2011年，植物所共有在研项目331项（新增124项）。其中，主持（或承担）国家重点基础研究发展计划（“973”计划）项目4项、承担（或参加）课题25项（新增1项）；主持（或承担）国家自然科学基金重大项目2项、重点项目7项（新增2项）、面上项目104项（新增38项）青年科学基金项目42项（新增12项），承担国家自然科学基金重大研究计划项目6项（新增1项），承担国家杰出青年科学基金4项；承担中国科学院战略性先导科技专项课题3项，主持（或承担）重要方向项目17项（新增2项），承担国际合作项目27项（新增13项）；承担院地合作项目51项（新增12项）。

2011年，植物所共发表论文366篇，其中SCI论文231篇，发表在学科前30%的SCI期刊论文152篇，影响因子9.0以上的11篇，5.0以上32篇，2.0以上154篇；出版专著17部；授权专利22项。由植物所侯学煜院士、张新时院士等3代200余位科学家经历30多年艰辛工作完成的“《中华人民共和国植被图（1:100万）》的编研及其数字化”，获2011年度国家自然科学奖二等奖。藏北高原环境治理植物资源引种栽培关键技术研究与示范获西藏自治区科学技术奖二等奖。

植物所与北京、内蒙古、新疆、天津、山东等16个省（市、自治区）保持着良好合作。2011年，合同经费达1600万元，其中合同金额30万元以上18项，100万以上4项。植物所提出“生态草业特区建设构想”并将特区建设工作列入中国科学院内蒙古草业研究中心未来的核心工作内容；中科院天津产业技术创新与育成中心－观赏植物分中心的实验室工作正式启动；中科院唐山高新技术研究与转化中心植物事业部开始推向市场完全企业化运作。另外，植物所与鄂尔多斯恩格贝生态示范区管理委员会签订了干旱地区环境修复项目，得到中科院支撑服务国家战略性新兴产业科技行动计划专项支持。

2011年，植物所共签署国际科技合作协议3项；科研人员出访145批217人，来访151批233人；举办3次国际学术会议；共有31人在国际组织和国际期刊中任职70项（其中新增6项）；聘任外国专家特聘研究员6人；与美国密苏里植物园合作的*Flora of China*项目已完成全部类群的稿件的编研；植物所洪德元院士主持的《泛喜马拉雅植物志》（*Flora of Pan-Himalayas*）项目得到了院重点国际合作项目、基金委重大国际合作项目以及科技部科技基础工作专项的资助。

植物所是中国植物学会、北京生态学会、北京植物生理学会、中国植物学会植物园分会、中国花卉协会蕨类植物分会、*Flora of China*编辑委员会和《植物生理学杂志》（*Journal of Plant Physiology*）中国编辑部的挂靠单位。主办的刊物有：*Journal of Integrative Plant Biology*、*Journal of Systematics and Evolution*、*Journal of Plant Ecology*、《植物生态学报》、《生物多样性》、《植物学报》、《生命世界》，其中前3个被SCI收录。

（撰稿：李东方　纪魁显　审稿：景新明）

动物研究所

所　　长：孟安明
地　　址：北京市朝阳区北辰西路1号院5号
邮政编码：100101
电　　话：010－64807098
传　　真：010－64807099
电子信箱：ioz@ioz.ac.cn
网　　址：http://www.ioz.ac.cn

中国科学院动物研究所（以下简称“动物所”）的前身是1928年成立的静生生物调查所、

1929 年成立的北平研究院动物研究所和 1930 年成立的中央研究院动物研究所。新中国成立后，中国科学院接收上述 3 个研究所和原徐家汇博物馆（创建于 1860 年，1930 年后改称震旦大学博物院）的部分资料、标本和设备，于 1950 年成立了中国科学院昆虫研究室和动物标本整理委员会。二者分别发展为昆虫研究所和动物研究所，1962 年两所合并为现在的动物所。

动物所是以动物科学基础研究为主的社会公益型国家级科研机构，主要定位是：以人、动物与自然和谐发展为主题，以整合生物学为主线，围绕农业、生态环境和人类健康的重大需求和科学问题，加强多学科交叉融合，在整合生物学、保护生物学、进化生物学、生殖生物学、细胞分化生物学领域开展基础性、前瞻性和战略性研究；加强科技自主创新与技术集成，在生物多样性保护与可持续利用、农业生物灾害可持续控制、野生动物疫病预警与防控、人类生殖健康等领域作出重大创新性贡献。

研究所现有 3 个国家重点实验室、3 个院级重点实验室和 1 个博物馆，包括农业虫害鼠害综合治理研究国家重点实验室、计划生育生殖生物学国家重点实验室、生物膜与膜生物工程国家重点实验室、动物生态与保护生物学院重点实验室、动物进化与系统学院重点实验室、干细胞发育生物学院重点实验室（筹）和国家动物博物馆。

动物所拥有亚洲最大的动物标本馆，馆藏各类动物标本 540 余万号；拥有总建筑面积 7300 平方米的国家动物博物馆，含 10 个展厅和 4D 动感电影院；拥有总藏书量 25 万余册及图书资料较为齐全的专业图书馆以及计算机网络中心，形成了科学研究、科学传播与技术支持相结合的完整体系。

截至 2011 年底，动物研究所共有在职职工 393 人。其中科技人员 223 人、科技支撑人员 103 人，包括中国科学院院士 3 人（新增 1 人）、第三世界科学院院士 1 人、研究员及正高级工程技术人员 73 人、副研究员及高级工程技术人员 79 人。共有中国科学院“百人计划”入选者 44 人（新增 5 人）、国家杰出青年科学基金获得者 24 人、国家“千人计划”（国家海外高层次人才引进计划）入选者 1 人、新增“青年千人计划”1 人。

动物研究所是国务院学位委员会 1998 年批准的首批具有博士、硕士学位授予权单位之一。现设有生物学、生态学等 2 个一级学科博士、硕士研究生培养点。2011 年动物学、细胞生物学、发育生物学、生态学首次获得中国科学院重点学科。2010 年增列生物工程硕士培养点；生物医学工程、免疫学、病理生理学 3 个学术型硕士培养点；并设有生物学、生态学等 2 个一级学科博士后流动站。共有在读研究生 545 人（硕士生 244 人、博士生 301 人），在站博士后 103 人。

2011 年，动物研究所共有在研项目 540 项（新增 216 项）。其中，主持国家重点基础研究发展计划（“973”计划）项目 4 项（新增 2 项）、承担（或参加）课题 18 项（新增 9 项），主持（或承担）中国高技术研究发展计划（“863”计划）项目 2 项（新增 0 项），主持科技支撑计划课题 2 项（新增 0 项），主持科技基础性工作专项 3 项（新增 1 项），主持国家公益性行业科研专项 3 项（新增 2 项）；主持国家基金委基金重点项目 12 项（新增 2 项）、面上项目及青年科学基金项目 108 项（新增 38 项），承担国家自然科学基金重大研究计划重点项目 4 项（新增 1 项）。

动物研究所李培峰研究员领导的研究组有关 miRNA 在心脏中作用的研究取得了重要进展，发现 miRNA-499 通过抑制心肌细胞凋亡抑制心肌梗死，具有心肌保护功能，并揭示了其相关的分子机制。该研究结果对于阐明心肌梗死发病机制及为心肌梗死的预防和诊断提供了新的思路，特别是为开发微小 RNA 作为治疗凋亡相关心脏疾病药物具有重要的指导意义。研究成果发表在 *Nature medicine*（2011，17（1）：71－78）上。

动物研究所康乐研究员领导的研究组发现飞蝗（*Locusta migratoria*）表现出明显的表型可塑性特征，密度的变化使得飞蝗在群居型和散居型之间转变。但是飞蝗型变的分子机制现在并不清楚。通过研究发现四龄群居型和散居型之间的差异表达基因最多，生物信息学分析发现儿茶酚胺代谢途径在群居型信号途径中显著上调。这项研究加深了对重要农业害虫表型转变过程中基因与行为之间关系的认识，为进一步的研究飞蝗的群聚暴发机理提供重要的线索。本项研究成果分别在国际著名刊物 *PNAS*（2011，108：3882－3887）和 *Plos Gentics*（2011，7（2）：e1001291）上发表。

动物研究所张知彬研究员对气候因子对生物灾害发生的影响研究取得重大进展。研究人员通过对历史气候数据的分析研究不同气候条件下生物灾害的发生规律。一项研究发现降水对鼠类种群及鼠疫的暴发具有非线性，适度降水适合鼠类以及媒介生物种群的发生，过高或者过低都不利。该研究成果在 *PNAS*（2011，108：10214－10219）上发表。另一项研究发现蝗灾与降水存在稳定的负相关关系，同时蝗灾与温度的负相关关系并不稳定，指出气候变化对蝗灾发生的间接影响。该研究成果在 *PNAS* 上（2011，108：14521－14526）发表。同时被 *Conservation* 杂志报道，并作为 New finding & Technical advance 被 Faculty1000”收录。

截至 2011 年 10 月，以第一单位发表 SCI 论文 140 余篇，其中 IF≥10 的 3 篇，IF≥5 的超过 10 篇，其中 *PNAS* 上发表 6 篇。

2011 年共获得 5 项发明专利授权；申请专利 22 项，其中 21 项为发明专利。

2011 年，动物研究所新争取国际合作项目 14 项，总合同经费 468 万元。其中，国外资金来源的国际合作项目 3 项，合同经费 108 万元人民币。各项研究工作进展顺利并取得了较好的科研成果。

2011 年，动物研究所成功主办了 7 次大型国际会议，分别是第五届亚太地区斑马鱼会议、亚太地区野生动物疫病国际研讨会、首届亚太整合行为科学国际会议、第八届亚洲动物繁殖生物技术学会 2011 年学术年会、中俄东北虎跨国界研讨会、欧亚大陆鸟类比较谱系地理学研讨会和象虫总科分类、系统发育和经济重要性：北京国际象虫分类专家研讨会等。其中，亚太地区野生动物疫病学术研讨会、中俄东北虎跨国界研讨会和首届亚太整合行为科学国际会议是动物所发起创办的国际会议。

中国昆虫学会、中国动物学会、国际动物学会、中国动物志编辑委员会和中华人民共和国濒危物种科学委员会挂靠在动物研究所挂靠动物所。动物所与学会共同主办 *Insect Science*（SCI 源期刊，英文版）、*Integrative Zoology*（SCI 源期刊，英文版）、*Current Zoology*（SCI 源期刊，英文版）、《昆虫学报》、《动物分类学报》、《动物学杂志》、《昆虫知识》七种学术刊物。

（撰稿：吴敬文　审稿：孟安明）

心理研究所

所　　长：傅小兰
地　　址：北京朝阳区大屯路甲 4 号
邮政编码：100101
电　　话：010－64879520
传　　真：010－64872070
电子信箱：webmaster@psych.ac.cn
网　　址：http://www.psych.ac.cn

中国科学院心理研究所（以下简称“心理所”）成立于 1951 年，前身是 1929 年成立的中央研究院心理研究所。

心理所的战略定位是：以“探索人类心智本质、提高国民心理素质、促进社会和谐发展”为使命，主要开展心理和行为规律及其环境与生物学基础的研究，为心理学学科发展和“服务国家、造福人民”，不断作出基础性、战略性、前瞻性的创新贡献。到 2020 年，努力把心理所建设成为我国心理学研究和高级人才培养不可替代的创新基地、促进人口健康和建设和谐社会不可或缺的科技源头、具有“一流成果、一流效益、一流管理、一流人才”的国际著名心理学研究机构。

2011 年，心理所围绕“十二五”规划战略重点，在“心理疾患的早期识别与干预”领域，深入开展针对健康群体、高危人群和临床患者在神经系统、认知与情绪调控、多通道感知觉加工和遗传易感性方面的系统研究，已在全基因组关联学习在复杂疾病研究中的发展方向与趋势、中国大陆神经精神障碍内表型研究数据库的建立等方面取得重要进展，成功开发国际首个注意缺陷多动障碍遗传学数据库，填补了我国精神疾病遗传学数据库领域的空白；在“社会预警与决策”领域，基于已有的心理与行为指标体系进行指数研发，探索群体行为规律，在重大损失决策的神经机制、风险决策的规则、跨期选择的新悖论等方面得到重要发现。

2011 年，心理所确定的三个重点培育方向也取得了重要进展：①在“灾害与创伤心理”方向，抗震救灾心理援助行动获得中国科院先进集体奖；“我要爱——灾后心理援助行动”项目荣获“中华慈善奖——最具影响力慈善奖”；成功举办了汶川震后三周年灾后心理援助模式学术研讨会、中国首届心理健康与和谐社会论坛（灾害创伤与心理援助）；参与起草民政部和卫生部的《关于进一步加强自然灾害社会心理援助工作的指导意见》。② 在“网络心理与虚拟行为”方向，围绕网络心理与行为分析这一主题，积极参与“感知中国” A 类先导项目的申请，并承担分项目子课题；基于手机的“移动心理服务”WAP 网站累计访问人次 26. 67 万，网站注册用户为 7183 人，有效测评问卷 15 668 份；抑郁情绪认知行为自助网络平台已经完成心理干预理论和技术流程，相关网站正在开发中。③ 在“发展、教育与创造力培养”方向，获批科技部国家科技支撑计划项目 1 项（我国儿童青少年心理疏导与心理咨询技术和示范），该项目将进一步促进心理所在发展与教育领域研究的开展；筹备召开“杰出人才早期培养与教育国际研讨会”，探讨杰出人才早期培养与教育有关的系列问题。

截至 2011 年底，心理所共有职工 190 人。其中专业技术人员 165 人，包括正高级专业技术人员 33 人、副高级专业技术人员 48 人。心理所现有发展中国家科学院院士 2 人、国家杰出青年科学基金获得者 1 人，“新世纪百千万人才工程”国家级人选 2 人、“百人计划” 入选者 11 人。

心理所共有 16 人次在相应国际学术组织不同领导层任职，如发展中国家科学院学部院士遴选委员会委员、国际心理科学联合会副主席、国际科学联合会理事会（ICSU）中国委员会副主席、国际人因学会士、亚洲社会心理学会主席、国际心理科学联合会测量委员会中国大陆联络人、国际神经心理学会亚洲区代表、国际应用心理学会执委、IEA2009 学术委员会主席和副主席以及驻华秘书处秘书长、泛太平洋地区职业工效学委员会执委、国际行为发展研究会执委、世界天才儿童研究协会亚太地区理事会主席、国际杰出人才发展研究会主席；此外，有 10 人次在国际学术期刊任主编或编委，如 *International Journal of Psychology*、*Psych Journal*、*Asian Journal of Social Psychology*、*International Journal of Testing*、*Journal of Cross- Cultural Psychology*、*Frontier in Behavior Neuroscience*、*Clinical Rehabilitation*、*Neuropsychological Rehabilitation*、*Chinese Journal of Acoustics*、*Cognitive Neurodynamics* 等。

心理所是国务院学位委员会批准的首批博士、硕士学位授予单位，是心理学一级学科博士和硕士学位授予单位。现有基础心理学、发展与教育心理学、应用心理学、医学心理学、认知神经科学、行为遗传学和生物心理学 7 个博士培养点；基础心理学、发展与教育心理学、应用心理学、医学心理学、认知神经科学和行为遗传学 6 个硕士培养点；并设有心理学学科博士后流动站。2011 年，培养博士 32 人，硕士 31 人，出站博士后 7 人。心理所目前有在读研究生 240 人（硕士生 109 人、博士生 131 人），在站博士后 19 人。近年来，心理所研究生获奖人次和等级都有明显提高。2011 年，1 名毕业生获中国科学院优秀博士学位论文奖，2 名研究生获中国科学院院长优秀奖，另有 10 名导师和研究生获其他与研究生教育有关的奖励。

2011 年，心理所共获批各类科研项目 46 项。其中国家自然科学基金委项目 27 项；中科院资助项目 15 项。签订横向合作项目协议 27 项。新增科研项目合同经费同比增长 46%。

2011 年，心理所共发表 SCI/SSCI/EI 收录的期刊论文 219 篇，同比增长 34%；其中第一作者论文 143 篇，同比增长 31%；影响因子大于 5 的论文 21 篇，其中第一作者论文 8 篇，最高影响因子为 32. 745；Q1 类文章占 SCI/SSCI 发表文章的比例为 48%；出版专著/译著共计 13 部；上报政策建议被中办或国办刊物采用 4 项。

2011 年，心理所分别与德国慕尼黑大学人类科学中心、荷兰自由大学心理学系签订合作备忘录。共接待外宾来访176人次，出访112人次，国际交流博士生、博士后来所3人，所内科研人员或学生海外留学（访问学者）3人，获中科院外国青年科学家资助项目1项、王宽诚国际合作项目资助来所1人。引进外国专家2人（中国科学院心理健康重点实验室客座教授Jurg Ott和英文期刊*PsyCh Journal*编辑部管理编辑Walter Drew Edwards教授）。2011年10月，心理所16名科研人员及学生赴德国萨尔兰德大学参加中德"适应心智"合作项目第二届秋季培训班，该合作项目已顺利实施3年，在德国研究基金会（German Research Foundation，DFG）组织的现场评估中获评优秀。

2011年，心理所分别联合主办、承办和协办国际会议各1次。与清华大学心理学系、生物物理研究所联合主办的首届认知科学北京国际研讨会于6月在北京举行，共有来自世界及国内各地的100余位代表参加；承办的国际心理科学联合会官员及执委会议于8月底在心理所召开，共有来自十几个国家的近20名执委参会；中国社会心理学会主办、云南大学承办、心理所协办的第九届亚洲社会心理学会双年会于8月在昆明召开，心理所张建新研究员担任本次大会学术委员会主席，并在本次亚洲社会心理学会会员大会上就任亚洲社会心理学会主席。

2011年，心理所构建功能齐全、技术领先的虚拟现实实验室，目前设备已经基本到位，场景和驱动引擎与硬件的同步正在调试中。新建成猴类实验动物设施，顺利通过验收并已正式投入使用和开放共享。双生子平台建设稳步推进，继续完成"青少年焦虑、抑郁及偏差行为的行为遗传学研究"项目第三轮问卷收集工作，双生子样本累计1300多对。

心理所是中国心理学会的挂靠单位，主办《心理科学进展》，并与中国心理学会共同主办《心理学报》。2011年，心理所与威立出版社签订协议，联合出版我国第一本英文心理学期刊*PsyCh Journal*，期刊由瑞典皇家科学院院士Lars-Göran Nilsson教授、心理所张侃研究员担任联合主编，邀请30余名国际知名心理学家担任编委，将于2012年第一季度正式出版发行。

（撰稿：张　莉　顾　敏　审稿：李安林）

微生物研究所

所　　长：黄　力
地　　址：北京市朝阳区北辰西路1号院3号
邮政编码：100101
电　　话：010－64807462
传　　真：010－64807468
电子信箱：office@im.ac.cn
网　　址：http://www.im.cas.cn

中国科学院微生物研究所（以下简称"微生物所"）是目前国内学科最齐全的微生物学研究机构，成立于1958年12月3日，前身是中国科学院北京微生物研究室和中国科学院应用真菌研究所。

微生物所以"微生物，高科技，大产业"为长期指导思想，以微生物资源、微生物生物技术、病原微生物与免疫为主要领域，开展基础性、战略性、前瞻性研究，努力打造从微生物资源挖掘、功能改造、技术创新到成果转化的创新价值链，服务国家重大战略需求，推动微生物学科进步，创建世界一流的微生物学研究中心和微生物生物技术研发基地。

微生物所设有微生物资源前期开发国家重点实验室、植物基因组学国家重点实验室（与中国科学院遗传与发育生物学研究所共建）、真菌学国家重点实验室、中国科学院病原微生物与免疫学重点实验室和工业微生物与生物技术实验室，其中真菌学国家重点实验室在今年获批正式立项建设；研究所拥有亚洲最大的含49万号标本的菌物标本馆和国内最大的含4.4万多株菌种的微生物菌种保藏中心，建有微生物菌种与细胞保藏中心、微生物资源信息管理平台、大型仪器中心和生物安全三级实验室等技术支撑平台，拥有一个藏书（刊）5万余册的专业性图书馆。

2011年，经过反复酝酿和修订，微生物所正式发布本所"一三五"发展规划：确立了

"十二五"期间的使命和总体发展目标，努力在极端微生物环境适应机制、动物源性流感病毒跨种感染人的分子机制、长链二元酸生产新技术等三方面实现重大突破，部署了特殊环境微生物群落结构与功能 、微生物次级代谢及调控、工业微生物组学改造及应用、病原微生物与作物的互作及作物病害防控、病原微生物感染的T细胞免疫应答等5个重点培育方向。研究所进入中国科学院首批整体择优单位，并着手部署和开展"一三五"布局。

截至2011年底，研究所共有在职职工471人。其中科技人员301人、科技支撑人员72人，包括中国科学院院士6人、第三世界科学院院士1人、研究员及正高级工程技术人员70人、副研究员及高级工程技术人员94人。共有中国科学院"百人计划"入选者21人（新增1人）、"西部之光"人才入选者新增3人、国家杰出青年科学基金获得者12人（新增1人）。研究所现有58个研究组和7个青年课题组。

微生物研究所是国务院学位委员会批准的博士、硕士学位授予权单位之一。现设生物学一级学科，下设有微生物学、遗传学、生物化学与分子生物学3个二级学科博士研究生培养点；微生物学、遗传学、生物化学与分子生物学、免疫学、病原生物学5个二级学科硕士研究生培养点及生物工程专业硕士研究生培养点；并设有生物学一级学科博士后流动站。共有在学研究生397人（硕士生234人、博士生163人），在站博士后57人。

2011年，微生物研究所共有在研项目362项（新增161项）。其中，主持国家重点基础研究发展计划（"973"计划）项目16项（新增6项）、参加课题27项（新增13项），主持中国高技术研究发展计划（"863"计划）项目3项、参加课题4项（新增2项）；主持国家自然科学基金重大项目1项、重点项目11项、主任基金项目1项（新增）、面上项目54项（新增20项）；承担中国科学院战略性先导科技专项课题2项，主持院重大项目1项、重要方向项目28项（新增12项）。研究所在嗜热古菌DNA修复及甲烷古菌群感效应、特境真菌活性物质的发现及作用机理、流感病毒耐药机制及风疹病毒细胞受体、戊糖/已糖共利用纤维素乙醇菌株构建、植物病毒与宿主间相互作用等课题研究方面取得了较大进展。

2011年，微生物所在SCI收录杂志上发表（含已被接受）论文共计189篇，其中71篇发表在相关领域前30%的SCI刊物，占SCI论文总数的38%，篇均影响因子为3.56；获25项专利授权，新申请专利84项。

2011年，微生物所在院地合作及成果转化方面，技术转移转化中心正式成立。与国内大中型企业合作，成立了5个联合开发中心，签订各种技术合同42项，技术合同总额4078万元。研究所平遥生物基地完成了N-乙酰神经氨酸的完整工艺，形成了工艺包，并在100升发酵罐中实现重复；配合瀚霖生物推进二期建设，目前生产基地共有四条生产线，年产量达到四万吨，其中十二碳二元酸供不应求。

2011年，微生物所在国际合作与交流方面，世界微生物数据中心（WDCM）落户微生物所；与国外签署了5项合作协议；举办了5次国际会议；承担重大国际合作项目2项，其他国际合作项目18项，国际合作人才交流计划项目12项。微生物所本年度短期出访125人次，出国留学12人，接待国际来访398人次。

微生物所的挂靠单位有中国微生物学会、中国菌物学会、中国生物工程学会3个国家级学会，与相关学会共同主持编辑出版的学术刊物有《微生物学报》、《微生物学通报》、《菌物学报》及《生物工程学报》（中、英文版）。

（撰稿：刘黎琼　程　萍　审稿：刘松林）

生物物理研究所

所　　长：徐　涛
地　　址：北京市朝阳区大屯路15号
邮政编码：100101
电　　话：010－64889872
传　　真：010－64871293
电子信箱：office@ibp.ac.cn
网　　址：http://www.ibp.cas.cn

中国科学院生物物理研究所（以下简称“生物物理所”）是国家生命科学基础研究所，创建于1958年，其前身是1957年建立的北京实验生物学研究所，著名生物学家贝时璋院士任第一任所长，现任所长为徐涛研究员。建所以来，在贝时璋、邹承鲁、梁栋材和杨福愉等老一辈科学家的带领下，历经几代科技工作者的辛勤努力，研究所在获奖成果、高水平论文、授权专利以及成果转化等方面一直位居全国生物学研究机构前列。

2011年，按照院“创新2020”和“十二五”规划总体要求，生物物理所进一步明确了新时期的战略定位，即充分发挥多学科交叉的综合优势，在蛋白质科学、脑与认知科学、感染与免疫、非编码核酸等学科前沿领域实现基础性、前瞻性、战略性突破，加强生命科学领域关键装备的创新研制，实现关键技术和实验方法的重点突破，构建以生物制药和体外诊断为重点的转化型研究体系，在国家创新体系中发挥源头创新和骨干、引领作用；明确了真核膜蛋白和蛋白质复合体结构与功能关系、建立“认知基本单元”的理论框架、生物成像瓶颈技术突破为核心的三个重大突破以及五个重点培育方向，扎实启动实施“一三五”规划。

生物物理所现拥有生物大分子国家重点实验室、脑与认知科学国家重点实验室、中国科学院感染与免疫重点实验室、中国科学院非编码核酸重点实验室（筹）、蛋白质与多肽药物所重点实验室、交叉科学所重点实验室等重点实验室，与海外科研机构共建了中日结构病毒学与免疫实验室、中澳表型组学联合中心、中美人脑直接成像中心等联合研究机构。2011年，依托生物物理所的两个国家重点实验室分别参加了生命科学和医学领域国家重点实验室的评估，双双获得优秀。

2011年，生物物理所共有在研课题158项（新增56项）。其中，主持国家重点基础研究发展计划（“973”计划）项目7项（新增3项）、承担（或参加）课题33项（新增14项），承担中国高技术研究发展计划（“863”计划）项目1项（新增1项），承担国家科技支撑计划1项，承担重大仪器研制项目1项；承担科技部国际合作项目1项；承担国家自然科学基金重大项目9项（新增2项）、重点项目15项（新增8项）、国家杰出青年科学基金3项（新增1项），创新群体2项（新增1项），面上项目52项（新增18项），承担国家自然科学基金重大研究计划重点项目4项（新增1项）；承担中国科学院战略性先导科技专项课题5项，主持院重大项目2项、重要方向项目25项（新增2项），中科院－诺和诺德联合基金2项，承担院地合作项目2项。

2011年，生物物理所共发表SCI收录论文261篇，平均影响因子4.95；以第一单位发表SCI论文125篇，平均影响因子5.12；影响因子5以上的SCI论文100篇，其中第一单位论文47篇；影响因子在*PNAS*以上的SCI论文26篇，其中第一单位论文13篇；共申请专利26项，其中发明专利21项、实用新型2项，国际发明3项；授权专利7项，其中发明专利6项、实用新型1项。

2011年，生物物理所在疾病相关重要蛋白质功能与结构研究、脑与认知科学、感染与免疫、非编码核酸、蛋白质与多肽药物等学科领域取得了一系列重要研究成果。其中，在国际知名期刊上发表的高水平代表性论文主要有：菠菜次要捕光复合物CP29的晶体结构研究（*Nature Structural & Molecular Biology*，2011，18（3）：309－316）；与神经退行性疾病相关的重要蛋白Aprataxin同源物Hnt3与DNA复合物的晶体结构研究（*Nature Structural & Molecular Biology*，2011，18（11）：1297－1299）；TDP-43基因突变导致其蛋白质聚集并产生神经毒性（*Nature Structural & Molecular Biology*，2011，18（7）：822－831）；生物大分子晶体衍射数据收集的新方法（*Acta Crystallographica Section A*，2011，67（6）：544－549）；突触核蛋白a-synuclein的硝基化聚集物具有细胞毒性（*Journal of Molecular Cell Biology*，2011，3（4）：239－249）；染色质着丝粒区核小体组装的结构机理研究（*Genes & Development*，2011，25（9）：901－906）；以人源化免疫缺陷小鼠为模型研究HIV病毒致病的分子机理（*Blood*，2011，117（23）：6184－6192）；用冷冻电镜技术获得质型多角体病毒近原子分辨率的三维结构（*Proceedings of the National Academy of Sciences of the USA*，2011，108（4）：1373－1378）；DNA复制起始复合体中Orc6亚基的结构生物学研究（*Proceedings of the National Academy of Sciences of the USA*，2011，108（18）：7373－7378.）；宿主抗HIV蛋白的研究（*Proceedings of the National Academy of Sciences of the USA*，2011，108（38）：15834－15839）；组蛋白甲基化修饰的结构机理研究（*Proceedings of the National Academy of Sciences of the USA*，2011，108（51）：20538－20543）

2011年，生物物理所作为第一完成单位共获得省部级奖项2项。阎锡蕴研究组的“磁性纳米材料新功能的发现及应用”和刘迎芳研究组的“禽流感病毒RNA聚合酶PA亚基的结构生物学研究”荣获2010年北京市科学技术奖一等奖。

截至2011年底，生物物理所共有在职职工515人。其中科技人员333人、科技支撑人员45人，包括中国科学院院士10人、第三世界科学院院士5人、研究员及正高级工程技术人员82人、副研究员及高级工程技术人员96人；全所进入创新岗位392人。研究所共有中国科学院“百人计划”入选者38人（新增2人）、“西部之光”人才入选者1人（新增1人）、国家杰出青年科学基金获得者15人（新增2人）、国家“千人计划”（国家海外高层次人才引进计划）入选者7人（新增1人）、国家“青年千人计划”入选者4人；4人获得中国科学院王宽诚基金资助，1人获得院长奖学金特别奖。

生物物理所是国务院学位委员会批准的博士、硕士学位授予权单位之一。现有生物物理学、生物化学与分子生物学、细胞生物学、神经生物学、认知神经科学、生物信息学6个二级学科硕士、博士培养点；生物工程、免疫学2个硕士培养点。作为生物学博士后流动站建站单位之一，2011年进站博士后12人，出站博士后9人，获得中国博士后科学基金奖励资助9人，在站博士后50人；2011年研究所招收硕士研究生87人、博士研究生91人，毕业硕士9人、博士72人，99人获得博士学位，9人获得硕士学位。截至2011年底，在学研究生518人，（博士研究生257人、硕士研究生261人）。

2011年，生物物理所继续加强政产学研结合，促进成果转化，与上海华丰投资管理有限公司等国内外企业就生物医药和食品工业技术研发等方面开展合作，新增技术合同15项，合同总额318.68万元，实现横向经费到账总额536.74万元；生物物理所在怀柔生物医药产业基地建设方面取得进展，怀柔园区建设规划及产业化项目实施工作方案已基本完成；2011年，生物物理所共有持股公司5家，其中从事科技开发的人员为50余人，研究所控股企业累计销售收入达17 500万元，净利润2400万元，上缴税金3000万元。

2011年，生物物理所广泛开展国际合作，新增39个国际合作与交流项目，争取经费1026.4万元，接待国际来访235人次，国际出访260人次。目前，研究所共有16人在国际组织任职（27个职位），国际期刊任职为30人（76个职位），与国外联合发表论文73篇，占研究所发表SCI论文总数的三分之一。2011年执行了4个王宽诚基金项目、4个院公派留学项目、1个国家公派留学项目、1个外籍青年科学家交流项目并获得延续资助、4个外籍特聘研究员交流项目、1个爱因斯坦讲席教授项目；举办了包括“第十七届国际生物物理大会”在内的4个国际会议和1个双边会议，其中2011年10月30至11月3日，由中国生物物理学会和生物物理所承办的“第17届国际生物物理大会”是全球生物物理科学领域最大规模、最具影响力的学术盛会。大会邀请了包括3位诺贝尔奖得主、8位美国国家科学院院士、5位英国皇家科学学会会员在内的340多位享有盛誉的国际著名学者参会并做大会报告和专题特邀报告，参与代表2500余人。

2011年，蛋白质科学研究平台进入了以全面提升技术支撑能力为目标的重要发展阶段。完成了OMX超高分辨率荧光显微镜；Influx多通道流式细胞仪；500M/600M核磁谱仪等一批先进设备的安装调试；共计完成了22 610个预约服务项目，有效机时数达到92 905小时，完成样品数达到174 468个，该平台先后为院内外科研单位、高校、医院以及高新技术企业在内的160个单位提供了4367次分析测试及技术服务。

生物物理所是中国生物物理学会、中国认知科学学会的挂靠单位，主要出版物包括《生物物理学报》和《生物化学与生物物理进展》，其中《生物化学与生物物理进展》是SCIE收录期刊。现拥有1100平方米的图书馆，馆藏图书28 000余册、期刊合订本330 00余册，数据库13个，可访问2500余种外文电子学术期刊和95%以上的中文学术期刊。

（撰稿：陈长杰　邵　群　审稿：汪洪岩）

遗传与发育生物学研究所

所　　长：薛勇彪
地　　址：北京市朝阳区北辰西路1号院2号
邮政编码：100101
电　　话：010－64806500
传　　真：010－64806503
电子信箱：office@genetics. ac. cn
网　　址：http://www. genetics. ac. cn

中国科学院遗传与发育生物学研究所（以下简称“遗传发育所”）成立于2001年，由原中国科学院遗传研究所（成立于1959年）和中国科学院发育生物学研究所（成立于1980年）合并建成，2003年中国科学院石家庄农业现代化研究所（成立于1978年）并入遗传发育所。

遗传发育所面向我国农业和人口健康的重大战略需求和生命科学前沿，重点开展基因组结构与调控规律、重大疾病分子机理、品种分子设计、农业生态可持续发展、前沿学科交叉领域的研究，揭示水稻、小麦等基因组表达调控规律、阐明细胞分化的分子机制和建立新的品种设计理论与技术体系，为解决遗传与发育生物学领域重大科学和技术问题做贡献。2011年，签订了研究所“十二五”发展规划任务书，以“整体择优”进入中科院“创新2020”试点启动阶段，并制定了研究所“一三五”发展规划和创新任务，进一步明确了研究所的战略定位。

遗传发育所下设5个研究中心：基因组生物学研究中心、分子农业生物学研究中心、发育生物学研究中心、分子系统生物学研究中心和农业资源研究中心；拥有现代温室、实验动物中心以及河北栾城农田生态系统国家野外观测试验站等网络台站支撑系统；拥有植物基因组学国家重点实验室、植物细胞与染色体工程国家重点实验室、分子发育生物学国家重点实验室、中国科学院农业水资源重点实验室、河北省节水农业重点实验室和遗传网络生物学所级重点实验室，是国家植物基因研究中心（北京）的依托单位。

截至2011年底，遗传发育所共有在职职工526人（包括项目聘用人员10人）。其中科技人员314人、科技支撑人员84人，包括中国科学院院士2人、研究员及正高级工程技术人员78人、副研究员及高级工程技术人员124人。共有中国科学院“百人计划”入选者47人（新增8人）、国家杰出青年科学基金获得者28人、国家“千人计划”（国家海外高层次人才引进计划）入选者2人（新增2人）。

遗传发育所是1978年国务院学位委员会批准的博士、硕士学位授予权单位之一。现设有生物学、生态学等2个一级学科博士研究生培养点；遗传学、发育生物学、神经生物学、细胞生物学、生物信息学、植物营养学、作物遗传育种、生态学和生物工程等9个二级学科硕士研究生培养点；并设有生物学一级学科博士后流动站，共有在学研究生569人（硕士生159人、博士生410人）；在站博士后94人。

2011年，遗传发育所共有在研项目292项（新增100项）。其中，主持国家重点基础研究发展计划（“973”计划）及重大研究计划项目6项、主持课题15项（新增2项）、参加课题23项（新增12项），主持（或承担）中国高技术研究发展计划（“863”计划）项目1项，参加3项（新增3项）；主持（或承担）国家科技专项（转基因专项）课题28项（新增6项）、参加53项（新增17项）；主持（或承担）国家自然科学基金重大项目课题2项、国家杰出青年科学基金6项（新增1项）、重点项目14项（新增5项）、面上项目105项（新增28项），承担国家自然科学基金重大研究计划重点项目 15 项（新增 9 项），创新研究群体项目 3 项；主持中国科学院战略性先导科技专项项目 1 项，主持重要方向项目课题 6 项（新增 6 项），参加 1 项（新增 1 项），主持中国科学院青年专项课题 3 项（新增 3 项），承担国际合作项目 3 项（新增 2 项）。

2011 年，遗传发育所科研工作取得重大进展。曹晓风研究团队揭示真核生物 PcG 介导的组蛋白 H3 第 27 位赖氨酸上三甲基化（H3K27me3）在基因沉默和发育调控中发挥至关重要的作用，证明了 REF6 在进化中获得新的功能，作为 H3K27me3 去甲基化酶参与基因激活，为研究植物生长发育及对环境响应中的表观调控奠定了重要基础；朱保葛研究团队培育出一个适合我国黄淮海地区种植的优良国审大豆新品种‘科豆 1 号’。该品种具有较强的抗病性、较高的产量潜力和较广的适应性，应用前景广阔；戴建武科研团队利用自体捕捉干细胞及加载生长因子等方法构建功能生物材料，促进心肌、皮肤、神经、骨等组织的再生与损伤修复，这些安全有效的新型功能生物材料显示了良好的临床及农业生产的应用前景。

2011 年，遗传发育所共发表 SCI 论文 213 篇，发表影响因子 10 以上的论文（含 *Nature*，*Science* 系列文章）20 篇（第一或通讯作者 10 篇），影响因子在 5—10 的文章 62 篇（第一或通讯作者 42 篇）。获得授权专利 33 项，审定作物新品种 4 个（国审品种 1 个）。“冬小麦节水高产新品种选育方法及育成品种”获国家科学技术进步奖二等奖（第二完成单位），该成果构建了节水高产品种选育的形态和生理指标体系，实现了节水和高产的同步选择，显著提高了节水高产育种效率；育成了节水高产小麦新品种 7 个，实现了小麦增产、节水、增收，产生了巨大的社会经济效益，对保障国家粮食安全、缓解水资源危机意义深远；此外，获得河北省科学技术进步奖一等奖等省级奖 7 项；李家洋院士获得美国植物生物学家协会终身会员奖和日本奈良先端科学技术大学荣誉博士学位称号。

2011 年，遗传发育所与先正达生物科技（中国）有限公司在农作物产量和抗旱领域的合作进展顺利，并取得了阶段性成果；与美国杜邦先锋国际良种公司开展了植物高产、抗旱、氮素利用等领域的项目合作；选派 10 名研究生赴日本参加了第五届“日本奈良先端科学技术大学全球 COE 学生国际交流会”；分别与澳大利亚阿联邦科学与工业组织和新西兰梅西大学召开了双边研讨会，讨论深入合作的细节；还主办了疾病模式动物国际研讨会、环境变化与农业资源高效利用国际学术研讨会、脂类生物学国际学术会议等国际会议。

遗传发育所通过建立多层次合作体系，建设现代农业示范基地、育种研究中心。2011 年，与 6 家国内企业/地方政府签订了合作协议，共建“中科院遗传发育所北方大动物（牛）研究基地”，建立“超级奶牛”育种基地；赵县小麦育种基地正式挂牌，签订深化嘉兴水稻育种研究中心合作和共建协议；国审小麦品种‘科农 199’，累计推广 1800 多万亩，大豆‘科丰 14’、水稻‘秀水 114’两个品种，推广面积在 100 万亩/年以上，还签订了多项玉米、大豆、水稻、小麦等经营权转让协议；同时，深入推动人口健康领域与医疗实体的合作，为企业和地方经济的发展作出了重要贡献。

遗传发育所是中国遗传学会的挂靠单位，负责编辑出版 *Journal of Genetics and Genomics*、《遗传》和《中国生态农业学报》。

（撰稿：亓　磊　姚庆筱　审稿：杨维才）

北京基因组研究所

所　　长：吴仲义
地　　址：北京市朝阳区北土城西路 7 号
邮政编码：100029
电　　话：010－82995400
传　　真：010－82995401
电子信箱：office@big.ac.cn
网　　址：http://www.big.cas.cn

中国科学院北京基因组研究所（以下简称“基因组所”）于 2003 年 11 月 28 日正式成立。

2011 年，面向国家“十二五”发展规划和中科院“创新2020”，基因组所制订了一个定位、三个突破，五个重点培育的中长期规划。在未来10年的发展战略定位是以基因组学理论与方法为基础、以发展大规模基因序列测定和分析能力为手段，注重生物信息学与计算生物学的高水平研究与发展，以多学科、跨领域、交叉合作为特征，面向国家重大战略需求，解决生命科学前沿领域重大科学问题。通过深入的思考和多层面的研讨，基因组所将在进化与肿瘤基因组研究领域中取得理论的原创性重大突破，并迅速达到国际一流水平；突破性地发展具有自主知识产权的基因序列测定和分析技术，使之市场化应用；大幅提升生物信息计算能力、开发具有自主知识产权的计算理论、软件、算法和数据存储方法，并利用这些手段在解决若干生命科学问题作出世界一流的贡献。

根据规划部署，基因组所配合人类重大疾病的个体化基因组学、农业资源动植物基因组学、以基因组为核心的合成生物学、计算生物学、基因组测序和测序技术的研发五个重点培育方向，进一步完善“科学组织框架与管理体系”，重点支持科学研究体系“中国科学院基因组科学与信息重点实验室”、“重大疾病基因组与个体化医疗实验室”、“工业生物资源基因组科学实验室”、“农业资源基因组科学实验室”和“计算生物学研究中心”的建设与发展。各实验室/中心具体负责三个突破目标的实现和五个培育方向的实施。

2011年，基因组所在原基因组和生物信息平台基础上成立了所级公共技术服务中心。作为基因组所的所级支撑平台，肩负着所内与所外的科研与服务的双重任务。经过整合与调整，所级中心的科研支撑能力有了较大的提高，所级中心目前拥有包括 Solid、Selexa、454 、Hiseq 2000等测序仪、流式细胞仪、共聚焦显微镜、生物芯片工作站、高速蛋白纯化仪、飞行质谱仪、高性能计算机等在内的大型设备。所级中心在有力的支撑院内外重要科研项目研究和软硬件均维持较高水准同时，不断加强新技术、新方法的研发，提高仪器设备利用率、共享率、降低试剂能源消耗，积极展开科学研究方法学的探索创新和关键仪器设备的自主创新研制。不仅成为所内技术支撑、技术孵化的基地，同时为科学院相关研究所提供技术交流和技术服务的平台。

截至2011年底，基因组所共有在职职工275人。其中科技人员119人、科技支撑人员122人，包括中研院院士1人，研究员及正高级工程技术人员23人、副研究员及高级工程技术人员21人；全所进入创新岗位137人。共有中国科学院“百人计划”入选者12人（新增4人）、国家杰出青年科学基金获得者2人、国家“千人计划”（国家海外高层次人才引进计划）入选者1人。

2004年设立遗传学博士培养点（属于二级学科）；2007年设立生物化学与分子生物学、基因组学及生物信息学博士培养点（均属于二级学科）；同时有遗传学、生物化学与分子生物学、基因组学及生物信息学硕士培养点（均属于二级学科）；同时设有生物学专业一级学科博士后流动站，在站博士后7人。截至目前共有在学研究生203人，（硕士生105人、博士生98人）。

2011年，基因组研究所共有在研项目153项（新增88项）。其中，主持国家重点基础研究发展计划（“973”计划）项目2项、承担课题10项、参加7项（新增课题1项，参加2项），主持（或承担）中国高技术研究发展计划（“863”计划）项目1项（新增1项）、参加7项；承担科技部重大专项课题2项，参加3项（新增1项）；主持国家自然科学基金重大项目1项、新增重点项目3项、重大国际合作1项、承担面上项目19项（新增9项），新增国家自然科学基金重大研究计划重点项目2项、培育4项、外籍青年基金2项、青年基金12项；参加中国科学院战略性先导科技专项课题1项，承担院重大项目课题1项、重要方向项目4项（新增1项），承担重大仪器研制项目1项（新增1项），承担院地合作项目80项（新增46项）。

2011年，“肿瘤基因组”项目作为基因组所一项长期的合作研究计划取得了新的进展，利用进化遗传学的理论，通过二代测序技术对体细胞突变特点和进化过程进行全面分析，揭示了肿瘤细胞发生和增殖的动态过程，并在每一个病例中寻找驱动肿瘤生长的重要突变。相关学术论文在美国科学院院刊（*PNAS*）杂志上发表。

2011年，基因组所承担的院重大科研装备研制项目“模块化DNA分析系统”（YZ200823）的研制项目已通过现场测试验收。本项目成果是目前第一台能够达到国际主流设备技术指标的具有自主知识产权的国产化第二代测序仪，且成本低于进口仪器设备的一半；同时，利用自行研制的“模块化DNA分析系统”原理样机BIGIS-4型测序仪，科研人员对海洋中温菌新种 *Glaciecola mesophila* 进行了全基因组测序和分析，取得了一系列研究成果，目前已发表于 *Science China Life Sciences* 杂志，标志着我国首次应用国产测序仪实现了科学数据产出和论文的发表。

2011年，基因组所共发表论文110篇，总影响因子362.878，其中第一作者单位文章52篇，5—10分论文14篇，10分以上论文5篇。申请专利11项，其中发明专利8项、实用新型3项，共获得专利授权3项。

2011年，基因组所继续加强院地合作，促进成果转化。2011年3月4日在京召开新闻发布会，宣布完成了中国人参“大马牙”的基因组图谱的绘制，目前已经完成全部5种人参的基因组测序工作，人参基因组测序工作的完成将为深入研究挖掘人参基因资源提供基础，为开发具有我国自主知识产权的基因工程新药提供支撑与药源，并通过申请国际专利等方式在国际化竞争中抢占主动。2011年5月6日，在北京举行了中国“鲤鱼基因组计划”学术报告会暨新闻发布会，宣布完成了鲤鱼全基因组测序，绘制了鲤鱼基因组框架图谱、基因组物理图谱和高密度连锁图谱，鲤鱼全基因组测序的完成不仅对鲤鱼基因组辅助育种研究，快速培育抗病、抗逆、优质、高产的优良品种提供重要基础，而且对鲤科鱼类物种进化和种类分化的阐明也具有重要价值。2011年，基因组所还与国家海洋局、中国热带农业科学院、中山大学、第三军医大学、北京大学、台湾长庚大学等40多家国内知名高校、科研院所以及多个研发企业开展合作，包括对模式动物、重要农作物、经济作物、食品微生物、病毒等病原微生物、重大疾病，以及临床检测技术研发等开展基因组学、转录组学的研究，成立了“基因组所－紫鑫药业北方药用物种基因组学转化研究中心”、“基因组所－嘉兴市第二医院康复基因组学联合实验室”、“基因组所－浙江省微生物研究所微生物基因组学联合实验室”等，整合各方优势，在药用物种基因组学、康复诊疗、有害微生物等的临床疾病、相关制药环境等方面等多领域展开合作。

2011年，基因组所继续开展多种形式的国际合作，加大国际交流与合作的力度，不断提高交流层次，促进学科发展，提高科研水平。所内科研人员以多种形式积极与美国、德国、中国台湾等国家和地区的科研机构的国际相关领域前沿科学家展开交流，同时、美国、英国、澳大利亚、法国等国家的科研机构组团来我所进行访问及学术交流；基因组所还与挪威奥斯陆大学成立了BIG-OSLO基因组结构和稳定性联合实验室，为该领域在国际人才往来、科研项目合作和研究生联合培养等方面提供了契机；2011年度获中科院特聘研究员1名，外籍青年科学家1名，爱因斯坦讲席教授1名，分别来自挪威、俄罗斯和美国；吴仲义所长参加了2011年7月国际分子进化与生物学年会，并受邀作题为“多细胞生物细胞进化和肿瘤基因组学”的大会特邀学术报告，此次报告对全球进化生物学领域在肿瘤进化方面的研究带来了重大深远的影响；2011年，基因组所作为中国的唯一参与单位，同时也是生命科学领域唯一的国际合作伙伴积极参与PIRE-OSDC计划，负责执行该计划下癌症基因组测序及分析等课题，目前已经取得重大进展，分别在国际著名学术期刊 *PNAS*、*Blood* 等杂志发表高水平研究论文；2011年，基因组所还召开了“国际基因组大会”、“计算生物学与生物信息学术研讨会”等重大国际学术会议。

2011年9月5日，经过10个多月的紧张施工，基因组所“基因组学实验楼”工程顺利封顶，标志大楼主体结构工程顺利完工。

基因组所主办英文版科技期刊《基因组蛋白质组与生物信息学报》（*Genomics*，*Proteomics & Bioinformatics*，ISSN：1672－0229，CN：11－4926/Q），现为中国科学引文数据库（CSCD）核心期刊，被Medline、CA等国内外多家检索系统收录。

（撰稿：潘立颖　徐　磊　审稿：李俊雄）

计算技术研究所

所　　长：孙凝晖
地　　址：北京市海淀区中关村科学院南路6号
邮政编码：100190
电　　话：010－62601166
传　　真：010－62562786
电子信箱：office@ict.ac.cn
网　　址：http://www.ict.ac.cn

中国科学院计算技术研究所（以下简称“计算所”）创建于1956年，是中国第一个专门从事计算机科学技术综合性研究的学术机构，是中国科学院知识创新工程首批试点单位和创新三期研究所综合配套改革首批7个试点所之一，目前已发展成为由本部核心和建在上海、苏州、宁波、东莞、肇庆、台州、烟台、杭州等地的若干个分部组成的网络型研究所。

计算所一级学科为计算机科学与技术、软件工程。二级学科方向为计算机系统结构、计算机软件与理论、网络与信息安全、计算机应用、软件科学理论、软件工程技术、软件服务工程、领域软件工程以及移动通讯工程等。主要发展目标是成为社会公认的引领我国信息产业和信息化的计算技术主要源头，成为世界水平的研究所。

“十二五”期间，计算所将以发展自主创新技术为主线，在高效能（高效能计算机、高通量计算机、高性能处理器芯片、高性能存储系统）、广渗透（计算机网络、无线通信网络、传感网络、普适计算）、深计算（信息安全、智能信息处理、软件服务）3个方向取得突破并汇聚合力，加强跨学科的渗透合作，加强前瞻性的科研布局，着力突破第四代移动通信和POST-IP下一代可信移动互联网关键技术；满足“八亿龙网”、国家安全、和谐社会，以及“感知中国”、“三网融合”等战略性新兴产业的战略需求，促进我国信息产业的发展，增强国际竞争力。

计算所本部从学科方向上布局计算机系统研究部、网络研究部和智能信息处理研究部3个跨领域的研究部。科研机构设有系统结构重点实验室、智能信息重点实验室以及前瞻研究实验室3个实验室和高性能计算机研究中心、微处理器研究中心、网络数据科学与工程研究中心、网络技术研究中心、信息安全研究中心、普适计算研究中心、集成应用中心、无线通信技术研究中心8个研究中心，共11个研究实体。此外，为凝练计算所信息科学与技术战略重点，计算所建设了中国科学院计算机系统结构重点实验室、中国科学院智能信息处理重点实验室、信息内容安全技术国家工程实验室和国家高性能计算机工程技术研究中心、国家并行计算机工程技术研究中心、计算所科研支撑中心等平台。科研支撑中心的科学计算共享平台是服务计算所科研工作的大型计算平台。服务目前该平台具有计算节点80余个，总核数1686个，系统峰值浮点运算速度达到13万亿次每秒，节点之间有10Gbps、20Gbps、40Gbps Infiniband高速网络，提供60TB高性能存储和100TB的统一存储空间。

截至2011年底，计算所共有在职职工682人（在岗职工605人）。其中科技人员556人、科技管理人员89人、科技支撑人员47人，包括中国科学院院士1人、中国工程院院士2人、第三世界科学院院士1人、正高级专业技术人员62人、副高级专业技术人员193人。计算所共有中国科学院“百人计划”入选者12人、国家杰出青年科学基金获得者4人、国家“千人计划”（国家海外高层次人才引进计划）入选者3人（新增1人）、“新世纪百千万人才工程”国家级人才入选者3人。

计算所是1981年国务院学位委员会批准的博士、硕士学位授予权单位之一。现设有计算机科学与技术一级学科博士研究生培养点、硕士研究生培养点和博士后流动站。共有在学研究生988人（硕士生567人、博士生421人），在站博士后67人。

2011年，计算所共有在研项目495项（新增247项）。其中，主持国家重点基础研究发展计划（“973”计划）项目13项、承担课题23项（新增8项），承担中国高技术研究发展计划（“863”计划）项目4项（新增2项）、承担科技支撑计划5项（新增1项）；承担国家科技重大专项41项（新增21项）；承担国家自然科学基金重点项目5项（新增2项）、主任基金项目2项（新增2项）、面上项目43项（新增21项）、青年基金51项（新增21项）、国家杰出青年科学基金项目2项（新增1项）；承担科学院知识创新工程重大项目2项、重要方向项目4项（新增2项），承担院地合作项目8项（新增6项）。

2011年，计算所共取得科技成果45项。发表了492篇论文，其中部分文章发表在领域顶级国际会议和国际期刊（如*ISCA*、*HPCA*、*Micro*、*PLDI*、*ISSCC*、*ICCAD*、*IEEE Micro*、*TACO*、*IEEE Trans. On VLSI*）上；出版专著5部；申请专利118项，授权专利163项；软件著作权登记53项；同时计算所入选第一批“国家知识产权局专利局审查员实践基地”。

2011年，计算所参与的专用项目获2011年国家科技进步奖一等奖，计算机所为第四完成单位；“移动通信系统无线资源管理关键技术及应用”获2010年度北京市科技奖二等奖；“大规模网络信息监测与服务系统关键技术及应用”获2011年度中国电子学会电子信息科学技术奖一等奖；“高性能处理芯片的测试和可靠性设计关键技术”获2011年度中国质量协会质量技术奖一等奖。

2011年，计算所实现横向开发项目3509万元，通过分部转移成功项目收入4847.61万元，现有30家控股、参股公司/单位，12个分部/分所，从事科技开发工作的人员682名，实现销售收入169 513.94万元、利税15 553.83万元。其中高性能计算机曙光系列服务器、龙芯、云计算、物联网、LTE、智能化技术落户天津、北京、广东、无锡、镇江等地，得到地方政府资金支持和吸引社会资本总额近5亿元。为当地经济发展方式的转变、产业结构的调整、培育和发展战略性新兴产业等方面发挥的关键作用。

2011年，在研国际合作的课题共有26个，与企业、科研机构合作的有18个，国家自然科学基金委的5个，各部委资助的2个，中国科学院资助的1个，项目总经费1712.26万元；50万以上的横向项目10个，部委的有2个；2011年我所新增4个国际合作项目，项目总经费约173万元；2011年有1位外籍教授依托我所获得“中国科学院外国专家特聘研究员”延期资助，1位外籍博士后依托我所被聘请为“中国科学院外籍青年科学家”；2011年我所共出访159起团组，共计213人次：其中参加国际会议的为129团组，180人次，占出访总人数的84%；参加国际合作项目的为19团组，25人次，占出访总人数的12%；其他占4%；2011年我所举办了“第七届语义、知识与网格国际会议”和“第五届Hadoop中国云计算大会”。

中国计算机学会挂靠在计算所。计算所承办的科技期刊有*Journal of Computer Science and Technology*、《计算机学报》、《计算机研究与发展》、《计算机辅助设计与图形学学报》。

（撰稿：郭红松　审稿：孙凝晖）

软件研究所

所　　长：李明树
地　　址：北京市海淀区中关村南四街4号
邮政编码：100190
电　　话：010－62661012
传　　真：010－62562533
电子信箱：office@iscas.ac.cn
网　　址：http://www.is.cas.cn

中国科学院软件研究所（以下简称“软件所”）成立于1985年3月，前身是中国科学院计算技术研究所的软件研究室；1995年中国科学院原计算中心计算机应用部分并入软件所；2003年1月，中国科学院软件园区综合管理服务中心整建制划归软件所管理。

软件所是致力于计算机科学理论与软件高新技术研究与发展的综合性基地型研究所。1999年成为中国科学院知识创新工程首批试点单位之一。2010年，根据中国科学院党组的部署，组织制订研究所“十二五”发展规划，并启动实施“创新2020”系列工作。2011年，软件所进一步凝练目标，制订并实施研究所“一三五”

规划。

根据“一三五”规划要求，软件所定位于计算机科学理论和软件高新技术的研究与发展。攻克计算机及软件科学问题，为软件技术创新提供理论指导与可持续发展支撑；突破基础软件、网络控制系统和综合信息系统等核心关键技术，引领和带动我国软件技术与产业发展以及国家信息化建设；成为该领域国际上具有重大影响力的基础前沿和战略高技术综合创新基地。

通过实施知识创新工程，不断改革优化、调整学科布局，软件所形成了计算机科学、计算机软件、计算机应用技术、信息安全等4个重点学科领域的5个重点学科方向：计算机科学与软件理论，基础软件技术与系统，信息安全理论、关键技术及应用，互联网信息处理的理论、方法与技术，综合信息系统技术及应用。

按照软件基础前沿研究、战略高技术研究和国防战略高技术研究3大科研创新体系，软件所设有软件基础研究部、软件高技术研究部、软件应用研究部、软件发展研究部和总体部，每个研究部以国家级研究机构为龙头，设若干研究中心、实验室或创新小组。主要包括计算机科学国家重点实验室、信息安全国家重点实验室、基础软件国家工程研究中心、信息安全共性技术国家工程研究中心、综合信息系统技术国家级重点实验室、卫星导航应用国家工程研究中心分中心等。

截至2011年底，软件所共有在职职工517人。其中科技人员434人、科技支撑人员20人，包括中国科学院院士3人、正高级专业技术人员63人、副高级专业技术人员95人。共有中国科学院“百人计划”入选者8人（新增1人）、国家杰出青年科学基金获得者2人。

软件所现设有计算机科学与技术、软件工程两个一级学科博士研究生培养点；计算机技术、软件工程两个全日制专业学位硕士研究生培养点；并设有计算机科学与技术一级学科博士后流动站。在学研究生552人（硕士生355人、博士生197人），在站博士后21人。

2011年，软件所共有在研项目345项（新增118项）。其中，主持或参加国家科技重大专项课题25项（新增12项），国家重点基础研究发展计划（“973”计划）课题13项（新增4项），中国高技术研究发展计划（“863”计划）课题4项（新增1项），国家科技支撑计划课题9项（新增4项），主持高技术产业化示范工程项目2项（新增1项）；主持或参加国家自然科学基金重点项目11项（新增1项）、面上项目28项（新增6项）、青年基金项目21项（新增8项）；主持中国科学院知识创新工程重要方向项目5项（新增1项），与地方政府和企业合作项目31项，国际合作项目4项（新增1项）。其中，属于研究所布局重大突破方向的国家科技支撑技术重大项目课题“高速列车网络控制系统”和“核高基”国家科技重大专项课题“方德高可信服务器操作系统研发及产业化”、“红旗桌面操作系统研发及产业化”、“神通大型通用数据库管理系统与套件研发及产业化”、“国产中间件参考实现及平台”以及中国科学院知识创新工程方向性项目“面向访问验证保护级的安全操作系统原型系统研发”、“云计算操作系统及关键基础组件的研究与开发”等进展顺利，并分别取得了重要阶段成果。

2011年，软件所申请发明专利58项、实用新型专利1项、PCT专利2项，获得授权的发明专利35项、实用新型专利3项，美国专利1项；软件著作权受理88项，登记104项；发表论文534篇；“网络软件基础架构平台（网驰ONCE）技术和系统”和一项专项科研成果均获2011年度国家科学技术进步奖二等奖，“软件需求演化建模方法及管理系统”获2010年北京市科学技术奖二等奖。

2011年，软件所继续加强国际交流与合作。全年出访210人次，来访近300人次；举办了3次大型国际会议，其中“软件与系统工程国际研讨会”吸引了来自全球7个国家计算机软件工程领域的10余位顶级专家学者参加并作报告；加拿大卡尔加里大学Guenther Harry Ruhe教授获院2011年度“外国专家特聘研究员计划”的资助；2010年度“外国专家特聘研究员计划”获得者莫斯科大学Anashin Vladimir S.教授，再次获院2012年度“外国专家特聘研究员计划”资助；Georgios Barmpalias获院2011年度“外籍青年科学家计划”支持，经国际合作局推荐，还获得“国家自然科学基金外国青年学者研究基金”资助。软件所“国际学者交流计划”共资助10名学者来访。“中澳数据与软件工程联合实验室”协议期满，基于双方良好合作，同意继续签署合作协议。

结合区域经济与社会发展需要和软件所总体布局与战略需求，软件所开展了建立“网络型研究所”的探索与实践，先后与各地方政府合作，成立了软件所无锡分部、重庆分部、哈尔滨分部等分支机构；2011年，软件所进一步加强分部建设和院地合作。2011年5月27日，软件所与广州南沙开发区管委会签署广州中国科学院软件应用技术研究所（软件所广州分部）共建协议；2011年8月11日，软件所、基础软件国家工程研究中心与青岛高新区管委会、青岛市科技局共同签署软件所青岛研发基地（软件所青岛分部）共建协议。

软件所现有整合社会资源组建的中科软科技股份有限公司、北京中科红旗软件技术有限公司、中科方德软件有限公司、中科正阳信息安全技术有限公司等10家高技术企业。2011年所投资企业营业收入178 911万元，从业人数6127人。

软件所是中国中文信息学会、中国软件行业协会数学软件分会、中国密码学会密码技术专业委员会、中国计算机学会高性能计算专业委员会的挂靠单位；主办《软件学报》、《中文信息学报》、《计算机系统应用》和*International Journal of Software and Informatics*等期刊；图书馆藏书2万余册，期刊400余种、3万余册。

（撰稿：谢京红　审稿：李明树）

半导体研究所

所　　长：李晋闽
地　　址：北京市海淀区清华东路甲35号（林业大学北路中段）
邮政编码：100083
电　　话：010－82304210
传　　真：010－82305052
电子信箱：semi@semi.ac.cn
网　　址：http://www.semi.ac.cn

中国科学院半导体研究所（以下简称“半导体所”）是1956年按照国家“十二年科学发展远景规划”中“四项紧急措施”开始筹建的，直接服务于当时的国家重大目标，是集半导体物理、材料、器件研究及其系统集成应用于一体的国家级半导体科学技术综合性研究所，正式成立于1960年。

半导体所主要研究领域包括：光电子及其集成技术，体、薄膜、微结构半导体材料科学技术，低维量子体系和量子工程、量子器件的基础研究，半导体人工神经网络和特种微电子技术等；设有2个国家级研究中心，即国家光电子工艺中心、光电子器件国家工程研究中心；3个国家重点实验室，即半导体超晶格国家重点实验室、集成光电子学国家重点联合实验室、表面物理国家重点实验室（半导体所区）；1个国际研发基地，即半导体照明国际研发基地；2个院级实验室（中心），即中科院半导体材料科学重点实验室、中科院半导体照明研发中心。另外还有半导体集成技术工程研究中心、光电子研究发展中心、半导体材料科学中心、高速电路与神经网络实验室、纳米光电子实验室、光电系统实验室、全固态光源实验室和半导体能源研究发展中心等。

半导体所成立了由全体院士组成的“发展战略研究会”并组建了战略研究小组，每年组织2次全体研究员参加的所发展战略研讨会。由所领导带队对相关企业、兄弟院所、实验室开展调研，广泛听取意见和建议。重点学科学术带头人多次组织跨室、跨组的学科发展战略研讨，进一步凝练科技目标、梳理发展重点。聘请了包括崔琦、Alferov、和Klitzing等3名诺贝尔奖获得者在内的多位国际著名科学家作为我所荣誉教授、客座教授，并组织了152期“黄昆半导体科学技术论坛”，共同探讨半导体科技发展的最新动向。根据半导体所多元化的特点，突出自身的特色和优势，在重点突破和培育方向、交叉合作机制、资源配置方式、多元化分类评价机制等方面对规划进行了再深化，制订出符合我所定位的

“十二五”和“创新2020”发展路线图。

全所2011年底固定资产总额71 610.68万元，拥有全套先进的半导体物理、材料、器件及电路研究、分析测试和制备设备。

截至2011年底，半导体所共有在职职工694人。其中科技人员333人、科技支撑人员197人，包括中国科学院院士8人、中国工程院院士2人、研究员及正高级工程技术人员95人、副研究员及高级工程技术人员112人；全所进入创新岗位人员共有344人。中国科学院“百人计划”入选者22人（新增1人）、国家杰出青年科学基金获得者16人（新增0人）、国家“千人计划”（国家海外高层次人才引进计划）入选者3人（新增1人），国家“青年千人计划”入选者1人。

半导体所是首批国务院学位委员会批准的博士、硕士学位授予权单位之一。原有凝聚态物理、材料物理与化学、微电子学与固体电子学、物理电子学等4个二级学科博士研究生培养点；凝聚态物理、材料物理与化学、微电子学与固体电子学、物理电子学、电路与系统等5个二级学科硕士研究生培养点；材料工程、电子与通信工程、集成电路工程等3个工程硕士专业学位培养点；2011年，已通过物理学、电子科学与技术、材料科学与工程3个一级学科培养点的授权；设有物理学、电子科学与技术、材料科学与工程等3个一级学科博士后流动站。现在学研究生545人（硕士生264人、博士生281人），在站博士后23人。

2011年，半导体所共有在研项目322项（新增109项）。其中，国家重点基础研究发展计划（“973”计划）项目课题34项（主持4项），国家高技术研究发展计划（“863”计划）项目课题24项（牵头重点项目1项，重大项目12项，主题项目2项，参与重大项目课题5项）；科技支撑2项；国家自然科学基金121项（基金重大、重点、仪器专款22项，国家杰出青年科学基金项目3项、创新研究群体2项、其他94项）；中科院先导专项3项、中科院知识创新工程重要方向性项目11项，中科院仪器装备研制项目8项、“百人计划”、“千人计划”9项、院地合作项目11项、高技术项目57项（新增23项）；重大专项3项（主持1项）；国际合作项目18项（新增8项）；北京市科委项目10项；其他项目11项。2011年，共申请专利196项，专利授权146项。发表SCI收录文章303篇，EI收录文章343篇，ISTP 18篇。

2011年，半导体所取得了丰硕的科研成果。通过把高Mn含量（Ga，Mn）As薄膜加工成纳米条后再结合低温退火处理，其居里温度提高到200K，创造了新的世界纪录；创新性的提出一种石墨烯应变控制和电子的类光传输行为，为量子信息存储提供物理新平台，在第36界国际半导体物理大会上做了邀请报告；通过对InAs/GaAs量子点进行Si掺杂，获得量子点太阳电池效率为17%，是目前国际报道的最高值；连续工作DFB-QCLs的阈值电流密度达到0.76千安/平方厘米(@20摄氏度)、0.85千安/平方厘米（@30摄氏度），为世界最好水平；首次以InAlGaAs/AlGaAs亚单层量子点为有源区，制备出了波长小于900纳米的短波近红外波段的量子点超辐射发光管；首次采用石墨烯作为透明电极制备出氮化镓基绿光LED，可见光透过率达到95%以上；提出集成微透镜的花瓣孔状VCSEL，被国际著名同行在综述中作为一种单独的器件结构进行了详细介绍，提出环形缺陷光子晶体VCSEL被SPIE邀请撰文在*SPIE Newsroom*上在线发表；国际上首次设计新型面发射高性能半导体激光器，实现横向谐振垂直输出的电注入光子晶体带边面发射激光输出，边模抑制比大于30分贝，阈值电流密度小于667安/平方厘米；研制成功中波InAs/GaSb Ⅱ型超晶格红外探测器，77开尔文（K）温度下器件50%截止波长约4.8微米，D＊＝2.1X1011 Jones；生长出质量极高的长波及甚长波锑化物Ⅱ型超晶格材料，XRD半宽仅17弧秒（长波），及21弧秒（甚长波），是目前世界上报道的最好水平；研制成功长波锑化物二类超晶格红外探测器，证实了InSb类型界面优于混合界面，并首次提出了物理解释，澄清了这一长期困扰二类超晶格探测器研制的基本问题；研制出国际上第一个无制冷可室温连续工作的掩埋光栅结构的4.6微米DFB-QCL分布反馈量子级联激光器；突破4英寸GaSb、3英寸InAs单晶技术，达到国际先进水平；在国际上首次提出了全光纤地震前兆综合观测手段，并在云南进行钻孔应变与地震联合监测成功记录地震信号；国际上首次利用闪光追迹成像技术进行漫反射激光干涉系统研制；研制出国际首个 GeSn 沟道 MOSFET 器件，响应范围为 800—1800 纳米，响应度为 0.12 安/瓦（1640 纳米）；基于光电信息技术研制的调制器，微环光学带宽 12—13 吉赫，调制信号响应时间 30—40 皮秒，性能达到国际先进水平。

2011 年，半导体所在河南仕佳光子科技有限公司成立了院士工作站；先后与河南省鹤壁市人民政府、山西省阳泉市人民政府和法国液化空气公司签署框架协议，与 NEC 公司签订合作协议，加强产学研广泛联合；广东省“第三代半导体碳化硅材料和器件研发及产业化创新科研团队”项目落实，与东莞天域公司达成意向协议，天域公司出资 2150 万元通过半导体所协助实施外延产业化和 SiC 功率电子器件开发，开拓了半导体所电力电子器件新领域。

2011 年半导体所与国际同行之间的国际科技合作与交流十分活跃，并且成绩显著。全所有 153 人次出国参加国际学术会议、长/短期合作研究和访问考察等；共有 221 人次外籍专家学者来所访问考察、学术交流和洽谈合作；共邀请 21 位国际知名的专家学者在“黄昆半导体科学技术论坛”上作有关半导体科技进展的报告；举办了“第 6 届中俄先进半导体材料与器件联合研讨会”、“固体中自旋输运研讨会”、“中日科学家交流会”和“第九届中华光电子学术研讨会”；与荷兰代尔夫特理工大学、美国应用材料公司和美国莱斯大学都签署了合作协议，将共同开展优势互补的合作研究工作；2011 年新申请到各类国际合作与交流项目 8 项，总经费 211.8 万。

半导体所是中国电子学会半导体与集成技术分会、中国物理学会半导体物理专业委员会挂靠单位；主办的英文刊物 *Journal of Semiconductors*（《半导体学报》），近年连续获得国家自然科学基金委员会主任基金资助；图书馆藏书 8 万余册（中文 3 万册，外文 5 万册），期刊 1208 种（中文 751 种，外文 457 种），可使用的网络数据库达 158 个，电子期刊超过 15 000 种。

（撰稿：慕　东　高　艳　审稿：张春先）

微电子研究所

所　　长：叶甜春
地　　址：北京市朝阳区北土城西路 3 号
邮政编码：100029
电　　话：010－82995501
传　　真：010－62021601
电子信箱：chenrp@ime.ac.cn
网　　址：http://www.ime.cas.cn

中国科学院微电子研究所（以下简称“微电子所”）的前身——原中国科学院 109 厂成立于 1958 年。1986 年，109 厂与中国科学院半导体研究所、计算技术研究所有关研制大规模集成电路部分合并为中国科学院微电子中心。2003 年 9 月，正式更名为中国科学院微电子研究所。

微电子所发展目标是：全方位开放合作，引领中国集成电路技术创新，推动产业发展；致力于核心知识产权创新，成为中国微电子领域基础性、前瞻性研究的创新中心和“产学研用”核心基地；推进先进技术的应用和产品孵化，成为对产业技术发展具有重大影响的创新与服务平台；加强人才培养，成为高素质产业创新人才和优秀工程师的培养基地。

微电子所主要研究领域包括：核心电子器件产品与技术、高端通用芯片产品与技术、面向产业的公共技术创新平台、集成电路核心技术与先导工艺技术和纳电子基础前沿。是国家集成电路制造领域前瞻性先导技术研发的牵头组织单位，中国科学院物联网研究发展中心、中国科学院 EDA 中心等院级创新平台的依托单位。

2012 年，微电子所开始全面实施“十二五”规划，贯彻落实中国科学院“创新 2020”战略目标，提出要“在国家集成电路产业链建设与战略性新兴产业发展中寻找定位”、“在面向世界前沿的微电子技术创新中寻找突破点”。着力实现三个重大突破（集成电路先导技术、物联网关键技术与示范工程等）和五个重点培育方向（高端通用芯片与设计新技术、低成本低功耗信息器件与系统集成、基于新材料的器件集成与功能融合、绿色微电子新技术等）。全面推进精细化管理，进行管理模式、科研体系、评价体系等方面的积极探索。

微电子所设有11个研究部门，包括硅器件与集成技术研究室、专用集成电路与系统研究室、纳米加工与新器件集成技术研究室、微波器件与集成电路研究室、通信与多媒体SoC研究室、电子系统总体技术研究室、电子设计平台与共性技术研究室、微电子设备技术研究室、系统封装技术研究室、集成电路先导工艺研发中心和射频集成电路研究室。设有3个重大行业技术支撑的研究中心和2个从事前沿基础研究的重点实验室（中国科学院微电子器件与集成技术重点实验室和系统芯片（SoC）设计重点实验室）。

截至2011年底，微电子所共有在职职工945人。其中科技人员693人、科技支撑人员103人，包括中国科学院院士2人、研究员及正高级工程技术人员64人、副研究员及高级工程技术人员163人。共有中国科学院“百人计划”入选者19人（新增6人）、国家杰出青年科学基金获得者2人、国家“千人计划”入选者11人（新增6人）。

微电子所设有电子科学与技术一级学科，下设微电子学与固体电子学二级学科；设有硕士、博士研究生培养点；并设有电子科学与技术一级学科博士后流动站。共有在学研究生338人（硕士生235人、博士生103人）；在站博士后12人。2011年，“微电子学与固体电子学”学科获批中国科学院重点学科，并成为全国首批“工程博士”试点单位。

2011年，微电子所共有在研项目358项（新增89项）。其中，国家重点基础研究发展计划（“973”计划）项目2项、课题26项（新增7项），中国高技术研究发展计划（“863”计划）项目22项（新增3项）；国家自然科学基金重大项目1项、重点项目3项、面上项目6项（新增3项）；重要方向项目16项（新增2项），国际合作项目1项，院地合作项目7项。

2011年，微电子所取得的主要成果有：研制成功国内首款高可靠功率VDMOS晶体管系列产品；采用微机械剥离方法、SiC外延生长法和化学气相淀积（CVD）法生长出新型石墨烯材料，成功研制出高性能石墨烯电子器件，器件最高截止频率达到18吉赫，达到国内石墨烯电子器件的最高水平；打造“一站式”高可靠ASIC服务平台，在集成电路设计过程的各个层面和阶段进行加固设计手段的介入，高效、快速满足复杂、高性能、高可靠电子器件的设计需求；基于原位显微探测技术，成功获得导电细丝生长和破灭的动态过程，建立了细丝生长/破灭的动力学模型，获得了Advanced Materials审稿人高度评价，被认为是“本领域的重要发现”；完成了“航芯5号”的原型机开发；在低功耗无线传感器网络核心芯片及片上系统研发与产业化项目研究上取得突破，自主研制的低功耗和高性能两款SiP芯片组成的无线传感网通过了相关标准测试；基于宏力130纳米工艺研制业界首款嵌入式高速闪存IP（eFlash IP）自动硅编译器并通过ATE测试，并首次提出MSS（Multi-Sector-Size）自动硅编译技术；02专项项目“32纳米以下设备关键技术研究和创新设备技术探索”取得重大进展，突破了等离子体浸没注入、激光退火等八种新原理装备的核心技术；发起中国“硅穿孔（TSV）技术攻关联合体”，并启动第一期攻关项目“TSV转接板及其集成技术”；在22纳米技术代CMOS器件集成技术研究中，实现了双高K介质/双金属栅器件集成，优化了器件性能；研制成功6—9吉赫超宽带射频芯片组和搭建出射频模块，完成了首个符合中国标准和频谱规划的超宽带演示系统，成果被推荐列入《“十一五”科技成果汇编》。

2011年，微电子所获专利受理1048项，其中发明专利994项、实用新型48项、外观设计专利6项；获专利授权117项，其中发明专利101项、实用新型15项、外观设计专利1项；共发表论文266篇，其中SCI收录87篇、EI收录92篇，影响因子总数192.355 8；共出版专著2部。

作为我国第一家网络化的电子设计公共服务平台，2011年，中国科学院EDA中心各项工作稳步推进：在线服务体系上线并正式面向用户使用；软件工具平台累计为院内14家会员单位的多个科研课题组提供服务超过百万小时，自主开发了“芯片设计共享计算与数据管理平台”，极大地提高了用户单位的软硬件资源使用率和研发效率，降低了研发成本；多项目晶圆（MPW）服务交付百余张大圆片，搭载芯片项目百余个，合作代工厂增至10家；封装服务交付芯片四万多颗；PCB服务开展技术支持80余次；SoC/IP服务为院内单位提供技术支持200余次，获得课题专家组的一致好评；开展工具培训达400多学时，为院属单位提供培训服务，学员满意度达到98%；分中心扩展至10家，服务网络辐射全国；已与11家单位建立联合实验室，联合科技部8个产业化基地形成产学研用联盟，进行国产EDA工具推广及测试工作；在“中关村开放实验室”挂牌两周年之际顺利通过评估，标志着EDA中心面向高新技术企业提供服务、承担国家和北京市重大项目、完善科技平台、创制知识产权和开展科技交流等工作迈上新台阶。

2010年10月中国科学院正式批准成立“中国科学院物联网研究发展中心”，纳入“创新2020”建设规划，作为全院“战略高技术中心”之一给予重点支持，依托单位为微电子所。截至2011年底，中心共有5个管理支撑部门及16个非法人研究单元，员工总数707人，其中体系内在册人员221人、独立法人企业486人。共招收62名中科院全日制联合培养硕士研究生及34名在职工程硕士研究生。引进国家“千人计划”入选者1名，中国科学院“百人计划”入选者9名。江苏中科物联网科技创业投资有限公司作为中心的产业孵化和资本运营平台，依托中心和中科院的科研实力和品牌影响力，在业界已经获得了一定的知名度和同行的认可，目前已经参股18家公司，完成9个投资项目，新增社会化投资项目7项。经过近2年的筹备期建设，中心初步完成了从筹建到全面组织实施的阶段。

微电子所院地合作工作以“企业为主体、市场为导向、产学研结合”为方针，贯彻“全方位开放、科技成果转移转化前移”的理念，以“务实、求真”的态度，充分把握机遇，整合多方资源，有计划、有步骤的开展工作，取得了丰硕的成果。

微电子所积极引进资本和管理团队。与新疆西北星信息技术有限责任公司共同出资设立了无锡中科西北星科技有限公司；与惠州市德赛工业发展有限公司、北京芯奇迹科技发展有限公司共同出资设立了深圳市德赛微电子技术有限公司，完成了向苏州云芯微电子科技有限公司增资。

根据地方经济发展需求，2011年，微电子所分别与昆山、无锡、上海、株洲、济南、深圳等地合作共建“中国科学院微电子研究所昆山分所”、“中科物联自动识别技术研究院”、“中科华天西钛先进封装联合实验室”、“CIS联合实验室”、“新型电力电子器件联合研发中心”、“物联网研究应用联合实验室”、“中国科学院微电子研究所奥其斯农业与环境物联网应用技术研发中心”，吸引社会和地方投资9538万元。

为加强与产业界的合作交流，微电子所分别与天水华天科技股份有限公司、株洲南车公司、山东省科学院、佛山市蓝剑电子有限公司等单位签署了合作协议，以建立联合实验室、技术联合研发等方式加强与重点行业、龙头企业合作，推动科技成果转移转化。

微电子所积极参与地方科技建设，2011年承担广东省中科院全面战略合作专项和广东省战略性新兴产业项目各1项、湖北省中科院科技合作项目1项、国家新型电力电子器件产业化专项项目1项；组团参加上海、佛山、天津、济南、青岛、杭州等地的产学研洽谈会，深入了解地方技术需求，攻克技术难题，促进地方经济发展。

截至2011年底，微电子所对外合作共建机构共有43个（新增高科技公司3家、联合实验室6家），其中分部/分所3个、公司18家、联合实验室22家。

2011年，微电子所共接待国外专家来访和学术交流24个团组共61人，派遣出国访问、讲学、交流56个团组共100人次；聘任国外名誉和客座研究员10人。

微电子所是全国半导体设备与材料标准化技术委员会微光刻分技术委员会秘书处、全国纳米技术标准化技术委员会微纳加工技术工作组秘书处、北京电子学会半导体专业技术委员会制版（光掩模制造）分技术委员会秘书处挂靠单位。

（撰稿：马　强　王　芳　审稿：叶甜春）

电子学研究所

所　　长：吴一戎
地　　址：北京市海淀区北四环西路 19 号
邮政编码：100190
电　　话：010－58887003
传　　真：010－58887555
电子信箱：iecas@mail.ie.ac.cn
网　　址：http://www.ie.cas.cn

中国科学院电子学研究所（以下简称“电子所”）创建于1956年，是我国第一个综合型电子与信息科学研究所，主要从事电子与信息科学技术领域的应用基础研究和高技术创新研究，目前已形了成微波成像技术和微波电真空技术两大支柱研究领域和地理空间信息技术、电磁探测技术、高功率气体激光技术、MEMS 传感器技术和可编程芯片技术 5 个重点研究领域。电子所下设 10 个研究部门，包括微波成像技术国家重点实验室、传感技术国家重点实验室（北方基地）、中国科学院高功率微波源与技术重点实验室、中国科学院空间信息处理与应用系统技术重点实验室、中国科学院电磁辐射与探测技术院重点实验室、空间行波管研究发展中心、高功率气体激光技术部、航天微波遥感系统部、航空微波遥感系统部和可编程芯片与系统研究室。

截至 2011 年底，电子所共有在职职工 905 人。流动人员 34 人、离退休人员 769 人，在职职工中科研人员 629 人、科技支撑人员 105 人。其中，中国科学院院士 1 人、正高级专业技术人员 75 人、副高级专业技术人员 183 人。国防杰出人才获得者 1 人、国家杰出青年科学基金获得者 3 人、“新世纪百千万人才”入选者 3 人、中国青年五四奖章获得者 1 人、享受政府津贴 14 人、中国科学院“百人计划”入选者 9 人、中国青年科技奖获得者 1 人、卢嘉锡人才奖获得者 7 人、何梁何利奖金获得者 1 人、北京市科技新星 1 人。

电子所是国务院学位委员会批准的首批博士、硕士学位授予单位之一。现有信息与通信工程、电子科学与技术 2 个一级学科硕士、博士研究生培养点及其博士后科研流动站。2011 年共有在学研究生 513 人，（博士生 235 人、硕士生 278 人），在站博士后 4 人。

2011 年，电子所按照院“创新 2020”要求，开始部署并实施电子所的“一三五”规划。在三个重大突破方面按照既定目标，稳步推进，尤其在星载 SAR 和空间行波管领域不断获得国家重大任务，奠定了在国内相关领域的领先地位；在五个重点培育方面，自主创新能力逐步增强，突破了以地理空间信息技术、电磁探测技术为代表的一系列核心技术，并得到用户的认可，获得了一批国家重大项目和任务的支持。

2011 年，电子所共有在研项目 451 项。其中国家重大专项项目 24 项，中国高技术研究发展计划（“863”计划）项目（课题）43 项，国家重点基础研究发展计划（“973”计划）项目 8 项，国家科技支撑计划课题 1 项；国家自然科学基金项目 40 项，承担并参加院级项目 43 项，重要方向项目 5 项，国际合作项目 14 项，高质量地完成了年度科研计划，科研工作成效显著。

2011 年，电子所共发表各种期刊论文 361 篇，其中被 SCI 收录 99 篇；出版科技著作 5 部；受理专利 99 项（发明专利 97 项），获授权专利 49 项（发明专利 47 项）；有 2 项成果完成了国防科技成果鉴定，并进行了国防科技成果登记，1 项成果获中国专利奖优秀奖（第一完成单位），1 项成果获中国科学院杰出科技成就奖（第一完成单位）。

电子所在地理空间信息系统和空间行波管产业化方面取得一定进展。未来几年，电子所将大力推进成果转移转化与产业化工作，使科技成果逐步走向市场，得到应用，服务社会。

电子所作为加入首都科技条件平台“中国科学院研发试验服务基地”的首批成员单位，2011 年度对外服务 52 项。其中对企业服务 36 项，对院校及科研院所服务 16 项。

电子所是中国电子学会电路与系统分会、中国质量协会科学技术分会挂靠单位，主办的刊物有《电子与信息学报》、《电子科学学刊》（英文版）［Journal of Electronics (China)］和《中国无线电电子学文摘》。

（撰稿：袁胜华　蔡晨曦　审稿：汪克强）

自动化研究所

所　　长：王东琳
地　　址：北京市海淀区中关村东路 95 号
邮政编码：100190
电　　话：010 – 62551575
传　　真：010 – 82614508
电子信箱：casia@ia. ac. cn
网　　址：http://www. ia. cas. cn

中国科学院自动化研究所（以下简称“自动化所”）成立于 1956 年 10 月，是我国最早成立的国立自动化研究机构。1968 年，为加速我国空间技术的发展，自动化所整建制划入空间技术研究院，更名为空间控制技术研究所，番号中国人民解放军第五〇二研究所。1970 年，根据自动化学科技术发展的需要，中国科学院重建自动化研究所。1999 年，作为首批试点单位之一，自动化所进入中国科学院知识创新工程。

2011 年，根据中国科学院党组的部署，自动化所认真组织制订研究所“一三五”规划，明确提出了“在基于泛在和精密感知的海量信息智能处理与复杂系统智能控制方向提供创新性理论、核心技术和概念系统，并在某些国家战略需求和重要产业领域率先实现智能技术应用的整体性突破，成为国际上智能科学与技术领域具有重要影响的战略高技术研究机构”的战略定位。在“十二五”期间，自动化所将着力在“惯性约束核聚变智能化控制解决方案”、“超级计算大脑系统”、“万亿次极光系列代数运算微处理器”三个方向上取得重大突破，并将重点培育空天情报智能化处理技术与系统、智能医学与新型医疗设备、先进视觉计算、平行控制与平行管理、面向现代服务新业态的智能物联技术五个研究方向。为保证“一三五”规划的扎实推进，研究所开展了以组织结构调整为主线的体制机制改革，着力构建“研究所——总体部（本体）——团簇”的三级战略实施组织架构。

自动化所现设科研开发部门 7 个，包括模式识别国家重点实验室、复杂系统管理与控制国家重点实验室、国家专用集成电路设计工程技术研究中心、高技术创新中心、综合信息系统研究中心、数字内容技术与服务研究中心、精密感知与控制研究中心；与国际和社会其他创新单元共建各类联合实验室和工程中心 17 个，其中包括中法信息、自动化与应用数学联合实验室，中国 – 新加坡数字媒体研究院。

截至 2011 年底，全所共有在编职工 473 人。其中，科技人员 425 人、科技支撑人员 48 人，包括中国科学院院士 1 人、研究员、副研究员和高级工程师 176 人；全所进入创新岗位 201 人。国家“973”计划项目首席科学家 5 人、国家“863”计划领域专家 2 人、IEEE Fellow 4 人、国家杰出青年科学基金获得者 9 人、海外杰出青年 2 人、国家“千人计划”1 人、中科院“百人计划”18 人、“新世纪百千万人才工程”入选者 7 人。全所进入创新岗位 201 人。

自动化所是 1981 年国务院学位委员会批准的首批博士、硕士学位授予单位之一。现有控制科学与工程 1 个一级学科博士、硕士研究生培养点；计算机应用技术 1 个二级学科博士、硕士研究生培养点；并设有控制科学与工程 1 个一级学科博士后流动站。现有博士生导师 55 人、硕士生导师 52 人。目前，共有在读研究生 608 人（硕士生 256 人、博士生 352 人），在站博士后 52 人。

2011 年，自动化所共有在研项目 423 项（新增 163 项）。其中，承担国家重点基础研究发展计划（“973”计划）项目 9 项（新增 3 项）；承担中国高技术研究发展计划（“863”计划）项目 30 项（新增 5 项）；承担科技部支撑计划及重大专项 21 项（新增 7 项）；承担国家自然科学基金项目 124 项（新增 39 项）、重大研究计划 5 项（新增 1 项）、重点项目 16 项（新增 3 项）、面上项目 73 项（新增 19 项）；承担院重要方向项目 9 项，承担国际合作项目 18 项（新增 3 项），承担其他部委纵向任务 55 项（新增 20 项），承担院地合作项目 15 项（新增 9 项）。

2011 年，自动化所科研工作取得新进展。

"面向安全监控的视频内容理解技术与应用"项目突破了面向安全的视频内容理解重大关键技术难题，并研制出先进的集成化技术体系，荣获2011年度国家科技进步奖二等奖；空天一体化信息处理团队完成了国家某重要任务地面数据处理系统的研究和开发，有关成果上报国家领导人，得到了应用单位的高度赞许；三维动画数字影片《兔子镇的火狐狸》荣获第十四届中国电影华表奖优秀动画片奖；"973"计划项目分子影像关键科学技术问题的研究"在科技部结题验收评审中被评为优秀；"低质量大形变指纹识别技术"获2010年度北京市科技进步奖二等奖；"智能控制方法及在机器人中的应用"获2010年度北京市科技进步奖三等奖。

2011年，自动化所共发表科技论文610篇，其中被SCI核心期刊收录论文181篇、EI收录539篇、ISTP收录75篇；出版专著6部；新申请发明专利190件，授权发明专利116件、计算机软件著作权登记127件。

2011年，自动化所科技成果转移转化工作成效显著。口语评估与测试在教育领域的技术所有权以1200万元的价格转让给科大讯飞；虹膜专利以600万元的价格转让给中科虹霸，并成功吸引联想之星等投资人对中科虹霸新增投资2500万元；以CG动画制作领域相关技术平台及系统作价1200万元，与北控孵化器等共同组建中科北控成像技术公司，注册资金为6000万元。

目前，自动化所有汉王科技股份有限公司、北京三博中自科技有限公司、北京中科虹霸科技有限公司、北京中科恒业中自技术有限公司、北京嘉恒中自图像技术有限公司等持股高科技公司18家。2011年，自动化所持股企业营业收入总计达3亿元，上缴税金652万元，利润总额1324万元，净利润1048万元。

2011年，自动化所派出科技人员短期出国和到中国港澳地区交流198人次，接待国外及港澳地区科研机构、高校及政府等科技外事来访155人次，有29名科研人员在国际科技组织和学术机构中任职；主办和承办各类"第十一届国际文档分析与识别会议"、"第三届网络多媒体计算与服务国际会议"、"多模态分子影像国际会议"等国际会议10次；新争取"远距离多模态生物识别系统与应用合作研究"、"跨种族成人和儿童面孔加工神经机制的研究"等国际合作项目6项。

自动化所是中国自动化学会和中国图像图形学学会的挂靠单位；重要出版物有《自动化学报》、《国际自动化与计算杂志》。

（撰稿：刘勇进　刘光仪　审稿：何　林）

电工研究所

所　　长：肖立业
地　　址：北京市海淀区中关村北二条6号
邮政编码：100190
电　　话：010－82547001
传　　真：010－82547000
电子信箱：office@mail.iee.ac.cn
网　　址：http://www.iee.ac.cn

中国科学院电工研究所（以下简称"电工所"）于1958年在中国科学院原长春机械电机研究所部分研究室的基础上筹建，1963年在北京正式成立。

电工所是中国科学院唯一以能源与电气工程学科为主要研究方向的专业研究所，也是中国科学院能源基地核心研究所之一，在我国能源与电气科学领域具有独特地位。目前，主要从事能源与电力新技术、电气科学及电气工程前沿交叉技术的研究。

2011年，根据中国科学院"创新2020"的总体部署和要求，通过持续的发展战略研究，形成了我所"创新2020"和"十二五"规划。在此基础上，进一步凝练出我所一个战略定位、三个重大突破、五个重点培育方向的规划重点。为尽快实现我所"一三五"的战略发展目标，进一步调整科研方向布局，优化科技活动组织模式和资源配置方式及考核机制，加强平台和科研基础条件及人才队伍建设，经过多次讨论，形成了我所"创新2020"研究单元的设置方案。

电工所现有9个研究部，下设19个研究组（中心），其中包括4个中国科学院重点实验室、

2个北京市重点实验室、1个北京市工程实验室、2个检测中心（站）。9个研究部及下设的19个研究组（中心）分别是：可再生能源技术研究部下设可再生能源发电研究发展中心、太阳能热发电技术研究组、太阳能电池技术研究组、海洋能发电技术研究组、中国科学院太阳光伏发电系统和风力发电系统质量检测中心、可再生能源发电咨询与培训中心；电力电子与电气驱动技术研究部下设磁悬浮与直线驱动技术研究中心、电动汽车技术研究发展中心、汽车电子应用技术研究组；电力设备新技术研究部下设蒸发冷却技术研究发展中心；电力系统新技术研究部下设分布式电力与储能技术研究组；极端电磁环境科学技术研究部下设强流脉冲技术研究组；应用超导研究部下设超导电力科学技术研究发展中心、超导磁体及强磁场应用研究组、超导材料及强磁场科学研究组；生物医学工程研究部下设电磁生物工程研究组、电磁成像技术研究组、微纳加工技术研究部下设电子束曝光技术研究组、微纳技术及应用研究组；前沿探索研究部。4个中国科学院重点实验室包括应用超导重点实验室、太阳能热利用及光伏系统重点实验室、风能利用重点实验室（联）、电力电子与电气驱动重点实验室；2个北京市重点实验室包括太阳能发电技术重点实验室和生物电磁学重点实验室；1个北京市工程实验室是电驱动系统大功率电力电子器件封装技术北京市工程实验室；2个检测中心（站）包括中国科学院太阳光伏发电系统和风力发电系统质量检测中心、中国科学院电工研究所避雷装置安全检测站。

另外，还设有能源战略与经济研究中心、智能电网技术研究中心。

电工所与地方政府合作共建了中国科学院电工研究所无锡分所等5个的研究机构；与企业合作共建了12个联合研究机构。

电工所主要控股和参股公司有：北京中科电气高技术有限公司、北京科诺伟业科技有限公司、上海振发机电设备有限公司、北京科峰公寓。

截至2011年底，电工所共有在职职工413人。其中，科技人员294人，科技支撑人员56人；包括中国科学院院士1人、中国工程院院士1人、第三世界科学院院士1人、研究员及正高级工程技术人员38人、副研究员及高级工程技术人员112人。共有中国科学院“百人计划”入选者7人、国家杰出青年科学基金获得者3人、“新世纪百千万人才工程”国家级人选6人。

电工所是1981年国务院学位委员会批准的首批博士、硕士学位授予权单位之一。设有电气工程一级学科博士（硕士）研究生培养点；设有电工理论与新技术、电机与电器、高电压与绝缘技术、电力电子与电力传动、电力系统及其自动化、生物电工、微纳电工技术、能源与电工新材料等八个专业；2011年新增生物医学工程学术型硕士培养点和生物工程全日制专业学位工程硕士培养点；设有电气工程一级学科博士后流动站。现有在学研究生271人（博士生129人、硕士生142人），在站博士后15人。

2011年，电工所共有在研项目328项（新增119项）。其中，主持国家重点基础研究发展计划（“973”计划）项目1项、承担课题7项（新增4项），主持（或承担）国家高技术研究发展计划（“863”计划）项目14项（新增8项）；主持（或承担）国家科技支撑计划项目18项（新增6项）；主持（或承担）国家自然科学基金重点项目3项（新增1项）、主任基金项目1项、面上项目17项（新增8项），承担国家杰出青年科学基金项目2项，联合基金项目1项，青年科学基金项目42项（新增12项），主持（或承担）中国科学院重大项目1项、重要方向项目38项（新增7项），承担院知识创新工程科技助残计划项目3项，中国科学院西部行动计划项目2项（新增1项），承担国际合作项目9项（新增6项），创新团队国际合作伙伴计划项目1项，承担重大仪器研制项目4项，承担院地合作项目13项。

2011年，电工所研制的“用于回旋管的传导冷却超导磁体系统”获得2011年度中国专利奖优秀奖和2011年度北京市发明专利奖二等奖；研制成功的世界首座全超导变电站在甘肃白银并网运行，这个目前世界上唯一的配电级全超导变电站创造了多项世界和中国第一，在核心、关键技术上获得了近70项完全自主知识产权，集成了我国超导电力技术近10年来最新、最先进的研究开发成果，它的运行标志着我国超导电力技术取得重大突破；研制的世界首台采用蒸发冷却技术的70万千瓦水轮发电机——三峡地下电站28号机成功完成试运行。标志着三峡大型蒸发冷却水轮发电机研制获得成功；研制的包含2兆瓦光伏的水/光/柴/蓄系统在青海玉树示范运行，这是目前世界上容量最大的世界运行的多能互补微网示范系统；研制的世界首台面向代谢成像的人类9.4T MRI系统，揭示了生物体系的代谢过程；新型直线电机运输系统直线电机及牵引供电键技术完成牵引系统联调工作，在呼和浩特650米试验线上完成了三节编组车辆的全自动无人驾驶示范运行。

2011年，电工所发表论文420篇，其中EI收录176篇、SCI收录71篇；主持撰写著作5部；申请专利125项，其中发明专利121项（含4项国际发明）、实用新型4项；获得授权专利113项；软件著作权11项；制定国家或行业标准1项。

2011年，院地合作工作在往年工作的基础上，继续推进各种新项目合作。全年新签各类横向合同51份，新签合同总金额为6130.6万元，全年落实横向到账经费5300余万元。

2011年，电工所出访134人次，接待来访150余人次；正在开展的国际合作项目8项，新申请到国际合作项目6项；新签署双边和多边国际协议4项；主办或承办了3次国际学术会议，包括“2011年太阳能热发电技术三亚国际论坛”、“国际能源署光电系统项目14的第四次全体会议”、“第四届趋磁细菌研究及其应用研讨会”；共有24人次在国际科技机构任职。

电工所是中国可再生能源学会（一级学会）、中国可再生能源学会光伏专业委员会（二级学会）、中国电工技术学会机电一体化专业委员会（二级学会）、中国电机工程学会超导与磁流体发电专业委员会（二级学会）、中国农村能源行业协会小型电源专业委员会（二级学会）、中国电工技术学会超导应用专业委员会（二级学会）、中国电机工程学会高压专业委员会高压新技术分专业委员会（三级学会）的挂靠单位；主办《电工电能新技术》专业学术期刊。

（撰稿：刘素珍　张和平　审稿：肖立业）

工程热物理研究所

所　　长：秦　伟
地　　址：北京市海淀区北四环西路11号
邮政编码：100190
电　　话：010－62554126
传　　真：010－82543019
电子信箱：iet@iet.cn
网　　址：http://www.etp.ac.cn

中国科学院工程热物理研究所（以下简称“工程热物理所”）其前身是1956年3月1日成立的中国科学院动力研究室（1961年合并至中国科学院力学研究所），1980年正式独立建制，启用现名。

工程热物理所是基础与应用发展研究有机结合的战略高技术型研究所，主要研究领域为能源、动力及与之交叉的环境等领域，内容涉及工程热力学、内流气动热力学、燃烧学、传热传质学等学科。

2011年，研究所制订了“十二五”及“创新2020”发展规划，确定了研究所持续发展蓝图，并制订了“一三五”发展战略。明确了研究所定位：围绕工程热物理领域的重大科技问题，开展应用基础和高技术研究，着力突破IGCC/联产、循环流化床、轻型动力、分布式与可再生能源的关键核心技术，创建并实现先进能源动力系统，使研究所建设成为实力雄厚的一流研究所，为我国能源动力的可持续发展提供创新思想、创新技术和创新人才；提出了三项重大突破方向和五个重点培育方向。三项重大突破方向即：IGCC/联产系统及关键技术、循环流化床燃烧技术、先进轻型动力技术；五个重点培育方向为：多能源互补的分布式供能系统、新型燃气轮机关键技术、风能利用技术、太阳能热利用技术、大规模空气储能技术。

工程热物理所现设有7个研究机构：国家能源风电叶片研发（实验）中心、能源动力研究中心、燃气轮机实验室、循环流化床实验室、分布式供能与可再生能源实验室、储能研发中心、传热传质研究中心；另有 13 个与地方、企业共建的研发机构与工程中心；2011 年，研究所廊坊研发基地首期建筑工程全部竣工投入使用，连云港 IGCC/联产研发基地建设进程过半，东胜分所通过建筑设计方案。

截至 2011 年底，工程热物理所共有在职职工 319 人。其中科技人员 276 人、含科技支撑人员 39 人，包括中国科学院院士 2 人、研究员及正高级工程技术人员 32 人、副研究员及副高级工程技术人员 77 人。中国科学院“百人计划”入选者 9 人、国家杰出青年科学基金获得者 1 人、国家海外高层次人才引进计划（“千人计划”）入选者 1 人。

工程热物理所是 2003 年国务院学位委员会批准的博士、硕士学位授予权单位之一。现设有动力工程及工程热物理一级学科博士、硕士研究生培养点；环境工程专业二级学科硕士研究生培养点；及动力工程专业全日制工程硕士培养点；并设有“动力工程及工程热物理”一级学科博士后流动站。共有在学研究生 257 人（博士生 116 人、硕士生 141 人），在站博士后 10 人。

2011 年，工程热物理研究所共有在研项目 170 项（包括新增项目 58 项）。其中，主持国家重点基础研究发展计划（“973”计划）项目 2 项、承担课题 6 项（新增 3 项），承担中国高技术研究发展计划（“863”计划）项目 17 项（新增 3 项），国家科技支撑计划项目 2 项（新增 2 项），科学技术部国际合作项目 3 项；主持国家自然科学基金重点项目 3 项、面上项目 51 项（新增 16 项），承担国家自然科学基金重大国际合作项目 2 项（新增 1 项）；承担中国科学院先导项目课题和子课题 3 项（新增 3 项），承担知识创新工程重要方向项目 8 项（新增 1 项）、国际合作项目 3 项、重大仪器研制项目 2 项、“百人计划”项目 6 项（新增 1 项），院地合作项目 52 项（新增 26 项），研究所所长基金项目 8 项，其他项目 2 项（新增 2 项）。

2011 年，工程热物理所科研工作进展顺利。IGCC/联产系统及关键技术研究完成了多个试验台及小试/中试平台建设；循环流化床燃烧技术多个项目示范成功，并有一项成果在省部级鉴定中获得好评；燃气轮机/航空发动机技术研发和实验平台建设初见成效；多能源互补的分布式供能系统研究取得了突破性进展；大规模储能技术也得到了长足发展；传热传质技术在所地合作方面取得新进展。研究平台建设获得新突破：“分布式冷热电联供系统实验室”获批北京市重点实验室；与中国华电集团联合申请的“国家能源分布式能源技术研发（实验）中心”获得国家能源局批准；廊坊基地完成了基础建设，开始实验装备建设并部分开始运行；与内蒙古鄂尔多斯市东胜区合作组建了大规模储能技术研究所。

2011 年，工程热物理所共申报国家发明专利 64 项、实用新型专利 28 项，授权发明专利 29 项、实用新型专利 22 项；全年共发表论文 327 篇，其中 SCI 收录 83 篇、EI 收录 188 篇；出版专著 2 部。本年度共有 37 项各类课题通过结题验收，一次验收合格率 100%；3 项专利成功实施转化，其中 2 项以 250 万元入股中金盛唐新能源科技（北京）有限公司；研究所荣获中科院院地合作先进集体奖二等奖，金红光研究员荣获何梁何利科技进步奖。

2011 年，工程物理所院地合作进一步深化。全年共落实院地合作与国际合作合同经费 4.5 亿元；获批中科院院地合作与产业化项目 3 项，落实院储备计划项目 6 项，多项科技创新等计划项目进入院储备项目库；新签四技合同 30 余项，落实合同经费 1.3 亿元，相比去年翻了两番，包括循环流化床实验室与木垒县远亨煤化工有限责任公司签署的“末煤提值高效利用项目技术开发”合同，以 8180 万元签约；传热传质中心与北京瑞德桑节能科技有限公司签订合同，投入 1300 万元研发超大功率 LED 集成式照明系统。

2011 年，工程物理所国际合作进一步加强。研究所接待国际来访 60 余批次，先后有 30 余批次派赴国外参加学术交流和项目研讨；先后承办或参与组织了“2011 海上风能与海洋能国际会议”、“分布式供能、生物能利用和储能中英论坛”、“中美清洁能源联合研究中心清洁煤技术联盟会议”、“第五届中国新能源国际高峰论坛”等一系列国际国内学术会议；一批学术和行业专家应邀到研究所作学术交流。

中国工程热物理学会和北京工程热物理学会

挂靠在工程热物理所；主办学术刊物《工程热物理学报》、《热科学学报》（英文版）。

（撰稿：李红林　朱灿欢　审稿：赵汐潮）

国家空间科学中心
空间科学与应用研究中心

主　　任：吴　季
地　　址：北京市海淀区中关村南二条 1 号
邮政编码：100190
电　　话：010 - 62560947
传　　真：010 - 62576921
电子信箱：kjzx@nssc.ac.cn
网　　址：http://www.nssc.cas.cn

中国科学院空间科学与应用研究中心（以下简称“空间中心”）成立于 1987 年，前身可追溯至 1958 年成立的中国科学院 581 组办公室。2011 年中国科学院党组决定依托空间科学与应用研究中心，成立院设非法人研究单元国家空间科学中心，“一个单位两块牌子”。

空间中心围绕空间科学及其卫星工程，开展系统性、总体性管理和相关技术研究，着力发展空间物理、空间环境、微波遥感和电子信息等相关科学与技术，引领空间科学发展，带动空间技术创新。

2011 年，空间中心围绕“一三五”发展目标重新凝练了“十二五”规划，第一批被整体择优进入“创新 2020”。其中“空间科学先导专项”被纳入高技术局和全院重大突破项目之一，全面实施并取得重要进展：1 月院党组批准立项，5 月国家空间科学专家委员会成立，7 月国家空间科学中心挂牌成立；量子科学实验卫星和暗物质粒子探测卫星完成六大系统综合论证，工程启动；硬 X 射线调制望远镜由国防科工局负责立项，已启动研制；实践十号深入论证科学目标和科学试验载荷配置；夸父计划国际合作有重大进展；背景型号第一批遴选 4 个型号 +1 个支撑项目；预先研究第二批评审通过 43 个课题。

空间中心已建立了发展我国空间科学及其卫星工程所需的核心科学研究和技术支撑体系，设有论证中心、工程中心、研究中心、保障中心、运控中心，建有空间天气学国家重点实验室、微波遥感技术院重点实验室/国家“863”计划微波遥感技术实验室，以及海南探空部/海南空间天气国家野外站、广州宇宙线观测站、廊坊临近空间环境野外站及北京延庆空间物理观测站和科研设施基地，是中国科学院空间环境研究预报中心的挂靠单位。

截至 2011 年底，空间中心在职职工 601 人。其中科技人员 473 人、科技支撑人员 90 人，包括中国科学院院士 2 人、中国工程院院士 1 人、国际宇航科学院（IAA）院士 1 人、研究员及正高级工程技术人员 80 人、副研究员及高级工程技术人员 202 人。中国科学院“百人计划”入选者 7 人（新增 1 人）、国家杰出青年科学基金获得者 5 人（新增 1 人）、“千人计划”入选者 1 人、“青年千人计划”入选者 1 人。

空间中心是 1981 年国务院学位委员会批准的博士、硕士学位授予权单位之一。设有空间物理学、地球与空间探测技术、电磁场与微波技术、计算机应用技术 4 个二级学科博士研究生培养点；飞行器设计等 5 个二级学科硕士研究生培养点；空间物理学二级学科博士后流动站。在读研究生 297 人（硕士生 178 人、博士生 119 人，含巴基斯坦博士留学生 1 人），在站博士后 9 人。选派出国联合培养博士 3 名。本届毕业生就业率达到 100%。

2011 年，空间中心共有在研项目 590 项（新增 218 项）。其中，主持空间科学先导专项 1 项；主持（或承担）国家重点基础研究发展计划（“973”计划）项目 1 项、承担（或参加）课题 3 项（新增 3 项），主持（或承担）国家高技术研究发展计划（“863”计划）项目 1 项、承担（或参加）课题 72 项（新增 33 项）；主持（或承担）国家自然科学基金重大项目 1 项、重点项目 3 项（新增 1 项）、面上项目 54 项（新增 17 项）；作为依托单位牵头承担空间科学先导专项，主持（或承担）中国科学院知识创新工程重要方向项目 3 项（新增 2 项）、承担国际合作项目 1 项，承担重大仪器研制项目 4 项；承担院地合作项目 57 项（新增 25 项）。

2011 年，空间中心圆满完成各项重大科研任务。具体负责空间科学先导专项的组织和实施，完成载人航天二期应用系统四个分系统任务，出色完成了天宫一号和神舟八号交会对接预报保障和在轨测试；作为探月工程二期有效载荷总体单位，完成 CE-2 探测，并完成 CE-2 飞至日地 L2 点 Lissajous 的轨道设计与仿真分析及科学探测的论证；子午工程完成建设进入试运行，三大系统联合测试取得圆满成功，并获一批显著成果，为国家验收奠定基础；海洋二号雷达高度计分系统和校正辐射计分系统在轨工作正常，数据反演结果良好；近 20 台套搭载设备成功参加遥感、实践、北斗等 13 颗应用卫星的发射试验，均工作正常；牵头研制了“中科院元器件空间环境特殊效应实验平台”；作为三个主要承研单位之一，完成了国家应对太阳风暴的“环境三网合一”“863”计划专项任务的论证与立项；“地球同步轨道微波成像探测仪”“863”计划重点项目完成全尺度样机研制和成像试验，是国际首创；“空间环境保障”“973”计划项目顺利通过评审和年度评估，“空间天气建模”“973”计划项目立项；有关磁尾动力学和磁层亚暴的创新成果荣登美国地球物理学会论文流行榜（Most Popular Journal Articles- AGU）。

2011 年，空间中心获四部委颁发“载人航天工程突出贡献集体”；2 人获突出贡献者；1 人获 中国青年五四奖章；获中华全国总工会全国五一劳动奖；获科技部“十一五”国家科技计划执行优秀团队奖；获“863”计划“十一五”先进集体；2 人获“863”计划“十一五”先进个人。吴季获 2011 年“中国科学院先进工作者”；李靖获2011 年度“赵九章优秀中青年科学奖”。全年申请发明专利 42 项，获授权 11 项；登记软件著作权 23 项；发表科技论文 241 篇，其中 SCI 收录 55 篇、EI 收录 44 篇、ISTP 收录 4 篇、国内核心期刊收录 53 篇。

2011 年，空间中心积极推动院地合作发展的新模式。主办了北京分院第三协作片院地合作工作交流会；空海公司股权回报给中心 13 万元；空间会议中心和科空物业 2011 年实现了经营盈余，上缴 10 余万利润；中科九章公司实现合同额 1100 余万。

2011 年，空间中心国际合作年度出访 101 批、212 人次，来访科学家近百人，外国专家引进项目 4 人次，外国专家特聘研究员计划 2 人次，外籍青年科学家计划 1 人次；成功举办了第四届国际与日共存计划科学研讨会，磁暴、亚暴及空间天气国际会议；国际空间天气子午圈计划被誉为“中国杰出的创见”，吸引圈上俄、澳、加、美和巴西等世界主要空间大国一致响应和积极参与，签署双边与多边合作协议，科学委员会已开始工作；与国际空间科学研究所（ISSI）建立了深入实质合作关系；邀请欧空局主管人事与质量的前副局长对中心干部职工进行了管理能力培训。

空间中心是中国空间科学学会、国家空间科学专家委员会办公室、国际空间研究委员会（COSPAR）中国委员会等 10 余个全国性重要空间科学学术组织和机构的挂靠单位；主办《空间科学学报》。

（撰稿：范全林　周　瑶　审稿：吴　季）

光电研究院

院　　长：相里斌
地　　址：北京市海淀区邓庄南路 9 号
邮政编码：100190
电　　话：010－82178800
传　　真：010－82178600
电子信箱：office@aoe.ac.cn
网　　址：http://www.aoe.cas.cn

中国科学院光电研究院（以下简称“光电院”）组建于 2003 年 11 月，作为中国科学院“知识创新工程”中体制机制创新的重大改革举措之一，是兼具总体管理与技术总体职能的总体性研究单位。中国科学院卫星导航总体部、中国科学院浮空器系统研究发展中心、02 专项研发管理办公室设在光电院。

光电院的科技布局围绕光电工程领域、航天航空领域和应用科技领域等三个领域展开。

光电工程领域　围绕计算光学成像技术、投影光学系统技术、大型复杂激光器技术等方向，开展前瞻性研究、系统解决方案设计与实施、支撑总体的关键技术攻关及系统集成等创新活动。

航天航空领域　围绕空间系统工程、卫星导航和浮空器等技术领域和总体任务，开展发展战略研究、前瞻性研究、系统解决方案设计与实施、支撑总体的关键技术攻关及系统集成等创新活动。

应用科技领域　围绕光电载荷成像和探测机理与方法研究、光电载荷性能综合评测和数据质量综合监测系统技术研究等方向，开展前瞻性研究、系统解决方案设计与实施。

光电院在上述3个领域的前沿性、战略性和系统集成创新工作，逐步形成了持续支持和支撑多总体并行发展的学科技术领域和技术总体体系。

光电院制订了“十二五”规划和“一三五”。围绕战略定位和科研领域，光电院将在空间系统工程关键技术、平流层飞艇技术以及光电载荷性能综合评测和数据质量监控系统技术实现三个重点突破；同时，着力培育多元集成高精度导航技术等五个重点科技方向。光电院正在分解细化“三”和“五”的具体内涵和目标，制订配套的政策和落实措施，有序推进各项工作。

光电院建立了与总体性单位相适应的组织结构与管理体制。主要科研单元有：光电系统工程研究部、对地观测技术应用研究部、空间系统总体技术研究室、卫星导航总体技术研究室以及气球飞行器研究中心。

为拓展科研领域，加强院地合作，光电院与国家减灾中心联合组建了“中国空间技术减灾应用研究中心”，与青岛市政府共建“光电院青岛研发基地”，与国科激光公司组建国家半导体泵浦激光工程技术研究中心。依托光电研究院建立了“全国遥感技术标准化技术委员会”和“全国光电测量标准化技术委员会”。

截至2011年底，光电院共有在职职工229人。其中科技人员181人、科技支撑人员21人，包括研究员及正高级工程技术人员30人、副研究员及高级工程技术人员43人；全院进入创新岗位182人。共有中国科学院“百人计划”入选者2人。

光电院现设有光学工程专业一级学科博士研究生培养点；信号与信息处理和计算机应用技术等2个二级学科博士研究生培养点；航空宇航科学与技术、光学工程、计算机应用技术和信号与信息处理等4个专业一级（或二级）学科硕士研究生培养点。共有在学研究生184人（硕士生140人、博士生44人），在站博士后3人。

2011年，光电院共有在研项目239项（新增88项）。其中，承担中国高技术研究发展计划（“863”计划）项目23项（新增8项）；承担国家自然科学基金重大项目11项（新增2项）、面上项目4项；承担中科院重大项目4项、重要方向项目7项（新增2项），承担国际合作项目5项（新增1项），承担重大仪器研制项目1项（新增1项），承担院地合作项目1项（新增1项）；主持并承担国家重大专项极大规模集成电路制造装备与成套工艺项目4项；新增高分专项6项。

光电院承担的国家重大专项02专项光源项目取得了重大进展，核心装置搭建完成，总体技术研发取得突破，通过国际合作，实现了4千赫、10兆焦、193纳米激光输出，实现光刻机光源三大单元关键技术验证。

中科院重大项目“平流层试验飞艇研制与集成演示”组织实施了三艘艇的外场试验，取得阶段性重大技术突破。为“十二五”争取到高分专项任务奠定了技术基础；“863”计划重点项目“无人机遥感载荷综合验证系统”项目完成南北方场4次试验飞行任务，完成了系统集成与测试，对科学实验数据进行了处理和分析，开展了载荷定标与农业应用示范，取得了一批有价值的科学试验成功；全固态激光放大器项目攻克了全固态激光器侧泵模块、光纤耦合模块产业化关键技术，攻克了批量精密装校技术及工艺，实现了年产500台的批量生产能力。

光电院2011年度共发表论文153篇；出版论著3本；申请专利38项（发明24项、实用新型14项）；授权10项（发明8项、实用新型2项）；软件著作权1项。

2011年“超大屏幕激光数码影院技术”获北京市科学技术奖二等奖1项；“50W级全固态激光器及其核心部件产业化关键技术”国家科技进步二等奖1项（第二完成单位）；对地观测技术应用研究部获国家高技术研究发展计划（“863”计划）“十一五”科技攻关先进集体奖。

2011年度光电院以两个产业化平台为主体，

通过与地方政府、企业、高校、研究所的合作，积极促进光电院科技成果转化的产业化工作，取得了良好的经济效益和社会效益。国科光电科技有限责任公司（光电院控股94.88%）作为光电院经营性资产管理的主体平台，采用母子公司治理结构，目前投资管理的5家企业，主导产业涉及激光器制造、激光探测、光谱成像、光电信息、电子光源、光学计量仪器研发生产，以及光电产品与技术的进出口服务等。2011年，公司共实现合并营业收入近1.5亿元，比上年增长30.27%；合并利润总额近900万元；光电院青岛研发基地作为光电院科技成果孵化的主体平台，2011年度完成一期4万平方米建筑面积的建设任务，同时，通产学研合作交流以及参加光电产品推介会等途径，转移转化光谱成像技术、电子光源技术两项科技成果。

2011年度国际交流项目立项29项，执行28项。其中，出访立项19项50人次，执行17项41人次（参加国际会议9项23人次，考察访问4项6人，开展合作研究4项12人次）；来访5项13人次，顺访6项8人次。

中科院国际合作重点项目“三维激光雷达数据处理与示范应用”完成了激光雷达数据处理软件模块开发工作，准备结题验收；科技部国际合作专项“紫外固态激光器及加工系统”研制了关键器件国产化的全固态紫外激光器以及工业级精细加工设备，研制了多台用于检验和装调的工艺工装，搭建了具有年产80台红外/绿光/紫外系列高性能全固态激光生产能力的生产装调平台及激光加工设备组装生产线，项目通过了科技部项目验收，研究成果得到评审专家的肯定。

（撰稿：邵雪天　审稿：相里斌）

对地观测与数字地球科学中心

主　　任：郭华东
地　　址：北京市海淀区邓庄南路9号
邮政编码：100094
电　　话：010－82178008
传　　真：010－82178009
电子信箱：office@ceode.ac.cn
网　　址：http://www.ceode.cas.cn

中国科学院对地观测与数字地球科学中心（以下简称“对地观测中心”）成立于2007年8月27日，在原中国遥感卫星地面站、中国科学院航空遥感中心和数字地球实验室基础上组建，为研究与运行相结合的综合性科研机构。

对地观测中心主要开展航天航空对地观测系统的高质量运行和面向政府、行业、地区的数据服务，进行对地观测前沿技术探索和应用示范，研究数字地球科学理论、关键技术及在全球、国家、区域3个层次上的综合应用，建设数字地球科学平台。战略目标为建设具有获取、传输、处理、存储与分发航天、航空遥感数据和图像能力的运行系统，开展综合性对地观测前沿技术研究，构建专业化、系统化、集成化、标准化、实用化的遥感数据库和遥感信息库，建立国家遥感数据与信息档案中心，以遥感信息为基础，结合其他信息资源，建设数字地球科学平台并开展应用示范研究。重点研究方向为地球空间信息探测机理与方法、数字信号获取与地面处理技术、高性能地学计算与网络化数据工程、空间数据同化理论与技术、地球系统空间模型、数字地球科学平台及其综合应用。2011年对地观测中心对“创新2020”和“十二五”规划进行了深入研讨，最终形成“一三五”战略目标，明确了有利于“一三五”目标实施的科技布局、人才队伍建设、科技支撑条件等方面的保障措施与重大改革举措。

对地观测中心设置科技机构、合作研究机构、学术支撑机构、学术咨询机构等，其中卫星遥感中心、航空遥感中心、空间数据中心和数字地球重点实验室是对地观测中心运行与科研工作的主体。

对地观测中心现有遥感卫星地面站和航空遥感飞机两个国家重大基础设施，同时承担陆地观测卫星数据全国接收站网和航空遥感系统建设项目。其中，遥感卫星地面站具备全天候、全天时、近实时、多种分辨率卫星数据接收处理能力，目前保存卫星数据资料近300万景，所有存档数据通过互联网提供24小时的不间断在线检索与查询服务，是我国最大的对地观测卫星数据档案库。2011 年推出对地观测数据共享计划，实现中等分辨率遥感卫星数据共享，取得了良好的社会反响。

2011 年，全国陆地观测卫星地面接收站网规划的五座天线接收系统设备全部建设完成，建成国内首创的双极化频率复用、高码速极轨卫星数据接收系统，主要性能指标达到国际先进水平，并成功接收资源三号卫星、资源一号 02C 卫星，标志着我国陆地观测卫星数据接收技术跨上新的发展台阶。

航空遥感中心现有两架高空遥感飞机，是机动、高效获取高分辨率遥感图像的重要途径，也为我国航空航天遥感技术发展提供了先进的空中实验平台。目前在建的航空遥感系统项目将引进两架性能更为先进的遥感飞机，与十多种新型高性能遥感设备综合集成，形成具备国际先进水平的航空遥感系统。

中科院数字地球重点实验室是对地观测中心的科研主体，包括数字地球系统研究室、数字陆地研究室、数字海气研究室、光学对地观测研究室、微波对地观测研究室、数字遗产研究室、全球灾害研究室，围绕空间地球信息科学和对地观测前沿应用技术开展研究工作，构建数字地球科学平台，其成果被广泛应用于环境与灾害监测、全球变化研究等诸多领域，2011 年在院信息领域 26 个参加评议的重点实验室中排名第 9。对地观测中心还与其他科研院所联合共建卫星遥感应用国家工程实验室。此外，喀什分中心建设取得实质性进展，并筹建三亚分中心，围绕地方经济社会发展需求，积极开展科技合作。

截至 2011 年底，对地观测中心共有在职职工 307 人。其中，科技人员 265 人，科技支撑及管理人员 42 人，包括中国科学院院士 1 人、研究员及正高级工程技术人员 41 人、副研究员及高级工程技术人员 70 人。共有中国科学院“百人计划”入选者 5 人（新增 3 人）、中心“百人计划”入选者 3 人（新增 3 人）、中科院“关键技术人才”1 人、“西部之光”人才入选者 1 人（新增 1 人）、外籍研究员 4 人、名誉研究员 7 人、客座研究员 6 人、兼职研究员 2 人。

对地观测中心现有地理学一级学科点，地图学与地理信息系统、信号与信息处理 2 个二级学科博士研究生培养点；地图学与地理信息系统、信号与信息处理、电子与通信工程和测绘工程 4 个硕士研究生培养点。共有在学研究生 181 人（硕士生 140 人、博士生 41 人），在站博士后 1 人。

2011 年，对地观测中心共有在研项目 248 项（新增 91 项），其中，国家重点基础研究发展计划（“973”计划）项目（或课题）11 项（新增 2 项），国家高技术研究发展计划（“863”计划）项目（或课题）11 项（新增 2 项），国家科技支撑计划项目 6 项（新增 3 项）；国家自然科学基金项目 48 项（新增 16 项）；中国科学院知识创新工程重大项目 1 项，重要方向项目 1 项（新增 1 项），国际合作项目 6 项。

2011 年，对地观测中心以第一单位获得发明专利 3 项；计算机软件著作权登记 48 项；出版著作 3 本，专著、编著、译著各 1 本；发表科技论文 194 篇，其中 SCI 检索刊物论文 35 篇、EI 检索刊物论文 4 篇、EI 检索会议论文 64 篇、核心期刊论文 31 篇。

对地观测中心建有三大国际科技合作平台并平稳运行。其中，依托中心建设的联合国教科文组织（United Nations Educational，Scientific and Cultural Organization，UNESCO）国际自然与文化遗产空间技术中心获国务院批准并正式成立，是 UNESCO 在全球设立的第一个用于世界遗产研究的空间技术机构；设立在中心的国际科学理事会（International Council for Science，ICSU）灾害综合研究计划国际项目办公室（IRDR—IPO）各项工作不断推进，该计划是 ICSU 设立在亚洲的首个大型国际研究计划，先后在 7 个国家和地区成立国家委员会和研究中心，形成了世界网络，并发起国际科学减灾项目；地球观测组织（Group on Earth Observations，GEO）成员之一的国际数字地球学会（International Society for Digital Earth，ISDE）影响力进一步扩大，研讨形成“面向 2020 数字地球发展理念”，召开第七届国际数字地球会议；国际数字地球学报（*International Journal of Digital Earth*，*IJDE*）影响因子达 1.453，位居 SCI 检索的 21 类国际遥感期刊中第 7 位；国际科技数据委员会（Committee on Data for Science and Technology，CODATA）工作取得长足进展，成功召开“数据密集型科学与发现暨 CODATA 成立 45 周年会议”。

2011 年，对地观测中心国际合作重大、重点项目不断推进。其中“全球环境变化遥感对比研究（ABCC）”项目被列为国家自然科学基金重大国际合作研究项目；院重点合作项目“陆地植被碳计量模型与应用研究”正式启动并取得实质性进展。培养和引进国际人才 7 人，其中外籍特聘研究员 4 人；20 位国际专家担任中心发展战略国际专家委员会委员；11 位科研人员在国际组织任职，其中 1 人担任 CODATA 主席。新签署双边和多边合作协议 3 项。举办或参加重要国际会议 50 余个，成功申办第三十五届国际环境遥感大会。出访 91 人次，来访 150 余人次。

（撰稿：陆　鸣　王小梅　审稿：张　兵）

自然科学史研究所

所　　长：张柏春
地　　址：北京市海淀区中关村东路 55 号
邮政编码：100190
电　　话：010 - 57552515
传　　真：010 - 57552567
电子信箱：wangjj@ihns. ac. cn
网　　址：http://www. ihns. cas. cn

中国科学院自然科学史研究所（以下简称“科学史所”）是中国科学院所属的少数兼具自然科学与人文社会科学功能的研究实体之一，也是中国唯一的国家级多学科和综合性的科技史专门研究机构。其前身中国科学院自然科学史研究室是在郭沫若、竺可桢等老一辈院领导的关怀下于 1957 年 1 月 1 日成立的，1975 年升为所级建制。

科学史所的主要学科是科学技术史（理学一级学科）、科学技术哲学（二级学科）、科技考古（二级学科），主要研究方向有中国古代科技史、中国近现代科技史、世界科技史、科技发展战略、传统工艺与科技考古、中国科学院院史、科学文化和中外科技的比较。主要发展目标是立足科学技术史，保持中国科技史研究在世界上的核心地位，开拓西方科技史研究，提出战略咨询建议，介入国家的重大文化工程，继续扩大国际影响，把研究所建设成国家科学思想库的一个重要组成部分、代表国家水平的科学技术史研究中心和世界知名的科学技术史研究机构。作为兼具科学与人文特征的综合科研机构，科学史所定位于研究科技的历史、本质和发展规律，认知科技与社会、政治、经济、文化等的复杂关系；传播科学思想，弘扬科学精神，为建设国家思想库作出独特贡献。在未来 5 至 10 年发展成为有重要国际影响、有特色、高水平的科技史机构。

科学史所现有 3 个研究室（中国古代科技史研究室、中国近现代科技史研究室、西方科技史研究室）、5 个研究中心性质的单元（中国科学院传统工艺与文物科技研究中心、中国科学院学部学科发展战略研究中心、中国科学院院史研究室、科学与文化研究中心、中外科技发展比较研究中心）。

截至 2011 年底，科学史所共有在职职工 109 人。其中科技人员 92 人，包括正高级专业技术人员 22 人（其中研究员 21 人）、副高级专业技术人员 19 人（其中副研究员 14 人）。

科学史所设有科学技术史一级学科硕士、博士研究生培养点；科学史、技术史、医学史与生命科学史、科学技术与社会、科学技术哲学、科技考古二级学科硕士和博士研究生培养点；科学技术史一级学科博士后流动站。共有在读研究生 70 人（博士生 40 人、硕士生 30 人），在站博士后 2 人。

2011 年，科学史所完成了“十二五”发展规划纲要，重点厘清研究所“十二五”期间一个定位、三个重大突破以及五个重点培育方向（简称“一三五”）等具有基础性、战略性的重大问题。

2011 年，科学史所共有在研项目 150 余项（包括 2011 年新增项目数）；2011 年新设立科研课题 35 项，结题 3 项。其中所级课题 7 项；院级课题 94 项；国家级课题（包括科技部课题、自然科学基金课题、中国科协课题）37 项；横向课题 15 项；国际合作课题 2 项。

2011 年，科学史所的主要科研任务包括：中国科学技术史传统研究特别支持项目、中国科学院院史研究及资料汇编、学科发展战略研究项目、科技发展与规划战略研究、李约瑟《中国科学技术史》翻译出版、中外科学技术发展的比较研究、科学文化评论等，同时启动了“科技知识的创造与传播”、“科技革命与国家现代化”等重大项目（科学史所三个重大突破项目）以及五个重点培育方向的项目。主要进展有：

中国科学技术史传统研究特别支持项目：该项目以科学史所古代科技史研究室的中青年科研人员为骨干力量，分别在宋代稻作史研究、中国天文学的起源和早期发展、以《算术书》为中心的简牍与上古数学史研究、宋以来的脏腑身形知识研究、二里岗青铜技术与艺术研究、清代历算家王锡阐综合研究、宋代疫病流行与社会应对研究、明清岁次历书推步研究、《天工开物》所载植物染料工艺的实验研究、中国历史上的地理学批评、清初科学的社会史研究、16—17 世纪中国瓷器烧造技术的东传研究等方面进行部署，研究中国古代科学技术领域里知识的创造、应用与传播。同时项目还资助离退休专家出版学术专著和开展学术研究。2011 年项目组成员共发表学术论文 25 篇，完成并即将出版专著 3 部。项目进展顺利。

学科发展战略研究：由中国科学院学部支持的学科发展战略研究项目于 2010 年 5 月获得立项。该项目系统研究科学技术的学科发展及其结构变化，重点关注新兴学科、交叉学科的形成与演进，认知学科发展的内在规律与驱动力，尤其是演变的总体过程、态势与宏观规律特征，探讨学科对经济、社会与文化的影响。与学部、国家科学图书馆合作撰写《2011—2020 年我国学科发展战略研究总报告》，获得国务院领导和学部很好评价。2011 年开展的外协战略研究课题有：航天科学技术发展战略研究（北京航空航天大学）、俄罗斯（苏联）国家科技发展战略研究（清华大学）、科学技术与日本社会互动研究（北京大学）、中国现代物理学家与学科发展战略问题研究（首都师范大学）等。

科技发展与规划战略研究：该项研究由中科院规划战略局资助并支持，通过组建“科技发展规律研究创新团队”，组织院内有关学科领域的专家开展科技发展中长周期的特征、规律与规划战略研究、开展跨学科的合作研究和创新团队建设，从经济社会发展的视角，以历史眼光和全球视野开展科学技术发展的案例研究和科技发展规律研究。2011 年项目组已根据任务和目标举办多次研讨会，进展顺利。该项目团队还承担了“国家宏观决策科技支撑系统‘科技创新与经济社会发展互动关系研究系统’的研究”，开展科技与经济互动关系的理论与重大案例研究，取得了预期的进展。全面启动“科技革命与国家现代化”研究项目（科学史所三个重大突破项目之一），已经有良好的阶段进展。

中国科学院院史研究：为院史馆的顺利开馆完成了脚本撰写等内容设计和文字工作，启动《院属单位简史》第三卷、学部发展史等研究工作（科学史所三个重大突破项目之一），承担了“钱学森与中国科学”展览的文字脚本撰写和筹备，院史丛书编审出版了两种，另有两种已交付出版社。

学科发展史研究：启动了我国近现代力学史、地学史、化学史的史料抢救挖掘和整理研究工作，以人物为主体，采用访谈的形式，抢救性地记录、整理、保存和研究近现代学科发展的史料，同时开展了我国近现代科学学科建立的专题研究。

中外科技发展比较研究：开展中西科技发展比较研究，主要学科领域包括数学史、力学史与制度史等，部分成果已开始辑为《技术转移与技术创新史丛书》出版，有的成果已经被部级领导干部讲座、科学院学部“科学与中国”巡讲、党校讲座等采用。中外比较研究中心组织国际一流科学史家共同组织了代数学史比较研讨会（workshop），和数学史 Summer School，院史研究室与俄罗斯科学史家组织了中俄科学院历史的比较研讨会（workshop），围绕两个会议的研究成果将以外文方式集中在境外出版。

农业文化视角下的亚洲可持续发展研究：2011 年为该项研究的收关之年。继出版《亚洲农业的过去、现在与未来》（中国农业出版社，2010 年 11 月）论文集之后，又出版了 *Towards A*

Sustainable Asia: *the Cultural Perspectives*（Science Press 与 Springer 合作出版，2011）的研究报告。课题负责人作为联合国粮农组织（FAO）全球重要农业文化遗产中国项目专家委员会委员应邀参加了全球重要农业文化遗产国际论坛、西安汉唐长安与东方文明国际学术研讨会等国内外重要学术活动，并展示了该项研究的成果，引起了较为广泛的关注。

李约瑟《中国科学技术史》翻译出版项目从 1987 年启动，共历时 20 余年，总计完成了 12 册 1100 余万字译稿的译、校、审。2011 年出版《炼丹术的发现和发明：内丹》1 册，90 万字，完成 2 册的译稿加工，启动 1 册的翻译工作。

《科学文化评论》杂志 2011 年度共刊登稿件 60 余篇，组织了代达罗斯、化学年、科学探索的风格、纪念黄万里、核能利用与安全等专题，出版了两册论文选编，项目进展顺利。

中国科学院科学技术史大讲堂 2011 年度共举办 15 讲，邀请了全国（包括港台）十几位知名专家从多个角度向社会公众和本领域的研究人员传播科学史和科学精神，项目按计划进展顺利。

“老科学家学术成长资料采集工程”由中国科协组织实施，旨在系统搜集、整理、研究老科学家的各种资料。2010 年本所张九辰、刘晓等研究人员承担了陈梦熊、何泽慧等 6 位院士的资料采集与整理工作和传记写作，于 2011 年底结题验收并获得专家组好评。

2011 年，科学史所共发表学术论文 81 篇；译文 8 篇；书评、访谈、文献、科普等 18 篇；出版著作 8 部，译著 6 部。

2011 年，科学史所积极开展国际合作，全年共计出访 30 人次，来访 30 人次；引进中国科学院外国专家特聘研究员 1 名，派出中国访问学者 2 名；2011 年度科学史所举办国际会议和双边研讨会共 2 次。截至 2011 年底，累计签订国际合作协议 10 项，新签署合作协议 3 项；国际组织职务任职人数累计达 11 人，其中 2011 年新任职国际期刊编委 1 人。

科学史所是中国科学技术史学会的挂靠单位；设有《自然科学史研究》、《中国科技史杂志》、《科学文化评论》等学术刊物编辑部。

（撰稿：王建军　周　平　审稿：张柏春）

科技政策与管理科学研究所

所　　长：穆荣平
地　　址：北京市海淀区中关村北一条 15 号
邮政编码：100190
电　　话：010－59358611
传　　真：010－59358608
电子信箱：ylx@casipm.ac.cn
网　　址：http://www.ipm.cas.cn

中国科学院科技政策与管理科学研究所（以下简称“政策与管理所”）成立于 1985 年 6 月，是以自然科学和社会科学交叉为特点的软科学研究所。其前身为中国科学院政策研究室、中国科学院管理学组、《自然辩证法通讯》杂志社，1987 年中国科学院应用数学研究所优选法与管理科学研究室整建制划入政策与管理所。

政策与管理所以“开展国家科技发展、创新发展和可持续发展等领域战略、政策和管理研究，建设学科理论体系、方法体系、实验体系和调查体系，发展政策与管理科学，为国家宏观科技管理、创新管理和中国科学院改革发展实践提供重要支撑”为使命，目前主要研究领域包括：科技发展战略与政策、创新发展政策与管理、可持续发展战略与政策、公共安全与应急管理、科技管理与评价等。

2011 年，政策与管理所按照中国科学院“创新 2020”战略部署，编制完成了研究所“十二五”发展规划，提出了“加强国家科技发展、创新发展和可持续发展三大领域战略、政策和管理研究；加快培育科技政策学、创新发展政策学、可持续发展管理学、能源安全战略管理、计算管理科学等五个重点学科方向”的发展思路，为建设国际著名“智库型研究所”奠定了重要基础。

研究所设有科技政策、管理科学与工程、社会与可持续发展、科技管理与评估、创新创业政策等 5 个研究室和一批任务导向的研究中心，包括：中国科学院战略研究中心（下设中国科学院管理创新与评估研究中心、中国科学院战略问题咨询研究中心、中国科学院科技伦理研究中心）、中国科学院创新发展研究中心、中国科学院自然与社会交叉科学研究中心、中国科学院评估研究中心、中国科学院知识产权研究与培训中心等5个院级研究中心；能源与环境政策研究中心、北京科技政策研究中心、北京城市运行与发展研究中心等3个共建研究中心；政策模拟研究中心、国际问题研究中心、统筹与安全管理研究中心、中国高新区研究中心等4个所级研究中心。

截至2011年底，研究所有在职职工129人，其中科技人员110人（含科技支撑人员14人、德国籍科技人员1人），包括第三世界科学院院士1人、研究员及正高级专业技术人员29人、副研究员及副高级专业技术人员47人，中国科学院“百人计划”入选者1人，国家杰出青年科学基金获得者1人。

政策与管理所设有管理科学与工程一级学科博士、硕士研究生培养点；技术经济及管理、科学技术哲学以及人口、资源与环境经济学等3个二级学科硕士研究生培养点；并设有管理科学与工程一级学科博士后流动站。共有在学研究生151人（硕士生62人、博士生89人），在站博士后27人。

2011年，研究所在研课题近300项（新增170项）。立项课题中，有中国科学院战略性先导科技专项课题5项；国家自然科学基金重点项目1项；国家发展改革委、工业和信息化部、中国科协、国家知识产权局等国家重要部门委托项目40项；欧盟第七框架计划和美国能源基金会等资助的国际合作项目7项；北京、南宁、盐城、苏州等地方政府重要咨询课题49项。

2011年，全年出版和合作出版学术专著（含译著）17部；公开发表学术论文250多篇，会议论文近50篇，完成各类研究报告120多篇；软件著作权登记7项；专利申请3项。所主持编纂“中国科学院科学与社会系列报告”之《2011高技术发展报告》和《2011中国可持续发展战略报告》顺利发布并送达两会。主持出版的《2011新型城市化报告》、《中国科学发展报告2011》等在社会上产生广泛而重要影响。主持出版的《中国可持续发展总纲》荣获第二届中国出版政府奖图书奖。

牵头完成了国家“十二五”重点专项规划《国家自主创新能力建设规划（2011—2015年）》研究起草工作；作为主要执笔者完成了《中关村国家自主创新示范区发展规划纲要（2011—2020年）》和《国家重大科技基础设施建设中长期规划（2011—2030年）》研究起草工作；主持承担的国家重大专项“水环境管理体制机制改革与试点示范研究”课题在中期评估获环境保护部通报表扬；承担的“中国国际航空公司飞行安全管理信息系统中核心模块的模型与方法研究”阶段性成果获2010年度中国民用航空运输协会科学技术奖三等奖；承担的“十一五”科技支撑计划课题“国外矿产资源开发利用风险评价技术研究”通过验收并获得好评；承担了大连、洛阳、广州、长春等全国20余家高新区研究项目，在创新型特色园区建设、省级高新区升级等方面为科技部和地方政府提供了重要决策咨询；完成了中国科学院知识创新重大项目课题“区域环境综合管理与控制策略”研究和《中国至2050年水科技发展路线图》英文版出版工作。

政策与管理所注重发挥科学思想库作用。完成的《改革我国科技资源配置机制的建议》和《关于我国科技体制改革的若干意见与建议》的报告得到中央和国务院领导的重视，开展的“保障一线科研人员从事科研活动的时间不少于4/5”的研究，其对策建议获得了国家领导人批示。

2011年，研究所获得欧盟第七框架计划等资助的国际合作项目7项，创研究所承担国际合作项目历史新高；与日本文部省科技政策研究所、韩国科技评估与规划研究院共同签署了三方《技术预见合作研究项目协议》；主办了第四届中德技术创新与管理会议；与中国科技发展战略研究院联合主办了“第六届中日韩科技政策研讨会”，与美国安全世界基金会联合主办了“空间政策国际研讨会”。

承担了院知识产权培训工作，共培训分管所级领导、管理骨干和知识产权拟任专员414人次。举办10期院所联合专题培训班，培训人员1330多人次。组织院知识产权专员执业资格考试，28人通过考试成为知识产权专员。

政策与管理所设有《中国科学院院刊》编辑部和《中国管理科学》、《科研管理》、《科学学研究》、《科学与社会》等学术期刊编辑部以及《世界科学技术》、《科技促进发展》杂志社；挂靠管理中国科学学与科技政策研究会、中国优选法统筹法与经济数学研究会、中国发展战略学研究会、中国高技术产业发展促进会、中国科学院科技政策与管理研究会。2011 年，各学会主办了“中国优选法统筹法与经济数学研究会 30 周年纪念大会暨第十三届中国管理科学学术年会”、“第七届中国科技政策与管理学术年会”、“第十一届全国科技评价学术研讨会”等。

（撰稿：杨立新　邹　丽　审稿：穆荣平）

信息工程研究所

所　　长：田　静
地　　址：北京市海淀区闵庄路甲 89 号
邮政编码：100093
电　　话：010 - 82546885
传　　真：010 - 82546890
电子信箱：general@iie.ac.cn
网　　址：http://www.iie.ac.cn

中国科学院信息工程研究所（以下简称“信工所”）是 2011 年 4 月批准成立的中国科学院直属科研机构。

研究所面向国家战略需求，在信息技术与信息安全科技领域，开展基础理论与前沿技术研究，为国家信息安全提供理论指导和技术支撑，对基础性和前瞻性信息安全相关科学问题和技术进行创新性研究，以促进和推动学科发展。研究开发具有自主知识产权的信息安全核心关键技术和系统，以满足国家和行业部门的战略需求；引领我国信息安全技术的发展，为国家培养高级信息安全专业人才；开发应用性技术与系统，为国家信息化进程提供核心关键技术支撑与系统解决方案。

信工所的研究方向主要包括：密码理论与安全协议、信息智能处理、数据安全、通信与电磁安全、网络与系统安全技术及监测评估技术等。

信工所拥有信息安全国家重点实验室、信息内容安全技术国家工程实验室、信息安全共性技术国家工程研究中心和中国科学院数据与通信保护研究教育中心等国家级创新平台。在密码学理论与安全协议、智能信息处理、网络安全、系统安全测评、数据安全等领域具有良好的科研基础和条件，目前，承担了多项“973”计划、“863”计划、国家科技支撑计划、国家自然科学基金、中科院知识创新工程等重大项目。

2011 年，信工所共有在职职工 181 人。其中科技人员约 170 人，包括正高级专业技术人员 24 人、副高级专业技术人员 44 人。共有中国科学院“百人计划”入选者 4 人；临时、客座人员 16 人，博士后 5 人，在读研究生 253 人（硕士 145 人、博士 108 人）、联合培养研究生 63 人。

2011 年，信工所秉承“软硬兼修，矛盾兼容；开合有法，张弛有度”的办所方针，坚持“打造一流平台，集聚一流人才；支撑国家需求，引领学科发展，努力成为国家在信息安全领域的战略科技力量”的组织使命，力争成为国家在信息及信息安全科学技术领域基础理论与关键技术研发的核心单位、重大项目策划组织的总体单位、先进应用性成果的转移转化基地、高级专业研发人才的培养基地，成为国际一流的科研机构。

（撰稿：浦建宁　周　强　审稿：田　静）

山西煤炭化学研究所

名誉所长：彭少逸
所　　长：王建国
地　　址：山西省太原市桃园南路 27 号
邮政编码：030001
电　　话：0351 - 4041627
传　　真：0351 - 4041153
电子信箱：dangzb@sxicc.ac.cn
网　　址：http://www.sxicc.cas.cn

中国科学院山西煤炭化学研究所（以下简

称“山西煤化所”）成立于1954年10月15日，其前身是中国科学院煤炭研究室。1961年，煤炭研究室扩建为中国科学院煤炭化学研究所并迁往太原。1978年9月更名为中国科学院山西煤炭化学研究所并沿用至今。

山西煤化所的发展战略是：以满足国家能源战略安全、社会经济可持续发展及国防安全的战略性重大科技需求为使命，以协调解决煤炭利用效率与生态环境问题和重点突破制约国家战略性新兴产业发展的材料瓶颈为目标，围绕煤炭清洁高效利用和新型炭材料制备与应用开展定向基础研究、关键核心技术和重大系统集成创新，建设在国际相关领域具有重要影响力的现代化专业研究所。主要学科方向为：煤化学和化工、催化化学与工程、新型炭材料和化学反应工程。主要研究煤基合成液体燃料、煤气化过程的集成优化、燃煤污染控制、能源环境新材料、高性能炭材料、煤深加工及下游产品、精细化工、超临界化工及萃取、特种气体制备及净化等。

山西煤化所现拥有太原桃南园区、小店中试基地、扬州碳纤维工程技术中心及正在筹建的北京怀柔能源与材料研究中心等4个研发区域（中心）；拥有包括煤转化国家重点实验室、煤炭间接液化国家工程实验室、碳纤维制备技术国家工程实验室以及山西煤化工技术国际研发中心在内的4个国家级研发单元；中科院炭材料重点实验室、粉煤气化工程研究中心两个院、省级研发单元和应用催化与绿色化工实验室所级研发单元。全所设有战略研究与工程咨询、化工过程设计、环境影响评价、所级公共技术服务及文献网络中心等5大支撑系统。

“十二五”期间，山西煤化所以“创新2020”和“一三五”规划组织实施为契机，着重抓好中国科学院战略性先导科技专项落实，继续围绕科技自主创新和高新技术产业化两条主线，稳步推进能源、材料及化工等领域技术研发及产业化进程，继续为我国含碳资源高效洁净利用提供核心技术和解决方案，不断为国家能源安全和可持续发展作出重大贡献。

截至2011年底，山西煤化所共有在职职工574人。其中科技人员410人、科技支撑人员100人，包括中国科学院院士1人、研究员及正高级工程技术人员55人、副研究员及高级工程技术人员107人；进入创新岗位310人。有中国科学院“百人计划”入选者9人（新增1人）、国家杰出青年科学基金获得者2人、国家“千人计划”（国家海外高层次人才引进计划）入选者2人。

山西煤化所是国务院学位委员会批准的首批博士、硕士学位授予单位之一。现设有化学、化学工程与技术、材料科学与工程3个一级学科博士、硕士研究生培养点；物理化学、无机化学、有机化学、化学工程、化学工艺、生物化工、应用化学、工业催化、材料物理与化学、材料学、材料加工工程11个二级博士、硕士研究生培养点；环境工程、化学工程、材料工程3个二级学科硕士研究生培养点；并设有化学1个一级学科博士后流动站。在学研究生288人（硕士生125人、博士生163人）、在站博士后4人。

2011年，山西煤化所共有在研项目316项（新增123项）。其中，主持（或承担）国家重点基础研究发展计划（“973”计划）项目2项（新增1项）、承担（或参加）课题19项（新增7项），主持（或承担）中国高技术研究发展计划（“863”计划）项目5项；主持（或承担）国家自然科学基金面上项目16项（新增7项），主持（或承担）国家自然科学基金青年基金21项（新增7项），主持（或承担）国家基金国际（地区）合作与交流项目1项；承担中国科学院战略性先导科技专项课题4项、院重要方向项目15项（新增2项）、国际合作项目16项（新增5项）、院地合作项目55项（新增18项），其他项目159项。科研总收入36 861.79万元。

2011年，山西煤化所与企业签订合同57项，金额12 791.19万元。在“费托合成催化机理研究”、“合成气制低碳混合醇”、“灰熔聚流化床气化技术”、“高性能碳纤维和碳材料”、“甲醇制汽油”、“煤焦油制备清洁燃料油”和“石化产品加氢”等研究方向和领域取得了重大突破，为技术产业化奠定了基础；由山西煤化所完全自主研发的“先进高效的高温浆态床煤制油成套工业技术”已成功地应用于内蒙古伊泰和山西潞安16—20万吨/年合成油示范厂，实现了“安、稳、长、满、优”的连续化工业生产，生产出高品质柴油、石脑油、LPG 等产品，创造了显著的经济效益和社会效益；由山西煤化所煤炭间接液化国家工程实验室与中科合成油技术有限公司牵头制定的煤炭间接液化过程中的两项国家分析方法标准：《煤基费托合成原料气中 H_2、N_2、CO、CO_2和 CH_4的测定——气相色谱法》和《煤基费托合成尾气中 H_2、N_2、CO、CO_2和C_1—C_8烃的测定——气相色谱法》通过国家标准技术审查，这两项煤制油国家标准为我国首次制定，填补了国家空白，对规范费托合成检测方法，促进我国煤制油产业的健康发展意义重大。

2011 年，山西煤化所全年发表论文 191 篇，其中国际期刊 116 篇，国内期刊 75 篇，国际、国内会议 75 篇；被 SCI 收录 85 篇，EI 收录 94 篇，收录论文影响因子最高达到 12.73。获授权专利 24 项。"高温浆态床煤制油关键技术研发及工业示范应用"项目获国家能源科技进步奖一等奖，"一种高比表面积中孔炭的制备技术"获山西省科学技术奖技术发明类三等奖；扬州碳纤维工程技术中心 MT3 + + 碳纤维质量攻关 QC 小组获山西省军工行业优秀 QC 成果二等奖。

2011 年，山西煤化所以山西煤化工技术国际研发中心为载体，依托山西省国家科技合作基地，坚持分层次、有重点地开展国际合作。全年共计来访 62 人次、出访 29 人次。两大国际合作项目"二氧化碳注入提高煤层气采收率"和"褐煤高效清洁利用关键基础理论与技术的研究"顺利通过验收；与荷兰壳牌全球解决方案国际公司签署约合 300 万人民币的"煤基合成气/焦炉煤气制甲烷（SNG）催化剂与工艺过程的研究"和"水煤气变换催化剂研制"项目；与荷兰应用科学研究院签署了"CO_2增强煤层气开采与 CO_2咸水层封存联合知识中心"项目；由国家自然科学基金委员会、英国工程与自然科学研究理事会共同资助的"用于 IGCC 过程中 CO_2 捕获的下一代高性能活性炭吸附剂的研制"项目正式启动；主办"2011 世界碳会议"、"第 11 届中日煤化学与碳一化学研讨会"、"第十届全国新型炭材料学术研讨会"，承办"第 16 届全国分子筛学术大会"。

山西煤化所主办有《燃料化学学报》和《新型炭材料》等刊物，均被《中文核心期刊要目总览》收录。其中，《燃料化学学报》被美国工程索引（EI）等收录；《新型炭材料》被美国科学引文索引扩大版数据库（SCIE）、美国工程信息公司数据库（EI COMPENDEX）等收录并与 Elsevier 出版集团合作 ScienceDirect 在线出版英文网络版（*New Carbon Materials*）。

（撰稿：王　军　熊志建　审稿：李晶平）

大连化学物理研究所

所　　长：张　涛
地　　址：辽宁省大连市中山路 457 号
邮政编码：116023
电　　话：0411－84379135
传　　真：0411－84691570
电子信箱：bgs@dicp.ac.cn
网　　址：http://www.dicp.cas.cn

中国科学院大连化学物理研究所（以下简称"大连化物所"）创建于 1949 年 3 月，当时定名为大连大学科学研究所。1950 年 9 月，更名为东北科学研究所大连分所，1952 年转属中国科学院，更名为中国科学院工业化学研究所，1954 年 6 月，更名为中国科学院石油研究所，1962 年正式命名为中国科学院大连化学物理研究所。

大连化物所是一个基础研究与应用研究并重、应用研究和技术转化相结合，以任务带学科为主要特色的综合性研究所。重点学科领域为：催化化学、工程化学、化学激光、分子反应动力学、近代分析化学和生物技术。2011 年，大连化物所进一步完善了研究所"十二五"和"创新 2020"发展战略，凝练了"一三五"规划，即一个定位：以洁净能源国家实验室为平台，坚持基础研究与应用研究并重，在化石资源优化利用、化学能高效转化、可再生能源等洁净能源领域，持续提供重大创新性理论和技术成果，满足国家战略需求，发挥不可替代的作用，建设世界一流研究所；三个重大突破：煤代油新技术、WQZB 用化学能高效转化关键技术、洁净能源相关的基元及催化反应中的重大科学问题；五个重点培育：烃类清洁转化及高值化利用关键技术、化工过程节能减排关键技术、储能/储氢关键材料及新技术、生物质能高效转化利用技术、太阳能光-化学转化技术及科学利用。围绕“一三五”规划，大连化物所认真贯彻落实，积极推进洁净能源国家实验室（DNL）筹建，理顺、调整各研究单元；完善B类组群建设，促进重大项目的完成；完善评价体系，针对奖励、文章、专利等科研产出制订激励办法，促进科研成果不断产生。

2011年，洁净能源国家实验室（筹）在大连化物所正式启动，共设置能源与应用催化、低碳催化与工程、节能与环境、燃料电池、储能、氢能与先进材料、生物能源、太阳能、海洋能、能源基础和战略、能源研究技术平台等11个研究部。大连化物所还设有催化基础国家重点实验室和分子反应动力学国家重点实验室2个国家重点实验室；设有甲醇制烯烃国家工程实验室、国家催化工程技术研究中心、膜技术国家工程研究中心、燃料电池及氢源技术国家工程中心、国家能源低碳催化与工程研发中心等多个国家级科技创新平台；设有化学激光研究室、航天催化与新材料研究室、仪器分析化学研究室、精细化工研究室和生物技术研究部等五个研究室。另外，大连化物所还与国外著名大学、公司和研究机构联合设立了中法催化联合实验室、中法可持续能源联合实验室、中德催化纳米技术伙伴小组、中韩燃料电池联合实验室和DICP-BP能源创新实验室等十几个国际合作研究机构。

截至2011年底，大连化物所共有在职职工1029人。其中，科技人员692人、科技支撑人员115人，包括中国科学院院士10人、中国工程院院士2人、第三世界科学院院士3人、正高级专业技术人员135人、副高级专业技术人员305人；进入创新岗位637人。有中国科学院“百人计划”入选者39人（新增2人）、国家杰出青年科学基金获得者15人（新增1人）、国家“千人计划”入选者4人、国家“青年千人计划”入选者1人。

大连化物所是1981年国务院学位委员会首批批准的博士和硕士学位授予权单位之一。现设有化学、化学工程与技术、环境科学与工程3个一级学科博士研究生培养点；材料科学与工程、物理学等2个一级学科硕士研究生培养点；并设有化学、化学工程与技术等2个一级学科博士后流动站。在学研究生741人（硕士生255人、博士生486人），在站博士后89人。

2011年，大连化物所共有在研项目361项（新增125项）。其中，主持（或承担）国家重点基础研究发展计划（“973”计划）项目5项（新增2项）、承担（或参加）课题17项（新增4项），主持（或承担）中国高技术研究发展计划（“863”计划）项目16项（新增11项）；主持（或承担）国家自然科学基金重大项目1项、重点项目8项、主任基金项目1项、面上项目81项（新增23项）、重大研究计划重点项目2项；承担中国科学院战略性先导科技专项课题3项，重要方向项目20项，国际合作项目39项（新增20项），重大仪器研制项目4项，院地合作项目168项（新增65项）。

2011年，大连化物所在四原子体系分子反应动力学和单原子催化等基础研究中取得突破性进展，相关研究成果发表在*Science*和*Nature chemistiy*杂志上；应用研究方面，煤制烯烃项目正式进入商业化运营，当年生产聚烯烃产品超过50万吨，实现销售收入58亿元，利润15亿元。2011年，大连化物所作为第一完成单位共获得省部级以上奖励9项。其中，“催化材料的紫外拉曼光谱研究”获得国家自然科学奖二等奖，该研究发展了表征催化材料的新方法，发现了催化材料合成的重要转化过程和活性中心中间物种，提出了催化材料合成的机理。此外，还获得中科院杰出科技成就奖1项，中国专利金奖1项、优秀奖1项，石油化工联合会技术发明奖2项，中国产学研合作创新成果奖1项，辽宁省级奖励2项。申请专利412件，授权197件。发表论文713篇，被SCI收录653篇，其中作为第一产权单位发表论文424篇；出版著作1部。

2011年，大连化物所深化与中石油、中海油、延长石油等大型企业集团间的战略合作，共同推进能源化工、节能减排等领域的项目合作及产业化应用，并着重加强在环渤海、长三角、东南沿海、中西部地区及新疆等重点区域的科技成果推广和对接活动。此外，还与延长石油集团等十余个企业建立了联合实验室。截至2011年底，共有投资企业17个，其中控股公司6个，参股公司11个，对外投资总额为2.34亿元。投资企业共有科技开发人员260余人，营业收入总额7.2亿元，净利润总额8720万元，上缴税金总额5658万元。

2011年，大连化物所-碧辟能源创新实验室正式投入使用，大连化物所和碧辟公司还与利物浦大学签订了三方合作协议，旨在能源、材料、催化等领域开展三方合作研究等；大连化物所科技人员分别在115个国际机构中担当理事、大会主席、分会主席、学术委员会委员、主编或地区编委等职务，其中担任国际重要学术机构理事和会士4人；成功举办了“首届国际清洁能源大会”等5个国际性会议及论坛；共有来自30多个国家和地区的近600位国（境）外科学家应邀来华进行学术交流和访问；全所近270人次到美国、英国和德国等30多个国家和地区进行科技交流和进修。在研国际合作项目39个。

大连化物所是中国化学会的会员单位，负责编辑出版《色谱》、《催化学报》和《天然气化学》（*Journal of Natural Gas Chemistry*）三种学术期刊。其中，《色谱》的影响因子（1.926）名列中国化学类核心期刊第一位。

（撰稿：杨　宏　孙　洋　审稿：冯埃生）

金属研究所

名誉所长：师昌绪
所　　长：卢　柯
地　　址：辽宁省沈阳市沈河区文化路72号
邮政编码：110016
电　　话：024－23843605
传　　真：024－23891320
电子信箱：imr@imr.ac.cn
网　　址：http://www.imr.cas.cn

中国科学院金属研究所（以下简称“金属所”）成立于1953年，是新中国成立后中国科学院新创建的首批研究所之一。首任所长是我国著名的物理冶金学家李薰先生。1999年5月，根据中国科学院知识创新工程试点工作的统一部署，在“东北高性能材料研究发展基地”建设中，金属所与中国科学院金属腐蚀与防护研究所整合成立现金属所。

金属所是涵盖材料基础研究、应用研究和工程化研究的综合型研究所，1999年成为中国科学院知识创新工程试点单位之一。金属所以“创新材料技术，攀登科技高峰，培育杰出人才，服务经济国防”为使命，主要学科方向和研究领域包括：纳米尺度下超高性能材料的设计与制备、耐苛刻环境超级结构材料、金属材料失效机理与防护技术、材料制备加工技术、基于计算的材料与工艺设计、新型能源材料与生物材料等。

2011年，金属所完成了“创新2020”、“一三五”规划和“十二五”规划的编制工作。金属所“创新2020”和“十二五”的总体思路是：凝聚人才，升级平台，更新机制，全面提升创新能力。金属所“创新2020”的定位与目标是：以关键金属结构材料研发为主体，建设国际一流的综合性研究所；以服务国家经济建设和国防建设为主要目标，以航空航天、能源、装备制造业、环境、人口健康等领域的材料需求为牵引，开展高品质关键材料研究；以学科共性技术为内在主线，解决共性关键技术问题，全面提升材料品质；优化学科布局、凝聚人才、搭建完善研发平台，全面提升科技创新能力；以更显著、全面的科技产出、国际影响和社会贡献实现向一流研究所的整体跨越。

金属所的研究机构在基础研究方面拥有沈阳材料科学国家（联合）实验室和金属腐蚀与防护国家重点实验室，其中沈阳材料科学国家（联合）实验室是我国第一个研究类国家实验室；应用研究方面拥有沈阳先进材料研究发展中心、材料环境腐蚀研究中心；工程化研究方面拥有两个国家工程中心：高性能均质合金国家工程研究中心和国家金属腐蚀控制工程技术研究中心。

金属所坚持实施“人才兴所”战略，培养

和凝聚了大批优秀的材料科学家和工程技术专家。截至2011年底，金属所共有在职职工870人（事业编）。其中科技人员469人、科技支撑人员141人，包括中国科学院院士5人、中国工程院院士3人、第三世界科学院院士2人、研究员及正高级工程技术人员120人、副研究员及高级工程技术人员259人；全所进入创新岗位643人。有中国科学院“百人计划”入选者24人（新增1人）、国家杰出青年科学基金获得者13人（新增1人）、国家“千人计划”（国家海外高层次人才引进计划）入选者3人（新增2人）。

金属所现有材料科学与工程1个一级学科博士研究生培养点；材料科学与工程1个一级学科硕士研究生培养点，包含材料物理与化学、材料学、材料加工工程、腐蚀科学与防护4个二级学科博士、硕士研究生培养点；并设有材料科学与工程1个一级学科博士后流动站。在学研究生658人（其中硕士生278人、博士生380人）、在站博士后41人。

2011年，金属所共有在研项目483项（新增152项）。其中，主持（或承担）国家重点基础研究发展计划（“973”计划）项目5项（新增3项）、承担（参加的比较多，未计）课题19项（新增9项），承担（或参加）中国高技术研究发展计划（“863”计划）项目14项（新增3项），主持（或承担）国家科技支撑计划课题项目5项（新增2项）；主持（或承担）国家自然科学基金重大项目1项、课题3项（新增1项）、重点项目6项（新增2项）、创新群体基金项目1项，国家杰出青年科学基金2项（新增1项）、面上项目（含青年基金）91项（新增42项）；承担中国科学院战略性先导科技专项课题6项、主持（或承担）重要方向项目11项（新增2项）、承担国际合作项目1项、承担重大仪器研制项目1项、承担“百人计划”项目10项（新增1项）、院地合作项目12项（新增11项）；在研国家专用项目82项（新增41项）；参与承担国家重大科技专项课题18项（含专用9项）、承担地方科技三项项目28项（新增11项）、在研委托项目144项（新增24项）、承担其他项目33项。

2011年，金属所科研工作取得重要进展。在应用研究方面金属所承担的大型飞机、核电装备、高速列车、天宫/神八、燃气轮机、数控机床、先进核能、火电机组等国家重大专项和重大工程任务进展顺利；澄清了大型合金锭的偏析形成机制，成功制备出高纯净、高致密的百吨级合金钢锭；高性能防腐技术通过港珠澳大桥试桩工程验证，正在开展1∶1样件试验；纳米复合涂料在航空、电力行业应用效果良好；研制的钛铝合金技术通过英国罗罗公司原材料供方质量认证，金属所成为该公司在亚洲的唯一转动部件原材料供应方；GH2984合金经过长期试验，被列为我国700℃超超临界燃煤发电技术主要候选材料。在基础研究方面，发现梯度纳米（GNG）金属铜既具有极高的屈服强度又具有很高的拉伸塑性变形能力，这为发展高性能工程结构材料开辟了一条全新的道路，相关研究成果在*Science*杂志在线发表，并入选2011年度中国科学十大进展；研制出强度与塑性可往复调节的纳米多孔金属，相关研究成果在*Science*杂志发表；发展出一种柔性高导电三维石墨烯网络，在弹性导体、储能、电磁屏蔽等方面表现出巨大的应用潜力，相关研究成果在*Nature-materials*在线发表，并入选2011年度中国科学十大进展；澄清了金属材料晶界与孪晶界疲劳开裂的竞争机制，研究成果在《物理评论快报》上发表。

2011年，金属所共发表论文545篇，其中SCI论文436篇。出版专著、译著1部。申请专利203件，授权148件，负责制定的1项国家标准颁布实施。此外，“磁性纳米胶囊的制备、磁性和电磁性能研究”获2011年度辽宁省自然科学奖一等奖。

2011年，金属所中外联合发表论文数量实现新的突破，总量达152篇，与日本国立材料科学研究所、英国莱斯特大学及英国石油公司（BP）等研究机构及公司签订合作协议6项，举办了第四届世界材料研究所论坛等5个国际研讨会。全年出访人员213人次，来访人员300人次。有14人在25个国际学术组织任职，16人在15个国际学术期刊任职。

金属所受中国金属学会、中国材料研究学会、国际材料物理中心、国家自然科学基金委员会、中国腐蚀与防护学会等委托，编辑出版《金属学报》（中、英文版）、《材料科学与技术》（英文版）、《材料研究学报》（中文版）、《中国腐蚀与防护学报》、《腐蚀科学与防护技术》等6种学术刊物。

（撰稿：刘　言　黄　粮　审稿：王忠明）

沈阳应用生态研究所

所　　长：韩兴国
地　　址：辽宁省沈阳市沈河区文化路72号
邮政编码：110016
电　　话：024－83970200
传　　真：024－83970300
电子信箱：syiae@iae.ac.cn
网　　址：http://www.iae.cas.cn

中国科学院沈阳应用生态研究所（以下简称“沈阳生态所”）成立于1954年，其前身为中国科学院林业土壤研究所，1987年更为现名。是以林业、土壤、植物、微生物与环境科学为基础的综合性应用生态学研究机构。2001年，沈阳生态所被正式批准为国家知识创新工程试点单位。

沈阳生态所围绕国家农业、林业可持续发展及生态环境建设中急需解决的重大问题和应用生态学的发展需要，在森林生态与林业生态工程、土壤生态与农业生态工程、污染生态与环境生态工程等领域，围绕森林生态系统格局与过程、森林植被恢复与环境效应、农田生态系统物质循环与调控、微生物资源与生物技术、污染生态过程与生态毒理、土壤环境与生态修复及区域生态安全与可持续发展等研究方向开展应用基础性研究工作，为我国主要退化生态系统恢复与重建，改善生态环境，保障食物安全提供科学依据与关键技术。沈阳生态所的发展目标是：建设成为国家应用生态学研究基地和高级人才培养基地，成为国际上有重要影响的应用生态学研究中心。

沈阳生态所现有5个研究单元，分别是森林生态与林业生态工程研究中心、土壤生态与农业生态工程研究中心、污染生态与环境生态工程研究中心、景观生态与区域规划研究中心和生物资源与生物技术研究中心；1个国家重点实验室：森林与土壤生态国家重点实验室；1个国家工程实验室：土壤养分管理国家工程实验室（与中国科学院南京土壤研究所联合共建）；1个院重点实验室：污染生态与环境工程重点实验室；7个省重点实验室（工程技术中心），分别是辽宁省陆地生态过程与区域生态安全重点实验室、辽宁省节水农业重点实验室、辽宁省生态公益林重点实验室、辽宁省植物资源与利用重点实验室、辽宁省土壤环境质量与农产品安全重点实验室、辽宁省肥料工程技术中心、辽宁省污染环境生态修复工程技术研究中心；此外，还有1个中俄自然资源与生态环境联合研究中心。

沈阳生态所有7个野外台站，分别是吉林长白山森林生态系统国家野外科学观测研究站、辽宁沈阳农田生态系统国家野外科学观测研究站、湖南会同森林生态系统国家野外科学观测研究站、乌兰敖都荒漠化试验站（国家林业局荒漠化监测中心之一）、清原森林生态实验站、大青沟沙地生态实验站、沈阳树木园；此外，沈阳生态所还有1个东北生物标本馆，截至2011年底，馆藏标本56万份；1个农产品安全与环境质量检测中心，装备有同位素比例质谱仪、液相色谱串级质谱联用仪、气相色谱串级质谱联用仪、电感耦合等离子体发射光谱－质谱联用仪、红外光谱仪、超临界萃取仪、PCR电泳仪、环境扫描电镜等，具备微（痕）量元素、有机污染物、微观形态分析测试能力，可以进行环境、农业、医药、食品等领域的分析测试和研究工作。

截至2011年底，沈阳生态所共有在职职工414人。其中科研人员205人、科技支撑人员113人，包括中国工程院院士1人、研究员及正高级工程技术人员57人、副研究员及高级工程技术人员99人。中国科学院“百人计划”入选者10人，国家杰出青年科学基金获得者3人，国家“千人计划”（国家海外高层次人才引进计划）入选者1人。

沈阳生态所是1981年国务院学位委员会首次批准的博士学位点。现设有生态学、农业资源与环境 2 个一级学科博士研究生培养点；微生物学、环境科学 2 个二级学科博士研究生培养点；生态学、农业资源与环境 2 个一级学科硕士研究生培养点；微生物学、植物学、森林培育、环境科学等 4 个二级学科硕士研究生培养点；并设有生态学、农业资源与环境等 2 个一级学科博士后流动站。共有在学研究生 329 人（硕士生 181 人、博士生 148 人），在站博士后 25 人。

2011 年，沈阳生态所共有在研项目 309 项（新增 85 项）。其中，主持国家重点基础研究发展计划（“973”计划）项目 2 项（新增 1 项）、承担课题 5 项（新增 2 项）；主持国家高技术研究发展计划（“863”计划）课题 1 项；主持国家自然科学基金重点项目 9 项、面上项目 83 项（新增 35 项）；承担中国科学院战略性先导科技专项课题 3 项，主持知识创新工程重大项目 1 项、重要方向项目 9 项，承担国际合作项目 8 项（新增 2 项），承担重大仪器研制项目 1 项，承担院地合作项目 20 项（新增 3 项）。

2011 年，沈阳生态所发表学术论文 600 余篇，其中 SCI 收录论文 154 篇（包括 I 区 17 篇、II 区 30 篇），出版专著 6 部。申请专利 47 项，其中发明专利 45 项；获授权专利 49 项，其中发明专利 43 项，实用新型专利 6 项；“辽宁省镁质材料行业资源循环利用与矿山环境修复技术与示范”获辽宁省科技进步奖二等奖；“增效缓释氮素肥料及制备方法”转让中化化肥有限公司，转让费 300 万元。

2011 年，沈阳生态所引进中国科学院外国专家特聘研究员计划 2 人、中国科学院外籍青年科学家计划 1 人、中国科学院台湾青年访问学者计划 1 人；与日本国立环境研究所续签全面合作协议；与 27 个国家和地区开展了国际学术交流与合作，总交流量为 213 人次，其中出访 101 人次、来访 112 人次。举办了中法科学院“生态系统固碳机制与调控研讨会”和以“可持续发展与区域环境安全”为主题的第三届“东北亚生态论坛”。

沈阳生态所是中国稳定性肥料产业联盟的牵头单位，是辽宁省生态学会、辽宁省植物学会、辽宁省土壤学会的挂靠单位；主办《应用生态学报》、《生态学杂志》、*Ecological Processes* 等学术刊物。

（撰稿：丁玮杭　胡志斌　审稿：姬兰柱）

沈阳自动化研究所

所　　长：于海斌
地　　址：辽宁省沈阳市沈河区南塔街 114 号
邮政编码：110016
电　　话：024 - 23970012
传　　真：024 - 23970013
电子信箱：sia@ sia. cn
网　　址：http://www. sia. cas. cn

中国科学院沈阳自动化研究所（以下简称“沈阳自动化所”）成立于 1958 年 11 月。成立之初名称为辽宁电子技术研究所，1960 年 4 月更名为中国科学院辽宁分院自动化研究所，1962—1972 年的名称为中国科学院东北工业自动化研究所，1972 年起定名为中国科学院沈阳自动化研究所。

沈阳自动化研究所主要从事机器人、工业自动化、光电信息技术的研究、开发与应用。1999 年成为首批进入中国科学院知识创新工程的试点单位之一，经过 12 年知识创新工程的洗礼，研究所进入到建所以来最好的发展时期。2011 年，研究所进入院“创新 2020”整体择优支持研究所行列。

沈阳自动化所战略定位和发展目标是：以全面提升科技创新能力和自主持续发展能力，服务小康社会建设为主线，面向建设制造强国和国防安全的国家重大战略需求，以科技创新提高国家综合实力、促进经济社会发展、保障国家安全为出发点，以建设实现“四个一流”为目标，自主创新能力显著增强，在先进制造与国家安全领域创新跨越，为我国构建和发展战略性新兴产业提供强有力科技支撑，成为我国先进制造与自动化技术领域具有骨干引领作用的国立科研机构，成为代表中国科技发展水平的国际知名研究所。

2011 年，沈阳自动化所设 8 个研究室：即机器人学研究室、水下机器人技术研究室、空间自动化技术研究室、光电信息技术研究室、自动化系统研究室、装备制造技术研究室、信息服务与智能控制技术研究室、工业控制网络与系统研究室，以及机电产品制造中心 1 个生产部门。设有综合办公室、科技处、工程项目处、人事教育处、财务处、质量管理处、条件处、保密办公室、监察审计办公室 9 个管理部门，以及文献情报中心 1 个支撑部门。沈阳自动化所是机器人技术国家工程研究中心、机器人学国家重点实验室、国家科技部高技术成果转化产业化基地、辽宁省图像理解与视觉计算重点实验室、辽宁省物联网技术研究与应用重点实验室、辽宁省雷达系统研究与应用技术重点实验室、中国科学院光电信息处理重点实验室、辽宁省工业通信与控制系统重点实验室、辽宁省数字化协同制造与管理重点实验室的依托单位。

截至 2011 年底，沈阳自动化所有在职职工 776 人。其中科研人员 611 人，科技支撑人员 43 人，包括中国工程院院士 2 人、研究员及正高级工程技术人员 83 人、副研究员及高级工程技术人员 161 人。有中国科学院“百人计划”入选者 5 人，国家杰出青年科学基金获得者 1 人，国家“千人计划”入选者 1 人，“新世纪百千万人才工程”国家级人选 2 人，卢嘉锡青年人才奖 1 人。现有机械电子工程、模式识别与智能系统专业 2 个博士培养点；模式识别与智能控制、自动控制理论及应用、控制理论与控制工程、计算机应用技术等 4 个硕士培养点；设有机械工程和控制科学与工程 2 个一级学科博士后流动站，共有在学研究生 323 人（硕士 158 人，博士 165 人），在站博士后 25 人。

2011 年，沈阳自动化所共有在研项目 351 项（新增 199 项）。包括国家重点基础研究发展计划（“973”计划）项目 5 项，其中主持 2 项、承担 3 项（新增 2 项）、国家高技术研究发展计划（“863”计划）项目 18 项，其中主持 14 项（新增 12 项）、承担 4 项（新增 2 项）；主持国家自然科学基金项目 28 项（新增 13 项），其中重点项目 1 项（新增 1 项）、国家杰出青年科学基金项目 1 项、面上项目 7 项（新增 2 项）、青年科学基金项目 18 项（新增 9 项）、国际合作项目 1 项；中国科学院项目 54 项（新增 34 项）；国家科技重大专项项目 11 项（新增 6 项），其中主持 2 项，承担 9 项（新增 6 项）。新申请专利 182 件，其中发明专利 122 件、实用新型 56 件、PCT 国际申请 4 件。授权专利 112 件，其中发明专利 48 件、实用新型专利 64 件。软件著作权登记 45 件。发表学术论文 352 篇，出版学术专著 1 部。

2011 年有 2 个研究项目通过科技成果鉴定：用于工业过程监测的无线传感器网络技术、博翔-3型无人直升机系统开发及在输电线路巡检中的应用。

2011 年，沈阳自动化研究所持续深入开展院地合作和科技成果转移转化工作，争取到地方政府项目 15 项；与企业新签合同 75 项。紧密结合区域经济发展，在“长三角”和“珠三角”地区与地方政府合作共建分支机构取得显著进展，成立了扬州、义乌两个研究中心和沈阳自动化研究所广州分所，参加无锡中国物联网中心建设，成立了无锡中科泛在信息制造研发中心有限公司，参加广州中国科学院工业技术研究院共建工作。

2011 年，沈阳自动化所有多项科研成果获得国家和省部级科技奖。包括荣获科技部“十一五”国家计划执行优秀团队奖；主持完成的“超高压输电线路机器人巡检技术”获辽宁省技术发明奖二等奖；“三维照相测量系统及其在铁路罐车容积测量中的应用技术”获辽宁省技术发明奖三等奖；“变压器用波纹管自动焊接系统”获沈阳市科技进步奖三等奖。此外，获得辽宁省自然科技成果奖 8 项，其中论文类一等奖 2 项，二等奖 5 项，三等奖 1 项。

2011 年，沈阳自动化所投资的高技术公司继续呈现良好发展态势。截至 2011 年底，所投资公司共有 10 家，研究所所有者权益进一步增加。

2011 年，科研人员和研究生积极参与国际科技合作与交流，先后出访 27 个国家或地区。全年出访立项 107 人次，接待 6 个国家和地区 46 人次来访。于海斌研究员荣获 2011 年国际自动化学会的“ISA Fellow”，刘连庆研究员获得 2011 年“IEEE RAS Early Career Award”，推荐的专家获2011年院立项；成功举办了“IEC工业无线共存工作组会议”、“超高压输变电设施机器人检测与维护技术研讨会”、“机器人前沿学术论坛系列讲座首讲报告会暨揭幕仪式”等大型会议；组织人员积极参加国家海洋局组织的大洋第二十五次航试任务及第二十八次南极科学考察任务。

沈阳自动化研究所与中国自动化学会主办《机器人》、《信息与控制》两个科技类中文核心学术期刊。中国自动化学会机器人专业委员会、辽宁省自动化学会和沈阳科研院所科协联合会挂靠在沈阳自动化研究所。

（撰稿：刘　洋　周　船　审稿：梁　波）

海洋研究所

所　　长：孙　松
地　　址：山东省青岛市南海路7号
邮政编码：266071
电　　话：0532－82898611
传　　真：0532－82898612
电子信箱：iocas@qdio.ac.cn
网　　址：http://www.qdio.cas.cn

中国科学院海洋研究所（以下简称“海洋所”）始建于1950年8月，其前身为中国科学院水生生物研究所青岛海洋生物研究室，是新中国成立后建立的我国第一个从事海洋科学基础研究与应用基础研究和高新技术研发的多学科、综合性科研机构。

海洋所坚持面向国家需求和国际前沿，重点在海洋农业可持续发展的理论基础与关键技术，海洋环境与生态系统动力过程，海洋环流与浅海动力过程以及大陆边缘地质演化与资源环境效应等领域开展了许多开创性和奠基性工作，共取得1000余项科研成果。“创新2020”新时期，将部署实施“一三五”发展规划，提出一个定位是：致力于综合性海洋科学基础研究和技术研发，立足近海环境演变与生物资源可持续利用的理论创新与关键技术的综合交叉与系统集成，拓展深海环境与战略性资源探索的先导性研究，在我国海洋科技领域发挥不可替代的引领作用，成为有国际影响力的海洋科学和技术研究机构；三个重大突破是：我国海洋生物资源的新品种、新认知和新生产体系、中国近海环境演变机理与生态灾害发生的预测和防控、热带西太平洋环流变异及其对气候、环境的影响；提出五个重点培育方向是：西太平洋地质演化与沉积记录、深海环境综合探测研究、海洋生物多样性与分子系统演化、海洋生物活性物质与生物能源发掘利用、海洋环境腐蚀与生物污损防护技术。

海洋所拥有国家海洋腐蚀与防护工程技术研究中心1个国家工程中心，拥有中科院海洋环流与波动、海洋地质与环境、实验海洋生物学、海洋生态与环境科学4个重点实验室和海洋生物工程技术研发中心、海洋环境工程技术研发中心、海洋腐蚀与防护研发中心、海洋生物分类与系统演化研究室；设有胶州湾海洋生态系统国家野外研究站、文献信息中心和海洋观测与分析测试中心3个研究支撑单元，中科院海洋科学大型仪器区域中心、超级计算中心（青岛）以及农业部贝类产业技术体系研发中心设在该所。与国外著名研究所、大学联合建有中美海洋环流与气候环境联合研究中心、中日海洋腐蚀环境共同研究中心等多个国际合作研究机构，与国内联合建有国家级海湾扇贝良种场（青岛）、国家级三疣梭子蟹原种场、山东省腐蚀科学重点实验室、中科院海洋所（南通）、青岛海洋生物技术重点实验室以及獐子岛渔业海洋生态养殖联合实验室、烟台东方海洋海珍品良种选育与健康养殖实验室和天津海洋技术研究院等。

海洋所承担的国家重大科技基础设施建设工程——海洋科学综合考察船“科学号”，于11月30日在武汉下水，标志着我国海洋科学考察能力将迈入国际先进行列。拥有3艘现役考察船和百余名船员组成的船员队伍，高质量完成近海海洋开放航次（春、秋季）和国家基金委资助任务在内的29个海洋科学考察航次任务；中国近海海洋观测研究网络系统获取了大量有效的观测数据并实际应用；拥有我国规模最大，亚洲馆藏量最丰富，集标本收藏、生物系统多样性研究和海洋科普于一体的中科院海洋生物标本馆，馆藏标本达77.59万号，其中模式标本1597种；实现了46万余号标本的数字化建设，通过资源共享平台提供网络共享服务；馆藏标本的基因化工作初步实现了常见海洋生物物种通过DNA技术快速鉴定；标本馆获2012年财政部和中科院“战略生物资源科技支撑体系运行专项”资助，同时获科技部国家科技基础条件平台项目长期运行经费的支持；中科院高性能计算环境青岛分中心暨中科院海洋所高性能计算中心工作顺利开展，全年提供机时数量超过718万CPU小时，系统平均使用率为76%，在全院信息化评估报告中获超算专项评估第一名。

截至2011年底，海洋所有在职职工634人，其中科研人员409人，科技支撑人员166人，包括中国科学院院士5人、中国工程院院士2人、研究员及正高级专业技术人员104人、副研究员及高级工程技术人员112人；进入创新岗位381人。共有中科院“百人计划”入选者14人（新增3人），1人终期评估为优秀；国家杰出青年科学基金获得者13人。年内，1人被授予“全国十大海洋人物”，2人获国务院政府特殊津贴，1人获中国产学研合作促进会2010年度中国产学研合作创新奖；3人入选山东省泰山学者，1人获山东省突突出贡献的中青年专家；1人获山东省自然科学杰出青年基金；15人获中科院、国家海洋局和山东省有关部门荣誉称号，10人获青岛市有关部门先进个人荣誉称号。

海洋所是1996年国务院学位委员会批准的国家海洋科学一级学科博士学位授予单位、中科院博士研究生重点培养基地。设博士学位授予点13个、硕士学位授予点12个、专业工程硕士学位授予点3个和海洋科学博士后流动站。在学研究生487名（博士研究生204人，硕士研究生283人），在站博士后58人。

2011年，海洋研究所共有在研项目542项（新增170项）。其中，主持国家重点基础研究发展计划（“973”计划）项目6项（新增3项，分别是“热带太平洋海洋环流与暖池的结构特征、变异机理和气候效应”、“海水养殖动物主要病毒性疫病爆发机理与免疫防治的基础研究”和国家重大科学研究计划“全球变暖背景下的海洋响应及其对东亚气候和近海储碳的影响”）、承担课题39项（新增11项），主持或承担中国高技术研究发展计划（“863”计划）项目17项（新增2项，分别是“饵料型微藻新品系培育及饵料工程化高效生产技术”和“牡蛎全基因组测序与功能解析”）；主持或承担国家自然科学基金重大项目1项、重点项目13项、面上项目104项（新增43项）；主持或承担院重大项目1项、重要方向项目19项（新增7项）；承担重大仪器研制项目3项；承担院地合作项目50项（新增25项）。

2011年，共获得科技奖21项，17项为第一承担单位，包括山东省科学技术奖5项、国际合作奖1项，青岛市科学技术奖5项，国家海洋局创新成果奖6项等。共出版专著9部，发表研究论文572篇，其中SCI/EI收录346篇，JCR一区高端论文122篇。共申请专利93件，其中发明专利89件，含PCT国际专利1件；获授权专利42件，其中国内发明专利37件。有4项研究成果通过鉴定，2个研究项目通过验收。

2011年，海洋所院地合作成效明显，组织申报山东省首批8亿元两区建设基金项目11项，获批2项，组织院战略性新兴产业行动计划16项，入所横向经费2117万元；在沿海典型区域分别部署了以“大连獐子岛”、“天津海发”、“烟台东方海洋”和“海洋所南通”为代表的“区域式、链条式、核心式、平台式”四种独具特色的技术推广模式，以科技团队与企业研发紧密互动为特色；积极参与产学研会议科技节等各级科技咨询与成果推介活动，被启东市人民政府评选为“支援启东建设先进科研院所”。

2011年，海洋所国际合作与交流稳步发展，承担国际合作项目27项，承办了“第十八届国际扇贝研讨会”、“西北太平洋海洋环流与气候试验（NPOCE）”、“国际合作计划科学指导委员会议”、“第五届天然产物化学亚洲联络会议”等多个重要国际会议，推进了与英国普利茅斯大学及英国国家海洋研究中心等机构的实质性国际合作。

中国海洋湖沼学会挂靠海洋所。出版的学术期刊有《海洋与湖沼》、《中国海洋湖沼学报》（英文版）（SCIE收录）、《海洋科学》、《海洋科学集刊》。研究所是全国青少年走进科学世界科技示范活动基地、全国青少年科技教育基地、山东省关心下一代科普教育基地、山东省少年科学院科普活动基地、青岛市科普教育基地。

（撰稿：展翔天　审稿：王启尧）

青岛生物能源与过程研究所

所　　长：王利生
地　　址：山东省青岛市崂山区松岭路189号
邮政编码：266101
电　　话：0532－80662776
传　　真：0532－80662778
电子信箱：qibebt@qibebt.ac.cn
网　　址：http://www.qibebt.cas.cn

中国科学院青岛生物能源与过程研究所（以下简称“青能所”）是由中国科学院、山东省人民政府、青岛市人民政府于2006年共同出资建设，于2009年7月获中央机构编制委员会办公室批复成立，并于2009年11月通过共建三方验收正式成立。2011年，青能所“十二五”规划先后通过青岛市市长办公会和中科院院长办公会审议；8月，中国科学院与青岛市人民政府签署共建研究所二期协议，全面开启研究所“二期建设”新时期。

青能所定位于“基于生物资源为主的可再生资源，以工业生物技术、绿色化工技术为手段，致力于突破生物资源不足、转化效率低下、规模化放大困难等瓶颈问题，研究开发生物能源、生物基材料的产品、工艺或技术，服务于国家与地方在资源开发、能源利用、清洁过程、低碳生产等领域的需求”。主要研究领域包括生物能源、生物基材料、能源应用技术等3个方面。“二期”建设全面完成后，青能所将成为引领我国生物能源与生物基材料科技发展的创新研发基地和具有重要国际影响的战略高技术研发机构。

青能所建有中科院生物燃料重点实验室、中科院超级计算环境青岛分中心、中科院国家科学图书馆生物能源学科情报研究特色分馆、山东省能源生物遗传资源重点实验室、青岛生物基能源与材料工程技术研究中心等5个省部级平台；设有生物资源、生物催化与转化、生物材料、能源应用技术等4个所级科研中心和公共实验室、规划战略与信息中心、中试技术服务中心等3个所级支撑平台，在青岛平度同和生态产业园建有1个占地100亩的中试与产业化示范基地；此外，与美国波音公司共建了“可持续航空生物燃料联合研究实验室”，与澳大利亚西澳大利亚大学联合成立了“中澳生物质综合利用联合研究中心”。

截至2011年底，青能所共有在职职工及客座人员588人。其中科技人员260人、科技支撑人员57人，包括研究员及正高级工程技术人员31人、副研究员及高级工程技术人员47人；全所进入创新岗位300人。共有中组部“青年千人计划”入选者1人（新增1人）、中国科学院“百人计划”入选者15人（新增2人）、泰山学者2人（新增1人）、山东省杰出青年基金获得者2人。

青能所现设有生物化学与分子生物学、化学工程2个博士研究生培养点，生物化工、生物化学与分子生物学、化学工程、材料学4个二级学科学术型硕士研究生培养点，并设有生物工程、化学工程、材料工程等3个二级学科专业型硕士研究生培养点。共有在学研究生180人（硕士生62人、博士生69人，联合培养49人）。

2011年，青能所共有在研项目265项（新增114项）。其中，主持（或参加）国家重点基础研究发展计划（“973”计划）课题5项（新增1项），主持（或参与）中国高技术研究发展计划（“863”计划）项目9项（新增1项），主持（或承担）科技部创新方法工作项目1项（新增1项）；承担国家自然科学基金项目49项（新增22项）；主持（或承担）中国科学院战略先导性课题1项（新增1项）、主持（或参与）中国科学院知识创新工程重要方向项目14项（新增5项），承担院地合作项目10项（新增4项），承担“百人计划”10项（新增0项），承担中科院重大仪器研制项目3项（新增2项）。

2011年，青能所已建成生物天然气、微藻规模培养、秸秆热解气化合成、微生物发酵、可移动式生物柴油、木质纤维素预处理等多套中试系统，木塑材料技术在安徽省、吉林省成功进行产业化推广。在 *PLoS Genetics*、*Energy & Environmental Science* 等高水平科研期刊上发表科技论文 148 篇，被 SCI/EI 收录的论文 99 篇；申请国内外专利 55 件，其中发明专利 54 件，获授权专利 9 件。

青能所整合所内科研力量，积极推进与地方政府、企业、科研机构和大学的交流与合作。2011 年，共承担与地方政府合作项目 51 项（新增 19 项），与企业、科研机构等合作类项目 55 项（新增 27 项）。2011 年 11 月，青能所与政府、企业合作共同注册成立了青岛中科青能科技创业有限公司，促进科研成果的转移转化。

2011 年，青能所新增 11 项国际合作项目，项目经费 1196.79 万元。接待国际机构客人来访 104 人次。聘请欧洲科学院院士、德国慕尼黑工业大学 Johannes A. Lercher 教授和美国奥本大学终身教授 Valery Petrenko 为研究所特聘研究员。与美国 Johns Hopkins 等大学联合培养学生 3 名。国际出访 30 人次，与宾夕法尼亚大学、俄罗斯国家工业微生物遗传育种研究所、中国台湾工研院、老挝科技部、壳牌集团、波音公司等国际知名大学与企业开展科研合作与交流。

青能所于 2011 年 5 月成功承办“第五届中国工业生物技术发展高峰论坛”。来自中科院相关院所、国内高校、美国波音公司、英荷壳牌集团、法国道达尔集团、荷兰帝斯曼公司、丹麦诺维信公司、中海油公司、青岛康地恩公司等国内外工业生物技术行业领域的 300 余名专家、学者、企业家等参加。通过承办此次论坛，促进了研究所科研人员与国内外工业生物技术领域专家的交流，加强了研究所的国内外影响力。

（撰稿：官　杰　滕晓龙　审稿：彭　辉）

烟台海岸带研究所

副所长（主持工作）：骆永明
地　　址：山东省烟台市莱山区春晖路 17 号
邮政编码：264003
电　　话：0535－2109018
传　　真：0535－2109000
电子邮箱：yic@yic.ac.cn
网　　址：http://www.yic.cas.cn

中国科学院烟台海岸带研究所（以下简称“烟台海岸带所”）于 2006 年 6 月开始筹建，筹建期名为中国科学院烟台海岸带可持续发展研究所（筹），是中国科学院与山东省、烟台市共建的资源环境领域的国家级研究机构。主要研究领域包括海岸带资源与可持续利用，海岸带环境过程、监测与修复，海岸带生物多样性与生态系统健康，海岸带灾害风险与预警，海岸带信息集成与管理。

为贯彻落实中国科学院“创新 2020”要求，紧密围绕国家和区域海岸带经济社会发展需求，认真分析国际海岸科技研究前沿，结合研究所发展态势，海岸带研究所在 2011 年组织制订了“一三五”发展规划。确立了一个定位：以“认知海岸带规律，支持可持续发展”为使命，面向国家战略需求和世界科技前沿，研究全球气候变化和人类活动影响下海岸带陆海相互作用、资源环境演变规律和可持续发展，创建海岸科学理论、方法与技术体系，建立海岸科技研发与成果转化中心和高级人才培养基地，提升研究所综合持续创新能力，为国家和地方海岸带资源管理、环境保护、生态建设、减灾防灾作出基础性、战略性、前瞻性科技创新贡献，成为国际知名的海岸带研究机构。确定了以黄河三角洲陆海界面过程、生态演变与修复技术，海岸带环境容量与污染控制技术，海岸带盐生植物产业链构建关键技术与集成示范为三个重大突破。提出了以海岸带环境微生物学与应用，潮间带功能、演变与保护，海岸带灾害风险与预警，海水资源的生态安全高值利用技术，海岸带陆海信息耦合分析与集成为五个重点培育方向。

烟台海岸带所现设有海岸带生物资源研究室、海岸带环境化学与监测研究室、海岸带污染过程与控制研究室、近岸生态与环境研究室、滨海湿地生态研究室、海岸带信息与应用研究室等 6 个科研创新单元；另还建设有中国科学院海岸带环境过程重点实验室、山东省环境过程重点实验室、山东省海岸带环境工程技术研究中心、院黄河三角洲滨海湿地生态试验站、院牟平海岸带环境综合试验站以及所级分析测试中心等科技创新条件平台和技术支撑平台。

截至2011年底，烟台海岸带所有职工168人。其中科研人员126人、科技支撑人员24人、研究员22人、副研究员25人；有院“百人计划”入选者12人（新增3人），引进“973”项目首席、“863”重大项目首席、国家杰出青年科学基金获得者1人（新增1人），中组部“青年千人计划”入选者1人（新增1人），山东省杰出青年科学基金获得者3人（新增1人），烟台市“双百人才”2人（新增1人）。

烟台海岸带所设有环境科学与工程、海洋科学2个一级学科博士培养点，形成了自主命题、自主招生、自主培养的较为完整的研究生培养体系。现有在读研究生146人（硕士生84人、博士生62人）。2011年，研究生中获中科院院长特别奖1人、优秀奖1人，中科院朱李月华优秀博士生奖1人，教育部学术新人奖1人。

2011年，烟台海岸带所在研项目253项（新增112项），合同总经费10 133万元。其中承担中国高技术研究发展计划（“863”计划）项目1项、国家科技支撑计划项目7；项承担国家自然科学基金63项；承担中国科学院知识创新工程方向项目21项；承担山东省科技发展计划项目2项等。

2011年，烟台海岸带所共发表学术论文236篇，其中SCI论文151篇（影响因子最高达26.58）、EI论文3篇；出版专著3部；申请专利31项，获授权专利14项（其中发明专利13项，实用新型1项）。

2011年，烟台海岸带所加强科技支撑平台建设。黄河三角洲滨海湿地生态试验站在2011年5月通过论证，纳入中国科学院生态研究网络系统；集海岸带环境和资源观测与试验于一体的牟平海岸带环境综合试验站于2011年4月奠基开工，计划在2012年建成投入使用。

继续深化与东方海洋科技股份有限公司、烟台海诚高科技有限公司等企业在食品、环境等领域的分析检测仪器、环境治理技术及产品等的研发合作，2011年研发建设了“移动实验室”；深化与地方政府开展的合作，如在烟台海域使用规划、河道水环境治理，在东营市垦利县政府共建海岸带盐生植物产业垦利基地，构建种植、加工和生态修复一体化的产业链等。研究所服务地方的工作得到了地方政府的认同，2011年获“烟台发展突出贡献单位”的称号。

以提升科技创新能力为目标，以科技发达国家为主要对象，开展国际科技交流与合作。2011年，烟台海岸带所共有24人次到美国、法国、德国、意大利、加拿大、匈牙利、马来西亚、韩国等开展学术交流；接待来自美国、德国、意大利、澳大利亚、法国、捷克、英国、巴西、日本、韩国等国专家164人次；9月，成功举办了“2011陆海相互作用科学大会”，来自世界20多个国家和地区170多位海外专家参加了此次会议。

（撰稿：高丽梅　王德强　审稿：高玲瑜）

长春光学精密机械与物理研究所

所　　长：宣　明
地　　址：吉林省长春市东南湖大路3888号
邮政编码：130033
电　　话：0431－86176812
传　　真：0431－85682346
电子信箱：ciomp@ciomp.ac.cn
网　　址：http://www.ciomp.cas.cn

中国科学院长春光学精密机械与物理研究所（以下简称“长春光机所”）是由长春光学精密机械研究所（前身为始建于1952年的中科院仪器馆和始建于1953年的中科院机电研究所）与长春物理研究所（前身为始建于1958年的中科院吉林分院技术物理所）于1999年整合组建而成。

长春光机所的定位是面向国家战略需求和世界科技前沿，以高技术创新为主线，聚焦于国防战略性核心技术和原始创新，从事光学和精密机械等领域的基础研究、应用基础研究、工程技术研究，以及高新技术产业化，引领国家光电领域自主创新发展，成为不可替代的多学科综合性研究所。

主要研究领域有发光学、应用光学、光学工程、精密机械与仪器四大领域。重点在发光学、现代应用光学、高功率激光光源等方向开展基础与应用基础研究，在光学工程、信息显示技术、微纳科学与技术、医用光学、先进加工制造技术等方向开展工程技术研究与产品开发等创新性工作。研究所致力于建设大型光电设备研制生产基地、光电子产业孵化基地和光电子领域高级人才培养基地。

长春光机所设有14个科研部室，其中包括应用光学国家重点实验室、发光学及应用国家重点实验室（新增）、激光与物质相互作用国家重点实验室、国家光学机械质量监督检验中心、国家光栅制造与应用工程技术研究中心5个国家级重点实验室和中心，以及中科院光学系统先进制造技术重点实验室、中科院航空光学成像与测量重点实验室（新增）2个院级重点实验室。年内，中科院光学系统先进制造技术重点实验室顺利通过评估并被评为A级重点实验室。与哈尔滨工业大学联合成立的“XX飞行器工程中心”和与总参测绘局联合成立的“光学立体测绘技术与应用联合实验室”分别揭牌运行。

截至2011年底，长春光机所共有在职职工1996人。其中科技人员915人、科技支撑人员92人，包括中国科学院院士3人、研究员及正高级工程技术人员210人、副研究员及高级工程技术人员487人；全所进入创新岗位822人。现有中国科学院“百人计划”入选者10人；国家杰出青年科学基金获得者1人；“新世纪百千万人才工程”国家级人选3人。

长春光机所的研究生招生和培养工作始于1956年。1981年，被国务院学位委员会批准为首批具有博士、硕士学位授予权的单位之一。现设有凝聚态物理、光学、光学工程、机械电子工程、机械制造及其自动化、电路与系统6个博士研究生培养点；凝聚态物理、光学、光学工程、机械电子工程、机械制造及其自动化、电路与系统、计算机应用技术、测试计量技术与仪器8个硕士研究生培养点；并设有物理学、机械工程、光学工程3个一级学科博士后流动站。共有在学研究生804人（硕士生385人、博士生419人），在站博士后23人。

2011年，长春光机所共有在研项目469项（新增229项）。其中，主持国家重点基础研究发展计划（“973”计划）项目1项、承担973课题5项（新增1项）；承担中国高技术研究发展计划（“863”计划）课题34项（新增21项）；承担财政部重大科研装备研制项目1项；承担国家自然科学基金重点项目3项（新增1项）、专项基金1项、青年科学基金项目23项（新增15项）、面上项目61项（新增18项）；承担中国科学院创新科研项目2项，承担国际合作项目12项（新增6项），院地合作项目14项（新增11项）。2011年，长春光机所对外新签科研合同额18.49亿元，科研合同到款额13.12亿元。

2011年，长春光机所科研工作进展顺利。在我国首次空间交会对接试验任务中，研制的人控交会对接瞄准测量系统，为交会对接地面监视判断提供了直观的视频依据；搭载风云三号B星的紫外臭氧垂直探测仪和太阳辐射监测仪在轨测试结果达到设计要求，试验圆满成功；大口径望远镜研究方面实现了液晶自适应、精密稳像等关键技术工程验证，掌握了1.5米量级单体RB-SiC制备技术，突破大口径光学加工、镀膜、反射镜主镜支撑等技术，为4米级光学系统研制奠定了良好基础；大功率半导体激光合束技术研究方面突破了偏振合束、波长合束和光谱合束等关键技术，光纤耦合输出合束光源、半导体激光直接输出合束光源的输出功率和光束质量均达到世界先进水平；大光栅刻划机研制方面进展顺利，国家光栅工程中心组建项目通过验收；成功开发出国内首只满足数控机床闭环控制要求的单码道绝对式光栅尺，填补了国内空白，测量长度可达3.2米。全年交付航天产品14台/套、航空产品214台/套，光电测控等产品出所验收13项、50余台套。

长春光机所现有高科技投资企业7家，2011年企业实现销售收入5.26亿元，净利润1.04亿元，实现投资回报3865万元。先后成立了长春长光奥立红外光电技术有限公司和哈尔滨长光光电工程中心有限公司；长春光华微电子工程中心有限公司完成增资并启动创业板上市工作；长春希达电子技术有限公司与富士康集团达成合作意向；与吉林省政府合作建设的吉林省光电子产业孵化器顺利通过国家级孵化器复核，目前已完成首轮增资；长春市高新北区光电子产业公共技术服务平台项目顺利封顶。

2011 年，长春光机所积极推进国际交流与合作。与俄罗斯科学院普通物理所合作开展的放电引发脉冲 DF 激光器研发工作，获得了单脉冲 3J 的脉冲 DF 激光输出，指标为国内已报道的最高水平；与白俄罗斯合作研发高精度磁流变光学加工设备，完成了第一阶段加工口径 300 毫米的磁流变数控非球面加工试验系统，完善了抛光工艺；参与 30 米望远镜（TMT）项目组，与美国 TMT 项目办签署了关于合作开展 TMT 三镜系统研制的合作协议。举办国际会议 2 次，国际科技夏令营 1 次，分别为微纳光学工程国际会议、激光加工前沿国际会议以及与美国光学学会（OSA）举办了中美科技暑期夏令营（激光及其应用专题）；全年出访人员 123 人次，来访 170 余人次。

2011 年，长春光机所取得丰硕科技成果和奖励。作为第一完成单位，获得国家自然科学奖二等奖 1 项、国家技术发明奖二等奖 1 项、国家科技进步奖二等奖 2 项、吉林省科技进步奖一等奖 3 项，作为第三完成单位，获得国家科技进步奖一等奖 1 项，申请发明专利 276 项，授权发明专利 121 项；发表影响因子 1.0 以上论文 160 篇，其中影响因子 3.0 以上论文 62 篇；有 3 人当选中国载人航天工程突出贡献者，1 人获曾宪梓载人航天基金会突出贡献奖，3 人被授予吉林省五一劳动奖章，4 人被评为 2011 年吉林省高层次创新人才，8 人当选吉林省第三批高级专家；1 名研究生博士论文获“中科院百篇优秀博士论文”；在中国共产党迎来 90 华诞之际，长春光机所党委被授予“吉林省先进基层党组织标兵”、“中科院先进基层党组织”和“全国先进基层党组织”称号。

长春光机所是中国空间科学学会空间机械专业委员会、中国物理学会发光分会、中国物理学会液晶分会、吉林省光学学会的挂靠单位。现主办 5 种学术刊物，分别为《光学 精密工程》、《发光学报》、《液晶与显示》、《中国光学》、《光机电信息》。其中，《光学 精密工程》和《发光学报》是 Ei 国际检索系统收录刊源。该所主办的第一本英文国际期刊 *Light* 在 2011 年获国家新闻出版总署批准，并与英国自然出版集团正式签署合作出版协议。

（撰稿：姜　楠　金　宏　审稿：马明亚）

长春应用化学研究所

所　　长：安立佳
地　　址：吉林省长春市人民大街 5625 号
邮政编码：130022
电　　话：0431－85687300
传　　真：0431－85685653
电子信箱：ciac@ciac.jl.cn
网　　址：http://www.ciac.cas.cn

中国科学院长春应用化学研究所（以下简称“长春应化所”）始建于 1948 年 12 月，是长春解放后在“伪满大陆科学院”的废址上建立起来的，时称“东北工业研究所”，后几经更名和改变归属，1978 年 12 月命名为中国科学院长春应用化学研究所。

长春应化所是一个集基础研究、应用研究和高技术创新研究于一体的综合性化学研究所。学科方向为：高分子化学与物理、无机化学、分析化学、有机化学和物理化学。主要研究领域为：资源与环境、先进材料和新能源三大领域；重点开发稀土、二氧化碳、植物和水四类资源；突出发展先进结构、先进复合和先进功能三类材料；开拓清洁能源、储能和节能三类技术。目标是在应用化学和先进材料等方面不断作出在国家层面不可替代的重要创新贡献，引领和带动我国战略性新兴产业的培育与发展，将应化所打造成具有鲜明特色与核心竞争优势的国际一流研究机构。

面对“创新 2020”的新任务和新要求，长春应化所在对“创新 2020”总体目标、战略重点、重要任务、科学路径、改革举措等进行战略研究，多次系统论证修改、广泛征求意见建议的基础上，形成了《长春应化所“十二五”发展规划》（讨论稿），并经所四届三次职代会审议通过。按照院党组部署，明确了以一个特色定位、三个重大突破、五个重点培育为核心的战略重点布局。三个重大突破是：环境友好高分子材料－聚乳酸树脂和二氧化碳基聚合物、合成天然橡胶－稀土异戊橡胶、稀土及钍资源清洁低碳冶金技术。五个重点培育是：有机光电材料与器件、分析方法和仪器、稀土功能材料、先进高分子复合材料、先进化学电源关键材料。并将“一三五”作为未来五年率先实现创新跨越的战略重点，纳入所“十二五”发展规划中。

长春应化所目前建有高分子物理与化学国家重点实验室、电分析化学国家重点实验室、稀土资源利用国家重点实验室和中科院生态环境高分子材料重点实验室、高分子复合材料工程实验室、化学生物学实验室、先进化学电源实验室、绿色化学与过程实验室、现代分析技术工程实验室、高性能合成橡胶工程技术中心、稀土与钍清洁分离工程技术中心和国家电化学和光谱研究分析中心等创新基地和科技平台。

截至2011年底，长春应化所共有在职职工896人。其中科技人员481人、科技支撑人员112人，包括中国科学院院士4人、第三世界科学院士3人、研究员及正高级工程技术人员113人、副研究员及高级工程技术人员190人。共有中国科学院“百人计划”入选者35人（新增3人），国家杰出青年科学基金获得者25人（新增3人），国家海外高层次人才引进计划（“千人计划”）入选者1人。

长春应化所是1981年国务院学位委员会批准的首批博士、硕士学位授予单位之一。现有化学一级学科博士、硕士研究生培养点和无机化学、分析化学、有机化学、物理化学、高分子化学与物理、应用化学6个二级学科博士、硕士研究生培养点；并设有化学学科博士后流动站。共有在学研究生701人（硕士生282人、博士生419人），在站博士后143人。

2011年，长春应化所共有在研项目421项。其中，承担（或参加）国家重点基础研究发展计划（“973”计划）项目课题24项（新增8项）；承担中国高技术研究发展计划（“863”计划）项目2项（新增1项）；主持或承担国家自然科学基金重大项目2项、重点项目10项、主任基金项目1项（新增1项）、面上项目82项（新增40项），承担国家自然科学基金重大研究计划重点项目7项（新增4项）；承担中国科学院战略性先导科技专项课题1项，主持（或承担）院重要方向项目13项（新增1项），承担国际合作项目14项（新增10项），承担重大仪器研制项目5项，承担院地合作项目25项。

一年来，重点专项取得新进展。聚乳酸树脂规模产业化稳步推进；二氧化碳基聚合物在浙江温岭完成万吨级的生产线建设和单元调试，稀土异戊橡胶万吨级产业化技术全套工艺包与企业完成交接，预期2012年内3万吨稀土异戊橡胶生产线开车运行。

2011年，长春应化所共荣获省部级以上科技成果奖10项。其中第一完成单位荣获吉林省科技进步奖一等奖2项，分别是：“高性能稀土镁合金的研发及其应用”和“可降解医用高分子材料的基础研究及应用探索”。荣获中石化联合会科学技术奖一等奖2项，分别是过渡金属催化烯烃聚合与齐聚”和“聚乳酸新材料关键技术研发及产业化应用”。同时，还荣获吉林省自然科学学术成果奖一等奖2项、二等奖2项、三等奖2项。入选“2010年度中国稀土行业十大科技新闻”4项。

2011年，长春应化所发表科技论文被SCI引用收入717篇（第一单位）。据中国科技信息研究所2011年底公布的“2010年中国科技论文统计结果”显示，长春应化所国际论文被引用篇次、“表现不俗”论文篇数均位居全国研究机构第2名，2001—2010年10年间SCI收录论文总数位居全国科研机构第3名。

2011年，长春应化所申请专利167项，授权专利111项。连续3年专利授权超百项。据中国科技信息研究所2011年底公布的“2010年中国专利产出结果”显示，长春应化所2010年专利授权总数位居全国研究机构第4名。

2011年，长春应化所国际合作与交流持续取得新进展，成功主办了3个国际会议和1个两岸会议，包括第十三届国际电分析化学会议、中韩双边高分子材料科学研讨会、国际生物材料学术研讨会暨中日韩（A3 计划）基因传输前瞻会议和两岸膜科学技术高级研讨会；承办了中科院 2011 年国际合作工作研讨会；选派近 126 人次赴国外参加国际会议、开展合作研究和学术交流；接待 233 人次国外专家学者来所进行各类学术活动。

2011 年，长春应化所进一步推进所地所企合作和成果转移转化。长东北先进材料与技术产业园和浙江（杭州）材料与化工研究院（浙江中科应化科技有限公司）分别完成注册、总体规划设计、相关运行制度编制、启动基本建设工程；常州储能材料与器件研究院正式揭牌，镍氢电池生产线启动建设、分析测试平台开始对外服务；哈尔滨工程技术中心的基础设施建设有序推进，目前已有 3 个项目落户该中心；构建了吉林省化学电源工程实验室和吉林省电化学仪器科技创新中心，延伸了从基础研究、核心技术研发到成果转移转化的创新价值链；现有以高技术入股成立的公司共 22 家，其中上市公司 2 家（中科英华和青岛金王），从事科技开发人员 40 人；实现销售收入 32.35 亿元、利润总额 1.27 亿元；荣获 2010 年中国科学院院地合作先进集体二等奖。

长春应化所是中国化学会的挂靠单位；受中国化学会的委托，编辑出版《分析化学》（月刊）、《应用化学》（月刊）和《化学通讯》（双月刊），《分析化学》和《应用化学》持续被评为“中国科技核心期刊”，《分析化学》再次入选“中国百种杰出学术期刊”。

（撰稿：夏云龙　于　洋　审稿：周光远）

东北地理与农业生态研究所

所　　长：何兴元
地　　址：吉林省长春市高新技术产业开发区蔚山路 3195 号
邮政编码：130012
电　　话：0431－85542266
传　　真：0431－85542298
电子信箱：neigae@neigae.ac.cn
网　　址：http://www.neigae.ac.cn

中国科学院东北地理与农业生态研究所（以下简称“东北地理所”）成立于 1958 年 8 月 18 日。其前身是中国科学院长春地理研究所，2002 年 3 月与中国科学院黑龙江农业现代化研究所整合组建成现所，是中国科学院设在东北地区的综合性地理学与农学研究机构。

2011 年，根据中国科学院“创新 2020”的总体部署和“一三五”战略推进，结合研究所自身特点和发展态势，全面完善了我所“十二五”规划，并提出“一二四”核心发展战略。首次明确重点开展农业生态、湿地生态、遥感与 GIS、环境与区域发展等学科领域研究，为保障国家粮食安全、区域生态安全和东北老工业基地振兴作出三性贡献的战略定位；集中部署“东北主要作物新型种植模式与关键技术”和“沼泽湿地碳收支及其对全球变化的响应”两个重大突破；着重培育大豆重要性状形成机理与分子育种、黑土农田地力提升及其关键技术、苏打盐碱地高效治理关键技术、退化湿地恢复与人工湿地构建的四个培养方向。以此确立东北区域农业研究中心地位，创新湿地科学理论体系与应用研究，筹建湿地生态与环境国家重点实验室，巩固在我国沼泽湿地研究中的骨干和引领地位。

东北地理所设有湿地生态与环境研究中心、区域农业研究中心、遥感与地理信息研究中心和东北区域发展研究中心等 4 个基本创新单元；拥有中国科学院湿地生态与环境重点实验室、中国科学院黑土区农业生态重点实验室；联合共建黑龙江省黑土生态实验室、吉林省生态恢复与生态系统管理重点实验室、吉林省碱地生态经济工程实验室 3 个省级重点实验室；建有三江平原沼泽湿地生态系统观测研究站、海伦农田生态系统观测研究站 2 个国家重点野外台站，并以三江平原沼泽湿地生态系统观测研究站为核心，建成了覆盖平原沼泽湿地、滨海湿地、滨湖湿地和森林湿地在内的东北湿地野外台站网络；此处还建有中国科学院长春净月潭遥感试验站、大安碱地生态试验站和长岭草地农牧生态研究站；设有所属图书馆和标本馆；主要下属单位：中国科学院东北地理与农业生态研究所农业技术中心。

截至2011年底，东北地理所共有在职职工362人。其中专业人员273人，包括中国工程院院士1人、研究员及正高级工程技术人员62人、副研究员及高级工程师技术人员68人；国家杰出青年科学基金获得者1人、中国科学院“百人计划”入选者7人。

东北地理所设有环境科学、地图学与地理信息系统、生态学、人文地理等4个二级学科博士研究生培养点；环境科学、地图学与地理信息系统、生态学、人文地理、自然地理学、遗传学、环境工程、生物工程等8个二级学科硕士研究生培养点；并设有环境科学与工程等1个一级学科博士后流动站。共有在学研究生170人（硕士生72人、博士生98人），在站博士后17人。

2011年，东北地理所在研项目257项（新增106项）。其中，主持科技支撑项目1项；承担公益性行业专项课题2项；主持国家自然科学基金杰出青年基金1项（新增1项）、重点项目3项、面上项目88项（新增37项）；主持中国科学院知识创新工程重要方向项目23项、吉林省世行贷款项目1项（新增1项），承担院地合作项目7项（新增5项），与地方政府和企业合作项目51项（新增31项）。

2011年，获得省部级以上奖励5项；由杨福研究员等培育的‘东稻4号’（吉审稻2010005）在2011年全国优良食味粳稻品评一等奖；在SCI、EI期刊发表论文170余篇，其中SCI论文135篇；发表CSCD论文297篇；出版专著8部；申报并受理发明专利69项，授权专利28项，其中发明专利26项；获得植物新品种4项，其中国家级审定1项，省级审定3项，软件登记10项；提交咨询报告被中办采纳并得到国家领导人的批示3项。

2011年，依托东北地理所科研成果形成的东稻系列新品种、“玉米高光效模式”、“低碳农业生产技术”、湿地稻-苇-渔复合生态技术、海伦市前进乡农业综合开发，帮助地方政府和企业实现经济效益2.3亿元，利税0.19亿元，产生社会效益22.2亿元。

2011年，成功举办国际、国内重要学术会议10次。8月3日，由中国科学院、国家自然科学基金委员会主办，中国科学院东北地理与农业生态研究所、中国科学院湿地研究中心、中科院湿地重点实验室承办的“湿地学科发展战略研讨会”在哈尔滨召开，国家自然科学基金委员会主任、中国科学院湿地研究中心主任陈宜瑜院士，中国科学院副院长丁仲礼院士等三十余位领导专家参加了会议；组织学术活动24次，共出访43人次，接待来访专家26人，获中国科学院外国专家特聘研究员项目4项。

东北地理所是中国科学院湿地研究中心、吉林省地理学会、吉林省遥感学会、吉林省环境科学学会环境地学专业委员会、中国生态学会湿地生态专业委员会的挂靠单位。主办的学术刊物中《地理科学》、*Chinese Geographical Science*、《湿地科学》均为中国科学引文数据库（CSCD）核心期刊，《土壤与作物》为2011年新增刊物，其中*Chinese Geographical Science* 被SCIE收录。

（撰稿：邵庆春　殷丽娅　审稿：胡乃泽）

上海微系统与信息技术研究所

所　　长：王　曦
地　　址：上海市长宁路865号
邮政编码：200050
电　　话：021-62511070
传　　真：021-62524192
电子信箱：simit@mail.sin.ac.cn
网　　址：http://www.sim.cas.cn

中国科学院上海微系统与信息技术研究所（以下简称“上海微系统所”）原名中国科学院上海冶金研究所，前身是成立于1928年的国立中央研究院工程研究所，是我国最早的工学研究机构之一。新中国成立后隶属中国科学院，曾命名中国科学院工学实验馆、中国科学院冶金陶瓷研究所。2001年8月，根据学科方向和科技发展目标的调整，更名为中国科学院上海微系统与信息技术研究所。

面向“十二五”和“创新2020”，上海微系统所凝练了“一三五”战略目标。即一个定位：加快电子科学与技术、信息与通信工程两大学科建设，解决“感知中国”网络战略性科技问题，在ICT一些重要领域实现创新跨越并推广应用，致力于成为无线传感网、宽带移动通信、微系统及相关材料与器件领域内不可替代、“四个一流”的国立研究机构；三个重大突破：宽带无线传感网、MEMS微纳传感器、高端硅基SOI材料；五个重点培育：超导新材料、器件和应用，新型相变存储器材料与器件，THz固态技术，高可靠汽车电子芯片，高效太阳能电池。

上海微系统所现有传感技术联合国家重点实验室/微系统技术重点实验室、信息功能材料国家重点实验室、中科院微小卫星重点实验室、中科院太赫兹固态技术重点实验室、中科院无线传感网与通信重点实验室；在上海、南京、杭州、无锡、嘉兴、南通与地方合作共建了七个分支机构；与德国亥姆霍兹国家研究中心于利希中心共建了超导与生物电子学联合实验室，与中国铁路通信信号集团公司共建了轨道交通传感与传输联合实验室，与吉林大学共建了地球物理探测技术联合实验室等。

上海微系统所现有在职职工738人，其中科研和管理人员606人，包括中国科学院院士2人、中国工程院院士1人、美国国家科学院外籍院士1人、研究员及正高级工程技术人员76人；全所进入创新岗位人员421人。有中国科学院“百人计划”入选者18人（新增3人）、国家杰出青年科学基金获得者4人、国家“千人计划”入选者2人、国家“新世纪百千万人才工程”入选者6人、国家基金委创新群体1个、上海市科技领军人才8人次（新增1人）。

上海微系统所是国务院学位委员会批准的首批博士、硕士学位授予单位之一。设有电子科学与技术、信息与通信工程等2个一级学科博士、硕士研究生培养点；材料物理化学二级学科博士、硕士研究生培养点；并设有电子科学与技术、材料科学与工程等2个一级学科博士后流动站。共有在学研究生391人（硕士生214人、博士生177人），在站博士后19人。

上海微系统所有在研项目/课题349项（新增106项）。其中，主持国家重大专项项目13项（新增2项）、参加课题31项（新增9项），主持国家重点基础研究发展计划（“973”计划）项目4项（新增1项）、参加课题13项（新增8项），主持中国高技术研究发展计划（“863”计划）项目2项、参加课题4项；主持国家自然科学基金重点项目2项（新增1项）、面上项目18项（新增6项）；主持中国科学院知识创新工程重要方向项目5项（新增1项），承担国际合作项目5项（新增2项），承担仪器研制项目5项（新增2项），承担院地合作项目10项（新增10项），承担国家科技支撑计划项目4项（新增2项）、国家杰出青年科学基金项目1项。

2011年，上海微系统所科研工作取得新进展，进入中科院“创新2020”整体择优支持研究所行列。围绕无线传感网关键技术和复杂频谱条件下的宽带无线通信技术，在宽带无线传感网组网协议、协同处理、集成应用、芯片研制等方面持续推进，全院第一个系统级的特种无线传感网完成设计定型，批量装备相关单位和地区；石油勘探用MEMS加速度传感器参加新疆外场试验，是MEMS传感器首次在国内自主研发的千道数字地震仪器上使用；SOI研究取得突破性进展，研究成果在*Physical Review Letters*上发表，被选为Editors' Suggestion，引起国际同行广泛关注，美国物理学会在physics. aps. org上做了专题报道，客座研究员祁明浩关于全硅被动光二极管研究结果发表在*Science*（影响因子34）；建成国际先进水平的超导器材工艺线，国内首套多通道低温超导心磁图仪即将进入临床试用；研制出我国第一款可实现读、写、擦全部存储器功能的8兆相变存储器试验芯片，为产业化推进做好了准备；实现了速率为1.8兆字节/秒的THz无线信号传输测试，开发出国内第一套自主知识产权的Ka波段有源相控阵通信系统和60吉赫短距离无线通信系统；建成我国首个薄膜硅/晶体硅异质结（HIT）太阳电池研发平台，高效HIT太阳电池先期在日本设计流片，电池效率已达17.5%。

2011年，上海微系统所申请专利265项，获得专利授权123项，发表论文430篇，其中SCI收录132篇，EI收录156篇。微系统技术重点实验室、中科院无线传感网与通信重点实验室通过验收。

上海物联网中心启用揭幕，发起成立上海物联网有限公司、上海新物技术有限公司、上海中科赛思信息科技有限公司，为推动物联网产业化搭建了平台；“创新一号”03 星发射升空，是上海微小卫星工程中心继“创新一号”01 和 02 号星、“神舟七号”伴星后成功发射的第四颗小卫星；上海无线通信研究中心承担了中芬 ICT 战略联盟无线接入项目“未来宽带无线接入关键技术研发”并有序推进；南京中心完成了南京无线宽带城域网一期建设，“MIWAVE 无线宽带移动通信技术”被列入《南京市“十二五”智慧城市发展规划》；杭州中心建成华东地区规模最大、功能最齐全的 RFID 综合测试平台；南通光电子工程中心揭牌，与所本部（硅光子学、抗辐射）、新傲公司（产业化）联动，助推 SOI 的重大突破。

与于利希研究中心签订了中德超导与生物电子学联合实验室合作协议，在极低场磁共振成像领域开展合作，联合提出并研制出基于电流和电压协同反馈的超导量子干涉器件自举电路，成功进行了心磁、胎儿心磁和脑磁信号演示；召开了联合实验室首次指导委员会和超导电子学器件双边研讨会，新启动四个合作项目。成功主办“第十一届非易失性存储器国际研讨会”、“第三届中－澳信息通信技术峰会”等高水平国际会议，提升了我国在相关领域中的学术地位和国际影响力。与国际知名公司荷兰 IMC 成立联合实验室，开展以物联网、医疗电子等目标应用的超低功耗无线传输芯片实现技术的研究。

上海微系统所是国家传感网标准化工作组的组长单位，是全国纳米技术标准化技术委员会微纳加工工作组代管理单位，是《上海传感技术学会》的挂靠单位，承办科技期刊《功能材料与器件学报》。

（撰稿：宋巨峰　孔朝晖　审稿：王　曦）

上海技术物理研究所

所　　长：何　力
地　　址：上海市虹口区玉田路 500 号
邮政编码：200083
电　　话：021－25051000
传　　真：021－63248028
电子信箱：sitp@mail. sitp. ac. cn
网　　址：http://www. sitp. ac. cn

中国科学院上海技术物理研究所（以下简称“上海技物所”）始建于 1958 年 10 月，建所初期以半导体研究为主要领域和学科方向。20 世纪 60 年代，上海技物所的研究发展方向调整为红外技术，成为我国第一个红外技术与物理研究领域的专业研究所。

长期以来，上海技物所在红外、光电遥感探测技术领域聚焦国家重大需求，坚持重大产出导向，坚持为国家重大科技战略作出重大突破性进展，以“国家任务高于一切”作为共同价值观，逐步发展成为我国红外、光电技术领域的骨干单位和主要研发单位。上海技物所先后为风云系列气象卫星、载人航天工程、探月工程、海洋卫星、环境卫星、多颗试验卫星等空间飞行器研制了红外、光电应用系统有效载荷和航天单机，取得了较好的应用效果和效益，为满足国家需求，推进国民经济和社会发展作出了重要贡献。

上海技物所围绕“红外、光电探测系统技术，红外焦平面和红外、光电系统核心元部件，红外基础物理理论与应用基础研究”三大领域，设有相应研究部门 14 个，建有红外物理国家重点实验室、传感器国家重点实验室（红外专业点）、中国科学院红外成像材料与器件重点实验室、中国科学院红外探测与成像技术重点实验室，以及省部共建现场物证光学探测技术联合实验室，同时由信息中心、干涉仪研发平台、精密机械加工工厂和公共技术室组织了支撑保障体系。上海技物所建有工程管理和质量管理体系，依托相关研究室和平台，在承担重大有关研制工作中形成了“以航天航空遥感探测与成像仪器、装备等红外光电系统技术研究为代表，集元器件、制冷、光学薄膜等光电特种探测器及材料和光学机械加工等核心支撑技术研究，红外物理等基础性前沿前瞻研究和高技术产业为一体的”，较为完整的研发技术链和价值发展链，具备了服务国家需求、持续创造价值的发展能力。研究所还积极拓展数字健康、远程医疗、太阳能电池、量子通信等新兴交叉学科领域。

2011年，上海技物所重点科技任务取得显著突破，“创新2020”工作全面启动。根据中国科学院“创新2020”总体规划和“十二五”发展要求，上海技物所从研究所主要研究领域、特色和核心竞争力出发，多次组织研讨，深入分析、全面规划，凝练科技发展目标，明确了“以服务国家战略性需求为使命，在红外光电遥感探测等领域从事基础、工程化以及应用技术研究”的科技定位，形成了面向未来发展要求的和聚焦“出人才、出成果、出思想”目标的，具有研究所特色的“一三五”战略目标和“十二五”战略规划。

截至2011年底，上海技物所在职职工782人，其中专业技术人员670人，包括中国科学院院士6人、中国工程院院士2人、国际欧亚科学院院士1人、研究员及正高级工程技术人员114人、副研究员及高级工程师168人。中组部“千人计划”入选者1人、中国科学院“百人计划”入选者6人、国家杰出青年科学基金获得者5人。流动人员中共有客座研究员45人、外国专家特聘研究员2人、海外知名学者7人。现有“红外探测的基础物理研究”、“太阳能电池技术研究”两个团队被列为中国科学院创新团队国际合作伙伴计划。入选上海市“千人计划”1人，引进国外杰出人才候选人、所级优秀创新人才各1人。

上海技物所是国务院学位委员会批准的首批博士、硕士学位授予单位之一。现有电子科学与技术一级学科博士、硕士学位培养点；信号与信息处理、光学工程、制冷与低温工程、凝聚态物理、光学、摄影测量与遥感等6个硕士学位培养点；建有电子科学与技术博士后流动站。共有在学研究生356人（博士生186人、硕士生170人），在站博士后15人。

2011年，上海技物所圆满参与完成以载人航天交会对接任务为代表的5个航天型号、3种有效载荷和6种航天单机的发射任务，在研10多个航天型号任务、近30个有效载荷及单机等。多个国家重大型号任务、重大应用和基础研究的关键技术研制攻关取得突破。积极参与各类重大战略项目的立项论证工作，新争取落实多项重大型号任务和院先导专项项目，夯实了研究所后续发展的基础。

2011年，上海技物所共有在研项目272项（新增86项）。其中，国家重大专项项目课题10余项，国家重点基础研究发展计划（“973”计划）项目（课题）14项（新增4项），中国高技术研究发展计划（“863”计划）项目（课题）17项（新增11项），国家科技支撑计划项目4项；国家自然科学基金重大项目1项、重点项目2项，国家杰出青年科学基金项目1项；中国科学院知识创新工程重大项目（课题）4项、重要方向项目16项（新增1项），院地合作项目3项，国际合作项目7项（新增1项）；地方政府项目51项（新增4项）；固定资产投资建设项目8项（新增1项）。为继续推进关键核心技术跨越突破和原始创新，上海技物所加大资源投入和培育力度，自主设立的所级创新专项项目达到78项（新增48项）。

2011年，上海技物所承担的“高可靠性氮化镓基半导体发光二极管材料技术”获国家技术发明奖二等奖，“多维精细化光谱遥感成像探测技术”获上海市技术发明奖一等奖，“星载宽光谱波段大气垂直探测关键技术”获上海市科技进步奖一等奖。申请发明专利116项、授权76项。

2011年，中国科学院红外成像材料与器件重点实验室运行评估获A类评价，中国科学院红外探测与成像技术重点实验室揭牌，新系统技术实验室筹建稳步推进；红外物理与光电子研发平台通过上海市“白玉兰奖”优质工程现场验收；逐步落实上海市嘉定园区的前期筹建，完成园区征地和开工前期的大部分工作；加强分类管理和专业化分工，持续优化岗位管理，全面推进岗位职责管理机制；发布2011新版质量管理体系文件并开始试运行，通过上级主管部门开展的质量体系运行有效性监督检查和相关审核；以物资采购保障为重点，加大型号产品电子元器件仓库建设投入，努力提高条件保障能力；成立所保密安全办公室，加强安全保密的防控力度和技术手段，迈向保密安全工作长效化、制度化建设的新阶段；继续依托种子基金激发职工、研究生活力，推进岗位创新，丰富创新文化建设。

上海技物所加强合作交流与成果推介，继续

推进平台建设进程，院地合作深入推进。目前上海技物所和所控股投资经营公司——上海德福光电技术公司共投资；包括上海尼赛拉传感器有限公司在内的21家企业。2011年宏观经济错综复杂，经济复苏进程缓慢，为应对外部形势影响，投资企业积极采取多种措施，取得较好效果，确保实现年度营业收入目标；上海太阳能研究发展中心与企业开展战略合作，天合光能公司加入中心成为理事成员，与蒙自矿冶签署战略合作协议；常州光电技术研究所发展情况良好，各级领导先后视察给予指导；积极推进新平台的筹建，成立中国物联网研究发展中心上海技物所无锡分中心，筹建嘉兴光电工程中心、太仓分中心等院地合作实体。

2011年，经中央文明委批准，上海技物所继续保持全国文明单位荣誉称号，上海技物所党委先后被评为中国科学院、上海市科技党委、中国科学院上海分院“先进基层党组织”。

上海技物所是中国光学学会红外专业委员会、中国空间学会遥感专业委员会和中国宇航学会遥感专业委员会的挂靠单位。研究所编辑出版《红外与毫米波学报》、《红外》等学术期刊。

（撰稿：孙　迪　审稿：何　力）

上海光学精密机械研究所

所　　长：李儒新
地　　址：上海市嘉定区清河路390号
邮政编码：201800
电　　话：021－69918000
传　　真：021－69918800
电子信箱：siom@mail. shcnc. ac. cn
网　　址：http://www. siom. cas. cn

中国科学院上海光学精密机械研究所（以下简称“上海光机所”）成立于1964年，是我国建立最早、规模最大的激光科学技术专业研究所。经过40多年的发展，上海光机所已形成以探索现代光学重大基础及应用基础前沿、发展大型激光工程技术并开拓激光与光电子高技术应用为重点的综合性研究所。研究所重点学科领域为：强激光技术、强场物理与强光光学、信息光学、量子光学、激光与光电子器件、光学材料等。

2011年，上海光机所按照中国科学院“创新2020”整体科技发展战略，不断凝练目标，制订形成了研究所“十二五”期间的“一三五”发展规划，确定了“以满足国家需求、先进制造与未来能源战略需求为着力点，夯实强激光科学技术、信息光学科学技术、光学与激光材料科学技术等三大优势学科基础，挑战国际激光科学、技术与工程前沿，实现从‘相对单纯的激光技术研发’向‘为国家重大需求提供系统性解决方案’的创新转变，在先进激光技术与重大应用、新型光场的创立及其前沿应用开拓等领域发挥骨干和引领作用”的发展定位，并为落实推进研究所三项重大突破相关研究工作，在人才队伍建设、科技支撑条件、体制机制改革等方面制订实施了一系列重大改革举措，研究所获中科院“创新2020”首批“整体择优”支持，“十二五”工作开局良好。

上海光机所现设8个研究室，拥有国家重点实验室1个、“中科院－中物院”联合实验室1个、中科院重点实验室4个、上海市重点实验室1个。建成了国内仅有、国际为数不多的“神光”系列高功率大型激光装置，用于激光分离同位素的激光与光学系统，超短超强激光系统，激光原子冷却装置，空间全固态激光器研制平台等，并在各种新型、高性能激光器件、激光与光电子功能材料的研制方面，也达到国际先进水平。

截至2011年底，上海光机所共有在职职工824人。其中科研人员608人，包括中国科学院院士6人、中国工程院院士1人、第三世界科学院院士2人、研究员及正高级工程技术人员83人、副研究员及高级工程技术人员162人。共有中国科学院“百人计划”入选者20人（新增2人）、国家杰出青年科学基金获得者4人（新增1人）、国家“千人计划”（国家海外高层次人才引进计划）入选者1人、国家“青年千人计划”入选者1人（新增1人）。

上海光机所是国务院学位委员会批准的首批博士、硕士学位授予单位。现设有物理学、光学工程两个一级学科和材料学博士、硕士研究生培养点；物理学、光学工程，以及材料学博士后流动站。现有在学博士生204人、硕士生256人，在站博士后8人。

2011年，上海光机所共有在研项目333项（新增151项）。其中，主持（或承担）国家重点基础研究发展计划（“973”计划）项目6项（新增3项）、承担（或参加）课题10项（新增6项），主持中国高技术研究发展计划（“863”计划）项目47项（新增26项），承担科技部国际合作项目3项（新增2项）；主持（或承担）国家自然科学基金重点项目7项（新增1项）、创新群体项目1项、杰出青年科学基金项目1项、重大培养项目1项、联合基金项目2项（新增1项）、主任基金项目1项（新增1项）、面上项目31项（新增11项）、基金国际合作项目3项（新增1项）；主持（或承担）中国科学院知识创新工程重大项目1项、重要方向项目6项（新增2项）、承担国际合作项目4项（新增3项）、承担重大仪器研制项目3项、承担院地合作项目40项（新增6项）。

2011年，上海光机所扎实推进多项国家重大专项实施，科研工作取得重要进展。主持或承担的“973”计划项目“超强超短激光与强场超快科学中若干重大挑战性问题”通过国家科技部验收并被评为“优秀”，项目重大研究成果之一“红外新波段强场物理研究”在北京举办的“十一五”国家重大科技成就展中展出；首次将SSD技术应用于高功率激光系统大能量打靶，在焦斑控制上取得了突破性进展；13.5纳米软X射线反射镜研制技术性能指标达到国际先进水平；成功研制“用于生物组织活体成像的频域光学相干层析仪”样机，实现了对活体生物组织内部微结构与血流速度的非侵入、高分辨层析成像；激光尾波场电子加速研究取得重要突破，首次实现全光驱动双尾波场空泡级联电子加速器方案；大口径脉宽压缩光栅用膜研制工作取得突破性进展，性能指标达到国际先进水平；完成激光水下通信样机系统研制，在国内首次实现机载激光通信链路贯通实验；建立合成孔径激光成像雷达原理验证装置，实现了尺度缩小光学SAR动态演示，并具有全系统自动化目标移动控制、信号发射、数据采集等功能，是世界上第三个成功的实验报道；研制铥（Tm）单掺及铥钬（Tm-Ho）共掺碲酸盐玻璃单模光纤，实验结果优于目前国际上同类材料的报道。“强场超快极端非线性光学的前沿研究”项目荣获2010年度上海市自然科学奖一等奖。全年申请专利179项，其中发明专利申请数171项；授权专利数84项，其中发明专利授权数81项。发表论文680篇，其中SCI收录论文402篇。

2011年，上海光机所在院地合作及科技成果转移转化工作上取得重要进展：“科技援疆”计划取得阶段性重要成果，与新疆当地企业联合组建的紫晶光电股份公司首批产品成功下线，成为新疆自治区政府授予的“中国新疆LED蓝宝石产业化基地”；控股公司恒昊太阳能公司产品通过美国SUN－POWER公司产品验证，并承包该公司2012年度计划产能；与中科天维公司共同推出的产品“地基全视景三维成像激光扫描仪”参展2011中国工博会，并荣获工博会创新奖（中科院系统共获得3项创新奖）；下属公司——华中雷鸥激光设备公司的“高强度铝合金激光真空深熔焊技术”项目获得2011年上海市嘉定区科技进步奖二等奖。上海光机所承担来自地方政府和企业的科技项目40项；参加上海、江苏、武汉、浙江等地和中科院科技对接洽谈会12次；与地方政府签订战略合作协议2份。特殊型号配套产品发展到5项，产品种类和业务量逐年增加。

2011年，上海光机所举办多边国际会议1个，双边国际会议8个，与国外人员合作发表论文56篇，新签国际合作项目5个，聘任外国专家特聘研究员6名。

上海光机所承办了《中国激光》、《光学学报》、《中国光学快报》（英文版 *Chinese Optics Letters*）和《激光与光电子学进展》4种学术期刊。其中，*Chinese Optics Letters* 被SCIE收录。

（撰稿：屈　炜　余超群　审稿：祝如荣）

上海硅酸盐研究所

名誉所长：严东生

所　　长：罗宏杰

地　　址：上海市定西路1295号

邮政编码：200050
电　　话：021 －52412990
传　　真：021 －52413903
电子邮件：siccas@ mail. sic. ac. cn
网　　址：http:∥www. sic. ac. cn

中国科学院上海硅酸盐研究所（以下简称“硅酸盐所”）前身为 1928 年成立的国立中央研究院工程研究所窑业组。1959 年 1 月 12 日由中国科学院冶金陶瓷研究所分出独立建所。1984 年改为现名。

硅酸盐所是一个以基础性研究为先导，以高技术创新和应用发展研究为主体的无机非金属材料综合性研究机构。学科方向是先进无机材料科学与工程，主要研究领域涵盖了人工晶体、高性能结构与功能陶瓷、特种玻璃、无机涂层、生物环境材料、能源材料、复合材料及先进无机材料性能检测与表征等，是国内该领域科研单位中门类最为齐全的研究所。

硅酸盐所设有高性能陶瓷和超微结构国家重点实验室、中国科学院特种无机涂层重点实验室、中国科学院透明光功能无机材料重点实验室（人工晶体研究中心）、中国科学院能量转换材料重点实验室（上海无机能源材料与电源工程技术研究中心）、中国科学院无机功能材料与器件重点实验室、结构陶瓷与复合材料工程研究中心（复合材料研究中心）、生物材料与组织工程研究中心、古陶瓷与工业陶瓷研究中心（古陶瓷科学研究国家文物局重点科研基地）等科研部门；还设有通过国家认证的无机材料分析测试中心、以中试生产为主要任务的中试基地以及信息情报中心等技术支撑部门。此外，硅酸盐所与索尼公司共建有上海硅酸盐所－索尼联合实验室，与康宁公司共建有上海硅酸盐所－康宁联合实验室。

截至 2011 年底，硅酸盐所共有在职职工 723 人。其中，科技人员 540 人、科技支撑人员 183 人，包括中国科学院院士 2 人、中国工程院院士 3 人（其中 1 人为两院院士）、第三世界科学院院士 2 人、研究员及正高级工程技术人员 87 人、副研究员及高级工程技术人员 170 人，进入创新岗位人员共有 489 人。中国科学院“百人计划”入选者 26 人、国家杰出青年科学基金获得者 8 人，“引进国外杰出人才”入选者 22 人、国家海外高层次人才培养计划（“千人计划”）1 人。

硅酸盐所设有材料科学与工程、物理学、化学 3 个一级学科博士和硕士研究生培养点；目前有材料物理与化学、材料学和物理化学（含化学物理）、无机化学、分析化学、凝聚态物理、光学、材料工程、化学工程、生物工程 10 个博士和硕士二级学科培养点，并设有材料科学与工程学科博士后流动站。目前，在学研究生 417 人（硕士研究生 238 人、博士研究生 179 人），在站博士后 12 人。

2011 年，硅酸盐所有在研项目 272 项。其中国家重点基础研究发展计划（“973”计划）项目（课题）5 项，中国高技术研究发展计划（“863”计划）项目（课题）7 项，国家科技支撑计划项目 1 项；国家自然科学基金重点项目 16 项，国家杰出青年科学基金项目 2 项；中国科学院知识创新工程重要方向项目 10 项，国际合作项目 1 项；与地方政府合作项目 65 项。

2011 年，研究所新增项目 77 项。其中国家重点基础研究发展计划（“973”计划）项目（课题）3 项，中国高技术研究发展计划（“863”计划）项目（课题）2 项；国家自然科学基金重点项目 3 项，杰出青年科学基金项目 1 项；先导专项 3 项；中国科学院知识创新工程重要方向项目 3 项；国际合作项目 1 项；与地方政府合作项目 17 项。

2011 年，硅酸盐所共申请专利 191 件，其中发明专利 183 件，实用新型专利 8 件，获得批准专利 110 件，其中发明专利 102 件。共发表 SCI 收录的论文 525 篇，EI 收录的论文数为 21 篇，影响因子大于 3 的论文 170 篇。出版中文专著 2 部，外文专著 1 部。根据中国科学技术信息研究所公布的《中国科技论文统计结果（2011）》，2010 年度硅酸盐所国际论文被引用篇数为 719 篇，被引用次数为 2158 次，排名居全国科研机构第 8 位。

2011 年，硅酸盐所共取得科技成果 69 项，科研成果获得省部级科技奖励 4 项。

硅酸盐所拥有投资公司 6 家：上海硅酸盐研究所中试基地、上海西卡思新技术总公司、浙江中科天一照明有限公司、宁波韵升光通信技术有限公司、纳米技术及应用国家工程中心（有限公司）、浙江达峰汽车技术有限公司。产品主要为各类晶体、陶瓷、复合材料与器件等。从事科技开发的人员有240人，2011年公司总产值为30亿。

2011年，硅酸盐所科研人员赴国外参加国际会议、项目合作、技术培训、博士生联合培养等共计213人次；接待来所访问、学术交流、国外学生来所培养、洽谈项目合作等外国专家、学者和代表团200人次；举办和承办了中国材料学会计算材料分会2011年多尺度材料模拟学术会议暨浦江论瓷、无机先进材料研讨会暨第二届中法先进材料专题会、第一届中国意大利双边材料科学论坛、第二届中韩精细陶瓷产业技术研讨会等4次国际会议。

硅酸盐所执行了10项政府间和院级重要合作项目。2011年，在原有合作基础上，进一步加强与国际知名研究所、大学合作与交流，先后签订了新合作协议32项。

硅酸盐所是上海硅酸盐学会、上海硅酸盐工业协会和上海古陶瓷科学技术研究会挂靠单位。上海硅酸盐所主办的《无机材料学报》被美国科学引文索引数据库（SCIE），美国工程索引数据库（EI），美国化学文摘（CA），国家科技部中国科技论文与引文数据库（CSTPCD），中国科学院文献情报中心中国科学引文数据库（CSCD），中国核心期刊数据库，中国学术期刊文摘，中国科技期刊精品数据库，中文科技期刊数据库，中国学术期刊综合评价数据库（CAJCED），中国期刊全文数据库（CJFD）等所收录。根据北京中国科技论文统计结果发布会信息，《无机材料学报》再次入选中国精品科技期刊。另根据2010年中国科技论文与引文数据库统计结果，无机材料学报荣获2011年“中国百种杰出学术期刊”称号。

（撰稿：吴　瑞　徐　畅　审稿：刘　岩）

上海有机化学研究所

所　　长：丁奎玲

地　　址：上海市徐汇区零陵路345号

邮政编码：200032

电　　话：021－54925000

传　　真：021－64166128

电子信箱：sioc@mail. sioc. ac. cn

网　　址：http://www. sioc. ac. cn

中国科学院上海有机化学研究所（以下简称“上海有机所”）于1950年5月在前中央研究院化学研究所（建于1928年）、前北平研究院化学研究所与药物研究所的基础上成立，名为中国科学院有机化学研究所。1970年，经中国科学院和上海市革委会批准改为现名。

按照中国科学院“十二五”规划和“创新2020”组织实施方案的整体战略部署，结合自身学科特色，以三个着力突破为重点，按照“瞄准需求、聚焦重点、集成优势、发挥特色、鼓励交叉、突出创新”的理念，确定了“十二五”规划的战略定位，即“一三五”发展重点中的一个战略定位：坚持基础研究与应用研究并重，发挥有机合成化学的创造性，加强与生命科学、材料科学的交叉与融合；致力于推动我国化学转化方法学、化学生物学、有机新材料科学等重点学科领域的发展；在有机化学基础研究、新医药农药和高性能有机材料创制方面实现新的突破；引领有机化学学科前沿的发展，满足国家战略需求，将上海有机所建设成为国际一流的有机化学研究中心、中国有机化学家的摇篮、世界有机化学的重要研究基地，跨入国际一流研究所的行列。

在战略定位的指导下，实现三个方面的重大突破：①高性能聚烯烃材料制备的关键科学、技术与应用；②化学理念指导的抗生素生产菌种遗传改造关键技术研究与应用；③绿色农药创制关键技术研究与应用。在实现三个方面的重大突破的同时，重点培育五个学科发展方向与发展领域：①导向绿色合成的新一代催化转化；②复杂天然产物全合成和导向药物发现的化学生物学；③高性能有机功能材料的结构设计、合成与应用；④战略资源利用与清洁能源转化中的关键有机化学问题；⑤特色有机国防先进材料研究与开发。

上海有机所设有2个国家重点实验室、2个

院重点实验室、4个所级实验室，分别是：生命有机化学国家重点实验室、金属有机化学国家重点实验室，中国科学院有机氟化学重点实验室、中国科学院天然产物有机合成化学重点实验室，上海有机所物理有机化学研究室、高分子材料研究室、计算机化学与化学信息学研究室、分析化学研究室与分析测试中心。此外，还设有与和国内外大学、企业联合共建的沪港化学合成联合实验室、三维药物研究中心和SIOC-CAS联合情报中心。

截至2011年底，上海有机所共有在职职工691人。其中科技人员510人、科技支撑人员123人，包括中国科学院院士8人、研究员及正高级工程技术人员60人、副研究员及高级工程技术人员127人；全所进入创新岗位470人。共有中国科学院“百人计划”入选者30人、国家杰出青年科学基金获得者18人（新增1人）、国家“千人计划”（国家海外高层次人才引进计划）入选者1人（新增1人）、国家“青年千人计划”入选者1人。

上海有机所是1981年国务院学位委员会批准的博士、硕士学位授予单位之一。1998年被批准为化学一级学科博士学位授权单位；设有机化学、分析化学、高分子化学与物理、计算机化学等4个二级学科研究生培养点；并设有化学1个专业一级学科博士后流动站。2011年增设化学工程、材料工程、生物工程3个二级学科硕士研究生培养点。现共有在学研究生455人（硕士生281人、博士生174人），在站博士后29人。

2011年，上海有机所共有在研项目294项（新增125项）。其中，主持（或承担）国家重点基础研究发展计划（“973”计划）项目2项、承担（或参加）课题23项（新增9项）；主持（或承担）国家自然科学基金重点项目10项、面上项目50项（新增14项）；承担中国科学院战略性先导科技专项课题2项，主持（或承担）院重要方向项目10项（新增6项），承担国际合作项目6项（新增3项），承担院地合作项目65项（新增39项）。

上海有机所的基础研究取得重要进展。关于高选择性和高活性的细胞自吞噬抑制剂的发现的研究结果，不仅为细胞自吞噬研究提供了重要的研究工具，也揭示了两种重要的抑癌蛋白p53和Beclin1之间的不为人知的内在联系，为人类发展新的癌症治疗药物提供了重要信息；在硫肽类抗生素的生物合成途径中发现了一个新型酶蛋白，以自由基介导的方式独立负责了3-甲基-2-吲哚酸的合成，其转化包含了不同寻常的“片段化重组”过程。这一研究在理解SAM-依赖的自由基蛋白所催化的复杂结构重排反应方面迈出了重要的一步；通过体内基因敲除和体外生化实验相结合，初步阐明了FR901464独特的生物合成途径，揭示了自然界聚酮天然产物生物合成中复杂多样的生物合成机理；通过光引发的单线态氧烯反应和Fe^{2+}参与的过氧化物碎裂反应构建Glaucogenin 甙元中九元内酯环的合成策略，顺利地完成了Glaucogenin 甙类天然产物共同合成中间体和5，6-dihydro-glaucogenin C的首次合成；基于碳阳离子参与的环化反应的可能生物合成机制，发展了简洁高效的百部酰胺（stemoamide）仿生合成路线，为该家族中其他复杂生物碱的全合成提供了新的合成思路；发展了以糖基邻炔基苯甲酸酯为给体的一价金催化的糖苷化反应，并使用该反应完成了一系列活性寡糖和糖缀合物的高效合成，如四糖抗生素TMG-chitotrimycin；发现金属铱催化的吲哚不对称烯丙基去芳构化反应，提供了一条原料简单易得且最为直接的合成在天然产物和药物活性分子中广泛存在的Spiroindolenine骨架的方法，同时为金属铱催化的烯丙基化反应提供了新的反应模式；发现三氟甲基二苯基锍盐可以被Fe、Pd（PPh3）4、Zn、Ag、CuI或Cu等还原。其中，三氟甲基二苯基锍盐被铜粉还原生成的CuCF3，是具有很强三氟甲基化能力的活泼中间体。该中间体可以与Ar1I反应，得到耦联产物Ar1CF3。该方法适用于各种类型的杂环底物，能以几乎定量的产率得到目标产物；设计合成了一类新型的三齿氮配体，在外加Lewis碱DMAP的配合下，成功地合成了第一例稀土金属末端氮卡宾配合物－钪末端氮卡宾配合物，并对这个配合物进行了X射线晶体结构的表征和DFT理论计算；在重氮和α，β－不饱和羰基酯的反应中，通过配体的选择控制反应实现1，5-环化反应和1，7-环化反应，分别得到二氢呋喃类产物和苯啅类产物，这一发现对于更深入地了解与应用金属络合的羰基叶立德化学有着重要的意义；通过理论计算与实验验证相结合的方法研究了酰基苯胺间位 C—H 键的芳基化反应的机理，提出了较为合理的反应路径；发展亚乙烯基环丙烷分子的反应新模式、进一步发现亚乙烯基环丙烷可以和炔烃在一价金属 Rh 催化下发生分子内串联环化反应得到多环和大环化合物。相关研究结果发表在 *Cell*、Nature Chemisty Biology、《美国化学会》、《德国应用化学》等杂志。

2011 年，上海有机所共发表论文 345 篇。其中，影响因子≥JACS（9.019）的论文有 41 篇（有机所为第一单位），*Cell* 杂志（Cell）1 篇，*Nature Chemisty Biology* 杂志 1 篇，*Angewandte Chemie International Edition*23 篇（其中第一单位 19 篇），*Journal of the American Chemical Society*10 篇（其中第一单位 7 篇），*Chemical Society Reviews*3 篇（其中第一单位 2 篇），*Chemical Reviews*3 篇（其中第一单位 1 篇），发表论文的质量大幅度提高。其中在 *Cell* 和 *Nature Chemisty Biology* 等世界顶尖杂志发表论文在我所尚属首次。共申请发明专利 72 项，其中申请外国发明专利 9 项；获得发明专利授权 47 项，软件著作权登记 2 项。目前我所维持有效的发明专利约 250 项。

在国际合作交流方面，第二届中爱双边会、第十六届导向有机合成的金属有机化学国际研讨会、第三届亚洲糖生物学和糖技术研讨会相继成功举行，共邀请和接待了 800 多人次的来访（包括参加国际会议的近 600 人次），共外派 113 人次参加国际会议、进行合作研究、考察访问等。

受中国化学会委托，上海有机所负责编辑出版《化学学报》、《中国化学》和《有机化学》。

（撰稿：顾嘉俍　蔡正骏　审稿：郏静芳）

上海应用物理研究所

所　　长：赵振堂
地　　址：上海市嘉定区嘉罗公路 2019 号（嘉定园区）
上海市浦东新区张衡路 239 号（张江园区）
邮政编码：201800（嘉定园区）
201204（张江园区）
电　　话：021－59553998，021－33933998
传　　真：021－59553021，021－33933021
电子信箱：sinap00@sinap.ac.cn
网　　址：http://www.sinap.ac.cn

中国科学院上海应用物理研究所（以下简称“上海应用物理所”）的前身是成立于 1959 年的中国科学院上海原子核研究所，2003 年 6 月经国家批准定为现名。

上海应用物理所是国立综合性核技术科学研究机构，在核科学技术领域从事面向世界科技前沿和国家战略需求的基础与应用研究，开展原始创新和集成创新，致力于钍基熔盐堆核能系统的研究发展，致力于同步辐射光源和自由电子激光的大科学装置研制、运行与利用，致力于核科技前沿交叉的研究与核技术应用，以期将研究所建成我国独具特色、不可替代和具有国际竞争力的研究机构。上海应用物理所是国家重大科技基础设施——上海光源（SSRF）的工程承建和运行单位，并建有“中国科学院核分析技术重点实验室”、“上海市低温超导高频腔技术重点实验室”；拥有两大园区，分别坐落于上海市科技卫星城嘉定区和浦东张江高科技园区，占地面积共 700 余亩。

截至 2011 年底，上海应用物理所共有在职职工 933 人。其中科技人员 768 人、科技支撑人员 428 人，包括中国科学院院士 2 人、研究员及正高级工程技术人员 78 人、副研究员及高级工程技术人员 146 人；全所进入创新岗位 615 人。共有中国科学院“百人计划”入选者 15 人，国家杰出青年科学基金获得者 4 人，“973”计划项目首席科学家 5 人。

上海应用物理所是 1981 年国务院学位委员会批准的博士、硕士学位授予权单位之一。现设有物理学、核科学与技术等 2 个一级学科博士研究生培养点；无机化学等 1 个二级学科博士研究生培养点；物理学、核科学与技术、化学等 3 个一级学科硕士研究生培养点；生物物理学、信号与信息处理、光学工程、电磁场与微波技术、电子与通信工程、核能与核技术工程、生物工程等7个二级学科硕士研究生培养点；并设有物理学、核科学与技术等2个一级学科博士后流动站。共有在学研究生337人（硕士生179人、博士生158人），在站博士后21人。

2011年，上海应用物理所共有在研项目174项（新增64项）（不含院先导专项和院地合作项目）。其中，主持（或承担）国家重点基础研究发展计划（“973”计划）项目2项、承担（或参加）课题20项（新增7项）；主持（或承担）国家自然科学基金重点项目2项、主任基金项目1项（新增1项）、面上项目52项（新增22项）；承担中国科学院战略性先导科技专项1项（其中项目5项、课题25项）、重要方向项目2项（新增1项）、承担院地合作项目9项、横向项目14项。

2011年，上海应用物理所根据中科院实施“创新2020”规划的要求和“十二五”发展战略重点，制订了研究所“一三五”规划，以上海光源大科学装置集群建设和钍基熔盐堆核能系统战略性先导专项两个重大科技任务及核科学与前沿交叉研究为我所发展的三大战略重点，带动核能科学技术、光子科学、加速器科学技术、核科技与前沿交叉科学四大学科领域的发展，提高核心竞争力，建设世界级的高水平研究机构。

2011年，上海光源大科学装置运行稳定，实验能力和服务水平持续提升，达到国际先进水平。上海光源首批7条光束线站全年提供用户机时27 653小时，执行用户课题1036个，涉及187个单位的实验人员3909次、2109人。上海光源用户先后在*Science*、*Nature*、*Cell*等国际顶级学术刊物上发表了一批重要研究成果。积极推进上海光源后续工程建设，上海光源二期工程项目处于项目建议书准备阶段；软X射线自由电子激光试验装置已完成可行性研究报告的中科院专家评审；蛋白质科学研究（上海）设施光束线站工程研制进展顺利，各项工程建设工作已全面展开；“超高分辨宽能段光电子实验系统”（梦之线）处于工程设计阶段，部分关键设备完成合同签订。

2011年，中国科学院战略性先导科技专项“未来先进核裂变能——钍基熔盐堆核能系统”正式立项实施，进入全面启动专项科研攻关阶段。专项的目标是，经过20年左右，研发第四代的裂变反应堆核能系统——钍基熔盐堆核能系统，所有技术均达到中试水平并拥有全部的知识产权。

2011年，上海应用物理所核科技与前沿交叉创新研究及核技术应用领域成果丰硕。首次探测迄今为止所能探测到的最重的反物质原子核——反氦4核；上海深紫外自由电子激光装置在国际上首先实现了EEHG-FEL受激放大；我国首台5兆伏120千瓦高频高压型电子加速器研制成功；基于金纳米粒子的单倍型遗传分析方法获得重要进展。全年发表期刊论文270篇，其中SCI收录论文185篇，以第一作者单位发表影响因子3以上的论文85篇（其中影响因子5以上的论文35篇）；申请专利22个，专利授权22个。

2011年，上海应用物理所与英国DLS、日本NIRS和JASRI等国外著名的科研机构签署了合作协议。全年出访263人次、来访450人次，举办第33届自由电子激光国际会议（FEL2011）、2011界面水性质研讨会、2011上海CCP4晶体学培训班以及基于同步辐射的燃烧和能源研究研讨会等学术会议，全年成功举办三期“东方科技论坛”。

上海应用物理所是上海市核学会、中国核学会辐射研究与辐射工艺学分会的挂靠单位；主办《核技术》、《核科学与技术》（英文版）、《辐射研究与辐射工艺学报》等学术刊物。

（撰稿：蔡　雨　周　玮　审稿：赵振堂）

上海天文台

台　　长：洪晓瑜
地　　址：上海市徐汇区南丹路80号
邮政编码：200030
电　　话：021－64386191
传　　真：021－64384618
电子信箱：office@shao.ac.cn
网　　址：http://www.shao.ac.cn

中国科学院上海天文台（以下简称“上海天文台”）成立于1962年，其前身是1872年建立的徐家汇天文台和1900年建立的佘山天文台。目前总部设在上海市徐汇区，天文观测台站位于上海松江佘山。

上海天文台以天文地球动力学、行星科学和星系宇宙学为主要学科方向，同时积极发展现代天文观测技术和时频技术，为天文研究和国家战略需求提供科学和技术支持。上海天文台坚持面向世界科学前沿和面向国家战略需求的新时期办院方针，积极承担国家和有关部委的重要科研和国家重大需求任务，如参加月球探测任务，主持“973”计划项目等。

上海天文台设有天文地球动力学研究中心、星系和宇宙学研究中心、VLBI研究室、光学天文技术研究室、时间频率技术研究室5个研究部门，下设8个创新研究团组、1个创新实验室和1个创新观测基地；拥有甚长基线干涉测量（VLBI）观测台站（25米口径射电望远镜）、VLBI数据处理中心、1.56米口径光学望远镜、60厘米口径卫星激光测距望远镜（SLR）、全球定位系统（GPS）等多项现代空间天文观测技术和国际一流的观测基地和资料分析研究中心，是世界上同时拥有这些技术的7个台站之一。上海天文台是全国科普教育基地、全国青少年科技基地、上海市青少年教育基地和上海市科普教育基地。

截至2011年底，上海天文台共有在职职工242人。其中科技人员166人、科技支撑人员16人，包括中国科学院院士1人、中国工程院院士1人、研究员及正高级工程技术人员52人、副研究员二级及高级工程技术人员46人；全所进入创新岗位144人。共有中国科学院“百人计划”入选者16人（新增2人）、国家杰出青年科学基金获得者6人（新增1人）。

上海天文台是1981年国务院学位委员会批准的博士、硕士学位授予权单位之一。现设有天文学1个一级学科博士培养点；天体物理、天体测量与天体力学、天文技术与方法3个二级学科博士培养点；设有天体物理、天体测量与天体力学、天文技术与方法、仪器仪表工程4个二级学科硕士培养点；并设有天文学1个一级学科博士后流动站；天体物理、天体测量与天体力学、天文技术与方法3个二级学科博士后流动站。共有在学研究生135人（硕士生72人、博士生63人、外国留学生2人）、在站博士后21人。

2011年，上海天文台共有在研项目115项。其中国家重点基础研究发展计划（“973”计划）项目或课题2项，中国高技术研究发展计划（“863”计划）项目或课题5项；国家自然科学基金面上项目22项、重点和联合重点项目4项，国家杰出青年科学基金项目3项，创新群体项目1项；主持中国科学院知识创新工程重要方向项目1项，院市合作重大项目1项，海外团队1项，修购专项1项，信息化专项1项，外籍人才专项7项。

2011年新争取到各类项目94项。国家自然科学基金委面上项目10项，重点项目2项，青年科学基金项目12项，海外及中国港澳学者合作研究基金1项、国际合作与交流项目4项，专项基金项目1项，联合基金项目2项，创新群体1项；中科院先导专项3项，信息化专项2项，外籍人才专项3项，财政部修缮购置专项1项；上海市优秀学科带头人计划1项，自然科学基金项目3项，上海市地方匹配资金项目8项，浦江人才计划2项。

2011年，上海天文台各项工作进展良好。探月工程VLBI测轨分系统继续执行嫦娥二号卫星绕日地拉格朗日2点运行任务，完成了嫦娥三号卫星的总体技术方案的编审工作，同时积极展开了关于探月三期、深空探测任务的准备工作；“上海65m射电望远镜系统项目”进展顺利；“973”计划项目“宇宙大尺度结构和星系形成与演化”结题验收；作为中国科学院依托单位，完成“中国大陆构造环境监测网络”验收准备和试运行工作。

2011年，上海天文台加强科研项目的申请和管理，针对申请项目较少的情况，组织召开动员会，邀请基金委数理学部的领导到台里做动员报告，积极了解基金委重大仪器设备专项，并组织申报。积极申请中科院、科技部、上海市、“863”计划民用航天等项目。2011年，在项目申请方面取得了较大的进展，主要表现在重大专项方面承担了一系列新的项目，基金委资助额度连续两年大幅度提高，一项国家科技基础条件专项获得批准，新增两项财政部修购专项，获得中科院三项先导专项项目支持、上海市科委6项支持及重要项目上海市匹配8项支持等。同时，加强对科研项目和科研经费的使用管理，制订了上海天文台外包科研项目管理办法（试行）和上海天文台重点项目管理办法等，完善修订了两个重要科研管理制度“科研经费管理办法”和“科研绩效管理办法”，改变长期以来课题经费积淀多、管理费偏低、台统筹能力较弱的状况。

2011年，上海天文台科技人员发表SCI杂志文章124篇，其中第一作者75篇；全年共获得上海市自然科学奖二等奖和科技进步奖三等奖各一项。我台研制的激光雷达合作目标在天宫一号与神舟八号交会对接中发挥关键作用，受到了上级总体单位的高度赞扬。有3项发明专利获得授权，2项实用新型专利获得授权。新申请发明专利5项，实用新型专利申请4项，软件著作权1项。2011年，集体和个人获得上级机关和其他有关单位授予的各类先进等荣誉称号共51项。其中，在全台职工的共同努力下，我台连续四届荣获上海市文明单位，上海市平安单位，中科院新闻宣传先进单位，探月团队获得中科院第五届创新文化建设优秀团队，科普工作获得中科院“十一五”科学传播先进集体，台工会获得全国教科文卫体系统模范职工之家，上海65米射电望远镜工程项目获得上海市重点工程实事立功竞赛优秀集体等。蒋栋荣研究员荣获中华全国总工会授予的全国五一劳动奖章，景益鹏研究员荣获科技部“十一五”国家科技计划执行突出贡献奖等。

进一步夯实院地合作成果。上海65米射电望远镜是中科院和上海市政府合作项目，列入上海市重大工程。2011年此项工程建设进展顺利，主要完成的工作有：完成轨道吊装、焊接、测量、探伤。完成方位座架结构、主反射面背架结构及促动器安装等工作；完成S/X双频接收机详细方案评审，中美合作研制C波段接收机已签订研制合同，L波段接收机正在研制；9月完成天线伺服控制系统，天线控制（方位俯仰驱动、自动换馈、副面调整）、编码系统调试阶段，上、下位机联动控制协议最终确定，观测楼供电、消防等验收，10月交付项目组启动测站配套氢原子钟房、控制室、终端室等建设。12月完成天线控制研制综合布线和网络设备公开招标。

2011年，上海天文台进一步加强国际合作与交流。以科研项目为依托，积极开展国际合作与交流，年度出访94批共计164人次，来访61人次。年度聘用科学院外国专家特聘研究员和外籍青年科学家各1人，接收国外博士后9人。成功组织举办高水准的第九届“中德宇宙学与星系形成”合作会议、第四届“中德科学前沿讨论会”、首届国际GNSS遥感会议，举办空间对地观测及全球变化国际青年学生夏令营等。

上海天文台是上海天文学会挂靠单位，负责主办《上海天文台年刊》、《天文学进展》以及《地球自转参数年报》、《地球自转参数公报》、《原子时公报》等期刊。

（撰稿：汪显坤　孙东旭　审稿：陆晓峰）

上海生命科学研究院

院　　长：陈晓亚
地　　址：上海市岳阳路320号
邮政编码：200031
电　　话：021－54920021
传　　真：021－54920078
电子信箱：sibs@sibs. ac. cn
网　　址：http://www. sibs. ac. cn

中国科学院上海生命科学研究院（以下简称“上海生科院”）成立于1999年7月，是由原中国科学院上海生物化学研究所、上海细胞生物学研究所、上海生理研究所、上海脑研究所、上海药物研究所、上海植物生理研究所、上海昆虫研究所和上海生物工程研究中心等8个生物学研究所经结构调整、体制创新而组建成立，中国科学院国家基因研究中心、上海生命科学研究中心、中国科学院上海实验动物中心、中国科学院上海文献情报中心等也先后整建制并入。

“十二五”期间，上海生科院瞄准国际生命

科学前沿领域，针对国家重大战略需求，总体定位于聚焦生命现象本质、人口健康和农业发展的关键科学问题开展研究，大胆探索有利于科学创新的体制与机制，力争在“神经疾病靶点”、“染色质结构与功能的调控”、“干细胞谱系建立及应用基础研究”、“中国人群营养与代谢遗传特征”、“丙肝的致病分子机制和治疗新标准”、“简小最适基因组人造生命体系合成与工业生物技术”等六个重大科学问题上取得突破，将上海生科院建设成为综合、大型、跨领域、国际化、布局合理、具有强大竞争力和重要影响力的生命科学和健康科学研究和人才培养基地。2011年，上海生科院院所全力启动实施“创新2020”，紧紧围绕建设我国人口健康与生物医药自主创新核心的根本任务，紧密结合组织制订研究所“一三五”规划与上海生科院“一六十”规划，成立院务委员会进一步完善优化领导班子的决策机制，向着推进创建国际一流“人口健康基地和生命科学前沿领域研究基地”迈出了坚实一步。

上海生科院主要聚焦科技创新活动于以下重点研究领域：功能基因组、蛋白质组和生物信息学，生物大分子的结构、相互作用及功能，细胞活动的分子网络调控，脑发育与脑功能的分子与细胞机制研究，防治重要疾病的新药研究开发、中药现代化研究以及药物研究的理论和方法，植物分子生理和植物与环境的相互作用，生物技术的创新和应用，生物医学转化型研究，现代营养科学研究，病毒学与免疫学研究，计算生物学研究，以及生命科学与其他学科的交叉研究。

上海生科院现有8个研究机构，其中包括2个独立法人单位和6个非法人研究机构。

生物化学与细胞生物学研究所　成立于2000年，前身是1950年成立的中国科学院生理生化研究所“生化大组”（后于1958年独立为生物化学研究所）与1950年成立的中国科学院实验生物研究所“发生生理研究室”（后于1953年独立建所，沿用实验生物研究所名）。该所致力于生命科学基础研究，主要内容涵盖生物化学、分子生物学、细胞生物学等学科，聚焦基因调控、RNA与表观遗传学，蛋白质科学，信号转导，细胞与干细胞生物学，癌症和其他重大疾病等5大方向，力争在“染色质结构与功能的调控”、“细胞谱系建立和转化的功能调控”、“细胞信号转导对炎症/肿瘤的调控”等3个重大科学问题上取得突破。研究所设有分子生物学国家重点实验室（含上海市分子男科学重点实验室）和细胞生物学国家重点实验室（筹），61个研究组分别以固定及客座研究组的形式加入重点实验室。

神经科学研究所　该所成立于1999年11月27日，其主要任务是开展神经科学前沿领域的基础研究，旨在中国建立国际一流的神经科学基础研究的基地。主要研究方向是：分子与细胞神经科学、发育神经科学、系统、计算与认知神经科学以及神经系统疾病等，力争在“阐述神经分化、生长和再生的分子机制”、“理解认知功能的神经环路基础”、“获得发育与退行性神经疾病诊断和治疗的新方法、新靶点”3个方面取得突破。研究所按研究方向设有4个研究部门，部门下共有27个研究组。

上海药物研究所　该所的前身是1932年创建的国立北平研究院药物研究所，是以创新药物的基础研究、应用基础和应用开发研究为主的综合性研究机构。主要面向国家生物医药战略需求和国际科技发展前沿，以重大新药创制为主线，发展药物研究的新理论、新方法和新技术，构建与国际接轨的创新药物研发技术体系；培养和引进高水平的药学领域领军人才，全面建设“四个一流”的国际化创新型药物研发机构，在国家药学研究领域中发挥核心、引领、示范和辐射作用，带动我国生物医药战略新兴产业的跨越发展，力求在“创制具有国际影响的重大新药”，“率先实现药物安全性评价与国际规范接轨”，“发展评价先导化合物和靶标成药性的新理论、新方法和新技术”方面取得重大突破。研究所设有3个国家级研究中心、5个研究室、8个技术平台研究中心和4个支撑服务机构。

植物生理生态研究所　该所由原中国科学院上海植物生理研究所与原中国科学院上海昆虫研究所于1999年5月19日整合而成。主要瞄准植物、微生物和昆虫的重要生理过程及其相互作用的科学前沿，面向我国可持续农业和生态环境、生物能源和生物制造的重大战略需求，开展原创性、系统性的基础和应用基础研究，力争在"水稻高产优质的分子生理与遗传基础"、"植物逆境生理和抗性改良生物技术"、"生物代谢的系统生物学研究及人造生命体系的合成"3个重点研究方向取得突破。研究所设有植物分子遗传国家重点实验室、中国科学院合成生物学重点实验室、昆虫发育与进化生物学重点实验室、光合作用与环境生物学实验室、中国科学院国家基因中心、国家植物基因研究中心（上海）、上海生科院工业生物技术研究中心和中国科学院上海昆虫博物馆。

健康科学研究所 该所前身是1999年由上海生科院和上海交通大学医学院联合组建的健康科学中心。2002年4月开始实体化运作，2005年11月正式更名为健康科学研究所。生物医学转化型研究是健康所的核心使命，也是该所研究和开展工作的鲜明特色。研究所瞄准生物医学领域的前沿课题和社会发展需求，围绕人类重大疾病，重点开展与临床结合的基础和应用性研究，其主要研究领域包括"干细胞研究与应用"、"免疫与重大疾病研究"、"肿瘤防治新策略研究"3个重点方向。研究所现有27个课题组，建立了一支生物学基础研究和医学临床研究相结合的、富有创新精神和实验能力的精英型研究队伍；同时还拥有一个中国科学院干细胞生物学重点实验室和若干以直接推动创新诊断治疗方法为目的的临床实验基地。

营养科学研究所 该所于2003年12月15日在上海正式成立。重点致力于中国人群的营养健康研究，发展营养干预的基础理论和技术体系，围绕"中国人群营养、遗传和代谢特征"、"营养与代谢的关键调控节点和网络"、"代谢相关疾病的致病机理及早期营养干预和方法"3个重点突破领域开展高水平的营养安全和食品安全研究，为建立我国营养相关疾病的防御体系，制订我国营养健康政策和推动产业发展提供科技支撑。研究所下设中科院营养与代谢重点实验室、食品安全研究中心、湖州营养与健康产业创新中心、临床研究中心，并已建立较为完善的人体测量系统、营养基因组学、质谱分析检测、分子细胞研究、小鼠模型研究等技术平台。

上海巴斯德研究所 该所是根据中国科学院、上海市和法国巴斯德研究所2004年8月30日签署的合作总协议建立的研究机构，于2004年10月11日揭牌，2005年7月开始运行。该所的宗旨是根据国家公众健康需求，通过面向应用的基础研究和教育活动，为传染性疾病的预防和治疗作出贡献。围绕重大传染性疾病的致病机制、免疫应答规律及防治策略研究这一目标，力争在"揭示丙型肝炎病毒致病的分子机制、提出中国丙肝治疗的新标准和方案"，"开发手足口病、流感等疾病的新型疫苗"，"建立规范的、国际化标准的疫苗评价和研究体系"，"建立流感和脑炎等病原体快速诊断技术、提升应对突发和新发传染病的能力"3个方向取得突破性进展。

计算生物学伙伴研究所 该所成立于2005年10月，是中国科学院和德国马普学会合作共建、联合资助、共同管理的一个国际化研究机构。该所主要聚焦人口健康与作物高产等重大科学问题，开展计算与系统生物学研究，充分发挥国际合作所独特优势，建设国际一流的计算生物学研究中心，引领学科发展。主要致力于在建立人及其他模式生物衰老的表观遗传组、转录组、蛋白质组、代谢组图谱，构建并阐明调控网络；建立C_3与C_4植物系统动力学模型，确定C_4形成的关键基因；建立基于遗传融合的群体基因组学分析方法，阐明人群的分化和基因交流历史及其对环境的适应机制等3个研究方向取得突破。研究所设有分子系统生物学、计算调控基因组学、生物物理学3个实验室和比较生物学、植物系统生物学、功能基因组学、群体基因组学4个青年科学家小组，共拥有16个研究小组，在计算生物学领域中具有了一定的研究规模和竞争力。

上海生科院（不含药物所，以下同）共有4个国家重点实验室、7个中国科学院重点实验室和4个支撑机构。国家重点实验室包括分子生物学国家重点实验室、植物分子遗传国家重点实验室、神经科学国家重点实验室、细胞生物学国家重点实验室（筹）；中国科学院重点实验室包括干细胞生物学重点实验室、系统生物学重点实验室、营养与代谢重点实验室、合成生物学重点实验室、计算生物学重点实验室、昆虫发育与进化生物学重点实验室、分子病毒与免疫重点实验室（2010 年获准成立）；支撑机构包括生命科学信息中心、伍佰豪生物工程研究发展有限公司和实验动物中心。

截至 2011 年底，上海生科院共有在职职工 1924 人。其中科技人员 1709 人、科技支撑人员 339 人，包括中国科学院院士 23 人、中国工程院院士 2 人、美国国家科学院院士 2 人、第三世界科学院院士 9 人、研究员及正高级工程技术人员 264 人、副研究员及高级工程技术人员 237 人；全院进入创新岗位 1502 人。

上海生科院是国务院学位委员会批准的博士、硕士学位授予权单位之一。现设有生物学 1 个一级学科博士研究生培养点；植物学、动物学、生理学、微生物学、神经生物学、遗传学、发育生物学、细胞生物学、生物化学与分子生物学、生物技术与医药、生物信息学、计算生物学、生物情报学等 13 个二级学科博士研究生培养点；基础医学 1 个一级学科硕士研究生培养点；免疫学等 1 个二级学科研究生培养点；生物工程等 1 个专业硕士研究生培养点；并设有生物学 1 个一级学科博士后流动站。共有在学研究生 1606 人（硕士生 600 人、博士生 1006 人），在站博士后 167 人。

作为首批入选“海外高层次人才创新创业基地”单位之一，上海生科院共有中国科学院“百人计划”入选者 130 人（新增 1 人）；国家杰出青年科学基金获得者 45 人（新增 3 人）；国家“千人计划”（国家海外高层次人才引进计划）入选者 13 人（新增 6 人，其中顶尖千人 1 人，新申报入选 4 人，外单位转入 1 人）；国家重点基础研究发展计划（“973”计划）首席科学家 29 人；基金委“创新群体”负责人 8 人；国家外国专家局 - 中科院海外创新团队 3 支（海外知名学者 15 位）。

2011 年，上海生科院共有在研项目 660 余项（新增 210 项）。其中，主持（或承担）国家重点基础研究发展计划（“973”计划）项目 23 项（新增 5 项）、承担（或参加）课题 54 项（新增 12 项），主持（或承担）中国高技术研究发展计划（“863”计划）项目 25 项（新增 3 项），主持（或承担）重大专项 24 项（新增 2 项）；主持（或承担）国家自然科学基金重点项目 32 项（新增 13 项）、面上项目 127 项（新增 52 项），承担国家自然科学基金重大研究计划重点项目 10 项（新增 2 项）；承担中国科学院战略性先导科技专项项目 2 项，主持（或承担）中国科学院知识创新工程重大项目 2 项、重要方向项目 35 项（新增 1 项）、生命科学领域基础前沿专项 7 项，承担国际合作项目 46 项（新增 21 项），承担院地合作项目 13 项。新增的各类项目计有 210 余项，合同经费达 8.86 亿元。

2011 年，上海生科院科研工作取得重要进展。生物化学与细胞生物学研究所的“将小鼠成纤维细胞成功转化为功能性肝细胞样细胞”和“揭示 Tet 双加氧酶在哺乳动物表观遗传调控中的重要作用”两项成果入选 2011 年度“中国科学十大进展”；神经科学研究所“脑结构与功能的可塑性研究团队”和“中国科学院上海生命科学研究团队”获科技部“十一五”国家科技计划执行优秀团队奖；神经科学研究所“神经发育与可塑性研究集体”获 2011 年度中国科学院杰出科技成就奖；植物生理生态研究所“水稻产量性状调控的分子机理与育种应用研究”获 2011 年度上海市自然科学奖一等奖；计算生物学研究所 Andreas Dress 教授获 2011 年中华人民共和国国际科学技术合作奖。全院发表 SCI 论文 679 篇，其中影响因子大于 10 分的 60 篇，在 *Cell*、*Nature*、*Science* 及其系列期刊上发表论文 30 篇。申请专利 137 项，专利授权 52 项，其中发明专利 52 项。通过与企业合作和成果转化，签订合同金额 24 367 万元，到账金额 2627 万元，其中技术转让和专利许可金额 216 万元。

2011 年，以上海生科院作为项目法人的国家蛋白质科学研究上海设施建设完成各系统工程设计，进入实施阶段；依托上海生科院成立的国家蛋白质科学中心（上海）（筹）建设也取得重大进展，中心主任和中心副主任兼 NMR 研究部主任招聘到位，开始全面主持中心工作；同时，上海生科院积极推动转化医学研究发展布局，筹建上海转化医学科学中心，以漕宝路园区为核心基地形成转化医学研究整体布局；建设核心实体与网络化相结合的、与临床医院有密切联系的转化医学研究体系，努力将前沿基础研究与临床紧密结合，形成基础研究、临床诊疗、成果转化紧密衔接的创新价值链。

大力推进院地合作与成果转移转化。上海生科院积极响应中国科学院生命科学与生物技术局的号召，组织7项技术参加中国科学院吴中生物医药研发中心的入驻评选活动，最终“主要重金属免疫检测技术及产品开发”等3项技术通过入驻评选，正共同搭建吴中生物医药与食品安全检测平台，为吴中生物医药产业园增强创新力量添砖加瓦；继续支持推进上海市徐汇区“生命科学研究、生物技术、生物医药”发展战略的实施，进一步与徐汇区中心医院等单位合作，开展系统健康与转化医学研究中心，建设打造上海市国际营养与食品安全评价检测中心，共同推动上海聚科生物园区（二期）的发展；与湖州市合作共建的湖州工业生物技术中心、湖州营养与健康产业创新中心、湖州现代农业生物技术产业创新中心2011年实现茁壮成长，其中D-对羟基苯甘氨酸高技术产业化示范工程项目已顺利开展生产场地建设；继续加大基地建设的力度，已建成上海松江基地和规划建设海南陵水南繁育种基地。2011年上海生科院还成功转化一批科研成果，其中将“人工因子在将体细胞重编程为诱导多能干细胞中的用途”授权于诺华（中国）生物医学研究有限公司用于内部研究；将“猴头菌抑制幽门螺杆菌的生物小分子及其在治疗消化道疾病中的应用”的专利与技术授权江苏赛诺雅生物医药科技有限公司实施；与松原来禾化学有限公司（原吉林吉安新能源集团有限公司）合作的“丁醇工业生产菌株的基因工程改良和产业化示范”项目预计2012年1月开始进行产业化。

国际合作工作扎实推进。上海生科院2011年新增或获准延长资助的国际人才交流项目24个；出访团组434批共584人次，涉及36个国家和地区；接待来访团组423批共1105人次，涉及28个国家和地区；巩固和拓展与国外著名研究机构及跨国公司的战略合作伙伴关系：*Nature*（《自然》）出版集团在健康所设立中国编辑办公室、院所与美国加州大学洛杉矶分校、加拿大渥太华大学等机构签署了11份合作协议；计算生物学所依托科技部国际科技合作基地，发展态势良好，与德国马普学会人类进化所等合作，取得一系列阶段性科研成果。院所举办多边和双边国际会议19次。

上海生科院成员单位之一中国科学院上海生命科学信息中心现有4个全国性挂靠学会、6个地方性挂靠学会和11种学术期刊。*Cell Research*（《细胞研究》）2010年度影响因子为9.417，在SCI收录的国际细胞生物学领域发表原创论文的160种核心期刊中排名第15位，连续第2年进入前10%；*Molecular Plant*（《分子植物》）2010年度影响因子为4.296，在SCI收录的国际植物科学领域187种核心期刊中排名第14位，进入了前8%，*Acta Biochimica et Biophysica Sinica*（《生物化学与生物物理学报》）2010年度影响因子1.547；2009年创办的*Journal of Molecular Cell Biology*（《分子细胞生物学报》）2010年度初步影响因子为13.4，获得了较高的起点；*Neuroscience Bulletin*（《神经科学通报》）在2011年被SCIE收录；至此，信息中心承办的5种英文期刊全部进入了SCI。此外，5种英文期刊分别与《自然》出版集团（NPG）、牛津大学出版社（OUP）、施普林格（Springer）等国际知名出版商进行了国际出版合作。

（撰稿：林滨霞　审稿：张建新）

上海药物研究所

所　　长：丁　健
地　　址：上海浦东张江祖冲之路555号
邮政编码：201203
电　　话：021-50806600
传　　真：021-50807088
电子信箱：suoban@mail.shcnc.ac.cn
网　　址：http://www.simm.cas.cn

中国科学院上海药物研究所（以下简称“上海药物所”）前身是国立北平研究院药物研究所，1932年由国立北平研究院和北平中法大学合作创建，1933年迁至上海，1950年3月并入中国科学院有机化学所，为药物化学研究室，1953年从有机所分出，成立中国科学院药物研究所。1970年改名为上海药物研究所，1978年更名为中国科学院上海药物研究所。

上海药物所是以创新药物的基础研究、应用基础和应用开发研究为主的综合性研究机构，通过生物学和化学密切合作，阐明生物活性物质的结构、活性及其相互关系；探索药物作用的新机理、新靶点；完成新药临床前综合评价及研究。重点研究治疗肿瘤、心脑血管、神经精神系统、代谢、自身免疫和感染性等六类疾病领域的新药，并加强现代中药的研发。1998年成为中国科学院知识创新工程试点单位之一。2011年，按照中国科学院的统一部署，药物所贯彻实施“十二五”及“创新2020”规划，凝练“一三五”目标，即围绕重大新药创制的主线，努力实现3个重点突破（创制具有国际影响的重大新药、率先实现药物安全性评价与国际规范接轨、在GPCR的结构、功能和配体研究方面取得重大进展）和5个重点培育（新药临床前评价体系、药靶的发现和功能确证研究、国家化合物样品库建设及应用、分子靶向抗肿瘤新药的研发、难治性自身免疫疾病新药研究）。

上海药物所设有3个国家级研究中心：新药研究国家重点实验室、国家新药筛选中心、中药标准化技术国家工程实验室；5个研究室：药物化学研究室、天然药物化学研究室、药理学第一、二、三研究室；8个技术平台研究中心：药物发现与设计中心、药效评价研究中心、上海药物代谢研究中心、药物安全评价研究中心、药物释放系统研究中心、中药现代化研究中心，新增化学蛋白质组学研究中心、神经药理国际科学家工作站；4个支撑服务机构：分析化学研究室、信息中心、实验动物室、期刊联合编辑部。

截至2011年底，上海药物所共有在职职工656人。其中科技人员382人、科技支撑人员116人，包括中国科学院院士3人、中国工程院院士3人，研究员及正高级工程技术人员91人、副研究员及高级工程技术人员90人；全所进入创新岗位人员共有239人。中组部“千人计划”2人（新增1人），中国科学院“百人计划”入选者29人（新增3人）、国家杰出青年科学基金获得者18人（新增3人）。

上海药物所是国务院学位委员会批准的首批博士、硕士学位授予单位之一。现设有药学一级学科博士、硕士研究生培养点，其招生专业包括药物化学、药剂学、药物设计学、药理学、药物分析学等；设有化学、药学一级学科博士后流动站2个。截至2011年底，研究所共有在学研究生425人（其中硕士生208人、博士生217人），在站博士后38人。

2011年，研究所共有在研项目422项（新增项目214项）。其中国家重点基础研究发展计划（“973”计划）项目17项（新增2项），中国高技术研究发展计划（“863”计划）项目25项，国家科技支撑计划项目5项；国家自然科学基金重大项目1项、重点项目6项（新增1项）、国家杰出青年科学基金项目11项（新增3项）；中国科学院知识创新工程重大项目3项、重要方向项目17项，院地合作项目178项（新增112项），国际合作项目40项，与地方政府合作项目76项（新增20项）。到位各类经费45 499.01万元。

2011年，新药研究取得阶段性进展。抗心律失常一类新药硫酸舒欣啶正在推进国际临床研究，治疗类风湿关节炎一类新药雷腾舒、抗肿瘤一类新药喜诺替康、现代中药丹七通脉片等基本完成Ⅰ期临床，进展顺利；抗乙型肝炎一类候选新药异噻氟定、抗肿瘤一类候选新药希明替康和德立替尼、治疗肺动脉高压和ED一类新药TPN729完成临床前研究，即将进入临床研究阶段；其他在研新药，包括治疗红斑狼疮一类新药SM934、抗肿瘤一类新药Y31、抗精神分裂症一类新药THPB-d、治疗糖尿病中药复方RG-02等临床前研究正在顺利进行中；又有一批新的候选新药进入临床前评价。全年共申请专利100项，其中PCT国际阶段9项；获授权专利82项，其中国际专利17项。获国家技术发明二等奖1项。

2011年，各技术平台建设取得突破性进展。上海药物所成功建设国家化合物样品库，完成了6300平方米的实验大楼建设并入驻，总存量已近70万个化合物，样品规模达到国际中等制药公司水平，居亚洲第一。上海药物所整体通过国际实验动物评估和认可委员（AAALAC）认可；

安评中心与国际规范接轨正在积极准备 OECD 国际 GLP 认证；中药标准化国家工程实验室完成既定目标，即将迎接验收；新组建的信息中心为新药研发提供多元的信息保障。

2011 年，基础研究取得重要成果。新药研究国家重点实验室在五年一次的医学类国家重点实验室评估中排名第二，再获优秀，这是重点实验室连续第三次获得优秀。2011 年，在 *Journal of the National Cancer Institute Cell Research*、*Arthritis and Rheumatism*、*Biomaterials* 等国际一流刊物上发表了一批高水平优秀论文，发表论文 353 篇，其中 SCI 收录论文 322 篇，影响因子（IF）总数 1176（其中通讯作者 197 篇，影响因子总数 709，平均影响因子 3.6，较 2010 年度上升了 0.455），影响因子 5 以上的论文 69 篇（通讯作者 44 篇）、3 以上的论文 172 篇（通讯作者 111 篇）。

截至 2011 年底，上海药物所院地合作方面共签订技术合同 133 项，实际“四技”收入为 5762 万元。与上药集团、石药集团、复星集团等国内制药企业建立了战略联盟和联合实验室；与上海市徐汇区中心医院共建了临床研究中心；海和药业注册并正式运行；拓展与了绿谷制药公司合作进程，丹参多酚酸盐注射剂 2011 年产量突破 1000 万支，销售额达 9.4 亿元；与环球药物合作开发的盐酸安妥沙星 2011 年销售 27.5 万盒，销售额 2500 万元。

2011 年，国际合作方面上海药物所共接待国外代表团 72 个，计 300 多人次；上海药物所出访团组 82 个，计 200 人次。上海药物所还组织和承办了“2011 上海中药与天然药物国际大会”等数个有重要影响的国际会议。国际合作项目到位经费 3176 万元。与阿斯利康公司共建安全性评价研究中心取得里程碑进展，与瑞士爱泰隆公司共同开展抗肿瘤项目研究进展顺利，与法国施维雅公司共建联合实验中心，建立了正常的协调机制；与中国香港中文大学建立联合实验室。

上海药物所主办了两本英文学术杂志（*Acta Pharmacologica Sinica*《中国药理学报》）和（*Asian Journal of Andrology*《亚洲男性学杂志》）。*Acta Pharmacologica Sinica* 是我国药理学及药学领域唯一被收录至科学引文索引（SCI）的学术期刊，其影响因子（IF）为 1.909；*Asian Journal of Andrology* 是我国重要的洲际学会国际性会刊，影响因子为 1.549，在国际男科学领域期刊排名第三，在国内临床医学领域 SCI 期刊榜排名第一。研究所同时还主办了以非处方药物为主的科普杂志《家庭用药》，年发行量为 120 余万册。

（撰稿：徐晓萍　石岩森　审稿：厉　骏）

宁波材料技术与工程研究所

所　　长：崔　平

地　　址：浙江省宁波市镇海区庄市大道 519 号

邮政编码：315201

电　　话：0574－86685115

传　　真：0574－87910728

电子信箱：nimte@nimte.ac.cn

网　　址：http://www.nimte.ac.cn

中国科学院宁波材料技术与工程研究所（以下简称“宁波材料所”）始建于 2004 年 4 月，2007 年 11 月通过中科院、浙江省、宁波市组织的验收并隆重揭牌，成为中国科学院在浙江省建立的首家直属研究机构。2009 年 3 月，在宁波材料所完成一期共建目标的基础上，中国科学院、浙江省、宁波市三方进一步加强全面战略合作，签署了宁波材料所二期建设备忘录，决定共建中国科学院宁波工业技术研究院（简称宁波工研院）。2010 年 11 月，举行了宁波材料所二期开工典礼暨宁波工研院揭牌仪式。建成后的宁波工研院，下设材料技术与工程研究所、新能源技术研究所、先进制造技术研究所等 3 个非法人研究所，并在温州建立温州生物材料与工程研究所。

宁波材料所的发展目标和定位是：以制造业和材料产业的发展需求为导向，以材料科技进步为牵引，瞄准世界前沿，面向全国需求，立足宁波、服务浙江、辐射“长三角”；成为独具区域特色，集技术创新、成果转化、科技服务、人才培育于一体的综合性工业技术研究机构。

宁波材料所结合自身特点以及区域经济社会发展的需要，先后组建了高分子与复合材料、磁性材料、功能材料与纳米器件、表面工程、燃料电池技术、特种纤维6个事业部。根据宁波工研院《“十二五”暨中长期发展战略规划（2010—2020)》，研究领域从原先的材料领域进一步拓展到新能源和先进制造领域。2011年，围绕“创新2020”的启动，研究所开展实施“7+2”重大研究计划，并在此基础上凝练出三个重大突破和五个重点培育方向。

目前已建成国家发改委碳纤维制备技术国家工程实验室、国家发改委永磁材料制备技术国家工程实验室、国家发改委磁性材料科技创新服务平台、稀土永磁材料与应用技术国家地方联合工程实验室、科技部省部共建国家重点实验室培育基地、科技部国际合作基地、中科院磁性材料与器件重点实验室、浙江省磁性材料及其应用技术重点实验室、直线电机国际联合实验室等一批得到国家和地方各部门认可的研发平台。先后投资1.9亿元购买各种仪器设备，并搭建了1个公共研究测试平台和5个专业平台。

2011年，宁波材料所在原有的“旗舰行动”、“团队行动”、“春蕾行动”三个人才行动计划基础上增加了“关键人才”和“管理人才”两个人才行动计划，加大人才引进与培养力度。

截至2011年底，共有在职职工620人。其中，科技人员434人、科技支撑人员130人、管理岗位56人，平均年龄32岁、正高级110人(27人为客聘)、副高级70人。上述人员中有院士1人，中组部“千人计划”5人（含青年千人3人），浙江省千人计划11人，国家“杰青”1人，中科院“百人计划”入选者22人；2人享受国务院特殊津贴，6人获国家人事部留学回国人员项目择优；8人获浙江省钱江人才称号，15人入选浙江省“151”人才工程支持，11人获宁波市4321人才工程支持；1人获卢嘉锡奖，7人获王宽诚基金奖励。

宁波材料所目前有3个博士培养点、3个硕士培养点和3个专业学位培养点，并设有材料科学与工程一级学科，材料物理与化学专业博士后流动站。截至2011年底，共有在学研究生298人（硕士生221人、博士生77人），在站博士后58人。

2011年，宁波材料所共有在研项目483项(新增230项)。其中，承担（或参加）国家重点基础研究发展计划（“973”计划）项目6项(新增4项)，主持（或承担）中国高技术研究发展计划（“863”计划）项目8项（新增1项)；主持（或承担）国家自然科学基金重点项目1项、面上项目14项（新增8项)，承担国家杰出青年科学基金1项；主持（或承担）中国科学院知识创新工程重要方向项目11项，承担科技部“国家国际科技合作计划”重大专项1项，科技部与欧盟第七框架项目1项，中国科学院重点国际合作项目1项，浙江省国际合作项目1项，中国科学院国际人才交流项目7项。承担院地合作项目11项（新增5项)。

2011年，宁波材料所在“低成本碳纤维复合材料应用技术”、“固体氧化物燃料电池技术”和“磷酸锰锂正极材料低成本合成技术”等科研项目上取得了重大进展和突破。“大豆基无醛胶合板胶黏剂”产业化项目、“磷酸铁锂/石墨烯复合正极材料及其中试生产技术”先后通过专家鉴定，达到国际先进水平。

2011年，宁波材料所共发表期刊与各类会议论文300余篇，其中SCI收录180篇，影响因子大于3的58篇。全年申请专利241件，授权46件，参与制定行业标准3件。

宁波材料所积极开展所地合作、技术转移和成果转化工作，促进产学研结合，始终坚持科技与经济紧密结合，把科研成果转化为现实生产力，为经济发展方式的转变提供科技支撑。2011年，宁波材料所与宁波沪甬电力器材股份有限公司签订《磷酸铁锂产业化项目合作协议》，合同总金额2490万元，宁波艾能锂电材料科技股份有限公司正式揭牌。截至2011年底，宁波材料所与企业共建科技合作平台共55个，合同总额为9733万元（其中新增25个，合同总额3593万元)；累计接受企业委托或合作开发项目89项，总合同额约5800万元（其中新增36项，合同金额2147万元)；帮助企业申报科技部国际合作项目、863计划、院地合作项目等18项，合同金额8538万元。

2011 年，宁波材料所共派出 37 批 50 余人参加高层次国际会议和学术研讨会；接待国外代表团、个人来访 200 余人次；签署国际合作协议 10 个；引进外籍特聘研究员 5 人，招收外籍博士后 1 人、博士生 1 人；成功举办了 2011 中国（宁波）新材料与产业化国际论坛——“动力锂离子电池及产业发展国际研讨会”和“固体氧化物燃料电池技术（SOFC）国际研讨会”；与美国代顿大学合作的“国家国际科技合作计划”专项——“高效节能电机用纳米晶多极永磁环的制造及应用研究”进展良好，研制出了多种规格的环形磁体。

（撰稿：夏羽青　陶永怀　审稿：崔　平）

福建物质结构研究所

所　　长：洪茂椿
地　　址：福建省福州市杨桥西路 155 号
邮政编码：350002
电　　话：0591－83714517
传　　真：0591－83714946
电子邮箱：fjirsm@fjirsm. ac. cn
网　　址：http://www. fjirsm. ac. cn

中国科学院福建物质结构研究所（以下简称“福建物构所”）创建于 1960 年，其前身是中国科学院福建分院 1960 年筹建的技术物理所、应用化学所、电子学所、数学力所、自动化所、稀有金属所和生物物理研究室。1961 年，中国科学院将福建分院及筹建的 7 个研究所（研究室）调整合并为中国科学院理化研究所。1962 年更名为华东物质结构研究所。1973 年定名为中国科学院福建物质结构研究所。2010 年 6 月 18 日，中科院与福建省政府、福州市政府签订共建协议，以福建物构所为依托建设中国科学院海西研究院，明确以福建物构所为基础和法人依托，新建海西材料工程研究所、海西先进制造技术集成研究所、海西动力工程研究所和稀土材料研究所等 4 个非法人研究所和海峡两岸科技合作交流中心，共同组建海西院。我国著名科学家、教育家卢嘉锡院士（已故）为该所创始人。经过几代人的努力，福建物构所逐渐发展成为在国际上具有重要影响力的结构化学、新材料和器件集成于应用的综合研究基地。

实施中国科学院知识创新工程以来，福建物构所紧紧围绕“从原创基础研究到高新技术变革创新，大力促进科技成果转移转化”的战略定位，凝练科技目标，优化学科布局，重点开展了结构化学、能源催化、纳米材料、晶体工程、光电材料、激光技术集成与应用、电子信息、先进制造及动力工程等研究与开发，构筑了“基础研究的源头创新——应用高技术研究——产业化”特色鲜明的知识和技术创新链，形成了基础研究和高技术创新相互促进的科技创新体系，成为在国际、国内具有影响力的研究机构。

福建物构所现有在职职工 427 人。其中科技人员 306 人，科技支撑人员 37 人，包括中国科学院院士 2 人、第三世界科学院院士 1 人、研究员及正高级工程技术人员 62 人、副研究员及高级工程技术人员 54 人。共有中国科学院“百人计划”入选者 23 人，国家杰出青年科学基金获得者 11 人（新增 1 人），全所进入创新岗位 223 人。

福建物构所是 1978 年国务院学位委员会批准的博士、硕士学位授予权单位之一。现设有无机化学、物理化学、有机化学、凝聚态物理、材料物理与化学、生物化学与分子生物学等 6 个一级（或二级）学科硕士研究生培养点；材料工程、生物工程、光学工程、化学工程 4 个硕士研究生培养点；并设有化学学科等 1 个一级学科博士后流动站。共有在学研究生 327 人（硕士生 187 人、博士生 140 人），在站博士后 11 人。

福建物构所设有结构化学国家重点实验室、国家光电子晶体材料工程技术研究中心、中科院光电材料化学与物理重点实验室、中科院煤制乙二醇及相关技术重点实验室、福建省纳米材料重点实验室、福建省纳米材料工程实验室、福建省激光技术集成与应用工程技术研究中心、福建省光电子晶体材料与器件行业技术开发基地等 8 个科技创新平台，以及结构化学基础研究室、纳米材料研究室、理论与计算化学研究室、晶体材料研究室、材料化学与物理研究室、激光工程研究室、化学生物学研究室、应用化学研究中心、水溶液晶体生长研发中心和先进材料研究中心等10个研究室（中心），培植了福晶科技股份有限公司、通辽金煤化工有限公司、福建创鑫科技有限公司、福建中科华宇科技发展有限公司等一批高科技企业。

2011年，福建物构所共有在研项目511项（新增121项）。其中，主持（或承担）国家重点基础研究发展计划（"973"计划）项目15项（新增7项）、承担（或参加）课题7项，主持（或承担）中国高技术研究发展计划（"863"计划）项目8项；主持（或承担）国家自然科学基金重点项目8项、面上项目64项（新增18项），承担国家自然科学基金重大研究计划重点项目5项（新增2项）；主持（或承担）中国科学院知识创新工程重大项目1项、重要方向项目24项（新增4项），承担国际合作项目9项（新增2项），承担重大仪器研制项目5项。

2011年，福建物构所共发表（含合作）SCI论文371篇，SCI影响因子大于4.0的论文147篇，大于5.0的论文62篇、大于6.0的论文23篇，其中第一单位论文307篇。与2010年度相比，影响因子大于4.0的高端论文数量增加了26篇，不但发表论文数量增加，而且高端论文数也显著增加，福建物构所发表的论文已摆脱追求数量和单一学科的局面，逐步呈现出以质量为主、多学科发展的良好势头，基础研究原始创新能力有了较大的提升，前瞻学科布局初显成效，科研管理改革和评价政策导向发挥出一定的调节作用。

2011年，全所共申请专利129件，国际专利申请1件，其中发明专利121件，实用新型专利8件；授权专利8件，均为发明专利，基本覆盖了无机化学、材料催化、晶体材料以及激光器件技术等主要学科领域，构筑了较为完整的知识产权体系。

由林文雄研究员、洪茂椿院士领衔完成的"高质量晶体元器件和模块与全固态激光技术"荣获2011年度国家科技进步奖二等奖。本成果基于物质结构设计与调控理论，在材料科学和激光物理研究基础上，将晶体生长、组件制备与激光系统设计等相对独立学科的技术协调起来，通过"晶体结构设计－缺陷研究－晶体生长－模块设计－激光系统开发与应用－工程开发"实时互动的研发模式，开展涉及高质量晶体元器件和模块与全固态激光技术上下游技术环节的多学科综合研究，完善了"敏感微缺陷吸收中心的控制与消除"、"异质晶体微观复合界面层结构控制"等技术，突破激光和非线性晶体生长与器件加工、模块设计与制备、激光系统集成等产业化关键共性技术，同时制定了相关国家标准，构筑了完整的知识产权体系。相关技术已经转移到福晶科技等多家相关企业，实现了高质量晶体元器件和模块与全固态激光系统的规模化生产，制订了2项国家标准；获得授权发明专利7件，实用新型7件，申请发明专利17项；发表SCI、EI收录论文12篇。

2011年，国家纳米科学中心协作实验室—纳米结构组装与功能重点实验室正式成立；福建省纳米材料重点实验室以排名第一成绩被省科技厅评为优秀类实验室；国家光电子晶体材料工程技术研究中心再建项目获得科技部支持；太阳能级硅材料综合测试实验室通过资质认定，获得CMA计量认证证书；福建省光电子晶体材料及器件产业技术创新重点战略联盟、福建省半导体照明技术研发与公共服务平台获准立项建设。

2011年，以洪茂椿院士领衔的"功能材料的结构化学"研究团队顺利通过国家基金委创新群体和中科院创新团队国际合作伙伴计划的验收评估；由卢灿忠研究员主持完成的"新型锂电池材料及其产品的研发"通过验收；由黄丰研究员主持完成的"基于物理冶金法提纯太阳能级硅材料若干关键技术的研发与应用"通过验收；由福建物构所陈学元研究员主持完成的福建省杰出青年基金项目"用于均相FRET检测的纳米稀土荧光生物标记材料的研制"通过省科技厅组织的专家评审；在福建省科技重大专项专题支持下，由福建物构所洪茂椿院士、林文雄研究院领衔的攻关团队成功研制出智能化激光MIG复合热源焊接平台。同时，福建物构所金属－有机框架化合物功能材料研究、紫外和红外非线性光学材料研究、过渡金属催化的交叉偶联反应及非线性和激光晶体材料研发和工程化研究取得系列进展。

2011年，福建物构所认真贯彻落实"十二五"院地合作规划和2011年行动方案，组织实施了一批重大科技创新项目，在LED照明技术、水溶性聚氨酯等项目上进行重点部署。“细菌发酵生产超氧化物歧化酶（SOD）”、“二氧化碳无水印染”等项目福建物构所以技术转让、联合研发的形式，与福建百奥生物科技有限公司、福建浔兴拉链科技股份有限公司合作，使项目迅速实现了产业化。同时，福建物构所通过引进福晶公司战略投资3500万元，与中科万邦共同组建了福建省万邦光电科技有限公司，通过联合攻关开发高效、低成本LED照明关键技术，大大提升了核心竞争力，2011年公司销售额达1.5亿元。对水性聚氨酯鞋用胶粘剂项目，2011年福建物构所通过无形资产评估，以技术秘密形式作价入股中科华宇科技发展有限公司，多年实现主营业务收入804万，实现利润20多万，誉为“民生科技”。通过融资平台，福建物构所积极引入战略投资机构，分别在LED照明、光通讯用半导体激光器与探测器、蚌线发动机等项目中，以技术入股方式参与成立福建省两岸照明节能科技有限公司、福建中科光芯光电科技有限公司及中科动力设备有限公司。

福建物构所注重开展对外学术交流活动，充分发挥跨学科的协作优势，努力提高对外学术交流质量和水平，形成了全方位、宽领域、多层次的合作局面，促进提升科技创新能力，提高了在国内外的影响力和知名度。2011年，福建物构所主办和承办各类国际会议一次，“第七届中丹水解酶和肿瘤研究中心研讨会”，全年共有16批23人次的来访外宾，因公出访15批22人次，其中国际会议8人次，合作研究1人次，短期访问12人次，出国考察1人次。

中国化学会和福建物构所联合主办的《结构化学》刊物，影响因子0.61，已成为我国化学研究的重要学术刊物之一。

（撰稿：王雪萍　赵　榕　审稿：洪茂椿）

城市环境研究所

所　　长：朱永官
地　　址：福建省厦门市集美大道1799号
邮政编码：361021
电　　话：0592－6190978
传　　真：0592－6190977
电子信箱：iue@iue.ac.cn
网　　址：http://www.iue.cas.cn

中国科学院城市环境研究所（以下简称“城市环境所”）成立于2006年7月4日。城市环境所是中国科学院下属的事业法人单位，是中国科学院资源环境与高技术交叉领域的研究所，是目前国际上唯一的专门从事城市环境综合研究的国立研究机构，是中华人民共和国科学技术部“国家级对台科技合作与交流基地”和“国际科技合作基地”。

城市环境所的学科方向为环境化学与分析化学、环境经济与环境管理、生态学、环境生物与生物技术、环境工程与环境材料；重点研究领域为城市生态健康与环境安全、城市环境污染控制与资源化技术、城市环境工程与循环经济、城市生态环境规划与管理；设有城市生态健康与环境安全研究中心、城市环境污染控制与资源化技术研究中心、城市环境工程与循环经济研究中心、城市生态环境规划与管理研究中心4个研究中心；拥有中国科学院城市环境与健康重点实验室、国家发改委生物产业技术研究开发公共服务平台、厦门市水环境安全与水质保障工程技术研究中心、厦门市城市代谢重点实验室；并有仪器设备实验中心，以及两个科学观测研究站。2011年新增固废资源化技术研究实验室，新购置共焦显微拉曼光谱仪、X射线衍射仪、激光辅助飞行时间质谱仪、基质辅助激光解析串联飞行时间质谱仪等大型仪器。

城市环境所2011年6月制订了《中国科学院城市环境研究所“十二五”发展规划》，即研究所“一三五”规划。规划明确了研究所的定位：面向我国快速城市化和可持续发展的国家需求，围绕城市环境质量演变与生态健康效应、城市污染控制与污染环境修复、城市规划与环境管理等方向开展前瞻性的系统研究。通过多学科交叉融合，形成理论研究、技术研发、系统集成和工程示范相耦合的完整创新价值链，为保障城市健康、高效和安全提供理论、技术和政策支撑。

确定了三个重点突破（海西经济区城市化过程与环境质量演变特征及其风险控制原理；城市固体废物资源化技术与综合管理系统及应用示范；数字城市环境网络）和五个重点培育方向（汽车尾气的健康效应和健康风险评估；城市空气质量监测、控制与模型；城市水质安全新技术与系统集成；低成本复合型环境功能材料与集成应用；可持续小城镇规划与生态建设示范）。

截至2011年底，中国科学院城市环境所共有在职职工145人。其中科技人员108人、科技支撑人员12人，包括研究员及正高级工程技术人员20人、副研究员及高级工程技术人员25人。中国科学院“百人计划”入选者10人、国家杰出青年科学基金获得者2人、福建省杰出青年科学基金获得者2人、福建省高层次创业创新人才入选者1人。城市环境所现拥有“环境科学与工程”一级学科博士和硕士学位授予点；环境科学、环境工程、环境经济与环境管理等3个二级学科硕士研究生培养点。共有在学研究生165人（硕士生77人、博士生88人），在站博士后12人。

2011年，城市环境所共有在研项目205项（新增79项）。其中，主持（或承担）国家自然科学基金项目44项（新增14项）；中科院“百人计划”项目9项，中科院知识创新工程和院地合作项目（课题）27项（新增4项）；科技部项目（课题、子课题）7项（新增3项）；环保公益项目4项；教育部回国留学基金项目3项；福建省科技计划和自然科学基金项目37项（新增17项）；厦门市科技计划项目22项（新增8项）；国际合作项目（包括科技部项目1项）5项；横向项目46项（新增32项）；其他项目2项（新增1项）。城市环境所申请发明专利28项，实用新型专利5项；获得发明专利授权2项，实用新型专利授权3项。正式发表科技论文270余篇，其中SCI收录123篇，EI收录84篇，中国科学引文数据库（CSCD）收录68篇。

2011年，城市环境所积极推动科技成果转移转化，以“城市污泥生物快速干化及其自动控制集成技术”为无形资产作价出资入股创立中科同鑫（厦门）环境科技有限公司；以脱硝催化剂再生技术为无形资产作价出资入股创立厦门中科圣德环保科技有限公司，两公司现已稳步开展运作。借助中科院与厦门市政府共建的“中国科学院厦门产业技术创新与育成中心”为平台，积极推介中科院各研究所的可转移转化成果在厦门市企业的推广应用，已组织4个项目申报厦门市专项经费支持。

2011年，城市环境所共申请到“中国东南沿海城市群环境污染调控技术与示范”等多项国际合作项目。举办了3次较大的国际会议和一次海峡两岸会议。接待来自美国、英国、德国和澳大利亚等18个国家和地区的科学家共105人次，开展了各种不同形式的学术交流；同时，分别与美国、英国、德国、法国、澳大利亚、加拿大、韩国等18个国家以及中国香港和中国台湾地区开展了访问交流和合作研究63人次；引进海外归国研究员1名，3名科学家入选2012年“中国科学院外国专家特聘研究员计划”，1名科学家入选“中国科学院爱因斯坦讲席教授计划”，1名巴基斯坦副教授入选“2012年中国科学院外籍青年科学家计划”，与英国斯托普雷德公司和兰卡斯特环境中心、香港城市大学以及斯洛文尼亚溶胶科学仪器开发及生产有限公司等签订了相关合作协议。

2011年10月20日，中央政治局委员、国务委员刘延东视察了城市环境研究所。

（撰稿：聂　璇　陈伟民　审稿：朱永官）

南京地质古生物研究所

所　　长：杨　群
地　　址：江苏省南京市北京东路39号
邮政编码：210008
电　　话：025－83282105
传　　真：025－83357026
电子信箱：ngb@nigpas. ac. cn
网　　址：http://www. nigpas. cas. cn

中国科学院南京地质古生物研究所（以下简称“南京古生物所”）成立于1951年5月7日，其前身为中央研究院地质研究所及前中央地质调查所等机构的古生物室（组）。著名地质古生物学家、中国科学院副院长李四光教授为首任所长。

南京古生物所是一个从事古生物学、地层学及相关学科基础研究、应用基础研究及科学传播的综合性研究所。目标是建设成为国际一流的古生物学和地层学研究中心、古生物资料信息中心、古生物标本收藏中心、地质古生物学人才培养及科学传播基地。主要研究领域包括地球早期生命的起源与演化，进化古生物学，古生物系统分类学，古生态、古地理、古气候研究，年代地层学，分子古生物学，地球生物学，生物与环境的协同演化，应用古生物学与地层学等。1998年成为中国科学院“知识创新工程”首批试点单位之一，2011年在中国科学院“创新2020”择优实施部署中再次获得首批整体择优支持。

2011年，南京古生物所在所战略研究小组的指导下，顺利开始“创新2020”试点启动，就学科建设、前沿领域、团队培育、人才培养及引进、平台建设等方面研究部署体制机制改革创新。“十二五”期间，南京古生物所将通过一系列具体保障措施与重大举措，争取在早期生命起源与演化，生物宏演化及其机制，地层层型、后层型研究及其应用等三个领域取得重大突破，并着重培育地质历史时期生物多样性和谱系重建，地球生物学，应用古生物学与精时地层对比，古生物学与地层学数字化研究，沉积学与古生态学五个重点方向。

南京古生物所下设古植物学与孢粉学研究室、古无脊椎动物学研究室、微体古生物学研究室和现代古生物学和地层学国家重点实验室四个研究室，拥有图书资料信息中心、实验技术中心、南京古生物博物馆、澄江古生物研究站以及一个应用地层学与古地理研究中心。

南京古生物所图书馆建于1953年，经过近60年的藏书建设，目前收藏古生物学与地层学专业图书期刊约28万册（期），其中外文期刊近2500种，约20万册（期），是亚洲最大的古生物学专业图书馆。南京古生物所标本馆是在1928年中央研究院地质研究所标本室的基础上发展起来的，其馆藏标本约20万件，不仅是我国最重要的古生物标本馆，也是世界上古生物标本收藏的重要机构。南京古生物所拥有扫描电子显微镜、透射电子显微镜、软X射线显微镜、同位素质谱仪、气相色谱－质谱仪，地质生物学实验室、分子古生物学实验室等众多大型先进仪器设备和实验装置。

经过60年的发展和几代科学家的努力，南京古生物所目前已成为分支学科齐全、科技力量雄厚、技术条件配套、学术成果丰硕、国际交流频繁的地层古生物综合研究中心。国外同行将其与英国自然历史博物馆和美国斯密逊博物研究院一起并称为世界古生物学研究的三大中心。

截至2011年底，南京古生物所共有在职职工137人，离退职工226人。其中科技人员75人、科技支撑人员44人，包括中国科学院院士3人、研究员及正高级工程技术人员40人、副研究员及高级工程技术人员41人。共有中国科学院“百人计划”入选者7人、国家杰出青年科学基金获得者7人、国家“千人计划”入选者1人。

南京古生物所是国务院学位委员会首批批准的博士、硕士学位授予权单位之一。现设有古生物学与地层学、地球生物学和地质工程3个二级学科硕士研究生培养点；古生物学与地层学和地球生物学2个博士研究生培养点；并设有博士后流动站。共有在学研究生61人（硕士生36人、博士生25人），在站博士后11人。

2011年，南京古生物所共有在研项目193项（新增43项）。其中，承担国家重点基础研究发展计划（“973”计划）课题3项（新增2项），国家重大科技专项课题1项，国家“千人计划”项目1项；主持国家自然科学基金重大项目1项（新增1项）、重点项目3项（新增1项）、主任基金项目1项（新增1项）、面上（含青年）项目44项（新增11项）、杰出青年项目2项、创新群体项目1项、人才培养项目1项、联合基金项目1项、科普项目3项（新增2项）、海外学者项目2项；承担中国科学院战略性先导科技专项课题4项（新增4项），主持院重要方向项目25项（新增5项）、“百人计划”项目1项、国际合作项目12项（新增3项）、院其他各类项目17项（新增4项）；主持中国地质科学院项目12项、国家重点实验室自主研究项目16项（新增4项）、江苏省自然科学基金1项。

2011年，南京古生物所科研工作取得可喜成果，出版专著专辑3部，发表论文约200篇，其中SCI论文76篇。*Nature*杂志刊登了南京古生物所主持完成的题为“埃迪卡拉纪早期具形态分异的宏体真核生物组合”的科研论文，为宏体真核生物的早期演化提供了最古老的化石证据。国际地科联执委会表决通过了建立由南京古生物所主持研究的寒武系第九阶（江山阶）全球标准层型剖面和点位（“金钉子”）的提案，该“金钉子”正式在我国浙江江山确立，是我国的第十枚“金钉子”。*Science*杂志以研究论文的形式刊登了南京古生物所主持完成的重要研究成果：“卡定二叠纪末生物大灭绝的时间”，揭示了二叠纪末生物大灭绝发生在2.52亿年前，并在20万年这样极其短暂的地质时间内快速地造成了地球海、陆生态系统的全面崩溃。2011年该所还获得“2011年度江苏省科学技术进步奖二等奖”1项。

2011年，南京古生物所科学家继续以我为主，有效地开展了多种形式的国际合作交流活动，取得了显著的成绩。获批中科院“外国专家特聘研究员计划”3项。与俄罗斯科学院古生物研究所、地质研究所签订了合作备忘录。先后出访参加了“第11届国际奥陶系大会”、“第16届国际寒武纪地层分会野外会议”、“第17届国际石炭和二叠系大会”等重要国际学术会议并作学术报告，介绍中国古生物学研究的最新进展。

2011年，南京古生物所共有53批82人次先后出访18个国家和地区参加国际会议或进行学术交流；接待来自14个国家的外宾82人次来访。目前有20余位专家在40多个国际学术组织中担任主席、副主席、选举委员等职。

中国古生物学会挂靠在南京古生物所。南京古生物所主办学术期刊有《古生物学报》、《微体古生物学报》、《地层学杂志》、*Paleoworld*，以及科普期刊《生物进化》和科普网站“化石网”。

（撰稿：陈孝政　李秋萍　审稿：王海峰）

南京土壤研究所

所　　长：沈仁芳
地　　址：江苏省南京市北京东路71号
邮政编码：210008
电　　话：025－86881114
传　　真：025－86881000
电子信箱：iss@issas.ac.cn
网　　址：http://www.issas.ac.cn

中国科学院南京土壤研究所（以下简称“南京土壤所）成立于1953年，其前身是1930年创立的中央地质调查所土壤研究室。现有职工286人，其中中国科学院院士2人、研究员47人、副研究员及高级工程师91人。目前设有农业资源利用一级学科及环境科学、生态学6个博士学位授予点；土壤学、植物营养学、生态学、环境科学、水土保持及荒漠化防治、地图学与地理信息系统等6个二级学科的硕士学位授予点；1个农业资源利用一级学科博士后流动站。现有在学博士研究生138人、硕士研究生144人。

南京土壤所是我国目前唯一的专业从事土壤科学综合研究的机构。土壤资源与管理、土壤肥力与调控、土壤环境与健康、土壤生物与安全是该所的4大核心研究领域。目前设有土壤与农业可持续发展国家重点实验室、土壤环境与污染修复院重点实验室、土壤资源与遥感应用研究室、土壤－植物营养与肥料研究室、土壤化学与环境保护研究室、土壤物理与盐渍土研究室、土壤生物与生化研究室、土壤利用与环境变化研究中心、农业生态与区域发展研究中心等研究单元，其中农业生态与区域发展研究中心包括中科院生态系统研究网络土壤分中心、封丘农田生态系统国家野外科学观测研究站、鹰潭农田生态系统国家野外科学观测研究站、常熟农田生态系统国家野外科学观测研究站、三峡工程生态环境秭归实验站。该所主办*Pedosphere*、《土壤学报》和《土壤》3份中英文学术期刊，其中*Pedosphere*是我国土壤科学唯一的一份英文学术期刊且被收录为SCI源刊。拥有联合国粮农组织的特约图书馆和规模较大的土壤标本馆。土壤与环境分析测试中心已获得国家实验室认可和国家计量认证。同时，该所还是中国土壤学会、江苏省土壤学会和全国土壤质量标准化技术委员会的挂靠单位。

2011年完成“十二五”发展战略报告，正式推动“一三五”规划的实施。自2010年6月开始，土壤所正式启动了“十二五”发展战略规划的制订工作，并开展了一系列、多层面的发展战略研讨活动，并于2010年底完成了发展战略规划报告的初稿。2011年新春伊始，土壤所紧紧围绕中科院“创新2020”的实施方案，根据新一届中科院院党组对各研究所提出的制订“一三五”规划的新要求，先后召开了3次所学术委员会会议、2次全体研究员会议以及多次各层面小组讨论会，集全所智慧，于5月底形成了土壤所“一三五”规划的具体内容，并定稿完成了我所“十二五”发展战略规划。“一三五”规划的主要内容为一个战略定位和三个领域的重大突破或重要进展，既针对我国面临的耕地资源紧缺、土壤质量退化、土壤生态服务功能衰减的严峻现实，以土壤资源管理、植物营养调控、土壤环境保护、土壤生态保育为核心领域，深化土壤科学基础理论，大幅提升应用基础与技术研究的持续创新能力，着力破解土壤科学核心基础问题和关键技术难题，继续引领中国土壤科学研究的发展方向，为我国资源合理利用、粮食安全保障、生态环境保护提供理论基础、决策依据和技术支撑，成为世界一流的土壤科学研究机构。力争未来五年内在土壤地力提升理论与技术体系、农田土壤氮素高效利用和综合管理技术、中国土壤基层分类与数字化管理三个方面取得重大突破。

2011年，土壤所努力加强策划和协调，继续坚持在服务国家需求中求发展和通过承担任务带动学科发展的方针，除了积极向各级科技管理部门提出新的立项建议之外，更重要的是做好一批已经落实项目的启动和实施工作。经过全体科研人员的共同努力，土壤所在科技项目争取方面继续呈良好发展势态，全年新增科研项目83项，到所科研经费达1.24亿元。在国家自然科学基金项目申请方面又有了新的进展，新增项目31项，其中包括杰出青年基金项目1项，重点基金项目2项，重大专项课题1项，国际合作交流项目1项，面上项目和青年基金项目26项，获得资助的总经费达2214万元。特别值得一提的是，土壤所2011年申请的面上基金项目获批资助率达到了56.5%，位于全国所有科研机构的第6位，充分显示其在土壤科学基础研究工作中的竞争实力。

2011年一批重大重要课题正式落实和启动。土壤所主持的第4个国家重点基础研究发展计划（“973”计划）“粮食主产区农田地力提升机理与定向培育对策”项目启动与课题实施方案论证会于2月28日在南京召开。该项目将以挖掘基础地力提升的水涨船高效应实现高产高效为总体思路，以我国粮食主产区分布最广泛的东北地区黑土、黄淮海平原潮土、南方地区水稻土和红壤为主要研究对象，开展农田地力形成与演变规律及其主控因素、农田土壤障碍因子消减机理与地力修复、农田土壤有机质、水养容量和生物活性协同增进机制与地力提升和粮食主产区农田地力定向培育理论与技术对策等四个方面的研究工作。该所主持的中国科学院战略性先导科技专项“应对气候变化的碳收支认证及相关问题”中的子项目“土地利用与畜牧业的甲烷和氧化亚氮排放”启动会4月8日在北京召开，标志着该项目全面进入了实施阶段，通过该项目的系列研究工作最终将提供我国土地利用、垃圾填埋场及畜牧业甲烷和氧化亚氮的排放清单。另外，新增的两个公益性行业专项项目“设施农业土壤环境质量变化规律、环境风险与关键控制技术”和“钾肥高效利用与钾素替代技术研究”也在2011年先后相继启动。

2011年，土壤所承担的一批“十一五”科研计划课题顺利完成了结题验收工作，各类科研项目和课题的年度工作进展顺利。国家科技支撑计划项目“红壤退化的阻控和定向修复与高效优质生态农业关键技术研究与试验示范”组织了现场验收会议，为2012年项目验收做好了充分准备。“973”计划项目课题“中国主要水蚀区土壤侵蚀过程与调控研究”、“肥料减施增效与农田可持续利用基础研究”、“作物对氮磷非均匀供应的弹性响应与高效利用机制”、“纳米材料治理 POPs 和重金属污染土壤的原理和方法”在项目组织的课题验收会议上均被评为优秀。“863”计划重点项目“车载农田土壤信息快速采集关键技术与产品研制”、“苏北滩涂耐海水植物新品种筛选培育及综合栽培技术研究与示范”和“多环芳烃污染农田土壤的微生物修复技术与示范”也得到验收专家的一致好评。土壤微生物研究团队在土壤氮循环微生物研究方法上取得了重要进展，研发了一套科研装置，显著提高了^{13}C-DNA 与^{12}C-DNA 的分离效率。同时针对我国华北平原小麦主产区土壤，采用稳定性同位素^{13}C 示踪土壤微生物 DNA，结合新一代高通量测序技术分析^{13}C-DNA，发现氨氧化细菌主导封丘潮土硝化过程，贡献率 >77%，揭示了硝化微生物群落在复杂土壤中“化能无机自养生理生长”的代谢特征，其研究结果在 *Nature* 出版社发行的微生物生态著名刊物 *The ISME Journal* 发表，得到了国际同行的高度关注，自 2011 年 7 月论文发表以来已被影响因子 >5.5 的微生物期刊他引 3 次。据统计，全所全年共发表 231 篇 SCI 论文和 400 余篇中文核心期刊论文，申报了 43 项发明专利，有 23 项发明专利获得授权，再创历史新高。

2011 年科技平台建设再上新台阶，基本形成了“基础研究 - 技术研发 - 应用示范”的链式科研工作体系。2011 年 11 月国家发改委正式授牌土壤所建设“土壤养分管理国家工程实验室”，标志着国家工程实验室进入全面建设阶段。与此同时，土壤所牵头组织申请的农业部耕地保育综合性重点实验室建设方案通过答辩评审，于 2011 年 11 月被农业部正式批准并授牌，土壤所随即于 11 月 12 日在南京召开了该实验室建设工作启动会暨第一届学术委员会第一次会议。以上两个实验室建成后，土壤所将拥有国家重点实验室、科学院重点实验室、国家工程实验室、农业部重点实验室以及三个国家级野外台站，形成“基础研究 - 技术研发 - 应用研究”一个完整的、相互衔接的链式科研工作布局，将显著提升我所破解满足国家战略需求中土壤科技问题的能力。挂靠在该所的国家土壤质量标准化技术委员会的工作在 2011 年也有所突破，经过进行组织和协调，申报的 15 项国家土壤质量标准制订计划项目目前已被国家标准化委员会批准立项，这将对促进我国土壤质量领域标准化工作起到积极的推动作用。另外，在财政部仪器修购基金、科技部国家重点实验室仪器设备专项及科学院战略先导科技专项的支持下，2011 年又新增大中型仪器 20 多台套，总价值达 1300 万元，从而使分析测试平台的功能更加完善。同时，在自主研发和率先使用推广的“中国科学院仪器设备共享管理平台”的基础上，又自主开发使用了“中国科学院仪器设备刷卡系统”并在全科学院推广，该系统包含了刷卡服务器和刷卡客户端两个模块，每个功能模块下包含多项子功能，覆盖了用户信息管理、仪器使用刷卡管理、仪器监视管理、仪器使用信息上传管理等多项功能。

2011 年院地合作工作取得显著进展，国内外科技合作交流日趋活跃和务实。在固体废弃物资源化利用、有机食品生产、农作物产地环境评价、污染场地修复、绿色健康施肥等方面与江苏、山东、广东、广西、安徽、湖南、江西等地 20 余家企业签订了实质性的科研合作合同，横向科研经费有了大幅度增长。在国际合作方面，全年共有 45 批 61 人次分别前往 15 个国家和地区进行短期访问和合作交流，共接待来自 19 个国家和地区的外宾 48 批 78 人次。获批中国科学院“爱因斯坦讲席教授计划”项目 1 项，“外籍专家特聘研究员计划”项目 1 项，CAS - TWAS 奖学金计划来访 3 项，成功举办 2 次规模在 300 人左右的中国科学院“爱因斯坦讲席教授”报告会，为所内外学者提供了与世界顶级科学家交流机会，并借助爱因斯坦讲席教授来访，举办小型学术研讨会，为今后开展广泛的合作交流奠定了基础。成功举办了“土壤污染与生物修复国际研讨会”和“生物炭研发与应用国际研讨会”。“全球土壤数字制图计划”（GlobalSoilMap. net）联合协议也于 2011 年 8 月中旬由各个节点机构的代表签署完成。另外，应联合国粮食与农业组织（FAO）邀请，沈仁芳所长、全球数字土壤制图计划东亚中心负责人张甘霖研究员组成中国代表团出席了在 FAO 罗马总部召开的“面向粮食安全和气候变化适应与减缓的全球土壤伙伴计划（Towards a global soil partnership for food security and climate change adaptation and mitigation)”启动大会，沈仁芳代表中国代表团发言，强调将全力支持该全球计划，表示中国土壤学界将在服务国家目标的同时为全球伙伴贡献自己的经验，张甘霖代表全球数字土壤制图东亚中心也在大会上作了报告。

2011 年研究生培养质量显著提升。全年共有 44 名博士研究生和 31 名硕士研究生完成了毕业论文答辩，周东美研究员指导培养的研究生汪鹏博士获得了 2011 年度中国科学院院长奖学金特别奖，这是土壤所自招收培养研究生以来首次获得此项殊荣。另外，有多名研究生和导师获得中科院及南京分院各级奖学金和优秀导师奖，获奖层次和人数再创历史最高。

在管理工作和创新文化建设方面，2011 年开展“规范管理活动年”活动，明显提升了管理工作效能。大力支持民主党派有序发展、支持党外人士开展参政议政、建言献策和民主监督是土壤所党委的重要工作。在年初召开的全体管理人员会议上，所领导决定将 2011 年作为规范管理活动年，对管理工作提出了更高的要求。所领导要求全体管理人员居安思危，善于学习，注重创新，顾全大局，爱岗敬业，团结协作，努力提升服务意识和执行能力，为建设“管理一流”的研究所作出更大的贡献，并决定从 2011 年起实行管理和支撑部门工作人员年度述职报告制度，强力推进职能部门管理工作的科学化、规范化、精细化。随后，各职能管理部门迅速行动起来，重新细化了每个岗位工作人员的职责，制订了相关工作程序和流程，并通过电子政务内网向全所职工公布管理人员的岗位职责、管理规章制度和办事流程，进一步推动了所务公开。

继续坚持召开一年二次的民主党派和无党派代表人士座谈会，在研究所重大事项和改革措施出台之前，以多种形式听取各民主党派的意见和建议。各民主党派也积极为科技创新、管理服务献计献策。2011 年，农工党支部成功推动了全国人大常委会副委员长桑国卫、全国政协副主席陈宗兴一行来土壤所就“加强土壤环境保护，保障人民身体健康”进行调研。依托九三学社“百名专家进乡村行动”，九三社员董元华通过九三学社省委提交了“关于徐州丰县大面积苹果园退化问题及其对策建议”，得到李学勇省长批示。另外，农工党土壤所支部换届、致工党和民进支部成立也都在 2011 年顺利完成。

（撰稿：王慎强　审稿：蔡　立）

南京地理与湖泊研究所

所　　长：杨桂山
地　　址：江苏省南京市北京东路 73 号
邮政编码：210008
电　　话：025－86882010，025－86882020
传　　真：025－57714759
电子信箱：niglas@niglas.ac.cn
网　　址：http://www.niglas.ac.cn

中国科学院南京地理与湖泊研究所（以下简称“南京地理所”）的前身系 1940 年 8 月在重庆北碚成立的中国地理研究所，1958 年更名为中国科学院南京地理研究所，1988 年改为现名。中国科学院院士黄秉维、任美锷、周立三曾先后担任过所长。

南京地理所是全国唯一以湖泊－流域系统为主要研究对象的综合研究机构，其战略定位是：以探索自然和人文要素驱动下湖泊（含人工湖泊水库）－流域系统过程、格局及其相互作用规律为基础，开展湖泊资源、环境及区域可持续发展研究，努力将研究所建成学科综合优势显著、地域特色鲜明、国家知识创新体系中不可替代的国际著名湖泊科学综合研究和高层次人才培养基地，国家湖泊资源利用与环境治理工程技术研究中心，经济发达地区可持续发展科学研究与决策咨询中心。

研究所的科技创新发展总体布局为长期聚焦“湖泊环境关键过程与多要素相互作用机理、湖泊－流域系统演变及对人类活动的响应与综合管理”两大基础科学问题研究；重点发展“湖泊沉积与环境演化、湖泊水文与水动力、湖泊生物与生态、湖泊环境与工程、湖泊－流域过程与调控、流域资源环境与区域发展以及湖泊－流域监测与数字流域”7 个学科方向；支撑“湖泊环境保护与资源利用、湖泊－流域系统演变与调控以及区域可持续发展”三大战略研究领域，奠定南京地理所在国家知识创新体系中引领湖泊－流域科学创新发展的地位。

南京地理所现设有湖泊与环境国家重点实验室、湖泊生态与环境工程研究中心、区域发展与规划研究中心、湖泊野外观测与数据中心（含太湖湖泊生态系统国家野外观测研究站、鄱阳湖湖泊湿地观测研究站、抚仙湖高原深水湖泊研究站和湖泊流域数据集成与模拟中心）；现有30万元以上的大型仪器设备60余台/套；图书馆馆藏图书期刊12万多册，各种地形图63 000多幅，航卫片770 00多张。此外，还馆藏地方志4262种44 000多册，其中善本近百种，孤本十余种。

2011年，根据中科院党组的统一部署，制订了“十二五”研究所“123”发展战略，即围绕研究所发展战略定位，努力实现大型浅水湖泊富营养化与控制机理和湖泊生态灾害控制与水源地供水安全保障关键技术两大创新突破；重点培育湖泊生态系统演变与全球变化、湖泊－流域相互作用与调控以及都市密集区可持续发展与评估三个研究方向。

截至2011年底，南京地理所与湖泊所共有在职职工229人。其中科技人员178人、科技管理和技术支撑人员41人，包括研究员38人、副研究员及高级工程技术人员78人。研究所有中国科学院“百人计划”入选者10人、国家杰出青年科学基金获得者2人。

现设有自然地理学、人文地理学、地图学与地理信息系统和环境科学等4个学科博士研究生培养点以及自然地理学、人文地理学、地图学与地理信息系统、环境科学、环境工程和建筑与土木工程等6个学科、领域专业硕士研究生培养点；并设有地理学博士后流动站。现有在学研究生164人（硕士生75人、博士生89人），在站博士后16人。

2011年，南京地理所在建议和承担国家重大项目方面继续保持良好势头，有在研项目155项（包括新增项目45项）。其中，主持国家重点基础研究发展计划（“973”计划）项目3项（新增2项）、承担课题9项（新增3项），主持国家基础工作专项重点项目1项；国家水污染治理专项项目1项，课题4项；主持国家自然科学基金项目103项（新增34项）。其中国家杰出青年科学基金1项、重点项目6项（新增2项，含联合基金1项）、面上项目50项（新增15项），青年科学基金项目46项（新增17项）；承担中科院知识创新工程重大项目1项、重大项目课题3项、重要方向项目12项，承担国际合作项目11项（新增8项），承担重大仪器研制项目1项，承担院地合作项目1项。

2011年，南京地理所主持“十一五”国家重大水专项湖泊主题巢湖项目取得重要进展，研制的仿生式蓝藻收集装置作为国家“十一五”重大水专项标志性成果，参加国家“十一五”重大科技成果展；国家基础性工作专项“中国湖泊水质、水量与生物资源调查”项目研究成果被*Science News*杂志详细报道，相关咨询报告获得国家领导人和中国科学院领导重视，并以院发文形式上报国务院。

2011年，在科研支撑平台方面，湖泊与环境国家重点实验室规范运行；与青海湖自然保护区管理局签署了共建青海湖野外观测站的合作协议；与内蒙古达赉湖国家级保护区管理局就共建呼伦湖站进行了初步洽谈。

2011年，南京地理所共发表论文315篇，其中SCI论文131篇（含一区和二区论文27篇）、EI文章32篇；出版专著11部；申请专利36项，获得授权专利18项，其中申请和授权发明专利32项。论文与专利产出数量稳步增长，质量明显提高。

2011年，南京地理所国内外学术交流成效显著。与无锡市人民政府联合成功主办“第七届国际浅水湖泊大会”，来自中国、英国、丹麦、荷兰、波兰、瑞士、德国、韩国、奥地利、匈牙利、加拿大、比利时、俄罗斯和爱沙尼亚等22个国家的近300名学者出席；协助中国科协和江苏省人民政府成功举办“首届中国湖泊论坛”，中国科协书记处第一书记、常务副主席陈希、江苏省委书记罗志军、省长李学勇出席，水利部部长陈雷、国家自然科学基金委员会主任陈宜瑜等做大会主旨报告。

南京地理所是江苏省海洋湖沼学会、江苏省地理学会、江苏省遥感与地理信息系统学会、中国地理学会长江分会、全国第四纪研究会全新世专业委员会挂靠单位。主办《湖泊科学》学术期刊。

（撰稿：杨金华 胡笑琪 审稿：杨桂山）

紫金山天文台

台 长：杨 戟
地 址：江苏省南京市鼓楼区北京西路2号
邮政编码：210008
电 话：025－83332000
传 真：025－83332091
电子邮箱：pmoo@pmo.ac.cn
网 址：http://www.pmo.cas.cn

中国科学院紫金山天文台（以下简称“紫台”）成立于1950年5月20日。前身是1928年2月成立的国立中央研究院天文研究所。紫台是我国自己建立的第一个现代天文学研究机构，被誉为“中国现代天文学的摇篮”。党和国家领导人毛泽东、朱德、邓小平、江泽民和胡锦涛等都曾到紫台视察。

紫台是以天体物理和天体力学为主要研究方向的研究所，1999年3月成为中国科学院知识创新工程试点单位之一。2011年，紫台制订“十二五”发展规划、“创新2020”组织实施方案。定位是：面向天文学的重大科学问题，面向国家战略需求，以构建完整的天文科学与技术创新体系为着力点，建设我国一流的天文基础和应用研究及战略高技术研究基地、高层次人才培养基地和国际水平的天文研究中心。努力建成国际先进或国内领先的以暗物质粒子探测为核心的空间天文探测研究基地；以太赫兹探测技术为支撑，面向天文学重大科学问题的南极天文研究基地；以人造天体动力学和探测技术为支撑，面向国家战略需求的空间目标和碎片观测研究中心；以近地天体探测研究为基础，面向深空探测的行星科学研究中心。

紫台设4个研究部：暗物质和空间天文研究部、应用天体力学和空间目标与碎片研究部、南极天文和射电天文研究部、行星科学和深空探测研究部；5个实验室：毫米波和亚毫米波技术实验室、暗物质和空间天文实验室、天体化学和行星科学实验室、CCD相机研制实验室、行星科学与深空探测实验室（筹）；7个野外业务观测台站：南京紫金山科研科普园区、青海观测站、盱眙天文观测站、赣榆太阳活动观测站、洪河天文观测站、姚安天文观测站和南极Dome A天文台。其中青海观测站是我国最大的毫米波射电天文观测基地，盱眙观测站是我国唯一的天体力学实测基地。各野外台站运行13.7m毫米波望远镜、1米近地天体望远镜、多台套设备组成的空间目标与碎片观测网、Hα太阳精细结构望远镜、太阳射电频谱仪、近红外太阳光谱仪等观测设备。

紫台建设和运行中国科学院射电天文重点实验室、中国科学院空间目标与碎片观测重点实验室、中国科学院暗物质与空间天文重点实验室，是中国科学院空间目标与碎片观测研究中心、中国科学院南极天文中心以及中国天文学会的挂靠单位。紫台图书馆拥有图书和期刊数十万余册，是东亚地区最大最全的天文图书馆。

截至2011年底，紫台共有在职职工295人。其中科技人员238人、科技支撑人员135人，包括中国科学院院士3人、研究员及正高级工程技术人员47人、副研究员及高级工程技术人员49人；全台岗位聘用人员252人。共有国家海外高层次人才引进计划（“千人计划”）入选者1人、青年“千人计划”入选者1人（新增1人）、中国科学院“百人计划”入选者17人（新增3人）、国家杰出青年科学基金获得者12人（新增1人）。

紫台是国务院学位委员会批准的首批博士、硕士学位授予单位之一。现设有1个天文学（一级学科）博士、硕士研究生培养点；2个全日制硕士学位工程培养点（控制工程、电子与通讯）；天体物理、天体测量和天体力学、天文技术与方法3个（二级学科）硕士、博士研究生培养点；并设有天文学博士后流动站。共有在学研究生108人（博士生51人、硕士生57人），在站博士后9人。

2011年，紫台共有在研项目195项（新增

91 项）。其中，主持国家重点基础研究发展计划（“973”计划）项目 1 项（新增 1 项）、子项 7 项，主持（或承担）中国高技术研究发展计划（“863”计划）项目 25 项（新增 6 项）；主持（或承担）国家其他项目 6 项，主持（或承担）国家自然科学基金项目 64 项（新增 29 项），其中创新群体 1 项、重大项目 1 项（新增）、重点基金 6 项（新增 1 项）、主任基金项目 6 项（新增 4 项）、面上项目 23 项（新增 10 项）、国家杰出青年科学基金 2 项，承担国家自然科学基金重大科研仪器设备研制专项 1 项（新增）；承担中科院空间科学战略先导科技专项 1 项（新增 1 项），主持（或承担）中科院知识创新工程重要方向项目 4 项（新增 4 项），“百人计划”项目 5 项（新增 1 项），承担国际合作项目 16 项（新增 13 项），承担江苏省自然科学基金 7 项（新增 5 项），横向项目 16 项（新增 8 项）。

2011 年，紫台共发表科技论文 171 篇，其中国外发表 129 篇。SCI 论文 110 篇，影响因子 3.0 以上的 32 篇，被引用 589 篇次；申请专利 22 件，其中发明专利 13 件、专利授权数 1 件；软件著作权登记 4 件。紫台完成的“空间探测暗物质粒子”项目获得江苏省科学技术奖一等奖，另获得国家科技进步奖二等奖 1 项。

紫台主持的“暗物质粒子探测卫星”项目纳入中国科学院“空间科学”战略先导科技专项；2011 年 6 月，紫台主持研制的空间暗物质粒子探测器 1/6 原理样机通过中科院验收；12 月，暗物质粒子探测卫星载荷方案设计在北京召开了评审会。暗物质粒子探测卫星计划在“十二五”期间发射。

南极天文科考活动纳入国家海洋局“十二五”南北极环境资源综合考察专项；由紫台牵头组织的中科院重大科技基础设施“中国南极天文台”预先研究项目，南极太赫兹望远镜关键技术预研究取得实质性进展；与东南大学联合研制的南极科考支撑平台在南极冰穹 A 成功运行；2011 年 12 月，紫金山天文台和中国极地研究中心签署南极天文合作备忘录。

紫台近地天体望远镜获得了 43 414 个小行星的共计 13 万余次观测，发现临时编号小行星 318 个，其中 118 个小行星获得正式编号，负责并完成了国家深空探测任务中小行星探测的科学目标和有效载荷论证。

2011 年，紫台作为第一承担单位，与国内 10 个单位联合申报的“973”计划项目“日地空间天气预报的物理基础与模式研究”立项；紫台主持的“极端台址环境下的天文望远镜关键技术研究”和“太赫兹超导阵列成像系统”分别入选国家自然科学基金委员会重大项目和重大科研仪器设备研制专项，将于 2012 年启动。

2011 年，紫台与美国、英国、法国、德国、俄罗斯、西班牙、芬兰、意大利、日本、韩国、中国澳门及中国香港 17 个国家（地区）共有在签协议 17 个（新增 4 个）；联合发表论文约 90 篇；主办或协办各类国际会议 3 个，包括“第 12 届 RHESSI 暨太阳高能物理国际学术研讨会”等，参会国外学者 100 多人次；紫台聘请外国专家特聘研究员 2 人（新增 1 个）；紫台全年出访人员 104 人次，来访人员 91 人次；与德国、法国、美国、英国等科研所联合培养博士生 23 人；紫台共有国际天文联合会（IAU）正式会员 52 人。

紫台是我国开展天文科学普及的重点单位、国家科普基地的挂牌单位，以紫金山科研科普园区、青岛观象台等重点科普基地为骨干，开展科普宣传，面向社会开放。2011 年度全年共接待青少年和社会公众约 15 万人次。

紫台是《天文学报》（季刊）和英文刊 *Chinese Astronomy and Astrophysics* 的承办单位。

（撰稿：朱爱仲　张　虹　审稿：鲁春林）

苏州纳米技术与纳米仿生研究所

所　　长：杨　辉
地　　址：江苏省苏州市苏州工业园区若水路 398 号
邮政编码：215123
电　　话：0512－62872509
传　　真：0512－62603079
电子信箱：office@sinano.ac.cn
网　　址：http://www.sinano.cas.cn

中国科学院苏州纳米技术与纳米仿生研究所（以下简称“苏州纳米所”）由中国科学院、江苏省人民政府和苏州市人民政府于2006年共同出资筹建，于2009年7月22日获中央编制委员会办公室批复正式成立，2009年12月9日通过中国科学院、江苏省人民政府、苏州市人民政府组织的筹建工作验收。

苏州纳米所定位于纳米科技的应用基础研究和产业化，在学科布局上坚持“应用需求牵引学科建设，学科建设支撑应用发展”的原则，主要围绕能源、环境、信息、生命与医学等领域开展研发工作；学科方向主要包括纳米器件及相关材料、纳米生物技术与纳米医学、纳米仿生技术和纳米安全技术。

2011年，苏州纳米所编制完成了“一三五”规划，凝练出三个重大突破和五个重点培育方向；“十二五”暨二期建设发展规划稳步推进，二期基建工程于2011年12月封顶；质量体系通过首次监督审核，保持认证资格。

苏州纳米所设有7个研究部、5个中心和3个公共服务平台。7个研究部为纳米器件及相关材料研究部、纳米生物医学研究部、纳米仿生研究部、系统集成与IC设计研究部、国际实验室、学科交叉综合研究部和印刷电子学研究部；5个中心为信息与战略研究中心、技术转移中心、工程化中心、技术培训中心和太阳能电池检测分析中心；3个公共服务平台为纳米加工平台、测试分析平台和计算平台。

2011年，苏州纳米所获批成立“中国科学院纳米器件与应用重点实验室”，成为中科院太阳电池研究中心（筹）依托单位；与中国科学院兰州化物所共建“纳米催化材料与技术联合实验室”；与北京印刷学院共建“印刷电子材料与技术联合实验室”。此外，苏州纳米所还建有“省部共建国家重点实验室培育基地——江苏省纳米器件重点实验室”、“中国科学院苏州纳米所——索尼联合实验室”、“中国科学院苏州纳米所——苏州出入境检验检疫局联合实验室”和“环境传感联合实验室”。

苏州纳米所建立的纳米加工、测试分析和计算平台是围绕纳米器件及其相关材料、纳米生物技术与纳米医学、纳米仿生学和纳米安全等研究领域组建的多学科交叉技术研发平台，面向社会全方位开放，实现设备共享共用，在完成苏州纳米所科研任务的同时，积极配合区域经济发展，解决相关企业的技术难题，为企业的技术研发提供支撑，培养培训相关技术人才，开展技术咨询服务等。2011年，3个平台除完成苏州纳米所的科研任务外，累计为国内高校、科研机构和企业培训人员2479人次、提供服务80 558机时。

截至2011年底，苏州纳米所共有在职职工426人。其中科研人员304人、技术支撑人员74人，包括中国科学院院士2人（新增1人，均为兼聘）、研究员及正高级工程技术人员75人、副研究员及高级工程技术人员57人；全所进入创新岗位375人。有国家杰出青年科学基金获得者3人（新增1人）、国家“千人计划”（国家海外高层次人才引进计划）入选者1人、国家“青年千人计划”入选者2人（新增2人）、国家“新世纪百千万人才工程”入选者1人、中国科学院“百人计划”入选者29人（新增11人），“江苏省高层次创业创新人才引进计划”入选者6人（新增1人）、江苏省“333”高层次人才入选者2人、“姑苏创新创业领军人才计划”入选者5人（新增1人）、苏州工业园区各类人才计划入选者29人（新增16人）。

苏州纳米所现设有电子科学与技术、化学等2个一级学科博士研究生培养点；微电子学与固体电子学、物理化学等2个二级学科博士研究生培养点；生物医学工程一级学科硕士研究生培养点；微电子学与固体电子学、物理化学等2个二级学科硕士研究生培养点；生物工程、电子与通信工程、集成电路工程等3个二级学科专业学位硕士研究生培养点；并设有博士后工作站。在学研究生261人（硕士生166人、博士生95人），在站博士后54人。

2011年，苏州纳米所有在研项目440项（新增159项）。其中，承担（或参加）国家重点基础研究发展计划（“973”计划）课题11项（新增5项），参加中国高技术研究发展计划（“863”计划）项目3项（新增1项），承担科技部国际合作项目5项（新增2项），参与国家重大专项项目1项；主持（或承担）国家自然科学基金重大项目1项、重点项目1项、主任基金项目2项（新增1项）、面上项目18项（新增10项）、青年科学基金49项（新增20项），承担国家自然科学基金重大研究计划重点项目2项（新增2项）；承担中国科学院战略性先导专项课题4项（新增4项）、重要方向项目22项（新增6项）、重大仪器研制项目8项（新增2项），院地合作项目11项（新增9项）。

2011年，由苏州纳米所主持承担的国家重点基础研究发展计划（“973”计划）项目于11月通过科技部验收，并获得优秀。项目采用的聚光分光方案，实现多结电池的全光谱吸收，整个系统的电池效率达到43.1%，同时染料敏化电池的效率达到13%，整个项目中电池的效率指标为当时国际最高水平。

2011年，苏州纳米所发表学术论文168篇（含会议论文23篇），其中在国外杂志发表141篇；申请专利140项，其中发明专利135项、实用新型5项；获授权专利50项，其中发明专利45项、实用新型5项。

2011年，苏州纳米所接受企业委托或合作开发研发项目共40项，合同经费3566.6万元；参股公司苏州纳晶光电有限公司获得上市公司2.7亿元的融资，首批“氮化镓LED外延片”等产品批量试制成功，实现产业化孵化；参股公司苏州纳维科技有限公司承担的江苏省重大科技成果转化资金项目“第三代半导体关键材料——氮化镓（GaN）晶片及产业化”顺利通过验收，氮化镓厚膜衬底晶片、氮化镓自支撑衬底晶片以及半绝缘氮化镓衬底晶片的性能指标达到当时国际先进水平；“碳纳米管”和“蓝光激光器”项目在产业化过程中，分别吸引创业投资960万元和700万元，目前已成立公司，苏州纳米所分别占有股份。加强产学研合作，牵头成立微纳加工与制造产业技术创新战略联盟，并作为国家联盟在科技部备案；与北京印刷学院联合发起并组织“印刷电子产业技术创新联盟”，探索印刷电子行业关键技术研发的有效机制和模式。

2011年，苏州纳米所获批“微投影显示用GaN基蓝光和绿光激光器的合作研究”、“可穿戴环境有害气体纳米纤维传感器研究”2项科技部国际合作专项；获批中科院爱因斯坦讲习教授1人、外国专家特聘研究员3人，年度国际合作总经费1247.2万元；承办中德双边研讨会、第八届中澳科技研讨会、第412次香山科学会议、第二届全国印刷电子技术研讨会等重要国际国内学术会议；全年共有71人次前往德国、英国、美国、澳大利亚、新加坡、韩国等国家和地区访问，接待121人次国外专家、学者来访。

（撰稿：曾光强　张明杰　审稿：刘佩华）

合肥物质科学研究院

院　　长：王英俭
地　　址：安徽省合肥市蜀山湖路350号
邮政编码：230031
电　　话：0551－5591295
传　　真：0551－5591270
电子信箱：office@hfcas.ac.cn
网　　址：http://hf.cas.cn

中国科学院合肥物质科学研究院（以下简称“合肥研究院”）位于安徽省合肥市西郊风景秀丽的科学岛上，成立于2003年5月，是一个多学科、综合性科教基地。合肥研究院目前有安徽省光学精密机械研究所、等离子体所物理研究所、固体物理研究所、合肥智能机械研究所、强磁场科学中心、先进制造技术研究所、技术生物与农业工程研究所、医学物理与技术中心、安徽循环经济技术工程院9个科学研究和技术转移机构。根据院党组的部署，2011年合肥研究院与中国科技大学共建了合肥物质科学中心，并同时启动筹建中国科学院核能安全技术研究所。

2011年，合肥研究院围绕“创新2020”，研究制订了“一三五”科技发展目标，进一步明确了战略定位、重点突破领域和培育的学科发展方向。合肥研究院的定位是：面向国家洁净能源与环境安全需求，面向极端与复杂条件下物质科学前沿，建设并依托全超导托卡马克、强磁场、大气环境立体探测研究网等大科学平台，形成等离子体物理、大气环境光物理/化学、极端和复杂环境下材料与生物物理等优势学科群，发展磁约束聚变堆、大气环境探测、强磁场，及能源环境健康等需求的功能材料与智能系统等战略高技术，成为国际著名的“科教结合、协同创新”的物质科学研究、战略高技术发展、创新人才培养基地和国家科学中心。三个发展目标是：实现EAST三大科学目标，开展聚变堆设计和预研；实现3—4项机载、星载大气环境探测装备；突破高场水冷磁体和混合磁体技术，建立世界先进水平的稳态强磁场装置。五个重点培育方向是：聚变反应堆基础理论研究与数字托卡马克、大气环境光物理/化学、极端条件下材料与生物特性、机器人与机电一体化技术、医学物理与技术。

合肥研究院现有各类实验室及工程中心19个。其中，院重点实验室6个，省级实验室6个，部委级重点实验室2个，联合重点实验室1个，国家工程技术研究中心1个，工程实验室1个，省级工程技术研究中心6个。由合肥研究院与中国科学技术大学共建的合肥战略能源和物质科学大型仪器区域中心拥有总价值达2.3亿元的分析测试、物理性能、大气探测、工艺实验类等共享仪器设备180台套，其中100万元以上的大型设备70台套，已成为面向全社会开放、服务地方企业的重要科技公共基础设施平台。

目前合肥研究院设有等离子体物理、凝聚态物理、光学、大气物理学与大气环境等7个二级学科博士研究生培养点和16个二级学科硕士研究生培养点；仪器仪表工程、材料工程、动力工程、电气工程、控制工程、计算机技术、核能与核技术工程、环境工程、生物工程等9个学科工程硕士培养点。现有在学研究生1234人；设有等离子物理、凝聚态物理、光学、大气科学、核科学与技术5个博士后流动站，在站博士后66人。

截至2011年底，合肥研究院有在岗职工1968人。其中，科技人员1488人、科技支撑人员480人，包括中国工程院院士2人，正高级人员224人，副高级人员355人。中国科学院“百人计划”入选者58人、“国家杰出青年科学基金”获得者6人、国家“千人计划”入选者3人。为进一步促进“科教结合、协同创新”，合肥研究院与中国科学技术大学实行高端人才互聘，目前中国科学技术大学50位教授（其中5位院士），被聘为合肥研究院研究员，并落实了具体研究方向。

2011年度，合肥研究院在研项目381项（新增132项）。其中，主持（承担）国家重点基础研究发展计划（“973”计划）项目4项（新增3项）、承担课题14项（新增7项），ITER计划专项13项（新增4项），主持（承担）中国高技术研究发展计划（“863”计划）项目16项（新增3项），主持基础性科技专项重点项目1项；主持（承担）国家自然科学基金重大项目1项，重点项目4项，重大研究计划重点项目1项、培育项目2项，仪器研制专项1项，创新研究群体1项，国家杰出青年科学基金2项，面上项目86项（新增35项），青年科学基金项目82项（新增30项）；主持（承担）中国科学院战略性先导科技专项课题7项，知识创新工程重大项目1项、重要方向项目23项（新增8项），国际合作项目3项（新增1项），财政部重大仪器修购专项目10项；承担安徽省合肥市各类科技攻关项目26项。

2011年，合肥研究院发表论文919篇，其中被SCI收录论文479篇、EI收录论文91篇。专利授权129项，其中发明98项，软件著作权登记88项。

2011年，合肥研究院科研工作进展顺利，取得了一系列科研成果：“东方超环”实现了注入功率大于1.0兆瓦；高低约束模式转换机制理论研究取得进展；离子回旋高功率射频发射机加热系统通过验收；中性束注入系统强流离子源获100秒长脉冲稳定放电；ITER中国制造任务首件产品启运；面向持久性有毒污染物快速痕量检测和重金属污染土壤修复的纳米材料应用基础研究取得了系列研究成果，通过了验收；调控水溶性无机盐的形貌构造和生长机理取得了重大研究进展；饮用水重金属离子去除和电化学检测机理研究取得新进展；首台井式真空充气保护大型铌锡线圈热处理炉系统研制成功；首台采用铌三锡管内电缆导体的超导磁体研制成功等。

2011年，合肥物质科学研究院2项成果获国家科技奖：“基于力传感的人体运动信息在线获取方法与现场训练指导系统”获国家技术发明奖二等奖，“大气环境综合立体监测技术研发、系统应用及设备产业化”获国家科技进步奖二等奖；1项成果获安徽省科技奖：“纳米材料的可控制备和性能调控”获安徽省自然科学奖一等奖。另外，还获得环保科技进步奖一等奖 1 项、能源科技进步奖一等奖 1 项。

2011 年，合肥研究院通过技术对接，转移转化科技成果 150 项，技术合同额 7477 万；组织中国科学院相关研究所在安徽、河南转移转化的科技成果 545 项，其中 234 项成果产生经济效益，给企业新增销售收入 131.5 亿元，利税 16.2 亿元。合肥研究院加强与安徽省地方政府、企业合作，与淮南、铜陵、合肥高新区签署战略性合作协议，在淮南筹建国际热核聚变实验堆（ITER）计划的研发与制造中心，在铜陵筹建中科院皖江新兴技术发展中心，在合肥高新区筹建中科院合肥产业基地；同时，新增合肥家电技术工程院、奇瑞联合实验室、安徽纳米材料及应用产业技术创新战略联盟等共建机构；院级转移转化平台中，安徽循环经济技术工程院培育项目 34 项、育成 5 家企业，河南中科院科技成果转移转化中心实施重大科技成果 11 项、育成 2 家企业；合肥研究院组织参加“2011 常州先进制造技术展示洽谈会”、“南通－合肥地区高校、科研院所产学研合作洽谈会”、“百家高校院所滁州行－产学研合作活动”、“2011 年河南省承接产业和技术转移合作交流洽谈会”、“第十一届中国（合肥）自主创新要素对接会”等展示洽谈会、推介活动，效果显著，社会影响度增强。

2011 年，合肥研究院出访 224 人次，接待 146 人次；引进“千人计划”2 人、“百人计划”2 人、引进“皖百人”1 人；聘请聘任国外客座研究员 24 人，其中获得中国科学院外国专家特聘研究员荣誉的 14 人，爱因斯坦讲习教授 1 人；召开国际会议及海峡两岸会议共 7 个；举办“爱因斯坦讲席教授”学术报告一次；外国专家应邀来访作学术报告 30 余次；新签订国际合作协议 5 项；与国外科学家共同发表学术论文 86 篇。

（撰稿：程　艳　孙　策　审稿：王英俭）

武汉岩土力学研究所

所　　长：李海波
地　　址：湖北省武汉市武昌小洪山
邮政编码：430071
电　　话：027－87199251
传　　真：027－87197386
电子信箱：irsm@whrsm.ac.cn
网　　址：http://www.whrsm.ac.cn

中国科学院武汉岩土力学研究所（以下简称“武汉岩土所”）创建于 1958 年，是专门从事岩土力学基础与应用研究、以工程应用背景为特征的综合性研究机构，已故国际著名岩土力学专家陈宗基院士为研究所的创始人。

目前，武汉岩土所下设岩土力学与工程国家重点实验室、湖北省环境岩土工程重点实验室、能源与废弃物地下储存研究中心、湖北省节能环保产业环境岩土工程技术创新基地、中国岩土工程研究中心、武汉岩土工程检测中心、岩土力学与工程实验测试中心等研究、开发与支撑平台；武汉中科岩土投资有限责任公司、武汉中岩科技有限责任公司、武汉中科岩土工程有限责任公司、武汉中力岩土工程有限责任公司和武汉中科科创工程检测有限责任公司等产业转化平台。

“十二五”规划中，研究所定位于岩土力学与工程的应用基础研究，致力于重大工程安全与灾害控制、深部资源及能源高效安全开发、废弃物地质处置和利用方面的基础性、战略性、前瞻性工作，在我国重大工程建设、资源与能源开发中发挥重要作用，引领我国岩土力学与工程学科发展，成为本学科国际知名的研究机构。武汉岩土所将围绕深部岩体工程安全性分析与动态调控理论、特殊土的力学性状衰变机理与高速交通工程变形控制方法、高风险工程边坡安全评价理论与控制技术 3 个突破和盐岩地下溶腔综合利用理论与技术、岩体工程动力安全性评价与控制、区域性海洋土力学特性与工程安全、CO_2 咸水层封存力学稳定性评价与监控、垃圾填埋场运行过程灾变预测与调控 5 个重点培育方向的科技布局，积极推动“一三五”工作，加快实现研究所“创新 2020”发展目标。

截至 2011 年底，研究所现有在职职工 484 人。其中科技人员 309 人、科技支撑人员 65 人、包括中国工程院院士 1 人、研究员 37 人、副研究员及高级工程技术人员 85 人。目前，研究所有国家杰出青年科学基金获得者4人、“新世纪百千万人才工程”国家级人选5人、中国科学院“百人计划”入选者12人（新增1人）、1人担任国际岩石力学学会主席。

2011年，武汉岩土所引进青年科研、支撑、管理人员17人；增选博士生导师2人；2人被中国科学院聘为“外国专家特聘研究员”（新增1人）。1人入选湖北省新世纪高层次人才第一层次人选；1人获得湖北省青年科技奖；1人获得武汉市政府津贴；1人当选武汉市优秀科技工作者；1人获得武汉市十百千人才工程；1人获得武汉市创新人才开发资金专项资助；1人获得国家公派留学资助；4人获得中国科学院公派留学资助；2人入选中科院青年创新促进会会员；1人被选派为中组部第十二批博士服务团成员。

2011年，武汉岩土所大力加强人才引进和培养力度，积极推进研究生教育。武汉岩土所是国务院学位委员会批准的首批博士、硕士学位授予单位之一。现设有工程力学和岩土工程二级学科博士研究生、硕士研究生培养点；防灾减灾工程及防护工程二级学科硕士研究生培养点；建筑与土木工程、控制工程专业硕士研究生培养点；并设有土木工程一级学科博士后流动站。在学研究生208人（硕士生110人、博士生98人），在站博士后19人。

2011年，武汉岩土所在研项目492项（新增266项）。其中，主持国家重点基础研究发展计划（“973”计划）项目2项、课题8项（新增1项），国家科技支撑计划课题1项（新增1项）；国家自然科学基金杰青项目2项、重点项目2项（新增1项）、重大国际合作与交流项目2项、科学仪器基础研究专项基金项目2项、面上项目38项（新增12项），青年科学基金项目38项（新增12项），重点学术期刊专项基金1项；中国科学院知识创新工程重要方向项目9项、重大科研装备研制项目2项（新增1项），院地合作项目2项（新增2项）；国防科工委高放废物地质处置研究项目1项；湖北省自然科学基金创新群体项目1项（新增1项）、青年杰出人才项目2项（新增1项）、面上项目7项（新增2项）；新增100—500万级重大工程应用及研发项目26项，涉及水利、矿山、交通、能源、建筑等领域。科研经费到款12 817万元，其中纵向课题进款4506万元，横向课题进款8311万元。

2011年，武汉岩土所科研工作取得重要进展，作为第一完成单位获国家科技进步奖二等奖1项、作为参加单位获国家科技进步奖二等奖2项。所获科技奖励分别是：“深部盐矿采卤溶腔大型地下储气库建设关键技术及应用”（第一完成单位）获国家科技进步奖二等奖；“复杂地形地质条件下山区高速公路建设成套技术”（参加单位）获国家科技进步奖二等奖；“隧道含水构造等不良地质超前预报定量识别及其灾害防治关键技术”（参加单位）获国家科技进步奖二等奖；“复杂气候与地质条件下隧道工程稳定性控制关键技术及应用”（第一完成单位）获湖北省科技进步奖一等奖；“碎裂结构岩体稳定性分析方法和控制技术”（第一完成单位）获湖北省科技进步奖一等奖；另作为参加单位2项获湖北省科技进步奖二等奖。全年共有278篇论文被SCI、EI、ISTP 3大检索收录；申报专利53项，其中发明专利40项；获得专利授权61项，其中发明专利41项；软件著作权授权11项。

2011年，武汉岩土所院地合作工作取得显著成效。与江苏交科院股份有限公司签署战略合作协议；与云南省交通运输厅签订战略合作协议；申报建设“湖北省固体废弃物安全处置与生态高值化工程技术研究中心”获立项批准。

2011年，武汉岩土所承担的国际合作项目进展顺利。全年研究所共派出人员42人次，其中出国参加本学科领域国际学术会议13人次，17人次在有关研究机构开展合作研究；共接待来访学者12人次；冯夏庭研究员正式出任国际岩石力学学会主席；郑宏研究员获国际计算岩土力学学会（IACMAG）杰出贡献奖；举办“岩土力学与工程学术论坛”11场。

武汉岩土所是中国岩石力学与工程学会挂靠单位之一，也是其下属的地下工程分会、地面岩石工程专业委员会、岩石动力学专业委员会、中国力学学会岩土力学专业委员会和中科院自然科学期刊编辑研究会武汉分会的挂靠单位。承办的EI收录期刊《岩石力学与工程学报》，总被引频次（6968）与影响因子（1.972）在全国1998

种科技期刊中排名分别为第八和九位，并被评为“百种中国杰出学术期刊”。主办的《岩石力学与岩土工程学报》（英文版）自2010年起被万方数据库和维普数据库收录为核心数据库，2011年起该刊摘要及全文被美国Ulrichsweb数据库收录。主办的EI收录期刊《岩土力学》，在力学类专业期刊中，总被引频次排名第一，影响因子排名第二，学科总排名第二。《岩土力学》被评为2011年度“中国精品科技期刊”，获得中国科学院科学出版基金资助（三等）。

（撰稿：安骏勇　曾妍焱　审稿：李海波）

武汉物理与数学研究所

所　　长： 刘买利
地　　址： 湖北省武汉市武昌区小洪山西30号
邮政编码： 430071
电　　话： 027－87199543
传　　真： 027－87198238
电子信箱： wipm@wipm.ac.cn
网　　址： http://www.wipm.ac.cn

中国科学院武汉物理与数学研究所（以下简称“武汉物数所”）成立于1996年，由原武汉物理所（始建于1958年）和武汉数学物理与计算技术研究所（始建于1957年）合并而成，是中国科学院在汉的一所集基础研究、应用研究和高新科技开发为一体的科学研究机构。

“创新2020”期间，武汉物数所将围绕国家需求和核心科学问题，发挥磁共振波谱及与生命科学交叉、原子分子与光物理、原子频标与精密测量物理、数学物理等多学科综合优势，开展基础性、战略性和前瞻性研究，大力推进高新技术创新与转移转化，支撑国民经济和社会可持续发展，力争成为不可替代的国家战略科技力量，创建国际一流研究机构。

武汉物数所是波谱与原子分子物理国家重点实验室、武汉磁共振中心、中科院原子频标重点实验室、中国科学院冷原子物理中心（武汉）、中科院数学物理联合实验室的依托单位，是武汉光电国家实验室的组建单位之一。2011年，研究所对原有的研究室建制进行了结构性调整。新设立了6个研究部、1个高技术发展中心和2个支撑中心，即：磁共振基础研究部、磁共振应用研究部、原子分子光物理研究部、原子频标研究部、理论与交叉研究部、数学物理与应用研究部；高技术创新与发展中心；磁共振技术中心、原子频标与激光技术中心。研究所拥有800兆赫超导高分辨核磁共振谱仪、7T/20 cm小动物磁共振成像仪、10米喷泉式高精度原子干涉仪等大量现代化科研仪器装备，科研条件优越。

截至2011年底，武汉物数所共有在职职工363人。其中高级专业技术职务人员123人，包括中国科学院院士1人、国家杰出青年科学基金获得者5人、“新世纪百千万人才工程”国家级人选4人、中国科学院“百人计划”入选者19人，国家“青年千人计划”入选者1人；美国霍华德·休斯首届国际青年科学家奖获得者1人；享受国家政府特殊津贴和院、省有突出贡献的专家12人。另有1个国家创新群体，2个中科院－国家外专局国际创新团队。

武汉物数所是1986年国务院学位委员会批准的博士、硕士学位授予权单位之一。现设有无线电物理、原子与分子物理、分析化学、应用数学等4个二级学科博士研究生培养点；无线电物理、原子与分子物理、光学、分析化学、应用数学、基础数学等6个二级学科硕士研究生培养点和电子与通信工程专业硕士研究生培养点；并设有物理、数学等2个一级学科博士后流动站。共有在学研究生269人（硕士生119人、博士生133人），在站博士后22人。

2011年，武汉物数所共有在研项目294项（新增104项）。其中，主持国家重点基础研究发展计划（“973”计划）项目3项、承担课题18项（新增4项），中国高技术研究发展计划（“863”计划）项目1项、主持或承担国防重大项目6项；科技部创新研究平台项目3项（新增2项）；国家自然科学基金重点项目5项（新增3项）、国家创新研究群体项目1项、国家科学仪器研究专款项目2项（新增1项）、国家杰出青年科学基金项目3项、国际合作研究项目1项、重大研究计划培育项目 1 项、面上项目 41 项（新增 17 项）、主任基金项目 4 项（新增 2 项）、国际会议资助项目 2 项；承担农业部重大专项项目 1 项，卫生部重大专项课题 1 项，国家大科学工程项目 1 项，国家发改委重大专项项目 1 项；中国科学院知识创新工程重大项目课题 1 项、重要方向项目 10 项（新增 2 项），承担国际合作项目 1 项（新增 1 项），重大仪器研制项目 2 项（新增 1 项），中国科学院国防创新项目 1 项，中国科学院“百人计划”项目 9 项，中国科学院海外创新团队项目 2 项；院地合作项目 3 项（新增 2 项），省、市基金项目 5 项（新增 1 项），企业委托项目 5 项。

2011 年，武汉物数所独立完成项目“全高程、全天时大气探测激光雷达”获得国家技术发明奖二等奖；神经生物学研究取得重要突破，发现嗅球对气味刺激的编码是通过相对稳定的神经元组合来实现；离子光频标测量相对不确定度为 5×10^{-15}，评估系统误差为 7.8×10^{-16}，达到国际同类光钟的先进水平。全年共发表科技论文 225 篇，其中 SCI 论文 185 篇。包括 *Science* 2 篇、*PNAS* 1 篇、*Angew. Chem.-Int. Edit.* 1 篇、*J. Am. Chem. Soc.* 2 篇、*Phys. Rev. Lett.* 1 篇，高端论文发表渐成批量，JCR Top15% 以上论文占 40.8%；共申请国家专利 13 件，其中发明专利 11 件；获授权专利 13 件，其中发明专利 10 件，包括美国发明专利 1 件。

2011 年，由武汉物数所控股的中科开物技术有限公司市值超过 6 亿元，全年累计实现销售收入 15 176 万元，比 2010 年增长 31%，实现税后净利润 2498 万元；开物公司于今年成立并启动运行的光机电一体化高技术中心，集技术转移转化、质量控制、工艺规范、工程管理、融资投资为一体，已通过了湖北省孵化平台建设的评审，获批运行费 800 万元。

2011 年，武汉物数所与 16 个国家和地区开展合作与交流；成功举办“第四届亚太核磁共振研讨会”、“第四届非线性数学物理国际会议暨全国第 11 届孤立子与可积系统学术研究会”；成功申办“第五届冷原子物理国际学术研讨会（The 5th ISCAP）”和“第六届原子团簇碰撞国际会议”；通过“爱因斯坦讲席教授”等计划项目，美国科学院院士 A. Pines、瑞士联邦理工学院教授 C. A. Stuart、牛津大学资深研究人员 M. J. Rantalainen 等 7 位国外学者受聘该所，担纲重要任务与角色，开展实质性合作。另外，研究所共有 6 人在国际原子物理会议（ICAP）指导委员会等国际学术组织与会议中任职。

2011 年，武汉物数所继续推进精神文明创建工作，深化创新文化建设，第五次（连续十年）荣获湖北省“最佳文明单位”；所党委荣获“中国科学院先进基层党组织”和“湖北省先进基层党组织”两项荣誉称号。

武汉物数所是中国物理学会的常务理事单位，全国波谱学专业委员会的挂靠单位，湖北省暨武汉市物理学会理事长单位。主办的《数学物理学报》（中、英文版）和《波谱学杂志》均为我国自然科学的核心刊物，《数学物理学报》英文版为 SCIE 收录期刊。

（撰稿：喻　明　罗　芳　审稿：刘买利）

武汉病毒研究所

所　　长：陈新文
地　　址：湖北省武汉市武昌区小洪山中区 44 号
邮政编码：430071
电　　话：027－87199162
传　　真：027－87199162
电子信箱：wiv@wh.iov.cn
网　　址：http://www.whiov.ac.cn/

中国科学院武汉病毒研究所（以下简称“武汉病毒所”）坐落于武汉市风景秀丽的东湖之滨，始建于 1956 年，是专业从事病毒学研究的综合性研究机构，2002 年、2006 年先后被批准进入中国科学院知识创新工程（二期、三期）序列，学科重点由原来的普通病毒学扩展到医学病毒和新生病毒性疾病的研究。建所 50 年来，经过几代科学家艰苦卓绝地努力，在病毒学学科建设、人才培养、促进国家社会、经济发展等方面作出了重要贡献。

武汉病毒所的科技目标是面向国家人口健康、农业可持续发展及国家安全，面向病毒学研究领域国际前沿，依托高等级生物安全实验室团簇平台，重点开展病毒学、农业与环境微生物学及新兴生物技术等方面的基础和应用基础研究。着力突破重大传染病预防与控制、农业环境安全的前沿科学问题，显著提升在病毒性传染病的诊断、疫苗、药物以及农业微生物制剂等方面的技术创新、系统集成和技术转化能力，全面提升应对新发和突发传染病应急反应能力，成为具有国际先进水平的综合性病毒学研究机构。

2011 年，武汉病毒所积极开展战略研究，先后完成了研究所“十二五”、“创新 2020”、“一三五”规划制订工作，进一步明确了“依托高等级生物安全实验室团簇平台，开展病毒学、农业与环境微生物学及新兴生物技术等方面的基础和应用基础研究”的战略定位，凝练制订出了三个重大突破和五个重点培育方向。武汉病毒所紧紧围绕“十二五”规划和“创新 2020”中的战略目标进行了重点部署，在科研工作、人才队伍建设、科技基础条件建设、合作与交流、机体制和创新文化建设等方面工作中取得了较好成绩，为确保“十二五”目标的顺利实现开创了良好局面。

武汉病毒所在科研布局上设有分子病毒学研究室、分析生物技术研究室、应用与环境微生物研究中心、中国病毒资源与信息中心和新发传染病研究中心；现设有 30 个研究学科组；拥有病毒学国家重点实验室（与武汉大学共建）、中-荷-法无脊椎动物病毒学联合开放实验室、HIV 初筛实验室、中科院农业环境微生物学重点实验室、湖北省病毒疾病工程技术研究中心和中国病毒资源科学数据库等研究技术平台；科技支撑中心由大型设备分析测试中心、实验动物中心、《中国病毒学》编辑部、网络信息中心组成；“中国病毒资源与信息中心”拥有亚洲最大的病毒保藏库，保藏有各类病毒 1300 余株。创建了具有现代化展示手段的我国唯一的“中国病毒标本馆”，集科学性、特色性和科普性于一体，是我国第一批“全国青少年走进科学世界科技活动示范基地”。

截至 2011 年底，武汉病毒研究所共有在职职工 218 人。其中科研人员 143 人、科技支撑人员 23 人，研究员及正高级工程技术人员 31 人、副研究员及高级工程技术人员 39 人；拥有博士学位和硕士学位的科研人员的比例达到 81%。目前，研究所共有中国科学院“百人计划”入选者 12 人（新增 3 人）、国家杰出青年科学基金获得者 3 人（新增 1 人）、国家重点基础研究发展计划（“973”计划）首席科学家 1 人、国家“新世纪百千万工程”第一、二层次人选 2 人。一批德才兼备的学科带头人脱颖而出，在国际学术舞台崭露头角。

武汉病毒研究所是 1978 年国务院学位委员会批准的博士、硕士学位授予权单位之一。现设有生物学一级学科培养点；微生物学、生物化学与分子生物学 2 个二级学科博士研究生培养点；微生物学、生物化学与分子生物学和生物工程等 3 个二级学科硕士研究生培养点；并设有生物学一级学科博士后流动站。共有在学研究生 237 人（博士生 112、硕士生 125 人），在站博士后 6 人。

2011 年，武汉病毒所在研项目 252 项（新增 70 项）。其中，主持国家重点基础研究发展计划（“973”计划）项目 1 项、承担（或参加）课题 24 项（新增 4 项），主持中国高技术研究发展计划（“863”计划）课题 3 项；主持国家自然科学基金重点项目 2 项（新增 1 项）、面上项目和青年基金 42 项（新增 20 项），新增国家杰出青年科学基金项目 1 项；主持（或承担）中国科学院知识创新工程项目（课题）21 项（新增 4 项），承担中国科学院战略性先导科技专项课题 1 项，承担国际合作项目 10 项（新增 1 项），院地合作项目 28 项（新增 16 项）。

2011 年在科研方面取得了一系列进展。在新病毒分离、鉴定方面：在云南大绒鼠体内检测到一种新的汉坦病毒，从洞庭湖水体分离到一株禽流感病毒基因重配新毒株（H10N8）；在病毒-细胞相互作用机制方面：揭示了手足口病病毒 EV71、水痘带状疱疹病毒逃逸天然免疫的分子机制，发现丙型肝炎病毒激活双调蛋白表达而促进病毒组装；在病毒进入抑制机制方面：筛选出靶向乙肝病毒膜蛋白受体结合域的封闭肽（Biochem Biophys Res Commun.）；在黏膜疫苗与黏膜佐剂方面：证明了重组鞭毛素是有效的黏膜免疫佐剂（*Science Daily* 进行了专题报道），发现麻疹病毒基质蛋白 M 等非外膜成分也是体液免疫应答的有效抗原；在病毒纳米器件方面：构建了多功能的病毒粒子与纳米颗粒杂合体用于细胞内运输载体，构建了能识别 HIV 反转录酶和 A 型流感病毒颗粒的适配体分子信标与量子点标记的纳米探针；在病原诊断方面：建立了若干种种烈性病原的诊断技术平台，发展了结核分枝杆菌的吡嗪酰胺耐药性快速可视检测方法；在农业与环境微生物方面：与合作企业建立了千吨级广谱昆虫病毒杀虫剂生产线，生物杀蚊幼剂在蚊滋生地治理蚊幼工作中初见成效，并揭示了微生物降解环境污染物 2 - 氯硝基苯的代谢途径；在病毒资源保藏与收集方面：新增保藏病毒毒株 50 余株、病毒遗传资源 180 余份，建立完善了病毒主题数据库、中国病毒资源基础性数据库。

2011 年，武汉病毒所发表学术论文 132 篇，其中 SCI 论文 105 篇；发表在本领域 TOP30% SCI 学术论文 63 篇（含 TOP15% 41 篇）。共申请发明专利 30 件（其中国际申请 1 件），获授权发明专利 8 件。出版著作 4 部。获湖北省自然科学奖一等奖 1 项。

2011 年，武汉病毒所注重加强与企业及地方有关机构合作，使院地合作工作迈上一新台阶。争取到中科院支撑服务国家战略性新兴产业科技行动计划专项、中科院 - 湖北省科技合作专项等院地合作科技项目等；与多家生物医药、生物农药企业合作，开发新型生物技术产品；以建设武汉东湖自主创新示范区和院长江中上游创新技术集群为契机，前瞻优化应用基础研究布局；湖北省人类病毒性疾病工程技术研究中心、湖北省中小企业共性技术生物农药研发推广中心等共建机构运行良好，成为开展产学研合作的重要依托；与浙江绍兴 CDC、宁波 CDC、广东出入境检验检疫局等院外创新单元合作，在科学研究、人员互访、技术培训、资源信息共享等方面开展了多种形式的交流与合作。

2011 年，武汉病毒所积极开展国际合作与交流，与有关国家开展科研工作、人才培养、学术交流等方面取得了一系列重要进展。合作项目中包括法国健康研究中心里昂 P4 实验室合作项目、荷兰农业大学中荷战略联盟项目、英国伦敦大学圣侨治医学院英国约瑟夫基金、科技部国际合作司项目、欧盟第 6 框架计划等；成功举办了“第四届武汉现代病毒学国际研讨会暨第二届中 - 法新发传染性疾病研讨会”。2011 年接待来访专家 86 人次，63 人次出国交流。

武汉病毒所是湖北省暨武汉市微生物学会的挂靠单位，学会的主要任务是开展学术交流、科普宣传、科技咨询、科技服务、科技开发、举荐人才、维护科技工作者的合法权益。研究所负责编辑出版的《中国病毒学》（*Virologica Sinica*）是我国生物学医学核心期刊和病毒学权威刊物，向国外公开发行。

（撰稿：刘　铮　汤华波　审稿：余平凡）

测量与地球物理研究所

所　　长：孙和平
地　　址：湖北省武汉市武昌区徐东大街 340 号
邮政编码：430077
电　　话：027 - 68881355
传　　真：027 - 68881355
电子信箱：bgs@ whigg. ac. cn
网　　址：http://www. whigg. cas. cn

中国科学院测量与地球物理研究所（以下简称“测地所”）的前身为中国科学院地理研究所（南京）大地测量室，1957 年成立中国科学院测量制图研究室，1958 年迁至武汉，1959 年改为测量制图研究所，1961 年调整为测量与地球物理研究所，1970 年划归地震局领导，1978 年由中国科学院批准恢复重建。

测地所是一个从事大地测量学、地球物理学与环境科学等相关基础理论与应用研究的综合性科研机构。针对国家航空航天、军事和基础测绘、灾害监测、资源勘探等方面的重大战略需求，围绕地球物理和内部动力学、重力技术及其应用、全球卫星导航定位定轨及应用、地震和地球动力学、壳幔负荷动力学过程的监测、地震波传播与地球内部结构、卫星大地测量与全球变化、海空重力与数据分析、动力大地测量观测与技术、大地测量新技术应用及研发、湿地演化与环境效应、环境灾害监测与评估、遥感技术在资源与农情监测中的应用等地学前沿领域中的问题开展基础性、战略性、前瞻性的创新研究。

测地所设有大地测量与地球动力学国家重点实验室，湖北省环境与灾害监测评估重点实验室，大地测量与地球物理观测技术实验室，武汉大地测量国家野外科学观测研究站，中国科学院江汉平原小港湿地生态站（三峡监测重点站），国家卫星定位系统工程技术研究中心（简称GPS工程中心，合建，国家级），中国科学院天文地球动力学联合研究中心（合建），河南省中国科学院科技成果转移转化中心生态环境分中心（合建）和湖北省21世纪议程管理中心等研究机构。拥有FG5型绝对重力仪、GWR型超导重力仪、第三代人卫激光测距仪、全球定位系统接收机、拉柯斯特重力仪、原子频标系统、遥感图像处理与地理信息系统、海洋重力仪等国际先进设备。

2011年，测地所努力推进创新平台建设，成功申建大地测量与地球动力学国家重点实验室。联合成立河南省中国科学院科技成果转移转化中心生态环境分中心；湖北省环境与灾害监测评估重点实验室验收评估为优秀。加强战略研究，制订并启动实施“一二四”规划；推进学科交叉，培育学科生长点，强化技术创新与集成，推动现代大地测量关键技术与仪器设备研发工作。

截至2011年底，测地所共有在职职工143人。其中，科技人员99人（含科技支撑人员14人），包括中国科学院院士1人、研究员28人，副研究员及高级工程师32人。中国科学院“百人计划”入选者7人（新增1人）、国家杰出青年科学基金获得者4人、“新世纪百千万人才工程”国家级人选4人、国家“千人计划”（国家海外高层次人才引进计划）入选者1人（新增）。

2011年，测地所积极推进人才队伍建设。引进1名国家“长期千人计划”，引进优秀博士毕业生11人、硕士毕业生4人；1人入选中国科学院“百人计划”，1人获“中国科学院青年科学家奖”，1人获“第十二届中国青年科技奖”。设有大地测量学与测量工程、固体地球物理学、自然地理学3个博士学位培养点和3个硕士学位培养点；1个测绘工程专业硕士学位培养点；设有测绘科学与技术博士后流动站。在学研究生117人（硕士生62人、博士生55人），在站博士后2人。2011年，录取硕士生25人、博士生14人；毕业硕士生14人、博士生9人。培养的研究生中，1人获中国科学院优秀博士学位论文奖，1人获湖北省优秀硕士学位论文奖，1人获中国科学院获院长奖学金优秀奖，1人获中国科学院朱李月华奖学金，1人被评为中国科学院研究生院三好学生标兵，2人被评为中国科学院研究生院优秀学生干部，16人被评为中国科学院研究生院三好学生，1人被评为中国科学院研究生院优秀毕业生，2人被评为中国科学院武汉教育基地优秀毕业生。

2011年，测地所不断开拓创新、奋发进取，项目争取有新突破。全年共有在研项目160余项（新增46项）。其中，国家重大科技基础设施建设项目1项，中国高技术研究发展计划（“863”计划）课题4项，国家科技支撑计划项目2项，国家科技行业专项3项，国家重大科学仪器设备开发专项1项（新增），中科院国家外专局创新团队国际合作伙伴计划项目1项（新增）；国家自然科学基金项目53项（新增18项，包括创新研究群体项目1项、重点项目2项、重大研究计划重点支持项目2项、国家杰出青年科学基金项目1项、面上项目41项、青年科学基金项目6项）；中国科学院知识创新工程重要方向项目13项（新增2项）；湖北省自然科学基金项目11项（新增7项，其中重点项目1项）；另有国家相关部委、地方、企业项目等多项。举办“天体测量的过去、现在与未来”学术研讨会，启动测地青年论坛。

2011年，测地所承担的各项科研任务进展顺利。发表论文100余篇，其中SCI论文38篇、CSCD 50余篇。专利授权6项、受理6项，软件著作权登记3项。主持承担项目成果获中国测绘科技进步奖一等奖1项。自主研制实时高动态高精度相对定位与定速软件，参与我国首次空间交会对接任务。提交关于日本大地震及我国周边其他地区海洋巨震与我国地震活动性关系的分析等报告，被中办、国办采用，并获得国家领导人批示。

2011 年，测地所努力开展院地合作工作。与河南省科学院地理研究所签署科技合作协议，与洪湖湿地局签署科技支撑合作协议；1 人挂职任河南省科学院副院长，1 人作为首批湖北省“博士服务团”成员任黄冈市环保监测站副站长；参加 2011 年河南省技术转移洽谈会、长沙科技成果转化交易会等有关产学研活动。

2011 年，测地所积极开展国际交流与合作。全年出访 41 人次，接待 11 个外宾团组，来访 40 余人次，派遣 3 名青年科技骨干到国外留学；有 6 名科研人员在 12 个不同的国际组织担任职务，其中 1 人为亚太空间地球动力学（APSG）国际合作计划主席；与中国香港理工大学签署科技合作协议，协办亚太空间地球动力学（APSG）2011 年会。

测地所是国家首批甲级测绘资格单位、全国青少年走进科学世界科技活动示范基地、湖北省科普教育基地、湖北省文明单位之一，是湖北省地球物理学会、湖北省天文学会、湖北省自然资源研究会的挂靠单位、联合主办学术刊物《大地测量与地球动力学》，协办学术刊物《地理空间信息》。

（撰稿：熊小敏　程方升　审稿：冯　灿）

水生生物研究所

名誉所长： 刘建康
所　　长： 赵进东
地　　址： 湖北省武汉市武昌区东湖南路 7 号
邮政编码： 430072
电　　话： 027－68780789
传　　真： 027－68780123
电子信箱： qlwu@ihb. ac. cn
网　　址： http://www. ihb. ac. cn

中国科学院水生生物研究所（以下简称“水生所”）是从事内陆水体生命过程、生态环境保护与生物资源利用研究的综合性学术研究机构，其前身是 1930 年 1 月在南京成立的国立中央研究院自然历史博物馆，1934 年 7 月更名为中央研究院动植物研究所，1944 年 5 月又分建成动物研究所和植物研究所。中国科学院成立后，于 1950 年 2 月将原中央研究院动物所的主体、植物研究所和山东大学的藻类学研究部分以及北平研究院的部分研究人员合并组成了中国科学院水生生物研究所（上海），1954 年 9 月由上海迁至武汉。2001 年水生所进入中科院知识创新工程试点序列。2011 年水生所整体进入院“创新 2020”试点工程。

水生所战略定位与发展目标是，紧密结合国家重大需求和世界科学前沿，围绕内陆水体生命过程、生态环境保护与生物资源利用领域的基础性、战略性和前瞻性重大科技问题，着力重大理论创新和核心技术突破，强化创新价值链的延伸，在水环境保护、淡水渔业和微藻生物能源领域发挥引领示范作用。

2011 年，水生所整体进入院“创新 2020”试点工程。围绕“一三五”规划，水生所相继召开“受污染水体水生态修复集成技术”、“高效、集约化和环境友好型现代养殖模式里理论和核心技术”和“微藻生物能源重大理论问题和核心技术”学术研讨会，部署三个突破的项目群，巩固平台建设和人才队伍建设成果，探索促进三个突破的考核机制。同时布局了“中国科学院香溪河生态系统实验站科研平台建设”、“模式鱼类资源中心建设”及“产油微藻大规模培养装置研制”等三个平台建设项目，总经费 800 万。

水生所设有水生生物多样性与资源保护研究中心、淡水生态学研究中心、鱼类生物学及渔业生物技术研究中心、水环境工程研究中心、水环境与人类健康研究中心和藻类生物学及应用研究中心；共有 51 个学科组（新增 8 个）；新设立公共技术研发与服务部，下设分析测试中心、斑马鱼资源中心、淡水藻种库等分支机构；拥有淡水生态与生物技术国家重点实验室、国家淡水渔业工程技术研究中心（武汉）、东湖湖泊生态系统开放试验站、中国科学院水生生物多样性与保护重点实验室、湖北省水体生态工程技术研究中心、武汉市水环境工程研究中心；拥有亚洲最大的淡水鱼类博物馆、白鳍豚馆以及中国最大的淡水藻种库。有40万元以上大型仪器46台（套），总价值5240.73万元。

截至2011年底，水生所在职职工351人。其中科技人员153人、科技支撑人员106人，包括中国科学院院士5人、第三世界科学院院士2人、研究员及正高职称人员57人、副研究员及副高职称人员69人；进入创新岗位177人。有中科院“百人计划”入选者19人（新增4人）、中科院“青年千人计划”入选者1人（新增1人）、国家杰出青年科学基金获得者8人、国家“新世纪百千万人才工程”人选5人。

水生所现设有水生生物学、遗传学、环境科学、海洋生物学等4个二级学科博士研究生培养点；动物学、水生生物学、遗传学、环境科学、环境工程学、水产养殖等6个二级学科硕士研究生培养点；生物工程、环境工程等2个工程硕士研究生培养点；生物学一级学科博士后流动站。在学研究生476人（硕士生241人、博士生235人），在站博士后38人。2011年毕业研究生98人，其中博士65人、硕士33人。

2011年，水生所有在研项目408项（新增79项）。其中，主持国家重点基础研究发展计划（“973”计划）项目3项、承担课题6项，承担中国高技术研究发展计划（“863”计划）项目5项；主持国家自然科学基金重大项目1项、重点项目10项（新增1项）、杰出青年基金2项、面上项目83项（新增17项），承担国家自然科学基金重大研究计划重点项目2项；承担中国科学院知识创新工程重大项目1项、重要方向项目18项（新增10项），承担国际合作项目3项（新增2项），承担院地合作及产业化项目191项（新增11项）。

2011年，水生所发表学术论文330篇，其中SCI收录214篇（JCR学科分类前30%的论文102篇，占48%）、CSCD论文68篇；出版著作2部；授权专利8项。

“多倍体银鲫独特的单性和有性双重生殖方式的遗传基础研究”获2011年国家自然科学奖二等奖。该成果解答了单性动物遗传多样性和长期存在的生殖机制，解决了我国异育银鲫大规模养殖实践中出现的问题，依据发现提出的苗种生产方案，已被国家水产技术主管部门采纳和推广，取得了重大的社会经济效益。“异育银鲫‘中科3号’的培育和推广应用”获2011年湖北省科技进步奖一等奖。“基于不同水质目标的人工湿地生态工程技术研究及应用”获2011年湖北省技术发明奖一等奖。

院地合作方面，2011年水生所在江苏省淮安市召开异育银鲫‘中科3号’新品种推介会并与淮安市农委签订合作协议，按照协议要求，争取到2013年底，淮安市养殖用的异育银鲫种苗全部更新为‘中科3号’；水生所参加第二届中国荆州淡水渔业博览会并与湖北大明水产科技有限公司签署科技合作协议；2011年水生所转让专利技术1项，获得专利转让收入5万元，转让成果1项，获转让收入50万，转让股权，获得股权收入610万元。

2011年，水生所共承担3项国际项目，其中国际组织支持项目1项，国际合作项目2项。主办各类国际会议4次：亚洲微囊藻研究国际学术研讨会、藻类环境生物学国际研讨会、亚洲湖泊水库渔业发展趋势学术研讨会和中德合作组项目全球变化背景下淡水生态系统评价（EcoChange）第三届年会。全年出访人员94人次，来访人员123人次。2011年获批中科院人事教育局公派留学项目6项，王宽城基金项目2项，水生所知识创新工程青年人才留学项目2项。通过中科院与第三世界科学院（TWAS）项目，水生所正培养两位斯里兰卡籍博士生，一位尼日利亚籍博士后。水生所与国外联合发表文章39篇，新签署国际科技合作协议3项。水生所推荐的1名外国专家获中科院外国专家特聘研究员计划资助。

水生所是中国海洋湖沼（动物）学会鱼类学分会、中国动物学会原生动物学会、中国水产学会鱼病研究会、湖北省海洋湖沼学会、湖北省动物学会、武汉动物学会、中国环境科学学会环境生物学专业委员会7个学会和武汉白鳍豚保护基金会的挂靠单位。水生所负责出版科技期刊《水生生物学报》。

（撰稿：吴青丽　孙　慧　审稿：徐旭东）

武汉植物园

主　　任：李绍华
地　　址：湖北省武汉市磨山
邮政编码：430074
电　　话：027－87510126
传　　真：027－87510251
电子信箱：wbgoffice@wbgcas. cn
网　　址：http://www. wbgcas. cn

中国科学院武汉植物园（以下简称“武汉植物园”）筹建于1956年，成立于1958年11月，定名为中国科学院武汉植物研究所，1972年划归湖北省后改名为湖北省植物研究所，1978年回归中国科学院后仍称为中国科学院武汉植物研究所，2003年更名为中国科学院武汉植物园。

2011年5月，武汉植物园完成了“十二五”发展规划，明确了“一二五”战略重点和保障“一二五”顺利实施的重大改革举措。武汉植物园的发展定位是：立足华中，面向全球，收集保护亚热带和暖温带战略植物资源；拓展资源保护与可持续利用、湿地恢复与大型工程生态安全两大优势领域，引领我国特色农业种质创新与产业发展、水生植物与水环境健康和大型工程区生态修复技术的研究，成为国际同领域具有强大竞争力和重要影响的研究机构；进一步提升科普开放能力，成为世界知名的生物多样性与环境教育基地。确定了“十二五”期间“水生经济植物莲种质创新”、“大型水库生态屏障建设关键技术集成与示范”两大重大创新突破以及“东－鄂西植物多样性形成及维持机制”、“水生植物与内陆水环境健康”、“流域生态学与大型工程生态安全”、“特色农业资源植物种质创制”、“植物引种与资源评价”五个重点培育方向。

武汉植物园下设3个研究中心：资源植物研究中心，水生植物研究中心，流域生态研究中心；拥有中国科学院植物种质创新与特色农业重点实验室、中国科学院水生植物与流域生态重点实验室、湖北省湿地演化与生态恢复重点实验室3个省部级重点实验室；建有1个国家种质资源圃、1个省级成果转化中心和1个院级分中心、1个部级生态监测站、6个迁地保护基地、3个所级野外台站的网络支撑平台。

截至2011年底，武汉植物园共有在职职工270人。其中科技人员138人、科技支撑人员66人，包括研究员及正高级工程技术人员28人、副研究员及高级工程技术人员50人。共有中国科学院“百人计划”入选者13人（新增1人）。

武汉植物园设有生物学、生态学2个一级学科博士培养点；植物学、生态学、园林植物与观赏园艺3个学术型硕士培养点和生物工程、环境工程2个专业学位硕士培养点；设有生物学一级学科博士后流动站。在读研究生152人，（硕士生85人、博士生67人），在站博士后5人。

2011年，武汉植物园共承担在研项目226项（新增98项）。其中，承担（或参加）国家重点基础研究发展计划（“973”计划）课题3项（新增1项），主持（或承担）中国高技术研究发展计划（“863”计划）课题1项（新增1项）；主持国家自然科学基金重点项目3项（新增2项）、面上和青年基金项目36项（新增23项）；承担科技部项目（课题）9项，国家水专项7项，国家公益性行业科研专项、农业部、三建委项目各2项，教育部和国家林业局项目各1项、其他2项；承担中国科学院战略性先导科技专项课题7项、外籍特聘研究员计划4项（新增2项）、院创新团队课题2项、中科院方向项目17项（其中院创新重大参加1项），“百人计划”7项（新增3项），院地合作2项（新增2项），院合作局项目1项（新增1项），院其他项目10项；承担地方任务36项。

武汉植物园科研工作取得重要进展。“大型水库生态屏障建设关键技术集成与示范”方面，三峡库区植被重建进展顺利，筛选了消落区适宜物种27种，其中最长可耐水淹6个月，提出了2套群落配置及植被恢复重建模式；建设了3个旅游景观植被示范区和5个生态修复示范区。“南水北调（中线）水源地保障研究与示范”方面，首次系统开展了汉江流域上游水环境地球化学及土地利用、土地覆盖格局的研究，评价了流域水环境质量现状；提出了水库主要污染物质的控制技术原理，系列研究结果为国家对汉江流域水资源开发的宏观调控及流域上游的产业调整提供了科学依据。在“库区高效生态农业技术体系与发展模式”方面，在完成了《三峡库区生态屏障区生态农业园建设专题规划报告》的基础上，作为项目主持承担并完成了10个县市17个农业园项目可研与实施方案。

2011年，武汉植物园发表论文138篇。其中SCI共收录论文83篇，（48篇TOP30%，包括19篇TOP10%）、EI 1篇、CSCD49篇、其他5篇；专利授权13件，申请发明专利20件；出版著作6部。申请猕猴桃品种保护3个（“金霞”、“东红”、“红昇”）；商标申请1项。

积极推动国际交流与合作。与美国、加拿大、新西兰、澳大利亚等国在资源保护与持续利用、生态环境修复等方面的合作继续稳步推动，新签订生物质能源等国际合作项目3项；与澳大利亚Griffith大学河流研究所等签订战略合作协议。

武汉植物园把非洲生物多样性保护与研究作为战略生物资源收集保护战略重点之一；与乔莫肯亚塔农业与技术大学（JKUAT）续签了未来五年（2012—2016）的科技合作战略协议，组织科研人员联合对肯尼亚中央地区的森林植被进行了3次野外考察；主办了“东非生物多样性与保护生物学高级培训班”，来自6个非洲国家的22名科研人员参加了培训，为非洲培养生物多样性保护人才打下了良好的基础；武汉植物园代表团应邀访问了JKUAT植物园，通过了“JKUAT植物园”和“中－肯联合生态研究站”的选址和初步设计方案；肯尼亚高等教育与科技部部长卡玛尔率团来华访问，并就中非合作进行了深入的讨论，并达成了一些重要的共识。

2011年，武汉植物园先后派出23批次，28人次赴13个国家或地区参加了国际学术交流活动；接待了来自美国、英国、法国、肯尼亚等12个国家的外宾团组25批次，共47人次；新增国际合作项目2项；获批外籍专家特聘研究员计划2项，与国外科研人员合作发表论文20篇。

作为国家AAAA级旅游景区，武汉植物园入园游客持续增长，全年达70万人次。

武汉植物园是湖北省暨武汉市植物学会、中国园艺学会猕猴桃分会的挂靠单位；主办的学术期刊《植物科学学报》（原名《武汉植物学研究》）是中国自然科学核心期刊。

（撰稿：宋志春　刘洁鸣　审稿：李绍华）

南海海洋研究所

所　　长：张　偲
地　　址：广东省广州市海珠区新港西路164号
邮政编码：510301
电　　话：020－84452227
传　　真：020－84451672
电子信箱：webmaster@scsio.ac.cn
网　　址：http://www.scsio.cas.cn

中国科学院南海海洋研究所（以下简称“南海海洋所”）1959年1月成立，是我国规模最大的综合性海洋研究机构之一，2002年进入中科院知识工程试点序列。

2011年，南海海洋所部署了“创新2020”组织实施方案；制订了“一三五”发展目标。

一个定位：立足南海，跨越深蓝。围绕热带海洋环境与资源，着力突破海洋气候环境与观测技术、边缘海地质演化与油气资源、海洋生态与生物资源领域的前沿科学问题和关键核心技术，不懈追求“更远、更深、更实、更强”，为发展我国海洋经济和维护海洋权益作出“三性”贡献。建成国际水平的热带海洋科学研究、人才培养、成果转移转化三高地，打造国际知名、不可替代的热带海洋科学研究中心。

三个突破：热带海洋生物优良新品种与生物功能物质、热带海洋变率及其生态效应、南沙地块裂离演变过程及其资源环境效应。

五个重点培育方向：深海底基观测技术、海洋环境综合预报模型技术及应用、热带海洋沉积过程及其环境变化响应、热带海洋微食物网功能与作用机制、海洋微生物多样性及其活性化合物的生物合成。

2011年，完成南海海洋所行政班子换届考核；推进各级中长期发展战略规划及专项规划进程；热带海洋环境国家重点实验室挂牌进入建设期；广东省海洋药物重点实验室考核评估良好；国家“863”计划重点课题“深海微生物活性物质挖掘及其利用技术”获国家科技部立项；积极促成中科院启动大科学工程预研项目“南海海底观测示范网络系统”开始预研项目建设；新增“国家杰出青年科学基金”获得者2名，引进国家“青年千人计划”1名、“百人计划”3名；获何梁何利科技创新奖1人，获广东省科学技术奖一等奖1项（发明奖），广东省丁颖科技奖1人；凡纳滨对虾‘中科1号’新品种通过全国水产原种和良种审定委员会新品种审定；中科院优博论文2篇；新招研究生95名、博士后16名，毕业并获博士、硕士学位86名；海洋生物学、物理海洋学2个学位点被评为重点学科，海洋科学、环境科学与工程2个一级学科通过专家评审。

南海海洋拥有热带海洋环境国家重点实验室、中科院边缘海地质重点实验室（共建）、中科院海洋生物资源可持续利用重点实验室；中科院海洋微生物研究中心；广东省海洋药物重点实验室、广东省应用海洋生物学重点实验室；物理海洋与海洋环境生态、海洋生物、海洋地质3个研究室；海南热带海洋生物实验站（国家野外试验站和中国生态系统研究网络“CERN”站）、大亚湾海洋生物综合实验站（国家野外试验站、中科院开放站和中国生态系统研究网络“CERN”重点站）；西/南沙深海海洋环境观测研究站、湛江海洋经济动物实验站、汕头海洋植物实验站；海洋环境工程中心和产品开发中心；海洋信息服务中心和南海海洋生物标本馆；拥有“实验1”（共建）、“实验2”和“实验3”号3艘科考船；有ISO 9002质量认证证书、全国建设项目环境影响评价资格证书（甲级）、海域使用可行性论证资格证书（甲级）、海洋专项工程勘察甲级证书、国家计量认证资质证书等。

截至2011年底，南海海洋所在职职工557人。其中专业技术人员415人，包括正高级专业技术人员76人、副高级专业技术人员105人。中科院“百人计划”入选者23人、国家杰出青年科学基金获得者7人、“973”计划首席科学家2人、中科院/国家外专局“国际合作伙伴计划创新团队”1个；专业技术人员具有硕士学历288人、博士学历226人。

南海海洋所设有物理海洋学、海洋生物学、海洋地质学、海洋化学、环境科学5个专业博士研究生培养点；物理海洋学、海洋生物学、海洋地质学、海洋化学、环境科学、水产养殖学6个学术型硕士研究生培养点；3个专业型硕士研究生培养点；并拥有海洋科学博士后流动站。在学研究生288人（硕士生164人、博士生124人）；博士后27人。

2011年，南海海洋所有在研纵向项目718项（新增336项）。新增“973”计划项目1项、“973”计划课题5项；新增农业科技成果转化资金项目1项；新增国家自然科学基金75项，其中青年基金27项、面上项目31项、杰出青年科学基金2项、重大研究计划1项、专项基金4项、NSFC-广东联合基金重点项目1项，国际合作与交流项目4项；广东省科技项目10项；中科院项目及课题等22项。

2011年，南海海洋所有“热带海洋软体动物功能蛋白肽的关键利用技术及其产业化”获广东省科学技术奖技术发明类一等奖（第一完成单位）；张偲获2011年度何梁何利基金科技创新奖；蔡树群获2011年广东省丁颖科技奖；5篇论文获第二届“南粤科技创新优秀学术论文”优秀论文奖。

“热带海洋软体动物功能蛋白肽的关键利用技术及其产业化”获得广东省科学技术奖技术发明类一等奖，实现省部级技术发明类奖项零的突破。针对软体动物蛋白质安全降解与资源高效利用中存在的关键科技问题进行研究，解决了软体动物蛋白质高效利用多项关键技术难题，利用几大原创新技术与广东海大集团股份有限公司等企业合作开发临床肠内营养制剂、新型海洋生物鲜味剂、精细加工珍珠和海洋生物功能化妆品等系列产品并推广，取得显著的经济效益。实现南海海洋所海洋应用技术和成果转化的突破，大幅提升了水产加工行业的技术水平，发展了战略型新兴主导海洋生物产业，促进了水产加工业的节能减排和海洋环保事业的发展。

2011年，南海海洋所有在研横向项目281

项，总合同金额达 1.45 亿元，与地方企业新签订合作项目 169 项，合作经费 7536.6385 万元。

2011 年，南海海洋所有国际合作交流 357 人次，其中出访 189 人次，接待 29 个国家专家 168 人次；召开高层次双边/多边会议 6 次；首获中科院“外籍青年科学家计划”，受到国家基金委“外国青年学者研究基金”资助。

南海海洋所是中国海洋学会海洋物理分会、广东海洋湖沼学会、广东海洋学会等的依托单位，编辑出版《热带海洋学报》（核心期刊）。

（撰稿：徐晓璐　徐　海　审稿：张　偲）

华南植物园

主　　任：黄宏文
地　　址：广东省广州市天河区兴科路 723 号
邮政编码：510650
电　　话：020－37252711
传　　真：020－37252711
电子信箱：bgs@scib.ac.cn
网　　址：http://www.scib.ac.cn

中国科学院华南植物园（以下简称“华南植物园”）位于广州市天河区，占地5000亩，是我国面积最大的南亚热带植物园，保育热带、亚热带植物 13 000 余种。其前身为国立中山大学农林植物研究所，由著名植物学家陈焕镛院士于 1929 年创建，1954 年改隶中国科学院后更名为华南植物研究所，2003 年更名为中国科学院华南植物园。

华南植物园面向国家重大需求和学科发展前沿，围绕退化生态系统的恢复与重建、环境与生态安全、物种的演化形成与维持、生物多样性保育与可持续利用、分子生物学及遗传改良等领域，进行基础性、前瞻性和战略性研究，努力建设成为我国科技创新、人才培养与科学传播的重要基地。2011 年华南植物园围绕创新“2020”和“一三五”规划部署，调整管理部门及学科布局，将职能部门调整为 7 个部门、科研机构调整为 4 个研究中心。

华南植物园现有植物资源保护与可持续利用重点实验室和退化生态系统植被恢复与管理 2 个院级重点实验室；拥有鼎湖山森林生态站和鹤山森林生态站 2 个国家野外科学观测研究站，以及小良热带海岸带退化生态系统恢复与重建野外生态站；馆藏标本 100 多万份的植物标本馆、大型图书馆和公共实验室；此外，还有广东省数字植物园重点实验室和“华南植物鉴定中心”；华南植物园下辖的鼎湖山国家级自然保护区建于 1956 年，占地面积 17 000 亩，就地保护植物 2400 余种，为我国第一个自然保护区。

截至 2011 年底，华南植物园共有在职职工 419 人。其中科技人员 181 人、科技支撑人员 135 人，研究员及正高级工程技术人员 51 人、副研究员及高级工程技术人员 72 人；全所进入创新岗位 202 人。有中国科学院“百人计划”入选者 10 人（新增 1 人）、国家杰出青年科学基金获得者 3 人、国家“千人计划”入选者 1 人。

华南植物园是国务院学位委员会 1993 年批准的博士和 1978 年批准的硕士学位授予权单位之一。现设有生物学、生态学等 2 个一级学科博士研究生培养点；生物学、生态学、林学等 3 个一级学科硕士研究生培养点；并设有生物学等 1 个一级学科博士后流动站。共有在学研究生 324 人（硕士生 205 人、博士生 119 人），在站博士后 23 人。

2011 年，华南植物园共有在研项目 261 项（新增 34 项）。其中，承担或参加国家重点基础研究发展计划（“973”计划）课题 11 项；主持或承担国家自然科学基金重点项目 4 项、主任基金项目 1 项（新增 1 项）、面上项目 79 项（新增 15 项），承担国家自然科学基金重大研究计划重点项目 1 项；承担中国科学院战略性先导科技专项课题 2 项，主持或承担院重要方向项目 15 项，承担国际合作项目 2 项；广东联合基金重点 1 项。

2011 年，对氧化胁迫耐受基因 2（Oxidative stress 2）功能的研究取得重要进展，该项研究成果发表在国际著名学术期刊 *EMBO*（影响因子：10.124）；亚热带人工林植物功能群丧失对土壤微生物群落影响研究、对亚热带人工林碳汇功能研究获得新进展，相关研究成果分别发表在国际

学术期刊 *Functional Ecology* 和 *Agricultural and Forest Meteorology*，砂糖桔复合保鲜剂获得国家发明专利，并获 2011 年广东省专利奖优秀奖。

科研成果方面，2011 年，华南植物园共发表 SCI 收录论文达 191 篇，其中各领域前 30% 论文 92 篇，前 10% 论文 42 篇；出版专著 6 部，包括《香港植物志》（第四卷）英文版和《广东植物志》（第十卷）等代表性专著；申请专利 39 项，授权 11 项；4 个兰花新品种进行了国际登陆；'植优 523'、'中科 1 号' 铁皮石斛、红观音姜荷花通过了广东省农作物品种审定委员会审定。

2011 年，华南植物园出台了《华南植物园院地合作管理条例》，确定了横向项目的标准化合同模板，形成了开拓合作、多向交流的局面。分别与厦门市园林植物园、浙江传化生物技术有限公司、岭南园林股份有限公司签订了意向性合作协议；与福建莆田市、锦兴国际生物发展有限公司等地方和企业签订铁皮石斛产业化项目协议；与檀香山控股有限公司等企业签订檀香育苗及栽培项目技术服务合同；与广东陈村花卉世界共建的佛山市顺德区科学院华南植物园经济植物育成中心，已完成事业法人注册。

华南植物园控股的广东中科琪林股份有限公司连续 8 年被广东省工商局评为“守合同、重信用”企业。2011 年实现主营业务收入 7673 万元；利润总额 302 万元；净利润 257 万元，上交税金 499 万元。

2011 年，华南植物园国际学术交流非常活跃。共有 60 人次出国（出境）参加学术会议或开展合作研究，海外来访者达 203 人次。引进一批正在或曾在国外著名国立科研机构、大学或企业工作、具有较深学术造诣或学术发展潜力的优秀高级外籍科学家到园担任外籍特聘研究员或外籍青年科学家。现有来自马达加斯加、越南、伊朗、印度等国家的留学生，接收外国留学生规模逐渐扩大。

2011 年，华南植物园与日本丸善制药株式会社签署了甘草项目合同（总经费约 402.5 万元人民币）；与中国澳门地球物理暨气象局签订框架合作协议；启动西班牙加纳利群岛植物调查工作；与泰国清迈诗丽吉王后植物园签订合作备忘录。举办了中科院发展中国家培训项目“生物多样性保护及管理研讨班”；组团参加了在澳大利亚举办的国际植物学大会（International Botanical Congress）；中科院对外合作重点项目支持计划（GJHZ0959）“中秘生物多样性合作研究与能力建设合作计划”取得良好进展，打开了与秘鲁合作局面；与泰国驻广州总领事馆共同举办了“庆祝泰国王 84 岁华诞植树活动”；同时还执行了 2 个 TWAS 计划。国际植物园保护联盟（BGCI）于 2007 年在华南植物园设立了中国项目办事处。

目前挂靠在华南植物园的学会有广东省植物学会、广东省植物生理学会。据《中国学术期刊综合引证年度报告》的统计，华南植物园主办的《热带亚热带植物学报》2010 年度的影响因子为 1.071，总被引频次为 2072 次，网上下载达 4.17 万次。荣获 2011 年广东省优秀科技期刊奖二等奖。

（撰稿：周　飞　曾文生　审稿：魏　平）

广州能源研究所

所　　长：吴创之
地　　址：广东省广州市天河区五山能源路 2 号
邮政编码：510640
电　　话：020－87057620
传　　真：020－87057677
电子信箱：nys@ms.giec.ac.cn
网　　址：http://www.giec.cas.cn

中国科学院广州能源研究所（以下简称“广州能源所”）成立于 1978 年，其前身为 1973 年成立的广东省地热研究室。1998 年 4 月原中国科学院广州人造卫星观测站并入广州能源所。2001 年成为中国科学院知识创新工程试点单位之一。

广州能源所为中国科学院高新技术研究与发展基地型研究所，主要从事清洁能源工程科学领域的高技术研究，并以后续能源中的新能源与可再生能源为主要研究方向，兼顾发展节能与能源环境技术，发挥能源战略的重要支撑作用，形成一主两翼一支撑的格局。2011 年完善了研究所“创新 2020”发展战略及“十二五”发展规划，制订了研究所“一二四”发展规划。一个定位：新能源与可再生能源领域的研究与开发利用；二个重大突破：生物质能源高值化转化与规模化利用，分布式可再生能源独立系统应用示范；四个重点培育：天然气水合物成藏理论与开发研究，海洋能/深层地热规模化发电关键技术，太阳能直接利用功能材料及关键技术，低碳发展及能源战略研究。2011 年，广州能源所配合发展规划实施，开展了科研团队调整、薪酬改革、推进成果转化等方面工作，启动落实“创新 2020”。

广州能源所的科研机构包括：生物质能研究中心、非碳能源研究中心、天然气水合物研究中心、应用基础研究中心、集成技术研发中心、能源战略研究中心；广州能源所建有：国家可再生能源综合技术国际研发中心、中国科学院可再生能源与天然气水合物重点实验室、广东省新能源和可再生能源研究开发与应用重点实验室、广东省生物质能工程技术研究开发中心、广东低碳经济技术研究中心、作为依托单位与其他单位共建的中国科学院广州天然气水合物研究中心、广东省新能源生产力促进中心、广东省清洁发展机制（CDM）技术研究服务中心、广东省可再生能源综合技术国际科技合作示范基地、广州市新能源工程技术研究中心等，是国家“生物质能源产业技术创新战略联盟”理事长单位；建有为科研提供文献情报服务的图书馆，以及所级公共仪器分析测试平台，拥有大型仪器设备数十台套。

截至 2011 年底，广州能源所共有在职职工 370 人。其中科技人员 287 人、科技支撑人员 63 人，包括研究员及正高级工程技术人员 28 人、副研究员及高级工程技术人员 67 人；全所进入创新岗位 128 人。共有中国科学院“百人计划”入选者 10 人（其中 2011 年新增 2 人）。

广州能源所是 1978 年国务院学位委员会批准的硕士学位授予单位之一，2004 年获得博士学位授予权。现设有工程热物理与动力工程一级学科博士研究生培养点；化学工程与技术一级学科硕士研究生培养点；环境工程、材料物理与化学和海洋地质等 3 个二级学科硕士研究生培养点；并设有动力工程及工程热物理一级学科博士后流动站。共有在学研究生 148 人（硕士生 102 人、博士生 46 人），在站博士后 6 人。

2011 年，广州能源所共有在研项目 355 项（新增 96 项）。其中，承担国家重点基础研究发展计划（“973”计划）项目 1 项（新增 1 项）、课题 5 项（新增 1 项），承担中国高技术研究发展计划（“863”计划）项目课题 9 项；承担国家自然科学基金项目 57 项（新增 29 项），承担国家科技支撑计划项目课题 8 项（新增 6 项）；承担国家海洋可再生能源专项 3 项（新增 1 项）；承担中国科学院知识创新工程重要方向项目 21 项（新增 11 项），承担国际合作项目 24 项（新增 14 项），承担地方政府科技项目 130 项（新增 27 项）等。

2011 年，广州能源所科研工作取得可喜进展。取得科技成果 8 项，获科技奖励 1 项，即“有机固体废弃物资源化与能源化综合利用系列技术及应用”获得国家科学技术进步奖二等奖。全年发表论文 375 篇（期刊论文 224 篇、会议论文 151 篇），其中 85 篇论文被 SCI 收录、62 篇论文被 EI 收录，45 篇论文被 SCI 和 EI 同时收录；出版专著 2 部；申请专利 139 件（发明专利 92 件、PCT 国际专利申请 2 件），59 件专利获授权（37 项发明专利）。

2011 年，广州能源所大力推进成果转移转化和院地合作。通过成果转化争取横向开发项目 78 项，经费 6616 万元。延续了生物质能利用方面的技术和产业优势，生物质气化规模化替代化石能源和生物柴油等项目的合同总额近 5000 万元；利用在能源政策与发展战略研究方面的优势为地方政府、企业等提供发展规划及节能咨询等近 30 次，社会效益显著。与佛山市三水区政府共建的中国科学院广州能源研究所佛山三水能源环境技术创新与育成中心已经完成签订购地协议书、立项批文、设计、勘探、规划、环评、卫评、土地证办理、招标代理、监理、确定施工队等一系列工作，进入施工阶段；中心与地方合作成效显著，争取支持经费共 593 万元。

截至2011年底，广州能源所共有投资公司18个，其中直接控股的公司为2个，直接参股的公司为11个，通过广州中科环能科技有限公司参股的公司为5个。2011年产业公司的资产总额为33 138.73万元，营业收入总额为3215.88万元，按股比计算营业额4216.55万元（不包含参股的上市公司天地科技股份有限公司和正在注销的广州科勤综合技术服务有限公司）。2011年，广州鑫誉蓄能科技有限公司的股权转让收入500万元，出售天地科技部分股权收入547万元。

2011年，广州能源所新增国际合作项目14项，国际科技合作基地的重要项目“生物质气化合成燃料关键技术及示范”通过验收。分别与美国气候变化战略研究中心、老挝科学技术研究院、日本三菱树脂株式会社以及法国电力贸易有限公司签订合作协议。主办国际学术会议3次，在广州举办的“第四届中法可持续能源联合实验室学术研讨会”、“能源技术展望2010：到2050年的能源情景与战略研讨会”以及在中国香港举办的“面向气候变化：新兴再生能源学术研讨会暨海峡两岸科学家论坛”。成功争取到了2014年“第八届国际水合物大会”在中国的举办权。在国际人才资助项目上仍保持稳健势头，日本小林敬幸博士续聘为我所“中国科学院外国专家特聘研究员”，并成功获得国家外国专家局“高端外国专家”项目资助。全年出访56批96人次，来访32批111人次。邀请了国外著名学者来所作学术报告12次，我所公派留学人员为4人。

广州能源所是中国可再生能源学会生物质能专业委员会、天然气水合物专业委员会以及广东省太阳能学会的挂靠单位。内部发行《能量转换利用研究动态》。

（撰稿：苏秋成　徐　超　审稿：赵黛青）

广州地球化学研究所

所　　长：徐义刚
地　　址：广东省广州市天河区科华街511号
邮政编码：510640
电　　话：020－85290702
传　　真：020－85290130
电子信箱：xuwenxin@gig.ac.cn
网　　址：http://www.gig.ac.cn/

中国科学院广州地球化学研究所（以下简称“广州地化所”）成立于1993年7月。其前身是1987年4月由中国科学院地球化学研究所整建制搬迁部分学科、研究室和学术带头人与1978年建立的原中国科学院广州地质新技术研究所合并成立的中国科学院地球化学研究所广州分部。1994年9月经国家编制委员会批准使用现名。

广州地化所属社会公益类研究机构，2002年整体进入中国科学院知识创新工程二期试点序列，2011年进入中国科学院“创新2020”整体择优支持研究所行列。其使命定位与战略目标是坚持面向国家战略需求，面向世界科学前沿，致力于推动有机地球化学、元素和同位素地球化学、环境科学、油气与矿产资源等重点学科的发展，在“资源与固体地球科学”和“环境科学与工程”两大领域开展基础性、战略性、前瞻性研究，解决国家和地方经济社会可持续发展所面临的资源和环境等重大科技问题，将广州地化所建设成为国内一流、国际知名的我国南方地球科学和环境科学研究中心。主要研究领域包括大陆动力学与岩石圈演化、深部地质过程与地球系统变化、成矿规律与油气成藏动力学、海洋地质与边缘海演化、环境污染与控制、环境管理与可持续发展和环保技术与工程等。

2011年，广州地化所制订了“一三五”规划，凝练出地幔柱构造与成矿、页岩气赋存富集机理和资源潜力评价、城市群大气二次污染机理与防治等三个重大突破；提出了五个重点培育方向；提出包括研究所－重点实验室－学科组/团队分级管理模式、“科研－实验技术”一体化举措、促进重大产出导向的激励保障机制等保障措施。

广州地化所拥有有机地球化学和同位素地球化学（筹）2个国家重点实验室，边缘海地质和矿物学与成矿学2个中国科学院重点实验室，资源环境利用与保护、矿物物理与矿物材料研究开发2个广东省重点实验室，以及国家大型科学仪器中心—广州质谱中心；为承担国家重大需求任务，2007年中科院批准建立中科院珠江三角洲环境污染与控制研究中心；并建有“地学与资源科普教育基地”；主办有地学核心刊物《地球化学》和《大地构造与成矿学》。

截至2011年底，广州地化所共有在编职工297人。其中科技人员213人、科技支撑人员49人，包括中国科学院院士1人、俄罗斯科学院外籍院士1人、研究员及正高级实验技术人员56人、副研究员及副高级实验技术人员89人。共有中国科学院“百人计划”入选者21人（新增2人）、国家杰出青年科学基金获得者16人（新增1人）。

广州地化所现设有地球化学、矿物学岩石学矿床学、构造地质学、环境科学和环境工程5个二级学科博士培养点；地球化学、矿物学岩石学矿床学、第四纪地质学、构造地质学、海洋地质、环境科学、环境工程、地图学与地理信息系统和人文地理学9个二级学科学术型硕士培养点；环境工程、地质工程2个二级学科全日制工程硕士培养点；并设有地质学一级学科博士后流动站。共有在学研究生516名（博士研究生332名、硕士研究生184名），在站博士后37人。

2011年，广州地化所共有在研项目417项（新增139项）。其中，主持国家重点基础研究发展计划（“973”计划）项目2项（新增1项）、承担课题26项（新增4项），承担中国高技术研究发展计划（“863”计划）项目3项；主持国家自然科学基金重点项目11项、群体2项（新增1项）、面上项目95项（新增36项），广东省联合基金3项；主持中国科学院知识创新工程重大项目1项、重要方向项目28项（新增4项）、青年人才项目4项（新增1项），承担院地合作项目2项（新增1项）。

由安太成研究员小组开展的有机污染物区域环境地球化学过程研究，紧扣地方需求开展研究，经过“十一五”的努力，取得了重要进展。

技术研发方面：建立了三类有机污染物（多环芳烃、有机氯农药和多溴联苯醚）分析方法和监测规范；建立一套有机污染物地球化学迁移的监测体系；建立了有机污染物区域环境存储及效应预测体系。

研究成果方面：测定了多环芳烃、有机氯农药和多溴联苯醚在珠江三角洲各环境介质（包括大气、土壤、水、沉积物和生物）的分布状况，构建了有机污染物在珠三角的环境污染信息数据库；计算了典型有机污染物在珠三角主要环境介质间的地球化学交换通量，包括河流运输、大气沉降、土/气交换等；构建了典型有机污染物宏观迁移和预测模型，如珠三角土壤中滴滴涕和十溴联苯醚的时间演变模式；提出一系列污染物控制对策，如加强渔业饲料生产监督以控制有机氯农药对养殖环境的污染，强化监督非法电子垃圾进口、杜绝电子垃圾粗犷式处理以降低多溴联苯醚对珠三角环境的威胁等。

进一步凝练出的标志性成果：集成了区域有机污染物的分析方法和监测规范、环境过程模拟技术、控制管理对策等技术体系，在构建污染物信息数据库的基础上建立了区域宏观迁移模型，为全面了解和预测区域尺度上有机污染物的环境状况及影响奠定了基础。

2011年，广州地化所共发表学术论文516篇，其中SCI论文257篇。2011年度申请专利31件，比上年增加16件、增长107%，其中发明专利19件、实用新型11件、专利合作条约（PCT）1件；授权专利16件，比上年增加5件、增长45.5%，其中发明专利10件、实用新型4件、外观设计1件、美国发明专利1件。徐义刚小组完成的《华北及邻区深部岩石圈的减薄与增生》获国家自然科学奖二等奖。

广州地化所研发的高负荷地下渗滤污水处理复合技术、工业废水处理技术、有机废气治理技术、中流量大气采样器、地质与找矿技术等多项技术成果得到转移转化，收入金额达840万元。成果转移转化后建设的环境工程项目达18个。与浙江省嵊州市人民政府联合成立了“中科院嵊州硅藻土研发中心”。

2011年，广州地化所在研国际合作项目10项（新增5项）。其中“含溴阻燃剂在厌氧生物与非生物降解过程中的成分与碳同位素变化规律”是国家自然基金委员会国际（地区）合作研究重大项目；“污染物的大气环境行为”项目是我所与欧洲和国内同行共同获得的欧盟 FP7 项目资助；本年度执行中国科学院外国专家特聘研究员计划 2 项，接纳外籍博士后 1 人、第三世界科学院（TWAS）博士后项目 1 人，主办国际会议 2 个；全年出访 76 批 145 人次；来访 89 批 146 人次；7 人先后分别在国际学术组织任职，2 人获国际组织奖。

（撰稿：徐文新　审稿：夏　萍）

广州生物医药与健康研究院

院　　长： 裴端卿

地　　址： 广东省广州科学城开源大道 190 号

邮政编码： 510530

电　　话： 020－32015300

传　　真： 020－32015299

电子信箱： wang_ jiongkun@gibh. ac. cn

网　　址： http://www. gibh. cas. cn

中国科学院广州生物医药与健康研究院（以下简称“广州健康院”）由中国科学院、广东省人民政府和广州市人民政府三方共建，2003 年 7 月签订共建协议，2006 年 3 月获中央机构编制委员会办公室批准成立，是隶属中国科学院的具有独立法人资格的科学研究机构。

广州健康院的定位是以满足人类健康需求和探索生命科学前沿为导向，致力于疾病机制和生命过程机理研究，为人类健康和疾病防治提供创新与集成的解决方案，推动我国生物医药与健康产业创新发展，成为国家健康安全体系中的重要组成部分。其建设目标是建成在健康和生物医药领域具有自主创新和国际竞争能力的研究机构，成为吸引、培养和造就具有国际先进水平的中国生物医药业领军人才的平台，成为疾病的发生和致病机理研究及生物医药核心技术的研发平台，成为面向国内外生物医药业的社会化服务并带动本地区相关产业发展的平台。研究院以源头创新→产品技术开发→产业化为价值链，主要研究领域包括干细胞与再生医学、化学与合成生物学和感染与免疫学，“十二五”将在目前学科布局的基础上新增公共健康和系统生物学与装备研制两大领域。

2011 年，广州健康院全面启动和实施“一三五”发展规划，推进治疗性功能细胞获取的关键技术、新型抗肿瘤药物研发、新型载体及其在重大传染病疫苗研发中的应用等三大重点领域的突破，以及高效高保真长链 DNA 合成、重大传染病和癌症的生物治疗及其基础研究、炎症相关的重大疾病的药物研发、异种器官移植供体动物、威胁中国人群健康的基本问题研究等五大重点方向的培育。

广州健康院建立了华南干细胞与再生医学研究所、感染与免疫研究中心和化学与合成生物学研究所 3 个非法人研究单位，并建有呼吸疾病国家重点实验室（共建）、中国科学院再生生物学重点实验室、粤港干细胞及再生医学研究中心（共建）、广东省干细胞与再生医学重点实验室、药物研发中心、公用仪器中心、实验动物中心和信息情报中心，建成了国内首个“中国南方干细胞库”以及临床前研究平台、非人灵长类动物疾病模型平台、RNA 干扰技术平台、抗体技术平台、药物化学技术平台、药物分子设计及结构优化技术平台、疫苗载体技术平台、分子诊断平台、药物毒理技术平台和天然药物发现技术平台等十大技术平台。

截至 2011 年底，广州健康院共有在职职工 360 人。其中科技人员 279 人、科技支撑人员 46 人，包括研究员 33 人、副研究员及高级工程技术人员 16 人；全院在编人员 280 人。共有中国科学院“百人计划”入选者 12 人、国家杰出青年科学基金获得者 2 人、“973”计划首席科学家 3 人（新增 1 人）、国家“千人计划”（国家海外高层次人才引进计划）入选者 2 人（新增 1 人）、国家中长期规划“干细胞研究”重大研究计划专家组召集人 1 人、广东省领军人才 1 人、广东省南粤百杰 1 人、广州十大优秀留学人员 2 人，获得了“国家引进国外智力示范单位”称号。

广州健康院设有生物学一级学科博士培养点1个；生物化学与分子生物学、药物化学二级学科博士培养点2个；以及生物工程、化学工程2个领域工程硕士专业学位培养点。共有在读研究生213人（硕士生108人、博士生105人）。

截至2011年底，广州健康院共有在研项目149项（新增41项）。其中国家重点基础研究发展计划（“973”计划）项目（课题）26项（新增8项），国家重大专项项目1项（新增1项）；国家自然科学基金重大项目1项、重点项目1项、国家杰出青年科学基金项目1项、面上项目42项（新增9项）；中国科学院知识创新工程重大项目2项（含参与1项，新增1项）、重要方向项目13项（新增2项），院地合作项目38项（新增10项），国际合作项目1项；与地方政府合作项目23项（新增3项）。

2011年广州健康院共发表论文102篇，其中SCI论文100篇，影响因子10以上的4篇；新增申请发明专利45项，其中PCT和外国专利17项，新增授权发明专利21项。

2011年，广州健康院取得一系列重要的科研成果。其中包括揭示了维生素C促进Jhdm1a/1b介导的体细胞重编程机制，发现了利用人体尿液中肾管状细胞分离诱导iPS细胞的新方法，从Wilson病患者的皮肤获取成纤维细胞将其重编程为可诱导全能干细胞，建立了Turner病的iPS细胞系；成功培育出世界首例四色荧光转基因猪，成功获取世界首例成活的ips克隆猪、锌指核酸酶介导的基因敲除猪；成功研制可稳定携带报告基因的复制型流感病毒；利用氧化活化反应实现两类醛基取代的药物优选骨架的合成；成功研发具有完全自主知识产权的新型抗白血病、新型抗糖尿病及治疗老年痴呆等药物，正在申报临床试验；自主研制了量子点生物芯片扫描仪等一批新型仪器。

2011年，广州健康院院地合作和成果产业化效果显著，发挥了良好的效益。广州生物医药育成中心储备产业化项目6项，其中今年新增2项；佛山南海产业中心引进产业化项目32项，孵化生物医药高科技企业25家；知识产权转让2项，合同收入7141万元；荣获“2011年度中国产学研合作创新奖”（国科奖社证字第0191号）以及“中国科学院院地合作奖先进集体奖”；成功举办了“第四届广州国际干细胞与再生医学论坛”；与中国香港大学签订了“粤港干细胞及再生医学研究中心”合作协议；与中国香港中文大学签署了合作谅解备忘录；全年因公出访共55人次，接待来访人员75人次。

广州健康院是中国细胞生物学会再生细胞生物学分会的挂靠单位，与Biomed出版社合作出版期刊*Cell Regeneration*。

（撰稿：韩青海 王炯坤　审稿：裴端卿）

深圳先进技术研究院

院　　长：樊建平

地　　址：广东省深圳市南山区西丽深圳大学城学苑大道1068号

邮政编码：518055

电　　话：0755-86392288

传　　真：0755-86392299

电子信箱：info@siat.ac.cn

网　　址：http://www.siat.ac.cn

中国科学院深圳先进技术研究院（以下简称“先进院”）于2006年2月由中国科学院、深圳市共同建立，2009年7月22日获中央编制委员会办公室批准正式设立，2009年12月17日通过正式验收。

先进院的使命和愿景是提升粤港地区及我国先进制造业和现代服务业的自主创新能力，推动我国自主知识产权新工业的建立，成为国际一流的工业研究院。

先进院现已成立了面向智能系统与制造装备的“中国科学院香港中文大学深圳先进集成技术研究所”（由中国科学院、深圳市、香港中文大学三方共建）、面向低成本健康的“生物医学与健康工程研究所”、面向快速城市化和工业信息化的“先进计算与数字工程研究所”及“广州中国科学院先进技术研究所”、“生物医药与技术研究所”两个新建所，与“中国科学院电动汽车研发中心”和“中国科学院深圳产业技术创新和育成中心”，工程中心、技术平台一起构建成“五所四中心”的组织框架，形成多学科交叉、集成创新的特色与优势，继续坚持建设国际一流工业研究院的定位，坚持与国际科学前沿比肩的发展战略，坚持以区域经济社会发展需求为发展驱动，在学科建设逐步成熟的基础上，凝练出三大重点突破领域——低成本健康与高端医疗影像、服务机器人、电动汽车；同时抓紧布局铜铟镓硒薄膜太阳能电池、超级云计算及应用、智慧城市和可视计算、先进电子封装材料、纳米载药与神经工程等五个重点方向，并在人才队伍、科研条件、支撑能力、转移转化以及管理举措等方面全方位地加强建设力度。深化体制机制改革，打造技术、产业、资本“三位一体”的创新平台，实施新工业“网络化”育成战略，进一步确立先进院作为工业研究院的地位。

2011 年，先进院新增重点实验室和公共技术平台 7 个（累计 29 个：国家级 1 个、省部级 4 个、深圳市 24 个）；新增与企业共建联合实验室 2 个（累计 14 个）；扩建实验场地 6500 平方米，新建实验室 10 个，提升改造实验室 5 个。购置设备 3227 台（套），总金额达 6170 万元（累计 1 万元以上 1131 台/套、10 万元以上 212 台/套，总价值超过 1.48 亿元）；实现了科研设备的智能化信息化管理，在“中国科学院仪器设备共享管理系统”里机时数达 37 600 小时。

截至 2011 年底，先进院人员规模达 1529 人，同比增长 28%。其中员工 918 人，同比增长 43%；中高级职称 423 人，同比增长 30%，博士学位 341 人。组织 5 次海外招聘，新增入职海归 92 人（博士 68 人、硕士 24 人），拥有海外经历人才累计近 300 名，其中博士 224 人。中国工程院院士 1 人；新增“千人计划”入选者 3 人（A 类），累计共 7 人；“青年千人计划”1 人（广东省首批唯一）；中科院“百人计划”6 人，累计共 16 人、9 人入选中科院青年创新促进会；“机器人与智能信息系统”和“高端磁共振成像”2 个团队新入选广东省第二批创新团队，累计共 3 支；新增 2 人入选广东省领军人才，累计共 3 位，11 人入选深圳市第一批孔雀计划人才，为全深圳市之最。年度设立 3000 万元人才专项基金，对 2010 年后入职工作的研究员、副研究员分别给予经费资助 30 万/人和 20 万/人，加强对青年骨干的培养和支持。

2010 年，先进院实现自主招生。目前，先进院总共拥有 2 个一级学科博士培养点；4 个一级学科硕士培养点；2 个二级学科硕士培养点以及 5 个全日制专业硕士培养点。现有研究生导师 173 人，其中博士生导师 82 人。目前在读学生 605 名（含博士后 37 人），正式学生 235 人、客座学生 370 人；累计培养研究生 1890 人（含客座学生）。持续探索与海内外高校联合培养研究生新模式，拓宽招生渠道。充分利用毗邻中国香港和地处产业前沿的环境优势，不断探索与香港及内地高校联合培养新机制。与香港大学开展博士研究生联合培养工作，目前已有 8 名学生进入香港大学博士研究生复试阶段，这是继与香港中文大学签订联合培养协议后的又一探索；与淡江大学和台湾机器人协会达成了研究生联合培养合作意向；与深圳大学共建的“深科英才班”已招生和培养硕士研究生；继续开展与清华、北大、浙大、中科大等国内重点高校和研究机构联合培养客座学生的机制。

2011 年，先进院在研项目共 558 项，累计争取各类科研项目经费逾 8 亿元。其中，新增纵向科研项目 248 项，总经费 3.53 亿元，其中国家级项目 96 项、经费 11 763 万，同比增长 267%，承担国家级项目的能力显著增强；国家自然基金项目获批 46 项，获批总金额 2480 万，同比增长 66%，其中包括基金重点项目 3 项。

2011 年，先进院新增论文 507 篇，其中 SCI 索引 147 篇、EI 索引 292 篇；新增专利申请 212 件，其中发明 184 件，占 87%；授权专利 89 件，（发明专利 51 件、实用新型 29 件）；在高端医学影像、低成本健康领域建立了专利池，“磁共振专利专项”已申请专利 62 件。整体科研实力进一步增强，从国家到地方各个层面得到进一步认可，多个项目获重大突破。

2011 年，先进院加强院地合作，加大与地方政府、企业合作的力度。与深圳市龙岗区政府联手，建立龙岗低成本医疗产业育成中心基地；与汕头市政府加强合作，该地区 32 个村和 7 家社区卫生院实现低成本医疗产品的应用；与新疆签订 3000 台/套协议，实现“低成本健康边疆行”计划。2011 年共派出企业特派员 17 人，签订横向合同 45 个，与企业合作的各类项目获批 46 项。中国科学院深圳现代产业技术创新育成中心（以下简称“育成中心”）的建设取得了突破性进展，初步布局深、沪、渤海湾三地，各有重点又独成体系，既为当地发展服务也为先进院技术转移转化服务。截至 2011 年底，入驻育成中心企业新增 16 家，总计逾 60 家。其中已完成注册且先进院占股的为 34 家，总注册资本逾 15 亿元，资产规模逾 50 亿元。深圳蛇口育成中心以机器人为方向，入驻企业逾 40 家；2011 年新设龙岗低成本医疗育成孵化园，企业涵盖检验、监护、超声、血透、X 光等医疗健康多领域，入驻企业 8 家；上海育成中心以信息、互联网、材料为方向，2011 年注册企业达到 20 家，发展势头良好；探索、启动先进院产业网络育成中心建设。

2011 年，先进院争取国际合作项目 15 个，总经费 2750 万元。低成本健康援非项目扩大了我国先进科研成果在第三世界的影响力；“中意电子政务中心”是先进院获得的第四个国家级中心；与加拿大、新加坡、以色列等多个国家的大学与研究机构签署合作备忘录；11 位外籍非华裔学者分别入选中国科学院外籍特聘研究员（6 位）和外籍青年科学家（5 位）项目；主/承办 2011 年中国计算机大会、中美前沿科学研讨会等 8 次大型国际国内学术会议，组织学术讲座 186 场，近 70% 报告人来自国外知名高校或科研机构；全年接待英、美等多国代表到院访问交流逾 390 人次。国际交流更加密切，国际知名度和影响力进一步提升。

2011 年，先进院获批广东省近五年来唯一全国公开发行的学术刊物——《集成技术》（国内统一刊号 CN44-1691/T，双月刊，大 16 开）。《集成技术》是由中国科学院主管、中国科学院深圳先进技术研究院主办。该刊主要内容是：国际集成科学技术的发展动态，掌握国际科研动向；探讨各类学科交叉集成理论、发展现状及技术交流；结合市场，对集成技术产业化作出市场前景分析，为成果产业化提供理论研究及市场分析依据。

（撰稿：巨锁娥　王　冬　审稿：白建原）

亚热带农业生态研究所

所　　长：王克林
地　　址：湖南省长沙市芙蓉区马坡岭
邮政编码：410125
电　　话：0731－84615204
传　　真：0731－84612685
电子信箱：csiam@isa.ac.cn
网　　址：http://www.isa.ac.cn/

中国科学院亚热带农业生态研究所（以下简称“亚热带所”）创建于 1978 年 6 月，其前身为中国科学院长沙农业现代化研究所，2003 年 10 月改为现名。

亚热带所主要研究领域是亚热带区域农业生态系统生态学，学科方向包括区域农业格局与生态系统过程、畜禽健康养殖与农牧系统调控、作物耐逆境分子生态机理及品种选育、流域环境健康控制理论与技术、农业功能微生物作用机理与调控等。

亚热带所在制订“十二五”发展规划基础上，经过开展战略研讨、专家咨询和广泛征求意见，形成了“一二三”规划，签署了以“一二三”发展目标为主要内容的中科院研究所“十二五”任务书。召开了研究员和部门负责人会议，正式部署“一二三”规划实施工作。

发展定位：围绕亚热带区域农业与生态环境协调发展的国家战略需求，以探索区域复合农业生态系统过程调控机理与资源高效利用技术为基础，建设形成覆盖平原湖区－丘陵低山地区的亚热带农业生态系统长期研究平台与涵盖区域农业生态格局、生态系统过程和分子生态等 3 个基本尺度的学科体系。成为具有区域特色鲜明、国内一流、国际影响的农业生态环境研究机构，以及农业生态环境科学高层次人才培养基地。二个重大突破：亚热带稻田土壤关键生物地球化学过程与增碳减排机制；畜禽关键营养素生理代谢途径与养殖环境控制。三个重点培育方向：西南喀斯特生态系统过程及适应性调控；作物耐逆境分子生态机理及品种选育；亚热带农区环境污染防控。

亚热带所目前设有区域农业生态研究中心、畜禽健康养殖研究中心、作物耐逆境分子生态学研究中心等3个研究部门，以及桃源农业生态试验站、环江喀斯特生态系统观测研究站、洞庭湖湿地生态系统观测研究站、长沙农业环境观测研究站（在建）、中国科学院亚热带农业生态过程重点实验室、期刊文献信息中心等6个支撑部门。另外建有中南动物营养与饲料科学观测实验站、湖南省畜禽健康养殖工程技术研究中心。

截至2011年底，亚热带所共有在职职工218人。其中科技人员151人、科技支撑人员45人、研究员及正高级工程技术人员31人、副研究员及高级工程技术人员38人。共有中国科学院"百人计划"入选者7人，"西部之光"人才入选者8人（新增1人），国家杰出青年科学基金获得者1人，国家百千万人才1、2层次人选2人。

亚热带所是博士学位授予权单位之一。现设有生态学一级学科博士研究生培养点；生态学、畜牧学等2个一级学科硕士研究生培养点；以及环境工程硕士学位授予点；设有生态学专业一级学科博士后工作站。2011年有在学研究生130人（硕士生75人、博士生55人），与其他单位联合培养在站博士后4人。

2011年，亚热带所共有在研项目120项（新增40项）。其中，承担国家重点基础研究发展计划（"973"计划）课题8项（新增3项），主持国家科技支撑计划课题6项、国家重大专项课题1项、国家发改委专项课题1项、国家农业产业化专项1项，主持科技部国际科技合作计划1项；主持国家自然科学基金重大项目1项、重点项目1项、国际（地区）合作与交流项目1项、面上项目41项（新增17项）；承担中国科学院战略性先导科技专项课题6项、重要方向项目17项（新增8项），承担国际合作项目3项（新增2项），承担院地合作项目4项（新增4项），承担地方项目15项（新增6项），承担企业委托项目7项（新增6项）。国家自然科学基金重大项目"水稻土有机碳和氮素积累机制与温室气体排放效应"，在以土壤微生物过程为核心的稻田土壤生物地球化学过程研究取得重大突破，相关研究成果得到国际同行的高度认可，在国际top期刊 *Soil Biology and Biochemistry*、*Applied Microbiology and Biotechnology*, *Applied and Environmental Microbiology* 上发表。"重金属超标土壤的农业安全利用关键技术研究与应用"成果通过湖南省科技厅组织的鉴定，专家组一致认为成果总体居国际先进水平。

2011年，亚热带生态所获得2项省级科技奖励："土壤微生物生物量测定方法及其应用"获得湖南省自然科学奖二等奖，"肉鸭高效健康养殖关键技术研究与应用"获得湖南省科技进步奖二等奖；申请发明专利24项，授权发明专利7项，与2010年比分别增加140%和75%；发表SCI收录论文66篇；出版科技专著2部；玉米新品种'科玉8号'通过湖南省品种审定。

亚热带生态所承办的中国生态学学会2011年学术年会，人员规模突破1000人，参会单位284个，8个大会报告，分会场11个，报告343个；作为牵头单位组建全国生猪产业技术创新战略联盟，涵盖全国近30个省市自治区的102家与生猪产业相关的产学研单位，2011年12月底在广州召开了"生猪产业技术创新战略联盟"工作会议，商讨联盟发展事宜；与湘丰集团共建长沙农业环境研究基地水土保持科技示范园，12月通过水利部评定；5月与惠州市世纪五丰农业生物技术有限公司合作共建"中国科学院亚热带农业生态研究所惠州研发中心"；参加了2011中国（长沙）科技成果转化交易会并签约2项。

主办第五届动物营养、保健与饲料添加剂国际学术研讨会，来自国内外的100余名知名专家、学者参加会议；国际合作重点项目"亚热带农业温室气体减排机制与关键技术研究"开始执行；邀请和接待了来自美国、日本、英国、加拿大、澳大利亚、尼日利亚、中国香港和中国台湾等国家和地区的专家学者共30人次来所参加国际会议、进行学术交流、合作研究和考察访问，派出了科研人员共11人次赴美国、日本、加拿大和新西兰等国家参加国际会议、进行学术交流和合作研究；与国外合作发表学术论文18篇，签署国际合作协议1项，争取国际合作项目4项。

亚热带生态所是湖南省生态学会、湖南省动物营养与生态环境学会、湖南省农业系统工程学会挂靠单位，举办《农业现代化研究》期刊。

（撰稿：林泽建　审稿：王克林）

成都生物研究所

所　　长：赵新全
地　　址：四川省成都市人民南路四段九号
邮政编码：610041
电　　话：028－85210501
传　　真：028－85222753
电子信箱：swsb@cib. ac. cn
网　　址：http://www. cib. cas. cn/

中国科学院成都生物研究所（以下简称“成都生物所”）成立于1958年，当时定名为“中国科学院四川分院农业生物研究所”，1962年9月更名为“中国科学院西南生物研究所”，1971年1月更名为“四川省生物研究所”，1978年启用现名。

成都生物所的目标是：将研究所建成特色鲜明，具有持续科技创新能力、国际一流的研究机构。自进入中国科学院知识创新工程三期以来，成都生物所将研究领域集中于人口健康与天然药物，生态建设与环境治理，工业生物技术及现代农业食品安全等方面。2011年成都生物所制订了“十二五”发展规划和“一三五”实施方案，围绕长江上游地区可持续发展这一中心目标，聚焦“生态环境保育与治理”和“生物资源发掘与利用”两大战略重点，着力突破一批事关社会经济发展全局的科学前沿问题和重大技术瓶颈，提升我国相关科技领域的国际竞争力；到2015年，将研究所建设成为特色鲜明、国内一流、具有骨干引领和示范带动作用的科技成果产出与转移转化基地，科技创新人才聚集与培养基地。

成都生物所设有天然产物研究中心、生态研究中心、两栖爬行动物研究室、应用与环境微生物研究中心和农业生物技术研究中心等5个研究机构，是国家天然药物工程技术研究中心、中国科学院山地生态恢复与生物资源利用重点实验室、中国科学院环境与应用微生物重点实验室的依托单位。

成都生物所两栖爬行动物、植物标本馆是全国青少年科技教育基地、全国青少年走进科学世界科技活动示范基地、四川省科普教育基地；馆藏两栖爬行动物标本10万余号，标本的种类和数量居同领域全国第一位、亚洲第二位；馆藏植物标本25万号。公共实验技术中心拥有600兆核磁共振波谱仪、流式细胞分选仪等价值约6000万元人民币的各类先进科研仪器设备，并对社会开放。成都生物所在青藏高原东缘地区建立了覆盖高山草甸、高寒湿地、亚高山针叶林、山地人工林、干旱河谷、亚热带常绿阔叶林等7个生态系统类型的野外生态定位研究站（点）。

截至2011年底，成都生物所有在职职工335人。其中科技人员268人、科技支撑人员84人，包括中国科学院院士1人、研究员及正高级工程技术人员46人、副研究员及高级工程技术人员73人。成都生物所有中国科学院“百人计划”入选者11人（2011年新增2人）、“西部之光”人才计划入选者62人（新增7人）、国家杰出青年科学基金获得者1人、国家“新世纪百千万人才工程”入选者3人，四川省学术技术带头人10人（新增1人），四川省“百人计划”入选者5人（新增3人）。

成都生物所现有植物学、动物学、环境科学和药物化学4个博士学位授权点；有植物学、动物学、微生物学、生态学、环境科学、环境工程和药物化学7个学术型硕士学位授权点；有生物工程、环境工程、制药工程和药学4个硕士专业学位授权点；设有生物学博士后流动站。现有在读研究生276人（硕士生155人、博士生121人），在站博士后19人。

2011年，成都生物所有在研项目326项（新增144项）。其中，主持或承担国家重点基础研究发展计划（“973”计划）课题2项（新增主持课题1项）；主持或承担中国高技术研究发展计划（“863”计划）项目3项；主持或承担国家自然科学基金委项目79项，其中重点项目新增1项（新增主持面上项目12项），主持青年科学基金项目10项，主持基金委国际合作项目2项；承担中国科学院战略性先导科技专项课题4项，主持或承担中国科学院重大项目1项，重要方向项目87项（新增主持项目2项，课题或任务12项），承担国际合作项目24项（新增8项），主持国家重大专项课题2项，承担重大仪器研制项目1项（新增1项），承担院地合作项目56项（新增39项）。

2011年，成都生物所共发表科研论文271篇，其中SCI论文129篇；出版科技专著4部；申请专利32件，授权专利22件。“有机固体废弃物资源化与能源化综合利用系列技术及应用”项目获得国家科学技术进步奖二等奖，本成果从环境污染控制与资源化、能源化利用的角度出发，针对热化学转化二噁英的控制成本高、生物转化中大分子物质降解慢、重金属控制与氮素控制难以及单一技术资源利用率低、固废适应性差四大技术难点，开展了二噁英可控热转化技术、多功能复合菌剂、重金属与氮素原位控制和有机固体废弃物系列技术集成与耦合等研究，解决了有机固体废弃物资源化与能源化综合利用存在的技术难点问题。该成果已在十多个省区推广，累计处理有机固体废物4550万吨，经济效益约30亿元；高黏度块根类非粮原料高效乙醇转化技术获2011年中国可再生能源学会科学技术奖二等奖。

截至2011年底，成都生物所共投资2家公司，从事科技开发人员约60人，入股企业2011年总产值约17亿元人民币，利润约4亿元人民币。

2011年，成都生物所通过举办国际会议、出访交流、项目合作等开展了多形式、多层次的国际合作交流。全年出访56人次，接待来访107人次；举办国际会议1次；签订国际合作协议22项；承担国际合作项目11项；主办了“第一届浮萍研究与应用国际研讨会”（ICDRA-2011），该会议由成都生物所与美国罗格斯新泽西州州立大学联合主办，会议旨在通过加强新型能源生物浮萍的研究与综合开发利用寻找解决可持续发展问题的解决方案，来自中国、美国、澳大利亚、丹麦、德国、日本等国的专家学者60多人参加了会议；与美国北卡罗来纳州州立大学联合开展能源甘薯燃料乙醇生产相关标准及发酵废渣生产膳食纤维研究，利用丰富的品种资源，研究燃料乙醇生产专用甘薯评价参数及综合评价体系，建立了燃料乙醇生产专用甘薯标准化信息的采集、处理关键技术及相应的规范标准，构建了燃料乙醇生产专用甘薯综合评价体系。

成都生物所主办的《应用与环境生物学报》是中国精品科技期刊、RCCSE中国核心学术期刊，被CA、BA、CSA、Рж及CSCD、CSTPCD、CJFD、CBA等众多国内外数据库收录。2011年，成都生物所主办的英文学报 *Asian Herpetological Research*（《亚洲两栖爬行动物研究》）被SCI数据库收录。

（撰稿：舒　服　刘刚君　审稿：叶　彦）

成都山地灾害与环境研究所

所　　长：邓　伟
地　　址：四川省成都市人民南路四段九号
邮政编码：610041
电　　话：028－85228816
传　　真：028－85222258
电子信箱：sdb@imde.ac.cn
网　　址：http://www.imde.ac.cn

中国科学院·水利部成都山地灾害与环境研究所（以下简称“成都山地所”）由1965年成立的中国科学院地理研究所西南地理研究室发展而来，1966年2月改为中国科学院地理研究所西南分所，1978年更名为中国科学院成都地理研究所，1989年实现中国科学院和水利部双重领导并采用现名，2002年4月进入中国科学院知识创新工程。

成都山地所的基本定位是以山地灾害、山地环境和山区可持续发展为主要研究领域，致力于为“增强我国防御山地灾害能力、保障山区生态安全和促进经济社会发展”提供科学依据和技术支撑。

2011年，成都山地所完成了“十二五”目标任务书的编制和“一二五”实施方案制订。在“十二五”期间，将实现两个重大突破：重大泥石流减灾关键技术与示范、三峡库区水土流失与面源污染控制关键技术；加强五个重点培育方向：泥石流灾害预警报系统技术、山地灾害链生机理与基于动力过程的风险评估、气候变化下的高山生态系统垂直带谱分异与适应机制、西藏生态安全屏障监测与评估、西部山区人地关系分异规律及对气候变化适应。

成都山地所设有中国科学院山地灾害与地表过程重点实验室、山地环境演变与调控重点实验室、山区发展研究中心和数字山地与遥感应用中心四大研究学科单元，设有四川省山区减灾工程技术研究中心和综合测试与模拟试验中心两大关键支撑平台；建有中国科学院东川泥石流观测研究站、中国科学院贡嘎山高山生态系统观测试验站、中国科学院盐亭紫色土农业生态试验站3个国家重点野外台站和其他3个所级野外观测台站；与西藏自治区环境保护厅、国土资源厅合作，新建申扎高寒草原与湿地生态系统观测试验站和波密地质灾害综合观测研究站。

截至2011年底，成都山地所共有在职职工282人。其中科技人员150人、科技支撑人员38人，研究员及正高级工程技术人员44人、副研究员及高级工程技术人员40人；全所进入创新岗位155人。共有中国科学院“百人计划”入选者5人、其中1人进入“新世纪百千万人才工程”国家级人选、“西部之光”人才入选者16人、国家杰出青年科学基金获得者2人。

成都山地所是1981年国务院学位委员会批准的博士、硕士学位授予权单位之一。现设有土木工程专业1个一级学科博士研究生培养点；自然地理学、人文地理学、岩土工程、土壤学4个（二级）学科博士培养点；自然地理学、人文地理学、地图学与地理信息系统、环境工程、岩土工程、防灾减灾工程及防护工程、土壤学（二级）7个学术型学位硕士研究生培养点和建筑与土木工程、环境工程2个（二级）专业型硕士学位培养点；地理学博士后科研流动站。共有在学研究生167人（硕士生85人、博士生82人），在站博士后9人。

2011年，成都山地所共有在研项目226项（新增49项）。其中，主持国家重点基础研究发展计划（“973”计划）项目1项（新增1项）、承担课题7项；主持国家自然科学基金重点项目3项、国家杰出青年科学基金项目1项、面上项目21项（新增6项）；承担中国科学院战略性先导科技专项专题4项，主持中国科学院重要方向项目7项、国际合作重点项目1项、西部之光重点项目2项、西部行动计划项目2项、战略性先导专项4项，承担国际合作项目6项（新增1项）；主持科学技术部支撑计划项目1项、承担课题5项；主持全球环境保护基金项目1项，承担水利部公益性行业科研专项课题1项、科学技术部星火计划课题1项、中国气象局公益性行业专项课题1项、环境保护部水体污染控制与治理科技重大专项专题1项、交通运输部西部交通建设科技项目专题3项。

2011年，成都山地所发表论文240篇，其中SCI收录论文71篇、EI79篇、ISTP（ISSHP）7篇、CSCD 83篇；出版专著3部；获西藏自治区科学技术进步奖二等奖1项、云南省科技进步奖三等奖1项和四川省测绘科技进步奖二等奖1项；新获得授权专利11项，其中发明专利9项、实用新型专利2项、软件著作权12项。

2011年，成都山地所积极参与“中国科学院长江中上游生态环境保护及产业升级创新集群”建设，重点围绕长江中上游生态屏障建设、山地灾害减灾技术、水资源保护与利用等领域，不断完善建设所校、所院、所部（行业主管部门）院地合作伙伴关系；以野外观测台站为基地，加强与川、渝、藏、滇等省区行业主管部门和科研院校的合作，稳步推进“四川环境灾害与工程安全”、“三峡库区环境保护与生态恢复”、“西藏国家生态屏障”等所地合作团队建设。

2011年，成都山地所组织协调中国科学院国际合作重点项目“气候变化影响下喜马拉雅地区山地地表过程与区域适应对策前期研究”的实施；承办国际山地综合发展中心中国委员会“十二五”规划咨询会及秘书处工作会议，形成了未来五年工作规划纲要和发展思路；申请了5项中国科学院外国专家特聘研究员计划，获批3项；获得中国科学院、国家外国专家局“创新团队国际合作伙伴计划”1项；引进外籍专家8名；与尼泊尔特立凡大学签署了“成都山地所－尼泊尔特立凡大学国际科技合作协议”。

挂靠的学会有中国地理学会山地分会、四川省地理学会、中国水土保持学会泥石流滑坡专业委员会、中国自然资源学会山地资源研究专业委员会。出版中国自然科学核心期刊《山地学报》和英文季刊 *Journal of Mountain Science*（SCIE 扩展版）。

（撰稿：蔡长江　马雅阁　审稿：罗晓梅）

光电技术研究所

所　　长：张雨东
地　　址：四川省成都市人民南路四段9号
邮政编码：610041
电　　话：028－85100341，028－85100099，028－85100112
传　　真：028－85100268
电子信箱：tdc@ioe.ac.cn
网　　址：http://www.ioe.ac.cn

中国科学院光电技术研究所（以下简称“光电所”）创建于1970年，是中国科学院在西南地区规模最大的研究所。1997年首批通过中科院科研基地型研究所定位评估；1999年微细加工光学技术国家重点实验室、中国科学院光束控制重点实验室、中国科学院自适应光学重点实验室等3个重点实验室率先进入中科院知识创新工程试点一期；2001年全所整体进入创新试点二期；2006年在中科院创新试点二期总结及考核评议工作中被评为“优秀”研究所，进入创新三期；2011年成为院“创新2020”首批整体择优启动研究所。

光电所按照院党组的统一部署，2011年明确了研究所“一三五”发展规划。一个发展定位：重点开展应用基础性、前瞻性、战略性高技术研究与系统集成创新研究，成为不可替代的国家战略科技力量和国际著名研究所。在光束控制、天文目标观测、超高精度光学加工与检测、微纳光学、自适应光学、航空航天光电、轻量化光学、量子激光通信等多个研究领域，明确了三个重大突破和五个重点培育方向，建立从基础、应用基础到高技术应用的完整研究链条，形成多个领域、多个学科相互促进共同发展的学科布局和科研体系。在“创新2020”组织实施、“十二五”发展目标的制订、机制体制创新等方面，明确地把重大项目积极争取与完成、人才队伍培养、关键技术突破和技术平台建设放在更加突出位置，坚持科研、产业两大块分类管理和运行的模式，建立和完善了以能力、贡献和绩效为主要依据的激励导向机制，进一步完善青年创新人才奖评选、设立研究生创新基金，鼓励开展创新探索项目研究、培养选拔青年英才，营造“公正、公平、公开”的内部竞争激励环境和创新文化氛围。

光电所以所机关、科研一部、科研二部为科研创新主体，建有1个国家重点实验室、2个院级重点实验室、9个重点学科研究室；建有精密机械制造、先进光学制造、轻量化镜坯与新材料、光学总体集成、质量检测等5个研制中心；以及制造保障中心、科技信息与情报中心等2个技术保障中心；投资创建了以产品与服务市场化、科技成果转移转化与产业化为宗旨的四川科奥达技术有限公司。

截至2011年底，光电所共有在职职工1252人。其中科技人员610人、科技支撑人员297人，现有中国工程院院士2人、研究员和研究员级高工62人、副研究员及高级工程技术人员231人。目前已有中国科学院“百人计划”入选者6人、“西部之光”人才入选者8人（新增8人）、国家杰出青年科学基金获得者1人、国家“千人计划”入选者1人（新增1人）、四川省学术技术带头人14人、客座研究员和访问学者29人。

光电所现有光学工程博士后流动站1个，在站博士后3人；有光学工程、信息与通信工程、测试计量技术及仪器等博士学位培养点3个；光学、机械制造及其自动化、光学工程、精密仪器及机械、测试计量技术及仪器、物理电子学、信号与信息处理、检测技术及自动化装置和计算机应用技术等学术型硕士学位培养点9个（涵盖8个一级学科）；机械工程、光学工程、仪器仪表工程、电子与通信工程、控制工程、计算机技术等全日制专业硕士学位培养点6个。全所在学研究生330人，(博士生142人、硕士生188人)。

2011年，光电所共有在研科研项目265项(新增208项)。其中，承担“NA0.75光学系统α样机攻关”等国家16个重大科技专项课题和项目14个（新增5个）；主持国家重点基础研究发展计划（“973”计划）项目“表面等离子体超分辨成像光刻基础研究”1个；承担“基于DMD的步进投影数字光刻系统”等国家“863”计划项目76个（新增48个）；承担“基于非谐振原理的宽波段、低损耗人工结构材料研究”等国家自然科学基金项目27个（新增15个），国家杰出青年科学基金获得者罗先刚博士牵头主持了国家“973”计划项目“表面等离子体超分辨成像光刻基础研究”，该项目突破了光刻技术领域传统技术路线，为我国集成电路专用装备和其他微纳信息器件跨越式发展创造条件。在人眼波前工程领域，通过中科院知识创新工程“AO-CSLO实时高分辨视网膜成像技术研究及其临床样机”的研究，国际上首次完成人眼视网膜三级血管（≤50微米）血氧饱和度在体测量，实现现有国际上最大视场（9.6度×10.7度）的黄斑凹视细胞层拼图。

2011年，光电所发表学术论文229篇，其中SCI论文50篇；申请专利169个（发明专利167个、实用新型2个），获授权专利50个（发明专利49个、实用新型1个）。

2011年，光电所建设的光电产业园区进一步与社会资源结合。以建设光电产业规模化生产基地为目标，大力发展光电信息技术领域超常规跨越式发展，形成了国内一流的光电产业成果转化基地。光电产业园区坚持与国内外企业和院内外研究机构开展合作与交流，不断拓展研究开发领域。光电所直接投资的企业包括控股企业四川科奥达技术有限公司在内共有5家，光电产业园通过近6年的发展，已发展成为成都市光电产业集中发展的一个特色园区，社会效益和规模经济效益已逐步突显。园区内会聚一批高科技光电企业，经营范围涉及光学、精密机械、机电一体化、生命科学仪器、激光应用技术、医用光电仪器、计算机应用、光电传感与精密刻划、特种光学材料、精密光学元件等高新技术领域。

2011年，光电所国际合作与交流工作取得了可喜的成果，外事来访33批66人次，出访（含中国港澳台地区）27批83人次；其中，参加国际学术会议19人次，学术技术考察及友好交流4人次，引进设备预验收55人次、培训4人次、科技合作1人次，外派2名博士研究生到国外研究机构学习深造；光电所继续深入推进自适应光学研究领域的国际合作，美国30米望远镜（TMT）已逐步确定了光电所在下一代巨型天文望远镜研究中的重要地位。

光电所是四川省光学学会、中国光学学会光学制造技术专委会、中国光学学会情报专委会的挂靠单位；光电所主办的中文核心期刊《光电工程》是中国科学引文数据库来源刊物，为中国光学学会的一级学会刊物，2011年入选第二届中国300种精品科技期刊。

（撰稿：邓　明　谭多财　审稿：杨　虎）

昆明动物研究所

所　　长：张亚平
地　　址：云南省昆明市教场东路32号
邮政编码：650223
电　　话：0871－5130513
传　　真：0871－5130513
电子信箱：zhanggq@mail.kiz.ac.cn
网　　址：http://www.kiz.cas.cn

中国科学院昆明动物研究所（以下简称“昆明动物所”）成立于1959年4月，其前身为昆虫研究所紫胶站，1963年改名为中国科学院西南动物研究所，1970年划归云南省后改名为云南省动物研究所，1978年重归中国科学院，恢复原所名。

昆明动物所紧紧围绕国家战略需求，立足于我国西南及东南亚丰富的生物多样性资源，从基因和基因组进化角度，解决“遗传、发育和进化统一”中的关键科学问题，力争成为该领域重要的国际研究中心；创制重大疾病灵长类动物模型和新型实验动物，推动疾病机理研究和新药研发；系统发掘农业动物基因和动物源性多肽等特色资源，引领我国动物资源保护与可持续利用。

2011 年，昆明动物所“1 个定位、3 个重大突破、5 个重点培育方向”的“十二五”科技规划获得了中国科学院批准，同时成为西部唯一获得生命科学领域“创新 2020 整体择优”的研究所。在中科院组织的国际评估中，专家组认为“昆明动物所在基础研究、合作气氛、学术环境等方面工作突出，对研究所整体发展印象特别深刻”。“遗传资源与进化国家重点实验室”在科技部组织的五年一度现场评估中被评为“优秀”。

昆明动物所现有 30 个学科研究团组；有遗传资源与进化国家重点实验室、中国科学院动物模型与人类疾病机理重点实验室、中国科学院与云南省共建的“动物生殖生物学重点实验室”和“畜禽分子生物学重点实验室”；2 个中国科学院 - 德国马普青年科学家小组；以及中国科学院 - 英国东安格里亚大学生态学与环境保护中心、与香港中文大学联合共建“生物资源与疾病分子机理联合实验室”、非法人研究单元“中国科学院昆明灵长类研究中心”；中国科学院生命条形码南方中心；中国科学院 - 云南省人民政府“西南生物多样性实验室”，昆明国家生物产业基地实验动物中心、中国科学院昆明生物多样性大型仪器区域中心等联合共建的研究平台。中国科学院与云南省合作共建的“昆明动物博物馆”，馆藏各类动物标本 66 万余号，是我国热带、亚热带动物种类、数量收藏最多的标本馆；图书馆有中、外文科技藏书 3.6 万册，中外文科技期刊 15.57 万册；价值 100 万以上大型仪器装备总值 6052 万元。

截至 2011 年底，昆明动物所共有在职职工 321 人。其中科技人员 166 人、科技支撑人员 130 人，包括中国科学院院士 1 人、第三世界科学院院士 1 人、研究员及正高级工程技术人员 29 人、副研究员及高级工程技术人员 47 人。共有中国科学院“百人计划”入选者 17 人（新增 3 人）、“西部之光”人才入选者 64 人（新增 9 人）、国家杰出青年科学基金获得者 7 人、国家“千人计划”短期项目入选者 1 人、云南省高端科技人才 7 人（新增 3 人）。

昆明动物所是 1980 年国务院学位委员会批准的博士、硕士学位授予权单位之一。现设有动物学、遗传学、细胞生物学、神经生物学 4 个二级学科博士研究生培养点；动物学、遗传学、细胞生物学、神经生物学、生物化学与分子生物学 5 个二级学科硕士研究生培养点；并设有生物学一级学科博士后流动站。共有在学研究生 276 人（硕士生 144 人、博士生 132 人），在站博士后 20 人。

2011 年，昆明动物所共有在研项目 360 项（新增 89 项）。其中，主持国家重点基础研究发展计划（“973”计划）项目 6 项、国家重大研究计划 1 项、承担课题 14 项（新增 4 项），主持中国高技术研究发展计划（“863”计划）课题 1 项，主持国家科技支撑计划课题 1 项，主持科技部“新药创制重大专项”4 项（新增 1 项），主持农业部“转基因重大专项”3 项，主持科技基础工作专项 1 项；主持国家自然科学基金重大项目 2 项（新增 1 项）、杰出青年基金 2 项、重点项目 10 项（新增 2 项）、重大研究计划重点项目 1 项（新增 1 项）、云南省—NSFC 联合基金 3 项（新增 2 项）、面上项目 38 项（新增 7 项）、国际合作项目 4 项（新增 1 项）；主持中国科学院重要方向项目 25 项（新增 2 项），院地合作项目 6 项，“创新 2020”生命科学领域基础前沿专项 2 项，中科院干细胞先导专项 3 项，中科院生命科学领域优秀青年科技专项 2 项；主持云南省高端人才计划 4 项，匹配支持国家项目 7 项，面上项目 28 项（新增 7 项），中青年学术技术带头人后备人才 7 项。

2011 年，昆明动物所创新成果显著。2 月，*Nature Reviews Genetics* 专栏报道王文研究组新基因起源和进化的研究成果，高度评价该工作颠覆了年轻新基因往往功能不重要的传统观点，以及阐明新近起源的年轻基因可以通过调控已有的重要基因来建立新的功能通路和捕获重要生物学功能。5 月，由昆明植物研究所、昆明动物研究所、昆明晶镖生物科技有限公司联合申报的天然药物第 1 类抗抑郁症新药奥生乐赛特获得国家食品药品监督管理局颁发的药物Ⅰ、Ⅱ、Ⅲ期临床试验批件（批件号：2011L00825，2011L00826）。8 月，*PNAS* 杂志发表了胡新天、马原野课题组人类早期逆境猕猴模型研究取得进展，研究结果发现出生后母婴分离会导致恒河猴的应激系统反应迟钝和行为表现异常，并且这些影响都是长期的、不可逆转的；9月，*American Journal of Psychiatry* 发表了宿兵研究组精神分裂症易感基因ZNF804A新的功能突变，这个突变可能是中国人群中导致精神分裂症发生的重要遗传因素之一；*PNAS* 杂志发表了王文研究组有关黑腹果蝇种系突变分布模式的研究论文，研究结果彻底否定了种系发育过程中速率恒定的流行观点，对于以往基于此观点的研究及其得出的结论提出了质疑，包括对雄性主导进化的理论作出了新的解释。11月，*Plos One* 杂志发表了张亚平研究组的人类从头起源新基因研究取得重要进展。

2011年，昆明动物所共发表论文219篇，其中，SCI论文182篇（*Nature* 及其系列1篇、*Cell* 及其系列2篇、*PNAS*4篇，IF>9以上论文7篇）、CSCD论文34篇、其他论文3篇；申请专利7项，受理7项，授权专利7项（其中1项国际专利）；完成科技成果登记3项；获得云南省科技成果自然科学奖三等奖3项。

2011年，昆明动物所承担的国家发改委项目“昆明国家生物产业基地—实验动物中心”授牌，该中心主要开展实验动物模型建立、技术服务、质量体系培训、技术转让、投融资等的一系列孵化平台；与江苏柯菲平医药有限公司签订一项专利实施许可合同，已进入临床前研究。

2011年，昆明动物所共有20批26人次出访到12个国家和地区进行交流合作。接待国外来访学者50余人次，中国台湾来访学者11人次，主办海峡两岸会议1次。国际合作项目共7项，其中新立项1项，在研2项，顺利结题4项；与国外合作发表论文共计90篇。新获批“外国专家特聘研究员”1人、2009年首次获批的2位“外国专家特聘研究员”于2011年度获得第二次延期资助；培养越南、加拿大和尼日利亚博士生3人。

昆明动物所是云南省动物学会、云南省昆虫学会、云南省细胞与生物学会、云南省免疫学会的挂靠单位，负责编辑出版动物学核心刊物《动物学研究》。

（撰稿：廖雷青　张刚强　审稿：郗建勋）

昆明植物研究所

名誉所长：吴征镒
所　　长：李德铢
地　　址：云南省昆明市盘龙区蓝黑路132号
邮政编码：650201
电　　话：0871－5223080
传　　真：0871－5223094
电子信箱：qianjie@mail.kib.ac.cn
网　　址：http://www.kib.cas.cn

中国科学院昆明植物研究所（以下简称“昆明植物所”）的前身是1938年成立的云南农林植物研究所，1950年4月隶属中国科学院并更名为中国科学院植物分类研究所昆明工作站，1959年4月由国家科委批准成立中国科学院昆明植物研究所。

昆明植物所以“原本山川 极命草木”为所训，旨在认识植物、利用植物、造福于民。研究所的使命定位是：立足云南和我国西南，面向东南亚和喜马拉雅，通过多学科的创新和集成，为植物科学发展、国家和区域生物多样性保护、生物资源持续利用和生物产业发展作出重大贡献。研究所的发展目标是：建设成为较强自主创新能力和持续发展能力、区域特色鲜明、贡献突出、具有重要国际影响的研究所，成为我国重要生物资源的战略储备基地、天然药物和资源植物产业化成果的原创与孵化基地，我国植物分类与生物地理学、植物化学、种质资源等研究领域高级人才培养和知识传播基地。

为认真贯彻落实中科院院长、党组书记白春礼关于《择优支持研究所启动“创新2020”工作进展及下一步工作建议》的指示精神和要求，昆明植物所领导干部和广大科技人员在认真学习国家和院有关文件的基础上，客观全面地分析和总结了研究所创新以来的工作，对研究所“一三五”规划进行充分研讨、对组织实施“创新2020”和“一三五”规划实施方案及相关保障措施与重大举措等情况的推进和落实进行深入调研，确定了研究所“一三五”组织实施方案。以重大科技产出为导向，紧紧围绕研究所“一三五”目标任务，对研究、支撑和管理三大系统进行统一部署，结合研究所“三室一库两园”的科技布局，以“重大项目”为牵引，重点部署“三个突破”任务，发挥各自特色和优势；以“稳定支持”的保障措施，开展重点培育方向的探索研究，促进重大科研产出和突破，为我国区域生态高值农业的发展提供理论和技术支撑，为生物多样性的科学保育与可持续利用提供理论依据和技术指导，为我国资源植物药和植物资源持续利用、生物地理学理论研究和生物多样性保护利用作出重大贡献。结合“一三五”目标任务的实施，培养和凝聚一批高水平的科技、支撑和管理创新人才，发挥团队协同攻关的集群优势，全面提升研究所整体科技创新能力。

研究所“三室一库两园”的科技布局，即：植物化学与西部植物资源持续利用国家重点实验室、中国科学院生物多样性与生物地理学重点实验室、昆明植物所资源植物与生物技术重点实验室、中国西南野生生物种质资源库、昆明植物园和丽江高山植物园。中国西南野生生物种质资源库2011年的种子入库量为23 063份，为前5年总和的2.8倍，为英国千年种子库最高入库年份的1.6倍。

截至2011年底，昆明植物所共有在册职工452人，岗位聘用人员350人，项目聘用人员102人。其中科技人员293人、科技支撑人员72人，包括中国科学院院士3人、研究员及正高级工程技术人员53人、副研究员及高级工程技术人员86人。

昆明植物所积极推进人才队伍建设，截至2011年底，共有国家杰出青年科学基金获得者8人，“新世纪百千万人才”工程国家级人选6人，享受国务院颁发政府特殊津贴人员13人（新增1人），“青年千人计划”入选者2人（新增2人），中国科学院“百人计划”入选者19人，云南省高端科技人才引进计划入选者6人（新增1人），云南省百名海外高层次人才引进计划入选者5人（新增5人），云南省中青年学术和技术带头人后备人才36人（新增3人），中国科学院青年创新促进会会员8人（新增8人），中国科学院“西部之光”人才入选者63人（新增10人），中国科学院王宽诚西部学者突出贡献奖获得者6人（新增2人），中国科学院卢嘉锡青年人才奖获得者4人（新增1人），7人新获国家留学基金委、中国科学院公派出国留学计划资助。“北半球植物生物地理学与适应性演化机制研究团队”入选“创新团队国际合作伙伴”（新增1个），2个团队入选云南省创新团队。积极推进海外高层次人才引进工作，全年从美国、德国、中国香港等地引进杰出人才3人，优秀人才2人，副高级青年骨干人才3人。

昆明植物所是1979年国务院学位委员会批准的博士、硕士学位授予权单位之一。2006年增列药物化学二级学科博士培养点，2009年植物学和药物化学通过院级评审，列为中国科学院重点学科；2011年增列生物学和药学2个一级学科，在现有基础上增加了生物化学与分子生物学以及药理学两个新的博士研究生招生的二级学科。至此，昆明植物所共有生物学和药学2个一级学科博士培养点；植物学、生物化学与分子生物学、药物化学和药理学4个二级学科博士培养点；一个一级学科中药学硕士培养点；4个学术型和3个专业学位培养点；并设有生物学一级学科博士后流动站，目前涵盖植物学、微生物学、生物化学与分子生物学、药物化学等二级学科门类。在册研究生规模达到326人，其中博士研究生154人，包括来自德国、尼泊尔、朝鲜等国的留学生7人，硕士研究生172人。2011年共有65人研究生完成学业，通过学位论文答辩，准予毕业；68人毕业生获得学位；在站博士后18人，包括外籍3人。

2011年，昆明植物所主持科技部重大新药创制专项项目1项；主持国家自然科学基金委项目资助48项，其中NSFC－云南联合基金重点项目5项；主持云南省科技计划项目16项，其中面上基金项目9项、高端人才项目1项、后备人才项目3项；主持中科院项目资助6项，其中创新药物研发网络项目1项、重要方向项目1项、创新团队国际合作伙伴计划项目1项、优秀青年专项3项。

2011年，昆明植物所共发表SCI论文339

篇，其中以第一作者单位发表SCI论文215篇，领域前15%的有87篇，领域前30%的有134篇；CSCD文章共有86篇。出版专著、译著4卷册。申请专利29项，获授权专利31项，其中国际发明专利3项；申请国家植物新品种保护4项，通过国家植物新品种审定5项，获云南省植物新品种证书7项；申请商标注册3项。

2011年，昆明植物所在奖励和成果方面有“云南民族植物学研究”获云南省自然科学奖二等奖；作为主要参加单位“纵向岭谷区‘通道-阻隔作用规律与生态系统多样性维持机制’”获云南省自然科学奖一等奖和“云南特色杜鹃花种质资源利用及产业化关键技术与应用”获云南省科技进步奖一等奖；《云南植物志》获选2010年云南十大科技进展；高立志研究员荣获2011年度“何梁何利基金科学与技术创新奖”；抗抑郁症天然药物1类新药“奥生乐赛特”获得Ⅰ、Ⅱ、Ⅲ期临床试验批件；治疗呼吸道疾病天然药物5类新药“灯台叶总生物碱原料药及胶囊”获得Ⅰ、Ⅱ期临床试验批件。昆明植物所荣获“中国科技网2010年度优秀单位用户”称号、“2011年中国科学院信息化工作优秀奖”、“2010年度院地合作先进奖”、云南省“十一五”科普工作先进集体。昆明植物所保留2010年度“盘龙区平安建设先进单位”荣誉称号。骆世洪获中国科学院院长特别奖；任宗昕和耿长安获得院长优秀奖；冯涛获中科院优秀博士论文奖；黎胜红、罗晓东和王红研究员分获中国科学院优秀研究生指导教师和朱李月华优秀导师奖。

昆明植物所进一步深化企业合作和推进成果转化。2011年共接待来访人员86人次，组织研究所比较成熟的科研成果参加成果展会5次；2011年新增企业合作项目（国内）30项，新增合同经费976.98万元，年度到位经费875万；院地合作项目3项获得立项批复，项目经费100万元。通过成效统计，2011年为地方经济创产值约9亿元，利税约2.3亿元。

在国内外合作交流方面，2011年昆明植物所因公出访共计32个项目42人，涉及英、日、美、加拿大等15个国家；因公出访中国台湾地区参加学术会议2次共7人；接受因公来访外籍学者199人；聘任全职工作外国专家10人，其中7人聘期为一年以上；联合培养博士生2名。举办国际会议2次；国际培训班1次。

昆明植物所是云南省植物学会的挂靠单位。主办的学术期刊有《植物分类与资源学报》、《应用天然产物》（*Natural Products & Bioprospecting, NPB*）和《真菌多样性》（*Fungal Diversity, FD*）。

（撰稿：钱　洁　谢雪丹　审稿：甘烦远）

西双版纳热带植物园

主　　任：陈　进
地　　址：云南省西双版纳傣族自治州勐腊县勐仑镇
邮政编码：666303
电　　话：0691－8715071
传　　真：0691－8715070
电子信箱：office@xtbg.org.cn
网　　址：http://www.xtbg.ac.cn

中国科学院西双版纳热带植物园（以下简称“版纳植物园”）成立于1959年1月1日。1970年7月经国务院批准更名为“云南省热带植物研究所”。1978年3月经国务院批准更名为“中国科学院云南热带植物研究所”。1987年1月恢复现名。1996年9月经中央机构编制委员会办公室批准，版纳植物园与原昆明生态研究所整合为中国科学院的独立研究机构，沿用现名。1998年底首批成为中国科学院知识创新工程试点单位之一。

版纳植物园占地面积约1125公顷，收集活植物12 000多种，建立植物专类区38个（新建成野生蔬菜园、能源植物园），保存一片面积约250公顷的原始热带雨林，是我国面积最大、收集物种最丰富、植物专类园区最多的植物园，也是世界上户外保存植物种数和向公众展示的植物类群数最多的植物园。版纳植物园是集科学研究、物种保存、科普教育和科技开发为一体的综合性研究机构和国内外知名的风景名胜区。版纳植物园与50多个国家（地区、国际组织）有着广泛的交流与合作，其国际影响不断扩大。现已成为“国家知识创新基地”、“全国科学普及教育基地”、“全国青少年科技教育基地”、全国“AAAAA级旅游景区（点）”、“全国文明单位”、“全国文明风景旅游区示范点”。

版纳植物园主要发展目标和任务是：立足我国云南，面向我国西南（主要是热区）和东南亚，以热带、亚热带过渡区生物群落和生态系统为基础，探讨人类活动和环境变化对生态系统结构与功能的影响及物种濒危机制，为知识创新和知识传播以及社会经济发展做贡献。其学科方向是：保护生物学、森林生态系统生态学和资源植物学。

版纳植物园设有“中国科学院热带森林生态学重点实验室”、资源植物研究中心，共有20个研究组，建有热带植物种质资源库、中国科学院西双版纳热带雨林生态系统研究站、中国科学院哀牢山森林生态系统研究站、GIS实验室、热带植物标本馆、公共技术服务中心等科学实验支撑系统。公共技术服务中心拥有电感耦合等离子体原子发射光谱仪、原子吸收光谱仪、全自动连续流动分析仪、气质联用仪、同位素质谱仪、碳氮分析系统等大型仪器。标本馆现有植物标本135 206份。种质资源库现保存有种子数1170种7396份。

截至2011年底，版纳植物园共有在职职工321人。其中科技人员94人、科技支撑人员108人，包括研究员及正高级工程技术人员25人、副研究员及高级工程技术人员51人。版纳植物园共有中国科学院“百人计划”入选者9人、“西部之光”人才入选者46人（新增6人）、国家杰出青年科学基金获得者1人。

版纳植物园是1986年、2000年、2001年、2006年、2011年国务院学位委员会分别批准的生态学硕士学位、植物学硕士学位、生态学博士学位、植物学博士学位等授予权单位之一。现设有植物学、生态学和生物工程3个二级学科硕士研究生培养点；生态学、植物学2个二级学科博士研究生培养点；2011年对应调整并获得“生态学”一级学科博士培养点；并设有生物学专业一级学科博士后流动站。在学研究生208人（硕士生132人、博士生76人），在站博士后9人。

2011年，版纳植物园共有在研项目182项（新增65项）。其中，承担（或参加）国家重点基础研究发展计划（“973”计划）课题3项；主持（或承担）国家自然科学基金重点项目1项、主任基金项目1项（新增）、面上项目22项（新增16项）；主持（或承担）中国科学院知识创新工程重要方向项目4项（新增2项），承担国际合作项目6项（新增3项），承担院地合作项目16项（新增8项）。2011年新增项目65项，累计到位科研经费4265.96万元，院外争取经费2115.32万元。

2011年，全年共发表学术论文198篇，其中SCI论文122篇，当年被引用73篇次，总的影响因子400.799，在本领域Top 30%的文章77篇；申请专利9项，其中发明专利8项、国际发明专利（PCT）1项，授权专利11项，其中发明专利10项；申请云南省植物新品种2项，并获得授权，申请云南省林木良种2项，星油藤获得云南省林木良种证；出版专著2部。朱华研究员主持的“云南热带森林植被与植物区系研究”项目获得2011年度云南省自然科学奖二等奖；杨清副研究员主持的“热带优良竹浆（材）竹种的筛选与繁殖关键技术研究”项目获得2011年度云南省科学技术进步奖三等奖。

面向国家需求的研究工作取得重要进展。以星油藤、小桐子产业化关键技术问为核心，对生物质能与高档油料植物产业化核心技术开展集团攻关，从新品种培育、高产栽培关键技术研究、绿色、连续“溶解－水解－发酵”生物冶炼新工艺的建立，着力突破小桐子、星油藤的产业技术瓶颈，促进产业结构调整和战略性新兴产业发展的前沿科学问题和关键核心技术。

2011年，院地合作与成果转移转化工作稳步推进。普洱绿洲科技有限公司（原名思茅绿洲咖啡有限公司）利用版纳植物园咖啡优质高产综合利用配套技术开发的咖啡产品，2011年销售收入350万元，社会效益500万元；云南龙生茶业股份有限公司利用植物园思茅茶园建设与茶园小绿叶蝉防治技术开发的生态茶叶产品，2011年销售收入6000万元，有效地促进思茅茶业的发展；据西双版纳州旅游局资料显示，通过版纳植物园“万种植物园及国家级科普旅游基地”平台，获得38 920万元销售收入，社会效益达126 080万元，有力地推动云南省旅游第二次创业的发展；版纳植物园投资建立的西双版纳雨林制药有限责任公司，共有在职员工50人，2011年产值达860万元。

2011年，版纳植物园承担的科技部国际合作重点项目和技术项目1项和中科院国际合作重点项目1项，取得很好的进展；特聘美国弗吉尼亚大学环境科学系教授Manuel Lerdau教授作为版纳植物园的海外咨询专家；主办和承办4次国际会议和培训班，包括第四届东南亚植物园主任会议和热带基因组学国际会议等；全年出访人员50人次，来访人员230人次；承担国际学术组织职务5人。

2011年7月，版纳植物园被国家旅游局授予“国家5A级旅游景区”称号，成为西双版纳州唯一一家“国家5A级旅游景区”。11月，版纳植物园作为全国文明风景旅游区（全国文明单位）的候选单位在中央文明网上公示。版纳植物园荣获2011年云南省和中科院“十一五”科普工作先进集体；“神奇雨林，多彩民族”科普展板和《来自雨林的故事》音像制品分别获中国环境科学学会第三届“环保科普创新奖”三等奖和优秀奖。2011年接待来宾54万人次。

2011年，版纳植物园基建工作和植物引种成果显著。1月，版纳植物园举行科研中心启用仪式，中科院副院长李家洋等出席仪式。5月，版纳植物园申报的“生物能源及保护生物学综合研究平台”建设项目被评为2011年度国家优质投资项目，该建设项目是“十一五”期间经国家发展与改革委员会批准的科教基础设施项目，占地面积9.78公顷，建筑面积27 762.2平方米，批复概算总投资8746万元。9月，西双版纳热带雨林生态系统研究站补蚌工作站、元江干热河谷生态站建成并投入使用；版纳植物园与景东彝族自治县人民政府签署了《景东亚热带植物园建设合作框架协议》，共建景东亚热带植物园。2011年，版纳植物园完成植物引种591种次，其中国内464种次，国外127种次。

2011年，中共中央政治局常委、中央纪委书记贺国强，全国人大常委会副委员长李建国、全国人大常委会副委员长司马义·铁力瓦尔地、全国人大常委会副委员长路甬祥院士，中国科学院党组书记、院长白春礼院士等领导先后来园视察。

版纳植物园是云南生态学会挂靠单位。2011年出版电子期刊《雨林故事》第6期“大榕树，小榕蜂”专题；在蔡希陶教授一百周年诞辰（1911—2011年）之际，推出“蔡希陶与热带雨林”专题。

（撰稿：黄加元　万金鹏　审稿：李宏伟）

地球化学研究所

所　　长： 胡瑞忠
地　　址： 贵州省贵阳市南明区观水路46号
邮政编码： 550002
电　　话： 0851－5891962
传　　真： 0851－5891721
电子信箱： huruizhong@vip.gyig.ac.cn
网　　址： http://www.gyig.ac.cn

中国科学院地球化学研究所（以下简称“地化所”），成立于1966年2月，主体由中国科学院地质研究所从北京搬迁至贵阳。

2011年，地化所认真贯彻落实中科院“创新2020”方案，系统分析了我所核心竞争力和发展面临的新机遇新挑战，科学制订了“一三五”规划和总体发展目标，进一步明确了重大科技产出和重要发展方向。新时期地化所的战略定位是：围绕国家战略需求和国际科学前沿，以“地球和行星演化、地球各圈层物质循环的地球化学过程及其资源环境效应”为主线，开展基础性、战略性和前瞻性研究，完善和创新地球化学理论和应用体系，全面提升解决我国固体矿产资源开发与生态环境治理等问题的科技支撑能力，为地球化学学科发展和国民经济建设作出重大贡献，成为我国地球和行星演化、固体矿产资源与喀斯特生态环境研究的重要基地及地球化学优秀人才的培养摇篮，成为对外开放且具较强影响力的“四个一流”研究所。

地化所现设有矿床地球化学国家重点实验室、环境地球化学国家重点实验室、地球内部物质高温高压实验室和月球与行星科学研究中心等4个研究机构。

截至2011年底，地化所共有在编职工322人。其中，中国科学院院士2人、中国科学院“百人计划”入选者18人、研究员55人、正高级工程师2人，具博士学位人员147人，具硕士学位人员21人。科技人员中具博士学位人员占68.3%。

2011年，共引进中国科学院百人计划3人（其中海外杰出人才2人，国内百人计划1人）；新增中国科学院院士1人；新增贵州省核心专家1人、省管专家1人；引进具有博士学位人员20人（不含百人计划），包括3名来自瑞典、加拿大和挪威的外籍博士。

2011年，刘丛强院士获贵州省首届“黔灵科技贡献奖”；钟宏、韩贵琳获第十一届贵州省科技奖；龚国洪研究员等申报的科研成果“超高强瓷绝缘子矿物学特征研究及试制成果推广应用”获得贵州省科技成果转化奖二等奖。

地化所是1981年国务院学位委员会批准的首批博士、硕士学位授权单位之一。现有地质学（矿物学岩石学矿床学、地球化学）、环境科学与工程（环境科学）等2个一级学科博士、硕士培养点；地质工程、环境工程等2个全日制专业学位硕士培养点；设有地质学博士后流动站。截至2011年底，共有在读研究生277人（其中硕士生134人、博士生143人），在站博士后25人。

2011年地化所共有在研科研项目366项（新增133项）。其中，主持国家重点基础研究发展计划（“973”计划）项目1项、负责课题7项（新增2项），主持中国高技术研究发展计划（“863”计划）专题3项；承担国家自然科学基金项目102项（新增44项）；承担国家重大科技专项专题3项、国家支撑计划1项、中科院战略先导专项课题7项（新增7项）、院科研装备研制项目1项、中科院重要方向项目19项（新增3项）、中科院青年人才项目1项（新增1项），院科技支黔项目3项、中科院院人才项目10项；承担国际合作项目7项（新增4项）、院地合作项目3项；承担横向课题18项、地方科技部门项目27项等。

科学研究成果突出。围绕研究所的三个突破和五个重点培育方向以及地球化学基础理论和实验方法，进行了积极探索和认真实践。胡瑞忠研究员任首席科学家的国家“973”计划项目“华南陆块陆内成矿作用：背景与过程”圆满完成研究任务，实现了项目研究目标，于2011年底顺利通过国家科技部验收。

2011年，地化所共发表论文479篇，其中SCI论文147篇、CSCD论文332篇；出版专著2部；1项发明专利获得授权。

2011年，地化所在产学研合作方面成效显著。“纳米孔超级绝热材料生产技术中试”、“工业化超临界CO_2萃取设备GMP实施示范工程”等科技支黔项目取得良好经济效益和社会效益；与贵州省科技厅合作共建的“普定喀斯特生态系统观测研究站”纳入中科院野外台站建设序列；与天津师范大学联合共建的“天津市水资源与水环境重点实验室”进入天津市重点实验室行列；与云南地矿局联合建立的“云南省矿产资源勘查研究工程中心”在资源开发利用方面取得明显成效。

2011年，地化所共争取各种渠道资金5000多万元用于设备购置、改造和研制，新购置多通道电感耦合等离子体质谱仪、扫描电子显微镜、稀有气体质谱仪、原子力显微镜等多台大中型仪器，现有实验设备已达到世界一流水平；新建了高温高压原位测量系统、超低含量铂族元素分析前处理系统和汞等非传统同位素分析实验室，形成了有特色优势的分析测试和实验模拟平台，为地化所科研工作提供了有力支撑。

2011年，地化所国际科技合作十分活跃，共派出121人次的科研人员前往英国、加拿大、德国等20个国家和地区进行学术交流与合作研究；邀请来自澳大利亚、美国、挪威等10余个国家的40位国外专家学者到地化所访问及合作研究。中美合作项目“中国西南大气汞监测”、“加拿大奈恩矿区基性岩套及其岩浆硫化物矿化的地质背景和成因规律研究”等一批国际合作项目进展顺利，并取得阶段性成果。举办了“2011 年国际中国地球科学促进会（IPACES）年会”，并积极参加各类国际学术活动，科技人员在国际学术界的地位明显提升。刘丛强担任国际 SCI 学术期刊 *Chemical Geology* 编委；胡瑞忠担任国际矿床成因协会中国国家委员会副主席及美国经济地质学会会士；冯新斌担任国际 SCI 学术期刊 *Science of the Total Environment* 编委、亚太地区环境地球化学与健康执行委员会委员，刘再华研究员担任国际水文地质学家协会（IAH-International Association of Hydrogeologists）地下水与气候变化委员会（CGCC-Commission on Groundwater and Climate Change）共同主席。

地化所是中国矿物岩石地球化学学会及《中国科学报》贵州记者站的挂靠单位，主办有 4 种学术刊物：《中国地球化学学报》（*Chinese Journal of Geochemistry*）、《矿物学报》、《矿物岩石地球化学通报》和《地球与环境》。

（撰稿：吴惠明　陈娟弘　审稿：胡瑞忠）

西安光学精密机械研究所

所　　长：赵　卫
地　　址：陕西省西安市高新区新型工业园信息大道 17 号
邮政编码：710119
电　　话：029－88887711，029－88887717
传　　真：029－88887711
电子信箱：office@opt.ac.cn
网　　址：http://www.opt.ac.cn

中国科学院西安光学精密机械研究所（以下简称“西安光机所”）于 1962 年 3 月由中国科学院所属原子能研究所大部、陕西分院光学研究所、机械研究所、自动化研究所合并组建而成。

西安光机所是一个以高技术创新与应用基础研究为主的综合性科研基地型研究所，2001 年成为中国科学院知识创新工程试点单位之一。重要研究领域包括空间光学、光电工程、基础光学，主要研究方向包括高分辨可见光空间信息获取和光学遥感技术研究、干涉光谱成像理论与技术研究、高速光电信息获取与处理技术研究、瞬态光学与光子学理论与技术研究。设有瞬态光学与光子技术国家重点实验室、中国科学院超快诊断技术重点实验室、中国科学院光谱成像技术重点实验室、空间光学技术研究室、光电跟踪与测量技术研究室、光学定向与瞄准技术研究室、先进光学仪器研究室、飞行器光学成像与测量技术研究室等研究单元。建有“中/意超快光子网络与通讯联合实验室”、与西安高新区联建了“先进光电与生物材料研发中心”。2011 年与西安交通大学联合共建了“空间视觉联合实验室”。

2011 年，西安光机所按照中国科学院党组的部署，完成了“十二五”规划及“创新 2020”战略规划工作，并通过多种方式积极宣贯并推进研究所“一三五”重大举措的实施，全所形成未来发展的共识。

西安光机所坚持以高层次人才引进与培养统领人才队伍建设工作，依托国家和院（省）人才引进政策，凝聚了一批海内外杰出人才。截至 2011 年底，西安光机所有在职职工 845 人。其中科技人员 550 人、科技支撑人员 86 人，包括中国科学院院士 1 人、国际欧亚科学院院士 1 人、研究员及正高级工程技术人员 71 人、副研究员及高级工程技术人员 156 人；全所进入创新岗位 502 人。共有中国科学院“百人计划”入选者 12 人（新增 2 人）、“西部之光”人才入选者 27 人（新增 9 人）、“青年创新促进会”入选者 9 人、国家杰出青年科学基金获得者 1 人（新增）、国家“千人计划”入选者 2 人、国家“青年千人计划”入选者 2 人（新增）。

西安光机所是 1981 年国务院学位委员会批准的博士、硕士学位授予权单位之一。现设有物理学（光学、等离子体物理专业）、光学工程、电子科学与技术（物理电子学、微电子学与固体电子学专业）、信息与通信工程（通信与信息系统、信号与信息处理专业）一级学科博士及硕士培养点；另有材料科学与工程（材料物理与化学专业）、控制科学与工程（控制理论与控制工程专业）一级学科硕士培养点以及光学工程、电子与通信工程、控制工程、材料工程硕士专业学位培养点；设有物理学（光学专业）、光学工程博士后流动站。目前共有在学研究生 381 人（硕士生 233 人、博士生 148 人），在站博士后 15 人。

2011 年，西安光机所共有在研项目 294 项（新增 205 项）。其中，主持（或承担）国家重大科学仪器设备开发专项 3 项，国家重大专项 17 项，国家重点基础研究发展计划（“973”计划）项目 5 项（新增 2 项）、承担（或参加）课题 5 项（新增 2 项），主持（或承担）中国高技术研究发展计划（“863”计划）项目 52 项（新增 31 项）；主持（或承担）国家自然科学基金重点项目 4 项、国家杰出青年科学基金 1 项（新增）、面上项目 25 项（新增 12 项）、青年基金 23 项（新增 10 项）；承担中国科学院战略性先导科技专项课题 3 项，主持（或承担）院重要方向项目 7 项（新增 3 项），承担国际合作项目 2 项（新增 1 项），承担院重大仪器研制项目 1 项，承担院地合作项目 7 项（新增 4 项）。

2011 年，西安光机所继续保持了良好快速的发展势头，全所科研经费及合同额等又创新高，多项工作取得历史性突破。两项科研成果入选“中国遥感领域十大事件”；首次获得中科院杰出成就奖；研究所研制的设备“光学成像敏感器光学系统”与“舱内舱外摄像机”圆满完成天宫一号与神舟八号交会对接导航与摄像任务，见证了我国载人空间站序幕的开启。

2011 年，西安光机所发表论文 532 篇，被 SCI 收录 205 篇、被 EI 收录 412 篇；1 篇论文获中国百篇最具影响国际学术论文。申请专利 158 项，授权 92 项，其中发明专利 41 项、实用专利 51 项，软件著作权登记 1 项；另获美国专利授权 1 项、日本专利授权 1 项。“环境与灾害监测预报小卫星超光谱成像仪”成果荣获 2010 年度国家科学技术进步奖二等奖；1 项目获中科院杰出成就奖；嫦娥一号探月卫星 CCD 立体相机获陕西省科技进步奖二等奖；多波混频能量稳定效应及多波长光纤激光器研究项目获陕西省科技进步奖三等奖。

西安光机所面向国家经济与民生需求积极布局培育新兴产业，已初步形成 4 个产业群，在 4 个地区建立了技术转移转化基地，2011 年成功转移转化科研成果 5 个，在孵化项目 13 个。截至 2011 年底，西安光机所共有控股企业 3 家、参股企业 7 家，炬光、飞秒、中科中涵、中科梅曼、江苏航科、西安和其光电等高技术企业进展顺利且发展前景良好。控股、参股的 4 家较大企业年度内创造产值超过 1.1 亿元，实现利润 1820 万元，上交税金 1049 万元。研究所近三年成功吸引社会投资近 2 亿元，在公司中占有资产总额约为 1.5 亿元。从事产业开发工作人员近 200 人，向社会提供就业岗位超过 500 个。

在党建方面，研究所围绕中心任务，以建党 90 周年为契机，扎实开展思想教育、深入推进创先争优工作，取得了重要的成绩，研究所创新文化建设五年规划得到中科院肯定，所党委被中科院评为先进基层党组织。

2011 年，中共中央政治局常委、全国政协主席贾庆林来所视察，对研究所为国家科技事业发展以及在科研成果转移转化中取得的成绩给予充分肯定。中科院院长白春礼，副院长詹文龙、阴和俊，党组副书记方新等院领导也分别来所视察。

2011 年，西安光机所接待来访外宾 17 批 33 人次，出访 14 批 25 人次；承担的“用于环境监测和大型土木与土木结构评价的分布式光纤传感器及其与通信网络的融合技术”国际合作项目获得双方政府经费支持；中科院创新团队国际合作伙伴计划“物质光子特征信息获取与处理”创新团队采取国内外平台联合交流互动模式开展合作，运行良好，团队合作发表论文 12 篇，申请发明专利 4 项。

西安光机所是中国光学学会所属高速摄影光子学专业委员会、纤维光学和集成光学专业委员会、陕西省光学学会的挂靠单位；编辑出版国家一级学术期刊《光子学报》。

（撰稿：张岗峰　陈桂萍　审稿：马彩文）

国家授时中心

主　　任：郭　际

地　　址：陕西省西安市临潼区书院东路 3 号

邮政编码：710600
电　　话：029－83890326
传　　真：029－83890196
电子信箱：office@ntsc.ac.cn
网　　址：http://www.ntsc.ac.cn

中国科学院国家授时中心（以下简称“国家授时中心”）成立于1966年，当时命名为中国科学院陕西天文台，2001年3月27日，经中央机构编制委员会批准改为现名。

国家授时中心承担着我国标准时间频率的产生、保持和发播任务。科研工作定位是以时间服务为本，开展与授时相关的研究，保证和满足国家日益发展对不同精度特别是高精度授时的需求，为国民经济持续发展、国防建设、国家安全等提供全方位、多层次、多手段、先进方便的授时服务；从国家战略需求出发，瞄准本学科前沿，开展高精度时间传递与同步、授时新技术与新手段、高精度时间频率测量与控制、时间尺度和授时理论与方法、导航与通信、时间用户系统设计和开发等方面的研究工作，使我国在授时服务、时间频率研究领域整体跻身于世界先进行列，使国家授时中心成为我国较完善的、独立自主的时间频率研究和服务中心。

2011年，根据国家授时中心“十二五”发展规划和今后十年的发展目标，围绕“创新2020”对中心科技发展、人才队伍建设和体制机制等进行了规划调整，研究确定了“一三五”目标，即一个定位：立足时间频率与卫星导航领域，瞄准该领域世界科技前沿，面向国家时频体系建设和卫星导航系统重大专项建设及战略需求，开展基础应用研究、关键技术攻关和系统集成；三个突破：时间基准保持、卫星导航试验与评估系统、量子频标研究；五个重点培育方向：亚纳秒级时间频率传递、新型星载原子钟、脉冲星计时与深空导航研究、GNSS兼容互操作、卫星导航系统实时精密定轨定位技术。

国家授时中心主要研究单元包括量子频标研究室、守时理论与方法研究室、高精度时间传递与精密测定轨研究室、时间频率测量与控制研究室、授时方法与技术研究室、时间用户系统研究室、导航与通信研究室、时间频率基准实验室和授时部，拥有时间频率基准、精密导航定位与定时技术2个中国科学院重点实验室。主要下属单位有国家授时中心授时部。

长短波授时系统是国家不可缺少的基础性技术工程和社会公益设施，被列为由国家财政部专项运行维护费支持的国家重大科学技术设施之一。短波授时台（BPM），每天24小时连续不断地以4个频率交替发播标准时频信号，覆盖半径3000km，授时精度毫秒量级；长波授时台（BPL），每天24小时发播高精度长波时频信号，覆盖我国中部大部分地区和近海海域，授时精度为微秒量级；另外，低频时码授时台（BPC），每天连续发播21小时；网络授时系统年服务200多亿人次。国家授时中心时频基准实验室拥有国际水平的守时、精密时间测量比对和国际间时间卫星比对系统，产生的原子时和协调世界时成为我国授时标准，同时参加国际原子时合作，并在国际原子时计算中占较大权重。

截至2011年底，国家授时中心有在职职工431人。其中科技人员208人、科技支撑人员167人，包括研究员及正高级工程技术人员20人、副研究员及高级工程技术人员32人；进入创新岗位159人。有中科院“百人计划”入选者4人（新增2人），中科院“西部之光”人才入选者20人（新增3人），国家“百千万人才工程”国家级人选1人，国家杰出青年科学基金获得者1人。

国家授时中心是1982年国务院学位委员会批准的博士、硕士学位授予权单位之一。现有信息与通信工程一级学科博士生培养点；天体测量与天体力学、测试计量技术及仪器2个二级学科博士研究生培养点；天体测量与天体力学、测试计量技术及仪器、通信与信息系统、仪器仪表工程、电子与通信工程等5个二级学科硕士研究生培养点；设有1个天文学一级学科博士后流动站。在学研究生142人（硕士生98人、博士生44人），在站博士后2人。

2011年，国家授时中心有在研项目104项（新增31项）。其中，国家重点基础研究发展计划（“973”计划）课题2项；承担国家自然科学基金委国家重大科研仪器设备研制专项1项（新增1项）、重点项目2项、面上项目8项（新增3项)、国家杰出青年科学基金1项、青年科学基金6项(新增3项);中国科学院知识创新工程重要方向项目1项,中国科学院重大专项1项,国防科技创新基金项目1项,国家科学事业单位修缮购置专项2项,院地合作项目3项(新增1项)。

2011年,国家授时中心科研工作取得重要进展。除完成正常授时发播工作外,重点保证执行国家重大火箭、卫星发射和试验任务14次,任务期间实现了零阻断率;在守时工作方面,根据国际权度局(Bureau International des Poidset Measures, BIPM)公布的数据,国家授时中心所保持的独立原子时TA(NTSC)中长期稳定度指标综合评定排名在全球第三(共72个实验室),所保持的地方协调世界时UTC(NTSC)与国际协调世界时UTC的偏差小于30ns;对国际原子时TAI计算贡献的权重为7.4%,全球排名第三。

2011年,国家授时中心共发表学术论文85篇;出版学术著作1部;申请专利13项,其中发明专利10项、实用新型专利3项,授权发明专利7项;"外行星暗弱卫星的高度天体测量与运动学研究"项目获陕西省科学院科技进步奖三等奖。

2011年,国家授时中心积极推动科研成果转化和产业化。由企业投资2000万元在河南商丘建立的BPC低频时码发播台发播运行连续可靠,全年发播低频时码信号超过8253小时,合作企业的终端产品开发已逐渐形成完整的产业链;完成了可信时间戳服务平台的设备采购和机房建设等,完成与可信时间戳相关的软件著作权评估,以及国科控股对相关软件著作权评估资料备案的部分工作;用户终端设备研制成果显著,承担了各种军民用户系统时间同步方案设计和技术研发工作,在定位设备、信号发生器、长短波接收机、精密天文钟、新型长波接收机研制等方面取得了显著成果;控股企业有骊天物业发展有限责任公司,参股企业有西安爱乐电子科技有限责任公司。

2011年,国家授时中心与国际权度局(BIPM)、法国巴黎天文台(Observatoire de Paris, OP)、德国波茨坦地学中心(Geo Forschungs Zentrum Potsdam, GFZ)、美国麻省理工学院(Massachusetts Institute of Technology, MIT)、日本信息与通信技术研究所(National Institute of Information and Communications Technology, NICT)、澳大利亚计量研究所、德国物理技术研究院(Physikalisch Technische Bundesanstalt, PTB)等时频研究先进单位开展了多方面合作。参加各类国际学术活动12次,全年出访25人次,国外专家来访33人次。

国家授时中心是国际电信联盟(ITU)科学业务组ITU-R7A国内对口组组长单位、中国天文学会时间专业委员会负责单位、中国GPS技术应用协会授时与时间专业委员会负责单位、陕西省天文学会的挂靠单位;编辑出版的刊物有《时间频率学报》、《时间频率公报》。

(撰稿:曹玉玻 邹维国 审稿:张首刚)

地球环境研究所

所　　长:刘晓东
地　　址:陕西省西安市高新区沣惠南路10号
邮政编码:710075
电　　话:029-88320990
传　　真:029-88320456
电子信箱:suoban@ieecas.cn
网　　址:http://www.ieexa.cas.cn

中国科学院地球环境研究所(以下简称"地环所")成立于1999年,是在1985年建立的中国科学院黄土与第四纪地质研究室基础上升格而成,并于1999年进入中国科学院知识创新工程试点。

地环所是从事基础研究的研究机构,战略定位是致力于区域和全球不同时间尺度气候和环境变化过程、规律、发展趋势与对策研究,在国际地球科学前沿和面向国家需求方面取得了一系列高水平的成果,向中央和地方提出了有实际意义的建议,为我国西部经济社会可持续发展和生态环境修复服务。具体科学目标是围绕地球环境科学基础理论研究和国家需求，立足于国际前沿基础理论的创新以及国家对地球环境研究的紧迫需求，进行过去与现代相结合、区域与全球相结合的环境变化以及自然与人类相互作用过程等研究，发展独具特色的亚洲季风－干旱环境变化理论，建成国际一流全方位开放的我国西部地球环境研究平台，出成果、出人才，将地球环境所建设成为第四纪科学与全球变化科学相融合的亚洲大陆环境科学研究基地。

2011 年，地环所根据中国科学院党组的部署，在对国家中长期科技发展规划和院“创新2020”战略规划进行详细分析和调研的基础上，结合研究所“十二五”发展规划，进一步凝练出一个定位、二个重大突破、三个重点培育方向及完成“一二三”目标的保障措施与重大举措。

地环所现拥有 1 个黄土与第四纪地质国家重点实验室、1 个陕西省加速器质谱技术及应用重点实验室（2011 年评估为“优秀”）和 1 个陕西省环境保护大气细粒子重点实验室（新增）；有古环境研究室、现代环境研究室、粉尘与环境研究室、加速器质谱中心和生态环境研究室 5 个研究单元；同时有共建的 3 个联合研究中心：中瑞树轮研究中心、中美加速器质谱中心和中美气溶胶实验室。

地环所拥有先进的高精度实验设施及装置。大型仪器设备 3MV 加速器质谱仪（AMS）是长寿命放射性核素高灵敏度分析测量的一个重要工具，在地球科学、考古学、生命科学、材料科学等基础研究和应用研究中得到广泛应用，并为经济社会发展和国防安全提供科学服务。

截至 2011 年底，地环所共有在职职工 95 人。其中科技人员 64 人、科技支撑人员 22 人，包括中国科学院院士 2 人、第三世界科学院院士 1 人、研究员及正高级工程技术人员 26 人、副研究员及高级工程技术人员 9 人。人才队伍中中国科学院“百人计划”入选者 8 人、“西部之光”人才入选者 10 人（新增 2 人）、国家杰出青年科学基金获得者 4 人、国家“千人计划”（国家海外高层次人才引进计划）入选者 1 人。

地环所是 1990 年国务院学位委员会批准硕士学位授权单位、1994 年国务院学位委员会批准博士学位授权单位。现设有第四纪地质学二级学科博、硕士研究生培养点以及环境科学二级学科博士、硕士研究生培养点；并设有地质学专业一级学科博士后流动站。共有在学研究生 93 人（硕士生 50 人、博士生 43 人），在站博士后 9 人。

2011 年，地环所共有各类在研项目 100 项（新增 45 项）。其中，主持国家重点基础研究发展计划（“973”计划）项目 1 项、承担（或参加）课题 4 项（新增 1 项），主持国家“十一五”科技支撑计划课题 2 项，主持国家大型科学仪器中心平台项目 1 项；主持国家“千人计划”项目 1 项；主持国家自然科学基金重大项目课题 1 项、重大国际合作 1 项、国家杰出青年科学基金 2 项、优秀重点实验室专项 1 项、主任基金项目 1 项、面上项目 34 项（新增 10 项）；主持中国科学院知识创新工程重要方向项目 11 项（新增 6 项），承担中国科学院战略性先导科技专项课题 4 项，主持“百人计划”项目 7 项，承担院地合作项目 3 项（新增 2 项）。

2011 年地环所研究成果突出，在国际地学领域产生了重要影响。安芷生院士等在 *Science* 上以 Article 形式发表的研究论文，提出冰期－间冰期印度夏季风的动力学理论。*Science* 同期发表专题评论，认为“（鹤庆）古湖泊沉积物的分析对印度季风动力学机制的传统观点提出了挑战”。这一新发现将加深我们对全球气候的认识，也有助于理解全球变暖情景下印度季风变化及其对我国西南地区气候的影响。这一成果入选 2011 年度“中国科学十大进展”和中国地质学会“十大地质科技进展”。

同时，研究所积极为国家和地方政府提供各类咨询报告及建议。安芷生院士应邀为陕西省做《关中大气环境治理专项研究》的专题报告，并就关中地区的大气污染现状及其防治措施等做了介绍，受到江泽林副省长的高度评价；曹军骥研究员应邀在西安市政府做西安市大气颗粒物污染现状及控制对策的专题报告。

2011 年地环所发表论文共计 232 篇，其中 SCI 论文 127 篇（署名第一著作单位的有 56 篇）；申请专利 1 项；获国家国际科技合作奖 1 项，陕西省科技进步奖二等奖 1 项；黄土与第四纪地质国家重点实验室荣获“十一五”国家科技计划执行优秀团队奖。

2011 年，地环所国际合作与交流取得了长足的发展。承担的中美重大国际合作项目“亚洲季风 - 干旱环境演化与青藏高原北部的生长”圆满完成年度既定任务；4—6 月，中美科学家对青藏高原北部进行联合科考；8 月，安芷生院士、周卫健院士和刘晓东所长等一行 15 人赴美参加了地球科学研讨会和夏季培训班。全年出访 60 人次，来访 73 人次，接待了 3 批重要国际来宾（美国国会议员 10 人代表团、美国科学院院士 10 人代表团、美国沙漠所 10 人代表团、若干国际知名科学家等）。联合发表文章 57 篇，举办大型国际会议 2 个；获“杰出国际科学家奖”1 项，获国家外专局 2011 年“友谊奖”1 项、获 2011 年度国家国际科技合作奖 1 项，新增国际组织任职 2 人，获中国科学院创新团队国际合作伙伴计划项目 1 项。

地环所编辑并在国内外公开发行《地球环境学报》。该刊物办刊宗旨为：刊发地球环境科学领域研究新成就、新技术、新方法，探讨地球环境科学理论与实践问题，促进地球环境科学发展，为解决人类面临的环境问题提供科学依据。

（撰稿：张 义 康贸易 审稿：刘晓东）

近代物理研究所

所 长：肖国青
地 址：甘肃省兰州市南昌路 509 号
邮政编码：730000
电 话：0931 - 4969220
传 真：0931 - 4969800
电子信箱：office@impcas. ac. cn
网 址：http://www. impcas. ac. cn

中国科学院近代物理研究所（以下简称“近代物理所”）的前身为 1957 年建立的“中科院兰州分院兰州物理研究室”，1962 年与二机部的“613 工程处”合并，正式成立近代物理所，是一个依托大科学装置，开展重离子物理、先进离子加速器技术和重离子应用研究的基地型研究所。

近代物理所的中长期目标是依托重离子加速器装置，充分发挥重离子束流不可替代的优势，解决重离子物理前沿和重离子束应用领域重大科技问题，形成在国际上有重大影响的重离子科学研究中心。主要研究方向有：放射性束物理、重离子核物理、强子物理、核天体物理、高离化态原子分子和团簇物理、高能量密度物理、重离子惯性约束核聚变能源前期研究、重离子治癌研究、重离子辐照材料研究、辐照生物效应研究、核辐射探测器研制、先进加速器技术研究等。

“创新 2020”期间，近代物理研究所将开展先进核裂变能研究，并依托重离子加速器装置开展重离子物理基础和重离子束应用基础研究。在“十二五”期间，力争在 ADS 关键技术、原子核质量精确测量和重离子束应用方面取得重大突破；将重点培育先进离子加速器关键技术、液态金属散裂靶技术、先进核能装置材料、极端条件下的重离子物理、空间辐射效应地面模拟等研究方向。

近代物理所建有兰州重离子加速器国家实验室，以及甘肃省重离子束辐射生物医学重点实验室、中科院重离子束辐射生物医学重点实验室等，拥有兰州重离子研究装置以及多个配套实验终端、320kV 高电荷态 ECR 综合研究平台、大功率电子加速器等重要科研设施及装置。目前，研究所有 4 个研究中心，32 个研究室（组）。

截至 2011 年底，近代物理所共有在职职工 736 人。其中科技人员 433 人、科技支撑人员 236 人，包括中国科学院院士 2 人、研究员及正高级工程技术人员 67 人、副研究员及高级工程技术人员 142 人。共有中国科学院“百人计划”入选者 19 人，入选国家“新世纪百千万人才”4 人、国家杰出青年科学基金获得者 7 人、“西部之光”人才入选者 61 人（新增 7 人）。

近代物理所是国家首批获准招收研究生的单位之一，1978 年开始招收硕士研究生，1985 年开始招收博士研究生。现设有物理学、核科学与技术 2 个一级学科博士研究生培养点；一个生物物理学二级学科博士研究生培养点；以及材料学、控制理论与控制工程 2 个二级学科硕士研究生培养点；并设有物理学一级学科博士后流动站。共有在学研究生 246 人（硕士生 123 人、博士生 123 人），在站博士后 6 人。

2011 年，近代物理所共有在研项目 322 项（新增 60 项）。其中，主持国家重点基础研究发展计划（“973”计划）项目 2 项、承担课题 11 项；主持国家自然科学基金重大研究计划 3 项、重点项目 4 项（新增 1 项）、创新群体 1 项、国家杰出青年科学基金项目 1 项、重大国际合作交流项目 1 项（新增）、面上项目 29 项（新增 11 项）、青年科学基金 43 项（新增 19 项）、主任基金项目 4 项；承担中国科学院知识创新工程重大项目 1 项、重要方向项目 22 项，承担西部行动计划课题 2 项，院地合作项目 9 项（新增 4 项）。

2011 年，近代物理所取得了一系列重要进展和成果。在短寿命原子核质量测量方面相对精度达到 10^{-7}，成果发表在 PRL，106，112501（2011）上；提出了预言超重核 Q 值的新方法，成果发表在 PRL，107，012501（2011）上；先导专项 ADS 嬗变系统相关的超导直线加速器、散裂靶技术、核能材料研究以及设计模拟研究方面取得重要进展；在 CSR 上成功实现了世界上最长的一万秒超长周期慢引出和加速自然界中最重元素铀；调试成功国际上能量最高的重离子微束辐照装置；重离子治疗深层肿瘤病例达到 56 例，重离子治疗专用装置的研制进展顺利；辐照诱变的“碳离子束辐照白花紫露草诱导的彩叶突变体研究”，经科技成果鉴定达到国际先进水平，申报植物新品种 4 项；全年共申请专利 22 项，授权专利 24 项；软件著作权登记 2 项；发表科技论文 369 篇。

2011 年，近代物理所成立了产业化中心，旨在大力推动相关技术的产业化进程。兰州重离子治疗装置全面进入设备加工阶段，取得测试调试中心 50 亩建设用地划拨土地使用证、《选址意见书》和《规划条件通知书》，完成一期工程施工手续，二期工程列入中科院“十二五”规划，控股企业获得了第三类医疗器械生产资质，完成了企业标准的编写，奠定了重离子治疗装置产业化的基础；甜高粱产业化项目累计示范种植 5000 余亩，与武酒集团签订协议，正式将甜高粱白酒推向市场；与江苏达胜公司签订合作协议，将我所电子加速器推向产业化；将核孔膜项目作为首个所级产业化专项基金项目正式启动，并获得湖北省战略性新兴产业专项支持，核孔膜终端建设进展顺利；重离子辐照育种、医用质子回旋加速器和污泥治理等项目稳步推进。

截至 2011 年底，近代物理所投资公司共 3 家，2011 年实现销售收入 3288.80 万元，利润 640.25 万元，税金 468.15 万元，解决社会人员就业 304 人。

2011 年，近代物理所执行科技部国际合作重点项目 2 项，组织召开了 3 次国际会议，全年安排出访 133 人次，接待国外学者来访 120 人次；聘请了 4 名国外专家为所客座研究员；与国际著名科研机构和大学在国外联合培养博士 19 人，执行 8 项中科院外国专家特聘研究员项目；与德国马普核物理所（MPI）、德国重离子研究中心（GSI）、美国 J-lab 等实验室签订了原子核物理和加速器技术研究领域开展合作备忘录；与德国马普核物理所建立联合研究中心的筹备工作进展顺利。

近代物理所是甘肃省物理学会、甘肃省核学会的挂靠单位；编辑并在国内外公开发布《原子核物理评论》、《高能物理与核物理》的核物理部分、《中国科学院近代物理研究所和兰州重离子加速器国家实验室年报》（英文版）。

（撰稿：尹经敏　岳海奎　审稿：赵红卫）

兰州化学物理研究所

所　　长：刘维民
地　　址：甘肃省兰州市天水中路 18 号
邮政编码：730000
电　　话：0931－4968114，0931－4968026
传　　真：0931－8277088
电子信箱：licp@licp.cas.cn
网　　址：http://www.licp.cas.cn

中国科学院兰州化学物理研究所（以下简称“兰州化物所”）始建于 1958 年 6 月，其前身是中科院石油研究所兰州分所，1962 年 6 月启用现名。

2001年，兰州化物所成为中科院知识创新工程试点单位之一。研究所战略定位是“西部资源与能源化学和新材料高技术创新研究基地”，主要开展资源与能源、新材料、生态与健康等领域的基础研究、应用研究和战略高技术研究工作，努力建设“一流成果、一流管理、一流环境、一流人才”、特色鲜明、国内不可替代并具有可持续发展能力的国立研究机构。

2011年，兰州化物所新一届战略规划委员会在全所范围内征求意见，对研究所“创新2020”发展战略和“十二五”发展规划进行广泛交流、反复研讨，并根据中科院反馈意见进行修改完善，经所务会批准通过，已按节点要求报中科院高技术研究与发展局。深入分析了研究所面临的机遇和挑战，进一步理清了发展思路，通过思考、凝练，明确了“一三五”发展战略，并积极组织和实施，为研究所健康、持续发展提供了战略保障。继续加强科研平台、人才队伍、基建资产财务、公共事务和质量、计量与科研生产保障体系建设，积极推进信息化建设，贯彻落实安全保卫保密政策和规章制度，体制机制改革与创新取得实质性进展。

兰州化物所拥有2个国家重点实验室、1个国家工程中心、1个中科院重点实验室、1个省部级研究单元和2个所级实验室，分别是：羰基合成与选择氧化国家重点实验室、固体润滑国家重点实验室，精细石油化工中间体国家工程研究中心，中科院西北特色植物资源化学重点实验室（甘肃省天然药物重点实验室），先进润滑与防护材料国防创新工程中心，绿色化学研究发展中心、环境材料与生态化学研究发展中心。此外，研究所还与青岛市人民政府、崂山区人民政府联合共建了“兰州化物所青岛研发基地”。

截至2011年底，兰州化物所共有在职职工530人。其中，科技人员450人，包括中国工程院院士1人、研究员及正高级工程技术人员71人、副研究员及高级工程技术人员182人；全所进入创新岗位282人。共有中科院“百人计划”入选者25人（新增3人）、“西部之光”人才入选者31人（新增3人）、国家杰出青年科学基金获得者6人（新增1人）。

兰州化物所是国务院学位委员会批准的首批博士、硕士学位授予权单位之一。现设有物理化学、分析化学和材料学3个专业博士研究生培养点；物理化学、分析化学、材料学、工业催化、有机化学、材料工程、化学工程等7个专业硕士研究生培养点；并设有化学专业博士后流动站。共有在学研究生360人（博士生205人、硕士生155人），在站博士后11人。

2011年，兰州化物所共有在研项目256项（新增66项）。其中，国家重点基础研究发展计划（“973”计划）项目（课题）5项，中国高技术研究发展计划（“863”计划）项目3项，国家科技支撑计划项目3项；国家自然科学基金重点项目2项、面上项目37项、专项基金4项、国家杰出青年科学基金2项；中科院重要方向项目6项、仪器研制项目1项，国际合作项目2项，院地合作项目8项，“百人计划”项目15项，“西部之光”项目7项，与地方政府企业合作项目若干项。

2011年，兰州化物所科研工作取得重要进展。解决了空间对接机构的润滑与防冷焊问题，承担了制导、导航和控制（GNC）分系统控制力陀螺单机中的导电环寿命试验和框架座套镀膜等工作，为“神舟八号”与“天宫一号”成功交会对接提供技术支撑；首次实现了具有六个手性中心的环状化合物及三个手性中心链状化合物的高效合成；研发出还原氧化石墨烯系列复合光催化剂，520纳米波长获得大于9.3%的量子效率；建成国内规模最大、百吨级的高品质离子液体生产装置；在江苏金湖建成汽车尾气净化催化剂中试生产线，产品达到国Ⅳ标准；确定了甘肃金盏花黄色素和叶黄素的制备工艺，研制了微胶囊制品；研发了瑞香狼毒植物源杀线虫剂，通过了甘肃省科技厅组织的科技成果鉴定；实现了凹凸棒黏土棒晶束聚集体的有效解离，解决了干燥过程中棒晶间的二次团聚问题。

2011年，兰州化物所发表科技论文676篇，影响因子大于3的论文145篇、大于5的论文53篇。根据中国科学技术信息研究所发布的2010年度中国科技论文统计结果，兰州化物所SCIE、EI核心科技论文在国内研究机构分别排名16和12。科研人员参与编写英文专著3部。全年申请发明专利92件，授权中国发明专利32件、欧洲发明专利1件。兰州化物所荣获“载人航天工程交会对接任务优秀协作单位”，固体润滑国家重点实验室荣获“十一五”国家科技计划执行优秀团队，所学术委员会主任、中国工程院院士薛群基研究员荣获摩擦学领域国际最高奖——2011年摩擦学金奖。

2011年，兰州化物所院地合作及科技成果转移转化取得可喜成效。全年科技成果为社会企业新增销售收入22亿元，利税2.8亿元；积极推进“兰州化物所青岛研发基地”建设，研发中心产业区1号、2号、3号和生物医药提取车间（总建筑面积10 000平方米）与科研综合办公楼、绿色化工楼和孵化中心楼（总建筑面积33 000m^2）主体完成封顶；与联想控股（孵化器投资部）共建了中科润美莱西高技术产业基地，完成企业合作项目“基于大分子石油酸的润滑添加剂产品设计与开发”的实验室研制、中试工作，正在开展年产3000吨基于大分子石油酸的高性能润滑油清净剂工业化生产装置的建设与投产；编制了新型清洁柴油组分聚甲氧基二甲醚（简称$DMM_{3\text{-}8}$）的工业试验工艺包，与山东辰信新能源公司合作开展了万吨级工业应用试验；设计开发了用于马铃薯淀粉加工分离汁水的蛋白提取和废水资源化利用装置，正在甘肃腾胜淀粉有限公司推广应用；开发的“低含量甘草霜和甘草酸”新技术已向新疆金兴甘草制品公司转让。

2011年，兰州化物所积极开展国际交流合作。联合主办了“第六届中国国际摩擦学会议”，协办了“中美凹凸棒黏土深度开发战略研讨会”；与美国、德国、英国、瑞士、波兰、日本等国家的研究机构开展了润滑材料、离子液体、催化新材料等方面的合作与交流；与美国乔治华盛顿大学、联合利华公司开展了实质性的科技合作；所内30多位科技骨干赴国外参加国际学术会议、进行学术访问与交流，70多位国内外专家应邀来所作学术报告。

兰州化物所是甘肃省化学会、中科院兰州分院分析测试中心的挂靠单位；负责编辑出版《摩擦学学报》、《分子催化》、《分析测试技术与仪器》3种国内核心学术期刊。《摩擦学学报》2010年影响因子0.74，位列机械工程类学术期刊首位。

（撰稿：张长春　景　色　审稿：刘维民）

寒区旱区环境与工程研究所

所　　长：王　涛
地　　址：甘肃省兰州市东岗西路320号
邮政编码：730000
电　　话：0931－8275129，0931－4967558
传　　真：0931－8273894
电子信箱：wangjd@lzb.ac.cn
网　　址：http://www.careeri.cas.cn

中国科学院寒区旱区环境与工程研究所（以下简称“寒旱所”）是1999年6月在中国科学院知识创新工程试点工作中，由1958年成立的原兰州冰川冻土研究所、兰州沙漠研究和1959年成立的原兰州高原大气物理研究所整合而成，2007年进入中国科学院综合配套改革试点的单位。

寒旱所是我国专门从事干旱沙漠、高寒、极地环境与工程研究的国家级研究机构，是“西北资源环境与可持续发展研究基地”的核心组成部分。寒旱所瞄准21世纪国家发展的战略目标和学科发展的国际前沿，针对国家加快西部地区发展的重大决策和西北地区生态环境建设面临的重大科学问题开展西北地区特殊自然条件下环境与工程的基础性、战略性和前瞻性研究，为国家解决西北地区在资源、环境、重大工程和社会经济等领域的重大问题提供科学依据，为西部地区可持续发展提供技术支撑。

针对国家“十二五”规划和中科院“创新2020”和“一三五”的整体部署，寒旱所将围绕西部和谐社会建设中的生态环境问题和西部国民经济发展的基础设施建设、国防建设等重大工程面临的工程技术问题，以7大优势学科（冰冻圈与全球变化、冻土与寒区工程、沙漠与沙漠化、高原大气、寒旱区水土资源与利用、生态与农业、遥感与信息科学）为基础，形成“青藏高原综合研究、北方干旱区重点研究、内陆河流域集成研究和特殊领域与前沿探索研究、基础性和综合性主干研究”的“3+2”科技战略布局。

寒旱所重组与建设了7个研究室，包括冰冻圈与全球变化研究室、沙漠与沙漠化研究室、高原大气物理研究室、冻土与寒区工程研究室、水土资源研究室、生态与农业研究室、遥感与地理信息研究室；技术支撑系统包括野外实验研究站、分析测试室、计算机网络室和图书情报室。设有2个国家重点实验室、3个院重点实验室和2个所级重点实验室，包括冻土工程国家重点实验室（国家开放）、冰冻圈科学国家重点实验室（国家开放）、中国科学院沙漠与沙漠化重点实验室、中国科学院内陆河流域生态与水文重点实验室、中国科学院寒旱区陆面过程与气候变化实验室、极端环境生物抗逆机理与生物技术实验室、寒旱区遥感与信息资源实验室。拥有野外站16个，其中5个国家野外台站（天山冰川观测试验站、沙坡头沙漠研究站、临泽内陆河流域综合观测研究站、奈曼沙漠化研究试验站和冰冻圈特殊环境与灾害国家野外科学观测研究站），3个中国科学院生态网络站（沙坡头沙漠研究站、奈曼沙漠化试验研究站、临泽水土与生态综合试验研究站），3个院地共建研究站（皋兰生态与农业试验研究站、阿拉善荒漠生态试验研究站、玉龙雪山冰川与环境观测研究站）。

截至2011年底，寒旱所现有在编职工602人。其中科技人员444、科技支撑人员148，包括中国科学院院士3人、第三世界科学院院士1人、研究员及正高级工程技术人员96人、副研究员及高级工程技术人员138人；全所进入创新岗位401人。共有中国科学院“百人计划”入选者34人、“西部之光”人才入选者67人（新增7人）、国家杰出青年科学基金获得者11人。

寒旱所是1984年国务院学位委员会批准的博士学位授予权单位之一，1979年国务院学位委员会批准的硕士学位授予权单位之一。现设有自然地理学、人文地理学、地图与地理信息系统、大气物理学与大气环境、生态学和岩土工程等6个一级学科博士研究生培养点；自然地理学、人文地理学、地图与地理信息系统、气象学、大气物理学与大气环境、生态学、岩土工程、环境工程、生物工程、环境工程等10个一级（或二级）学科硕士研究生培养点；并设有自然地理学1个一级学科博士后流动站。共有在学研究生423人（硕士生189人、博士生234人），在站博士后51人。

2011年，寒旱所共有在研项目508项（新增109项）。其中，主持国家重点基础研究发展计划（“973”计划）项目4项（新增1项）、承担（或参加）课题14项（新增2项），主持科技部科技支撑计划项目5项；主持国家自然科学基金重点项目10项、主持基金项目165项（新增73项），承担国家自然科学基金重大研究计划重点项目8项（新增5项）；主持中国科学院知识创新工程重大项目2项、重要方向项目18项，承担国际合作项目18项（新增2项），承担院地合作项目32项。

2011年，寒旱所获得各类奖励项。程国栋院士获得甘肃省科技功臣奖；由李忠勤研究员完成的“天山乌鲁木齐河源1号冰川及其作用区的观测研究及应用”获得自然科学奖一等奖；由赖远明院士作为第二完成人完成的“寒区桩基工程的热学力学特性研究及其应用”获得科技进步奖一等奖；由汤懋苍研究员完成的“短期气候预测“地气图”方法的创立和应用”获得科技进步奖二等奖；由张耀南研究员完成的“寒旱区网络科普传播”获得科技进步奖三等奖。

2010年度全年共授权专利16项，其中发明专利5项、实用新型专利11项，授权计算机软件著作权11项。

2011年，寒旱所举办了1次大型国际学术研讨会，为“中亚冰冻圈变化水资源可利用状况与可持续发展”，有国内外100多位学者参加了会议，外宾来自10个国家与地区；外宾来访160多人次，研究人员出访120人次。

寒旱所是中国科学院减灾中心西北分中心、中国气象学会大气物理专业委员会雷电物理监测与防护分会、中国地理学会冰川冻土分会、中国地理学会沙漠分会、联合国环境规划署（UNEP）“国际沙漠化治理研究与培训中心”的挂靠单位；负责编辑出版《寒旱区科学》、《冰川冻土》、《高原气象》、《中国沙漠》、《生态经济学报》等学术期刊。

（撰稿：王进东　审稿：王　涛）

青海盐湖研究所

所　　长：马海州
地　　址：青海省西宁市新宁路18号
邮政编码：810008
电　　话：0971－6303490
传　　真：0971－6306002
电子信箱：wangyy@isl.ac.cn
网　　址：http://www.isl.ac.cn

中国科学院青海盐湖研究所（以下简称“青海盐湖所”）建立于1965年，是以中国科学院西北化学研究所为基础，与北京化学研究所、兰州地质研究所等单位的盐湖专业组合并搬迁组建而成。1966年6月，经国家科委批准，与在西宁毗邻组建的化工部盐湖化工综合利用研究所合并，隶属中国科学院。

青海盐湖所是资源环境类的公益性研究所，2002年成为中国科学院知识创新工程试点单位之一，是我国唯一专门从事盐湖资源环境科学应用基础研究、盐湖资源综合开发利用、培养盐湖科研高级人才的国家级科研机构，致力于攻克制约我国盐湖资源综合开发利用的关键技术，为盐湖资源的可持续发展提供科学基础，使我国盐湖科技走在世界前列。

2011年，根据党组的部署，青海盐湖所组织人员贯彻落实研究所“十二五”发展规划和“创新2020”组织实施等方面的工作，制订了相应的“一二三”规划。

青海盐湖所设有中国科学院盐湖资源与化学重点实验室、盐湖资源综合利用工程研究中心、盐湖野外科学工作站等研究机构和盐湖化学分析测试部、盐湖资源环境信息中心等科技支撑机构。

截至2011年底，全所共有在职职工219人。其中科技人员150人、科技支撑人员17人，包括中国科学院院士1人、研究员及正高级工程技术人员27人、副研究员及高级工程技术人员33人；全所进入创新岗位121人。共有中国科学院“百人计划”入选者6人（新增1人）、“西部之光”人才入选者16人（新增5人）。

青海盐湖所现有无机化学和地球化学2个专业博士培养点；有无机化学、分析化学、地球化学和化学工艺4个学术硕士培养点；有化学工程、材料工程和地质工程3个全日制专业学位工程硕士培养点；有地质学一级学科博士后流动站和化学一级学科博士后流动站。现有博士生导师16人、硕士生导师48人，在读研究生共114人（博士研究生32人、硕士研究生82人），有在站博士后4人。2012年12月，申请增列化学和地质学两个博士一级学科培养点；化学工程与技术一个硕士一级学科培养点。

2011年，青海盐湖所共有在研项目127项（新增66项）。其中，主持（或承担）国家重点基础研究发展计划（“973”计划）课题2项（新增2项）；主持（或承担）国家自然科学基金重点项目1项、面上项目10项（新增5项）；承担中国科学院战略性先导科技专项课题1项，主持重要方向项目3项（新增2项），承担院地合作项目3项（新增2项）。

2011年，青海盐湖所申请并获批国家重大基础性专项项目“盐湖资源动态变化调查”，资助金额1000万元；作为主要承担单位参加中国工程院重大咨询项目“青海盐湖资源综合开发利用及可持续发展战略咨询研究”；申请青海省科技攻关项目40项，获批8项，资助金额490万元；承担的一批科研项目按时完成并顺利通过验收。

2011年，青海盐湖所承担的科技部国际合作项目“老挝钾盐矿开发及尾盐矿处理”通过科技部验收；承担的云天化集团委托项目“老挝钾盐矿综合利用技术研究”顺利通过盐湖所和企业共同组织的专家组验收；承担的6项科技部科技人员服务企业“123”工程项目圆满完成任务，有4项通过科技厅组织的专家验收。

2011年，青海盐湖所共申请发明专利54项，专利授权38项，为历年之最；发表SCI及EI论文50多篇，有3篇论文被评为青海省优秀论文。

国际合作与交流方面，青海盐湖所承担的科技部国际合作项目“老挝钾盐矿开发及尾盐矿处理”通过科技部验收；承担的智利新百力集团委托的智利盐湖的开发利用前期咨询项目、宁波杉杉集团公司委托的阿根廷盐湖开发利用的外国专家咨询工作都进展顺利；与伊朗 ARAMICO 公司就合作开发伊朗盐湖资源进行了磋商并签署了合作协议。

2011 年 5 月，青海盐湖所科研人员 3 人参加在美国举行的一年一度的国际阻燃剂学术会议；7 月，科研人员一行 4 人参加在波兰和瑞士举行的国际光释光和年代学会议，有 1 人在会议上做邀请报告，青海盐湖所利用自己在老挝建立的网络和关系，发挥了桥头堡的作用，4 月、5 月、7 月、9 月、10 月和 11 月分别帮助西双版纳植物园陈静主任、广州能源所吴创之所长、昆明植物所、兰州油气中心夏燕青主任、武汉岩土所科研人员、青岛生物能源所王力生所长率领的科研人员等，就老挝钾盐开发过程中副产资源及生物能源的开发进行了考察；接待了智利 SQM、新百力集团等考察和合作团队。

2011 年，青海盐湖所共出访 9 批 18 人次，主要为老挝、美国和瑞士等国家，国际交流层次得到提升，新签署国际合作协议 1 项，共同发表学术论文 17 篇，来访 12 次，本单位用于国际合作的经费投入达到 60 万元人民币。

青海盐湖所是青海化学会的挂靠单位；负责编辑出版科技期刊《盐湖研究》。

（撰稿：白　花　何荣昌　审稿：贾优良）

西北高原生物研究所

所　　长：张怀刚
地　　址：青海省西宁市新宁路 23 号
邮政编码：810008
电　　话：0971－6143530
传　　真：0971－6143282
电子信箱：web@nwipb.cas.cn
网　　址：http://www.nwipb.cas.cn

中国科学院西北高原生物研究所（以下简称“西北高原所”）成立于 1962 年，是以从事青藏高原生物科学研究（包括基础理论、应用基础和应用开发研究）为主的公益性综合研究所，其前身是中国科学院青海分院生物研究所。

西北高原所的战略定位是针对青藏高原日趋恶化的生态环境和区域经济持续发展面临的重要问题，开展生态环境保护与建设、生物资源持续高效利用研究，为青藏高原生态安全和区域经济持续发展提供科学依据和技术支撑，推动区域社会经济持续发展。

根据国家和地方中长期科技发展规划，围绕国际前沿科学问题和青藏高原生物资源与生态环境重大战略需求，本着全面规划、分步实施的原则，深入开展高原生态学、特色生物资源学、高原生态农业三个重点领域方向基础性和前瞻性的战略研究以及应用研究。

2011 年是实施“十二五”规划的开局之年，也是中国科学院“创新 2020”的启动之年，为着力推进研究所“一三五”规划的组织与实施，西北高原所领导班子按照院党组“民主办院、开放兴院、人才强院”发展战略，结合研究所实际，有计划、有步骤地对西北高原所“一三五”规划进行了研讨、动员和部署，提出了研究所一个定位、二个重大突破、三个重点培育的发展总方针。一个定位：立足青藏高原，发展高原生物学。高原生物的基础与应用研究，重点发展青藏高原生态与环境、特色生物资源持续利用和高值生态农牧业学科领域，解决相关科学问题和关键技术，满足青藏高原生态安全和区域可持续发展的重大需求，成为国内一流、国际知名的高原生物学研究机构。二个重大突破：区域可持续发展—高寒草地生态系统可持续管理技术、藏药现代化—重金属安全性评价技术。三个重点培育：高原生物适应进化机制与分子育种、青藏高原生物资源持续利用、高寒草地对全球气候变化的响应。与此同时，相应的配套制度、保障措施和具体实施方案也在逐步的制订完善中，将为西北高原所群策群力、统一行动，稳步推进“一二三”规划的实施、实现研究所整体跨越式发展打下良好基础。

在原有规章制度的基础上，2011 年修订了《新入所职工一次性住房补贴试行办法》，制订实施了《2011 年专业技术岗位聘用实施办法》、《科研课题档案管理暂行办法》、《科研不端行为处理暂行办法》和《关于党外代表人士教育培训暂行办法》等规章制度，不断完善机制体制。

西北高原所现有3个研究中心、3个野外台站、1个院重点实验室、3个省级重点实验室和3个支撑机构，分别为高原生态学研究中心、特色生物资源研究中心、高原生态农业研究中心；中国科学院海北高寒草甸生态系统实验站、三江源草地生态系统观测研究站和平安生态农业实验站；中国科学院高原生物适应与进化重点实验室；寒区区域恢复生态学省级重点实验室、青藏高原特色生物资源研究省级重点实验室、青海省藏药药理学和安全性评价研究重点实验室；青藏高原生物标本馆、分析测试中心、信息与学报编辑室。2011年10月7日“中科院三江源草地生态系统观测研究站创新三期研究项目”通过验收；“青藏高原特色生物资源工程研究中心”正式运行，今年购置仪器16台（套）；与湖州市人民政府签署协议，共建“湖州高原生物资源产业化创新中心”。

截至2011年底，西北高原所共有在职职工181人。其中科技人员115人、科技支撑人员38人，包括中国科学院院士1人、研究员及正高级工程技术人员30人、副研究员及高级工程技术人员43人；全所进入创新岗位114人。共有中国科学院“百人计划”入选者5人、“西部之光”人才入选者22人（新增5人）。

西北高原所是1991年、1981年国务院学位委员会批准的博士、硕士学位授予权单位之一。现设有生态学、生物学2个一级学科博士研究生培养点（生态学由原二级学科调整为一级学科）；生态学、植物学、动物学、中药学4个专业硕士研究生培养点；设有生物学一级学科博士后流动站。在学研究生138人（硕士生90人、博士生48人），在站博士后6人。

2011年，西北高原所共有在研项目182项（新增74项）。其中，承担国家重点基础研究发展计划（“973”计划）课题1项、参加课题6项；主持国家自然科学基金重点项目1项、面上项目30项（新增7项）；承担中国科学院战略性先导科技专项课题2项，主持院重大项目1项、重要方向项目9项（新增2项），承担国际合作项目6项（新增3项）；承担院地合作项目21项（新增9项）。

2011年，西北高原所组织申报青海省科技进步奖并通过评审1项，共登记科研成果27项，其中3项成果达到国际先进水平，2项成果达到国际领先水平。

完成的“三江源区退化草地生态系统恢复与生态畜牧业发展技术及应用”、“藏药佐太炮制技术及安全性评价”和“青海生态经济林浆果资源研究开发及产业化”达到国际领先水平。

制定地方标准7个；发表研究论文217篇，其中SCI（E）74篇、CSCD111篇；出版或参加编写专著2部、申请专利17项（实用新型专利1项），授权7项（实用新型专利1项）。

西北高原所2011年申报中国科学院院地合作项目7项，与地方和企业进行合作的项目21项，其中当年立项9项。与湖州市人民政府签署协议共建“湖州高原生物资源产业化创新中心”，目前该中心已完成注册，实验室正在装修中；与企业共同实施“牦犀胶制备工艺关键技术产业化”、“微孔草优质高效新品系的生产试验及规范化栽培技术示范”等项目。

西北高原所参股企业1个，即青海唐古拉药业有限公司；研究所从事科技开发工作的人员数为24人，主要从事高原生态学、生态农业和青藏高原特色生物资源持续利用研究；在三江源草场植被恢复和利用及生态畜牧业、农作物育种和高原特色生物资源持续利用技术和新产品研发方面有着明显优势；据不完全统计，2011年与地方和企业合作实现销售收入52 971万元。

2011年，西北高原所国际合作到位经费94.2万元，申请2011年及2012年各类国际合作与交流项目6项，已获准2项，获准资费40.5万元；国际合作产出SCI文章11篇；正在进行的国际科技合作项目6项，正在执行的中国科学院外籍青年科学家计划项目1项，完成中科院外国专家特聘研究员计划项目1项、国家外专局引智项目1项；全年派出短期出国及赴中国港澳台交流人员8批8人次，接待来访人员15批35人；签订国际合作协议或备忘录3项；与英国、美国、日本、新西兰、俄罗斯、德国等国的科学家和研究人员合作进行全球变化、动物生态学、病原微生物、草原管理、高原特色资源利用等多方面的合作与交流。

西北高原所主办的《兽类学报》被列为中国科技核心期刊。

（撰稿：杨勇刚 王文娟 审稿：陈世龙）

新疆理化技术研究所

所　　长：李　晓
地　　址：新疆维吾尔自治区乌鲁木齐市北京南路40号附1号
邮政编码：830011
电　　话：0991－3835823
传　　真：0991－3838957
电子信箱：lhszhb@ms.xjb.ac.cn
网　　址：http://www.xjb.ac.cn

中国科学院新疆理化技术研究所（以下简称“新疆理化所”），于2002年3月28日，在原中国科学院新疆物理研究所和新疆化学研究所的基础上整合成立，2002年5月10日，进入中国科学院知识创新工程序列。原中国科学院新疆物理和新疆化学研究所，是在原新疆分院物理和化学研究室的基础上，经中国科学院批准于1961年11月成立。

新疆理化所战略定位：紧紧围绕着国家、新疆战略需求，坚持以科技创新为中心，以提高关键技术创新和系统集成能力为主线，以对新疆社会和经济发展作出有显示度的贡献为目标。战略发展目标：围绕新疆特色资源的深度开发，结合新疆的地域优势和多语言文化特色，注重科技创新性与新疆经济发展的战略需求相结合，开展干旱区植物资源化学、多语种信息技术、清洁能源与环境治理、新型材料研发、油田化学与矿产资源综合利用等领域战略性、前瞻性高技术研究，新布局了环境科学与工程领域，在涉及国家安全领域，开展了辐射物理和特种敏感材料的研究。将研究所建设成为中国科学院服务新疆的“桥头堡”和技术创新、集成、转移的基地，建设成为西部乃至中亚一流的高技术研究所。

新疆理化所现设有资源化学、材料物理与化学、多语种信息技术、环境工程与技术4个研究室。已在可食植物资源、敏感材料与元器件、多语种信息技术、辐射物理以及维吾尔药现代化等领域，形成了独具特色的优势，发挥着骨干引领的作用。已建立起了“中国科学院干旱区植物资源化学重点实验室”，省部共建“新疆特有药用资源利用实验室”，“新疆植物资源化学”、“新疆电子信息材料与器件”2个省级重点实验室，以及新疆精细化工工程技术中心；与中亚地区及我国东部有关研究机构共建了“中亚地区可食植物功能成分联合实验室”、“民族语音文字信息联合实验室”；与新疆公安消防总队成立了“火灾科学与消防工程合作实验室”。建设了特种热、压敏研发平台、维吾尔药活性筛选技术平台、辐射效应评估技术平台、多语种软件测试平台、光电功能材料研发平台、药用植物组培与生物育种等科技平台，以及大型仪器分析测试中心、辐照中心、信息情报中心3个技术支撑平台。

制定了“十二五”期间“一二四”发展目标，确定了治疗白癜风创新维药研制、实现双语教学软件规模化应用“二个重大突破”和油田工程环境污染治理、星用光电成像器件辐射损伤及抗辐射加固技术、感知边疆网络集成技术、深海快响应温度监测材料与器件“四个重点培育”研究方向。通过坚持以“需求为牵引、应用为导向”的原则，结合新疆经济社会发展以及国家安全和航天的重大需求，将原有3个研究室调整、组建为4个。建立起分级管理体系、创新人才合作交流机制、实行特岗双聘制，拓宽了引进人才渠道，加大了中亚人才引智力度，促使创新科研团队结构更加优化；加大了支撑平台建设力度，制订了分类绩效评估机制、考核结果与资源配置、绩效挂钩等保障措施和重大改革举措的实施，为“一二四”目标的实现提供了有效的保证。

截至2011年底，新疆理化所共有在职职工500人，其中在编人员289人。现有科技人员217人、科技支撑人员43人，包括研究员及正研级高级工程人员27人、副研究员及高级工程技术人员92人。共有中国科学院“百人计划”入选者15人（新增6人）、“西部之光”人才计划支持90人（新增14人）、获国家杰出青年科学基金支持1人、入选国家级“新世纪百千万人才工程”1人。

新疆理化所自1987年起成为国务院学位委员会批准的博士、硕士学位授予权单位之一。现设有微电子学与固体电子学、材料物理与化学、计算机应用技术、有机化学、无机化学、物理化学、物理电子学7个博士培养点；材料物理与化学、计算机应用技术、计算机技术、有机化学、微电子学与固体电子学、药物化学、材料工程7个硕士培养点；化学、电子科学与技术2个博士后流动站及精细化工工程中心企业博士后工作站。现有在学研究生201人（硕士研究生122名、博士研究生79名），在站博士后6人。

2011年，新疆理化所共申请各类科研项目396项，其中院内项目87项，院外项目309项；新立科研项目116项，其中国家自然科学基金项目立项17项。中国科学院“所级公共技术服务中心”获批。

2011年，新疆理化所申请专利54项（其中发明专利53项），授权发明专利36项，软件著作权7项；发表各类科技论文120篇（其中SCI收录56篇、EI收录13篇），SCI、EI收录期刊发表论文所占比例达63%。“高性能锂离子电池正极材料的研究与开发”获2011年度新疆科技进步奖一等奖；“石榴皮多酚泡腾片的研制”获2011年度新疆科技进步奖三等奖。“芹菜籽多肽的分离分析及活性筛选研究”获第二届新疆药学科学技术奖。

2011年，开启了两岸科技合作新渠道，国际合作交流更加活跃。全年出访人员为17人次，来访107人次；举办了“第九届天然化合物化学国际研讨会”、“第二届A3纳米材料国际会议”等国际学术会议和“第一届海峡两岸药物化学论坛”国际合作项目立项12项。

近年来，新疆理化所更加重视科研发展与新疆区域经济社会发展中重大科技需求的结合，与企业开展了广泛的沟通与交流，巩固和加深了与新疆天业集团、新疆紫晶光电技术有限公司、新疆双龙腐殖酸有限公司、江苏金恒泰电控科技有限公司、新疆玛纳斯奥洋科技股份有限公司、新疆维吾尔药业有限公司等企业的合作关系，获批战略性新兴产业科技行动计划专项2项，上报科技支新储备项目10项。

新疆理化所是新疆物理、化学、自动化、生物化学、核学会的理事长挂靠单位。

（撰稿：池景慧　冯　涛　审稿：崔旺诚）

新疆生态与地理研究所

所　　长：陈　曦
地　　址：新疆维吾尔自治区乌鲁木齐市北京南路818号
邮政编码：830011
电　　话：0991-7885307，0991-7885507（所办）
传　　真：0991-7885300
电子信箱：goff@ms.xjb.ac.cn
xjgi@ms.xjb.ac.cn
网　　址：http://www.egi.ac.cn

中国科学院新疆生态与地理研究所（以下简称“新疆生地所”）成立于1998年7月7日，由中国科学院新疆生物土壤沙漠研究所（1961年成立）和中国科学院新疆地理研究所（1965年成立）合并而成。

2011年，根据院党组的部署，研究所制订了“一三五”发展规划：即围绕干旱区可持续发展重大科技问题，立足新疆，面向中亚，放眼世界干旱区，创立干旱区协调发展理论，实现核心技术重大突破和系统集成，在亚洲中部干旱区资源与环境领域起到不可替代的骨干和引领作用。在新疆新增百亿方水资源的关键技术及应用、中亚成矿域地质成矿机理与斑岩矿探测、中亚干旱区千万平方公里生态监测与生态系统管理三个研究领域实现重大突破。重点培养新疆城镇生态建设与工矿区生态修复、干旱区污染修复与废弃物利用、干旱区生物多样性保育与流域生态农业模式、特殊功能基因发掘与新品种培育、新疆自然灾害预警与应急管理五个研究方向。

新疆生地所下设8个研究室，建有荒漠与绿洲国家重点实验室，中科院干旱区生物地理与生物资源重点实验室，国家荒漠－绿洲生态建设工程技术研究中心，中科院与自治区政府共建的中科院新疆矿产资源研究中心，新疆干旱区水循环与水利用重点实验室，新疆遥感与地理信息系统重点实验室，与美国加州大学河滨分校联合共建有“国际干旱区生态研究中心”，与日本静冈大学联合组建有“中日干旱区联合研究中心”。

新疆生地所现有10个野外台站，即新疆阜康荒漠生态系统国家野外科学观测研究站、新疆阿克苏农田生态系统国家野外科学观测研究站、新疆策勒荒漠草地生态系统国家野外科学观测研究站（上述3个为国家野外观测站）、中国科学院吐鲁番沙漠（植物园）研究站、中国科学院塔克拉玛干沙漠特殊环境研究站、天山积雪雪崩研究站、巴音布鲁克草原生态站、莫索湾沙漠研究站、木垒野生动物生态监测实验站、伊犁河流域生态系统研究站。另设文献信息中心、标本馆等科研支撑平台。

截至2011年底，新疆生地所有在职职工351人。其中科技人员306人（含科技支撑61人），包括正高级人员50人、副高级人员82人；全所进入创新岗位135人。中国科学院“百人计划”入选者12人（新增2人），国家杰出青年科学基金获得者1人。

新疆生地所是1982年国务院学位委员会批准的博士、硕士学位授予权单位。现有地理学、生态学2个一级学科博士研究生培养点；自然地理学和生态学2个重点学科；有自然地理学、人文地理学、地图学与地理信息系统、植物学、生态学5个二级学科博士研究生培养点；自然地理学、人文地理学、地图学与地理信息系统、植物学、生态学、环境科学、水土保持与荒漠化防治、环境工程、生物工程、测绘工程10个二级学科硕士研究生培养点；并设有生物学、地理学等2个一级学科博士后流动站。现有在学研究生336人（硕士生187人、博士生149人），在站博士后25人。

2011年，新疆生地所有在研项目316项（新增123项）。其中，主持国家重点基础研究发展计划（“973”计划）项目2项、主持973课题8项；主持国家科技支撑计划项目1项、主持国家支撑计划课题10项（新增4项）；主持科技部国际科技合作项目4项（新增2项）；主持国家自然科学基金重点项目3项（新增2项），国家基金委杰出青年基金1项、面上基金53项（新增27项）；主持国家自然科学基金重大研究计划重点项目1项；承担中国科学院战略性先导科技专项课题4项、主持中国科学院知识创新工程重要方向项目15项（新增7项），承担国际合作项目8项（新增2项），院地合作项目80项（新增25项）。

2011年，4项成果通过鉴定。“新疆干旱区典型荒漠生态系统综合整治技术研发与示范”，提出了塔里木河下游荒漠化防治与生态系统多样性构建的方法，阐释了荒漠河岸林建群种在个体和种群水平水分自维持能力，丰富了干旱区生态科学的内涵；“深根植物根系生态学研究”，以骆驼刺幼苗根系生态学特征为主要研究目标，探明了骆驼刺幼苗的生物量与不同水分条件的响应规律、固氮能力及自然环境中不同潜水埋深条件下骆驼刺根系的形态特征；“巴尔喀什－准噶尔成矿带斑岩铜矿的识别标志和预测系统的研究试验”，研发了遥感数据定标＋掩膜＋主成分门限化＋支持向量机＋分类的蚀变信息提取算法（MPS）并在西准噶尔研究区进行应用；“多元示矿信息提取分析与大型矿集区预测技术应用研究”，建立了新疆地质矿产数据库及基于C/S模式的新疆地学数据库管理系统和B/S模式的数据共享平台，为新疆地学研究提供多专业的空间信息，实现了新疆地质矿产空间信息的网络检索和下载服务。

全年共发表论文414篇，其中SCI论文104篇；出版学术专著5部；申请专利36项，授权专利23项。获自治区科技进步奖4项，其中特奖1项、一等奖1项、二等奖2项。

2011年，新疆生地所承担科技部重点合作项目“中国－利比亚荒漠化国家防治沙漠化技术合作与沙产业开发”、“中国－阿拉伯联盟荒漠化防治技术合作研究”；院国际合作重点项目“中非荒漠化防治技术合作研究与示范”，建立了利比亚地区荒漠化解译标志和分级体系，编制了利比亚荒漠化分布和程度图；承担科技部国际科技合作重点项目“中乌棉花品种资源比较及其繁育技术”，现已在乌兹别克斯坦科学院遗传与植物实验生物学研究所塔什干试验站建立了1个6公顷的棉花优质高产栽培技术核心示范区，引进了乌兹别克斯坦优质棉花种质资源30余个，棉花主栽品种2个；承担中德“塔里木河流域绿洲可持续管理”项目（德国联邦教育与研究部（BMBF）资助）及中美“入侵植物与全球变化”（美国国家科学基金会（NSF）和中国国家自然科学基金委员会（NSFC）共同资助）；与中亚五国10余家科研单位签署了合作研究协议，在哈萨克斯坦建成了“巴卡纳斯水生态与环境监测站”和“新卡扎林斯克咸海湿地生态与环境监测站”，与哈萨克斯坦土壤与农业化学研究所共建了“中哈绿洲生态与荒漠环境联合实验室”。

2011年，引进4位外国专家特聘研究员，1位外籍青年科学家，聘请1位台湾客座研究员，招收3名国外博士生；主办和承办4个国际和双边学术研讨会；派出参加15个国际学术会议。本年度研究所国际科技交流与合作总量为116批284人次，共派遣出访65批123人次，接待来访51批161人次。

新疆生地所是新疆土壤肥料学会、新疆地理学会、新疆植物学会、新疆科学探险协会、新疆自然资源学会的挂靠单位；承办的英文刊物有《干旱区科学》（*Journal of Arid Land*），被5个国际检索系统正式收录，成为新疆第一个SCI学术刊物；中文刊物有《干旱区研究》和《干旱区地理》，以及同名在国内发行的维文版刊物；拥有国家甲级水文水资源调查评价资质证书、国家乙级环评资格证书、国家乙级测绘资质证书、国家乙级旅游规划设计资质证书、乙级土地定级估价证书、农林行业（营造林）乙级工程设计证书。

（撰稿：张向军　蒋慧萍　审稿：陈　曦）

学校及公共支撑单位

中国科学院研究生院

院　　长：白春礼（兼）
地　　址：北京市石景山区玉泉路19号（甲）
邮政编码：100049
电　　话：010－88256030
传　　真：010－88256006
电子信箱：po@gucas.ac.cn
网　　址：http://www.gucas.ac.cn

中国科学院研究生院（以下简称“研究生院”）成立于1978年，是经国务院批准由中国科学院创办的我国第一所研究生院。

研究生院由设在北京的3个集中教学园区（玉泉路、中关村、奥运村）、5个教育基地（上海、武汉、广州、成都、兰州）及分布在全国各地的117个研究生培养单位（中国科学院各研究所、中心、台、站等）组成。在“统一招生、统一教育管理、统一学位授予”和“院所结合的领导体制，院所结合的师资队伍，院所结合的管理制度，院所结合的培养体系”的办学方针指导下，全面负责中国科学院研究生的教育培养工作。

研究生院设有数学科学学院、物理科学学院、化学与化学工程学院、材料科学与光电技术学院、地球科学学院、资源与环境学院、生命科学学院、信息科学与工程学院、管理学院、人文学院、外语系、计算与通信工程学院、工程教育学院、科技管理学院、中丹学院等直属教学机构；设有中国科学院数据与通信保护研究教育中心、中国科学院虚拟经济与数据科学研究中心和科技资源管理研究中心等直属研究机构。

2011年，研究生院全面贯彻党的教育方针，深入贯彻落实科学发展观，以进入实施“创新2020”新阶段和落实“十二五”规划纲要为着手点，不断深化院所结合，着力提升培养质量，各项工作进展良好。

2011年，研究生院有在职职工709人。其中教学科研人员345人，包括中国科学院院士2人、教授133人、副教授154人；管理支撑人员326人。有中国科学院“百人计划”入选者15人（新增3人）、国家杰出青年科学基金获得者2人（新增1人）、国家“千人计划”（国家海外高层次人才引进计划）入选者2人。设有物理学等6个专业一级学科博士后流动站，有在站博士后98人。

2011年，研究生院共有研究生指导教师10 439名（来自中国科学院各研究院所、台、站等），其中博士生导师5311名，硕士生导师5128名。

2011年，研究生院有117个培养单位招收研究生，共录取研究生12 792人，其中博士研究生5520人、硕士研究生7272人；在学研究生38 320人，其中博士研究生18 659、硕士研究生19 661人；毕业研究生8131人，其中博士毕业4734人、硕士毕业3397人，授予4832人博士学位、3898人硕士学位；在学外国来华留学生149人，在学中国港澳台学生47人；毕业外国来华留学生16人，毕业中国港澳台学生4人。

2011年，研究生院共有博士学位授权一级学科点39个，分布在教育、理、工、农、医、管理6个学科门类；硕士学位授权一级学科点53个，分布在哲学、经济学、法学、教育、文学、理、工、农、医、管理10个学科门类，覆盖了54个一级学科；另有工程和工商管理硕士等8类专业学位授权点。研究生院成为电子与信息领域工程博士首批试点单位，5个研究生培养单位将开展工程博士授权试点。增列学科专业博士培养点25个、硕士培养点52个，全日制工程硕士培养点81个。完成学位授权点对应调整工作，“生态学”等3个博士学位一级学科授权点获国务院学位委员会审批通过。

2011 年，研究生院获得直接攻读博士学位研究生招生试点资格，12 个培养单位录取直博生 79 名。研究生院与高校联合招收博士研究生试点工作取得新进展，新增通过高校下达招生计划的联合培养博士生试点单位 5 个，新增联合培养博士生试点高校 2 所，并争取到通过研究生院下达的 100 名联合培养博士招生指标。

2011 年，研究生院继续优化课程设置，更新教学内容，采取措施强化提高讨论课、实验课、文献阅读课的授课质量。2010—2011 学年共开设课程 1505 门，其中秋季学期 610 门，春季学期 640 门，夏季学期 255 门；2011—2012 学年秋季学期开设课程 639 门。2010—2011 学年参加公共必修课程学习的博士研究生 1524 人次；315 名学生参加“跨学科课程兼修计划”学习。完善实验教学体系，依托北京集中教学园区的 17 个教学实验室，共开设实验课 37 门。启动首批精品课程建设立项申报工作，评选出 4 门精品课程。评选出校级优秀课程 51 门，夏季学期课程特别奖 5 门。

研究生院在 2010—2011 学年春季学期试点的基础上，2011—2012 学年秋季学期全面实施研究生思想政治理论课程统筹改革。对政治课程的授课内容、授课形式、组织方式等进行改革，强化学生在教学中的主体作用，增加社会调查等实践内容，将思想政治理论课与学生的思想政治工作和学生日常管理有机结合，得到绝大多数学生的肯定和好评。

2011 年，开展学生思想政治状况问卷调查以及培养单位学生党支部建设调研工作，根据调研结果和数据的统计分析，形成调研报告。召开学生思想政治教育工作研讨会，方新、王庭大等领导在大会作主旨报告。

2011 年，研究生院首次启动大学合作计划项目，中科院研究生教育基金会资助 1000 名高校学生到培养单位参加科研实践；举办 10 期暑期学校/夏令营，共有来自 149 所高校的 1107 名学生参加。

2011 年，研究生院在研项目总计 865 项（新增 293 项）。其中国家自然科学基金项目 175 项（新增 73 项）；中国高技术研究发展计划（“863”计划）项目重点课题 2 项，专题课题 12 项（新增 2 项）；国家重点基础研究发展计划（“973”计划）项目课题 8 项（新增 1 项）、专题 19 项（新增 4 项）；科技支撑计划项目课题 2 项、专题 8 项（新增 1 项）；中国科学院创新方向性项目 4 项、课题 28 项（新增 11 项）；科技部软科学项目 6 项（新增 1 项）；国家社会科学基金项目 12 项（新增 5 项）；教育部留学回国人员基金 12 项（新增 3 项）；地方委托项目 27 项（新增 10 项）；企业委托项目 99 项（新增 27 项）；国外委托项目 11 项（新增 3 项）；研究生院院长基金 A 类 49 项（新增 16 项），研究生院院长基金 B 类 45 项（新增 16 项）；新增国家科技重大专项课题 2 项、专题 2 项。

2011 年，研究生院发表学术论文共 483 篇。其中 SCI 收录论文 186 篇、EI 收录论文 46 篇、CPCIS 收录论文 71 篇，国内核心期刊论文 180 篇；完成专著、编著、译著 9 部；申请专利 30 项，获得专利授权 15 项（其中 3 项为保密专利），获得计算机软件著作权登记 26 项。研究生院 3 个科研项目分别获北京市科学技术奖三等奖。

2011 年，研究生院在科研工作中取得一系列重要成果。提出利用类条件概率密度的比值来表示协同变量漂移中样本不一致性的理论，实现了协同变量提升分类器，解决了迁移学习中样本自适应选择问题，该成果发表在图像处理领域顶级国际期刊 *IEEE Transactions on Image Processing*；发现新疆吐鲁番苏贝希墓地 2400 年前的小米面条的研究，表明古代面条与点心均为黍制成，前者经过水煮，而后者则经烤制而成，该研究成果发表在 *Journal of Archaeological Sciences*，此项研究成果被美国考古界评为 2011 年度“世界考古十大发现”之一；提出了元素碳的一种新结构，被命名为 T 型碳，相关研究结果发表在国际一流期刊《物理评论快报》。

2011 年，研究生院“中国丹麦科研教育中心”和“中丹学院”正式揭牌成立；与沙特、泰国、澳大利亚等国签署和续签合作协议 6 项；成功举办国际会议 7 次；获批外国专家特聘研究员计划项目 4 项，外籍青年科学家计划项目 2 项，2012 年度国家自然科学基金外国青年学者研究基金项目 1 项，获得北京教委财政支持 30

万，留学基金委中国政府奖学金120余万元。

研究生院雁栖湖校区征地拆迁及建设工作均取得重要进展，西区5个标段所有单体建筑共18万平方米已全部结构封顶，进入装饰装修阶段。

研究生院主办有《中国科学院研究生院学报》、《自然辩证法》、《管理评论》和《工程研究》4个公开发行的学术期刊以及内部刊物《研究生院》。

（撰稿：李　莉　尚　颖　审稿：苗建明）

中国科学技术大学

校　　长：侯建国
地　　址：安徽省合肥市金寨路96号
邮政编码：230026
电　　话：0551－3602184
传　　真：0551－3631760
电子信箱：tzliu@ustc.edu.cn
网　　址：http://www.ustc.edu.cn

中国科学技术大学（以下简称“中国科大”）1958年9月创建于北京，1970年迁至安徽合肥，是中国科学院所属的一所以前沿科学和高新技术为主、兼有特色管理和人文学科的综合性全国重点大学。

截至2011年底，中国科大有教学科研人员1509人。其中中国科学院和中国工程院院士33人、发展中国家科学院院士10人、教授（含研究员、教授级高级工程师）502人、副教授（含副研究员、高级工程师、高级实验师）709人、博士生导师445人。国家“千人计划”入选者25人、“青年千人计划”入选者38人、教育部长江学者30人、中科院“百人计划”127人、国家杰出青年科学基金获得者76人。

中国科大建有13个学院，以及研究生院、软件学院等系、部、研究中心，在上海、苏州分别设有研究院，在北京设有教学管理部。有6个国家理科基础科学研究和教学人才培养基地和1个国家生命科学与技术人才培养基地，8个一级学科国家重点学科，27个一级学科博士学位授权点，4个二级学科国家重点学科，2个国家重点培育学科，20个安徽省重点学科。同时还拥有MBA、EMBA、MPA、金融、应用统计、工程管理、工程硕士（18个领域）、工程博士（2个领域）等专业学位授权点。建有国家同步辐射实验室、合肥微尺度物质科学国家实验室（筹）、火灾科学国家重点实验室、核探测技术与核电子学国家重点实验室、语音及语言信息处理国家工程实验室等10个国家级科研平台和38个省部（院）级重点科研机构。

中国科大现有本科生7078人、博士研究生2398人、硕士研究生6849人，另有中国科学院代培生1000余人。

中国科大校园总面积约145万平方米，建筑面积92万平方米，拥有资产总值8.9亿元的先进教学科研仪器设备，图书馆藏书188.75万册，已建成国内一流水平的校园计算机网络，并建成若干高水平科研、教学公共实验中心。

2011年，中国科大进一步发挥科教结合优势，致力于科技拔尖人才培养和原始创新能力提升。中国科学院2011年夏季党组扩大会议听取了学校《科教结合，教育创新，加快世界一流研究型大学建设战略规划》的汇报，明确把中国科大列入中国科学院“创新2020”首批启动单位，并把支持中国科大与研究所共建创新体系、探索科教融合的新模式，列入中国科学院2011年下半年重点推进的十项工作之一。一年来，学校围绕“一三五”创新发展工作思路，紧扣“改革、创新、发展”和“育人、引人、用人”的主题、主线，科学实施“十二五”规划，推动“985”工程三期建设，积极参与中国科学院“创新2020”和区域创新体系建设，大力推进“科教结合、协同创新”，通过开放、合作，谋篇布局，加快学校建设与发展。

2011年，中国科大成为首批获准开展工程博士学位授予工作的25家单位之一；获准成为“卓越工程师培养计划”高校；物理学院成功入选全国首批17所“试点学院”。

中国科大与中国科学院相关研究所联合创办的11个“科技英才班”进展顺利，共有在校学生709人，约占在校本科生人数的10%；正式实施“三学期”制，作为落实“因材施教”、“个性化培养”的重要手段和实践平台；有近700名本科生开展大学生研究计划；新增6项全国研究生学术交流平台项目。

2011年，中国科大新增一级学科博士学位授权点9个，专业学位博士点1个（工程博士）；5篇论文入选全国百篇优秀博士论文（位居全国高校第二），3篇论文获得全国百篇优博提名，16篇论文入选中国科学院优秀博士论文，19篇论文入选安徽省优秀博士论文，25名博士生获得“国家级学术新人奖”。全年累计授予533人博士学位、1716人硕士学位、1909人全日制本科学位。毕业生就业率和深造率继续保持较高水平。

据中国科学技术信息研究所统计，中国科大在2010年以第一署名单位发表SCI收录论文1510篇，其中“表现不俗”论文占总数的比例连续3年保持全国高校第一；2001—2010年发表的SCI论文篇均引用率名列全国高校第一；2011年，以第一署名单位发表SCI论文1439篇，其中高区论文702篇，占SCI论文总数的48.8%；在*Nature*及其子刊上发表原创性和通讯类论文共17篇，“自然出版指数”为8.58，在大陆科研机构中排名第二，仅次于中国科学院，名列全国高校第一。

2011年，中国科大国家自然科学基金获批经费首次突破2亿元；共牵头承担“973”计划、重大科学研究计划、ITER计划、“863”计划等千万元以上重大项目11项，获得国家科技进步奖、教育部高校自然科学奖和安徽省科技奖等各类科技奖励15项；“八光子纠缠态制备成功刷新世界纪录”入选2011年度国内十大科技新闻；横向技术合同经费达到7000万元；共申请专利211件，获得授权专利148件，其中发明专利占总授权量的85.8%，远高于全国平均水平，是中国科学院唯一连续三年荣获中国专利奖的单位。

2011年，中国科大引进“千人计划”9人，其他各类引进人才87人，其中“百人计划”22人、教授/研究员6人、特任教授/特任研究员9人；首批“青年千人计划”入选者17人，第二批“青年千人计划”入选者21人，均名列全国高校第一；新增中国科学院院士、发展中国家科学院院士各1人，国家级教学名师1人；新增国家杰出青年科学基金获得者8人，是十年来人数最多的一次；新增国家自然科学基金委创新研究群体和教育部创新团队各2个。高层次人才占教师总数的19%。

2011年，中国科大共派出境外交流本科生112人，通过国家建设高水平大学公派研究生项目派出86人，资助博士生参加国际学术会议230人；组织代表团出访欧洲、澳洲的著名高校和研究机构，共签署了19项海外合作协议；主办、承办了15场国际学术会议、双边会议和两岸会议，共有608人次出国参加国际交流；接待了530多位海外专家来校交流访问，其中包括2位诺贝尔奖获得者，10名外国科学院院士。

2011年，中国科大与科大讯飞公司联合建立的“语音及语言信息处理国家工程实验室”正式揭牌成立；利用安徽省自主创新专项经费设立“应用技术创新基金”，积极推动科技成果转移转化，首批启动应用化工研发中心等5个学校科技应用平台；获批立项建设合肥光伏光热研究院、合肥现代显示研究院；参与发起了科技部量子通信技术创新战略联盟、安徽省新能源汽车产业技术创新战略联盟等产学研机构；与中国科学院合肥物质科学研究院联合成立“合肥物质科学技术中心”，努力建设成开放共享的物质科学中心、大科学装置试验平台和拔尖创新人才培养基地。

2011年，中国科大有参股控股企业21家，提供就业岗位约5850个，年度预计参控股企业总销售收入34.43亿元，利税总额8.2亿元，其中缴纳各类税金2.35亿元。

中国科大是中国物理学会同步辐射专业委员会、中国自动化学会仿真专业委员会等24个学会的挂靠单位。主办的学术刊物有《中国科学技术大学学报》、《火灾科学学报》、《低温物理学报》、《化学物理学报》、《实验力学》、*Cellular & Molecular Immunology*等。

（撰稿：刘天卓　牟　玲　审稿：陈晓剑）

公司。

截至2011年底，网络中心共有在职职工606名，其中，研究和工程技术人员377名、科技支撑人员185名，包括研究员及正高级专业技术人员17名、副研究员及高级工程技术人员132名。

网络中心设有计算机科学与技术一级学科下的二级学科计算机软件与理论硕士、博士点和计算机应用技术硕士研究生培养点；计算机技术、软件工程全日制专业型硕士研究生培养点。共有在学研究生167名，（硕士生140名、博士生27名）。

2011年，网络中心共有在研项目127项（新增74项），其中国家重点基础研究发展计划（“973”计划）项目（课题）2项（新增1项），国家高技术研究发展计划（“863”计划）项目（课题）4项（新增3项）；主持（或承担）国家自然科学基金项目（课题）7项（新增2项）；国家科学技术支撑计划项目1项（新增1项），科学技术部国家科技基础条件平台项目（课题）8项（新增5项），国际合作项目1项（新增1项），国家其他项目（课题）10项（新增4项）；国家发展和改革委员会项目（课题）7项；承担中国科学院知识创新重要方向项目2项（新增1项），院先导专项课题3项（新增3项），院修购专项项目1项（新增1项），院信息化项目12项（新增10项），院其他项目6项（新增3项）；与地方和单位合作项目29项（新增22项），主持所级项目34项（新增17项）。

网络中心紧密围绕国家重大需求开展科研工作，不断深入研究，为一线科研服务，以科研信息化助推中国科学院“创新2020”发展战略的启动与实施。中国科技网承担的国家发展和改革委员会CNGI“先进科研信息化基础设施建设”项目，完成了高速科研网络建设、网络管理系统研发、安全环境构建、融合通信环境建设及未来互联网试验床关键技术研究的设计与研发工作。中国科学院超级计算环境三层架构已经形成，由超级计算总中心、8家地区分中心、17家所级中心、11家GPU单位的计算系统共同组建而成；建成以来，作业数稳步增长，在高性能科学计算中逐步发挥关键作用，其中深腾7000已开通用户账号391个，先后协助北京市公安局、中科院

计算机网络信息中心

主　　任：黄向阳
地　　址：北京中关村南四街四号
邮政编码：100190
电　　话：010－58812280
传　　真：010－58812290
电子信箱：webmaster@cnic.cn
网　　址：http://www.cnic.ac.cn

中国科学院计算机网络信息中心（以下简称“网络中心”）成立于1995年4月，是中国科学院信息化持续建设、运行与服务的支撑单位，国家互联网基础资源的运行管理机构，先进网络与高端应用技术的研发基地，国内外先进科技网络的重要组成部分。

网络中心以中国科技网的发展、e-Science的环境建设与应用示范、ARP的运行维护和应用支持、中国互联网基础资源的管理等为支撑服务的主要方向，结合中国科学院信息化应用的需要，组织其他重点项目的建设。主要围绕着先进网络基础设施建设、高效能超级计算机基础设施建设、海量数据应用环境、管理信息化应用支撑环境、国家互联网基础资源服务环境推动信息化支撑环境的发展；围绕着创新信息化增值服务、创新知识服务推动信息化服务的发展；围绕着互联网技术研究与创新、先进计算技术的研究创新推动技术创新和引领领域发展。

网络中心现有7个业务中心和3个支撑部门，7个业务中心包括中国科技网网络中心（CSTNET）、科学数据中心、超级计算中心、ARP运行支持中心、协同工作环境研究中心、网络科普教育中心和中国互联网信息中心（CNNIC）。3个支撑部门包括：e-Science应用推进总体组、e-Science呼叫服务中心和期刊编辑部。同时，面向中心成立了对外投资管理的资产经营公司北京中科北龙科技有限责任公司，负责科技成果转移转化，下设北龙中网（北京）科技有限责任公司和北京北龙超级云计算有限责任

国家天文台、中科院大气所等单位完成多项大规模数据可视化处理与分析任务。协同工作环境研究中心自主研发 Duckling 软件，实施部署任务 95 项，涉及院内外研究单位或项目 65 个；Duckling 科研在线平台已拥有团队 314 个、注册用户 883 个，创建资源 3408 个。ARP 运行支持中心完成了网络化信息发布平台和 ARP 项目二期工程建设项目，ARP 系统在提高管理工作效率、促进管理方式变革方面发挥着越来越重要的作用，逐渐成为中国科学院科研管理信息化的重要支撑平台。中国科学院网站在政府机构网站综合影响力评估中连续三年获优秀政府网站奖。网络科普教育中心圆满完成“十一五”信息化专项“网络化科学传播平台”建设项目验收工作和 2011 年运维项目任务。中国科普博览访问量持续提升，日均访问量达 5.5 万人次，较 2010 年同期增长 14%。全年累计页面访问量 7425.6 万，总访问人次超过 1982.1 万。同时，参与完成“国家科普资源网格”试点项目一期建设任务。CNNIC 坚决落实国家域名实名制管理要求，采取多种措施，进一步加强国家域名注册管理体系建设。截至 2011 年底，国家 CN 域名实名率达到 99.08%，新注册域名实名率达到 100%；新增域名顶级解析节点 9 个（总数达 19 个）；启动国家域名云解析平台建设工作，面向公众正式提供国家域名云解析服务；通过持续开展不良应用打击工作，国家域名下钓鱼网站等不良应用已趋于低位。

积极推进院地合作工作，网络中心参与首都科技条件平台服务工作，获“首都科技条件平台中科院研发实验服务基地 2010 年度先进集体奖二等奖”；凭借先进的基础设施建设经验以及数据与存储资源积累，先后与长春、南京、东莞、昆明、无锡等地政府部门及地方企业达成框架协议，推广全国云数据中心建设创新发展模式，面向市场需求提供云应用服务，共建云服务平台。

网络中心面向国际前沿，积极开展国际科研合作。主办“第三届中美科研信息化研讨会（ACCESS’11）”、“计算化学与高性能计算应用国际学术研讨会”、“科学与工程中多尺度问题的 GPU 应用国际研讨会”等重要国际会议；同时，网络中心成功申请到第九届 IEEE e-Science（2013 年）国际会议在北京举行，进一步拓展了国际合作渠道，提升了网络中心及中国科学院在国际相关领域的影响力和话语权；网络中心参建的“环球高速科研网络（GLORIAD-Taj）性能提升及其关键技术合作”项目，大幅提升中国与美国以及与北欧地区的网络带宽，实现香港至北美的万兆升级，并将在位于北美的国际科研网汇聚中心建立中国第一个科研网国际交换中心；阎保平、南凯、李晓东等人在多个国际组织中任职，在扩大国际影响力、创新国家交流空间方面起到积极促进作用。

网络中心是国际科学数据委员会（CODATA）中国委员会秘书处、中国科学院科学数据库办公室的挂靠单位；编辑和出版《中国科学院信息化工作动态》、《科研信息化技术与应用》。

（撰稿：王直立　李超杰　审稿：陈　浩）

国家科学图书馆（筹）

馆　　长：张晓林
地　　址：北京市中关村北四环西路 33 号
邮政编码：100190
电　　话：010－82626684
传　　真：010－82626600
电子信箱：office@mail.las.ac.cn
网　　址：http://www.las.ac.cn

中国科学院国家科学图书馆（以下简称“国科图”）于 2006 年 3 月 18 日正式挂牌，由中国科学院所属的文献情报中心、资源环境科学信息中心、成都文献情报中心、武汉文献情报中心 4 个机构整合而成。总馆设在北京，下设兰州、成都、武汉 3 个二级法人分馆，并依托若干研究所（校）建立特色分馆。

国科图立足科学院、面向全国，主要为自然科学、边缘交叉科学和高技术领域的科技自主创新提供文献信息保障、战略情报研究服务、公共信息服务平台支撑和科学交流与传播服务，同时通过国家科技文献平台和开展共建共享为国家创新体系其他领域的科研机构提供信息服务。

2011 年，国科图进一步凝练“十二五”发展目标和任务，形成了国科图的一个战略定位、三个重点突破方向、五个重点培育方向。一个定位，即全面实现从数字图书馆向数字知识服务的转变，在未来 5—10 年内整体建成全院协同和有机嵌入科研与决策过程的、国际一流、国内领先的新型知识服务体系。三个重大突破，即重点突破综合数字知识资源保障能力，建立支持科技创新全谱段需求的集成综合知识基础设施；重点突破支撑决策的战略性前瞻性情报研究能力，建立权威和普惠的战略情报服务体系；重点突破嵌入研究过程的知识化服务能力，实现一线文献情报服务全面转型。五个重点培育方向，包括基于知识关系的综合数字知识资源体系，支持科学探索的数字知识服务发现平台，基于服务云支持和个性化配置的一线知识服务模式，比较完善的世界科技态势预警监测分析研究体系，国家科技信息政策研究咨询战略服务能力。

为全面推动“十二五”规划实施，深入推进全院文献情报服务模式转型，11 月 16—11 月 17 日，中国科学院召开第六次文献情报工作会议，系统总结了实施知识创新工程以来全院文献情报工作取得的巨大成绩，分析了文献情报工作面临的机遇和挑战，部署了全院文献情报系统在“创新 2020”中的重点发展任务，讨论了新修订的《中国科学院文献情报工作条例》，确立了新时期全院文献情报系统的任务、目标、管理与运行机制，会议还表彰了在文献情报创新服务中成绩突出的 50 个优秀团队和 54 名优秀个人。会议是面向“创新 2020”院文献情报系统改革发展的一次全面动员会，将有力地促进全院文献情报服务模式和能力的全面转型。

截至 2011 年底，国科图共有职工 634 人（含项目聘用 89 人）。其中专业技术人员 545 人，包括正高级研究（馆）员 53 人、副高级研究（馆）员 102 人。获得“图书情报与档案管理”一级学科博士学位授予权，设有图书馆学、科技情报学硕士、博士研究生培养点。目前在读硕士研究生 94 人、博士研究生 55 人。

2011 年，国科图围绕需求，持续夯实普遍服务能力，深化协同，全面推进一线服务转型。学科馆员全年本地下所 1468 次，外地下所 412 次，全年累计培训用户 22 805 人次，新增 9186 人；通过各种方式解答咨询近 3.6 万次；为用户提供课题跟踪报告、学科情报分析报告、资源分析报告等 2600 多份。同时，加快推进建制化的研究生新生入所培训、研究所骨干新员工入所培训，在研究生院新开设面向专业学院的信息素质教育课程。2011 年新启动“研究所情报分析可持续服务能力建设”和“研究所群组知识平台可持续服务能力建设”两个专项，分别有 15 家研究所作为首批建设单位通过评审；新批准 38 项文献情报服务创新到所项目，推动了部分尚未积极开展知识服务的研究所进行服务创新试验探索；全面启动特色分馆二期建设，组织特色分馆遴选调研，与广东省科学院签署了文献情报工作战略合作协议，达成在广东省科技图书馆共建“企业产业科技创新态势监测分析研究特色分馆”的合作意向；与中国科技大学就建设“国内外一流研究型大学发展态势监测分析研究特色分馆”达成合作意向；加快启动全院研究所机构知识库（IR）二期建设，截至 12 月底，在一期 51 家研究所建成 IR 的基础上，又有 40 个所启动建设，总存缴量超过 22 万篇，总下载量达 98 万篇次，成为国际科研机构中最大的科技成果开放共享平台。

2011 年，国科图持续面向科技决策、科技创新提供支撑服务。继续支撑“国际国内创新体系态势监测与研究”需求，完成《创新集群建设：理论与实践》报告，出版《国际科技竞争力分析报告——聚焦金砖四国》报告，完成《2011 科学发展报告》；继续支持中科院机关各局、基地和重大科研任务的科技规划与决策情报需求，除定期提供《科技态势监测快报》外，还提供各种专题情报报告 193 份，包括《基础科学研究发展报告》、《空间望远镜技术发展态势分析》、《科技应对气候变化的国际合作现状分析报告》、《中国生物产业发展现状与趋势调研》、《新一代煤炭综合转化利用路线图报告》、《海洋生态系统研究国际发展态势分析》等；同时，全馆情报团队成建制参加“现代科技管理若干重大问题研究”17 个子项目中，配合院先导专项开展量子通信、压缩感知与智能感知终端、低阶煤热解利用关键技术和碳收支观测技术 4 个领域的知识产权态势分析，积极争取重大科研任务的绑定式战略情报研究任务，获得空间科技先导专项、碳排放先导专项、新一代清洁煤先导专项的战略研究子项目。

截至 2011 年底，国科图累计为全院开通数据库 150 个，全院研究所可共享的外文期刊达 15 190种，外文电子图书 34 416 卷/册，外文电子工具书 3 560 卷/册，外文电子会议录 29 385 卷/册，外文电子学位论文近 33 万篇，中文电子图书 40 万余种，中文电子期刊 11 582 种，中文学位论文 151 余万篇，全院科研人员文献全文下载量达到 3386 万次。同时新增国家气象局、中国社会科学院、航空工业发展研究中心、核科技信息与经济研究院、船舶研究院 714 所、兵器工业总公司 210 所等第三方供应渠道。全文传递系统共接受请求 12.9 万篇，满足率 95.7%。坚持用户需求驱动，持续优化集成化知识化服务平台，自主开发的联合目录系统、中国科学引文数据库、跨库检索、机构知识库、所级信息门户、综合科技资源集成登记系统、E 划通等稳定提供服务。结合情报团队需要，初步建成了科技政策、空天、能源、信息、资源环境五个领域的自动动态监测系统；推出了新版的跨库检索系统服务系统；所级信息集成平台和群组知识平台的功能进一步优化。

2011 年，国科图持续参与国家平台资源联合保障与服务体系建设。顺利完成常规数据加工和文献服务工作，承担了文献综合管理系统、联合数据加工系统、国际科学引文数据库、国家科技图书文献中心（简称 NSTL）外文回溯期刊全文数据库二期、NSTL 热点门户建设等多项建设项目；作为主要骨干成员参与的国家科技支撑计划重大项目“面向外文科技期刊文献信息的知识组织体系建设与应用示范”于 2011 年立项，负责和参与的课题取得阶段性进展；兰州分馆、成都分馆、武汉分馆荣获“推介 NSTL 服务工作先进单位”；同时，通过文献信息保障服务和战略性情报研究服务，推进区域信息服务的多层次多元化发展。兰州分馆积极参与西北创新集群的情报研究服务，武汉分馆和成都分馆积极支持长江中上游创新集群的情报研究服务；兰州分馆积极参加甘肃省经济与区域发展的战略研究，参与编写《区域经济一体化理论与酒嘉实践》；成都分馆积极支持绵阳市、德阳市、内江市的科技信息服务，参与“成都物联网产业发展公共服务平台”建设，启动与西藏科技厅和西藏科技信息所的合作项目 2 项；武汉分馆在长期为东湖开发区（武汉光谷）服务的基础上，深化与武汉国家生物产业基地的合作，与中科院湖北产业技术创新与育成中心共同开展产业技术分析工作，共同成立产业技术分析中心。与 Springer、高校数字文献资源采购联盟、中国农科院图书馆和中国医科院图书馆签署合作保存协议，使国科图 Springer 长期保存系统成为首个国家化现期国际电子期刊合作长期保存系统。

2011 年，国科图新成立全馆科学文化传播工作小组和编辑出版工作协调组，协调科学传播和出版工作。全年共组织完成各类科学文化传播活动 300 多场；到馆直接受众达到 6 万人次，专题巡展观众超过 20 万人次；成为《中国科技期刊研究》主办单位，《图书情报工作》庆祝办刊五十周年，《长江流域资源与环境》荣获 2011 年“中国精品科技期刊”；档案馆组织开展了“中科院档案馆成立 10 周年”系列活动，正式启动馆藏档案数字化项目，全年新接收 3 个单位档案进馆，完成档案数字化 68 955 画幅。

国科图是中国科学院现代化研究中心、全国科学技术名词审定委员会事务中心、中国图书馆学会专业图书馆分会、中国科学院自然科学期刊编辑研究会、中国科学院科学传播研究中心的挂靠单位。总分馆主办的科技期刊有《图书情报工作》、《现代图书情报工作》、《化学进展》、《电子政务》、《中国生物工程杂志》、《高科技与产业化》、《科学观察》、《中国文献情报（英文刊）》、《中国科技期刊研究》、《黄金科学技术》、《世界科技研究与发展》、《天然气地球科学》、《地球科学进展》、《天然产物研究与开发》、《遥感技术与应用》、《长江流域资源与环境》和《中国数学文摘》共 17 种。

（撰稿：刘峻明　吕秋培　审稿：张晓林）

新闻出版单位

中国科学报社

社　　长：陈　鹏
地　　址：北京市海淀区中关村南一条乙3号
邮政编码：100190
电　　话：010－82614607
传　　真：010－82614609
电子信箱：office@stimes.cn
网　　址：http://www.stimes.cas.cn

中国科学报社成立于1959年1月。作为中国科学院所属唯一经中华人民共和国新闻出版总署批准的新闻媒体单位，具有主办报纸和期刊的特许出版权和发行权、记者和记者站的管理权、广告经营权和新闻类网站的主办权等。53年来，中国科学报社一贯秉承“科学眼光看世界，世界眼光看科学”的办报宗旨，恪守“求真、求实、求精、求是”的办报原则，坚持“科学性、权威性、思想性”的办报特色，在中国科技界和教育界享有较高的声誉。

中国科学报社目前的媒体产品有“两报”（《中国科学报》、《网络报》）、“两刊”（《科学新闻》、《科学新生活》、“两网”（主办科学网，同时承担中国科学院网站内容的编采工作））。其中，《中国科学报》的前身是1959年创办的《科学报》，1989年更名为《中国科学报》，1999年更名为《科学时报》并确立由中国科学院主管，中国科学院、中国工程院和国家自然科学基金委员会主办，是我国最早的专业类报纸之一，2012年1月1日复名《中国科学报》。目前，《中国科学报》出版周期为周6刊，每日8版，彩色印刷，是面向全国发行的主流科技媒体。

截至2011年底，中国科学报社共有在职职工176人。其中，研究生及以上学历人员64人、采编人员143人、具有高级职称31人、中级及以下职称112人。

2011年，中国科学报社按照“十二五”规划，向着打造名副其实的“中国第一科学传媒”目标迈进，坚持党管新闻、党管干部的原则，坚持“三审三校”制度和全员岗位聘任制度；落实新闻采编业务改革，贯彻《〈中国科学报〉采编条例》，提高新闻作品质量；探索符合报业发展规律的发展道路。

《中国科学报》注重加强选题的策划和实施，不断提升报纸的影响力和品牌认知度。2011年，《中国科学报》全年共出版293期，采编文字量超1800万，版面超2000块，先后完成了纪念建党90周年系列报道、天宫一号与神舟八号系列报道、蛟龙号系列报道、两院院士增选和诺贝尔奖解读等来自新闻一线的重大报道；进一步加强了“科学时评”、“院士之声”和“科学此刻”等品牌栏目建设。积极响应中央关于“走基层、转作风、改文风”活动的有关部署，在头版开辟了“走转改”专栏；创办了《金融》周刊，整合了《读书》、《科学与文化》、《中国生物产业》、《科学与健康》等周刊，探索办刊的新模式。2011年，《中国科学报》在工作布局和版面安排上，旗帜鲜明地加强了对中国科学院、中国工程院和国家自然科学基金委员会中心工作的宣传，先后推出了院国际合作系列报道、院信息化建设系列报道、科研经费院士谈等重点报道，向社会各界传递主流的声音；策划组织院所长访谈系列报道；在院“三公经费”有关问题、院士增选之饶毅事件、空间中心天价内存条事件等敏感问题上，及时发出正面声音，对舆论方向的引导起到了正面、积极的作用，宣传中科院“创新为民”宗旨，践行中科院科学传播使命。

科学网以“构建全球华人科学社区”为目标，在内容建设上加速成长，技术架构上革新变化，流量、影响力实现跳跃式上升。通过对网站技术架构的革新变化，科学网在全球网站中排名突破万名大关，稳定在8000名左右，在中国网站中排名稳定在1000名左右；先后制作了“众议饶毅落选院士”、“方舟子质疑李开复”等新闻专题近30个，推出“蝗虫疫情防治”、“南方科大能走多远”、“‘萤火一号’变轨”、“空气污染与PM2.5”等10次专家在线访谈，完成7次网络直播，新闻频道荣获中国互联网协会授予的“中国互联网品牌栏目”称号。

中国科学报社承担的中国科学院网站中英文内容建设任务，在中科院有关部门的领导下，按照“全面、立体、及时、准确”的建设方针，有力地支撑了261个中文站点和147个英文站点的内容建设；中文主站全年发布稿件超过18 000条，英文主站全年发布稿件1400条；对中科院工作会议、全国两会、公众科学日等重大活动进行了全方位的深度报道，及时准确报道胡锦涛、温家宝等国家领导人在院属单位的视察活动；深入开展了“把服务送到家门口”活动，对部分研究所、分院等院属机构进行了现场培训。2011年12月25日，中科院网站再次荣获“中国政府网站优秀奖”，排名从第5位上升到第3位。

《科学新闻》杂志持续加强采编能力建设，推出了《博士就业嬗变》、《天大解聘“千人”后遗症》、《学术道德委员会：为与不为》等一系列有一定建设性和影响力的深度报道。不断丰富和完善“学界”、“技术财富”、“天下”等固定栏目，不断加强稿件质量管理，并适时开设了“实验室”、“人物”等新栏目。

《科学新生活》杂志坚持正确舆论导向，适时推出了“百年辛亥革命”系列报道、“中国1921”建党90周年系列报道，组织了娱乐八卦的正面系列报道——“学传统文化的年轻人”等；策划重大测评专题——芝麻酱测评、水牛奶测评、卫生巾测评等，加强了生活信息服务的科学性。

2011年，中国科学报社参与承办了“我心中的中国科学院”征文活动，活动收到包括师昌绪、吴征镒等20多位院士在内的社会知名人士来稿，分别组织了中科院院长、党组书记白春礼在人民网、腾讯网、新华网的在线访谈，三次网友走进中科院活动，充分利用了网络媒体的优势，为宣传中国科学院进行了新的尝试。

2011年，中国科学报社承担了院舆情监测平台的建设工作。通过与计算所磨合天玑大规模网络信息监测系统，完成了10 000余个监测源的确定，广泛收集国内外针对中科院工作的各种评价信息，以及具有竞争性和参考性科技单元的重要动向，累计编发《中国科学院舆情摘报》近20期。

2011年，在中科院党组的领导下，中国科学报社党委以“组织学习年”为主题，全年共组织开展各类学习近30次；开展了党员赴上饶纪念建党九十周年系列学习教育活动，全社党员“重温入党誓词”；组织了庆祝建党九十周年歌咏比赛，重温革命历史，增强了对中国共产党的光辉历史的认识。

在国际合作方面，中国科学报社先后强化了与爱思唯尔、盖茨基金会、汤森路透、理文编辑、施普林格等的战略合作；支持并推动员工出国进修、参加专业培训；与越南科技部科技活动杂志社就相关合作事宜进行了交流。

（撰稿：刘洪胜　徐雁龙　审稿：林　珺）

其他机构

行政管理局

局　　长：吴建国
地　　址：北京市海淀区中关村南三街15号
邮政编码：100086
电　　话：010－62571850
传　　真：010－62560929
电子信箱：office@caseab.com
网　　址：http://www.caseab.com

中国科学院行政管理局（以下简称“行管局”）始建于1955年，是中国科学院机关职能部门，1991年机构改革成为院直属事业单位。

行管局主要负责院京区的科研后勤保障和公共事务管理工作，已形成置业物业、学前教育和科学文化传播三大产业，并推进高新技术产业服务平台建设，为支撑科研院所科技创新、改善科研人员生活环境以及维护所在地区和谐稳定均发挥了重要作用。

行管局现有7个职能部门、1个下属单位和8个控股公司。截至2011年底，共有在职员工1364人，其中管理人员67人、服务和支撑保障人员1297人。

2011年，在院党组的关怀和支持下，行管局深入贯彻落实科学发展观，继续秉承“一心为人民、全力谋发展”的指导思想，以“5年再造一个行管局”为奋斗目标，以“人才、人气、人心”战略实施为抓手，紧密围绕“创新2020”和“3H工程”，结合对中国科学院“大后勤”模式的探索和创新的思考，规划“十二五”发展路线，推进主体产业升级，打造后勤支撑队伍，加强基层党组织建设和创新文化建设，各项工作均取得了显著的成绩。

2011年，局党政领导班子以提升院行政后勤工作水平为己任，扎实开展思想建设、组织建设、能力建设、制度建设和反腐倡廉建设。认真学习贯彻党的十七届六中全会和胡锦涛总书记“七一”讲话精神，主动加强政治理论修养，围绕创建先进文化，坚持每季度开展党委中心组专题学习、按期召开民主生活会，深入推进学习型领导班子建设，强化领导班子的宗旨意识和服务意识。加强整顿机关作风建设，组织领导干部开展反腐倡廉教育活动，认真学习贯彻《中国共产党党员领导干部廉洁从政若干准则》，积极推进《党风廉政建设责任制实施细则》的具体落实。

2011年，行管局继续深入推进人才系统工程。一是建立了事业编制岗位动态管理工作机制，成为落实“人才、人气、人心”战略的有效途径之一；二是进一步完善人才遴选与淘汰机制，审核认定各类人才227人，引进专业技术及管理岗位人才149人，聘任各类岗位人才174人；三是就一步加大人才培养工作力度，投入人才队伍建设经费269万元，举办各种培训班77期，参加各种培训8005人次；四是完善局控股公司经营高管的绩效管理办法，建立有效的激励和约束机制；五是开展薪酬市场调研与薪酬调整工作，进一步完善绩效考核体系、优化分配模式。

2011年，在物业置业产业方面，北京科住物业管理有限公司（以下简称“科住物业公司”）实现营业收入和营业利润较上一年度分别增长了37%和33%，新增物业管理项目9个。目前，科住物业公司在管科研办公区项目30多个，服务院内20多家单位，其中“国优”项目1个、“市优”项目5个，管理面积350万平方米，同时，代院管理200万平方米的老旧生活小区。2011年9月—10月，科住物业公司成功承办了“院科研物业服务保障工作研讨会”和“中科院部分院所行政后勤工作交流会”，对进一步推动院科研行政后勤体系建设、提升科研后勤管理与服务水平起到了积极的作用，受到了与会单位的一致好评。2011 年 11 月，科住物业公司被权威机构评为中国物业百强企业。

2011 年，为解决廊坊工厂历史遗留问题，积极与职工进行政策和思想沟通，与大多数居民达成拆迁协议，基本完成了所有拆迁任务。同时，完成了廊坊科通嘉园项目的前期销售工作和廊坊科技谷项目的前期准备工作。另外，为积极配合院推动“3H 工程”，2011 年完成了北郊科学园南里三、七、九区及锅炉房改造项目调整控制性规划公示工作，并启动了中关村建设项目前期规划，为改善区域环境、解决中国科学院科技人才住房问题起到了有效的推动作用。

学前教育产业方面，2011 年，中科启元教育科技投资有限公司（以下简称中科启元公司）实现营业收入和营业利润较上一年度分别增长了 38% 和 32%。目前，中科启元公司共举办、签约幼儿园 15 所，合作办园、加盟园 18 所，开办专业亲子园 2 所，成立了儿童发展中心，在园孩子 3000 多人。中科院第三幼儿园在已经拥有北京市一级一类园资质的基础上，又获得北京市示范幼儿园的荣誉称号。

2011 年，中国科学院幼儿园共接收京区院内系统 660 名职工孩子入园，占在园幼儿总数的 44%。同时，行管局积极与海淀区政府共商整合中关村早期教育资源，为解决广大科研人员子女入园入学教育后顾之忧提供了优质服务和后勤保障。

科学文化传播产业方面，已形成了具有中科院文化和特色的科考旅游和科普传媒业务，积极参与推动科学知识、科学精神、科技成果的广泛传播。

同时，行管局成立了中科行发投资控股有限公司，建立对局属企业实行符合市场运行规则和发展规律的管理体制机制，对局属企业进行了全面清理和股权整理，进一步完善“法人治理、事企分开、责权清晰、绩效优先”的工作体系。

行管局进一步加强基本建设，改善公共支撑条件，提升了科研保障的水、暖、电、气配置水平。一是完成投资 1600 多万元，完成了中关村地区 2、4 号配电站的供电系统升级改造并投入运行，并于年底前完成物理所变配电室发电和电缆切改工作，满足了中关村科研区的用电需求，全年无供电安全事故；二是完成投资修购专项资金 2700 万元，实施中关村供热系统的煤改气工程，改善供暖条件。部署北郊奥运园区供电、供暖等基础设施升级改造，进一步提升广大科技人员和社区居民的居住环境和生活品质；三是完成投资近 300 万元用于大中修工程，对中国科学院辖区内的科研区和生活区进行了涉及水暖电、房屋、道路等方面、多达 50 项的维修改造，受到广大居民的一致好评。

局地合作方面，一是配合院启动“3H 工程”前期工作，沟通、协调政府相关部门，探索破解京区职工住宅建设瓶颈难题，推动中关村教育资源整合，尝试与医院合作共建医疗绿色通道；二是坚持“一局三村”（行管局、中关村、亚运村和奥运村）联席会议制度，形成有效的沟通渠道和综合治理工作机制。议定、协调行政后勤保障工作中的共性问题，推进安全社区、卫生社区与和谐社区建设，为院京区各科研单位营造优质的工作和生活环境；三是继续做好内蒙古卓资县“五个一”帮扶贫困工作。截至 2011 年底，行管局已向卓资县捐款 70 多万元，用于救助贫困大学生、帮扶村民脱贫致富等项目。

2011 年，行管局党委紧密围绕纪念建党 90 周年的主题，以推进创先争优活动为重点，以“五比五创”为载体，以构筑和谐文化为平台，大力开展基层党组织建设，在实践中探索基层党建工作的新途径、新思路、新方法，荣获“2011 年度京区党建创新工作奖二等奖”。组织开展各类专题学习、技能培训、读书学习、文体活动，做好党员队伍教育与组织发展工作，全局现有党员 550 名，其中：2011 年发展党员 17 名，11 名转正。深入开展反腐倡廉教育，修订《党风廉政建设责任制实施细则》、落实《党务公开实施细则》，认真开展反腐倡廉量化评价相关工作，坚持内控制度检查和内部审计，维护风清气正的工作环境。在局党委的支持下，以优异成绩顺利通过院工会“合格职工之家”验收。

2011 年，行管局进一步加强创新文化体系建设，倡导“建设精神家园”的文化理念，组织参加了丰富多彩的文体活动并取得了好成绩，其中：参加院京区纪念建党 90 周年红歌演唱会并荣获二等奖，参加院第十三届职工田径运动会并获得院京区团体总分第七名的历史佳绩。

（撰稿：蒙　俊　翟秋翌　审稿：占　剑）

青岛疗养院

院　　长：万述鉴
地　　址：山东省青岛市南区珠海路 1 号
邮政编码：266071
电　　话：0532－85967888
传　　真：0532－85968780
电子信箱：swan@public. qd. sd. cn
网　　址：http://www. zylhotel. com

中国科学院青岛疗养院（以下简称“青岛疗养院”）始建于 1956 年，原址为青岛栖霞路 12 号、15 号两处院落，时称中国科学院青岛休养所，隶属中国科学院海洋研究所代管。“文化大革命”前后，海洋研究所将栖霞路 12 号改为海洋所同位素实验室及职工宿舍，休养所停办。1978 年 5 月 18 日，邓小平同志亲自圈阅了中国科学院《关于恢复中国科学院青岛疗养所和建立庐山疗养所的请示》（〔78〕科发计字 0713 号文），遂改为中国科学院直属事业单位。1983 年改称中国科学院青岛疗养院。继之，中科院批准在青岛选址（辛家庄）征地扩建新院；但，几经波折，功亏一篑，1988 年，在国家压缩基建项目形势下，终以“缓建”告结。

1992 年，青岛市政府土地管理局以青土管字（1992）第 49 号文《关于收回科学院青岛疗养院征而未用土地的通知》“收回”新址土地。面对危局，时任副院长万述鉴抓住机遇，锐意进取，在科学院没有任何资金投入的情况下，果断提出“自行集资扩建新的疗养院”意见。1993 年，中科院正式批复了《关于集资扩建中国科学院青岛疗养院协议书》。嗣后，历尽七年坎坷、磨难、曲折之路，1999 年 5 月，疗养院新址竣工并投入使用。同年，根据中国科学院指示，将栖霞路 15 号旧址全部移交中国科学院海洋研究所管理使用。

青岛疗养院（致远楼宾馆）现位于青岛市东部政治、经济、文化、商贸中心地带，康复中心楼高 15 层，建筑面积 15 000 平方米，绿化面积达 19 000 平方米；拥有海景山景标准间、商务间、普通套房、豪华套房等 277 套，有会议室、餐厅、无柱多功能厅、商务中心等服务设施，还有能停放百余辆机动车的大型停车场，是一座闹中取静的田园式三星级涉外宾馆。

青岛疗养院与致远楼宾馆为一个单位两块牌子，设一室八部（总经理办公室、人事部、前厅部、客房部、餐饮部、财务部、保安部、工程部、营销部）。截至 2011 年底，现有事业编制在职职工 9 人，合同制员工 180 余人，其中中级技术职称 6 人、高级技术工人 8 人、中级技术工人 20 人。

青岛疗养院（致远楼宾馆）的经营方针是自力更生、艰苦奋斗、创新创业，经营方式是既为中国科学院服务，又面向社会赢利。为迎接 2008 青岛奥帆赛，自筹资金 1000 万元全新装修，2007 年 12 月获得山东省卫生厅颁发的“餐饮业卫生信誉度 A 级单位”称号，2009 年底获得青岛市卫生局卫生监管局颁发的“公共场所卫生信誉度 A 级单位”称号，2008 年年底竞标取得“财政部 2009—2010 年党政机关事业单位出差和会议定点饭店”资质后，2010 年再次竞得“财政部 2011—2012 年党政机关事业单位出差和会议定点饭店”资质。

2011 年继续发挥为中科院各院所提供会议及疗休养的后勤保障作用，成功接待了院属单位知识产权培训、院计划财务局新到岗人员培训班、国科控股会议及人教局干部疗养团、陕西水土保持所疗养团等，为参会、疗养的各位领导提供了全方位的优质服务，获得了主办单位的好评。同时积极开拓社会市场，联系各地旅行社及会议公司等 710 余家，截至 2011 年底共与 51 家网络订房公司签订了网络合作协议。为增强员工社会责任感和企业文化教育，11 月份组织了“温暖贵州扶贫活动”，到贵州铜仁地区煎茶镇扶贫助学，给那里的孩子们送去学习及生活物品，员工们徒步 3 个多小时崎岖山路，把物品背上去亲自送到孩子和老师手中。每位中层管理人员结对助学一位贫困家庭的孩子。对此，《半岛都市报》、《遵义日报》、进行了连续报道，青岛市《半岛都市报”》还派记者随行，此行既教育了员工也树立了企业的社会形象。2011年依然加强成本管理，发动全体员工开源节流、增收节支，成本控制取得显著效果，同比去年收入增长18%，成本费用却相对下降了5%。在硬件方面，利用自有资金更新改造了客房的设施设备，提高了客房档次和入住舒适度。通过内练素质，外树形象使内部管理、市场营销和接待服务工作取得了较好的成绩。2011年共实现营业收入1120万元（2010年预算收入1035万元，完成率108.20%），经营净利润为59.32万元，上缴国家税金103.40万元。

（撰稿：张建华　李　霞　审稿：万述鉴）

庐山疗养院

院　　长：张纪文
地　　址：江西省庐山芦林52号
邮政编码：332900
电　　话：0792－8282529，0792－8281940
传　　真：0792－8281412
电子信箱：hanpokoubinguan@sina.com
网　　址：http://www.hpkbg.com

中国科学院庐山疗养院（以下简称“庐山疗养院”）组建于1978年6月6日，其前身是著名的地质学家李四光先生的工作站。1970年修庐山山南公路时，民工烧火做饭时不慎失火，将工作站烧毁。1978年6月经邓小平、李先念、汪东兴、纪登奎、王震、谷牧等中央领导批示同意，在原址重建。1985年5月9日经中国科学院批准，更名为中国科学院庐山疗养院。

截至2011年底，庐山疗养院共有在职职工30人，其中管理岗位12人、技术岗位2人、工人16人；设有办公室、营销部、客房部、餐饮部、后勤部等管理机构。

庐山疗养院坐落在环境优美的芦林湖畔，与著名的含鄱口景区相邻，是游览五老峰、三叠泉、三宝树、毛主席旧居景点的好住处，并且是到含鄱口观日出、观鄱阳湖的最佳住处。疗养院内布局独特，为花园式庭院格局，环境典雅、舒适、宁静、空气清新。院内有天然矿泉水，经国家有关部门鉴定，该矿泉水含有10多种对人体有益的微量元素，尤其对心脑血管病人有显著疗效。

庐山疗养院园区面积有20 000平方米，有四栋别墅疗养楼，拥有观景套房、豪华标间、豪华单间、普通标间等130套，设有宴会厅、小餐厅、贵宾厅、各式包厢，还配有大、小会议室数间等其他配套设施。

2011年是我国“十二五”规划的开局之年，也是中科院“创新2020”试点启动全面推进的一年。庐山疗养院坚持以党的十七大精神和“三个代表”重要思想为指导，全面落实科学发展观，围绕年初制订的工作目标，以市场为导向、细化管理为手段，稳抓经营和管理，克服各种不利因素，顺利地完成任务指标，取得了历年来最好的成绩。

2011年，庐山疗养院共接待客人6018人次，其中中科院客人占总人次的67.52%，各网站客人占总人次的32.18%，其他客人占总人次的3%，每批疗养团和会议对疗养院周到、细致的服务感到十分的满意，在离开疗养院时纷纷留下热情洋溢的感言。

2011年，庐山疗养院预算收入152.28万元，预算执行率为100%。实现经营收入209万元，比2010年增长49万元。

（撰稿：曹俊升　刘　莉　审稿：梅庐溪）

院直接投资的控股企业

中国科学院国有资产经营有限责任公司

董 事 长： 施尔畏
总 经 理： 王　津
地　　址： 北京市海淀区北四环西路9号银谷大厦702
邮政编码： 100190
电　　话： 010－62800118
传　　真： 010－62800120
电子信箱： casholdings@rose.cashq.ac.cn
网　　址： http://www.casholdings.com.cn

经国务院批准，中国科学院国有资产经营有限责任公司（以下简称“国科控股”）于2002年4月12日注册成立，代表唯一出资人——中国科学院，统一管理院、所两级的经营性国有资产。国科控股统一负责对院属全资、控股、参股企业有关经营性国有资产依法行使出资人权利，承担相应的保值增值责任；根据《中国科学院章程》，对中国科学院所属事业单位占用的经营性国有资产的营运行使监管权；受中国科学院委托，代管中国科学院青岛疗养院、庐山疗养院和科技促进经济基金委员会；负责中国科学院联想学院日常组织管理工作。

国科控股主体业务划分为持股企业运营管理、基金投资与战略性直接投资、院属事业单位经营性国有资产监管三大板块，致力于成为国内优秀、国际知名、有鲜明科技特色的国有资产控股经营公司。

公司第四届董事会由8人组成，施尔畏任董事长，王津任执行董事；第四届监事会由5人组成，李志刚任监事会主席；经营班子由6人组成，王津任总经理；中国科学院企业党组由7人组成，王津任书记。截至2011年底，国科控股共有在册员工28人，兼职及返聘3人，设有综合管理部、财务与稽核部、股权管理部、资产营运部、资产监管部及中共中国科学院企业党组办公室等6个部门。

截至2011年底，国科控股注册资本51亿元，资产总额为113亿元，净资产112亿元。国科控股持股企业共34家（比上年减少1家），其中全资和控股企业21家（表1）。

表1　国科控股持股企业及股权比例情况

序号		公司名称	成立日期	股权比例/%
全资及控股企业	1	联想控股有限公司	1984.11.09	36.00
	2	中科实业集团（控股）有限公司	1993.06.08	35.00
	3	东方科学仪器进出口集团有限公司	1983.10.22	48.01
	4	中国科技出版传媒集团有限公司	2005.06.21	100.00
	5	中国科技产业投资管理有限公司	1987.10.17	60.67
	6	北京中科科仪股份有限公司	2011.12.16	50.68
	7	北京中科院软件中心有限公司	2001.09.17	65.25
	8	中科院建筑设计研究院有限公司	2001.10.24	51.00
	9	北京中科资源有限公司	2001.12.07	45.92
	10	中国科学院沈阳计算技术研究所有限公司	2001.06.25	60.00

续表

序号		公司名称	成立日期	股权比例/%
全资及控股企业	11	中国科学院沈阳科学仪器股份有限公司	2011.12.22	55.00
	12	南京中科天文仪器有限公司	2001.11.28	60.00
	13	中科院广州化学有限公司	2001.12.21	65.00
	14	中科院广州电子技术有限公司	2001.12.30	87.92
	15	中国科学院成都有机化学有限公司	2001.06.08	65.00
	16	中科院成都信息技术有限公司	2001.06.26	62.61
	17	成都中科唯实仪器有限责任公司	2001.10.16	81.20
	18	中科院科技服务有限公司	2002.12.25	65.00
	19	上海碧科清洁能源技术有限公司	2009.01.21	51.00
	20	深圳中科院知识产权投资有限公司	2009.02.03	85.70
	21	国科嘉和（北京）投资管理有限公司	2011.08.24	41.00
参股企业	22	北京中科普惠科技发展有限公司	2002.12.02	25.00
	23	北京东方阳光科学教育服务有限公司	2002.01.28	30.00
	24	北京中科创嘉人力资源咨询有限公司	2002.07.03	30.00
	25	北京中科院国际学术交流中心有限公司	2001.12.18	20.00
	26	北京中科国金工程管理咨询有限公司	2002.06.25	5.99
	27	北京中生可利检验医学技术有限责任公司	2006.10.13	33.33
	28	沈阳高精数控技术有限公司	2005.01.28	34.88
	29	长春国科彩晶光电有限公司	2004.11.01	35.00
	30	华建电子有限责任公司	1997.06.03	6.00
	31	中国技术交易所有限公司	2009.08.08	10.71
	32	中国科技出版传媒股份有限公司	2011.05.12	0.91
	33	国科瑞祺物联网创业投资有限公司	2010.07.22	16.67
	34	广东国科创业投资有限公司	2010.10.28	16.67

2011年，院、所投资企业受全球经济二次探底、欧债危机以及国内资本市场下滑等不利因素的影响，营业收入增速有所回落。全院纳入统计范围的427家院、所投资企业营业收入2432亿元，同比增长8.9%；利润总额105亿元，同比增长4.6%；净资产518亿元，同比增长10.4%；院经营性国有资产权益为192亿元，同比增长14.3%。其中，院直接投资企业实现营业收入1946亿元，同比增长25.9%；利润总额58亿元，同比增长26%；国科控股权益202亿元，同比增长24.7%。截至2011年底，研究所投资企业股权社会化整体完成509家，完成率89%；院、所投资企业共有20家上市公司，比上年新增2家；营业收入超过1亿元的企业有65家。

国科控股遵循“苦练内功，夯实基础；抓住机遇，重点突破”的工作思路，积极推动中国科学院经营性国有资产经营管理。2011年7月，经国务院批准，以中国科学出版集团为主体，联合人民邮电出版社、电子工业出版社，组建成立了中国科技出版传媒集团和中国科技出版传媒股份有限公司，进一步加强了核心能力、公司治理和内控体系建设，为上市融资、做强做大奠定了基础。北京科仪、沈阳科仪也先后于年底整体改制设立为股份有限公司。

以战略管控为核心的控股企业动态监管工作成果显著。两批 14 家企业战略规划全面实施，企业核心能力得到有效提升，企业间战略协同成效显现；实施了涵盖经济增加值（EVA）指标的控股企业高管经营业绩考核办法，取得积极成效；实施了《国科控股控股企业人才引进基金管理暂行办法》，支持了 4 家控股企业 8 名经营管理骨干的引进工作。

根据国科控股“五年规划纲要”，2011 年发起和参与投资私募股权投资基金 4 支，基金投资累计已达 13 支；相关基金已投资 72 个项目，有 5 个已成功上市；成功召开国科控股投资基金管理人研讨会，发布了首期“中科院所属企业投资项目信息”，在积极助推中国科学院成果转移转化和规模产业化的同时，加强了对投资基金的增值服务，有效提升了国科控股作为国有机构投资人在私募股权投资界的知名度和影响力。

按照“巩固阵地、扩大战果、攻克堡垒”的方针，继续开展不良企业清理，当年完成清理和正在清理的不良企业共 89 家，不良企业清理累计完成率达到 84.7%；通过调研，积极探索新形势下中国科学院经营性国有资产监管体系建设模式。完成了院所投资国有及国有控股企业“小金库”专项治理的督导抽查工作。积极解决转制企业历史遗留问题，为企业发展解除了后顾之忧。

中国科学院联想学院顺利举办了特训班、实训班、研修班等共 12 个班次及 2 期创业大讲堂，累计培训 3550 人次。深化开放联合的办学模式，江苏分院顺利落户常州，与天津市合作举办创业导师班，在安徽、新疆等地组织研修班培训，有效助推院地合作；结合国有资产监管现实需求，开展了研究所资产管理公司监管队伍专项培训，取得了良好效果；联想之星班办学模式日渐成熟，天使投资累计支持了 21 个项目，投资额达 1.5 亿元，与高新技术产业开发区的结合日益密切。

（撰稿：周　湧　刘尚贤　审稿：王　琪）

联想控股有限公司

董 事 长：柳传志
总　　裁：柳传志
地　　址：北京市海淀区科学院南路 2 号融科资讯中心 A 座 10 层
邮政编码：100190
电　　话：010－62509999
传　　真：010－62501056
网　　址：http://www.legendholdings.com.cn

联想控股有限公司（以下简称“联想控股”）1984 年由中科院计算所投资 20 万元人民币，柳传志等 11 名科研人员创办。2011 年，联想控股综合营业额 1831 亿元，总资产 1505 亿元，员工总数 4.5 万人，其中国际员工 7800 人。

联想控股采用母子公司组织结构，业务范围涉及 IT、房地产、消费与现代服务、化工新材料和现代农业五个板块，下设联想集团、君联资本、融科智地、弘毅投资、联泓控股、联合保险、神州租车、拉卡拉、苏州星恒等十几家子公司。联想控股目前股东为中国科学院国有资产经营有限责任公司、北京联持志远管理咨询中心、中国泛海控股集团有限公司、联想控股的管理层和员工等。

作为联想系企业的旗舰，联想控股现已全面开展战略投资业务，希望以资本为平台，通过价值创造，在多个行业内打造出更多的领先企业，贡献于中国经济。此外，联想控股还承担着公司总体资金管理，以及子公司战略方向的统一协调与指导等战略功能。

目前，联想控股的业务包括核心资产运营、资产管理和“联想之星”孵化器投资三大板块。联想控股于 2009 年制订了中期发展战略，未来将通过投资购建核心运营资产，实现企业跨越性增长，并计划于 2014—2016 年成为上市的控股公司，贡献中国经济。目前，联想控股的核心资产涉及 IT、房地产、消费与服务、化工新材料和现代农业，与资产管理板块（含君联资本、弘毅投资）、“联想之星”孵化器投资形成良好的互动。资产管理板块将持续创造现金流，以支撑核心资产的投资，而后者创造出的业绩再支持联想控股整体战略；同时，资产管理和孵化器投资业务还扮演了核心运营资产项目储备库的角色。

联想集团在2004年成功并购IBM PC业务后发展迅速，2011/2012全财年营业额达296亿美元，在《财富》世界500强中名列第370位。截至2011/2012全财年，联想集团已连续十个季度在全球前四大电脑厂商中增长最快，在中国的市场占有率达32%，稳居领导地位，在全球市场占有率已达12.9%，成为全球第二大PC厂商。

2001年，君联资本开始专业从事风险投资业务，目前管理基金的规模超过130亿人民币，已投资近150家公司，成功培育了20家上市公司和一大批行业领先企业，有力地推动了产业进步和社会发展，并为投资人创造了优异的财务回报，成为业内领先的风险投资机构。

2001年，专注于住宅开发和为企业客户服务的融科智地成立，目前拥有12家区域公司，布局19个城市，拥有600万平方米土地储备、40余万平方米优质物业资产，拥有总资产近200亿人民币。

2003年，专事私募股权投资的弘毅投资成立，经过9年的发展，弘毅投资管理的资金规模达450亿人民币，至2011年12月累计投资超过60个项目，打造培育了一批行业的领先企业。截至2011年底，弘毅所投资的企业的资产总额达11 200亿元人民币，整体销售额3300亿元人民币，利税总额250亿元人民币，提供就业岗位超过26万个，已成为中国规模最大的PE机构之一，在全球PE界受到广泛关注。

联想控股2009年开始了全新的中期发展战略，并在消费与现代服务业、化工新材料和现代农业等领域积极布局，购建了一批有很好发展潜力的核心运营资产。

在消费与现代服务领域，主要投资方式为并购已有一定规模的企业，目前已投资神州租车、拉卡拉，北京联合保险经纪、苏州星恒等公司，同时在酒业板块积极布局。

在化工新材料领域，重点投资具有发展前景的新型化工产业、盐化工产业，发展产业链下游的精细化工、化工新材料，做有规模、有影响力、有综合竞争力的化工产业集群。目前已拥有神达化工、昊达化学、中银电化、郭庄矿业等四家子公司和常州精细化学品研发中心。

在现代农业领域，联想控股将持续为消费者提供安全、高品质的农产品和食品，最终成为值得信赖的中国领先品牌。农业板块将系统性寻找投资机会，有步骤的拓展细分领域，打造跨领域的行业领先企业，并将实现全产业链运作，形成值得信任的农业品牌。目前，公司已在高端水果领域中积极开展了布局。

与此同时，联想控股结合自身28年的企业发展实践以及在中国本土开展投资业务10多年的投资服务实践，正在积极进行高科技成果产业化的推动和早期科研成果的孵化，在中国科技成果转化的问题上寻求实质性突破，解决人才瓶颈。

联想控股2008年开始与中国科学院合作发起并创办“联想之星”，通过“创业培训＋天使投资”的业务模式，积极进行高科技成果产业化的推动和早期科研成果的孵化，将专业投资机构和培训机构的优势结合，全面解决科技创业所面临的人才、资金、资源等困难。截至2011年，“联想之星创业CEO特训班”已培养超过200名学员，“联想之星创业大讲堂”直接受众5000人。2009年联想控股出资设立首期4亿元人民币的天使投资基金，专注于初创期科技创业企业投资，专注于先进制造、生物与医疗、TMT和移动互联三个领域。目前已投资了数十家初创企业，总投资额1.5亿人民币。

经过28年的发展，联想控股在以下四个方面取得了一些成绩：率先走出中国科研院所的高科技产业化道路，积极推动了中国高科技产业化的发展；成功实施了产权机制改革，为科研院所高科技企业的机制改革开创了道路；和国际品牌竞争中取得成功，为中国企业实现国际化积累了宝贵的经验；总结了企业管理的一般规律，形成了联想的核心竞争力，培养了一批领军人物，开创了新的业务。

联想控股的愿景是以“产业报国”为己任，致力于成为一家值得信赖并受人尊重，在多个行业拥有领先企业，在世界范围内具有影响力的国际化控股公司。

（撰稿：丁飞洋　审稿：邹　博）

中科实业集团（控股）有限公司

董 事 长：周小宁
总　　裁：张国宏
地　　址：北京海淀区苏州街3号大恒科技大厦南座15层
邮政编码：100080
电　　话：010－82569888
传　　真：010－82569875
电子信箱：yinx@csh.com.cn
网　　址：http://www.csh.com.cn

中科实业集团（控股）有限公司（以下简称“中科集团”）是中国科学院所属的大型高科技企业集团，成立于1993年，原名中科实业集团公司。1997年底，中科实业集团公司更名为中科实业集团（控股）公司。2008年6月6日，中科实业集团（控股）公司完成整体改制，名称变更为中科实业集团（控股）有限公司，成立了首届股东会、董事会、监事会。

中科集团本着“做强做大三大主导产业，建好管好环保投资项目”的经营方针，大力发展环保产业，调整结构，同时开辟新领域，投资新项目。目前中科集团在新材料、能源环保、房地产开发与管理、光机电一体化及IT等领域拥有十余家具有相当规模的大型高技术企业。截至2011年底，全集团的总资产规模约80亿元人民币，公司员工人数约800人。

中科集团战略定位于高技术及相关产业的投资和市场开发，为科技成果的市场化、规模化、产业化不懈努力；我们的宗旨是通过智慧和劳动服务社会，回报股东，报效祖国。

随着中科集团环保产业发展目标的明确，2011年顺利完成环保资产结构调整，为中科集团在环保产业中的技术选择提供了更加灵活的空间，进一步明晰和坚定了集团环保产业的发展战略。

2011年，中科集团在融资方面实现了重大突破，在银行间市场交易商协会完成了申请注册短期融资券和中期票据分别6亿元人民币的额度，并于2012年3月完成了首次发行，以较低的成本募集了9亿元人民币。这项工作极大拓宽了中科集团融资渠道，打造了融资平台、实现资金统筹管理，为增强集团凝聚力和控制力提供了坚实保障；同时也为下属持股企业的项目建设和技改提供了资金保障，进一步优化了集团的债务结构。

2011年，中科集团继续加大人才队伍建设力度，从外部引进优秀人才，做好内部人才培养工作，对人力资源和组织机构进行优化调整。加强重点企业领导班子建设，做好内部后备干部的培养和选拔工作。本年度新提拔两名副总裁，公司总部经营班子得到优化和加强。

在培训方面，加大对集团总部及控股公司高层管理人员的培训开发力度，积极探索有效培训方式，促进员工发展和提高个人绩效。

2011年，中科集团党委按照京区党委和企业党组的要求，以支持、服务、保障企业经营工作为目标，以求真务实的精神开展基层党建工作，努力践行“报效祖国、回报股东、丰富人生”的企业文化，为中科集团持续健康发展提供有力的思想保障和组织保障。

2011年度，中科集团取得了良好的经营业绩，比上年有较大增长。全年实现营业收入57.41亿元，同比增长96.81%。

本年度中科集团独立取得循环流化床锅炉焚烧垃圾发电降低掺煤比技术重大突破。此举标志着中科集团具备独立运营垃圾电厂技术实力，在煤价日趋上升的环境下，对提升环保产业经济效益、改善盈利模式具有重大战略意义。

中科集团坚定信心，明确战略，在新材料、能源环保、房地产开发与管理、光通讯及其他领域拥有多个重点投资企业。

在新材料领域，北京三环新材料高技术公司（以下简称“三环公司”）作为中科集团新材料板块最重要的投资企业，2011年合并报表实现营业收入52亿。

三环公司多年来着重加强技术创新和知识产权工作力度，加大研发投入，使得公司产品继续向国际高端市场发展，进一步提升稀土永磁产品技术水平，加快推进产业升级，巩固在稀土永磁领域的龙头地位。在全球 VCM 领域占据 15% 左右的市场份额，在计算机硬盘主轴驱动电机领域占有 50% 的市场份额；拥有日立金属公司和美国麦格昆磁公司专利许可，60% 以上产品出口到美、欧、东南亚等发达国家和地区的稀土永磁主流市场。

三环公司在融资方面也有所突破，拟定向增发不超过 2700 万股股票。目前中科三环增发的申请已经获证监会无条件通过，近期将择机增发。

中科集团在能源环保领域本着“进入、站稳、扩大成果”总体思路，经过十年不断尝试、探索、调整，取得良好成绩。2011 年是中科集团环保产业充实、巩固，蓄势的一年。

宁波中科绿色电力有限公司 2011 年运营情况良好。#2 焚烧锅炉技改为纯烧垃圾的锅炉，为垃圾量、补贴价格、电价的争取奠定了坚实的基础；也使宁波中科极大地降低了对煤的依赖，对宁波中科乃至中科集团环保产业的经济效益的提升、经营及盈利模式产生了战略性的影响。

慈溪中科众茂环保热电有限公司 2011 年运营情况良好。二期#4 炉扩建工程顺利推进；#1 炉技改效果良好；垃圾渗滤液处置工程完工；积极推动集中供热工程，各项工作稳步推进。

汾阳中科渊昌再生能源有限公司作为中科集团第一个自建项目，经过前期周密准备，筹建队伍、建章立制，并迅速投入工程建设。2011 年 12 月，汾阳中科提前 70 余天完成土建正负零，预计于 2012 年底建成投产。该项目的如期推进标志着中科集团已经具备独立建设电厂的能力。

房地产领域形势严峻，北京中关村科学城建设股份有限公司作为中科集团本领域的核心企业，2011 年受国家宏观调控政策影响，建设住宅项目没有形成新的收入，业绩不佳，全年实现收入 4. 58 亿元。

光通讯领域，上海中科股份有限公司 2011 年经营达到历史最好时期，所属企业全面盈利，全年实现营业收入 3. 57 亿。

2011 年，上海中科继续围绕光通讯无源和有源器件及精密机械配套件的研发、生产和销售，市场竞争力增强，产业规模不断提升。目前，上海中科围绕光通讯产业已经确立新的战略目标，立足培养核心竞争力，形成进入证券市场能力。

其他参股企业发展良好。中国大恒公司、中科工程管理总公司、成都地奥等其他参股企业经营稳定，盈利情况良好。

2012 年，中科集团将继续秉承“安全、发展、富裕”的经营理念，充分利用国内外经济形势，直面机遇和挑战，突出优势，规避风险，稳中求进，稳中求成，争取更好的经营业绩。

（撰稿：秦　怡　尹　潇　审稿：张国宏）

东方科学仪器进出口集团有限公司

董 事 长：王　津

总　　裁：王　戈

地　　址：北京市海淀区阜成路 67 号银都大厦十四层

邮政编码：100142

电　　话：010 - 68725599

传　　真：010 - 68726610

电子信箱：osic@ osic. com. cn

网　　址：http://www. osic. com. cn

东方科学仪器进出口集团有限公司（以下简称“东方科仪”，英文简称“OSIC”）成立于 1980 年，是由中国科学院控股的大型专业外贸企业。经过 30 年的经营发展，公司由单纯的代理进出口贸易发展成为集进出口代理和招标业务、高科技产品出口和项目承包业务、科技租赁业务、国内代理分销和运营业务、投资理财和资本运营业务五大板块为一体的大型技工贸集团公司。截至 2011 年底，公司所属控股、参股企业 17 家，共有员工 527 人，其中大专以上学历者约占 93% 。

东方科仪的定位是：“以人为本，科学管理。以客户需求为导向，立足中国科学院，面向全国以“政、产、学、研”为核心的广泛客户，提供以进出口服务为核心，辅以招标、代理销售、成套出口、科技租赁、物流配送、实业运营、咨询等综合多元化服务，将实业经营和资本运营手段相结合，把公司建设成为“一业为主，相关多元”发展的企业集团，并成为中国科技进出口及综合服务领域的领导者。”

2011 年，东方科仪遵循“提升能力，创新发展”的管理理念，加强战略体系建设和管理，巩固核心业务，着重防控风险，加强人才梯队培养和班子建设，积极抓住国家对科技教育领域的投入持续稳定增长的大好机遇，使企业经营工作取得了较好成绩。2011 年集团完成进出口总额 6.1 亿美元，实现销售总额 42.6 亿元人民币，毛利总额 2.1 亿元，净利润 4 479 万元，资本保值增值率为 107.5%。

2011 年，为了建立健全激励约束机制，加大差异化管理，提升绩效管理水平，公司制订并全面实施了新的绩效考核体系，从考核周期、考核方法、KPI 指标的设定与三年战略发展规划及年度重点工作的结合以及考核结果与员工薪酬激励的衔接等方面进行了更新和完善，更加体现了科学量化，以人为本的管理原则。

2011 年，东方科仪在核心主营业务的行业扩张取得初步成效。通过与昊峰东方公司合作成立了国科东方科技（北京）有限公司，实现了公司向教育、卫生行业扩张的第一步。

2011 年，东方科仪高科技成套设备出口项目取得了较大的进展，顺利完成了泰国财政部消费厅酿酒机构生物乙醇成套设备项目的安装和调试，一次通过验收，项目进入 1 年质保阶段，实现了成套设备出口零的突破。公司还与泰国乌汶生物乙醇有限公司签署了价值近 2200 万美元的酒精设备出口合同，同时将作为该项目总承包商获得项目管理费收益。

在资本运营方面，东方科仪作为参股股东协助中国科学院国有资产经营有限责任公司组建了国科嘉和基金管理公司并发行了新的基金。

为了贯彻落实公司三年战略发展规划，丰富差异化服务内容，拓展市场空间，提升整体价值和核心竞争力，公司对原有的组织结构进行了优化，原市场部调整为项目发展部，同时设立新的市场部。

2011 年，东方科仪还按照《公司法》的要求，对所属企业的管理、经营进行严格审计监督。通过完善内部管理机制、调整组织机构，提升服务水平等措施，使所属企业取得了较好的经营业绩，实现进出口总额 3 亿美元，经营利润比上年增长 24.78%。

（撰稿：马　洁　金长琳　审稿：闫海燕）

中国科技出版传媒集团有限公司

董 事 长：柳建尧

总　　裁：柳建尧

地　　址：北京市东城区东黄城根北街 16 号

邮政编码：100717

电　　话：010－64002238

传　　真：010－64002238

网　　址：http://www.cspg.cn

中国科技出版传媒集团有限公司的前身中国科学出版集团成立于 2000 年，2003 年成为首批中央文化体制改革试点单位。在中科院的领导和支持下，集团积极推进文化体制改革，通过转企—改制—股份制改造的“三步走”，完成了从事业单位到股份公司的转化。2005 年中国科学出版集团有限责任公司完成工商注册。2009 年，撤销了事业单位和编制。2011 年 5 月，科学出版传媒股份有限公司创立，集团迈出股改上市关键一步。鉴于集团在试点改革中所取得的成绩，集团在 2008 年和 2010 年分别获得“全国文化体制改革优秀企业”和“全国文化体制改革先进企业”光荣称号，受到中宣部、新闻出版总署、文化部、国家广电总局的联合表彰。

集团在改革发展中取得的成绩也为集团带来了重大发展机遇。2011 年，集团被中央各部门各单位出版社体制改革领导小组列为组建中国科技出版传媒集团的主体。集团股份的挂牌成立，为进一步整合科技出版资源，做强做大中国科技出版奠定了良好基础。

中国科技出版传媒集团主要出版发行图书、期刊、电子出版物、音像制品，并从事版权贸易，兼营图书报刊、文献资料、光盘、电子产品、版权贸易、教学设备等进出口业务。集团成员单位包括：中国科技出版传媒股份有限公司、北京中科印刷有限公司、北京中科希望软件股份有限公司，其中，中国科技出版传媒股份有限公司是中国科学出版集团的核心企业。截止2011年底，集团共有在职职工2033人。

2011年7月19日，中国科技出版传媒集团有限公司在人民大会堂挂牌成立。作为国家三大出版传媒集团之一，中国科技出版传媒集团有限公司是以中国科学出版集团为主体组建的。开启了中国科学出版集团发展的新篇章。

2011年，在集团成立的背景下，集团先后启动了部分规划的制订工作。制订五年发展规划纲要。根据中央领导和集团组建方案提出的发展要求，在原《五年发展规划纲要》的基础上，出台了制订集团五年发展规划的指导意见，指导集团和各持股公司的规划制订工作，拟定了《中国科技出版传媒集团有限公司五年发展规划纲要（2011—2015年）》。启动“十二五”人才规划的制订工作。按照国家级科技出版集团的定位，在调研分析三个子公司人力资源数据的基础上，完成《集团“十二五”中高级人才发展规划（讨论稿）》，提出了中高级人才发展量化目标，重点任务和重要举措。制订资源整合方案。根据《组建方案》的部署，为加快优秀科技出版资源的积聚，根据图书、期刊和数字等资源的不同类型，提出了具体的资源整合方案设想。

2011年，集团出版图书合计10 515种，其中新书3880种，重印书6635种；图书总产值18.84亿元，比上年增长19.08%；主营业务收入13.27亿元，比上年增长18.46%；资产总额20.32亿元，同比增长29.32%；净资产13.62亿元，同比增长25.79%；净利润1.7亿元，同比增长10.04%。

注重品牌建设，核心竞争力得到进一步提升。一方面，以重大项目和精品图书为抓手，加强选题创新能力建设。集团形成了重大图书出版工程群，如《中国植物志》、《20世纪中国知名科学家学术成就概览》、《纳米科学与技术大系》、“十二五”国家重点图书出版规划项目（24项）等。重大项目带动了出版品牌的提升。多年来，集团在国内书刊获奖方面名列前茅，“《中国植物志》的编研”获国家自然科学奖一等奖，实现了出版界获奖的重大突破；第二届中国出版政府奖共获9个奖项，获奖总数位列全国出版单位前茅；《物理改变世界》、《好玩的数学》、《数学小丛书》获国家科技进步奖二等奖。另一方面，深化期刊改革，加强书刊互动。按照“强力突破期刊出版”发展战略的要求，集团加快了期刊改革创新的步伐，积极探索具有“科学”特色的科技期刊市场化发展之路。集团的学术期刊改革走在全国前列。2011年出版科技期刊270多种，其中《中国科学》、《科学通报》是我国学术期刊的代表性刊物，改革上取得了重要进展。《中国科学》、《科学通报》利用施普林格的发布平台，扩大了国际影响。

2011年，集团“走出去”工作再获国家新闻出版总署表彰，集团核心企业科学出版社版权输出165项，出版“走出去”图书35种，连续多年版权输出数量稳居全国科技单位之首，是推动中国科技出版“走出去”的“国家队”。集团总裁柳建尧获评“2011年度版权产业风云人物”。

为加快向现代科技内容集成服务的战略转化，集团制订了数字出版发展规划。目前，已完成1.2万余种历史资源图书进入数字加工环节，储备电子图书已接近3万种；“科学文库”在线服务平台已正式上线；“科学e书房”系列产品完成设计和制作；被列入国家数字复合出版工程应用示范单位；10大科学资源数据库等重大项目建设有序推进。

集团早在2009年12月就确定了集中优质资产率先上市的策略，并聘请上市相关中介结构，启动了股改上市工作。经过两年多的努力，已经完成了大部分工作。2011年5月，集团核心企业科学出版社有限责任公司整体变更成为“科学出版股份有限公司”，迈出了股改上市道路上的关键一步。2011年7月，根据集团组建方案的部署，科学出版传媒股份有限公司更名为“中国科技出版传媒股份有限公司”。2011年12月，经主管部门批准同意，人民邮电出版社、电子工业出版社完成向股份公司的现金增资，增资后股份公司的股本结构达到6.6亿股，股东分别为中国科学院国有资产经营有限公司、中国科技出版传媒集团有限公司、人民邮电出版社和电子工业出版社。截至目前，股份公司独立董事的选任工作已完成，董事会、股东大会相关程序及工商变更登记手续也于2011年11月底完成；人民邮电出版社和电子工业出版社增资工作完成后，2011年12月27日股份公司取得了变更后的营业执照。当前，股份公司上市已经进入冲刺阶段，各项工作正在加快推进。根据上市方案，股份公司争取在2012年内实现上市目标。

集团期望通过进一步深化体制机制改革，抓住机遇，创新发展，形成新的战略优势，努力发展成为代表中国科技出版水平的出版传媒集团，为推动中国迈向出版强国、放量做强做大中国科技出版产业而努力！

（撰稿：王贻社　孙红磊　审稿：柳建尧）

中国科技产业投资管理有限公司

董 事 长：王　津
总 经 理：孙　华
地　　址：北京市海淀区北四环西路58号理想国际大厦1606室
邮政编码：100080
电　　话：010－82607629
传　　真：010－62137930转802
电子信箱：casim@casim.cn
网　　址：http://www.casim.cn

中国科技产业投资管理有限公司（以下简称“国科投资”）的前身是1987年设立的国家经济贸易委员会、中国科学院科技促进经济发展基金会，1993年名称变更为中国科技促进经济投资公司，2006年1月改制为有限责任公司，并更名为中国科技产业投资管理有限公司。中国科学院国有资产经营有限责任公司是国科投资控股股东，国务院国有资产监督管理委员会和北京国科才俊咨询有限公司为参股股东。公司设置投资分析部、证券投资部、投资银行部、投后管理部、投资者关系管理部5个业务部门及财务部、综合部2个支持部门。

截至2011年底，国科投资在册员工33人，其中具有博士学位2人、硕士学位16人；高级专业技术职称6人；员工平均年龄34.7岁。

国科投资主要从事私募股权基金管理和投资银行业务。公司目前管理了国科瑞华和国科瑞祺两支私募股权投资基金。

2011年，国科投资围绕着“以高质量完成投资任务为核心，以团队建设和流程优化为着力点”的工作方针开展工作。由国科投资担任基金管理人的国科瑞华基金管理团队在“建渠道、出精品、上台阶”方面有了较大进展，在经济环境不断恶化的情况下，完成2.06亿元投资，由该支基金投资的贝因美和星星科技项目分别在深交所中小板和创业板挂牌上市。由公司担任基金管理人的另一支基金——国科瑞祺基金管理团队确定了聚焦行业的市场开发思路，并超额完成了投资任务。公司加强了投后管理工作，投后管理部全面介入投前尽职调查工作，增值服务能力逐步提升。清科集团把国科投资列入了“2011年中国私募股权投资机构30强”。

2011年，国科投资团队建设取得重要进展，人才梯队初步形成。公司加强了企业文化建设，强调“持续改进、超越期望”的公司精神、“诚信、正直、宽厚、感恩”的做人原则和“勤奋、专业、高效、创新”的做事风格，及时了解员工的想法和需求，消除困惑、统一认识，增强了公司的凝聚力，培养了员工的自我激励意识。

2011年，国科投资OA系统正式运行，规范了公司的业务流程，提升了公司的信息化水平。公司还加强了业务档案的管理和电子化工作，改进了工会活动组织方式。

（撰稿：王红姝　审稿：孙　华）

北京中科科仪股份有限公司

董 事 长：张永明
总　　裁：陈　静
地　　址：北京市海淀区中关村北二条13号
邮政编码：100190
电　　话：010－82548182
传　　真：010－62564613

电子信箱：bangongshi@kyky. com. cn
网　　址：http://www. kyky. com. cn

北京中科科仪股份有限公司（以下简称“中科科仪”）始建于1958年，其前身是主要服务于中国科学院和国家重大工程的中国科学院北京科学仪器研制中心（原中国科学院科学仪器厂），曾在“两弹一星”、“正负电子对撞机”的研制和核工业的发展中作出了卓著贡献，并成功研制出我国第一台扫描电子显微镜、第一台商品化氦质谱检漏仪、第一台涡轮分子泵和第一台通过国家级鉴定的射频心脏消融仪。2000年12月28日，原北京科学仪器研制中心实现整体转改制，成立北京中科科仪技术发展有限责任公司，成为一家集科学仪器研制、开发、生产和经营为一体的综合性高新技术企业。2011年12月16日，经中国科学院和国科控股批准，北京中科科仪技术发展有限责任公司整体变更为北京中科科仪股份有限公司，以公司治理结构完善、主营业务突出的现代高科技企业形象，进入了全新的历史发展时期。截至2011年底，中科科仪在职员工405人。

2011年，在“市场导向、改革创新、加速发展、做强做大”的总体战略方针指引下，全体员工齐心协力、勇于创新、奋勇拼搏，圆满完成公司各项工作任务。公司实现销售收入24551万元，同比增长15.2%；实现净利润3305万元，同比增长5.5%，经营业绩再创历史新高。

2011年，中科科仪战略管理向深层次推进。公司以2009—2020年中长期战略发展规划为指导，全面复盘公司战略，战略管理工作得到明显提升；全面启动中关村园区规划建设工作，迎来科学仪器创新园的诞生；积极推进股改上市工作，成立北京中科科仪股份有限公司，股份制改造取得了实质性进展。

2011年，中科科仪销售与市场实现新突破。公司各业务单元工作都体现出以市场销售为龙头的经营思路，围绕“重点行业、重点区域、重点客户、重点产品”的营销策略，通过一系列具体举措，实现持续增长，提高了市场占有率，公司主要产品销售均创历年之最。进一步加大市场投入，加强市场宣传，通过行业展会、学会、培训班及新品推介会等形式，有力推广了KYKY品牌，提升了中科科仪知名度。

2011年，在“保障供应、控制在产、合理库存”的指导原则下，公司主营产品分子泵入库同比增长13%，检漏仪入库同比增长19%，系统集成完成新增非标项目同比增长19%，均实现历史性突破。为规范外协管理，公司积极拓展外协资源，建立、培养专业的供应商及外协队伍，提高备产效率、降低生产风险；改进供应商遴选、考核方式，梳理采购流程，加强过程管控，有效降低成本。加强8S管理和班组建设，车间现场管理工作取得较大改善与提升，并涌现出一批年轻优秀的班组长、一线骨干员工、优秀班组。

2011年，公司坚持“加大研发投入，打造核心能力”的研发工作指导思想，全年共组织研发项目立项14项，完成结题9项，研发和技术创新取得新突破。以市场为导向，加快新产品开发及转化速度，积极拓展技术合作，进一步实现与国际主流接轨的目标。国家科技重大专项“磁浮分子泵系列产品开发与产业化”项目及“十一五”科技支撑项目“高压场发射电子枪”项目取得显著进展。重视专利申请，全年共完成软件著作权登记12件，申请审查专利34项，获得专利授权37项，通过加强研发管理和知识产权工作，不断加大自主知识产权保护力度。

2011年，中科科仪内部管理持续加强。公司启动内部审计工作，细化内控流程建设，做好小金库专项治理，建立长效机制、确保资产安全。推进质量管理，完成管理评审和质量体系外审工作。2011年，公司开始实施精益化管理导入工作，重点推进班组建设和“8S”现场管理，奠定精益扎实基础。

2011年，中科科仪队伍建设得到有力推进。公司注重人才引进、培养、选拔和使用，高度重视后备管理干部的培养，进一步做好后备管理骨干班培训，一批年轻80后管理骨干脱颖而出，在一线带领团队担当重任。不断加大培训投入，创新培训模式，增强培训力度，并设立高管讲堂，将中高层集体学习和党委中心组学习相结合，取得了很好效果。注重加强公司骨干人才队伍建设和作风建设，为促进企业持续健康发展提供保障。

2011年，党委和职代会有力支持经营工作。公司党委坚持围绕中心，服务大局，坚持中心组学习制度、支部工作月度汇报制度，为公司经营发展保驾护航；深入开展合理化建议活动和“控制成本、减支增收”活动；高度重视企业文化建设和离退休工作，通过多渠道宣传以及丰富多彩的党日活动、工会活动、共青团活动和离退休活动，努力营造有利于积极向上的舆论氛围和文化环境；加强党风廉政建设，扎实开展反腐倡廉工作量化评价自查。

（撰稿：郭晓玲　许　晶　审稿：陈　静）

北京中科院软件中心有限公司

董 事 长：索继栓
总 经 理：奉旭辉
地　　址：北京市海淀区中关村南四街四号4号楼南楼
邮政编码：100190
电　　话：010－62587492
传　　真：010－62649248
电子信箱：market@sec.ac.cn
网　　址：http://www.sec.ac.cn

北京中科院软件中心有限公司（Software Engineering Center，以下简称“中科院软件中心”），成立于1986年，前身为中国科学院北京软件工程研制中心，是由原国家科委筹备，在原国家计委的支持下，以北京大学与美国联合培养的100名软件工程专业研究生为基础成立的软件产业基地。2001年9月在中科院知识创新工程中作为应用型研究机构整体转制，由中国科学院直接控股。

中科院软件中心始终致力于自主软件产业的建立与发展，逐步形成了信息应用集成、IT服务管理和基础软件研发并重的业务格局，主营业务方向为：行业信息化建设、嵌入式操作系统与中间件平台、软件外包与定制开发和互联网/移动互联网应用服务。公司总部设有IT服务部、市场发展部、物业经营服务部、综合部和财务部等部门，旗下拥有多家控股参股子公司，如业界知名的北京凯思昊鹏软件工程技术有限公司、北京思元软件有限公司和中科三方网络技术有限公司。

迄今为止，中科院软件中心共获得国家级、院部级科技进步奖及重大成果奖等奖项数十项，包括：国家科技进步奖二等奖、中国科学院科技进步奖一等奖、中国科学院科技进步奖二等奖、中国科学院科技进步奖三等奖、电子工业部科技进步奖特等奖、电子工业部科技进步奖一等奖、北京市科学技术奖一等奖、国家教委科技进步奖二等奖、国家“九五”重点科技攻关计划优秀科技成果、国家“八五”科技攻关重大成果奖等。

中科院软件中心现有员工500余人（含下属子公司），其中从事科技开发人员占职工总数的70%以上。目前，具有高级专业技术职称的有数十人，中级技术人员百余人。员工思想活跃、业务能力强，整体素质高，是中国科学院年轻的“软件国家队”之一。中科院软件中心是中国软件行业协会副理事长单位，多年来为自主软件产业的发展做出了突出贡献。

中科院软件中心于2011年4月完成了换届工作，形成了以索继栓为董事长、奉旭辉为总经理、张俊生为党总支书记的新一届领导班子。新班子在国科控股公司的大力支持和正确领导下，党政密切配合，带领全体党员、员工，团结一心，锐意进取，紧紧围绕客户和市场需求，对外积极扩展合作伙伴关系，对内不断建设公司市场/技术队伍，持续强化各业务板块的协作能力，形成公司大市场的发展理念，积极推动各业务领域的共同发展。

2011年，中科院软件中心在政府、行业信息化建设、云平台建设、移动互联网等领域取得较大的项目突破。其中，北京市海淀区政务网络与信息系统综合监控预警项目圆满验收，为物联网落地切实提高政务水平提供了可借鉴的实例；证监期货行业信息技术应急保障管理平台上线运行，为公司在证券服务领域的进一步发展奠定坚实基础；电力系统多媒体短信平台项目的实施是新兴的移动互联网领域典型应用；中国互联网络信息中心IP信息管理系统等项目的开展也为今后加强院内单位合作提供了良好范本。作为第一承担单位，软件中心负责的“十二五”国家科技支撑计划课题“基于医院的老年人健康服务支撑平台与示范应用”项目，将建立医院和社区、家庭之间的服务通道，实现医院和社区、家庭之间的服务对接，为共建和谐社会作出努力。在市场项目的持续拓展工作中，中科院软件中心努力拓展合作伙伴关系，与各科研院所，各大中型企事业单位不断加强业务联系，形成越来越广泛的合作伙伴体系。

2011 年，中科院软件中心顺利通过了国家高新技术企业资质复审、ISO9001 和 ISO27001 的年审以及计算机信息系统集成企业资质复审；全年申报登记了多项 PCT 和软件著作权，完成专利试点单位的各项工作，取得专利试点管理人员培训证书，并全面更新了公司网站，为公司新业务拓展提供了平台支持。2011 年 10 月，中科院软件中心开始了办公楼（中科院软件园区四号楼南楼）改建装修工程，预计 2012 年 6 月竣工。该工程不仅改善了办公环境，提升了房产价值，更对中科院软件中心的业务发展提供了积极的支撑及服务作用。

中科院软件中心走过了 25 年的历程，在历届领导班子和广大员工的共同努力下，面对激烈的行业竞争，高举自主软件产业的大旗，不断开拓进取，以稳固专精的研发实力、独到深远的探索精神，勇于创新的工作作风，陆续开发出多种国产软件产品，以卓越的品质、优良的服务享誉国内外。展望未来，中科院软件中心全体员工将秉承“创新、融合、发展、共赢”的理念，积极进取，踏实努力，为不断提升软件中心的核心竞争力而奋斗。

（撰稿：孙宇英　审稿：张文卉　范晓明）

中科院建筑设计研究院有限公司

董 事 长：王全新
总 经 理：刘　峰
地　　址：北京市海淀区中关村北一街 4 号
邮政编码：100190
电　　话：010－62565107
传　　真：010－62619060
电子信箱：liux@adcas.cn
网　　址：http://www.adcas.cn

中科院建筑设计研究院有限公司（以下简称“中科院设计院”）成立于 1951 年，前身为中国科学院北京建筑设计研究院。2001 年整体转制为公司，更名为中科建筑设计研究院有限责任公司，2008 年 2 月启用现名。

中科院设计院拥有建筑行业建筑工程甲级、市政公用行业（热力）甲级资质、城乡规划编制乙级资质。目前有员工共 606 人，其中工程技术人员 439 人（高级以上职称 99 人，中级技术人员 118 人，一级注册建筑师 30 人、一级注册结构工程师 19 人、水暖电热力一级注册工程师 31 人）。除总部外，中科院设计院在广东、浙江、辽宁、四川、河南、上海、陕西、江苏、安徽设有分院。

中科院设计院致力于提供建筑行业全专业设计总承包业务，配备有各专项设计团队，包括热力所、惠中设计所、环艺设计所、环境工程所、景观设计所、光环境设计研究所、公共艺术中心、智能楼宇所、室内设计所、节能减排研究中心和两个综合设计所等专业设计机构。能够实现全过程全专业的设计服务，包括小区规划、建筑设计、市政设计、园林景观设计、照明设计、公共艺术（雕塑及 VI 标识等）设计、室内装饰装修设计（含配饰及家具选型）、智能化系统设计等。

中科院设计院尤其擅长大型科研、教育、文化、居住、办公、医疗、体育类建筑设计，创作设计了一批具有社会影响力的建筑精品，如中科院文献情报中心（中国国家科学图书馆）、北京正负电子对撞机工程、国家天文台、LAMOST 天文望远镜项目、石油部物探局计算中心及亿次银河机机房工程、国家动物博物馆、中科院直属数十个研究所园区（包括动物所、计算机所、电子所、生态中心、苏州纳米所、青岛能源所、烟台海岸带所等）、中科院研究生院怀柔校区、中国农业大学烟台校区、法国巴黎中国文化中心、泰国中国文化中心、中国驻埃塞俄比亚大使馆、中国驻贝宁大使馆、中国驻巴西圣保罗总领事馆、北京基督教丰台堂和朝阳堂、中国人民银行重点库、天津于家堡金融区、鄂尔多斯市委党校、苏家坨经济适用房、郑州隆福国际项目、北京及上海万科城市花园等十余项万科住宅项目、北京阜内大街历史文化保护区的保护规划等。

中科院设计院曾获得国家级奖励 10 余项，省部级奖励 70 余项。1998—2011 年，在第 5 届到第 18 届首都建筑设计汇报展中，有 13 个项目获得 16 个奖项；在第 11 届到 15 届北京市优秀工程评选中，有 10 个项目获奖，其中 3 项为一等奖；同期还获得部级优秀勘察设计奖 5 项，其中 1 项为一等奖。另外，“中国科学院文献情报中心”荣获全国优秀工程设计最高奖金奖、部级优秀勘察设计奖一等奖；国家动物博物馆及中科院动物研究所科研实验楼、标本楼荣获全国优秀工程勘察设计奖银奖、全国优秀勘察设计行业建筑工程奖二等奖；中国科学院文献情报中心、九寨沟国际大酒店分别荣获“中国建筑学会建国 60 周年建筑创作大奖”；LAMOST 天文望远镜项目获 2010 年十七届首都规划汇报展奖优秀奖，2011 年北京市第十五届优秀建筑设计公共建筑奖二等奖；天津万科假日风景花园住宅、北京万科紫台家园、万科四季花城获得 2008、2009 年詹天佑大奖优秀住宅小区金奖及双节双优杯住宅方案竞赛奖金奖；郑州隆福国际项荣获 2009 年全国人居经典建筑规划设计方案竞赛建筑奖金奖。

中科院设计院被国家评为首批“全国建筑设计行业诚信单位”，被北京市评为“北京地区工程勘察设计行业诚信单位（建筑设计）”，被住建部中国建筑文化中心评为“中国最具影响力建筑设计机构”，被地产界评为“北京地产十佳建筑设计机构”，获得万科集团最佳设计合作伙伴奖，并成为沿海集团的策略联盟——指定设计合作伙伴。

60 年来，中科院设计院始终坚持履行社会责任，重视社会效益。如在革命老区江西兴国县捐资建设“中科兴国希望小学”。汶川地震后，公司派专家到灾区做建筑安全鉴定，为灾后重建提供科学依据，并设计了北川抗震纪念园、央企办公区、十几所学校及医院等项目。在 2008 及 2009 年，参与奥运会残奥会环境建设工作及北京市对口援建新疆和田地区设计工作，受到北京市表彰并颁发了荣誉证书。2011 年，中科院设计院成立 60 周年之际，捐资设立了“中科院设计院志愿者基金”，面向全国高校，倡导“奉献、友爱、互助、进步”的青年志愿者精神，培养志愿者队伍。志愿者基金首批资助了中科院研究生院、清华大学、天津大学等 5 所高校。资助项目包括：“爱心行动”科院学子创新型支教、“关爱农民工子女圆梦逐梦行动”、“心心幼儿园关爱活动”等 18 项活动。中科院设计院将持续注资志愿者基金，让基金与设计院共同成长。

中科院设计院依托中国科学院，注重国际学术交流及合作设计，与美国 Perkins Eastman 建筑设计事务所、英国 BDP 建筑设计事务所、法国安东尼·贝叙建筑设计公司等国际知名建筑师事务所签订了长期合作协议，具有丰富的国际合作经验，赢得了良好声誉。

中科院设计院设计专家团队相信物理环境对生活工作及学习质量有重大的影响，而设计良好的空间则会影响个人对环境的感受与使用。专业化的团队同时密切关注擅长专业领域的发展趋势，保持在创新中的领先地位。企业按照中科院院长白春礼为设计院题写的“尽责、规范、协作、发展”院训，精心设计，诚信守约，追求精品，锐意创新，充分利用实力和优势为业主提供无边界的服务。

（撰稿：谢　琨　刘　欣　审稿：田新建）

北京中科资源有限公司

董 事 长：张　平
总　　裁：郭　强
地　　址：北京市海淀区中关村南三街 6 号
邮政编码：100190
电　　话：010－82648258，010－82648282
传　　真：010－62545879
电子信箱：postmaster@zkzy.com.cn
网　　址：http://www.zkzy.com.cn

北京中科资源有限公司是由原中国科学院科技物资中心于 2001 年按国家政策规定和《公司法》整体转制设立的有限责任公司。公司下设 4

个职能部门、4 个分公司和 1 个服务部门，并设有 4 个参股公司。主要经营黑色金属、有色金属、稀贵金属材料，家用电器，酒品，机电、信息产品，物业管理、金融等业务。

2011 年底公司有在职员工 114 人，其中各类专业技术人员 39 人，具有大专以上学历人员 75 人。

2011 年是公司主营业务转型升级、实现翻番跨越发展的关键年。一年来，我们克服了国家宏观调控的影响，努力贯彻“开好局，迈好步，决战 2011，为第三阶段的发展夯实基础，提升公司可持续发展能力”的工作思路，业态发展和运营管理都取得一定进展，营业收入达 4.45 亿元，利润同比倍增，较好地完成了年度预算和工作计划。

不断探索新业态，主营业务转型取得重大进展。2011 年，经过三年不断探索创新而形成的电视购物业务板块取得长足发展，电视购物分公司在巩固核心频道家有购物、北京优购销售的同时，积极开发新的频道资源，与全国 18 家国家广电总局批准的电视购物频道签订合作协议，取得不俗的业绩，成为公司最具活力和成长空间的主营业务，并在行业内站稳了脚跟。公司金属材料和家电业务进一步明晰思路，聚焦主营，凝练特色，在调整中稳固发展。公司整体毛利率、利润率和资产报酬率同比显著提升。

探索运行机制变革，加快经营业务发展。管理扁平化。公司领导兼任各分公司总经理，贴近市场，强化对市场的把握能力和反应能力。物流集中管理统一配送。尝试物流与配送管理专业化和集约化发展，加强监管和安全管理，确保公司资产安全。责任会计、商务主管下沉分公司，服务与管理工作更加有机地结合。

加快新址建设运营步伐，支持公司持续发展。2011 年公司新址中科资源大厦整体落成并顺利完成工程验收，完成大厦物业管理招租，与承租方签订租赁协议，做好全面投入运营的准备。

2011 年在业态创新、管理模式等方面做了摸索与创新，将为公司进一步稳定发展平台、支持公司未来一个时期的创新发展打下坚实的基础。

（撰稿：王　艺　审稿：孙亚非）

中国科学院沈阳计算技术研究所有限公司

董 事 长： 林　浒
地　　址： 沈阳市浑南新区南屏东路 16 号
邮政编码： 110168
电　　话： 024－24696180
传　　真： 024－24696179
电子信箱： wangp@sict.ac.cn
网　　址： http://www.sict.ac.cn

中国科学院沈阳计算技术研究所有限公司（以下简称“沈阳计算公司”）创建于 1958 年 8 月 30 日。其前身是辽宁电子技术研究所。1960 年 7 月在原计算机专业的基础上，成立中国科学院辽宁分院计算技术研究所，1962 年 12 月与辽宁物理研究所、吉林大学计算数学研究所的主要部分合并为中国科学院东北计算中心，1967 年 10 月划归国防科委第 15 研究院领导，1970 年 7 月重归中国科学院，1972 年 8 月更名为中国科学院沈阳计算技术研究所，2001 年 6 月整体转制为高技术企业 。

沈阳计算公司以信息与数字控制技术为主要研发方向，以高技术创新和产业化为目标，设有计算机系统与软件、计算机网络与通信、数控与先进制造、工业自动控制、信息化工程技术等相应的研发机构。高档数控国家工程研究中心、国家级开放式数控系统支撑技术创新平台和国家地方联合创新平台——数控控制总线技术工程实验室依托在该所；还建有辽宁省 IP 通信工程技术研究中心、辽宁省环境污染监控信息工程技术研究中心及辽宁省远程医疗信息工程技术研究中心；与中国质量认证中心、辽宁出入境检验检疫局和辽宁省电子信息产品监督检验院联合成立中认北方实验室；与中国科技大学成立中国科学技术大学——中科院沈阳计算所联合通信实验室；公司投资企业有沈阳高精数控技术有限公司、沈阳新技术开发公司、科学出版社沈阳书店有限公司。公司拥有一批国际先进的仪器设备，如逻辑分析仪、集成电路测试仪、在线测试仪、快速瞬变噪声模拟仪、高性能数字示波器、电源测试仪、电压上升降落模拟仪、激光干涉仪、扭矩测试仪、快速瞬变脉冲群测试仪、静电放电测试仪、电压跌落中断测试仪、模拟雷击测试仪、浪涌模拟仪等。

截至2011年底，沈阳计算所公司共有在职职工411人。其中科技人员351人、科技支撑人员52人。

2011年，沈阳计算公司共有在研项目44项。其中国家科技重大专项3项；国家发改委创新能力建设项目1项；院地合作项目7项；其他部委、省市政府科技攻关或产业化项目34项。

2011年，承担的“高档数控机床与基础制造装备”国家科技重大专项（04专项）——总线式全数字高档数控装置、基于国产“龙芯”CPU芯片的高档数控装置两个课题顺利通过验收并获得好评；承担的国家水体污染控制与治理科技重大专项（07专项）——辽河流域水环境风险评估与预警平台建设及示范研究项目进展顺利；中国科学院知识创新工程重要方向项目“基于数学机械化方法的高档数控系统研制”完成验收。辽宁省科技项目“基于总线技术高性能数控系统的研发”、“高性能分布式数控系统关键技术攻关”项目顺利通过验收；承担的山东省自主创新成果转化重大项目通过鉴定；承担的辽宁省企业技术中心专项－“蓝天高性能伺服驱动器的研制”项目顺利通过验收。“LT-GJS015ADZ总线式伺服驱动单元”通过新产品投产鉴定。

电力信息化系统、蓝天高档数控系统、安监系统、煤矿调度通信系统、广播电台数字导播系统，社区医疗系统、自来水、环保等领域业务得到突破性发展，继续在东北区域电力系统信息化建设中发挥着重要作用，实施了辽宁电网关口计量信息管理平台、国家电力调度数据网第二平面东北接入网工程、辽宁电网二级数据网接入工程、电力云计算平台、发电机组节能减排实时监测系统等多个重大项目或工程。多参数无线远程健康监护系统完成了有关的资质认证（医疗器械生产许可证、计量许可证、临床测试）。

2011年，“全数字总线式LT-NC310数控系统”获辽宁省科技进步二等奖；“一种基于滤波技术的数控系统加减速控制方法”发明专利获第十三届中国专利优秀奖；辽宁省计算机学会荣获2011年“省创新创优先进集体”。“基于国产龙芯CPU的蓝天高档数控系统”被评选为国家“十一五”重大科技成就展参展成果，中央政治局委员、国务委员刘延东，全国政协副主席、科技部部长万钢等视察了该成果。

2011年，共申请专利51件，其中发明专利45件，实用新型5件，外观1件；获授权专利9件，其中发明专利3件、实用新型5件、外观1件。完成国家标准报批1项、国家标准送审稿技术审查1项、国家标准报批稿4项、国家标准立项1项；完成全国工业机械电气系统标准化技术委员会安全控制系统分技术委员会（SAC/TC231/SC3）组建；完成IEC60204-3X《高档数控机床电气与控制系统》国际标准提案投票申报。

沈阳计算所现设有计算机应用博士培养点，电子与信息工程博士培养点，计算机系统结构、计算机软件与理论和计算机应用硕士培养点，并设有一个计算机应用技术博士后工作站，共有在学研究生296人，在站博士后9人。

沈阳计算所出版的《小型微型计算机系统》月刊，是中国计算机学会的学术专业刊物之一，是国内自然科学的核心期刊。辽宁省计算机学会依托在该所。

（撰稿：王　萍　审稿：林　浒）

中国科学院沈阳科学仪器股份有限公司

董 事 长：雷震霖
总 经 理：李昌龙
地　　址：沈阳市浑南新区新源街1号
邮政编码：110179
电　　话：024－23826801
传　　真：024－23826800
电子信箱：sales@ sky. ac. cn
网　　址：http://www. sky. ac. cn

中国科学院沈阳科学仪器股份有限公司

（以下称“沈阳科仪”）创建于1958年，前身为中国科学院沈阳科学仪器研制中心，2001年4月整体转制为“沈阳中科仪技术发展有限责任公司“，2002年12月更名为“中国科学院沈阳科学仪器研制中心有限公司”，2011年12月整体变更设立为股份有限公司，公司名称为“中国科学院沈阳科学仪器股份有限公司”。

沈阳科仪以“引领真空技术、支撑科技创新、促进产业发展”为使命，以“成为客户首选的真空设备解决方案提供商”为战略愿景，面向工业与科研领域，生产薄膜制备设备、晶体生长炉、太阳能光伏设备、真空部件等产品，是我国集成电路装备和高档科学仪器的研制、生产基地。

沈阳科仪共获得国家、中国科学院、省部级科技进步奖50余项，34项产品获得国家级新产品证书，拥有授权专利74项。依托公司组建有“真空技术装备国家工程实验室”、“国家真空仪器装置工程技术研究中心”等研发机构。

截至2011年底，沈阳科仪员工总数302人，其中科技人员189人；公司下设13个部门（新增“真空干泵事业部”），2家子公司。

2011年12月22日，沈阳科仪完成了工商登记手续，由有限责任公司整体变更设立为股份有限公司（注册资本5500万元人民币），组建了第一届董事会、监事会和经营班子。

2011年7月3日，中共中央政治局常委、国务院总理温家宝在视察辽宁期间莅临沈阳科仪，参观了公司产品装调现场并发表讲话。

2011年，沈阳科仪各项经营指标均取得历史性突破，营业收入同比增长82.42%；新签合同额同比增长271.34%；净利润同比增长199.31%。子公司—沈阳拓荆科技有限公司实现主营收入900万元，净利润83万元；子公司—成都瑞拓科技实业有限责任公司实现主营收入2000余万元，净利润790万元。

全年完成6项产品标准化工作；申请专利54项，其中发明专利26项；完成了太阳能电池平板式覆膜系统——SD50系统设计、WXG-8B改型涡旋泵研制，开展了JGM-500A泵组的质量提升工作；牵头成立了“沈阳真空产业技术创新战略联盟”，并任首届理事长单位；被评为“中国真空学会优秀理事会员单位”、“中国通用机械工业协会真空设备行业分会重点企业”。

国家科技重大专项项目方面：“90—65纳米等离子体增强化学气相沉积设备研发与应用”项目由子公司——沈阳拓荆科技有限公司负责实施，完成了12英寸β机整机安装调试，并运往“中芯国际集成电路制造有限公司”进行在线测试；“干泵与系列真空阀门产品开发与产业化”项目按节点完成9种干泵、3种阀门产品的中试生产，并提前实现其中4种干泵、3种阀门产品的产业化应用。

以沈阳科仪为项目法人单位的“真空技术装备国家工程实验室”全面建成真空获得技术与应用实验平台、真空应用实验与验证平台、真空密封技术与应用实验平台、公共服务平台4个平台。

2011年是沈阳科仪整体转制十周年，公司以“励精图治十载路 共谱辉煌新征途”为主题，组织了庆典大会、演讲比赛、书画摄影展、出版纪念内刊、编制纪念MTV、趣味接力跑等系列活动。

内部管理方面：成立工作组进行主要流程梳理，制订了计划、采购等十大流程；聘请专业的咨询公司启动内控咨询项目，开展了“内控体系诊断”、“内控对标优化建议”和“内控手册编制”等工作；引入劳务代理机制；引入专业管理人才（外部招聘2名中层管理人员）；完成四年一次的计量标准复核；完成年度质量内审、外审；完成JGM-500A罗茨干式真空泵机组的CE认证；开展消防演习、安全知识培训等系列活动；通过企业安全生产标准化三级企业认证。

党工团工作方面：完成党风廉政建设及反腐败的建档工作，全面完善企业反腐倡廉各项制度，建立健全中层以上领导干部廉政档案和重点岗位员工廉洁自律档案；组织离退休党员干部参加院“与党同呼吸、共命运、心连心”活动；组织参加沈阳分院建党九十周年主题征文活动和演讲比赛；赵崇凌荣获2011年度“中国科学院优秀共产党员”称号；公司工会连续第四次被评为辽宁省省直机关“模范职工之家”；公司团委组织并参加沈阳分院青年团员党史知识竞赛；获得集体荣誉2项，个人荣誉5项。

离退休管理方面：定期召开离退休座谈会、走访慰问；高度重视老同志提出的问题并给予解决；确保老同志医疗费、特需费、活动费按时发放；组织健康体检、春游等活动；在中国科学院离退休干部工作局建党 90 周年征文比赛中，沈阳科仪有 2 位老同志获奖。

（撰稿：孙艳玲　审稿：李昌龙）

南京中科天文仪器有限公司

董 事 长：王　永

总 经 理：严庆伟

地　　址：南京市玄武区花园路 6—10 号

邮政编码：210042

电　　话：025－85482007

传　　真：025－85411830

电子信箱：office@nairc. ac. cn

网　　址：http://www. nairc. com

南京中科天文仪器有限公司（NAIRC）（以下简称“南京天仪”）是中科院直属的科技型企业，成立于 2001 年 11 月 27 日。其前身为 1958 年 12 月成立的中国科学院南京天文仪器厂，1991 年 10 月更名为中国科学院南京天文仪器研制中心，2000 年 10 月根据国家和中科院科技体制改革政策整体转制为企业，启用现名。

公司注册资本 3856 万元，法人资产 2. 4 亿元，占地面积 167 亩，总建筑面积 8. 9 万平方米。下设耐尔思、天富、物业公司等 3 个全资或控股子公司和 9 个研发、销售、生产、管理等部门。

南京天仪是国内唯一的以研制大中型天文仪器为主，兼研制和生产其他光机电、计算机一体化仪器、设备的技术研发基地，主要研制生产三大类产品：①大精专仪器设备：大型天文专业仪器、空间观测仪器、大气环境监测仪器、大中型系列平行光管、军用光电仪器、光学制品、轻量化主镜、高精度大口径光学冷加工、离轴非球面光学加工、大中型转台等；②天文科普仪器设备：天文科普望远镜、天文圆顶、光学天象仪系列产品、数字天象仪、天幕、球幕影院、古典天文仪器模型及产品等；③专用电子产品：系列圆光栅编码器、系列燃气灶具电子脉冲点火控制装置等。

截至 2011 年底，南京天仪共有在职职工 220 人，其中科技人员 80 人，包括中国工程院士 1 人、副高级以上专业技术人员 39 人。南京天仪是国务院学位委员会批准的我国博士、硕士学位培养单位之一，现设有天体物理学科博士、硕士学位培养点。

2011 年是南京天仪全面实施新战略发展规划的第二年，公司紧紧围绕三大类产品，坚持“以市场需求为导向，以技术优势为核心，以用户要求为宗旨，以深化改革为动力，以提升效益为目标”的指导思想，着力研发新品，积极开拓市场，努力规范流程，不断完善机制，切实提高综合实力，经营及各项工作均取得了较大进展。

南京天仪着力产品研发，成功开发便携式 RC 系统标校仪、φ450 平面数字干涉仪、新一代智能天文望远镜等。值得一提的是，公司为天宫一号的有效载荷的检测，研制了 2 台 20 米焦距平行光管，安装于酒泉基地，为得到清晰的图像提供了有效的保障；与云南天文台联合开发的多功能天文经纬仪，现正作为样机在云南进行数据采集，效果良好。该仪器不仅能够为地震的预测提供有效的数据，而且在探寻矿藏等领域均具有重要的作用，市场前景广阔；另外，公司还针对国际市场，成功开发满足美国客户需求的系列产品，目前该系列已通过美洲 CSA 认证和客户整机试用，为出口规模化产品创造先决条件。

南京天仪为确保项目完成率，不断规范生产流程，强化生产管理，努力做好生产协调，全年完成 ϕ1400 毫米平行光管、50 米焦距平行光管、大口径真空辐射定标系统、大口径平面镜和球面镜、大口径标准镜、收发光学装置、20 米焦距平行光管等 50 余项研发项目。

南京天仪高度重视自主知识产权建设，注重知识产权保护，不断普及相关知识，提高专利申请意识，加大专利申请力度，知识产权工作取得新的进展，被江苏省知识产权局、质量技术监督局确认为“2011 年度江苏省企业知识产权管理标准化示范创建单位”，并再度被评为“江苏省高新技术企业”。

南京天仪不断加强内部管理，完善管理体系建设。2011年进一步加强内部管理，狠抓制度落实，高分通过二级保密资格和武器装备生产科研许可证审查，及北京天一正认证中心对公司GB/T 19001—2008—ISO9001：2008和GJB9001B—2009两个质量管理体系的复审，为公司的健康发展提供了有力保障。

南京天仪注重加强高效运行机制的建立。2011年全面试行绩效考核管理，强化绩效考核，目标层层分解，考核层层负责，通过公正、客观的绩效考核，以工作业绩为导向，充分调动员工的积极性，不断完善健全激励机制，实现企业与员工双赢。

南京天仪坚持构建和谐企业环境，2011年，南京天仪围绕经营生产目标，扎实开展创先争优活动，树立典型，表彰先进，营造学先进当先进的良好氛围；开展“忆党恩，跟党走，树党风，献天仪”建党九十周年系列活动、迎元旦健步走、全民运动会等各种活动，加强了企业文化建设，营造了和谐稳定的良好氛围，促进公司健康持续发展。

（撰稿：朱　慧　审稿：王　永）

中科院广州化学有限公司

董 事 长：廖　兵
地　　址：广东省广州市天河区兴科路368号
邮政编码：510650
电　　话：020－85231230
传　　真：020－85231119
电子信箱：xuanchuan@gic.ac.cn
网　　址：http://www.gic.ac.cn

中科院广州化学有限公司（以下简称“广州化学公司”），前身为中国科学院广州化学研究所，成立于1958年10月，于2001年12月整体转制为由中国科学院直接控股的有限责任公司。

经过转制10年的发展，广州化学公司已经成为集科研、研究生教育、绿色化工和新材料产品生产与销售、化工产品技术检测以及化工行业高新技术服务于一体的国家高新技术企业，为国家知识产权试点单位，目前已经形成了四大业务板块：化工产品板块、化灌工程板块、化学化工产品检测板块、技术服务板块；拥有两家子公司：中科院广州化灌工程有限公司（国家高新技术企业）和广州中科检测技术服务有限公司。广州化学公司的主要业务领域涉及建材化学品、胶粘剂、电子化学品、有机新材料以及化学灌浆和防水材料的研发、生产和销售，化灌工程施工以及化学化工产品分析检测服务等。

广州化学公司本部园区面积为27万平方米（400亩），在广东省韶关南雄精细化工园投资建设的材料生产基地面积为6.67万平方米（100亩）。公司本部设有综合办公室、销售部、采购部、生产技术部、物流部、研发部、科研教育部、企业发展部、财务部、人力资源部、物业管理部、网络信息中心等经营管理机构。现有中国科学院纤维素化学重点实验室、中国科学院嘉兴应用化学工程中心、中国科学院佛山功能高分子材料与精细化学品研发中心、广东省电子有机聚合物材料重点实验室、广东省化学灌浆工程技术研究开发中心、广州市电子信息聚合物行业工程技术研究中心等省部级和地方研发机构。

截至2011年底，广州化学公司共有员工216人，其中研究员16人、副研究员及高级工程师24人。作为国家化学学科重要的高级人才培养基地，广州化学公司设有5个专业（有机化学、高分子化学与物理、应用化学、化学工程、材料工程）的硕士培养点和1个专业（高分子化学与物理）的博士培养点，共有在读研究生83人，其中硕士研究生56人、博士研究生27人；2011年毕业硕士研究生17人、博士研究生11人，其中一名应届硕士毕业生以第一名的成绩入选广州市“菁英计划”定向培养序列，由广州市政府资助派往瑞典隆德大学攻读生物化学博士学位。广州化学公司负责主编的专业学术期刊《广州化学》和《纤维素科学与技术》在国内外公开发行。

2011年，广州化学公司各项经营指标创历史新高，实现营业收入15 335万元，同比增长46.34%；利润总额1208万元，归属于公司本部所有者的净利润828万元，同比增长23.21%。

2011年，广州化学公司承担在研纵向项目65项，其中新增21项，新增纵向项目经费约1098.9万元；发表科技论文76篇，其中SCI收录57篇；申请国家发明专利56项，获得授权发明专利30项；签订各类横向技术合作合同24个，合同额1060.9万元，到款551.9万元。广州化学公司在重点重大项目方面取得突破，与其他单位联合申报并获得1000万元以上项目3项，500万元以上项目1项，100万以上项目2项。2011年，广州化学公司继续深化院地合作，与广东省茂名市人民政府签订产学研全面战略合作协议。

2011年，广州化学公司坚定落实公司发展战略，完成了发展战略的第一次复盘调整。2011年，广州化学公司南雄材料生产基地一期的基础建设已基本完工、生产工艺设计和设备选型工作也在顺利进行，相关管理制度和流程也已形成。广州化学公司科研体系改革初见成效，公司研发部自主研发的1个新产品得到规模产业化，3个系列产品得到技术升级改造，产品的市场竞争力显著增强。为加强对经营活动的风险防范和成本控制，进一步完善公司治理结构，广州化学公司启动了内部控制制度建设项目，完成了对公司资产的清理工作。2011年，广州化学公司完成了转制时点在职原事业编制职工加入广东省直企业养老保险和广州市城镇职工医疗保险的参保工作，建立并顺利实施切合自身实际的员工企业年金计划，切实保障员工利益。2011年，广州化学公司继续认真贯彻落实广东省“规划到户，责任到人”的扶贫任务，积极承担社会责任。广州化学公司不断推进企业文化建设，加大了对生活园区改造和景观整治的投入，开展形式多样的职工文体娱乐活动，充分展现公司广大员工积极向上的精神风貌，坚定公司健康发展的信心。

2012年，广州化学公司将继续坚持“以人为本，和谐共赢”的核心理念，秉承“协同、创新、进取、求精”的企业精神，努力实现公司价值的最大化。

（撰稿：申智慧　张晓烽　审稿：廖　兵）

中科院广州电子技术有限公司

董 事 长：李耀棠
总 经 理：黄　劲
地　　址：广州市先烈中路100号大院23栋
邮政编码：510070
电　　话：020－87682806
传　　真：020－87683247
电子信箱：keji@giet.ac.cn
网　　址：http://www.giet.ac.cn

中科院广州电子技术有限公司（以下简称“广州电子公司”）创建于1970年，前身为广东省701研究所，1978年划归中国科学院，更名为中国科学院广州电子技术研究所，2001年12月整体改制为有限责任公司，更名为中科院广州电子技术有限公司。

截至2011年底，广州电子公司有在职职工290人（含子公司），其中科技人员131人，包括研究员2人、副研究员1人，高级工程师19人，高级实验师1人。

2011年，广州电子公司全力推进实施2010年制订的《发展规划（2011—2015年）》，实施业务聚焦，重点培育和发展五大核心业务，即以车载多媒体电脑核心板为核心的嵌入式电子产品、用于分子泵电源控制器和LED恒流电源为核心的专用电源产品、以快速成型机和快速制造技术服务为核心的先进制造设备、以机房设计施工和会展多媒体互动工程为核心的系统集成工程、专用仪器与装备。主要产品有车载多媒体电脑核心板、快速成型机、分子泵驱动电源、LED恒流电源、洁具红外控制模块、激光防伪标签、金刚石锯片等。

广州电子公司通过了ISO9001质量体系认证，并获得高新技术企业认定，现具有计算机信息系统集成三级资质证书、广东省安全技术防范设计施工维修资格证、软件企业认定证书、信用等级“AAA”证书、“重合同守信用”证书。

2011 年，广州电子公司完成营业业务收入 8958 万元，同比上年下降 5.62%，利润总额 324 万元，同比上年下降 19.8%。全年获得专利授权 15 项，其中实用新型专利 13 项，发明专利 2 项。

广州电子公司现有投资企业 2 个，其中持股股企业 1 个、控股企业 1 个。

广州晶体科技有限公司（简称“广晶科技”）广晶科技成立于 2001 年 7 月，广州电子公司持股比例为 49%，主要从事人造金刚石工具开发及生产，产品有锯片、磨轮、钻头、树脂砂轮四个系列，广泛用于石材、陶瓷、玻璃、宝玉石、硬质合金加工。2011 年，广晶科技实现收入 1972 余万元，同比 2010 年增长 27.5%，利润 29.6 万元，同比 2010 年增长 18.4%。

智诚科技有限公司（简称“智诚科技”）智诚科技成立于 1998 年，是广州电子公司全资控股子公司，主要从事计算机网络信息系统工程监理、技术设计咨询、技术服务业务。2011 年完成营业收入 287.5 万元，同比上年下降 36%，利润 -0.85 万元，同比 2010 年下降 103.4%。

（撰稿：陈　晖　审稿：李耀棠）

中国科学院成都有机化学有限公司

董 事 长：熊成东

总 经 理：倪宏志

地　　址：四川省成都市一环路南二段 16 号

邮政编码：610041

电　　话：028-85222143

传　　真：028-85223978

电子信箱：bgs@cioc.ac.cn

网　　址：http://www.cioc.ac.cn

中国科学院成都有机化学有限公司前身为成立于 1958 年的中国科学院成都有机化学研究所，于 2001 年 6 月 8 日整体转制为由中国科学院控股的有限公司。转制后的公司以中国科学院成都有机化学研究所 40 多年来积累的雄厚科技实力为基础，不断进取，在催化技术与绿色过程、手性技术与工程、功能高分子材料等领域形成了较高的创新水平和突出的应用特色，已成为以精细化工和新材料领域的技术创新和产业发展为重点的高新技术企业。公司生产的产品涉及手性药物中间体、精细化学品、催化剂、油田化学品、城市和工业污水处理化学品、皮革化工材料、新能源材料、功能高分子材料、纳米材料以及气体净化设备、能源环保工程等。

成都有机化学有限公司现有员工 317 人，科技及产业化人员占 80%，具有副高以上职称科技人员 100 余人，其中研究员 41 人，博士生导师 21 人，员工中具有博士学位和硕士学位科技人员达 110 名，获国务院政府特殊津贴 40 余人，现有中国科学院“百人计划”入选者 1 人，“西部之光”人才 22 人，四川省学术技术带头人 6 人，四川省突出贡献优秀专家 4 人。

成都有机化学有限公司是国家科技部认定的国家高技术研究发展计划成果产业化（“863”计划）基地，拥有手性药物国家工程研究中心、中国科学院皮革化工材料工程技术研究中心、不对称合成与手性技术四川省重点实验室、四川省企业技术中心、四川省节能及清洁生产催化工程技术研究中心等国家和省部级技术研发平台、中国科学院成都分院分析测试中心。现设有综合管理部、企管人事部、市场部、研发中心、财务部、后勤中心、新产品事业部、催化剂产品事业部、3 个分中心（常州、嘉兴和台州分中心）和 4 家控股高新技术企业，具有较强的科技创新能力和科研成果产业化能力。

成都有机化学有限公司还是我国化学学科重要的高级人才培养基地，现设有有机化学、物理化学、分析化学、高分子化学与物理、应用化学、化学工程专业学位等 6 个硕士点，有机化学、应用化学、高分子化学与物理 3 个博士点，1 个化学博士后科研流动站，2011 年招收研究生 54 名（博士 27 名、硕士 27 名）、毕业研究生 33 名（博士 20 名、硕士 13 名）。目前公司在读研究生 157 名（博士生 89 名、硕士生 68 名），在站博士后 4 名。

成都有机化学有限公司编辑出版《合成化学》、《中国西部科技》2 种学术刊物，向国内外公开发行。《合成化学》在连续入选中国科技核心期刊的基础上，2011 年再次入选第六版中文核心期刊。

2011 年，成都有机化学有限公司继续坚持“建立主营业务，发展核心产业”，引导员工积极投身以“创业创新”为核心的创新体系建设，深入开展创先争优活动，促进管理转型和研发转型，强化管理为经营产业服务，科研为公司产业发展服务。进一步推进技术创新体系和市场营销体系建设，以市场需求为导向，进一步整合研发资源，搭建业务平台，加快培育公司主营业务和核心产业。先后成立了市场部、新产品事业部、催化剂产品事业部，将原公司科技发展部与各研发单元整合成为公司“研发中心”，并在成都市大邑县注册成立了“成都有机化学公司大邑分公司”。2011 年度，公司实现营业收入 6775 万元，净利润 1343. 5 万元。

2011 年，成都有机化学有限公司围绕国家产业导向和“十二五”重点领域，围绕国家战略需求和市场需求，在清洁化工与关键技术领域、资源环境友好材料、生物医药材料及能源材料等领域积极争取国家重大科技项目和企业委托研发项目。获得国家自然科学基金项目 5 项，“中国科学院支撑服务国家战略性新兴产业科技行动计划”项目 3 项，“十二五”国家重大科学研究计划 1 项。成都有机化学有限公司 2011 年共签订技术合同 40 个，合同额合计 2145 万元；共申请专利 35 件，其中 1 件为 PCT 国际申请专利，获得授权专利 8 件；“洗车废水回用成套设备技术”技术成果通过了四川省科技厅的鉴定。

2011 年，成都有机化学有限对控股企业业务进行了深入的梳理，明确了控股企业战略定位，强化与公司本部的战略和业务协同，强化对控股企业产业的技术支持和服务，促进控股企业的产业发展。丽凯公司是手性中间体与精细化学品的产业平台，中科普瑞及中科能源环保公司是能源环保工程和设备产业平台。2011 年按照国有股权转让的相关程序，完成了成都中科来方能源科技有限公司股权转让的工作（该公司于 2007 年 10 月由江苏远宇公司控股、我公司参股 30% 设立），获得转让收入 3000 万元。

成都有机化学有限公司大邑产业园区二期项目于 2011 年 11 月完成了竣工验收，整个大邑产业园区的总建筑面积达到 21 500 平方米，包括研发大楼、工程化验证平台、生产车间、仓储库房、综合办公及配套设施等。大邑产业园区已初步形成集工程化验证、中试放大、产品生产和仓储物流等为一体的综合化产业平台。

（撰稿：陈 勇 张元慧 审稿：熊成东）

中科院成都信息技术有限公司

董 事 长：王晓宇
总 经 理：付忠良
地 址：四川省成都市人民南路四段 9 号
邮政编码：610041
电 话：028 - 85217501
传 真：028 - 85229357
电子信箱：bgs@casit. com. cn
网 址：http://www. casit. com. cn

中科院成都信息技术有限公司（简称“中科信息公司”）是由创立于 1958 年的中国科学院成都计算机应用研究所于 2001 年 6 月整体转制而来，是由中国科学院控股的高科技企业。1958 年成立时，命名为中科院四川分院数学所；1960 年更名为中科院四川分院计算所；1962 年更名为西南电子所计算站；1968 年更名为总字 821 部队西南计算站；1971 年更名为四川省计算站；1978 年更名为中科院成都计算站；1981 年更名为中科院成都计算机应用研究所；2001 年 6 月，整体转制为四川中科院信息技术有限公司；2005 年 1 月更名为中科院成都信息技术有限公司。

中科院成都信息技术有限公司是中国软件行业协会理事单位、四川省计算机学会理事长单位。公司从事以计算机软件为重点的电子信息领域相关技术产品的开发、生产、销售，大中型信息系统工程设计与实施，信息技术培训教育与咨询服务，涉密计算机信息系统集成，建筑智能化工程设计、施工，安防工程设计、施工，在计算机软件工程、办公自动化、工业计算机应用等领域具有较高的创新水平和突出的应用特色。

中科信息公司现有员工331人，其中技术人员人290人，包括中科院院士1人，高级专业技术人员47人、中级专业技术人员81人。公司下设工业计算机应用事业部、图像视觉事业部、办公自动化事业部、软件与通信事业部、油气信息化事业部、智能机房工程分公司、自动推理实验室和《计算机应用》编辑部，拥有深圳市中钞科信金融科技有限公司、成都中科石油工程技术股份有限公司两家合资子公司。公司还拥有计算机软件与理论博士学位授予点、计算机应用、计算机软件与理论、应用数学硕士学位授予点和计算机科学与技术博士后科研流动站。目前在读博士45人，硕士61人。

2011年，中科信息公司新一届领导班子在董事会的指导下，认真务实地执行新的三年滚动发展计划，积极推进公司改革，强力拓展市场领域，不断完善内部管理，经营业绩持续攀升，综合实力不断增强，全年总收入3.20亿元，营业收入3.12亿元，利润总额5893万元，资产总额3.36亿元。

中科信息公司面向电子政务、烟草、特种印刷、石油行业提供优良的信息化整体解决方案，产品线不断丰富。数字会议系统连续为武警总部、中国科协等多个国家级会议提供圆满服务；烟草农、工、商业领域的新业务拓展成效显著，并将物联网、云技术成功应用于烟草行业；基于机器视觉技术的纸机在线检测系统被印钞造币总公司列为行业重点推广产品；油田和油气信息化系统及设备在行业内推广顺利。

中科信息公司坚持以市场需求为导向，大力开展新产品开发和新技术的应用研发工作，银行守押电子交接管理系统在海南农行试点应用；“经食道超声模拟教学系统”在医疗行业屡获好评；烟叶标准化生产分析决策系统陆续在攀枝花等地试点成功，烟叶收购标准化硬件平台试点使用效果良好，烟草技术中心管理平台系统开发进展顺利；新一代智能票箱通过阶段性验收；食品溯源、珠宝盘点等物联网应用系统开发顺利推进；纸机在线检测、离线二次核查等系统成功开发并得到推广。

中科信息公司切实加强内控系统建设，完成内控制度的建立健全以及关键流程的制订工作；颁布并实施了一系列利于提升内部管理规范性的新规章制度；顺利通过了ISO9001：2008质量体系监审、高新技术企业资质复评、成都市级企业技术中心认定，获得建筑智能化施工资质增项（电子工程专业承包三级）资质证书；取得专利授权8项，其中发明专利1项，实用新型专利7项。

中科信息公司承担的院三期创新工程研究课题、国家“863”计划课题通过验收，“973”计划项目子课题取得创新性研究成果；参加国际国内相关学术会议6次，发表学术论文96篇，其中SCI收录2篇、EI收录48篇、核心刊物发表27篇；获得省新技术研发项目1项，省青年创新工程项目2项，省科技成果转化专项1项。

中科信息公司不断加强人才培养和核心人才团队建设，全年有13名员工晋升高级职称，24名晋升中级职称；有1人获得四川省有突出贡献的优秀专家称号，2人入选2011年“西部之光”人才培养计划。

（撰稿：尹邦明　吴琳琳　审稿：付忠良）

成都中科唯实仪器有限责任公司

董 事 长：董成生
党委书记：葛丽佳
地　　址：成都市高新区科园南一路7号
邮政编码：610041
电　　话：028－85121820
传　　真：028－85121830
电子信箱：zjlbgs@cdzkws.com
公司网址：http://www.cdzkws.com

成都中科唯实仪器有限责任公司（以下简称“成都中科唯实”）成立于2001年10月16日。其前身是中国科学院成都科学仪器研制中心，始创于1959年9月。

成都中科唯实位于成都市高新区科园南一路七号，占地五十亩。是一个以科研试制、技术开发、生产经营为一体的高新技术企业。成都中科唯实致力于提供优质的真空设备、真空控制、检测仪器、光机电一体化设备，以卓越的产品和服务为客户创造价值。以技术创新为手段，以产品专业化、规模化生产为基础，努力发展成为国内仪器设备，特别是在真空领域具有竞争力的生产、服务型企业。

截至 2011 年底，成都中科唯实设有公司办公室、人力资源部、财务管理部、质量管理部、技术开发中心、真空事业部、智能器具事业部、军品事业部、机加事业部共 9 个部门。现有在岗职工 177 人，其中公司中高层管理干部 25 人、研发人员 29 人、生产制造人员 46 人、工人 77 人。员工中具有专业技术职务的人员 52 人，其中高、中级职称 42 人，初级职称 14 人。

2011 年，在成都中科唯实领导班子的带领下，认真实施发展战略规划，经过全体员工共同努力，勤奋工作，使公司经营工作在上年基础上有了进一步的发展，内部管理有了进一步的提升。全年成都中科唯实生产经营工作在上年的基础上有较大幅度增长。

2011 年，成都中科唯实继续把稳定、用好、培养现有人才，逐步吸引优秀人才作为公司人才队伍建设的工作目标。结合公司发展战略规划实施的需要，经过分析研讨，初步制订了《唯实公司 2011—2013 年人才队伍建设规划》，确定了近期人才队伍建设的基本需求。按照企业党组《关于加强控股企业后备干部队伍建设的指导意见》，配合企业党组完成了公司后备干部遴选工作，选聘了多名 28—36 岁的青年干部任总经理助理，部门经理，部门经理助理等职务，调整、充实了各事业部、职能部门的管理团队，使公司管理骨干队伍知识结构和年龄结构发生明显变化。

结合成都中科唯实业务发展战略规划，加大对技术创新的投入，新产品研发工作取得新的成效。通过了四川省高新技术企业资质复审，为今后几年公司战略目标的完成和长远发展奠定了坚实的基础。

2011 年成都中科唯实通过与北京科仪、沈阳科仪、成都南光战略合作和协同，开拓了市场，主营业务取得实质性进展。

2011 年，成都中科唯实在国科控股的指导下，开展以建立和完善的预算管理内部控制制度为核心的内控体系建设，在成都中科唯实内部执行全面预算管理，将预算执行情况纳入绩效考核，使内控管理基本做到事前分析有据，过程控制有序，结果预警有效，内部控制体系进一步完善，内部管理能力进一步提升。

2012 年，成都中科唯实生产经营工作，要围绕公司战略发展规划，扎实推进公司业务发展战略规划的实施；要深化组织变革和管理创新，努力完成公司确定的年度经营目标；要加强人才队伍建设和技术创新能力，为公司战略规划实施和业务发展提供保障。

（撰稿：谢　刚　杨文晴　审稿：葛丽佳）

中科院科技服务有限公司

董 事 长：伊　兵
总 经 理：赵红岩
地　　址：北京市西城区三里河路 52 号
邮政编码：100864
电　　话：010－68597121，010－68597166
传　　真：010－68510698
电子信箱：caskjfw@126. com

中科院科技服务有限公司（以下简称“中科服务公司”）是 2002 年 12 月 25 日由中国科学院机关服务中心（局）整体转制而成的现代服务企业。主要以为中国科学院机关后勤服务、餐饮经营、物业服务、宾馆接待等为主营业务。截至 2011 年底，公司共有职工 303 人。

2011 年是公司五年发展战略规划确定实施的第二年。公司紧紧围绕“战略导向，目标拉动，全员培训、考核激励”的总体工作思路，在公司董事会的正确指导下，在公司经营班子和全体职工的共同努力下，积极推进并落实公司年度经济与管理目标，努力拓展外部市场，净利润实现度 132. 34%，上缴国家、地方税金 1377. 62 万元；公司服务业务从健全管理制度、开展服务创新和强化质量巡检、加强员工考核培训等方面入手，加强了服务保障能力和公司经营能力，职工队伍稳定。

2011年底，公司党委、董事会、监事会、经营班子进行了换届调整；通过公司第四季度开展的战略复盘工作，公司上下进一步明晰了未来的发展目标及路径，结合公司实际，对公司总体战略和各业务单元的战略进行了调整，为公司的持续、健康发展奠定了基础。

（撰稿：刘仲尧　审稿：赵红岩）

北京中科印刷有限公司

董 事 长：沈幸华
总 经 理：沈幸华
地　　址：北京市通州区宋庄工业区一号楼101号
邮政编码：101118
电　　话：010－69597200
传　　真：010－69597200
电子信箱：zhongke_print. @sohu. com
网　　址：http://www. zkprint. com. cn

北京中科印刷有限公司（以下简称“中科印刷”）。原为中国科学院印刷厂，成立于1957年10月15日，原址位于北京市通州区北苑。1996年4月，中科印刷划归为中国科学院直属企业。2002年6月，企业改制为有限责任公司，下设综合保障部、市场运营部、生产作业部三大部门。2003年6月，公司启动生产区土地置换，在通州宋庄工业区征地200亩，于2005年8月开始建设新厂区，2006年10月新厂竣工开始搬迁并正式投入生产，现有在岗员工740余人。

中科印刷是按照中国科学院国有资产经营有限责任公司的要求为其经营目标，秉承从计划经济时代“精益求精、永争第一”的科印精神，以科技书刊为主服务于中国科学研究领域。经过50多年的发展与变革，公司的固定资产正稳步上升，已从建厂初期的335万元发展到如今的近3亿元。公司现拥有海德堡四、五色印刷机8台，单、双色轮转印刷机8台，单、双色平版印刷机38台，马天尼精平装联动线3条，沃伦贝格胶订线、精密达联动线等一大批具有世界和国内先进水平的设备，总设备数量达到300多台套。这些世界先进的印刷设备使公司的生产能力大幅度提升，2011年生产黑白印刷49万纸令、彩色印刷105万对开色令、装订44万纸令。中科印刷现与70多家出版社、杂志社、出版单位及企业用户建立了朋友式的合作关系，既能承担大量的书刊印装任务，又能完成精美的画册、商标印刷、豪华装帧的制作。

2011年，中科印刷在保证各项稳定的前提下继续深化改革，加快股权社会化工作进程，加强组织机构调整，加大人才队伍的培养与建设，并实施动态监管工作，继续完善薪酬管理体系、审计管理体系、企业战略化管理体系，使公司的经营管理再上新台阶。在2011年公司提出了“提升管理、稳定队伍、增加班次、协调发展”的工作思路，依据“模拟法人管理、全员成本核算”的管理方针，继续贯彻“多接活，快回款，多快好省抓生产”的指导思想，努力推进公司的生产经营。

2011年，中科印刷为了适应市场的竞争需求，以公司市场部为龙头，拓展稳固新老市场，及时与客户联系沟通，了解市场反馈信息，为客户解决难题，年销售产值同比上年增长571.30万元；另外为了进一步增加企业绩效的增长点，在稳步发展书刊业务的同时，经过慎重研究和利用自己已有的条件于2011年6月组建成立了包装公司，包装业务的开展为公司的生产经营增添了重要的经济增长点；2011年10月公司顺利取得了中国环境标志产品认证证书并又连续获得“中央国家机关政府采购”及“中共中央直属机关、全国人大机关政府采购”的定点印刷资质；中科印刷着眼公司未来发展，秉承“做人贵在品质，产品贵在质量”的理念，注重员工的基础教育，注重公司的文化建设，推动文明健康发展。通过定期举办各种文化、体育、娱乐活动，增强了企业的凝聚力，通过开展员工培训，提高员工的职业素养。

2011年，中科印刷获得了北京印刷质量协会颁发的质量年终评比金奖、并获得北京印刷工业产品质量监督站授予的“十佳企业”称号、北京市通州区安监局“职业卫生示范企业”称号、北京市通州区“安全生产先进单位”称号、北京市通州区宋庄地区“税收突出贡献奖”称号、北京市通州区宋庄地区“纳税大户”称号等奖项。

（撰稿：张　曼　审稿：王焕菊）

上海碧科清洁能源技术有限公司

董 事 长：孙予罕
总 经 理：张小莽
地　　址：上海市浦东新区浦建路 76 号由由国际广场 23 楼
邮政编码：200127
电　　话：021－61060100
传　　真：021－61060085
电子信箱：contact@cecc-tech.com

上海碧科清洁能源技术有限公司（以下简称“上海碧科”）成立于 2009 年 1 月，是由中国科学院和英国 BP 公司共同出资设立的有限责任公司。公司注册资本为 1.62 亿元，其中中方占注册资本的 51%；英方占 49%。上海碧科是一家专注于清洁能源产业、具有自主知识产权核心技术和工程化能力的技术商业化公司。

上海碧科设置商业化、内控与财务、行政人事管理和数个业务项目部门，实行项目驱动的矩阵式管理机制。截至 2011 年底，共有从业人员 25 名，其中中科院派遣 2 名，英国 BP 公司派遣 5 名，社会招聘 18 名。

2011 年，上海碧科经过多方调研和反复论证，更新了发展战略、调整了业务组合、加强了员工参与度和对合资公司的认同感。

基于全球能源发展趋势的变化和国内相关行业政策的调整，公司聚焦于全球常规和非常规天然气业务的价值链上，确定了“三驾马车”的战略定位，即“新天然气产业链”、“工程服务”和“节能减排”三个战略业务方向。作为辕马——“新天然气产业链”侧重于平台技术的开发和能源资源的整合，并逐渐由商务主导转换为技术和商务共同主导，使上海碧科成为技术领先的以天然气为原料的新天然气产业链的集成商；“第二匹马”——“工程服务”，上海碧科通过与设计院的战略合作等方式加强上海碧科的工程化能力，并将工程化能力凝聚在自主核心技术的工艺设计包开发及其工程总承包与管理；“第三匹马”——“节能减排”，围绕膜分离技术，为高效清洁资源和能源利用提供解决方案。上海碧科将充分发挥自身独有的双方股东的优势，即中科院的技术研发优势及其国内影响力、BP 公司的全球油气资源优势及其市场开发应用能力，有效衔接国内和国际市场，为技术资源和市场应用搭建桥梁。上海碧科将不断强化自身工程化和商业化能力，以商业化的成功带动工程化和核心技术的开发。

上海碧科将进一步通过战略合作和自身建设，迅速提高工程化和商业化能力、完善公司组织架构和内控机制等、强化知识产权管理、建立有效的员工激励机制、形成卓有成效的企业文化，不断提高企业核心竞争力。

2011 年，上海碧科完成了工程实验中心的建设，包括成套实验设备、通风系统和控制系统的安装调试等；递交了两个国内专利申请，“一种由醇和/或醚制烯烃的方法”和“一种由合成气制备甲醇的膜接触器方法以及用于该方法的膜反应器”；咨询业务创收人民币 70 多万元。

（撰稿：杨婧桦　审稿：王国平）

深圳中科院知识产权投资有限公司

董 事 长：索继栓
总 经 理：李　K
地　　址：广东省深圳市南山区高新南环路 29 号留学生创业大厦 2308 室
邮政编码：518057
电　　话：0755－86350111
传　　真：0755－86350180
电子信箱：info@caship.ac.cn
网　　址：http://www.caship.ac.cn

深圳中科院知识产权投资有限公司（以下

简称“深圳 IP”）成立于2009年2月，由国科控股投资在深圳注册成立。公司依托中国科学院院属研究所和重大研发项目的知识产权全流程服务，成为中国科学院知识产权创造、应用、保护和运营管理的服务平台；通过建立与社会有机结合的知识产权运营模式，促进科技创新成果的知识产权化和高效的转移转化，成为知识产权运营价值链的专业化、市场化的系统服务商和系统集成商。

深圳 IP 下设运营部、信息部、培训与咨询部、财务部、综合部五个部门。截至2011年底，深圳 IP 有在职职工19名，其中硕士及以上学历7名，本科10名，大专2名。具备理工、法律、专利代理、管理、知识产权等行业背景。

深圳 IP 的主营业务为专利全流程服务、待上市企业知识产权尽职调查与无形资产包装、专利转让与授权、专利投资运营等。通过承接院所、中科院控股/持股企业和社会企业委托的知识产权服务，从前端的专利调研入手，通过深入的专利分析与规划，优化专利质量，实现后续专利许可、转让、拍卖等专利交易。截至2011年底，深圳 IP 服务中国科学院研究院所共33家；受托或参与知识产权运营的研究所18家；服务中国科学院参股、持股企业13家；并与33家社会企业对接，实现知识产权服务与运营。2011年度深圳 IP 共许可、转让院内专利10项，合同额近600万元。

2011年，深圳 IP 在国科激光公司激光预放项目、沈阳新松硅片传输系统项目、沈阳科仪、沈阳拓荆和新松机器人等02专项、苏州医工所 PET-CT 项目、理化所超低温制冷器项目、深圳先进院低成本健康项目、中科讯联 RF-SIM 卡项目、兰州近代物理所重离子治癌专项、上海碧科膜项目等重大项目中取得了突破性进展。

深圳 IP 于2011年共主办知识产权培训11场，对10余家院所就知识产权基础、科技创新与知识产权管理、专利侵权分析与回避设计、研究所知识产权体系标准等内容进行了培训；并承办联想学院研修班七期暨院属单位知识产权管理骨干培训班。

2011年，深圳 IP 共申请政府项目5项：LED 专利分析及企业应对策略服务项目、国立科研机构知识产权运营与研企合作、技术转移机构能力建设、技术转移机构服务资助、科学技术部2012“火炬计划”深圳市科技服务体系子课题——中科院知识产权创新资源开发与运用平台建设。其中，正在建设的中科院知识产权创新资源开发与运用平台包括专利检索平台、专利数据库平台、专利分析平台、专利交易平台、研究所知识产权管理标准体系平台等五大平台，以解决专利商用化运营体系中的“入口”与“出口”问题，将深圳 IP 打造成为能够提供专利筛选、分类、评估、组合、孵育、许可、投资等全程服务的专业机构。

深圳 IP 于2011年4月成立工会，10月份成立深圳中科院知识产权投资有限公司党支部。公司坚持工会与党支部活动相结合，用心开展适合公司实际的各类活动，有效地调动了全体员工的积极性，推动了 IP 公司企业文化的建设，为公司的持续、健康发展提供了强有力的人才支撑与和谐、稳定的经营环境。

（撰稿：龚一闻　审稿：李　K）

(G－2317.0101)